# Numerische Mathematik für Ingenieure


Von Prof. Dipl.-Math. Jürgen Becker
Prof. Dr.-Ing. Hans-Joachim Dreyer
Prof. Dr. Wolfhart Haacke
Prof. Dipl.-Math. Rudolf Nabert


2., überarbeitete Auflage
Mit 113 Bildern, 108 Beispielen und 52 Aufgaben

**B. G. Teubner Stuttgart 1985**

Verfasser:
Prof. Dipl.-Math. Jürgen Becker
Prof. Dr. Wolfhart Haacke
Prof. Dipl.-Math. Rudolf Nabert
Universität-Gesamthochschule-Paderborn

Prof. Dr.-Ing. Hans-Joachim Dreyer
Fachhochschule Hamburg

CIP-Kurztitelaufnahme der Deutschen Bibliothek

**Numerische Mathematik für Ingenieure** / von
Jürgen Becker ... – 2. überarb. Aufl. –
Stuttgart : Teubner, 1985.
   ISBN 978-3-519-12950-9     ISBN 978-3-322-94003-2 (eBook)
   DOI 10.1007/978-3-322-94003-2

NE: Becker, Jürgen [Mitverf.]



Satz: G. Hartmann, Nauheim


Umschlaggestaltung: W. Koch, Sindelfingen

Leser zur Vertiefung seines Wissens anregen. Die zum Teil umfangreichen Lösungen sind ausführlich in einem Anhang zusammengefaßt, so daß sich das Buch auch zum Selbststudium eignet.

Bei vielen in diesem Buch behandelten Problemkreisen werden mehrere Verfahren entwickelt. In all diesen Fällen kann keinem Verfahren beim Einsatz in den Ingenieurwissenschaften ein absoluter Vorzug gegeben werden, vielmehr ist bei unterschiedlichen Aufgaben und bei unterschiedlichem Einsatz der Hilfsmittel (Taschenrechner, kleine oder größere Rechenanlage) einmal das eine, einmal das andere Verfahren vorzuziehen. Zum Verständnis sind mathematische Kenntnisse erforderlich, wie sie z.B. im Mathematik-Kurs eines technischen Studienganges an einer Fachhochschule angeboten werden und in dem im gleichen Verlag erschienenen Lehrbuch „Brauch, W.; Dreyer, H.-J.; Haacke, W.: Mathematik für Ingenieure" zu finden sind.

Die einzelnen Abschnitte sind absichtlich so gefaßt worden, daß sie unabhängig voneinander gelesen werden können. Hierdurch bedingt, müssen an einigen wenigen Stellen Begriffe erläutert werden, die thematisch einem anderen Abschnitt zugeordnet werden könnten. Durch vielfache Bezüge zwischen dén Abschnitten wird dafür gesorgt, daß der Zusammenhang jederzeit zu erkennen ist.

Die Auswahl der Themengebiete ist auf die Praxis des Ingenieurs zugeschnitten. Der einführende Abschnitt behandelt Fehlerarten, Fehlerfortpflanzung und Fehlerbeurteilung, der zweite Ein- und Mehrschrittverfahren zur Bestimmung von Nullstellen nichtlinearer Funktionen (insbesondere Polynome) und Funktionensysteme. Der numerischen Handhabung linearer Gleichungssysteme ist der dritte Abschnitt gewidmet, einschließlich des Eigenwertproblems sowohl für diagonalähnliche als auch für beliebige Matrizen. Die aus der Baustatik stammende und bisher hauptsächlich in der Kontinuumsmechanik angewandte Methode der finiten Elemente wird, ihrer wachsenden Bedeutung entsprechend, in einem eigenen Abschnitt behandelt, der zugleich eine Anwendung der Lösungsmethoden der linearen Algebra darstellt. Die Methode der finiten Elemente hat besonders im Fahrzeug-, Flugzeug- und Schiffbau sowie im Hochbau und Behälterbau bereits vielfältige Anwendungen gefunden. Der folgende Abschnitt enthält wichtige Interpolations- und Approximationsmethoden, insbesondere die Spline-Interpolation und die Tschebyscheff-Approximation unter Betonung ihrer Bedeutung für die Berechnung technisch bedeutsamer Funktionen auf Rechenanlagen. Für Anfangswertprobleme gewöhnlicher Differentialgleichungen werden rechnergerechte Ein- und Mehrschrittverfahren sowie das Extrapolationsverfahren dargeboten. Rand- und Eigenwertprobleme für gewöhnliche und partielle Differentialgleichungen werden mit Hilfe unterschiedlicher Differenzenverfahren an Beispielen aus der Mechanik behandelt. Der letzte Abschnitt enthält Algorithmen zur bildlichen Darstellung numerisch ermittelter räumlicher Gebilde auf Sicht- und Zeichengeräten. Er gibt dem Ingenieur eine wertvolle Hilfe bei den rasch an Bedeutung gewinnenden Aufgaben aus der graphischen Datenverarbeitung.

Das Buch wendet sich in gleicher Weise an die künftigen wie an die bereits in der Praxis tätigen Ingenieure, die den sich ständigen verändernden Anforderungen gewachsen sein müssen. Die Autoren hoffen, daß der Leser durch dieses Buch zur kritischen Beurteilung numerischer Verfahren und der mit deren Hilfe in Rechenanlagen gewonnenen riesigen Zahlenmengen angeregt wird, wodurch eine nutzbringende Anwendung der Numerik und Informatik auf technische Probleme gefördert wird.

In der vorliegenden 2. Auflage wurden bekanntgewordene Druckfehler sowie Versehen korrigiert. Für die von den Lesern gegebenen Hinweise danken die Autoren. In Abschnitt 1 wurde ferner der Algorithmusbegriff deutlicher herausgearbeitet sowie in Abschnitt 4.4.3 die Berechnungsmethode aufgrund der Berücksichtigung der Symmetrie wirkungsvoller eingesetzt.

Hamburg, Paderborn, im Winter 1984/85                                Die Verfasser

# Vorwort

Die praktische Tätigkeit des Ingenieurs hat sich in den letzten Jahrzehnten grundlegend gewandelt. Die Beherrschung komplexer, technisch ausgefeilter, wirtschaftlich rentabler Gebilde, die Beurteilung ihrer Einsatzmöglichkeiten, ihre Weiterentwicklung und die Schaffung neuer, dem technologischen Stand angepaßter Systeme wird von ihm ganz selbstverständlich erwartet, denn diese gibt es in allen Bereichen der ingenieurmäßigen Forschung und Entwicklung, angefangen von den ersten Entwürfen bei der Automobilkonstruktion über Großmaschinenkonstruktion bis hin zum Raumflug auf der einen Seite, von Problemen des Baubetriebs bei Großbaustellen bis hin zu komplizierten statischen Berechnungen auf der anderen Seite. Hierzu benötigt der Ingenieur das entsprechende Rüstzeug. Der Rechenschieber für die überschlägige Berechnung einer groben Näherung muß dem entsprechend ausgestatteten, nach Möglichkeit programmierbaren, Taschenrechner, in vielen Fällen auch der Rechenanlage, weichen, da sich nur mit ihnen die komplizierten Algorithmen, die hinter den technischen Systemen stehen, in erträglicher Zeit mit erträglichen Kosten in der erforderlichen Genauigkeit berechnen lassen. Vom Ingenieur wird natürlich weit mehr verlangt als die bloße Beherrschung dieser Hilfsmittel. Daher orientiert sich die Darstellung dieses Buches jeweils an der nachstehend aufgeführten Reihenfolge:

Problemstellungen aus der Praxis,

Herausarbeitung des mathematischen Modells,

Aufsuchen eines geeigneten Verfahrens (Algorithmus) zur Lösung,

Überprüfung, in welchen Fällen dieses Verfahren zu einer Lösung des Problems führt,

Rückübertragung der so gefundenen Lösung auf das Praxisproblem.

Bei allen diesen Schritten wird besonders darauf geachtet, daß dem Ingenieur eine gesunde Skepsis gegenüber den Methoden und Verfahren vermittelt wird, um ihn davon zu überzeugen, daß die Ergebnisse, die ein Rechner liefert, nicht kritiklos hingenommen werden sollten, da sie zwar richtig gerechnet, aber aufgrund fehlerhafter Eingaben und ungeeigneter Programme falsch sein können.

Für die rechnerische Handhabung mathematischer Modelle bietet die numerische Mathematik grundlegende Methoden, die weit über die wenigen klassischen Verfahren hinausreichen, welche im Rahmen einer mathematischen Kursvorlesung behandelt werden können. Mit Hilfe der automatisierten Datenverarbeitung ist die Numerik in den letzten zwanzig Jahren sowohl durch Bahnung neuer Wege als auch durch den Ausbau bekannter Verfahren bemerkenswert weiterentwickelt worden.

In dem vorliegenden Buch versuchen die Autoren, dieser Entwicklung gerecht zu werden und die numerische Mathematik in dem Umfang und der Auswahl anzubieten, wie es die modernen ingenieurmäßigen Aufgaben erfordern, zugleich aber auch den Ingenieur bei der Aufstellung passender Modelle zu unterstützen, da hiervon die Auswahl geeigneter Algorithmen wesentlich beeinflußt wird. Eine lückenlose theoretische Begründung der vorgestellten, auf die Verwendung von Rechnern besonders abgestimmten Verfahren würde den Rahmen dieses Buches sprengen und dem Ingenieur wenig nützen. Hierzu dienen die zahlreichen Verweise auf die weiterführende Literatur. Stattdessen zeigen viele Beispiele den gesamten Weg von der technischen Fragestellung eines Problems bis zur praktischen Auswertung der Resultate. Aufgaben am Ende jedes Abschnitts sollen den

# Inhalt

**4 Elementare Einführung in die Methode der finiten Elemente (H.-J. Dreyer)**



**5 Interpolation und Approximation (R. Nabert)**



**6 Anfangswertprobleme bei gewöhnlichen Differentialgleichungen (W. Haacke)**

# 1 Fehler und Fehlerfortpflanzung

Bei der Lösung von technischen Problemen ist es erforderlich, für die untersuchten physikalischen Größen (z.B. Kräfte, Momente, mechanische Spannungen, Arbeit, Leistung) Werte wie etwa Grenzwerte, Nennwerte, Abweichungen, zulässige Werte usw. zu bestimmen. Physikalische Größen werden dabei als ein Produkt aus Zahlenwert mal Einheit angegeben. Bestimmung und Verarbeitung dieser Zahlenwerte im Hinblick auf Fehler und Fehlerfortpflanzung bei der numerischen Rechnung sollen in diesem Kapitel behandelt werden.

Die auftretenden reellen Zahlen – komplexe Zahlen können hier als Paare reeller Zahlen angesehen werden – sind in den meisten Fällen u n e n d l i c h e  D e z i m a l b r ü c h e. Sie werden, da die Stellenzahl bei der numerischen Rechnung begrenzt ist, durch e n d l i c h e  D e z i m a l b r ü c h e und gelegentlich durch rationale Zahlen ersetzt. Diese insbesondere für die Datenverarbeitung (DV) aufbereiteten Zahlen nennt man  M a s c h i n e n z a h l e n.  Durch den Übergang auf Maschinenzahlen und besonders beim Rechnen mit Maschinenzahlen treten numerische Abweichungen auf, die sich als Fehler bemerkbar machen und bei der Rechnung fortpflanzen können. Die für reelle Zahlen gültigen Rechenregeln gelten dann nicht mehr uneingeschränkt. Die folgenden zwei Beispiele sollen zeigen, wie beim Rechnen mit Maschinenzahlen das Ergebnis von den Rechenoperationen beeinflußt wird.

**Beispiel 1.1** [2] Bild 1.1 zeigt eine Kugel, die einen Zylinder vom Radius R und zugleich zwei aufeinander senkrecht stehende Ebenen berührt. Man bestimme ihr Volumen.

Die gesuchte Kugel habe den Radius $r = \overline{AM}$. Es ist $\overline{OB} = R + r + r \cdot \sqrt{2}$. Nach Pythagoras gilt

$$2R^2 = (R + r + r \cdot \sqrt{2})^2$$

oder $\qquad R + r + r\sqrt{2} = R\sqrt{2}$

Hieraus folgt

$$r = R \frac{\sqrt{2} - 1}{\sqrt{2} + 1}$$

Damit wird das Kugelvolumen

$$V = \frac{4}{3} \pi R^3 \left( \frac{\sqrt{2} - 1}{\sqrt{2} + 1} \right)^3$$

Die Berechnung des Terms

$$\left( \frac{\sqrt{2} - 1}{\sqrt{2} + 1} \right)^3$$

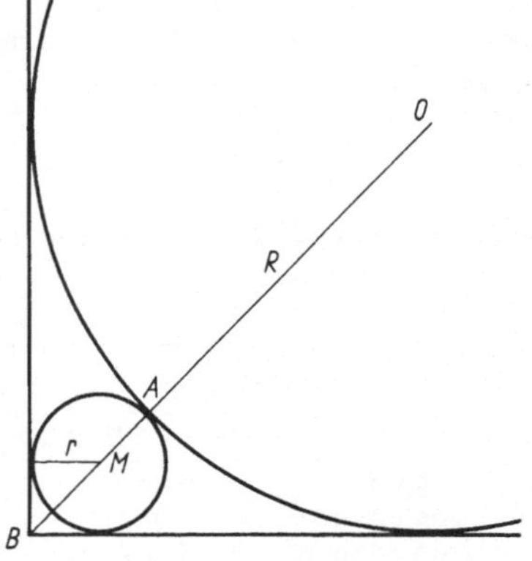



Bild 1.1 Kugel und Zylinder

soll nun genauer untersucht werden.

Es gilt die Identität

$$\left( \frac{\sqrt{2} - 1}{\sqrt{2} + 1} \right)^3 = (\sqrt{2} - 1)^6 = (3 - 2\sqrt{2})^3 = 99 - 70\sqrt{2}$$

Es werde zunächst $\sqrt{2} \approx 7/5 = 1{,}4$ gewählt und dieser Wert in die vier Terme eingesetzt

1. $\quad\left(\dfrac{\sqrt{2}-1}{\sqrt{2}+1}\right)^3 \approx \left(\dfrac{\dfrac{7}{5}-1}{\dfrac{7}{5}+1}\right)^3 = \dfrac{1}{216} = 0{,}004630$

2. $\quad(\sqrt{2}-1)^6 \approx \left(\dfrac{7}{5}-1\right)^6 = \dfrac{64}{15625} = 0{,}004096$

3. $\quad(3-2\sqrt{2})^3 \approx \left(3-2\cdot\dfrac{7}{5}\right)^3 = \dfrac{1}{125} = 0{,}008000$

4. $\quad 99 - 70\sqrt{2} \approx 99 - 70\cdot\dfrac{7}{5} = 1$

Wählt man dagegen eine genauere Näherung $\sqrt{2} \approx 17/12 = 1{,}41\overline{6}$, so erhält man entsprechend

1. $\quad\left(\dfrac{\sqrt{2}-1}{\sqrt{2}+1}\right)^3 \approx \left(\dfrac{\dfrac{17}{12}-1}{\dfrac{17}{12}+1}\right)^3 = \dfrac{125}{24389} = 0{,}005125$

2. $\quad(\sqrt{2}-1)^6 \approx \left(\dfrac{17}{12}-1\right)^6 = \dfrac{15625}{2985984} = 0{,}005233$

3. $\quad(3-2\sqrt{2})^3 \approx \left(3-2\cdot\dfrac{17}{12}\right)^3 = \dfrac{1}{216} = 0{,}004630$

4. $\quad 99 - 70\sqrt{2} \approx 99 - 70\cdot\dfrac{17}{12} = -\dfrac{1}{6} = -0{,}166667$

Alle diese Werte sollten den exakten Wert 0,0050506339 gut annähern, die zweite Gruppe besser als die erste. In jeder Gruppe erwartet man auf Grund der Identität gleiche Ergebnisse.
Außerdem ist

$$99 - 70\cdot\sqrt{2} = \sqrt{9801} - \sqrt{9800} = \dfrac{1}{\sqrt{9801} + \sqrt{9800}}$$

$\sqrt{9800}$ werde mit 4, 6, 8 bzw. 10 geltenden Ziffern bestimmt und dann der mittlere mit dem rechten Term verglichen.

| $\sqrt{9800}$ | $\sqrt{9801} - \sqrt{9800}$ | $\dfrac{1}{\sqrt{9801} + \sqrt{9800}}$ |
|---|---|---|
| 98,99 | 0,01 | 0,00505076 |
| 98,9949 | 0,0051 | 0,00505064 |
| 98,994949 | 0,005051 | 0,00505063 |
| 98,99494936 | 0,00505064 | 0,00505063 |

Dieses Beispiel zeigt: Treten Differenzen fast gleich großer Zahlen auf, dann können sich erhebliche Abweichungen vom exakten Wert ergeben. Durch Umformungen, bei denen die Differenzbildung vermieden wird, kann dieser Auslöschungseffekt oft deutlich verringert werden.

**Beispiel 1.2** Bei der Brinell-Härteprüfung von Werkstoffen wird eine gehärtete Stahlkugel unter der Last F in das Werkstück gepreßt (Bild 1.2). Das Verhältnis der Kraft F zur Eindruckoberfläche A ist die Brinell-Härte HB. Die Eindruckoberfläche ist eine Kugelkappe mit $A = \pi\, D\, h$ (D Kugeldurchmesser, h Eindringtiefe). Man mißt den Eindruckdurchmesser d und berechnet h aus der quadratischen Gleichung

$$\left(\frac{D}{2} - h\right)^2 + \left(\frac{d}{2}\right)^2 = \left(\frac{D}{2}\right)^2 \qquad h^2 - D\,h + \left(\frac{d}{2}\right)^2 = 0$$

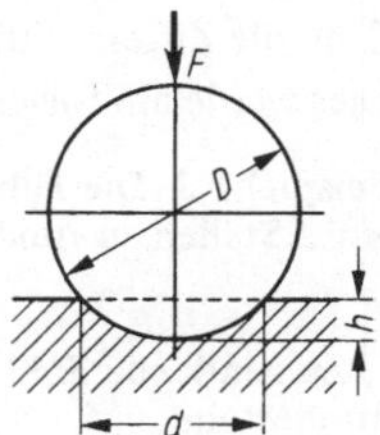


Bild 1.2
Brinell-Härteprüfung

mit der Lösung

$$h = \frac{D}{2} - \sqrt{\left(\frac{D}{2}\right)^2 - \left(\frac{d}{2}\right)^2} = \frac{1}{2}\left(D - \sqrt{D^2 - d^2}\right)$$

Hier kommt nur das negative Vorzeichen der Wurzel in Betracht, weil die Messung nur sinnvoll ist, solange $h < D/2$ bleibt. Die Brinell-Härte beträgt also

$$HB = \frac{F}{A} = \frac{2\,F}{\pi\,D^2} \cdot \frac{1}{1 - \sqrt{1 - \left(\frac{d}{D}\right)^2}} = \frac{2\,F}{\pi\,d^2}\left(1 + \sqrt{1 - \left(\frac{d}{D}\right)^2}\right)$$

Man vergleiche die beiden Terme

$$B = \frac{1}{D^2}\;\frac{1}{1 - \sqrt{1 - \left(\frac{d}{D}\right)^2}}\;\text{cm}^2 \qquad \text{und} \qquad C = \frac{1}{d^2}\left(1 + \sqrt{1 - \left(\frac{d}{D}\right)^2}\right)\text{cm}^2$$

für D = 5 cm sowie d = 0,02 cm; 0,05 cm; 0,075 cm; 0,1 cm sowie 0,15 cm, wenn die Wurzel jeweils mit r = 4 bzw. r = 6 geltenden Ziffern bestimmt werden kann.

| r | | d = 0,02 cm | 0,05 cm | 0,075 cm | 0,1 cm | 0,15 cm |
|---|---|---|---|---|---|---|
| 4 | B | – | 400,00 | 400,00 | 200,00 | 80,00 |
| 6 | B | 5000,00 | 800,00 | 353,98 | 200,00 | 88,89 |
| 4 | C | 5000,00 | 799,96 | 355,54 | 199,98 | 88,87 |
| 6 | C | 4998,98 | 799,98 | 355,54 | 199,98 | 88,87 |
| exakt | | 4998,98 | 799,98 | 355,54 | 199,98 | 88,87 |

Wie in Beispiel 1.1 erkennt man, daß Term C zu genaueren Resultaten führt. Die unterschiedlichen Auswirkungen der Rundungsfehler kommen in der Zeile B bei 4 geltenden Ziffern für das Berechnen der Wurzel besonders zum Ausdruck. Für d = 0,075 cm und d = 0,05 cm erhält man den gleichen Wert 400, für d = 0,1 cm ergibt sich „zufällig" ein recht genauer Wert im Gegensatz zu d = 0,15 cm.

## 1.1 Maschinenzahlen

Auf Rechenanlagen können reelle Zahlen nur mit endlich vielen Stellen als Maschinenzahlen gespeichert werden. Sie sind eine Teilmenge der reellen Zahlen. Es wird sich zeigen, daß die Rechenregeln für reelle Zahlen nicht in vollem Umfang für Maschinenzahlen gelten. Gibt man Zahlen mit mehr Stellen ein (oder erhält sie als Zwischenresultate z.B. bei einer Multiplikation) als der Umfang der Maschinenzahlen zuläßt, so sind diese auf die zulässige Stellenanzahl zu reduzieren.

Hierzu gibt es zwei Möglichkeiten. Entweder schneidet man die überschüssigen Ziffern einfach ab oder rundet diese Zahlen. In den meisten Rechenanlagen werden Eingaben (Input) abgeschnitten, Zwischenwerte gerundet. Das Runden des Inputs sollte daher durch den Benutzer der Rechenanlage zuvor erfolgen. Das Normblatt DIN 1333, Teil 2 Zahlenangaben, Runden, legt fest:
Eine Zahl wird gerundet, indem man zu ihr den halben Stellenwert der Rundestelle addiert und dann die Ziffern hinter der Rundestelle fortläßt.
Dies werde am folgenden Beispiel erläutert.

**Beispiel 1.3**  Die Zahl a = 277,8543 ist einmal auf 3 Dezimalen (Stellen nach dem Komma), dann auf 2 Stellen zu runden:

| | |
|---|---|
| 1. Zu rundende Zahl | 277,8543 |
| Rundestelle | $\vert$ |
| halber Rundestellenwert | 0,0005 |
| Summe | 277,8548 |
| gerundete Zahl | 277,854 |
| 2. Zu rundende Zahl | 277,8543 |
| Rundestelle | $\vert$ |
| Kommaverschiebung | $2,778543 \cdot 10^2$ |
| Rundestelle | $\vert$ |
| halber Rundestellenwert | $0,05 \cdot 10^2$ |
| Summe | $2,828543 \cdot 10^2$ |
| gerundete Zahl | $2,8 \cdot 10^2$ |

In Rechenanlagen wird fast ausschließlich mit Dualzahlen gerechnet. In kommerziell eingesetzten Anlagen erfolgt die K o n v e r t i e r u n g  der dezimalen Maschinenzahlen meist einzeln für jede Dezimalstelle, in technisch-wissenschaftlichen Anlagen für die gesamte Dezimalzahl. In manchen Anlagen benutzt man auch Zahlendarstellungen mit der Basis 100 oder 256. Die nachstehenden Überlegungen gelten für Zahlen beliebiger Basis.

Maschinenzahlen werden auf Rechenanlagen in zwei Formen gespeichert und verarbeitet, als Festpunkt- und als Gleitpunktzahlen. An Stelle des in Deutschland üblichen Kommas als Kennzeichnung der Einheitenstelle benutzt man immer häufiger besonders in der DV die angelsächsische Kennzeichnung durch einen Punkt. Daher spricht man von Festpunkt- anstelle von Festkommazahlen. Unabhängig von der Basis der Zahlendarstellung sind bei F e s t p u n k t z a h l e n  die Anzahl der Stellen p vor dem Punkt und die Anzahl q nach dem Punkt fest vorgegeben. Häufig ist hierbei p oder q gleich Null. Bei p = 4 und q = 3 sind die Zahlen

314,7125    bzw.    0,012116

nach der Rundung in der Form

0314713    bzw.    0000012

gespeichert.
G l e i t p u n k t z a h l e n  werden in halblogarithmischer Form

$$x = a \cdot E^b \tag{1.1}$$

mit $E \in \mathbf{N}$ und $b \in \mathbf{Z}$ verarbeitet; b heißt E x p o n e n t, a M a n t i s s e. Die B a s i s  E ist meist 10 oder 2. Die Gleitpunktzahl heißt n o r m i e r t, wenn

$$E^{-1} \leqslant |a| < 1 \tag{1.2}$$

gilt[1]. Der Exponent ist auf den Anlagen unterschiedlich begrenzt; wird die untere Grenze unterschritten, so setzt das Betriebssystem für diese Zahl den Wert Null, überschreitet der Exponent b die obere Grenze, so ergibt sich ein Internfehler im Betriebssystem, der nicht immer dem Benutzer angezeigt wird. Weiterhin ist die Anzahl r der Mantissenstellen fest vorgegeben. Unter der  M a -
s c h i n e n g e n a u i g k e i t  $\epsilon$ bei Festpunktzahlen wird die obere Grenze der Menge aller Zahlen verstanden, die sich bei einer Addition zu 1 wegen der Rundung nicht auf die Summe auswirken.

$$\epsilon = \max u \quad \text{mit} \quad 1 + u = 1$$

Hat eine Festpunktzahl q Stellen hinter dem Punkt, so ist die Maschinengenauigkeit $\epsilon = 5 \cdot 10^{-(q+1)}$, falls Dezimalzahlen vorliegen. Bei Dualzahlen ist die Maschinengenauigkeit $\epsilon = 2^{-(q+1)}$.

Ist x ein genauer Wert und $x_F$ ein mit Fehlern behafteter Wert, so nennt man die Differenz

$$\Delta x = x_F - x \tag{1.3}$$

den  a b s o l u t e n  F e h l e r. Wichtiger als der absolute Fehler ist häufig der  r e l a t i v e
F e h l e r

$$F_x = \frac{x_F - x}{x} = \frac{\Delta x}{x} \quad \text{für } x \neq 0 \tag{1.4}$$

Ist $\quad x = a \cdot E^b \quad$ und $\quad x_F = a_F \cdot E^b$

so wird $\Delta x = (a_F - a) \cdot E^b = \Delta a \cdot E^b$

und $\quad F_x = \dfrac{\Delta x}{x} = \dfrac{(a_F - a) \cdot E^b}{a \cdot E^b} = \dfrac{a_F - a}{a} = F_a \tag{1.5}$

Gl. (1.4) setzt $a \neq 0$ voraus. Ist die Abweichung der Zahl $a_F$ von a durch Rundung bedingt, so gilt

$$|a_F - a| \leqslant (E/2) \cdot E^{-(r+1)}$$

Wegen Gl. (1.2) ist

$$1 < \frac{1}{|a|} \leqslant E$$

Beträgt die Mantissenlänge r, so gilt bei Gleitpunktzahlen mit $E = 10$

$$|F_x| = \frac{|a_F - a|}{|a|} \leqslant \frac{5 \cdot 10^{-(r+1)}}{|a|} \leqslant 5 \cdot 10^{-r} \tag{1.6}$$

$\epsilon = 5 \cdot 10^{-r}$ ist also die Maschinengenauigkeit der Gleitpunktrechnung. Bei Dualzahlen in Gleitpunktrechnung ist die Maschinengenauigkeit $\epsilon = 2^{-r}$.

**Beispiel 1.4** In der Menge der reellen Zahlen gilt das Assoziativgesetz der Addition

$$y = (x_1 + x_2) + x_3 = x_1 + (x_2 + x_3)$$

Für die drei Gleitpunktzahlen

$$x_1 = 0{,}137146 \cdot 10^2 \quad x_2 = -0{,}137121 \cdot 10^2 \quad x_3 = 0{,}368272 \cdot 10^{-2}$$

ist die Gültigkeit dieses Gesetzes zu prüfen.

---

1) Bei negativen Gleitpunktzahlen ist häufig $E^{-1} < |a| \leqslant 1$ festgelegt.

Eine Addition von Gleitpunktzahlen ist nur dann möglich, wenn zuvor abweichend von der Normierung ihre Exponenten angeglichen werden. Es werde einmal zunächst $u = x_1 + x_2$ gebildet und dann $x_3$ addiert, sodann zu $v = x_2 + x_3$ noch $x_1$ addiert. Es ist

$$u = x_1 + x_2 = 0,137146 \cdot 10^2 - 0,137121 \cdot 10^2 = 0,000025 \cdot 10^2 = 0,250000 \cdot 10^{-2}$$

$$y = u + x_3 = 0,250000 \cdot 10^{-2} + 0,368272 \cdot 10^{-2} = 0,618272 \cdot 10^{-2}$$

Andererseits gilt

$$v = x_2 + x_3 = -0,137121 \cdot 10^2 + 0,368272 \cdot 10^{-2}$$
$$= -0,137121 \cdot 10^2 + 0,000037 \cdot 10^2 = -0,137084 \cdot 10^2$$

Damit wird

$$y = x_1 + v = 0,137146 \cdot 10^2 - 0,137084 \cdot 10^2 = 0,000062 \cdot 10^2$$
$$= 0,620000 \cdot 10^{-2} \neq 0,618272 \cdot 10^{-2}$$

Beim Rechnen mit Gleitpunktzahlen gilt das Assoziativgesetz der Addition nicht uneingeschränkt. Das Ergebnis ist von der Reihenfolge der Operationen abhängig.

## 1.2 Fehlerarten

Die Lösung einer Aufgabe in der n u m e r i s c h e n   M a t h e m a t i k läßt sich immer so formulieren, daß gewisse Eingabewerte (Input)

$$x_1, \ldots, x_m$$

vorgegeben sind; diese werden bestimmten Operationen unterzogen, hierdurch erhält man  A u s - g a b e w e r t e  (Output)

$$y_1, \ldots, y_n$$

Schreibt man die m Eingabewerte als Vektor $\mathbf{x}$, ebenso die n Ausgabewerte als Vektor $\mathbf{y}$, so beschreibt

$$\mathbf{y} = \begin{bmatrix} y_1 \\ \vdots \\ y_n \end{bmatrix} = \boldsymbol{\varphi}(\mathbf{x}) = \begin{bmatrix} \varphi_1(x_1, x_2, \ldots, x_m) \\ \vdots \\ \varphi_n(x_1, x_2, \ldots, x_m) \end{bmatrix} \tag{1.7}$$

das zu lösende  P r o b l e m. Häufig gibt es aber unterschiedliche Wege (s. Beispiel 1.4) zur Lösung eines Problems. Jeden solchen Lösungsweg nennt man einen  A l g o r i t h m u s. Er kann als eine Aufeinanderfolge elementarer Operationen beschrieben werden

$$\varphi(\mathbf{x}) = \varphi^{(r)} \left( \varphi^{(r-1)} \left( \ldots \varphi^{(0)} (\mathbf{x}) \right) \right)$$

Als elementare Operationen werden hier solche Rechenabschnitte verstanden, deren Fehler auf der entsprechenden Rechenanlage bekannt sind.

Die Eingabewerte stammen oft aus Messungen und sind daher meist mit Fehlern behaftet. Diese  F e h l e r   d e r   E i n g a b e w e r t e  wirken sich sehr unterschiedlich auf die Rechnung und damit auf die Ausgabewerte aus (s. Abschn. 1.3).

Die Eingabewerte stehen i. allg. als Dezimalzahlen zur Verfügung. Bestehen sie aus mehr Ziffern als in der Maschinenzahl zulässig sind, müssen die Eingabewerte gerundet werden. Hierbei entstehen R u n d u n g s f e h l e r. Sodann sind sie in das interne Zahlensystem der Anlage zu konvertieren. Aus Dezimalzahlen mit endlich vielen Ziffern entstehen dabei häufig unendliche Dualbrüche. So gilt z.B.

$$0{,}1_{10} = 0{,}0\overline{0011}_2$$

Beim Konvertieren muß daher oft erneut gerundet werden. Die sich dabei ergebenden K o n v e r t i e r u n g s f e h l e r sind spezielle Rundungsfehler. Weitere Rundungsfehler treten bei fast jeder arithmetischen Operation in der Rechenanlage auf. — Zur Lösung eines gegebenen numerischen Problems stehen häufig nur solche Algorithmen zur Verfügung, die nur eine angenäherte Problemlösung $y = \varphi(x)$ ermöglichen. Beim Simpson-Verfahren zur Integration einer Funktion f(x) ersetzt man f(x) stückweise durch Polynome 2. Grades. Hierdurch erhält man V e r f a h r e n s f e h l e r. Oft kann man zeigen, daß bei unendlich häufiger Wiederholung oder bei unbegrenzter Verfeinerung der Algorithmus unter Vernachlässigung von Fehlern im Input und von Rundungsfehlern exakt das Problem löst. Ein Algorithmus ist aber grundsätzlich endlich. In einer Rechenanlage können nur endlich viele Rechenoperationen durchgeführt werden. Daher spricht man bei manchen Verfahrensfehlern, z.B. bei Reihenentwicklungen, auch von A b b r e c h f e h l e r n. Alle diese Fehler bewirken in unterschiedlichem Maße, daß die Ausgabewerte

$$y = \begin{bmatrix} y_1 \\ \vdots \\ y_n \end{bmatrix}$$

von den theoretischen Werten abweichen. Besonders wichtig ist es zu untersuchen, wie sich die einzelnen Fehler jeweils beim Fortgang der Rechnung auswirken.

## 1.3 Fehlerfortpflanzung

Die einzelnen Ausgangswerte $y_i$ ($i = 1, \ldots, n$) haben die absoluten Fehler

$$\Delta y_i = y_{iF} - y_i = \varphi_i(x_{1F}, \ldots, x_{mF}) - \varphi_i(x_1, \ldots, x_m)$$

Ersetzt man diese Funktionsdifferenz durch ihre Taylor-Reihe und vernachlässigt die Größen höherer Ordnung, so wird

$$\Delta y_i \approx \sum_{j=1}^{m} \frac{\partial \varphi_i(x)}{\partial x_j} \Delta x_j \tag{1.8}$$

In Matrixschreibweise wird

$$\Delta y = \begin{bmatrix} \Delta y_1 \\ \vdots \\ \Delta y_n \end{bmatrix} \approx \begin{bmatrix} \dfrac{\partial \varphi_1}{\partial x_1} & \cdots & \dfrac{\partial \varphi_1}{\partial x_m} \\ \vdots & & \vdots \\ \dfrac{\partial \varphi_n}{\partial x_1} & \cdots & \dfrac{\partial \varphi_n}{\partial x_m} \end{bmatrix} \cdot \begin{bmatrix} \Delta x_1 \\ \vdots \\ \Delta x_m \end{bmatrix} = \mathbf{D}\varphi(x) \cdot \Delta x \tag{1.9}$$

$\mathbf{D}\varphi$ wird die **Funktionalmatrix** genannt. Sie ist die Übertragungsgröße der absoluten
Fehler der Eingangsgrößen auf die absoluten Fehler der Ausgangsgrößen. Das Fehlerfortpflanzungs-
gesetz interessiert aber besonders für relative Fehler, da in der numerischen Mathematik, besonders
in Rechenanlagen, vorwiegend Gleitpunktzahlen auftreten. Man erweitert den j-ten Summanden
in Gl. (1.8) mit $x_j$ und setzt $F_{xj} = \Delta x_j/x_j$, weiter dividiert man beide Seiten durch $y_i$ unter Berücksichtigung von $y_i = \varphi_i(x)$ und $\Delta y_i/y_i = F_{yi}$. Damit ergibt sich aus Gl. (1.8)

$$F_{yi} \approx \sum_{j=1}^{m} \frac{x_j}{\varphi_i(x)} \cdot \frac{\partial \varphi_i(x)}{\partial x_j} F_{xj} \tag{1.10}$$

Die Größen $\left| \dfrac{x_j}{\varphi_i(x)} \cdot \dfrac{\partial \varphi_i(x)}{\partial x_j} \right|$ werden häufig **Konditionszahlen** genannt. Sie geben das

Maß, wie der relative Fehler der Eingangsgröße $x_j$ verstärkt oder abgeschwächt zum relativen Fehler
der Ausgangsgröße $y_i$ beiträgt.

Hierin ist nicht zu überblicken, welche Vorzeichen die einzelnen Summanden haben, da die Vorzeichen der $F_{xj}$ nicht bekannt sind. Sicher gilt

$$|F_{yi}| \leqslant \sum_{j=1}^{m} \left| \frac{x_j}{\varphi_i(x)} \frac{\partial \varphi_i(x)}{\partial x_j} \right| \cdot |F_{xj}| \tag{1.11}$$

Sind die Konditionszahlen groß, so spricht man von einem schlecht konditionierten Problem,
sind sie kleiner oder gleich Eins, so heißt das Problem gut konditioniert. Gl. (1.11) ist nur sinnvoll, wenn alle $x_j$ und $y_i$ von Null verschieden sind.

Wir wollen nun Gl. (1.10) benutzen, um speziell die Fortpflanzung von Rundungsfehlern bei einem
gegebenen Algorithmus zu untersuchen. Dazu zerlegen wir den Algorithmus

$$\varphi(x) = \varphi^{(r)} \left( \varphi^{(r-1)} \left( \ldots \varphi^{(0)}(x) \right) \right)$$

in **Restalgorithmen**

$$\psi^{(\ell)}(x) = \varphi^{(\ell)} \left( \varphi^{(\ell-1)} \left( \ldots \varphi^{(0)}(x) \right) \right) \qquad \text{für } \ell = 0, \ldots, r$$

Für jedes $\ell$ von Null beginnend wird nun die Fehlerfortpflanzung gemäß Gl. (1.8) bzw. (1.10) für
jeden Restalgorithmus untersucht. Bei jedem Schritt kann ein neu hinzutretender Rundungs- oder
Verfahrensfehler hinzukommen, der zum Gesamtfehler beiträgt. Zur theoretischen Begründung
sei auf [14] verwiesen.

**Beispiel 1.5** Im Anschluß an Beispiel 1.4 soll die Addition dreier Zahlen genauer untersucht werden.

Im ersten Teil dieses Beispiels wird die Kondition des Problems diskutiert. Die Konditionszahlen

$$\left| \frac{x_j}{\varphi(x)} \cdot \frac{\partial \varphi(x)}{\partial x_j} \right| = \left| \frac{x_j}{x_1 + x_2 + x_3} \right| \qquad j = 1, 2, 3$$

zeigen, wie der Input eines Fehlers verstärkt oder gedämpft wird. Dabei wird unterstellt, daß die
Konditionszahlen exakt berechnet werden.

Im zweiten Teil werden drei hier infrage kommende Algorithmen zur Lösung dieses Problems
betrachtet, wobei jetzt die bei der Rechnung entstehenden Rundungsfehler berücksichtigt werden,

während Inputfehler unbeachtet bleiben. Die hier auftretenden Faktoren $V = |F_y|$ sollen
Ver stä r ku n g s f a kt o r e n genannt werden.

1. $y = \varphi(x_1, x_2, x_3) = x_1 + x_2 + x_3$. Die drei Summanden seien bereits mit den relativen Fehlern $F_{x1}$, $F_{x2}$ bzw. $F_{x3}$ behaftet. Mit

$$\frac{\partial \varphi}{\partial x_i} = 1 \qquad \text{für} \quad i = 1, 2, 3$$

wird $\quad F_y \approx \dfrac{x_1}{x_1 + x_2 + x_3} F_{x1} + \dfrac{x_2}{x_1 + x_2 + x_3} F_{x2} + \dfrac{x_3}{x_1 + x_2 + x_3} F_{x3}$

Das Problem ist also gut konditioniert, wenn

$$\left| \frac{x_i}{x_1 + x_2 + x_3} \right| \leqslant 1 \qquad \text{für} \quad i = 1, 2, 3$$

gilt. Das ist sicher der Fall, wenn alle drei Summanden das gleiche Vorzeichen haben.

2. Ist $\epsilon$ die Maschinengenauigkeit und $\eta_i$ der Rundungsfehler der i-ten Operation mit $|\eta_i| \leqslant \epsilon$, so liefert eine Addition infolge der Rundung

$$(x_1 + x_2)(1 + \eta_1)$$

Addiert man jetzt $x_3$ hinzu, so wird die Summe

$$[(x_1 + x_2)(1 + \eta_1) + x_3](1 + \eta_2)$$

$$= (x_1 + x_2 + x_3) \left[ 1 + \frac{x_1 + x_2}{x_1 + x_2 + x_3} \eta_1(1 + \eta_2) + \eta_2 \right]$$

Damit wird der durch die Rundung bedingte relative Fehler $F_y$ bei Vernachlässigung quadratischer Fehlerterme bei den Restalgorithmen

$$F_y = \frac{x_1 + x_2}{x_1 + x_2 + x_3} \eta_1 + \eta_2 \tag{1.12}$$

bzw. $\quad F_y = \dfrac{x_2 + x_3}{x_1 + x_2 + x_3} \eta_3 + \eta_4 \tag{1.13}$

oder $\quad F_y = \dfrac{x_1 + x_3}{x_1 + x_2 + x_3} \eta_5 + \eta_6$

Für die zu wählende Reihenfolge der Summanden ist entscheidend, ob $|x_1 + x_2|$ bzw. $|x_2 + x_3|$ oder $|x_1 + x_3|$ am kleinsten ist.
Mit den Werten von Beispiel 1.4 erhält man

$$|x_1 + x_2| = 2{,}5 \cdot 10^{-3} \qquad |x_1 + x_3| = 13{,}72 \qquad |x_2 + x_3| = 13{,}71$$

Da in Beispiel 1.4 für die Maschinengenauigkeit $\epsilon = 5 \cdot 10^{-6}$ gilt, wird mit Gl. (1.12)

$$|F_y| \leqslant \frac{2{,}5 \cdot 10^{-3}}{6{,}2 \cdot 10^{-3}} \cdot 5 \cdot 10^{-6} + 5 \cdot 10^{-6} = 7 \cdot 10^{-6}$$

bei anderer Additionsfolge Gl. (1.13) jedoch

$$|F_y| \leqslant \frac{13{,}71}{6{,}2 \cdot 10^{-3}} \cdot 5 \cdot 10^{-6} + 5 \cdot 10^{-6} = 1{,}1 \cdot 10^{-2}$$

**Beispiel 1.6** Man untersuche die Konditionen bei der Lösung der quadratischen Gleichung

$$y^2 + 2\,x_1 y + x_2 = 0$$

falls die Koeffizienten mit Fehlern behaftet sind. Hierbei diskutiere man insbesondere die Fälle

$$x_1^2 \approx x_2 \qquad \text{und} \qquad x_1^2 \gg |x_2|\,.$$

Nach der Auflösungsformel der quadratischen Gleichung ist

$$y_{1,2} = -x_1 \pm \sqrt{x_1^2 - x_2} \tag{1.14}$$

weiter gilt

$$\frac{\partial y_1}{\partial x_1} = -1 + \frac{x_1}{\sqrt{x_1^2 - x_2}} = -\frac{y_1}{\sqrt{x_1^2 - x_2}} \qquad \frac{\partial y_1}{\partial x_2} = -\frac{1}{2\sqrt{x_1^2 - x_2}}$$

$$\frac{\partial y_2}{\partial x_1} = +\frac{y_2}{\sqrt{x_1^2 - x_2}} \qquad \frac{\partial y_2}{\partial x_2} = \frac{1}{2\sqrt{x_1^2 - x_2}}$$

Hieraus folgt nach Gl. (1.10) wegen $y_1 y_2 = x_2$

$$F_{y1} \approx -\frac{x_1}{\sqrt{x_1^2 - x_2}}\, F_{x1} - \frac{y_2}{2\sqrt{x_1^2 - x_2}}\, F_{x2}$$

$$F_{y2} \approx \frac{x_1}{\sqrt{x_1^2 - x_2}}\, F_{x1} + \frac{y_1}{2\sqrt{x_1^2 - x_2}}\, F_{x2}$$

Für $x_2 < 0$ ist

$$\left| \frac{x_1}{\sqrt{x_1^2 - x_2}} \right| < 1 \qquad \left| \frac{y_{1,2}}{2\sqrt{x_1^2 - x_2}} \right| = \left| \frac{x_1 \pm \sqrt{x_1^2 - x_2}}{2\sqrt{x_1^2 - x_2}} \right| < 1$$

Das Problem ist also für $x_2 < 0$ gut konditioniert. Ist jedoch $x_2 > 0$, insbesondere $x_1^2 \approx x_2$, so ist das Problem schlecht konditioniert.

Zur Lösung der quadratischen Gleichung kann man unterschiedliche Algorithmen wählen. Dies soll im Falle $x_1^2 \gg |x_2|$ untersucht werden. Wählt man bei $x_1 > 0$ Gl. (1.14) zur Ermittlung von $y_1$, so tritt beim letzten Rechenschritt eine „Auslöschung" auf (s. auch Beispiel 1.4). Der vorher besonders beim Wurzelziehen aufgetretene relative Fehler $F_w$ wird verstärkt

$$y_1 = -x_1 + \sqrt{x_1^2 - x_2} = -x_1 + W$$

$$F_{y1} \approx \frac{W}{-x_1 + W}\, F_w = \frac{\sqrt{x_1^2 - x_2}}{-x_1 + \sqrt{x_1^2 - x_2}}\, F_w$$

$$= \frac{1}{x_2} \ \sqrt{x_1^2 - x_2} \ [-x_1 - \sqrt{x_1^2 - x_2}] \ F_W$$

$$= -\frac{1}{x_2} \ [x_1 \sqrt{x_1^2 - x_2} + x_1^2 - x_2] \ F_W$$

Hierbei ist $F_{x1}$ vernachlässigt worden. Für die V e r s t ä r k u n g s z a h l  V dieses Algorithmus (wobei noch nicht alle Fehlerfortpflanzungen berücksichtigt sind) gilt

$$V \approx \frac{2 \, x_1^2}{|x_2|}$$

Für $x_2 < 0$ wird $V > - 2 \, x_1^2/x_2$. Diese Zahl kann sehr groß werden.

Diesen großen relativen Fehler kann man vermeiden, wenn man bei $x_1 > 0$ zunächst $y_2$ rechnet und dann den Satz von Vieta benutzt

$$y_1 = \frac{x_2}{y_2} \tag{1.15}$$

Es soll wiederum nur die Fehlerfortpflanzung des Wurzelziehens betrachtet werden. Zunächst gilt bei $x_1 > 0$

$$F_{y2} \approx \frac{\sqrt{x_1^2 - x_2}}{x_1 + \sqrt{x_1^2 - x_2}} \ F_W$$

Weiter ist nach Gl. (1.15)

$$\frac{y_2}{y_1} \ \frac{\partial y_1}{\partial y_2} = - 1$$

Damit wird[1]

$$|F_{y1}| = |F_{y2}| \approx \left| \frac{\sqrt{x_1^2 - x_2}}{x_1 + \sqrt{x_1^2 - x_2}} \right| \cdot |F_W|$$

Dieser Faktor ist kleiner als Eins, der gewählte Algorithmus ist gutartig. Entsprechend berechnet man bei $x_1 < 0$ zunächst $y_1$.

Soll man die dem Betrage nach kleinere Wurzel der quadratischen Gleichung

$$y^2 + 1500 \, y - 0,0322500004623 = 0$$

bei 12 gültigen Ziffern rechnen, so wird

$$y_1 = - 750 + \sqrt{562500,032250}$$
$$= - 750 + 750,0000215004$$
$$= 0,0000215004$$

Es ist aber $y_2 = - 1500,0000215$. Hieraus folgt $y_1 = x_2/y_2 = 0,000021500000003$. Die genaue Lösung ist $0,0000215$.

---

1) Ist $x_1 < 0$, so sind $y_1$ und $y_2$ zu vertauschen.

### 1.4 Input und Output von Algorithmen

Zunächst werde der Begriff der n u m e r i s c h e n   S t a b i l i t ä t  eines Algorithmus erklärt.
Ein Algorithmus heißt numerisch stabil, wenn bei Verkleinerung der Fehler $\Delta x_j$ der Eingangsgrößen oder der jeweils auftretenden Rundungsfehler auch die Fehler $\Delta y_j$ der Ausgangsgrößen
verkleinert werden und im Grenzfall exakter Eingangswerte und Ausschließen von Rundungsfehlern die Fehler der Ausgangswerte Null sind. Bei stetiger Abhängigkeit dieser Fehler von den
Eingangsfehlern soll für

$$\Delta y_i = g_i(\Delta x_1, \Delta x_2, \ldots, \Delta x_m)$$

für $i = 1, \ldots, n$ gelten

$$\lim_{\Delta x_j \to 0} g_i(\Delta x_1, \ldots, \Delta x_m) = g_i(0, \ldots, 0) = 0$$
$$(j = 1, \ldots, m)$$

Sind die Verstärkungsfaktoren eines Algorithmus insgesamt kleiner als die eines anderen für das
gleiche Problem, so nennt man diesen Algorithmus auch numerisch stabiler als den anderen [14].

Viele Algorithmen bestehen darin, daß ein elementarerer Algorithmus mehrfach so angewandt
wird, daß seine Ausgangsgrößen jeweils Eingangsgrößen für den nächsten Schritt werden ( I t e r a -
t i o n s v e r f a h r e n ). Obwohl in der numerischen Mathematik und in der Rechenanlage nur
endlich viele Schritte durchgeführt werden, betrachtet man das Verhalten für beliebig viele Schritte,
also Konvergenz oder Divergenz. Dies kann häufig eine Hilfe für die Beurteilung eines Algorithmus
sein. Es ist aber zu beachten, daß viele konvergente Folgen und Reihen für die numerische Rechnung unbrauchbar sind. Als Beispiel sei

$$\sum_{i=1}^{\infty} \frac{(-1)^{i+1}}{i} = \ln 2$$

genannt.

Aus dem Effekt der Auslöschung folgt, daß alternierende Reihen numerisch weniger geeignet sind
als Reihen, deren Summanden alle das gleiche Vorzeichen haben.

Die Aussagen über Konvergenz und Divergenz beziehen sich meist auf reelle Zahlen. Rechnet man
jedoch mit Maschinenzahlen, so brauchen diese Aussagen nicht richtig zu sein. Bei der Regula falsi
(s. Abschn. 2.1.1) ist ein Beispiel gegeben, wo — bedingt durch die Maschinenzahlen — die Folge
der Näherungswerte sich nicht ändert, während ein deutlich anderer Wert der „richtige" Grenzwert
ist.

Faßt man diese Überlegungen zusammen, so ergeben sich folgende Möglichkeiten:

1. Ein Problem ist grundsätzlich unlösbar; das heißt, jeder denkbare Algorithmus ist z.B. numerisch
instabil (inhärente Instabilität) oder führt grundsätzlich auf divergente Folgen.

2. Nicht das Problem, wohl aber der zur Lösung gewählte Algorithmus ist z.B. grundsätzlich numerisch instabil oder führt auf divergente Folgen.

3. Der gewählte Algorithmus ist für eine gewisse Menge von Eingangsgrößen z.B. numerisch instabil
oder führt zu divergenten Folgen, für andere Eingangswerte jedoch zur Lösung.

4. Der gewählte Algorithmus führt mit jedem möglichen Eingangswert zur Lösung.

**Beispiel 1.7** Die Lösung der Differentialgleichung

$$y'' - y = 0 \tag{1.16}$$

mit den Anfangswerten $y(0) = 1$ und $y'(0) = -1$ ist grundsätzlich nicht mit einem numerischen Verfahren anzunähern. Die allgemeine Lösung von Gl. (1.16) lautet nämlich

$$y = c_1 e^x + c_2 e^{-x}$$

Es wird wegen der Anfangsbedingungen die Lösung mit $c_1 = 0$, $c_2 = 1$ gesucht. Bei jedem numerischen Verfahren tritt ein Fehler $\eta$ auf, der $c_1$ nicht völlig zu Null macht. Wenn dann nur x hinreichend groß wird, überwiegt $\eta \cdot e^x$ gegenüber dem zweiten Summanden.

**Beispiel 1.8**  Bei einem Knickproblem eines Balkens tritt die Bestimmungsgleichung

$$x = \tan x \qquad\qquad (1.17)$$

mit einer Lösung $x > 0$ auf. Versucht man die Lösung mit dem Iterationsverfahren

$$x_{n+1} = \varphi(x_n) = \tan x_n$$

(s. Abschn. 2.1.2), so führt dies immer zu Divergenz, da mit

$$\varphi(x) = \tan x \qquad\qquad (1.18)$$

die erste Ableitung für $x \neq 0$.

$$\varphi'(x) = 1 + \tan^2 x$$

immer dem Betrage nach größer als Eins ist. Formt man jedoch Gl. (1.17) in

$$x = \arctan x$$

um, so ist mit $\varphi_1(x) = \arctan x$ die Ableitung

$$\varphi_1'(x) = \frac{1}{1 + x^2}$$

immer dem Betrage nach kleiner als Eins. Das Iterationsverfahren konvergiert jetzt für beliebige Anfangswerte.

**Beispiel 1.9**  Die Bestimmungsgleichung

$$x = \tan x$$

ist mit dem Startwert $x_1 = 4{,}5$ und die Bestimmungsgleichung[1]

$$x = \arctan x$$

mit dem Startwert $x_1 = 3$ mit dem Iterationsverfahren $x_{n+1} = \varphi(x_n)$ zu lösen.

| | |
|---|---|
| 1. $x_1 = 4{,}5$ | 2. $x_1 = 3$ |
| $x_2 = \tan 4{,}5 = 4{,}637$ | $x_2 = \arctan 3 = 4{,}391$ |
| $x_3 = \tan 4{,}637 = 13{,}298$ | $x_3 = \arctan 4{,}391 = 4{,}488$ |
| $x_4 = \tan 13{,}298 = 0{,}898$ | $x_4 = \arctan 4{,}488 = 4{,}493$ |
| $\dots$ | $x_5 = \arctan 4{,}493 = 4{,}493$ |

Setzt man $y = \tan x - x$, so kann man nach Newton (s. Abschn. 2.1.3) die Lösung x mit der Iteration

$$x_{n+1} = x_n - \frac{y(x_n)}{y'(x_n)}$$

erhalten. Aus $y = \tan x - x$ folgt $y' = \tan^2 x$, also ist

$$x_{n+1} = x_n - \frac{\tan x_n - x_n}{\tan^2 x_n}$$

---

[1] Hier ist die Funktion $\varphi$ mit $\arctan 0 = \pi$ zu wählen.

Nur Startwerte $x_1$ in einem gewissen Bereich um die Nullstelle $x_0 = 4,493$ bewirken Konvergenz, z.B. $x_1 = 4,5$. Wählt man jedoch $x_1 = 4$, so divergiert das Verfahren.

| $x_n$ | $\tan x_n$ | $\tan x_n - x_n$ | $\tan^2 x_n$ | $\dfrac{\tan x_n - x_n}{\tan^2 x_n}$ | $x_{n+1}$ |
|---|---|---|---|---|---|
| 4,500 | 4,637 | 0,137 | 21,50 | 0,006372 | 4,494 |
| 4,494 | 4,510 | 0,016 | 20,34 | 0,000787 | 4,493 |
| 4,493 | 4,485 | −0,008 | 20,11 | −0,000398 | 4,493 |
| 4,000 | 1,158 | −2,842 | 1,341 | −2,119 | 6,119 |
| 6,119 | −0,1657 | −6,285 | 0,02746 | −228,9 | 235,0 |

### 1.5 Aufgaben zu Abschnitt 1

**1.** Man prüfe das Assoziativgesetz der Multiplikation

$$u(vw) = (uv)w$$

bei 7 Stellen nach dem Komma für $u = 12,0000001$; $v = 1,2500008$; $w = 12,0000008$.

**2.** Aus dem Gleichungssystem

$$ax + by = c \qquad dx + ey = f$$

kann nach Cramer $y$ durch

$$y = \frac{af - cd}{ae - bd}$$

und anschließend durch Einsetzen

$$x = \frac{c - by}{a}$$

bestimmt werden.

Man löse diese Aufgabe bei 7 Gleitpunktstellen jeweils für

$$a = 4,216731 \qquad a = 4,214162$$
$$b = 4,214162 \qquad b = 4,216731$$
$$c = 4,215960$$
$$d = 3,978181 \qquad d = 3,971818$$
$$e = 3,971818 \qquad e = 3,978181$$
$$f = 3,976272$$

**3.** Das Gleichungssystem

$$x_1 y + x_2 z = x_3 \qquad x_4 y + x_5 z = x_6$$

ergibt nach Cramer für $z$ die Gleichung

$$z = \frac{x_1 x_6 - x_3 x_4}{x_1 x_5 - x_2 x_4}$$

Entsprechend Gl. (1.10) bestimme man die dabei auftretenden 6 Konditionszahlen.

**4.** Es ist

$$\sum_{i=1}^{\infty} \frac{(-1)^{i+1}}{i} = \ln 2 = 0{,}6931472$$

Man nähere diese Summe durch die ersten 100 000 Summanden an.

Was ergibt ein Programm mit einer Gleitpunktrechnung bei $r = 7$, und was erhält man beim Rechnen mit doppelter Genauigkeit?

**5.** Zur Berechnung von $y = (1 - \cos x)/x$ bestimme man die Konditionszahl. Man diskutiere

$$y \quad \text{und} \quad \frac{x}{y}\frac{dy}{dx} \quad \text{für } x \approx 0$$

**6.** Man berechne $e^{-4}$ nach der McLaurin-Reihe für $e^{-x}$ bei 4 Gleitpunktstellen. Man rechne zum Vergleich $e^{4}$ und bilde am Schluß den Kehrwert.

# 2 Nullstellen

Die Aufgabe, eine oder mehrere Unbekannte aus einer entsprechenden Anzahl von Gleichungen zu bestimmen, stellt in sehr vielen Fällen den numerischen Kern technischer Probleme dar. Nur verhältnismäßig selten (z.B. bei einer linearen oder quadratischen Gleichung) ist es möglich, die Unbekannten formelmäßig zu isolieren; im übrigen ist man auf Näherungsverfahren angewiesen, mit denen man sich den gesuchten Werten Schritt für Schritt nähert, bis die Abweichungen innerhalb einer vorgegebenen Toleranz liegen.

Ein universelles Näherungsverfahren, das sich für alle Probleme gleichermaßen gut eignet, gibt es dafür nicht, vielmehr muß das günstigste aus den Gegebenheiten der konkreten Aufgabenstellung heraus ermittelt werden. Hierbei haben sowohl Anzahl und Wertebereich der Unbekannten als auch Aufbau und Komplexität der einzelnen Gleichungen ebenso entscheidenden Einfluß auf die Auswahl des Verfahrens, wie die Größe des maximal zulässigen Fehlers der gesuchten Werte und die vorhandenen Möglichkeiten, diese zu schätzen.

Es ist hier nicht beabsichtigt, gewisse spezielle Aufgaben optimal zu lösen; vielmehr sollen an einfachen Beispielen die vorzustellenden Methoden übersichtlich demonstriert werden.

Einige Methoden benötigen Startwerte für die Berechnung der Unbekannten. Die in den Beispielen dafür angegebenen Werte können als das Ergebnis einer groben Schätzung oder einer vorgeschalteten Grobrechnung der gesuchten Größen angesehen werden.

## 2.1 Auflösung einer Gleichung mit einer Unbekannten

**Beispiel 2.1** Um Hochspannungsleitungen durch feste Wände hindurchzuführen, benutzt man Isolatoren in Hohlzylinderform. Der äußere Durchmesser sei $2 \cdot R$, der innere sei $2 \cdot r$, sein Querschnitt $A = \pi \cdot (R^2 - r^2)$. Für das Verhältnis q der Netzspannung zur maximal zulässigen Feldstärke gilt $q = r \cdot \ln (R/r)$. Wie groß muß das Durchmesserverhältnis $x = R/r$ sein, damit bei vorgegebenem q der Querschnitt A minimal ist?

Mit $r = \dfrac{q}{\ln x}$ erhält man $A = \pi \cdot \dfrac{q^2}{(\ln x)^2} \cdot (x^2 - 1)$. Die Bestimmungsgleichung für x lautet demnach

$$A' = 2 \cdot \pi \cdot q^2 \cdot \frac{x^2 \cdot (\ln x - 1) + 1}{x \cdot (\ln x)^3} = 0$$

Hieraus folgt mit[1]

$$f(x) := \ln x + \frac{1}{x^2} - 1$$

daß das gesuchte Durchmesserverhältnis $x_0 > 1$ eine Lösung der Gleichung $f(x_0) = 0$ darstellt (s. auch Beispiel 2.6).

---

1) Mit := wird die linke Seite durch den Ausdruck auf der rechten Seite definiert.

Im Falle einer einzigen Unbekannten läßt sich die Bestimmungsgleichung stets in der Form
$f(x_0) = 0$ schreiben. $x_0$ heißt L ö s u n g oder W u r z e l  d e r  G l e i c h u n g  $f(x) = 0$.
Man bezeichnet $x_0$ auch als N u l l s t e l l e  d e r  F u n k t i o n  $y = f(x)$. Meistens hat eine
Funktion mehrere Nullstellen; je nach Aufgabenstellung wird dann eine bestimmte Nullstelle oder
die Gesamtheit aller Nullstellen zu ermitteln sein.

Jedes Näherungsverfahren liefert eine Zahlenfolge $x_1, x_2, x_3, \ldots$, von der man erwartet, daß sie
gegen die gesuchte Nullstelle $x_0$ konvergiert. Häufig werden ein oder mehrere Startwerte
$x_1; x_2, \ldots, x_m$ benötigt, bevor das Verfahren schrittweise die weiteren Glieder der Folge berechnet. Eine solche I t e r a t i o n  läßt sich durch

$$x_{k+1} = \varphi_{k+1}(x_k, x_{k-1}, \ldots, x_{k-m+1})$$

beschreiben.

Näherungsverfahren lassen sich nach verschiedenen Gesichtspunkten klassifizieren. Man spricht von
einem s t a t i o n ä r e n  Verfahren, wenn die Funktion $\varphi_{k+1}$ effektiv nicht von der Iterations-
stufe $k + 1$ abhängt, also

$$x_{k+1} = \varphi(x_k, x_{k-1}, \ldots, x_{k-m+1})$$

gilt. Sonst heißt das Verfahren n i c h t s t a t i o n ä r.

Ein besonders einfacher Fall liegt vor, wenn die Funktion $\varphi_{k+1}$ nur von $x_k$ abhängt

$$x_{k+1} = \varphi_{k+1}(x_k)$$

so daß in diesem Iterationsprozeß jedes Folgeglied allein von seinem Vorgänger bestimmt wird.
Man spricht hier vom E i n s c h r i t t v e r f a h r e n,  im Gegensatz zum allgemeinen Fall des
M e h r s c h r i t t v e r f a h r e n s.  Ein Näherungsverfahren, das durch

$$x_{k+1} = \varphi(x_k)$$

festgelegt ist, stellt demnach eine stationäre Einschrittiteration dar.

Als weiteres Merkmal eines Näherungsverfahrens bietet sich seine K o n v e r g e n z g e s c h w i n -
d i g k e i t  an. Ein Verfahren konvergiert um so schneller, je weniger Schritte man benötigt, um
den gesuchten Grenzwert innerhalb vorgegebener Genauigkeit zu erreichen. Für die Schnelligkeit
der Konvergenz ist in erster Linie seine K o n v e r g e n z o r d n u n g  maßgebend. L i n e a r e
K o n v e r g e n z  liegt vor, wenn für fast alle $k \in \mathbf{N}$ eine Abschätzung

$$|x_{k+1} - x_0| \leqslant K \cdot |x_k - x_0| \qquad \text{mit } 0 < K < 1 \tag{2.1}$$

möglich ist. Gilt hingegen für fast alle $k \in \mathbf{N}$

$$|x_{k+1} - x_0| \leqslant K \cdot |x_k - x_0|^{\ell} \qquad (K > 0, \text{ sonst beliebig}) \tag{2.2}$$

mit $\ell > 1$, dann heißt das Verfahren k o n v e r g e n t  v o n  d e r  O r d n u n g  $\ell$.
Aus Gl. (2.1) bzw. (2.2) ergibt sich

$$|x_{k+1} - x_0| \leqslant K \cdot |x_k - x_0|^{\ell} \leqslant K^{1+\ell} \cdot |x_{k-1} - x_0|^{\ell^2} \leqslant \ldots$$
$$\leqslant K^{1+\ell+\ell^2+\ldots+\ell^{k-1}} \cdot |x_1 - x_0|^{\ell^k}$$

Hiermit erhält man

$$\text{für } \ell = 1: \qquad |x_{k+1} - x_0| \leqslant K^k \cdot |x_1 - x_0| \tag{2.3}$$

$$\text{für } \ell > 1: \qquad |x_{k+1} - x_0| \leqslant K^{(\ell^k - 1)/(\ell - 1)} \cdot |x_1 - x_0|^{\ell^k} \tag{2.4}$$

Aus Gl. (2.3) ergibt sich, daß die Folge $\{x_k\}$ bei beliebiger Wahl von $x_1$ konvergiert, da in Gl. (2.1) $K < 1$ vorausgesetzt wird.

Wenn man im Falle einer Konvergenzordnung $\ell > 1$ den Schätzwert $x_1$ so nahe an $x_0$ wählt, daß

$$K \cdot |x_1 - x_0|^{\ell - 1} = Q < 1 \tag{2.5}$$

gilt, erhält man wegen

$$K \cdot |x_1 - x_0|^{\ell} = Q \cdot |x_1 - x_0| \tag{2.6}$$

aus Gl. (2.2) der Reihe nach

$$|x_2 - x_0| \leqslant K \cdot |x_1 - x_0|^{\ell} = Q \cdot |x_1 - x_0| \tag{2.7}$$

$$|x_3 - x_0| \leqslant K \cdot |x_2 - x_0|^{\ell} \leqslant K \cdot Q^{\ell} \cdot |x_1 - x_0|^{\ell} = Q^{1+\ell} \cdot |x_1 - x_0|$$

$$|x_4 - x_0| \leqslant K \cdot |x_3 - x_0|^{\ell} \leqslant K \cdot Q^{\ell + \ell^2} \cdot |x_1 - x_0|^{\ell} = Q^{1 + \ell + \ell^2} \cdot |x_1 - x_0|$$

$$\vdots$$

$$|x_{k+1} - x_0| \leqslant Q^{(\ell^k - 1)/(\ell - 1)} \cdot |x_1 - x_0| \tag{2.8}$$

so daß die Folge $\{x_k\}$ gegen $x_0$ konvergiert. Aus Gl. (2.2) und (2.8) folgt

$$|x_{k+1} - x_0| \leqslant K \cdot |x_k - x_0|^{\ell - 1} \cdot |x_k - x_0|$$

$$|x_{k+1} - x_0| \leqslant K \cdot Q^{\ell^{k-1} - 1} \cdot |x_1 - x_0|^{\ell - 1} \cdot |x_k - x_0|$$

Die Einschränkung Gl. (2.5) liefert daraus

$$|x_{k+1} - x_0| \leqslant Q^{\ell^{k-1}} \cdot |x_k - x_0| \tag{2.9}$$

also ist $\{|x_k - x_0|\}$ monoton abnehmend, zumindest solange die bei der Berechnung von $x_{k+1}$ auftretenden Rundungsfehler nicht überwiegen. – Aus der Dreiecksungleichung

$$|x_k - x_0| \leqslant |x_k - x_{k+1}| + |x_{k+1} - x_0|$$

erhält man mit Gl. (2.9)

$$|x_k - x_0| \leqslant |x_k - x_{k+1}| + Q^{\ell^{k-1}} \cdot |x_k - x_0|$$

Durch Auflösen nach $|x_k - x_0|$ gewinnt man

$$|x_k - x_0| \leqslant \frac{1}{1 - Q^{\ell^{k-1}}} \cdot |x_{k+1} - x_k| \tag{2.10}$$

bzw. $\quad |x_k - x_0| \leqslant \dfrac{1}{1 - K} \cdot |x_{k+1} - x_k| \quad$ für $\ell = 1$

Die Multiplikation mit $Q^{\ell^{k-1}}$ bzw. $K$ ergibt daraus wegen Gl. (2.9) bzw. (2.1)

$$|x_{k+1} - x_0| \leqslant \frac{Q^{\ell^{k-1}}}{1 - Q^{\ell^{k-1}}} \cdot |x_{k+1} - x_k| \tag{2.11}$$

bzw. $\quad |x_{k+1} - x_0| \leqslant \dfrac{K}{1 - K} \cdot |x_{k+1} - x_k| \quad$ für $\ell = 1$

Gl. (2.10) und (2.11) ermöglichen eine Abschätzung der Genauigkeit der Näherungswerte $x_k$ und $x_{k+1}$ aus der Differenz $|x_{k+1} - x_k|$ heraus. Hierbei wird wiederum vorausgesetzt, daß etwaige Rundungsfehler die Schätzung nicht beeinträchtigen.

Sofern man sich in hinreichender Nähe von $x_0$ bewegt , bedeutet höhere Konvergenzordnung zugleich höhere Konvergenzgeschwindigkeit. Bei größerem Abstand vom Grenzwert kann dagegen ein Verfahren niederer Ordnung durchaus effektiver sein, so daß man Verfahren mit höherer Konvergenzordnung zweckmäßig erst dann verwendet, wenn ein hinreichend genauer Startwert bekannt ist.

Die Intervallhalbierungsmethode, die einfache Regula falsi (Zweischrittverfahren) und die Methode der sukzessiven Approximation (Einschrittverfahren) sind Verfahren mit geringer Konvergenzgeschwindigkeit.

Das Sekantenverfahren und die verfeinerte Regula falsi mit nahezu quadratischer Interpolation (Zweischrittverfahren) liegen zwischen linearer und quadratischer Konvergenz, ebenso das auf quadratischer Interpolation basierende Verfahren von Müller [16], während das mit tangentialer Extrapolation operierende Newtonsche Näherungsverfahren (Einschrittverfahren) — zumindest bei einfachen Nullstellen — quadratisch konvergiert.

Vergröbert man das Newtonsche Verfahren, indem man statt des punktabhängigen Kurvenanstiegs einen konstanten Wert wählt, so gelangt man zum linear konvergenten Sehnenverfahren [8]. Eine Verfeinerung des Newtonschen Verfahrens durch Hinzunahme höherer Ableitungen führt auf die verbesserten Newtonschen Verfahren mit entsprechend höherer Konvergenzordnung [2].

Unter den Methoden zur Konvergenzbeschleunigung ist das Aitken-Verfahren hervorzuheben, bei dem die Konvergenzordnung nahezu verdoppelt wird. Die Anwendung dieses Verfahrens auf die Methode der sukzessiven Approximation führt auf das Steffensen-Verfahren (Einschrittverfahren) mit quadratischer Konvergenz. In den folgenden Abschnitten werden die gebräuchlichsten Verfahren beschrieben: Intervallhalbierungsmethode, einfache und verfeinerte Regula falsi, Methode der sukzessiven Approximation, Aitkensche Konvergenzbeschleunigung, Newtonsches Verfahren. Abgesehen von den Methoden, in deren Verlauf Vorzeichenbestimmungen vorzunehmen sind, lassen sich alle Verfahren in gleicher Weise im Reellen wie im Komplexen verwenden.

Es bleibt hervorzuheben, daß jedes dieser Verfahren Startwerte benötigt, die überdies genügend nahe an der gesuchten Nullstelle liegen müssen. Bei technischen Anwendungen bereitet deren Bestimmung jedoch kaum Schwierigkeiten, da hier die Lage der gesuchten Nullstellen meistens leicht abgeschätzt werden kann.

Für gewisse Funktionenklassen gibt es Verfahren, die ohne Startwert arbeiten, z.B. das Bernoulli-Verfahren zur Nullstellenbestimmung von Polynomen (Abschn. 2.3.2).

Das einfachste Verfahren zur Nullstellenbestimmung ist die  I n t e r v a l l h a l b i e r u n g s -
m e t h o d e .

Die stetige Funktion $y = f(x)$ habe in $x_1$ und $x_2$ unterschiedliche Vorzeichen, so daß dazwischen wenigstens eine Nullstelle $x_0$ liegt (Bild 2.1). Man berechnet nun die Intervallmitte

$$x_3 = \frac{x_1 + x_2}{2}$$

und den Funktionswert $f(x_3)$. Wenn $x_3$ nicht selbst Nullstelle ist, setzt man die Halbierung in derjenigen Intervallhälfte fort, an deren Enden die Funktion entgegengesetzte Vorzeichen aufweist. Bei diesem nichtstationären Verfahren gilt

$$|x_{k+1} - x_0| \leqslant \frac{1}{2^{k-1}} \cdot |x_2 - x_1|$$

da bei jedem Schritt der Spielraum der Nullstelle auf die Hälfte verringert wird.

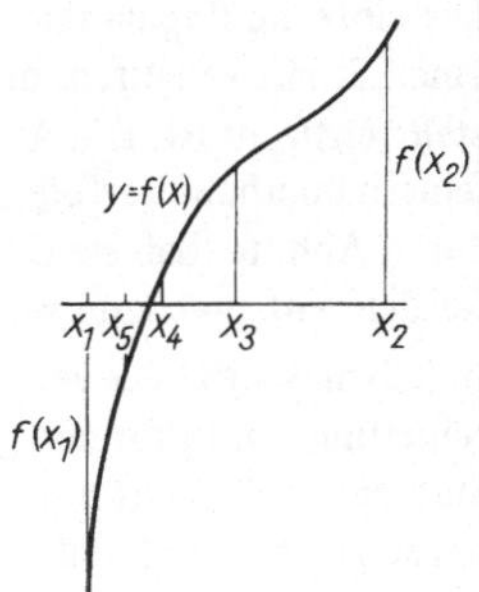


Bild 2.1 Methode der Intervallhalbierung

### 2.1.1 Regula falsi

Insbesondere bei Funktionen, deren Kurve nur gering gekrümmt ist, besitzt ein anderes Näherungsverfahren zur Nullstellenbestimmung bessere Konvergenzeigenschaften, indem es statt der Intervallhalbierung eine lineare Interpolation verwendet. Die Regula falsi verlangt zur Berechnung der Näherung $x_{k+1}$ zwei Stellen $a_k$ und $b_k$ mit $f(a_k) \cdot f(b_k) < 0$ und ermittelt $x_{k+1}$ als Nullstelle der Geraden durch $P_a(a_k; f(a_k))$ und $P_b(b_k; f(b_k))$. Der Strahlensatz liefert (Bild 2.2)

$$\frac{b_k - x_{k+1}}{f(b_k)} = \frac{b_k - a_k}{f(b_k) - f(a_k)} = \frac{a_k - x_{k+1}}{f(a_k)} \tag{2.12}$$

Daraus folgt

$$x_{k+1} = b_k - f(b_k) \cdot \frac{b_k - a_k}{f(b_k) - f(a_k)} \tag{2.13}$$

Wenn $x_{k+1}$ nicht zufällig selbst die Nullstelle $x_0$ ist, liegt $x_0$ in einem der Intervalle $[a_k; x_{k+1}]$ [1] oder $[x_{k+1}; b_k]$. Das zutreffende Intervall bezeichnet man mit $[a_{k+1}; b_{k+1}]$, wobei es üblich ist, $b_{k+1}$ grundsätzlich mit $x_{k+1}$ zu identifizieren, und mit $a_{k+1}$ je nach Intervall $a_k$ oder $b_k$ zu bezeichnen. Mit $a_{k+1}; b_{k+1}$ berechnet man $x_{k+2}$ und fährt in der angegebenen Weise fort.

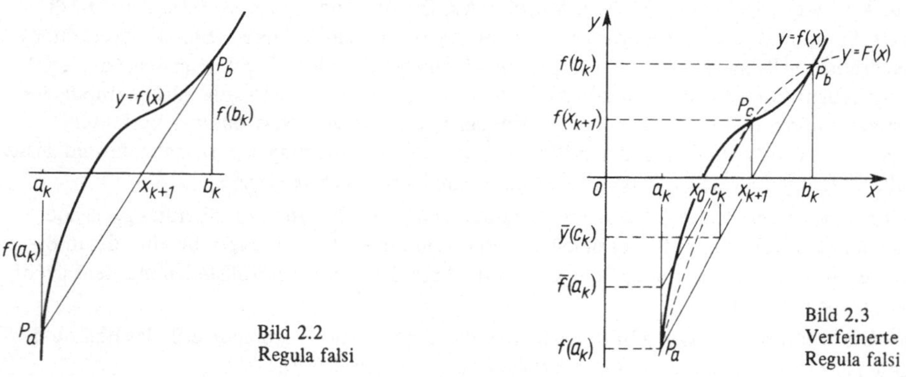


Bild 2.2
Regula falsi

Bild 2.3
Verfeinerte
Regula falsi

Die Regula falsi mit der Bedingung    $f(a_k) \cdot f(b_k) < 0$
besitzt gewöhnlich nur schwache Konvergenz. Verzichtet man auf diese Forderung und wendet Gl. (2.13) auf $a_k := x_{k-1}$, $b_k := x_k$ an (Sekantenverfahren), so kann — im Konvergenzfall — die Ordnung $\ell = 1{,}618$ erwartet werden.

Die einfache Regula falsi leidet häufig darunter, daß zunächst alle Interpolationsgeraden durch einen Punkt verlaufen, der zu einem der Startwerte gehört und leider noch zu weit von der Nullstelle entfernt ist. Die Annäherung verläuft dann sehr schleppend oder infolge von Rundungsfehlern überhaupt erfolglos. Eine V e r f e i n e r u n g  d e r  R e g u l a  f a l s i  schafft hier dadurch Abhilfe, daß sie Ordinaten, die mehrmals hintereinander zum Interpolieren herangezogen werden, entsprechend verkürzt, bis sich dadurch ein neues Intervallende einstellt.

In jedem Schritt der verfeinerten Regula falsi (Bild 2.3) bezeichnet $P_b$ den zuletzt berechneten Näherungspunkt für den gesuchten Nulldurchgang der Funktion $y = f(x)$, während der zweite Stützpunkt $P_a$ nicht notwendig auf der Funktionskurve zu liegen braucht, sondern vom Verfahren so gesetzt wird, daß $y = f(x)$ im nächsten Schritt nahezu quadratisch interpoliert wird.

---

[1] $[a_k; x_{k+1}]$ bezeichnet das abgeschlossene Intervall mit den Enden $a_k$ und $x_{k+1}$.

Jeder Schritt der verfeinerten Regula falsi beginnt mit der linearen Interpolation Gl. (2.13) zur Bestimmung von $x_{k+1}$. Falls nun $f(x_{k+1})$ und der im vorausgegangenen Schritt berechnete Funktionswert $f(b_k)$ unterschiedliche Vorzeichen haben, ist $[b_k; x_{k+1}]$ das nächste Interpolationsintervall, so daß kein Anlaß besteht, eine Korrektur vorzunehmen. Im anderen Falle ergäbe sich jedoch das Intervall $[a_k; x_{k+1}]$, so daß die neue Interpolationsgerade wiederum durch den alten Punkt $P_a$ verlaufen müßte. Bevor der nächste Schritt des Verfahrens beginnt, wird hier eine Verkürzung der Ordinate von $P_a$ derart vorgenommen, daß die anschließende lineare Interpolation fast wie eine quadratische wirkt. Die erforderliche Verkürzung läßt sich ermitteln, indem man zunächst die Gleichung $y = F(x)$ der Parabel durch $P_a(a_k; f(a_k))$, $P_b(b_k; f(b_k))$ und $P_c(x_{k+1}; f(x_{k+1}))$ bestimmt. Die Funktion

$$F(x) = f(x_{k+1}) \cdot \frac{(x - a_k) \cdot (x - b_k)}{(x_{k+1} - a_k) \cdot (x_{k+1} - b_k)} + \frac{f(b_k) - f(a_k)}{b_k - a_k} \cdot (x - x_{k+1}) \qquad (2.14)$$

ist quadratisch, und ihre Kurve geht auch durch die genannten drei Punkte, denn $F(x_{k+1}) = f(x_{k+1})$ folgt unmittelbar aus Gl. (2.14), während man unter Verwendung von Gl. (2.12)

$$F(a_k) = \frac{f(b_k) - f(a_k)}{b_k - a_k} \cdot (a_k - x_{k+1}) = \frac{f(b_k) - f(a_k)}{b_k - a_k} \cdot f(a_k) \cdot \frac{b_k - a_k}{f(b_k) - f(a_k)} = f(a_k)$$

und entsprechend $F(b_k) = f(b_k)$ erhält.

Setzt man in Gl. (2.14) $F(x) = 0$, so erhält man für die in $[a_k; b_k]$ gelegene Nullstelle $c_k$ der Parabel $y = F(x)$

$$\frac{f(x_{k+1})}{x_{k+1} - c_k} = \frac{f(b_k) - f(a_k)}{b_k - a_k} \cdot \frac{(a_k - x_{k+1}) \cdot (b_k - x_{k+1})}{(a_k - c_k) \cdot (b_k - c_k)} \qquad (2.15)$$

Gl. (2.12) liefert

$$a_k - x_{k+1} = f(a_k) \cdot \frac{b_k - a_k}{f(b_k) - f(a_k)} \qquad b_k - x_{k+1} = f(b_k) \cdot \frac{b_k - a_k}{f(b_k) - f(a_k)}$$

Setzt man dies in Gl. (2.15) ein, so erhält man

$$\frac{f(x_{k+1})}{x_{k+1} - c_k} = \frac{f(a_k) \cdot \dfrac{b_k - a_k}{f(b_k) - f(a_k)} \cdot \dfrac{f(b_k)}{b_k - c_k}}{a_k - c_k} \qquad (2.16)$$

Mit der Abkürzung

$$\bar{f}(a_k) = f(a_k) \cdot \frac{b_k - a_k}{f(b_k) - f(a_k)} \cdot \frac{f(b_k)}{b_k - c_k} \qquad (2.17)$$

gewinnt man

$$\frac{f(x_{k+1})}{x_{k+1} - c_k} = \frac{\bar{f}(a_k)}{a_k - c_k} \qquad (2.18)$$

Gl. (2.18) besagt, daß $c_k$ die Nullstelle der Geraden durch $(a_k; \bar{f}(a_k))$ und $(x_{k+1}; f(x_{k+1}))$ ist. Die ursprüngliche Gerade durch $(a_k; f(a_k))$ und $(b_k; f(b_k))$ hat bei $c_k$ die Ordinate

$$\bar{y}(c_k) = f(b_k) + \frac{f(b_k) - f(a_k)}{b_k - a_k} \cdot (c_k - b_k) \qquad (2.19)$$

Gl. (2.19) liefert

$$\frac{b_k - a_k}{f(b_k) - f(a_k)} \cdot \frac{1}{b_k - c_k} = \frac{1}{f(b_k) - \bar{y}(c_k)}$$

Durch Einsetzen in Gl. (2.17) erhält man daraus

$$\bar{f}(a_k) = \frac{f(a_k) \cdot f(b_k)}{f(b_k) - \bar{y}(c_k)} \tag{2.20}$$

Für $\bar{y}(c_k)$ kann man im Falle $f(a_k) \cdot f(x_{k+1}) < 0$ näherungsweise schreiben

$$\bar{y}(c_k) \approx -f(x_{k+1})$$

Hiermit folgt schließlich aus Gl. (2.20)

$$\bar{f}(a_k) \approx \frac{f(a_k) \cdot f(b_k)}{f(b_k) + f(x_{k+1})} \tag{2.21}$$

Gemäß Gl. (2.21) wird daher bei der verfeinerten Regula falsi vor dem nächsten Schritt der Wert $f(a_k)$ durch Multiplikation mit dem Faktor $f(b_k)/(f(b_k) + f(x_{k+1}))$ verkürzt.

Man erhält als R e c h e n v o r s c h r i f t   f ü r   d i e   v e r f e i n e r t e   R e g u l a   f a l s i

1. $a_1$ und $b_1$ so wählen, daß $f(a_1) \cdot f(b_1) < 0$ gesichert ist.

2. $k := 1; \ A_1 := f(a_1); \ B_1 := f(b_1)$

3. $x_{k+1} := b_k - B_k \cdot \dfrac{b_k - a_k}{B_k - A_k}$

4. Wenn $f(x_{k+1}) = 0$ gilt oder $|x_{k+1} - b_k|$ innerhalb der vorgegebenen Toleranz liegt, Ende des Verfahrens. $x_{k+1}$ ist die gesuchte Nullstelle. – Sonst

a) Wenn $B_k \cdot f(x_{k+1}) < 0$ gilt,

$$a_{k+1} := b_k \qquad A_{k+1} := B_k$$
$$b_{k+1} := x_{k+1} \qquad B_{k+1} := f(x_{k+1}) \qquad k := k + 1$$

Fortsetzung bei 3.

b) Wenn $B_k \cdot f(x_{k+1}) > 0$ gilt,

$$a_{k+1} := a_k \qquad A_{k+1} := \frac{A_k \cdot B_k}{B_k + f(x_{k+1})}$$
$$b_{k+1} := x_{k+1} \qquad B_{k+1} := f(x_{k+1}) \qquad k := k + 1$$

Fortsetzung bei 3.

Die Rechenvorschrift für die einfache Regula falsi erhält man, wenn man $A_{k+1} := A_k$ in 4b setzt, so daß die verfeinerte Regula falsi pro Schritt lediglich eine Addition, eine Multiplikation und eine Division zusätzlich erfordert.

**Beispiel 2.2** Zur näherungsweisen Berechnung von n! verwendet man, insbesondere für große ganze Zahlen n, die S t i r l i n g s c h e   F o r m e l

$$n! \approx \left(\frac{n}{e}\right)^n \cdot \sqrt{2 \cdot \pi \cdot n}$$

Die Funktion

$$f(x) = x^x \cdot e^{-x} \cdot \sqrt{2 \cdot \pi \cdot x} - 24$$

besitzt demnach in der Nähe von $x = 4$ eine Nullstelle.

Sowohl mit der gewöhnlichen als auch mit der verfeinerten Regula falsi ist diese Nullstelle zu bestimmen, wobei als Schätzwerte jeweils zunächst $a_1 = 2$; $b_1 = 5$, dann $a_1 = 2$; $b_1 = 6$ zu verwenden sind. Um die Eigenheiten der Regula falsi besonders hervortreten zu lassen, sind die Schätzwerte bewußt ungünstig gewählt worden.

In Beispiel 2.5 wird diese Aufgabe erneut behandelt, dort aber mit dem Newtonschen Näherungsverfahren.

Tafel 2.4 zeigt den Näherungsprozeß bei der Regula falsi, wenn als Schätzwerte $a_1 = 2$ und $b_1 = 5$ gewählt werden.

Tafel 2.4  Rechenablauf mit gewöhnlicher Regula falsi. Schätzwerte $a_1 = 2$; $b_1 = 5$

| k | $a_k$ | $f(a_k)$ | $b_k$ | $f(b_k)$ | k | $a_k$ | $f(a_k)$ | $b_k$ | $f(b_k)$ |
|---|---|---|---|---|---|---|---|---|---|
| 1 | 2 | −22,0810 | 5 | 94,01917 | 15 | 5 | 94,0192 | 4,00942 | −0,15660 |
| 2 | 5 | 94,0192 | 2,57057 | −20,51881 | 16 | 5 | 94,0192 | 4,01107 | −0,09713 |
| 3 | 5 | 94,0192 | 3,00579 | −18,12088 | 17 | 5 | 94,0192 | 4,01209 | −0,06018 |
| 4 | 5 | 94,0192 | 3,32803 | −15,03201 | 18 | 5 | 94,0192 | 4,01272 | −0,03728 |
| 5 | 5 | 94,0192 | 3,55850 | −11,66976 | 19 | 5 | 94,0192 | 4,01311 | −0,02308 |
| 6 | 5 | 94,0192 | 3,71767 | −8,52113 | 20 | 5 | 94,0192 | 4,01335 | −0,01432 |
| 7 | 5 | 94,0192 | 3,82423 | −5,91568 | 21 | 5 | 94,0192 | 4,01350 | −0,00887 |
| 8 | 5 | 94,0192 | 3,89383 | −3,95358 | 22 | 5 | 94,0192 | 4,01359 | −0,00551 |
| 9 | 5 | 94,0192 | 3,93847 | −2,57224 | 23 | 5 | 94,0192 | 4,01365 | −0,00339 |
| 10 | 5 | 94,0192 | 3,96674 | −1,64357 | 24 | 5 | 94,0192 | 4,01369 | −0,00210 |
| 11 | 5 | 94,0192 | 3,98449 | −1,03784 | 25 | 5 | 94,0192 | 4,01371 | −0,00130 |
| 12 | 5 | 94,0192 | 3,99558 | −0,65044 | 26 | 5 | 94,0192 | 4,01372 | −0,00080 |
| 13 | 5 | 94,0192 | 4,00248 | −0,40568 | 27 | 5 | 94,0192 | 4,01373 | −0,00048 |
| 14 | 5 | 94,0192 | 4,00676 | −0,25231 | 28 | 5 | 94,0192 | 4,01374 | 0,00001 |

Tafel 2.5 enthält den Rechenablauf bei der verfeinerten Regula falsi mit den Eingangswerten $a_1 = 2$; $b_1 = 5$.

Tafel 2.5  Rechenablauf mit verfeinerter Regula falsi. Schätzwerte
$a_1 = 2$; $b_1 = 5$

| k | $a_k$ | $A_k$ | $b_k$ | $f(b_k)$ |
|---|---|---|---|---|
| 1 | 2 | −22,08100 | 5 | 94,01917 |
| 2 | 5 | 94,01917 | 2,57057 | −20,51881 |
| 3 | 5 | 49,92690 | 3,00579 | −18,12088 |
| 4 | 5 | 29,99645 | 3,53684 | −12,04000 |
| 5 | 5 | 25,71564 | 3,95591 | −2,00427 |
| 6 | 3,95591 | −2,00427 | 4,03141 | 0,65130 |
| 7 | 4,03141 | 0,65130 | 4,01289 | −0,03102 |
| 8 | 4,03141 | 0,64136 | 4,01373 | −0,00048 |
| 9 | | | 4,01374 | 0,00001 |

Besonders deutlich tritt der Vorteil der verfeinerten Regula falsi hervor, wenn man als Schätzwerte $a_1 = 2$ und $b_1 = 6$ wählt. Während die gewöhnliche Regula falsi praktisch versagt, da sie auch nach 50 Iterationsschritten noch weit vom Ziel entfernt ist (Tafel 2.6), hat die verfeinerte Regula falsi nach 13 Schritten die Nullstelle mit einem maximalen relativen Fehler von $2,5 \cdot 10^{-6}$ gefunden (Tafel 2.7). Die Intervallhalbierungsmethode (Abschn. 2.1) benötigt dazu 19 Schritte.

Tafel 2.6  Rechenablauf mit gewöhnlicher Regula falsi.
Schätzwerte $a_1 = 2$; $b_1 = 6$

| k | $a_k$ | $f(a_k)$ | $b_k$ | $f(b_k)$ |
|---|---|---|---|---|
| 1 | 2 | −22,0810 | 6 | 686,0782 |
| 2 | 6 | 686,0782 | 2,12472 | −21,83523 |
| 3 | 6 | 686,0782 | 2,24426 | −21,55739 |
| 4 | 6 | 686,0782 | 2,35867 | −21,24536 |
| 5 | 6 | 686,0782 | 2,46803 | −20,89722 |
| 6 | 6 | 686,0782 | 2,57244 | −20,51137 |
| 7 | 6 | 686,0782 | 2,67194 | −20,08664 |
| 8 | 6 | 686,0782 | 2,76661 | −19,62241 |
| 9 | 6 | 686,0782 | 2,85651 | −19,11863 |
| 10 | 6 | 686,0782 | 2,94174 | −18,57599 |
| 11 | 6 | 686,0782 | 3,02236 | −17,99593 |
| ⋮ | ⋮ | ⋮ | ⋮ | ⋮ |
| 50 | 6 | 686,0782 | 3,99424 | −0,69756 |

Tafel 2.7  Rechenablauf mit verfeinerter Regula falsi. Schätzwerte
$a_1 = 2$; $b_1 = 6$

| k | $a_k$ | $A_k$ | $b_k$ | $f(b_k)$ |
|---|---|---|---|---|
| 1 | 2 | −22,08100 | 6 | 686,07818 |
| 2 | 6 | 686,07818 | 2,12472 | −21,83523 |
| 3 | 6 | 345,23555 | 2,24426 | −21,55739 |
| 4 | 6 | 175,25888 | 2,46499 | −20,90766 |
| 5 | 6 | 91,34702 | 2,84176 | −19,20589 |
| 6 | 6 | 52,45885 | 3,39043 | −14,23748 |
| 7 | 6 | 45,21583 | 3,94749 | −2,28067 |
| 8 | 3,94749 | −2,28067 | 4,04604 | 1,20586 |
| 9 | 4,04604 | 1,20586 | 4,01196 | −0,06491 |
| 10 | 4,04604 | 1,17446 | 4,01370 | −0,00157 |
| 11 | 4,01370 | −0,00157 | 4,01374 | 0,00001 |
| 12 | 4,01370 | −0,00079 | 4,01374 | 0,00001 |
| 13 | | | 4,01373 | −0,00048 |

Dieses Beispiel hebt die Vorteile der verfeinerten Regula falsi deswegen besonders hervor, weil die Funktionskurve − entgegen der Annahme bei der gewöhnlichen Regula falsi − im Intervall [2; 6] erheblich gekrümmt ist.

### 2.1.2 Methode der sukzessiven Approximation

Die Regula falsi ist ein nichtstationäres Mehrschrittverfahren. Als formal einfacher könnte ein stationäres Einschrittverfahren gelten, das durch

$$x_{k+1} = \varphi(x_k) \tag{2.22}$$

beschrieben werden kann. Wenn hierdurch eine Wurzel $x_0$ der Gleichung $f(x) = 0$ bestimmt wird, spricht man von der M e t h o d e   d e r   s u k z e s s i v e n   A p p r o x i m a t i o n, gelegentlich auch schlichtweg von der M e t h o d e   d e r   I t e r a t i o n.

Die Abbildung $x \rightarrow \varphi(x)$ führt $x_0$ wegen $x_0 \rightarrow \varphi(x_0) = x_0$ in sich über, hat also den F i x p u n k t $x_0$. Andererseits wird aber nicht bei allen Abbildungen $x \rightarrow \varphi(x)$ mit dem Fixpunkt $x_0$ die Folge Gl. (2.22) gegen $x_0$ konvergieren. Auskunft über die Konvergenz gibt der F i x p u n k t s a t z [15]:

Sei G eine nichtleere abgeschlossene Teilmenge des betrachteten Raumes, die durch $x \rightarrow \varphi(x)$ in sich abgebildet wird, und auf der die Lipschitz-Bedingung

$$|\varphi(x) - \varphi(y)| \leqslant q \cdot |x - y| \qquad x, y \in G \tag{2.23}$$

mit $q < 1$ erfüllt ist. Dann besitzt $x \rightarrow \varphi(x)$ in G einen Fixpunkt $x_0$, gegen den jede Folge $\{x_k\}$ mit $x_{k+1} = \varphi(x_k)$ konvergiert, sofern nur $x_1 \in G$ gewählt wird. Hierbei gilt

$$|x_{k+1} - x_0| \leqslant \frac{q}{1-q} \cdot |x_{k+1} - x_k| \leqslant \frac{q^{k+1}}{1-q} \cdot |x_2 - x_1|$$

$x \rightarrow \varphi(x)$ hat auf G  kontrahierenden Charakter (Bild 2.8).

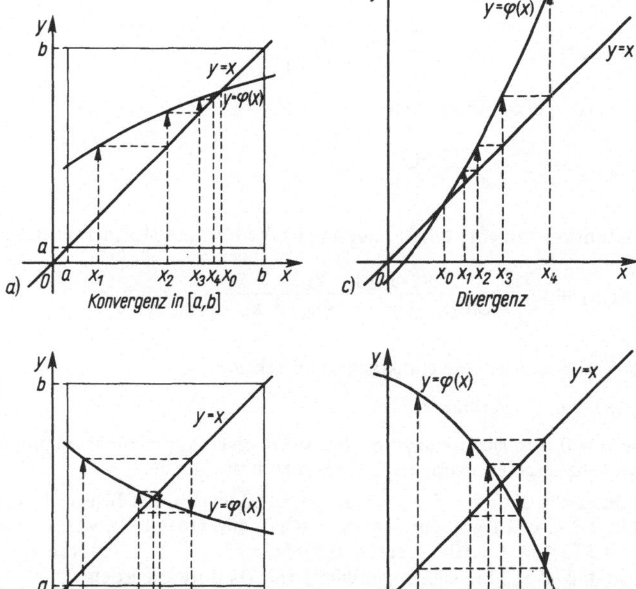


Bild 2.8
Methode
der
sukzessiven
Approximation

Im Falle stetiger Differenzierbarkeit von $y = \varphi(x)$ ist die Lipschitz-Bedingung Gl. (2.23) äquivalent mit

$$|\varphi'(x)| \leqslant q < 1 \qquad \text{für } x \in G \tag{2.24}$$

Die Lipschitz-Bedingung Gl. (2.23) liefert mit $x = x_k$, $y = x_0$ unter Beachtung von Gl. (2.22) die Abschätzung

$$|x_{k+1} - x_0| \leqslant q \cdot |x_k - x_0| \qquad \text{mit } q < 1$$

so daß im allgemeinen nur lineare Konvergenz erwartet werden kann.

Zu vorgegebener Funktion $y = f(x)$ läßt sich $\varphi(x)$ in verschiedener Weise bestimmen, z.B. in der Form

$$\varphi(x) = x + \psi(x) \cdot f(x) \qquad \text{oder einfach} \qquad \varphi(x) = x + \frac{1}{\mu} \cdot f(x)$$

mit passendem $\mu$ [15].

Die Wahl $\mu = 1$ ist statthaft, wenn es eine Menge G gibt, die durch $x \to x + f(x)$ in sich abgebildet wird, und auf der $|1 + f'(x)| \leq q < 1$ gilt.

Die Methode der sukzessiven Approximation läßt sich mit dem A i t k e n - V e r f a h r e n  zu dem quadratisch konvergierenden  S t e f f e n s e n - V e r f a h r e n  ausbauen. Hierzu setzt man, wenn $x_k$ den k-ten Näherungswert bezeichnet

$$x'_k := \varphi(x_k)$$

und berechnet in einem Regula falsi-Schritt näherungsweise die Nullstelle der Funktion

$$e(x) := \varphi(x) - x$$

indem man in Gl. (2.13) $b_k = x_k$; $a_k = x'_k$ einsetzt und das Ergebnis zum Folgeglied $x_{k+1}$ ernennt. Man erhält

$$x_{k+1} = x_k - e(x_k) \cdot \frac{x_k - x'_k}{e(x_k) - e(x'_k)}$$

Wegen $x'_k - x_k = e(x_k)$ folgt daraus

$$x_{k+1} = x_k - \frac{(e(x_k))^2}{e(x'_k) - e(x_k)}$$

Gemäß Definition von $e(x)$ erhält man daraus die Iterationsformel für das Steffensen-Verfahren

$$x_{k+1} = x_k - \frac{(\varphi(x_k) - x_k)^2}{\varphi(\varphi(x_k)) - 2 \cdot \varphi(x_k) + x_k}$$

**Beispiel 2.3**  Gesucht ist eine Nullstelle der Funktion

$$f(x) = e^{-x} - \arctan x$$

mit $\arctan 0 = 0$. Die Nullstelle ist mittels sukzessiver Approximation einerseits ohne, andererseits mit Konvergenzbeschleunigung nach Aitken zu bestimmen.

Die Abbildung $x \to \varphi(x) = x + e^{-x} - \arctan x$  bildet z.B. das Intervall $[0{,}3; 1]$ kontrahierend in sich ab. Für $0{,}3 \leq x \leq 1$ gilt nämlich, da $y = e^{-x}$ monoton fällt, während $y = x - \arctan x$ monoton steigt, $0{,}376 < e^{-1} + (0{,}3 - \arctan 0{,}3) < \varphi(x) = e^{-x} + (x - \arctan x) < e^{-0{,}3} + (1 - \arctan 1)$ $< 0{,}956$, so daß $[0{,}3; 1]$ in sich abgebildet wird. Da dort außerdem

$$-0{,}918 < -\frac{1}{1 + x^2} < \varphi'(x) = 1 - e^{-x} - \frac{1}{1 + x^2} < 1 - \frac{1}{1 + x^2} \leq 0{,}5$$

gilt, ist in $[0{,}3; 1]$ auch die Kontraktionsbedingung Gl. (2.24) erfüllt.

Tafel 2.9 zeigt den Rechenablauf, wenn man mit dem Startwert $x_1 = 1$ beginnt.

**Beispiel 2.4**  Gesucht ist eine Lösung der Gleichung $z - \dfrac{1}{z} - j4 = 0$ $(z \in \mathbf{C})$[1]. In diesem Fall liefert der Ansatz $z = z + f(z)$, hier also $z = 2 \cdot z - \dfrac{1}{z} - j4$, keine konvergente Zahlenfolge. Schreibt man die Gleichung hingegen in der Form $z = \dfrac{1}{z} + j4 = \varphi(z)$, so erhält man in

---

1) **C** ist die Menge der komplexen Zahlen. Hier wird, wie besonders in der Elektrotechnik üblich, $j = \sqrt{-1}$ geschrieben, während DIN 1302 an erster Stelle $i = \sqrt{-1}$ nennt.

$$z_{k+1} = \frac{1}{z_k} + j4$$

ein brauchbares Verfahren. Man betrachte etwa den Kreisring $2 \leqslant |z| \leqslant 5$, der durch $z \to \varphi(z)$ in sich abgebildet wird (Bild 2.10). Sein Bild ist ein Kreisring mit dem Mittelpunkt j4. Im Kreisring gilt wegen

$$\frac{d\varphi(z)}{dz} = -\frac{1}{z^2}$$

Tafel 2.9 Rechenschema zu Beispiel 2.3

| k | ohne Konvergenzbeschleunigung $x_k$ | mit Konvergenzbeschleunigung $x_k$ | $\varphi(x_k)$ | $\varphi(\varphi(x_k))$ |
|---|---|---|---|---|
| 1 | 1 | 1 | 0,582 481 278 | 0,613 553 621 |
| 2 | 0,582 481 278 | 0,611 400 992 | 0,605 230 729 | 0,606 922 424 |
| 3 | 0,613 553 621 | 0,606 558 414 | 0,606 554 579 | 0,606 555 639 |
| 4 | 0,604 651 217 | 0,606 555 409 | 0,606 555 410 | 0,606 555 410 |
| 5 | 0,607 083 642 | 0,606 555 410 | | |
| 6 | 0,606 409 643 | | | |
| 7 | 0,606 595 693 | | | |
| 8 | 0,606 544 281 | | | |
| 9 | 0,606 558 484 | | | |
| 10 | 0,606 554 560 | | | |
| 11 | 0,606 555 645 | | | |
| 12 | 0,606 555 345 | | | |
| 13 | 0,606 555 428 | | | |
| 14 | 0,606 555 404 | | | |
| 15 | 0,606 555 412 | | | |
| 16 | 0,606 555 409 | | | |
| 17 | 0,606 555 410 | | | |
| 18 | 0,606 555 409 | | | |

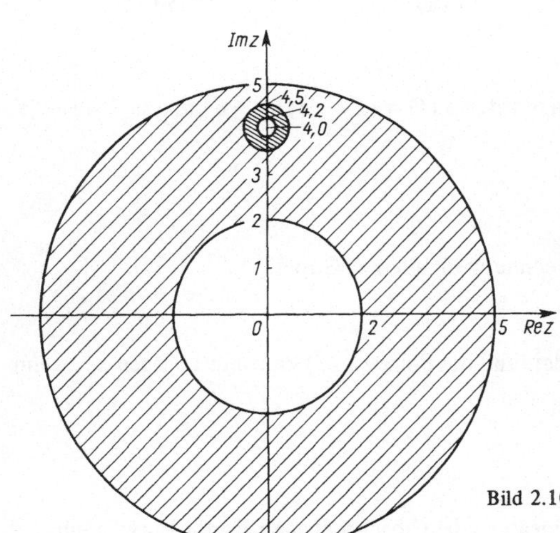


Tafel 2.11  $z_{k+1} = \dfrac{1}{z_k} + j4$

| k | Re $z_k$ | Im $z_k$ |
|---|---|---|
| 1 | 2 | 0 |
| 2 | 0,5 | 4 |
| 3 | 0,030 769 231 | 3,753 846 154 |
| 4 | 0,002 183 406 | 3,733 624 454 |
| 5 | 0,000 156 629 | 3,732 163 834 |
| 6 | 0,000 011 245 | 3,732 058 923 |
| 7 | 0,000 000 807 | 3,732 051 390 |
| 8 | 0,000 000 058 | 3,732 050 849 |
| 9 | 0,000 000 004 | 3,732 050 811 |
| 10 | 0,000 000 000 | 3,732 050 808 |
| 11 | 0,000 000 000 | 3,732 050 808 |

Bild 2.10   Abbildung des Kreis-
ringes $2 \leqslant |z| \leqslant 5$

durch $z \to \dfrac{1}{z} + j\,4$

die Abschätzung $\qquad \left| \dfrac{d\varphi(z)}{dz} \right| \leqslant \dfrac{1}{4}$

so daß die Voraussetzungen des Fixpunktsatzes erfüllt sind. Tafel 2.11 zeigt den Ablauf, wenn man mit dem wenig passenden Startwert $z_1 = 2$ beginnt. Mittels Relaxation (s. Abschn. 3.3.5) läßt sich die Konvergenzgeschwindigkeit in den Beispielen 2.3 und 2.4 beträchtlich steigern.

### 2.1.3 Newtonsches Näherungsverfahren

Die Methode der sukzessiven Approximation weist im allgemeinen nur lineare Konvergenz auf, läßt also auch bei einem guten Startwert $x_1$ nur schleppendes Konvergenzverhalten erwarten. Es ist zu überlegen, ob bei gegebener Funktion f(x) die zur Approximationsmethode gehörige Funktion $\varphi(x)$ so gewählt werden kann, daß das Verfahren eine höhere Konvergenzordnung besitzt.

Das N e w t o n s c h e   N ä h e r u n g s v e r f a h r e n ist − zumindest in gewisser Nähe des Fixpunktes − eine sukzessive Approximation mit quadratischer Konvergenz. Die geometrische Veranschaulichung des Newtonschen Verfahrens ähnelt derjenigen der Regula falsi, mit dem Unterschied, daß hier die Funktionskurve nicht durch eine Sekante, sondern durch diejenige Tangente ersetzt wird, die zum jeweils letztberechneten Glied der Näherungsfolge gehört (Bild 2.12). Aus

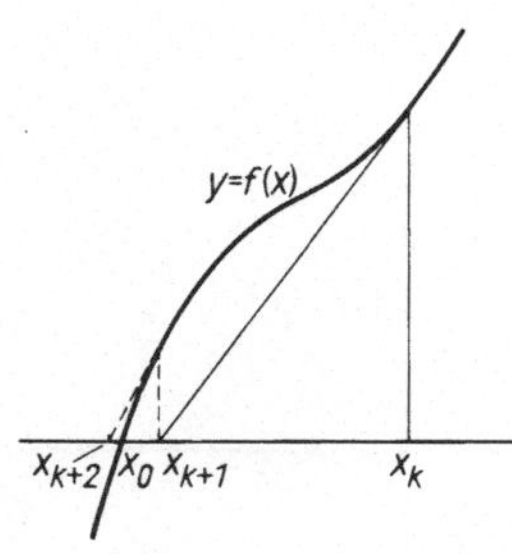


Bild 2.12
Newtonsches Näherungsverfahren

$$f'(x_k) = \frac{-f(x_k)}{x_{k+1} - x_k}$$

folgt − unter der Annahme $f'(x_k) \neq 0$ − für eine zweimal stetig differenzierbare Funktion f(x)

$$x_{k+1} = x_k - \frac{f(x_k)}{f'(x_k)} \qquad (2.25)$$

Mit $\qquad \varphi(x) = x - \dfrac{f(x)}{f'(x)}\qquad$ folgt $\qquad \varphi'(x) = \dfrac{f(x) \cdot f''(x)}{f'^2(x)}$

Wegen $f(x_0) = 0$ gilt in einem hinreichend kleinen Intervall $G = [x_0 - \delta\,;\,x_0 + \delta\,]$ um die Nullstelle $x_0$ mit $f'(x_0) \neq 0$

$$|\varphi'(x)| = \left| \frac{f(x) \cdot f''(x)}{f'^2(x)} \right| \leqslant q < 1 \qquad (2.26)$$

so daß aus dem Mittelwertsatz der Differentialrechnung für alle $x \in G$ folgt

$$|\varphi(x) - x_0| \leqslant q \cdot |x - x_0|$$

G wird demnach kontrahierend in sich abgebildet, und die Folge (2.25) konvergiert gegen $x_0$, wenn man $x_1 \in G$ wählt.

Gl. (2.25) läßt sich umformen zu

$$0 = f(x_k) + f'(x_k) \cdot (x_{k+1} - x_k)$$

so daß $x_{k+1}$ auch als Nullstelle der nach dem linearen Glied abgebrochenen Taylor-Entwicklung von $y = f(x)$ an der Stelle $x_k$ erscheint.

Das Newtonsche Näherungsverfahren weist quadratische Konvergenz auf, denn aus der Entwicklung von $y = f(x)$ an der Stelle $x_k$

$$0 = f(x_0) = f(x_k) + f'(x_k) \cdot (x_0 - x_k) + \frac{f''(\xi_k)}{2} \cdot (x_0 - x_k)^2$$

mit $\xi_k$ passend zwischen $x_k$ und $x_0$ folgt

$$\frac{f(x_k)}{f'(x_k)} = (x_k - x_0) - \frac{f''(\xi_k)}{2 \cdot f'(x_k)} \cdot (x_k - x_0)^2 \tag{2.27}$$

Wenn man Gl. (2.27) in Gl. (2.25) einsetzt und auf beiden Seiten $x_0$ subtrahiert, erhält man

$$x_{k+1} - x_0 = \frac{f''(\xi_k)}{2 \cdot f'(x_k)} \cdot (x_k - x_0)^2$$

Mit
$$K = \frac{\max_{x \in G} |f''(x)|}{2 \cdot \min_{x \in G} |f'(x)|}$$

folgt damit

$$|x_{k+1} - x_0| \leqslant K \cdot (x_k - x_0)^2$$

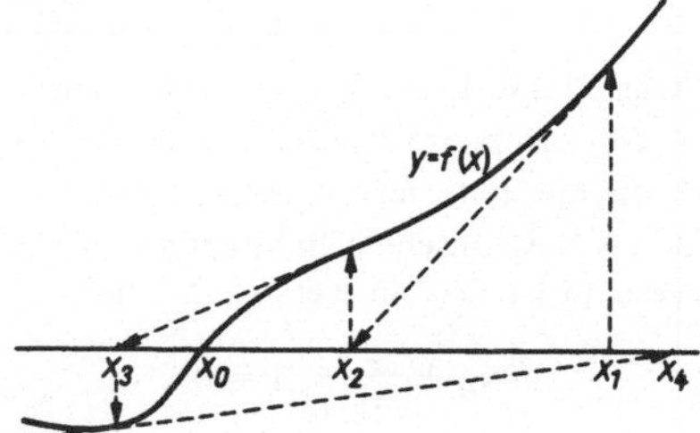


Bild 2.13 Divergenz beim Newtonschen Verfahren

Die Folge $\{x_k\}$ konvergiert demnach quadratisch, wenn man gemäß Gl. (2.5) $x_1 \in G$ so wählt, daß $K \cdot |x_1 - x_0| < 1$ gilt. Wenn dagegen $x_1$ außerhalb von G liegt, ist die Konvergenz keinesfalls immer gewährleistet (Bild 2.13).

Aus diesem Grunde wendet man das Newtonsche Verfahren im allgemeinen erst dann an, wenn man sich — vielleicht durch ein nur linear konvergierendes Verfahren mit größerem Einzugsgebiet — eine hinreichend gute Näherung $x_1$ verschafft hat.

**Beispiel 2.5** Mit dem Newtonschen Verfahren ist die Nullstelle der Funktion

$$f(x) = x^x \cdot e^{-x} \cdot \sqrt{2 \cdot \pi \cdot x} - 24$$

zu bestimmen. Als Startwert wird $x_1 = 8$ vorgegeben (s. auch Beispiel 2.2). Logarithmische Differentiation ergibt

$$\frac{f'(x)}{f(x) + 24} = \ln x + \frac{1}{2 \cdot x}$$

Daraus folgt

$$\frac{f(x)}{f'(x)} = \frac{1}{\ln x + \dfrac{1}{2 \cdot x}} \cdot \frac{f(x)}{f(x) + 24}$$

Die Rekursionsformel lautet demnach

$$x_{k+1} = x_k - \frac{1}{\ln x_k + \dfrac{1}{2 \cdot x_k}} \cdot \frac{f(x_k)}{f(x_k) + 24}$$

Tafel 2.14 enthält die ersten 14 Glieder der mit $x_1 = 8$ beginnenden Näherungsfolge. Obwohl die hinreichende Konvergenzbedingung Gl. (2.26), wie man nachprüfen kann, über $x = 6$ hinaus nicht erfüllt ist, zeigt die Folge gutes Konvergenzverhalten.

Tafel 2.14  Rechenablauf mit dem
Newtonschen Verfahren

| k | $x_k$ | k | $x_k$ |
|---|-------|---|-------|
| 1 | 8 | 8 | 4,561208 |
| 2 | 7,533415 | 9 | 4,206582 |
| 3 | 7,054737 | 10 | 4,041862 |
| 4 | 6,562937 | 11 | 4,014390 |
| 5 | 6,057982 | 12 | 4,013744 |
| 6 | 5,543260 | 13 | 4,013743 |
| 7 | 5,031995 | 14 | 4,013743 |

**Beispiel 2.6**  Das in Beispiel 2.1 genannte Problem ist zu lösen, wobei anzuwenden sind:
1. die verfeinerte Regula falsi ($a_1 = 2$; $b_1 = 3$),
2. die Methode der sukzessiven Approximation ($x_1 = 3$),
3. das Newtonsche Näherungsverfahren ($x_1 = 3$)
Gesucht ist also ein Wert $x_0 > 1$ mit

$$\ln x_0 + \frac{1}{x_0^2} - 1 = 0$$

1. L ö s u n g s w e g :  Verfeinerte Regula falsi; $a_1 = 2$; $b_1 = 3$.

| k | $a_k$ | $A_k$ | $b_k$ | $f(b_k)$ |
|---|-------|-------|-------|----------|
| 1 | 2 | −0,05685282 | 3 | 0,20972340 |
| 2 | 3 | 0,20972340 | 2,213270 | −0,00138738 |
| 3 | 3 | 0,20904385 | 2,218441 | −0,00000451 |
| 4 | 2,218441 | −0,00000451 | 2,218458 | 0,000000005 |
| 5 | | | 2,218457 | 0,000000001 |

2. L ö s u n g s w e g :  Methode der sukzessiven Approximation; $x_{k+1} = \exp\left(1 - \dfrac{1}{x_k^2}\right)$; $x_1 = 3$.

Die Konvergenz ist gesichert, denn erstens ist $\varphi(x) = \exp\left(1 - \dfrac{1}{x^2}\right)$ für $x \geqslant 0$ monoton steigend, so daß wegen $\varphi(2) = 2,117000$ und $\varphi(3) = 2,432425$ das Intervall $[2; 3]$ in sich abgebildet wird, und zweitens liegt für $x \geqslant 2$ wegen

$$0 < \varphi'(x) = \frac{2}{x^3} \cdot \exp\left(1 - \frac{1}{x^2}\right) < \frac{2}{2^3} \cdot e = \frac{e}{4} = 0,67957 < 1$$

Kontraktion vor, so daß die Voraussetzungen des Fixpunktsatzes (Abschn. 2.1.2) erfüllt sind.

| k | $x_k$ | k | $x_k$ |
|---|-------|---|-------|
| 1 | 3 | 10 | 2,218589 |
| 2 | 2,432425 | 11 | 2,218510 |
| 3 | 2,295583 | 12 | 2,218479 |
| 4 | 2,248438 | 13 | 2,218466 |
| 5 | 2,230431 | 14 | 2,218461 |
| 6 | 2,223289 | 15 | 2,218459 |
| 7 | 2,220415 | 16 | 2,218458 |
| 8 | 2,219252 | 17 | 2,218457 |
| 9 | 2,218780 | 18 | 2,218457 |

3. L ö s u n g s w e g: Newtonsches Näherungsverfahren

$$x_{k+1} = x_k \cdot \left[2 - \ln x_k - \frac{2 \cdot \ln x_k - 1}{x_k^2 - 2}\right] \qquad x_1 = 3$$

| k | $x_k$ |
|---|---|
| 1 | 3 |
| 2 | 2,191067 |
| 3 | 2,218527 |
| 4 | 2,218457 |
| 5 | 2,218457 |

## 2.2 Auflösung zweier Gleichungen mit zwei Unbekannten

**Beispiel 2.7** Ein elastischer Stahldraht (Elastizitätsmodul $E = 1,86 \cdot 10^5$ N/mm$^2$; Dichte $\rho = 7,8$ g/cm$^3$) ist zwischen zwei Stützen gespannt, die d = 100 m voneinander entfernt sind. Der Draht hat einen Durchhang h = 2,5 m. Wie groß ist seine (ohne Spannung gemessene) Länge $\ell$, wie groß seine Horizontalspannung $\sigma$?

Mit $a = \dfrac{\sigma}{g \cdot \rho}$ gelten die Gleichungen

$$d = 2 \cdot a \cdot \operatorname{arsinh} \frac{\ell}{2 \cdot a} + \frac{g \cdot \rho}{E} \cdot a \cdot \ell \qquad h = a \cdot \left[\sqrt{1 + \left(\frac{\ell}{2 \cdot a}\right)^2} - 1\right] + \frac{g \cdot \rho}{8 \cdot E} \cdot \ell^2$$

Substituiert man hierin

$$x = \frac{\ell}{2 \cdot a} \qquad y = \frac{a}{\sqrt{d \cdot h}}$$

so folgt wegen

$$\frac{g \cdot \rho}{E} \cdot \sqrt{d \cdot h} = 6,49 \cdot 10^{-6} \qquad \sqrt{\frac{d}{h}} = 6,32 \qquad \sqrt{\frac{h}{d}} = 0,1581$$

das System

$$f_1(x, y) := 2 \cdot y \cdot [\operatorname{arsinh} x + 6,49 \cdot 10^{-6} \cdot x \cdot y] - 6,32 = 0$$
$$f_2(x, y) := y \cdot [\sqrt{1 + x^2} - 1 + 3,25 \cdot 10^{-6} \cdot x^2 \cdot y] - 0,1581 = 0$$

Man erhält also zwei Gleichungen mit zwei Unbekannten, die in Beispiel 2.9 gelöst werden.

Das Problem, aus mehreren Gleichungen entsprechend viele Unbekannte zu ermitteln, ist naturgemäß i. allg. schwieriger als der in Abschn. 2.1 geschilderte Fall einer Unbekannten. Am Beispiel zweier Gleichungen mit zwei Unbekannten

$$f_1(x, y) = 0 \qquad f_2(x, y) = 0$$

wird gezeigt, wie man durch sinngemäße Erweiterung einiger dort genannter Verfahren zu einer Lösung gelangt.

### 2.2.1 Methode der sukzessiven Approximation

Im Falle zweier Veränderlicher führt die Methode der sukzessiven Approximation auf eine Abbildung der (x, y)-Ebene in sich, die durch

$$(x, y) \to (\varphi_1(x, y), \varphi_2(x, y))$$

beschrieben wird. Der in Abschn. 2.1.2 zitierte Fixpunktsatz ist nicht auf eine Dimension beschränkt, wenn man die Lipschitz-Bedingung Gl. (2.23) sinngemäß durch Einführung des Abstandes $\overline{PQ}$ zweier Punkte P und Q in der (x, y)-Ebene erweitert. Der Fixpunktsatz [15] erhält im Falle zweier Dimensionen folgende Gestalt.

Sei G eine nichtleere abgeschlossene Teilmenge des zweidimensionalen Raumes, die durch

$$(x, y) \to (\varphi_1(x, y), \varphi_2(x, y)) \tag{2.28}$$

in sich abgebildet wird. Die Abbildung sei auf G kontrahierend, d.h., für irgend zwei Punkte $P_1$ und $P_2$ und deren Bilder $Q_1$ und $Q_2$ gelte

$$\overline{Q_1 Q_2} \leqslant q \cdot \overline{P_1 P_2} \qquad \text{mit } q < 1 \tag{2.29}$$

Dann besitzt die Abbildung (2.28) in G genau einen Fixpunkt $P_0(x_0 ; y_0)$, gegen den die Folge $\{x_k, y_k\}$ mit

$$x_{k+1} = \varphi_1(x_k, y_k) \qquad y_{k+1} = \varphi_2(x_k, y_k)$$

bei beliebiger Wahl $(x_1, y_1) \in G$ konvergiert. Hierbei gilt mit $P_k(x_k ; y_k)$

$$\overline{P_{k+1} P_0} \leqslant \frac{q}{1-q} \cdot \overline{P_{k+1} P_k} \leqslant \frac{q^{k+1}}{1-q} \cdot \overline{P_2 P_1} \tag{2.30}$$

Im Falle stetig differenzierbarer Funktionen $\varphi_1(x, y)$ und $\varphi_2(x, y)$ ist Gl. (2.29) gleichbedeutend mit

$$d\varphi_1^2 + d\varphi_2^2 \leqslant q^2 \cdot (dx^2 + dy^2) \qquad \text{mit } q < 1 \tag{2.31}$$

**Beispiel 2.8** Gesucht ist ein Fixpunkt der Abbildung

$$(x, y) \to (\sin x + \cos y, \sin x - \cos y)$$

Zur Abkürzung sei gesetzt

$$X = \sin x + \cos y \qquad Y = \sin x - \cos y \tag{2.32}$$

Man gewinnt einen leichteren Überblick, wenn man ein Hilfskoordinatensystem (u, v) einführt, das gegenüber (X, Y) um $\pi/4$ gedreht und an $X = 0$ gespiegelt ist (Bild 2.15). Mit

$$u = \frac{1}{2} \cdot \sqrt{2} \cdot (X + Y)$$

$$v = \frac{1}{2} \cdot \sqrt{2} \cdot (X - Y)$$

erhält man die jeweils nur noch von einer Variablen abhängigen Größen

$$u = \sqrt{2} \cdot \sin x \qquad v = \sqrt{2} \cdot \cos y$$

Wegen der Periodizität der Kreisfunktionen kann man sich z.B. auf das Quadrat $|x| \leqslant \pi; -\pi/2 \leqslant y \leqslant 3 \cdot \pi/2$ beschränken, dessen Bild das Quadrat $|u| \leqslant \sqrt{2}; |v| \leqslant \sqrt{2}$ ist. Für das Bogendifferential dS in der (X, Y)-Ebene gilt

$$dS^2 = dX^2 + dY^2 = du^2 + dv^2$$

$$= 2 \cdot \cos^2 x \cdot dx^2 + 2 \cdot \sin^2 y \cdot dy^2$$

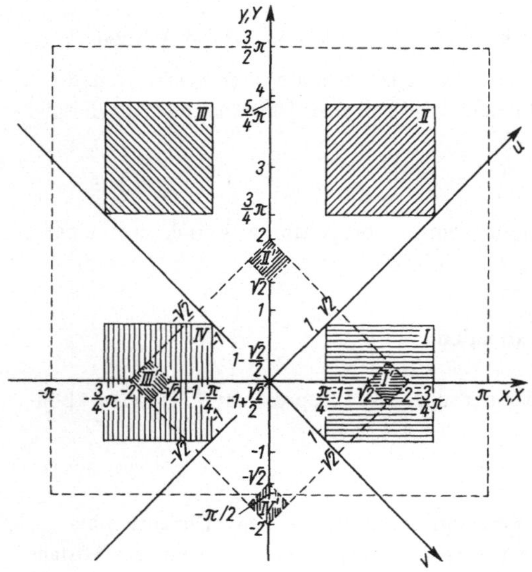

Bild 2.15
Abbildungen durch $X = \sin x + \cos y$ und $Y = \sin x - \cos y$

Die Kontraktionsbedingung Gl. (2.31) lautet demnach

$$2 \cdot \cos^2 x \cdot dx^2 + 2 \cdot \sin^2 y \cdot dy^2 \leqslant q^2 \cdot (dx^2 + dy^2) \qquad \text{mit } q < 1$$

Diese Ungleichung hat für beliebige Werte der Differentiale dx und dy zu gelten. Sie ist daher gleichbedeutend mit

$$|\cos x| < \frac{1}{2} \cdot \sqrt{2} \cdot q$$
$$(q < 1) \tag{2.33}$$
$$|\sin y | \leqslant \frac{1}{2} \cdot \sqrt{2} \cdot q$$

Bei Beschränkung auf das Quadrat $|x| \leqslant \pi$; $-\pi/2 \leqslant y \leqslant 3 \cdot \pi/2$ gelten die aus den Beziehungen (2.33) folgenden abgeschwächten Ungleichungen

$$|\cos x| < \frac{1}{2} \cdot \sqrt{2} \qquad |\sin y| < \frac{1}{2} \cdot \sqrt{2}$$

innerhalb der in Bild 2.15 schraffierten vier Quadrate

$$\text{(I):} \quad \frac{\pi}{4} < x < \frac{3 \cdot \pi}{4} \qquad \text{(II):} \quad \frac{\pi}{4} < x < \frac{3 \cdot \pi}{4}$$

$$-\frac{\pi}{4} < y < \frac{\pi}{4} \qquad\qquad \frac{3 \cdot \pi}{4} < y < \frac{5 \cdot \pi}{4}$$

$$\text{(III):} \; -\frac{3 \cdot \pi}{4} < x < -\frac{\pi}{4} \qquad \text{(IV):} \; -\frac{3 \cdot \pi}{4} < x < -\frac{\pi}{4}$$

$$\frac{3 \cdot \pi}{4} < y < \frac{5 \cdot \pi}{4} \qquad\qquad -\frac{\pi}{4} < y < \frac{\pi}{4}$$

Hierzu gehören die entsprechend gekennzeichneten Bildquadrate

$$\text{(I'):} \quad 1 < u < \sqrt{2} \qquad \text{(II'):} \quad 1 < u < \sqrt{2}$$
$$1 < v < \sqrt{2} \qquad\qquad -\sqrt{2} < v < -1$$
$$\text{(III'):} \quad -\sqrt{2} < u < -1 \qquad \text{(IV'):} \; -\sqrt{2} < u < -1$$
$$-\sqrt{2} < v < -1 \qquad\qquad 1 < v < \sqrt{2}$$

Jeder abgeschlossene Teilbereich G im Inneren von (I), der (I') vollständig enthält, erfüllt demnach die Forderungen des Fixpunktsatzes. Folglich besitzt die Abbildung (2.32) im Quadrat (I') genau einen Fixpunkt $(x_0; y_0)$, gegen den die sukzessive Approximation

$$x_{k+1} = \sin x_k + \cos y_k \qquad y_{k+1} = \sin x_k - \cos y_k$$

konvergiert, wenn $(x_1; y_1)$ im Quadrat (I) liegt.

Da im Bereich

$$\sqrt{2} \leqslant x \leqslant 2 \qquad \max |\cos x| = -\cos 2 = 0{,}416147$$

und im Bereich

$$-1 + \frac{\sqrt{2}}{2} \leqslant y \leqslant 1 - \frac{\sqrt{2}}{2} \qquad \max |\sin y| = \sin\left(1 - \frac{\sqrt{2}}{2}\right) = 0{,}288723$$

ist, folgt aus den Forderungen (2.33) für alle Punkte innerhalb des Quadrates (I') die Abschätzung für q

$$0,416147 \leqslant \frac{1}{2} \cdot \sqrt{2} \cdot q$$

so daß dort $q = 0,588521$ gewählt werden kann.

Tafel 2.16 zeigt den Rechenablauf, wenn als Startwert $P_1(0,8; 0,5)$ aus dem Quadrat (I) gewählt wird. Der Bildpunkt $P_2(x_2; y_2)$ von $P_1$ liegt dann innerhalb des Quadrates (I'), so daß wegen $\overline{P_3 P_2} = 0,428339$ die grobe Abschätzung (2.30) (angewendet auf $\overline{P_3 P_2}$) ergibt, daß, von $P_2$ aus gerechnet, nach spätestens 26 Iterationsschritten, von $P_1$ aus gerechnet also nach spätestens 27 Iterationsschritten der Abstand vom Fixpunkt kleiner als $10^{-6}$ ist. Tafel 2.16 entnimmt man, daß effektiv schon 14 Iterationsschritte genügen, was darauf zurückzuführen ist, daß die Annäherung nicht entlang einer Geraden $y = $ const geschieht, längs der die Kontraktion am schlechtesten ist, und die deswegen einer solchen Abschätzung zugrunde gelegt werden mußte.

Tafel 2.16  Sukzessive Approximation

$$x_{k+1} = \sin x_k + \cos y_k \qquad y_{k+1} = \sin x_k - \cos y_k$$

| k | $x_k$ | $y_k$ | k | $x_k$ | $y_k$ |
|---|---|---|---|---|---|
| 1 | 0,8 | 0,5 | 9 | 1,9331175 | −0,0629051 |
| 2 | 1,5949387 | −0,1602265 | 10 | 1,9330987 | −0,0629455 |
| 3 | 1,9868998 | 0,0125174 | 11 | 1,9331028 | −0,0629363 |
| 4 | 1,9145925 | −0,0852508 | 12 | 1,9331020 | −0,0629384 |
| 5 | 1,9378502 | −0,0548865 | 13 | 1,9331022 | −0,0629379 |
| 6 | 1,9318828 | −0,0651055 | 14 | 1,9331021 | −0,0629380 |
| 7 | 1,9333949 | −0,0623678 | 15 | 1,9331021 | −0,0629380 |
| 8 | 1,9330340 | −0,0630775 | | | |

### 2.2.2  Newtonsches Näherungsverfahren

Neben der sukzessiven Approximation läßt sich auch das Newtonsche Näherungsverfahren auf mehrere Veränderliche erweitern. Hierzu interpretiert man jeden Schritt des Verfahrens als Nullstellenbestimmung der nach dem linearen Glied abgebrochenen Taylor-Entwicklung.

Die Aufgabe, $(x_0, y_0)$ so zu bestimmen, daß $f_1(x_0, y_0) = 0$ und $f_2(x_0, y_0) = 0$ gelten, führt dann auf die Gleichungen

$$0 = f_i(x_k, y_k) + \frac{\partial f_i}{\partial x}(x_k, y_k) \cdot (x_{k+1} - x_k) + \frac{\partial f_i}{\partial y}(x_k, y_k) \cdot (y_{k+1} - y_k) \qquad (i = 1,2).$$

Hieraus folgt unter Verwendung der Funktionaldeterminante

$$D_k = \frac{\partial(f_1, f_2)}{\partial(x, y)}(x_k, y_k) = \begin{vmatrix} \dfrac{\partial f_1}{\partial x}(x_k, y_k) & \dfrac{\partial f_1}{\partial y}(x_k, y_k) \\[2ex] \dfrac{\partial f_2}{\partial x}(x_k, y_k) & \dfrac{\partial f_2}{\partial y}(x_k, y_k) \end{vmatrix}$$

durch Auflösung nach $x_{k+1}$ und $y_{k+1}$

$$\begin{aligned} x_{k+1} &= x_k - \frac{1}{D_k} \cdot \left[ f_1(x_k, y_k) \cdot \frac{\partial f_2}{\partial y}(x_k, y_k) - f_2(x_k, y_k) \cdot \frac{\partial f_1}{\partial y}(x_k, y_k) \right] \\ y_{k+1} &= y_k - \frac{1}{D_k} \cdot \left[ -f_1(x_k, y_k) \cdot \frac{\partial f_2}{\partial x}(x_k, y_k) + f_2(x_k, y_k) \cdot \frac{\partial f_1}{\partial x}(x_k, y_k) \right] \end{aligned} \qquad (2.34)$$

Der Fixpunktsatz (Abschn. 2.2.1) ermöglicht die Formulierung hinreichender Bedingungen für die Konvergenz des Verfahrens. An dieser Stelle wird auf eine solche Formulierung verzichtet und nur anhand der Abbildung von Beispiel 2.8 (s. Gl. (2.32)) vorgeführt, wie rasch das Verfahren konvergiert, wenn der Schätzpunkt erst einmal in der Nähe des gesuchten Punktes liegt. Tafel 2.17 zeigt den Rechenablauf, wenn man mit dem sechsten Punkt aus Tafel 2.16 beginnt.

Tafel 2.17  Newtonsches Näherungsverfahren für

$$f_1(x, y) = x - \sin x - \cos y = 0$$
$$f_2(x, y) = y - \sin x + \cos y = 0$$

| $k$ | $x_k$ | $y_k$ |
|---|---|---|
| 1 | 1,9318828 | −0,0651055 |
| 2 | 1,9331043 | −0,0629403 |
| 3 | 1,9331021 | −0,0629380 |
| 4 | 1,9331021 | −0,0629380 |

Für die Bestimmung des Fixpunktes wählt man eine Kombination der in Abschn. 2.2.1 geschilderten sukzessiven Approximation zur Lokalisation der Nullstelle mit dem Newtonschen Verfahren für die Feinrechnung.

**Beispiel 2.9**  Man löse das in Beispiel 2.7 aufgestellte System

$$f_1(x, y) = 2 \cdot y \cdot [\text{arsinh } x + 6{,}49 \cdot 10^{-6}xy] - 6{,}32 = 0$$

$$f_2(x, y) = y \cdot [\sqrt{1 + x^2} - 1 + 3{,}25 \cdot 10^{-6} \cdot x^2 \cdot y] - 0{,}1581 = 0$$

nach den Näherungsverfahren von Newton. – Es ist

$$\frac{\partial f_1}{\partial x} = 2 \cdot y \cdot \left[ \frac{1}{\sqrt{1 + x^2}} + 6{,}49 \cdot 10^{-6}y \right]$$

$$\frac{\partial f_1}{\partial y} = 2 \cdot \text{arsinh } x + 2{,}59640 \cdot 10^{-5} \cdot x \cdot y$$

$$\frac{\partial f_2}{\partial x} = x \cdot y \cdot \left[ \frac{1}{\sqrt{1 + x^2}} + 6{,}49 \cdot 10^{-6} \cdot y \right]$$

$$\frac{\partial f_2}{\partial y} = \sqrt{1 + x^2} - 1 + 6{,}49 \cdot 10^{-6} \cdot x^2 \cdot y$$

Gute Schätzwerte erhält man durch die Annahme, es handele sich um $\ell_1 = 100$ m unelastischen Draht. Dabei gilt

$$h = a_1 \cdot \left[ \sqrt{1 + \left( \frac{\ell_1}{2 \cdot a_1} \right)^2} - 1 \right]$$

Hieraus errechnet man

$$a_1 = \frac{\ell_1^2 - 4 \cdot h^2}{8 \cdot h} = 498{,}75 \text{ m}$$

Man wählt daher $x_1 = 0{,}1$ und $y_1 = 31{,}5$ als Startwerte im Newtonschen Näherungsverfahren für zwei Gleichungen mit zwei Unbekannten. Aus dem Rechenschema

| k | $x_k$ | $y_k$ | $f_1$ | $f_2$ | $\dfrac{\partial f_1}{\partial x}$ |
|---|---|---|---|---|---|
| 1 | 0,1 | 31,5 | $-0,0337649$ | $-0,0009736$ | 62,7002244 |
| 2 | 0,10008297 | 31,64299 | 0,0000237 | 0,0000013 | 62,9843859 |
| 3 | 0,10008252 | 31,64301 | $-0,0000000$ | $-0,0000000$ | |

| k | $\dfrac{\partial f_1}{\partial y}$ | $\dfrac{\partial f_2}{\partial x}$ | $\dfrac{\partial f_2}{\partial y}$ | $\Delta x_k$ | $\Delta y_k$ |
|---|---|---|---|---|---|
| 1 | 0,19974994 | 3,135011 | 0,004989607 | $8,297 \cdot 10^{-5}$ | 0,14299 |
| 2 | 0,19991551 | 3,151832 | 0,004997879 | $-4,5 \cdot 10^{-7}$ | $2 \cdot 10^{-5}$ |
| 3 | | | | | |

erhält man $x_0 = 0,100083$; $y_0 = 31,643$. Die Drahtlänge beträgt demnach $\ell_0 = 100,15$ m; wegen $a_0 = 500,32$ m erhält man als Horizontalspannung $\sigma_0 = 38,27$ N/mm$^2$.

### 2.3 Reelle und komplexe Nullstellen ganzer rationaler Funktionen mit reellen Koeffizienten

Die in den vorangehenden Abschnitten betrachteten Methoden sind auf beliebige Funktionen anwendbar, sofern nur die verfahrensspezifischen Voraussetzungen erfüllt sind, insbesondere also auf die Klasse der ganzen rationalen Funktionen n-ten Grades mit reellen Koeffizienten

$$f_n(x) = a_n \cdot x^n + a_{n-1} \cdot x^{n-1} + \ldots + a_1 \cdot x + a_0 \qquad (a_n \neq 0) \tag{2.35}$$

Zur Anwendung dieser Verfahren ist bekanntlich die Kenntnis geeigneter Startwerte erforderlich. Die Konvergenz des Newtonschen Näherungsverfahrens Gl. (2.25) ist z.B. dann gesichert, wenn man ein Intervall [a; b] findet, in dem für alle $x \in$ [a; b]

$$\frac{1}{2} \cdot |f_n''(x)| \cdot \max \{x - a; b - x\} < q \qquad |f_n'(x)| \geq \frac{1}{M} > 0$$

mit $q \cdot M < 1$ gilt, und – von einem Startwert $x_1 \in$ [a; b] und dem daraus iterierten Wert $x_2$ ausgehend – alle Punkte x mit

$$|x - x_2| < \frac{q \cdot M}{1 - q \cdot M} \cdot |x_2 - x_1| \tag{2.36}$$

im Intervall [a; b] liegen [16].

Bei technischen Problemen bereitet die Festlegung von Startwerten häufig keine Schwierigkeiten. Anderenfalls liefern die in diesem Abschnitt zitierten Sätze über die Lage der Nullstellen brauchbare Ausgangswerte, die im Falle reeller einfacher Nullstellen z.B. durch laufende Intervallhalbierung auf genügend genaue Startwerte für die Regula falsi und sodann für Verfahren mit höherer Konvergenzordnung (Abschn. 2.1) führen. Hierzu zählt auch das in Abschn. 2.3.3 beschriebene Bairstow-Verfahren, das zur Bestimmung komplexer Nullstellen durch Newton-Iterationen dient, ohne komplexe Rechnungen zu erfordern.

Daneben sind für die Nullstellenbestimmung von Polynomen Verfahren entwickelt worden, die ohne vorangehende Startwertsuche auskommen. Hierbei ist zu unterscheiden zwischen Verfahren, die unter gewissen Voraussetzungen sogleich die Gesamtheit aller Nullstellen eines Polynoms liefern, und solchen, die jeweils eine bestimmte Nullstelle offerieren. Zur ersten Gruppe gehören z.B. das Graeffe-Verfahren [18] und der QD-Algorithmus von Rutishauser [13], zur zweiten Gruppe das Verfahren von Nickel [16] und die in Abschn. 2.3.2 beschriebene Methode von Bernoulli.

Diese startwertfreien Verfahren konvergieren meist nur mit mäßiger Geschwindigkeit. Man sollte sie daher auch nur für eine grobe Nullstellenberechnung verwenden und ihre Ergebnisse als Startwerte für startwertabhängige Verfahren mit höherer Konvergenzordnung benutzen.

Die Methode von Bernoulli besitzt den Vorteil, daß die Anzahl notwendiger Fallunterscheidungen gering ist. Sie gestattet überdies, auch komplexe Nullstellen zu ermitteln, ohne komplexe Rechenoperationen zu erfordern.

Nach Bestimmung einer Nullstelle $x_0$ läßt sich das Polynom durch Abspaltung des Faktors $x - x_0$ um einen Grad reduzieren (Deflation), so daß zur Bestimmung der weiteren Nullstellen Polynome immer geringeren Grades verwendet werden. Hierbei ist freilich zu beachten, daß die Koeffizienten dieser reduzierten Polynome infolge der Rundungs- und Abbrechfehler zunehmend ungenauer werden. Die daraus gewonnenen Nullstellen sind daher einer Nachiteration am Ausgangspolynom zu unterziehen.

Bei der Bestimmung der Nullstellengesamtheit eines Polynoms erfolgt die Berechnung der einzelnen Nullstellen zweckmäßig in vier Arbeitsgängen.

1. S c h r i t t.  Grobe Bestimmung einer reellen bzw. eines Paares konjugiert-komplexer Nullstellen mit dem Bernoulli-Verfahren.

2. S c h r i t t.  Feinrechnung der Nullstelle bzw. des Nullstellenpaares mit dem Newton- bzw. Bairstow-Verfahren.

3. S c h r i t t.  Durch Faktorenabspaltung Reduktion des Polynomgrades um Eins bzw. Zwei (Horner-Schema). Danach mit dem reduzierten Polynom erneuter Beginn beim ersten Schritt.

4. S c h r i t t.  Nachiteration aller so gewonnenen Nullstellen.

**Euklidischer Algorithmus**  Der Fundamentalsatz der Algebra besagt, daß jedes Polynom n-ten Grades im Komplexen genau n Nullstellen $x_0^{(1)}$, $x_0^{(2)}$, . . . , $x_0^{(n)}$ besitzt. Das Polynom Gl. (2.35) läßt sich damit in Produktform[1])

$$f_n(x) = a_n \cdot \prod_{j=1}^{n} (x - x_0^{(j)})$$

schreiben. Die Nullstellen brauchen nicht paarweise verschieden zu sein, vielmehr können Nullstellen mehrfach auftreten. Es sei $x_0$ eine m-fache Nullstelle $(m > 1)$. Dann gilt

$$f_n(x) = (x - x_0)^m \cdot f_{n-m}(x) \tag{2.37}$$

wobei $f_{n-m}(x)$ ein Polynom $(n - m)$-ten Grades mit $f_{n-m}(x_0) \neq 0$ bezeichnet. Die Ableitung von $f_n(x)$ liefert

$$f_n'(x) = (x - x_0)^{m-1} \cdot [m \cdot f_{n-m}(x) + (x - x_0) \cdot f_{n-m}'(x)]$$

Folglich ist $x_0$ eine $(m - 1)$-fache Nullstelle von $f_n'(x)$, also $(x - x_0)^{m-1}$ gemeinsamer Teiler von $f_n(x)$ und $f_n'(x)$. Dies gilt für alle mehrfachen Nullstellen und auch nur für diese, so daß der größte

---

1) $\prod_{i=1}^{n} a_i = a_1 \cdot a_2 \cdot \ldots \cdot a_n$ .

gemeinsame Teiler f(x) von $f_n(x)$ und $f_n'(x)$, abgesehen von einem konstanten Faktor, nur aus den Faktoren $(x - x_0^{(j)})^{m_j - 1}$ besteht. Das Polynom

$$F(x) = \frac{f_n(x)}{f(x)} \tag{2.38}$$

besitzt daher nur einfache Nullstellen.

Der größte gemeinsame Teiler läßt sich — analog dem Vorgehen im Bereich der natürlichen Zahlen — mittels des e u k l i d i s c h e n   A l g o r i t h m u s  durch fortlaufende Polynomdivision ermitteln. Es seien $f^{(1)}(x)$ und $f^{(2)}(x)$ zwei Polynome, von denen $f^{(1)}(x)$ nicht den kleineren Grad habe. Man dividiert $f^{(1)}(x)$ durch $f^{(2)}(x)$, wobei man ein Quotientenpolynom $q^{(2)}(x)$ und ein Restpolynom $-f^{(3)}(x)$ erhält, das entweder Null ist oder einen Grad besitzt, der kleiner als derjenige von $f^{(2)}(x)$ ist. Man schreibt

$$f^{(1)}(x) = q^{(2)}(x) \cdot f^{(2)}(x) - f^{(3)}(x)$$

Dieses Vorgehen wiederholt man nun mit $f^{(2)}(x)$ und $f^{(3)}(x)$, usw., bis es — nach höchstens so vielen Schritten, wie der Grad von $f^{(1)}(x)$ angibt — dadurch endet, daß als Rest Null erscheint. Dann ist der letzte von Null verschiedene Rest der größte gemeinsame Teiler von $f^{(1)}(x)$ und $f^{(2)}(x)$.

$$
\begin{aligned}
f^{(1)}(x) &= q^{(2)}(x) \cdot f^{(2)}(x) - f^{(3)}(x) \\
f^{(2)}(x) &= q^{(3)}(x) \cdot f^{(3)}(x) - f^{(4)}(x) \\
&\ \ \vdots \\
f^{(\ell - 2)}(x) &= q^{(\ell - 1)}(x) \cdot f^{(\ell - 1)}(x) - f^{(\ell)}(x) \\
f^{(\ell - 1)}(x) &= q^{(\ell)}(x) \cdot f^{(\ell)}(x)
\end{aligned}
\tag{2.39}
$$

In Gl. (2.39) ist $f^{(\ell)}(x)$ größter gemeinsamer Teiler von $f^{(1)}(x)$ und $f^{(2)}(x)$, denn jeder Teiler von $f^{(1)}(x)$ und $f^{(2)}(x)$, ist auch Teiler von $f^{(3)}(x)$, $f^{(4)}(x)$, $\ldots$, $f^{(\ell)}(x)$, und umgekehrt ist jeder Teiler von $f^{(\ell)}(x)$ auch Teiler von $f^{(\ell - 1)}(x)$, $f^{(\ell - 2)}(x)$, $\ldots$, $f^{(2)}(x)$, $f^{(1)}(x)$.

**Beispiel 2.10** Man bestimme den größten gemeinsamen Teiler von

$$f_6(x) = \frac{1}{2} \cdot x^6 - 3 \cdot x^5 + \frac{9}{2} \cdot x^4 + 6 \cdot x^3 - 24 \cdot x^2 + 24 \cdot x - 8 \tag{2.40}$$

und seiner Ableitung $f_6'(x)$.

$$f^{(1)}(x) = f_6(x) = \frac{1}{2} \cdot x^6 - 3 \cdot x^5 + \frac{9}{2} \cdot x^4 + 6 \cdot x^3 - 24 \cdot x^2 + 24 \cdot x - 8$$

$$f^{(2)}(x) = f_6'(x) = 3 \cdot x^5 - 15 \cdot x^4 + 18 \cdot x^3 + 18 \cdot x^2 - 48 \cdot x + 24$$

$$
\begin{aligned}
f^{(1)}(x) &= \frac{1}{2} \cdot x^6 - 3 \cdot x^5 + \frac{9}{2} \cdot x^4 + 6 \cdot x^3 - 24 \cdot x^2 + 24 \cdot x - 8 \\
&= \left( \frac{1}{6} \cdot x - \frac{1}{6} \right)\left( 3 \cdot x^5 - 15 \cdot x^4 + 18 \cdot x^3 + 18 \cdot x^2 - 48 \cdot x + 24 \right) - \\
&\quad - (x^4 - 6 \cdot x^3 + 13 \cdot x^2 - 12 \cdot x + 4)
\end{aligned}
$$

$$
\begin{aligned}
f^{(2)}(x) &= 3 \cdot x^5 - 15 \cdot x^4 + 18 \cdot x^3 + 18 \cdot x^2 - 48 \cdot x + 24 \\
&= (3 \cdot x + 3) \cdot (x^4 - 6 \cdot x^3 + 13 \cdot x^2 - 12 \cdot x + 4) - \\
&\quad - (3 \cdot x^3 - 15 \cdot x^2 + 24 \cdot x - 12)
\end{aligned}
$$

$$f^{(3)}(x) = x^4 - 6 \cdot x^3 + 13 \cdot x^2 - 12 \cdot x + 4$$

$$= \left(\frac{1}{3} \cdot x - \frac{1}{3}\right) \cdot (3 \cdot x^3 - 15 \cdot x^2 + 24 \cdot x - 12)$$

Folglich ist der größte gemeinsame Teiler von $f_6(x)$ und $f_6'(x)$

$$f^{(4)}(x) = 3 \cdot x^3 - 15 \cdot x^2 + 24 \cdot x - 12$$

Division von $f_6(x)$ durch $f^{(4)}(x)$ liefert das Polynom $F(x)$ mit lauter einfachen Nullstellen

$$F(x) = \frac{f_6(x)}{f^{(4)}(x)} = \frac{1}{6} \cdot (x^3 - x^2 - 4 \cdot x + 4)$$

In der Literatur ([16], [8]) findet man eine Anzahl von Sätzen über die L a g e  v o n  N u l l -
s t e l l e n  und die A n z a h l  r e e l l e r  N u l l s t e l l e n, von denen einige nachfolgend
zitiert werden.

**Abschätzung der Beträge der Nullstellen** Es sei

$$A = \max\left\{\left|\frac{a_0}{a_n}\right|, \left|\frac{a_1}{a_n}\right|, \ldots, \left|\frac{a_{n-1}}{a_n}\right|\right\} \tag{2.41}$$

ferner unter der Annahme $a_0 \neq 0$

$$A' = \max\left\{\left|\frac{a_1}{a_0}\right|, \left|\frac{a_2}{a_0}\right|, \ldots, \left|\frac{a_n}{a_0}\right|\right\} \tag{2.42}$$

Dann gilt nach [18] für jede Nullstelle $x_0$

$$\frac{1}{1 + A'} \leqslant |x_0| \leqslant 1 + A \tag{2.43}$$

Im Falle $a_0 = 0$ ist die untere Schranke natürlich Null.
Nach van der Sluis [16] gilt

$$|x_0| \leqslant 2 \cdot \max\left\{\sqrt[n]{\left|\frac{a_0}{a_n}\right|}, \sqrt[n-1]{\left|\frac{a_1}{a_n}\right|}, \ldots, \left|\frac{a_{n-1}}{a_n}\right|\right\}$$

Aus dem Satz von Gerschgorin über die Lage der Eigenwerte einer Matrix folgen nach [16] die Ab-
schätzungen

$$|x_0| \leqslant \max\left\{1, \left|\frac{a_0}{a_n}\right| + \left|\frac{a_1}{a_n}\right| + \ldots + \left|\frac{a_{n-1}}{a_n}\right|\right\}$$

$$|x_0| \leqslant \max\left\{\left|\frac{a_0}{a_n}\right|, 1 + \left|\frac{a_1}{a_n}\right|, \ldots, 1 + \left|\frac{a_{n-1}}{a_n}\right|\right\}$$

und im Falle, daß sämtliche Koeffizienten $a_1, \ldots, a_n$ von Null verschieden sind,

$$|x_0| \leqslant \max\left\{\left|\frac{a_0}{a_1}\right|, 2 \cdot \left|\frac{a_1}{a_2}\right|, \ldots, 2 \cdot \left|\frac{a_{n-1}}{a_n}\right|\right\}$$

$$|x_0| \leqslant \left|\frac{a_0}{a_1}\right| + \left|\frac{a_1}{a_2}\right| + \ldots + \left|\frac{a_{n-1}}{a_n}\right|$$

Speziell für positive Nullstellen gilt nach [2]

$$x_0 < 1 + \sqrt[m]{\frac{a}{a_n}}$$

wobei a das Maximum der Beträge der negativen Polynomkoeffizienten und $a_m$ das erste negative Glied in der Folge $a_n, a_{n-1}, \ldots, a_0$ mit $a_n > 0$ bezeichnet. Hiermit lassen sich, indem man neben $x_0$ auch $1/x_0$, $-x_0$ und $-1/x_0$ betrachtet, die positiven und die negativen Nullstellen nach oben und unten abschätzen.

**Lokalisation von Nullstellen** Es sei $x_1$ ein beliebiger reeller oder komplexer Wert mit $f_n'(x_1) \neq 0$. Dann gilt nach [16] für mindestens eine reelle oder komplexe Nullstelle $x_0$

$$|x_0 - x_1| \leqslant n \cdot \left| \frac{f_n(x_1)}{f_n'(x_1)} \right| \tag{2.44}$$

**Annäherung an eine Nullstelle** Das Polynom Gl. (2.35) habe lauter von Null verschiedene Nullstellen $x_0^{(1)}, x_0^{(2)}, \ldots, x_0^{(n)}$, es gelte also $a_0 \neq 0$. $x_1$ sei ein beliebiger Näherungswert für eine Nullstelle. Dann gilt nach [8]

$$\min \left\{ \left| \frac{x_1 - x_0^{(1)}}{x_0^{(1)}} \right|, \left| \frac{x_1 - x_0^{(2)}}{x_0^{(2)}} \right|, \ldots, \left| \frac{x_1 - x_0^{(n)}}{x_0^{(n)}} \right| \right\} \leqslant \left| \frac{f_n(x_1)}{a_0} \right|^{\frac{1}{n}} \tag{2.45}$$

**Anzahl der reellen Nullstellen in einem Intervall [a; b]** Es sei $f^{(1)}(x), f^{(2)}(x), \ldots, f^{(\ell)}(x)$ die Folge der Polynome, die bei Anwendung des euklidischen Algorithmus auf $f^{(1)}(x) = f_n(x)$, $f^{(2)}(x) = f_n'(x)$ entsteht. Die beiden reellen Zahlen a und b mit $a < b$ seien keine Nullstellen des Polynoms $y = f_n(x)$. Dann ist nach [16] die Anzahl N der (jeweils nur einfach gezählten) Nullstellen im Intervall [a; b] gleich der Differenz zwischen der Anzahl der Vorzeichenwechsel in der Folge $f^{(1)}(a), f^{(2)}(a), \ldots$ $\ldots, f^{(\ell)}(a)$ und derjenigen in der Folge $f^{(1)}(b), f^{(2)}(b), \ldots, f^{(\ell)}(b)$:

$$N = W(f^{(1)}(a), f^{(2)}(a), \ldots, f^{(\ell)}(a)) - W(f^{(1)}(b), f^{(2)}(b), \ldots, f^{(\ell)}(b)) \tag{2.46}$$

In den Folgen auftretende Nullen sind vor der Abzählung zu streichen.

**Beispiel 2.11** Für das Polynom Gl. (2.40) folgt aus Gl. (2.41) und (2.42) $A = 48$; $A' = 3$. Gemäß Gl. (2.43) gilt für jede Nullstelle $x_0$

$$0,25 \leqslant |x_0| \leqslant 49$$

Wegen $f_6(0) = -8$; $f_6'(0) = 24$ gilt nach Gl. (2.44) für mindestens eine Nullstelle $x_0$

$$|x_0| \leqslant 2$$

Die Schätzung Gl. (2.45) liefert, wenn man dort $x_1 = 0,9$ wählt, wegen $f_6(0,9) = -0,0192995$, für eine Nullstelle $x_0$

$$\left| \frac{0,9 - x_0}{x_0} \right| \leqslant \sqrt[6]{0,0024124375} = 0,36622$$

Setzt man in Gl. (2.46) $a = -3$; $b = 0$, so folgt

$$W(1000, -2100, 400, -300) - W(-8, 24, 4, -12) = 3 - 2 = 1$$

wählt man aber $a = 0$; $b = 3$, so ergibt sich

$$W(-8, 24, 4, -12) - W(10, 42, 4, 6) = 2 - 0 = 2$$

Folglich enthält das Intervall $[-3; 0]$ eine reelle Nullstelle, das Intervall $[0; 3]$ zwei verschiedene reelle Nullstellen. Da der größte gemeinsame Teiler $f^{(4)}(x) = 3 \cdot x^3 - 15 \cdot x^2 + 24 \cdot x - 12$ vom dritten Grade ist, fallen die übrigen drei Nullstellen des Polynoms Gl. (2.40) mit den drei lokalisierten Nullstellen zusammen. — In der Tat gilt

$$f_6(x) = \frac{1}{2} \cdot (x + 2) \cdot (x - 1)^2 \cdot (x - 2)^3$$

### 2.3.1  Horner-Schema zur Polynomberechnung. Newton-Verfahren

Numerische Berechnungen an einem Polynom führt man zweckmäßig in einem Rechenschema aus, in dem die Anzahl der Rechenoperationen möglichst klein gehalten wird. Am bekanntesten ist das H o r n e r - S c h e m a , das hier in verallgemeinerter Form entwickelt wird. Daß die Anzahl der hierbei erforderlichen Operationen noch weiter verringert werden kann, sofern hinreichend viele Werte des Polynoms zu berechnen sind, wird in Abschn. 5.3.3 gezeigt.

**Beispiel 2.12**  Das Polynom $f_3(x) = 5 \cdot x^3 - 14 \cdot x^2 + 27 \cdot x - 3$ sei durch $x - 2$ zu dividieren. Die übliche Polynomdivision liefert

$$[5 \cdot x^3 + (-14) \cdot x^2 + \quad 27 \cdot x + (-\ 3)] : (x - 2) = 5 \cdot x^2 + (-4) \cdot x + 19 \qquad (2.47)$$

$$\underline{-5 \cdot x^3 + \quad 10 \cdot x^2 \qquad\qquad\qquad\qquad\qquad}$$

$$\qquad\quad (-\ 4) \cdot x^2 + \quad 27 \cdot x + (-\ 3)$$

$$\underline{\quad -(-\ 4) \cdot x^2 + (-\ 8) \cdot x \qquad\qquad}$$

$$\qquad\qquad\qquad\qquad 19 \cdot x + (-\ 3)$$

$$\underline{\qquad\qquad\qquad -19 \cdot x + \quad 38}$$

$$\qquad\qquad\qquad\qquad\qquad 35$$

Allgemein sei das Zählerpolynom $f_n(x)$ mit den Koeffizienten $a_n, a_{n-1}, \ldots, a_1, a_0$ durch $x - x_0$ zu dividieren. Das entstehende Quotientenpolynom habe die Koeffizienten $b_{n-1}, b_{n-2}, \ldots, b_1, b_0$. Das Beispiel lehrt, daß dann

$$\begin{aligned}
b_{n-1} &= a_n \\
b_{m-1} &= a_m + b_m \cdot x_0 \qquad (m = n - 1, n - 2, \ldots, 1)
\end{aligned} \qquad (2.48)$$

gilt. Man kann die Polynomdivision demnach gemäß Vorschrift Gl. (2.48) im H o r n e r - S c h e m a  ausführen und erhält entsprechend Gl. (2.47)

$$\begin{array}{r|cccc}
 & a_3 & a_2 & a_1 & a_0 \\
\hline
 & 5 & -14 & 27 & -3 \\
x_0 = 2 & & 10 & -8 & 38 \\
\hline
 & 5 & -4 & 19 & \big\lfloor\, 35 = f_3(2) \\
\hline
 & b_2 & b_1 & b_0 &
\end{array} \qquad (2.49)$$

Das Horner-Schema liefert demnach nicht nur die Koeffizienten des Quotientenpolynoms, sondern auch den Wert des Ausgangspolynoms an der Stelle $x_0$. Häufig wird das Schema ausschließlich für die Berechnung von $f_n(x_0)$ aufgestellt. Man hat dazu n Multiplikationen und n Additionen aufzuwenden, spart also $n - 1$ Multiplikationen gegenüber der gliedweisen Polynomberechnung.

Die Idee dieses Rechenschemas ist verallgemeinerungsfähig; bei einer Division durch ein Polynom $\ell$-ten Grades erstreckt sich das Ergebnis der Multiplikation im Schema allerdings auch über $\ell$ Koeffizienten des Dividenden.

**Beispiel 2.13** Das Polynom

$$f_7(x) = 2 \cdot x^7 + 9 \cdot x^6 + (-5) \cdot x^5 + 42 \cdot x^4 - 24 \cdot x^3 + 10 \cdot x^2 + 21 \cdot x - 8$$

ist durch $f_3(x) = x^3 + 5 \cdot x^2 + (-3) \cdot x + 4$ zu dividieren. Die gewöhnliche Polynomdivision liefert

$$
\begin{aligned}
&(2 \cdot x^7 + 9 \cdot x^6 - 5 \cdot x^5 + 42 \cdot x^4 - 24 \cdot x^3 + 10 \cdot x^2 + 21 \cdot x - 8) : (x^3 + 5 \cdot x^2 - 3 \cdot x + 4) \\
&\underline{-2 \cdot x^7 - 10 \cdot x^6 + 6 \cdot x^5 - 8 \cdot x^4} \hspace{5em} = 2 \cdot x^4 - x^3 + 6 \cdot x^2 + x - 7 \\
&\hspace{3em} - x^6 + x^5 + 34 \cdot x^4 - 24 \cdot x^3 + 10 \cdot x^2 + 21 \cdot x - 8 \\
&\hspace{3.5em}\underline{x^6 + 5 \cdot x^5 - 3 \cdot x^4 + 4 \cdot x^3} \\
&\hspace{7em} 6 \cdot x^5 + 31 \cdot x^4 - 20 \cdot x^3 + 10 \cdot x^2 + 21 \cdot x - 8 \\
&\hspace{7em}\underline{-6 \cdot x^5 - 30 \cdot x^4 + 18 \cdot x^3 - 24 \cdot x^2} \\
&\hspace{11em} x^4 - 2 \cdot x^3 - 14 \cdot x^2 + 21 \cdot x - 8 \\
&\hspace{11em}\underline{-x^4 - 5 \cdot x^3 + 3 \cdot x^2 - 4 \cdot x} \\
&\hspace{14em} - 7 \cdot x^3 - 11 \cdot x^2 + 17 \cdot x - 8 \\
&\hspace{14em}\underline{7 \cdot x^3 + 35 \cdot x^2 - 21 \cdot x + 28} \\
&\hspace{17em} 24 \cdot x^2 - 4 \cdot x + 20
\end{aligned}
$$

Für die Anwendung des Horner-Schemas schreibt man, um im Rechenschema zu addieren statt zu subtrahieren, den Divisor in der Form $f_3(x) = x^3 - [(-5) \cdot x^2 + 3 \cdot x - 4]$ und rechnet

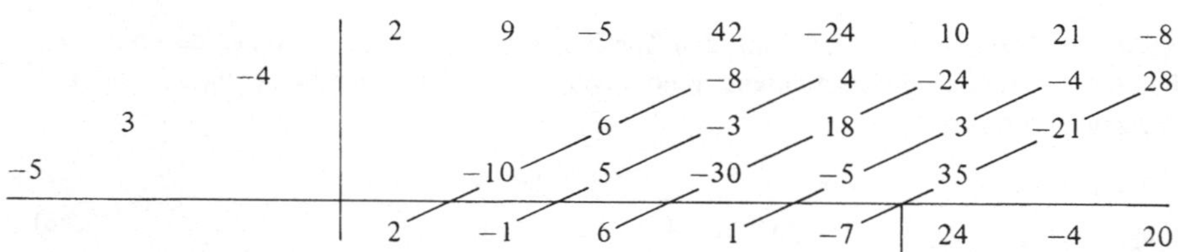

In der Ergebniszeile sind hinten so viele Zahlen abzustreichen, wie der Grad des Divisors angibt. Das Resultat lautet demnach

$$
\begin{aligned}
&(2 \cdot x^7 + 9 \cdot x^6 - 5 \cdot x^5 + 42 \cdot x^4 - 24 \cdot x^3 + 10 \cdot x^2 + 21 \cdot x - 8) \\
&= (2 \cdot x^4 - x^3 + 6 \cdot x^2 + x - 7) \cdot (x^3 + 5 \cdot x^2 - 3 \cdot x + 4) + (24 \cdot x^2 - 4 \cdot x + 20)
\end{aligned}
$$

Mit dem Horner-Schema können demnach beliebige Polynomdivisionen ausgeführt werden, wenn man dafür sorgt, daß der höchste Koeffizient des Divisors Eins ist, der Divisor also „normiert" ist.

Sei $Z_n(x)$ ein beliebiges Polynom n-ten Grades, $N_m(x)$ ein normiertes Polynom m-ten Grades $(n \geqslant m)$. Dann liefert das Horner-Schema die Koeffizienten des Quotientenpolynoms $Q_{n-m}(x)$ und die des Restpolynoms $R_{m-1}(x)$.

$$Z_n(x) = Q_{n-m}(x) \cdot N_m(x) + R_{m-1}(x) \tag{2.50}$$

Mit dem Horner-Schema sind eine Reihe interessanter und nützlicher Eigenschaften verknüpft.

Betrachtet man in Gl. (2.50) einen linearen Divisor $N_1(x) = x - x_0$, so folgt

$$Z_n(x) = Q_{n-1}(x) \cdot (x - x_0) + R_0 \tag{2.51}$$

also $R_0 = Z_n(x_0)$. Falls $x_0$ eine Nullstelle des Polynoms $y = Z_n(x_0)$ ist, können demnach alle weiteren Nullstellen beim Polynom $y = Q_{n-1}(x)$ gesucht werden.

**Beispiel 2.14**  Daß das Polynom Gl. (2.40) bei $x = -2$ eine einfache, bei $x = 1$ eine doppelte und bei $x = 2$ eine dreifache Nullstelle besitzt, wird durch das fortgesetzte Horner-Schema (Tafel 2.18) bestätigt.

Tafel 2.18  Nullstellenverifikation durch fortgesetztes Horner-Schema

| | | | | | | | |
|---|---|---|---|---|---|---|---|
| | $\frac{1}{2}$ | $-3$ | $\frac{9}{2}$ | $6$ | $-24$ | $24$ | $-8$ |
| $x_0 = -2$ | | $-1$ | $8$ | $-25$ | $38$ | $-28$ | $8$ |
| | $\frac{1}{2}$ | $-4$ | $\frac{25}{2}$ | $-19$ | $14$ | $-4$ | $0$ |
| $x_0 = 1$ | | $\frac{1}{2}$ | $-\frac{7}{2}$ | $9$ | $-10$ | $4$ | |
| | $\frac{1}{2}$ | $-\frac{7}{2}$ | $9$ | $-10$ | $4$ | $0$ | |
| $x_0 = 1$ | | $\frac{1}{2}$ | $-3$ | $6$ | $-4$ | | |
| | $\frac{1}{2}$ | $-3$ | $6$ | $-4$ | $0$ | | |
| $x_0 = 2$ | | $1$ | $-4$ | $4$ | | | |
| | $\frac{1}{2}$ | $-2$ | $2$ | $0$ | | | |
| $x_0 = 2$ | | $1$ | $-2$ | | | | |
| | $\frac{1}{2}$ | $-1$ | $0$ | | | | |
| $x_0 = 2$ | | $1$ | | | | | |
| | $\frac{1}{2}$ | $0$ | | | | | |

Gl. (2.51) liefert

$$\frac{Z_n(x) - Z_n(x_0)}{x - x_0} = Q_{n-1}(x)$$

Daraus folgt durch Grenzübergang $x \to x_0$

$$Z_n'(x_0) = Q_{n-1}(x_0)$$

$Q_{n-1}(x_0)$ seinerseits ermittelt man durch Fortsetzung des für $Z_n(x_0)$ aufgestellten Horner-Schemas. Man erhält

$$Q_{n-1}(x) = Q_{n-2}(x) \cdot (x - x_0) + K_1 \tag{2.52}$$

mit $K_1 = Z'_n(x_0)$. Gl. (2.52) in Gl. (2.51) eingesetzt ergibt mit $R_0 = K_0$

$$Z_n(x) = Q_{n-2}(x) \cdot (x - x_0)^2 + K_1 \cdot (x - x_0) + K_0$$

Wendet man das Horner-Schema mit $x = x_0$ fortgesetzt auf $Q_{n-2}(x), Q_{n-3}(x), \ldots, Q_1(x)$ an, so ergibt sich (mit $Q_0 = K_n$)

$$Z_n(x) = K_n \cdot (x - x_0)^n + K_{n-1} \cdot (x - x_0)^{n-1} + \ldots + K_1 \cdot (x - x_0) + K_0 \tag{2.53}$$

$Z_n(x)$ erscheint demnach nach Potenzen von $x - x_0$ entwickelt. Ein Vergleich von Gl. (2.53) mit der Taylor-Entwicklung von $Z_n(x)$ an der Stelle $x_0$

$$Z_n(x) = \sum_{\varrho=0}^{n} \frac{1}{\varrho!} \cdot Z_n^{(\varrho)}(x_0) \cdot (x - x_0)^\varrho$$

ergibt

$$K_\varrho = \frac{1}{\varrho!} \cdot Z_n^{(\varrho)}(x_0) \tag{2.54}$$

**Beispiel 2.15** Das Polynom $y = x^4 - 6 \cdot x^3 + 18 \cdot x^2 - 30 \cdot x + 25$ ist nach Potenzen von $x - 1$ zu entwickeln.

Das fortgesetzte Horner-Schema

|  |  |  |  |  |  |
|---|---|---|---|---|---|
| | 1 | −6 | 18 | −30 | 25 |
| $x_0 = 1$ | | 1 | − 5 | 13 | −17 |
| | 1 | −5 | 13 | −17 | $\boxed{8}$ |
| $x_0 = 1$ | | 1 | − 4 | 9 | |
| | 1 | −4 | 9 | $\boxed{- 8}$ | |
| $x_0 = 1$ | | 1 | − 3 | | |
| | 1 | −3 | $\boxed{6}$ | | |
| $x_0 = 1$ | | 1 | | | |
| | 1 | $\boxed{-2}$ | | | |

liefert

$$y = (x - 1)^4 - 2 \cdot (x - 1)^3 + 6 \cdot (x - 1)^2 - 8 \cdot (x - 1) + 8$$

**Newton-Verfahren mit dem Horner-Schema** Für die Nullstellenberechnung mit dem Newton-Verfahren (Abschn. 2.1.3) benötigt man für jeden Wert der Folge $\{x_k\}$ den Funktionswert und den Wert der ersten Ableitung. Wenn eine reelle Nullstelle eines Polynoms zu bestimmen ist, lassen sich diese Werte bequem mit dem fortgesetzten Horner-Schema berechnen.

**Beispiel 2.16** Gesucht seien (jeweils auf fünf Stellen genau) die Nullstellen des Polynoms

$$f_4(x) = x^4 + x^3 - 6,5 \cdot x^2 - 14 \cdot x + 4$$

Als Schätzwerte für die betragsmäßig größte bzw. kleinste Nullstelle verwende man die z.B. mit der Methode von Bernoulli bestimmbaren Werte $x_1 = 3$ und $x_2 = 0,3$.

Man zeige, daß das Newtonsche Näherungsverfahren konvergiert, wenn man mit dem Startwert $x = 3$ beginnt, und ermittle damit eine Nullstelle von $f_4(x)$. Die übrigen Nullstellen sind alsdann nach entsprechender Polynomreduktion zu berechnen.

Tafel 2.19  Newton-Verfahren mit dem fortgesetzten Horner-Schema. Bestimmung der ersten
Nullstelle

| $x_1 = 3$ | 1 | 1 | $-6,5$ | $-14$ | 4 |
|---|---|---|---|---|---|
| | | 3 | 12 | 16,5 | 7,5 |
| $x_1 = 3$ | 1 | 4 | 5,5 | 2,5 | 11,5 |
| | | 3 | 21 | 79,5 | |
| | 1 | 7 | 26,5 | 82,0 | |

$$x_1 = 3 - 0,14024 = 2,85976$$

| $x_1 = 2,85976$ | 1 | 1 | $-6,5$ | $-14$ | 4 |
|---|---|---|---|---|---|
| | | 2,85976 | 11,03796 | 12,97746 | $-2,92421$ |
| $x_1 = 2,85976$ | 1 | 3,85976 | 4,53796 | $-1,02254$ | 1,07579 |
| | | 2,85976 | 19,21618 | 67,93104 | |
| | 1 | 6,71952 | 23,75414 | 66,90850 | |

$$x_1 = 2,85976 - 0,01608 = 2,84368$$

| $x_1 = 2,84368$ | 1 | 1 | $-6,5$ | $-14$ | 4 |
|---|---|---|---|---|---|
| | | 2,84368 | 10,93018 | 12,59800 | $-3,98683$ |
| $x_1 = 2,84368$ | 1 | 3,84368 | 4,43018 | $-1,40200$ | 0,01317 |
| | | 2,84368 | 19,01669 | 66,67533 | |
| | 1 | 6,68736 | 23,44687 | 65,27333 | |

$$x_1 = 2,84368 - 0,00020 = 2,84348$$

| $x_1 = 2,84348$ | 1 | 1 | $-6,5$ | $-14$ | 4 |
|---|---|---|---|---|---|
| | | 2,84348 | 10,92884 | 12,59329 | $-3,99995$ |
| $x_1 = 2,84348$ | 1 | 3,84348 | 4,42884 | $-1,40671$ | 0,00005 |
| | | 2,84348 | 19,01420 | 66,65975 | |
| | 1 | 6,68696 | 23,44304 | 65,25304 | |

$$x_1 = 2,84348$$

Tafel 2.19 zeigt den Ablauf des Newtonschen Verfahrens bei der Bestimmung der Nullstelle $x_1$.
Zur Untersuchung der Konvergenz betrachte man zum Startwert $x = 3$ und dem daraus iterierten
Wert $x = 2,85976$ das Intervall $[2,8; 3]$. Aus

$$f_4'(x) = 4 \cdot x^3 + 3 \cdot x^2 - 13 \cdot x - 14$$
$$f_4''(x) = 12 \cdot x^2 + 6 \cdot x - 13$$
$$f_4'''(x) = 24 \cdot x + 6$$
$$f_4^{(4)}(x) = 24$$

folgt, daß $f_4'(x)$ und $f_4''(x)$ im Intervall $[2,8; 3]$ positive, monoton steigende Funktionen sind, so
daß dort gilt

$$\frac{1}{2} \cdot |f_4''(x)| \cdot \max \{x - 2,8; 3 - x\} \leqslant \frac{1}{2} \cdot f_4''(3) \cdot 0,2 = 11,3$$

$$|f_4'(x)| \geqslant f_4'(2,8) = 60,928$$

Mit $q = 12$ und $1/M = 60$, also $M = 1/60$ und $q \cdot M = 1/5$, liefert die Abschätzung (2.36)

$$|x - 2{,}85976| < \frac{1}{4} \cdot 0{,}14024 = 0{,}03506 \qquad 2{,}82476 < x < 2{,}89482$$

Die zugehörigen Werte x bilden demnach eine Teilmenge von $[2{,}8; 3]$. Folglich ist die Konvergenz des Newtonschen Verfahrens gesichert.

Nach drei Schritten wird $x_1 = 2{,}84348$ erkannt. Zur Ermittlung der übrigen Nullstellen verwendet man gemäß Gl. (2.51) das um den Faktor $x - 2{,}84348$ reduzierte Polynom

$$f_3(x) = x^3 + 3{,}84348 \cdot x^2 + 4{,}42884 \cdot x - 1{,}40671$$

Tafel 2.20 enthält den weiteren Rechenablauf, wenn mit dem Schätzwert $x_2 = 0{,}3$ begonnen wird.

Tafel 2.20 Newton-Verfahren zur Bestimmung der zweiten Nullstelle

| | | | | |
|---|---|---|---|---|
| $x_2 = 0{,}3$ | 1 | 3,84348 | 4,42884 | −1,40671 |
| | | 0,3 | 1,24304 | 1,70156 |
| $x_2 = 0{,}3$ | 1 | 4,14348 | 5,67188 | 0,29486 |
| | | 0,3 | 1,33304 | |
| | 1 | 4,44348 | 7,00492 | |

$$x_2 = 0{,}3 - 0{,}04209 = 0{,}25791$$

| | | | | |
|---|---|---|---|---|
| $x_2 = 0{,}25791$ | 1 | 3,84348 | 4,42884 | −1,40671 |
| | | 0,25791 | 1,05778 | 1,41504 |
| $x_2 = 0{,}25791$ | 1 | 4,10139 | 5,48662 | 0,00833 |
| | | 0,25791 | 1,12430 | |
| | 1 | 4,35930 | 6,61092 | |

$$x_2 = 0{,}25791 - 0{,}00126 = 0{,}25665$$

| | | | | |
|---|---|---|---|---|
| $x_2 = 0{,}25665$ | 1 | 3,84348 | 4,42884 | −1,40671 |
| | | 0,25665 | 1,05229 | 1,40672 |
| $x_2 = 0{,}25665$ | 1 | 4,10013 | 5,48113 | 0,00001 |
| | | 0,25665 | 1,11816 | |
| | 1 | 4,35678 | 6,59929 | |

$$x_2 = 0{,}25665$$

Die beiden anderen Nullstellen des Polynoms $f_4(x) = x^4 + x^3 - 6{,}5 \cdot x^2 - 14 \cdot x + 4$ werden der quadratischen Gleichung $x^2 + 4{,}10013 \cdot x + 5{,}48113 = 0$ (Tafel 2.20) entnommen. Man erhält

$$x_{3,4} = -2{,}05007 \pm j1{,}13065$$

Da für die Berechnung der Nullstellen $x_2$, $x_3$, $x_4$ reduzierte Polynome verwendet worden sind, deren Koeffizienten infolge der Ungenauigkeit von $x_1$ nicht mit den theoretisch exakten Koeffizienten übereinzustimmen brauchen, müssen diese Nullstellen am Ausgangspolynom geprüft werden. In diesem Beispiel stellt sich heraus, daß eine Nachiteration (Abschn. 2.3.4) keine Veränderung innerhalb der notierten Dezimalstellen bewirkt.

Wählt man in Gl. (2.50) statt des linearen einen quadratischen Divisor $N_2(x) = x^2 + px + q$, so liefert das fortgesetzte Horner-Schema eine Entwicklung des Dividenden $Z_n(x)$ nach diesem quadratischen Polynom.

**Beispiel 2.17** Das Polynom $y = x^4 - 6 \cdot x^3 + 18 \cdot x^2 - 30 \cdot x + 25$ ist nach Potenzen von $y = (x - 1)^2 = x^2 - (2 \cdot x - 1)$ zu entwickeln.

Das fortgesetzte Horner-Schema

|       |     | 1 | $-6$ | 18   | $-30$ | 25   |
|-------|-----|---|------|------|-------|------|
| $-1$  |     |   |      | $-1$ | 4     | $-9$ |
| 2     |     |   |      | 2    | $-8$  | 18   |
|       |     | 1 | $-4$ | 9    | $-8$  | 16   |
| $-1$  |     |   |      | $-1$ |       |      |
| 2     |     |   |      | 2    |       |      |
|       |     | 1 | $-2$ | 8    |       |      |

liefert

$$y = (x - 1)^4 + (-2 \cdot x + 8) \cdot (x - 1)^2 - 8 \cdot x + 16$$

Das Horner-Schema verwendet man zur U m r e c h n u n g   v o n   Z a h l e n aus fremden Zahlensystemen in das Dezimalsystem.

**Beispiel 2.18** Im Sedezimalsystem benutzt man üblicherweise zur Darstellung der Sedezimalziffern die Ziffern 0 bis 9 und die Buchstaben A bis F. Die Dezimaldarstellung der Sedezimalzahl $4BE3_{16}$ $= 4 \cdot 16^3 + 11 \cdot 16^2 + 14 \cdot 16^1 + 3 \cdot 16^0$ gewinnt man mit dem Horner-Schema

|          | 4 | 11 | 14   | 3     |
|----------|---|----|------|-------|
| $x = 16$ |   | 64 | 1200 | 19424 |
|          | 4 | 75 | 1214 | $19427_{10} = 4BE3_{16}$ |

Das Horner-Schema bietet eine Möglichkeit, eine Zahl mit möglichst wenig Multiplikationen in eine ganzzahlige Potenz zu erheben. Hierzu errechnet man sich die Darstellung des Exponenten im Dualsystem, indem man das Horner-Schema mit dem linearen Divisor $x - 2$ von rückwärts aufrollt, und überträgt das vorwärts genommene Schema in den Exponenten.

**Beispiel 2.19** Die Potenz $3^{195}$ ist zu berechnen.

Das Horner-Schema lautet (von rechts nach links zu berechnen)

|         | 1 | 1 | 0 | 0  | 0  | 0  | 1  | 1   |
|---------|---|---|---|----|----|----|----|-----|
| $x = 2$ |   | 2 | 6 | 12 | 24 | 48 | 96 | 194 |
|         | 1 | 3 | 6 | 12 | 24 | 48 | 97 | 195 |

Damit folgt

$$3^{195} = 3^{11000011_2} = (((((( 3^2 \cdot 3)^2)^2)^2)^2)^2 \cdot 3)^2 \cdot 3 = 1{,}09306168 \cdot 10^{93}$$

Die Berechnung erfordert 7 Divisionen mit Rest und 10 Multiplikationen.

In manchen Fällen lassen sich mit dem Horner-Schema Aussagen über die Lage der Nullstellen eines Polynoms herleiten.

Wenn man das Horner-Schema mit dem linearen Divisor $x - x_0$ auf das Polynom $Z_n(x)$ anwendet, erhält man nach Gl. (2.51)

$$Z_n(x) = Q_{n-1}(x) \cdot (x - x_0) + R_0$$

In der Ergebniszeile des Horner-Schemas erscheinen die Koeffizienten $b_{n-1}, b_{n-2}, \ldots, b_1, b_0$ des Polynoms $Q_{n-1}(x)$ und der Divisionsrest $R_0$.

Angenommen, die Größen $b_{n-1}, b_{n-2}, \ldots, b_1, b_0, R_0$ seien sämtlich von Null verschieden.
Wenn dabei $x_0 \geqslant 0$ gewählt worden ist und in der Folge $\{b_{n-1}, b_{n-2}, \ldots, b_1, b_0, R_0\}$ kein
Vorzeichenwechsel auftritt, kann $Z_n(x)$ keine reelle Nullstelle $x_1$ mit $x_1 > x_0$ besitzen, denn aus
$x_1 - x_0 > 0$ (also auch $x_1 > 0$) folgt, daß die Terme $b_0 \cdot (x_1 - x_0)$, $b_1 \cdot x_1 \cdot (x_1 - x_0), \ldots,$
$b_{n-2} \cdot x_1^{n-2}(x_1 - x_0)$, $b_{n-1} \cdot x_1^{n-1} \cdot (x_1 - x_0)$ von Null verschieden sind und das gleiche Vorzeichen wie $R_0$ besitzen. Dies gilt dann auch für ihre Summe $Q_{n-1}(x_1) \cdot (x_1 - x_0)$, so daß $Z_n(x_1)$
für $x_1 > x_0$ nicht verschwinden kann.

Wenn dagegen $x_0 \leqslant 0$ gilt und die Folge $\{b_{n-1}, b_{n-2}, \ldots, b_1, b_0, R_0\}$ alterniert, sind sämtliche
reellen Nullstellen größer als $x_0$, denn aus $x_1 < x_0$ folgt $x_1 - x_0 < 0$ und $x_1 < 0$, so daß wiederum
alle Terme $b_0 \cdot (x_1 - x_0)$, $b_1 \cdot x_1 \cdot (x_1 - x_0), \ldots, b_{n-2} \cdot x_1^{n-2} \cdot (x_1 - x_0)$, $b_{n-1} \cdot x_1^{n-1} \cdot$
$(x_1 - x_0)$, also auch ihre Summe $Q_{n-1}(x_1) \cdot (x_1 - x_0)$, ungleich Null und vorzeichengleich mit
$R_0$ sind, also $Z_n(x_1) \neq 0$ gilt.

**Beispiel 2.20**  Sämtliche reellen Nullstellen von

$$y = x^6 - x^5 - 1,75 \cdot x^4 - 3,5 \cdot x^3 + 7,5 \cdot x^2 + 4,5 \cdot x - 6,75$$

liegen zwischen $-2$ und $+2,5$, denn das Horner-Schema

| $x = 2,5$ | 1 | $-1$ | $-1,75$ | $-3,5$ | $7,5$ | $4,5$ | $-6,75$ |
|---|---|---|---|---|---|---|---|
| | | $2,5$ | $3,75$ | $5$ | $3,75$ | $28,125$ | $81,5625$ |
| | 1 | $1,5$ | $2$ | $1,5$ | $11,25$ | $32,625$ | $74,8125$ |

enthält in der Ergebniszeile lauter vorzeichengleiche, nämlich positive Zahlen, während in der Entwicklung bei $x = -2$

| $x = -2$ | 1 | $-1$ | $-1,75$ | $-3,5$ | $7,5$ | $4,5$ | $-6,75$ |
|---|---|---|---|---|---|---|---|
| | | $-2$ | $6$ | $-8,5$ | $24$ | $-63$ | $117$ |
| | 1 | $-3$ | $4,25$ | $-12$ | $31,5$ | $-58,5$ | $110,25$ |

ein fortwährender Vorzeichenwechsel unter den Ergebniszahlen zu vermerken ist.

### 2.3.2 Methode von Bernoulli

Am Anfang von Abschn. 2.3 wird erläutert, wie man die Gesamtheit aller Nullstellen eines Polynoms n-ten Grades ermitteln kann, indem zunächst durch Grob- und Feinrechnung jeweils eine
reelle Nullstelle bzw. ein konjugiert-komplexes Nullstellenpaar festgestellt wird, danach der zugehörige lineare bzw. quadratische Faktor vom Polynom abgespalten wird, worauf dann die weiteren
Nullstellen in gleicher Weise aus dem reduzierten Polynom errechnet werden können.

Die M e t h o d e   v o n   B e r n o u l l i verwendet man zur Feststellung einer groben Nullstellennäherung. Die Methode bietet den Vorteil, daß ihre Konvergenz von Vorgabeschätzwerten unabhängig ist. Da man bei ihr auf die Vorzüge quadratischer Konvergenz verzichten muß, verwendet
man für die Feinrechnung besser die Verfahren von Newton (Abschn. 2.3.1) bzw. Bairstow
(Abschn. 2.3.3), wobei das mit der Bernoulli-Methode gewonnene Ergebnis als Eingangswert benutzt wird.

Die Methode von Bernoulli findet man in der Literatur in unterschiedlichen Versionen. Hier wird
eine praktisch recht bewährte Form nach [10] vorgestellt. Vorausgesetzt wird, daß das Polynom
in normierter Form vorliegt, also

$$f_n(x) = x^n + a_{n-1} \cdot x^{n-1} + a_{n-2} \cdot x^{n-2} + \ldots + a_1 \cdot x + a_0 \tag{2.55}$$

gilt. Es soll außerdem $a_{n-1} \neq 0$ gelten. Diese Annahme bedeutet keine grundsätzliche Einschränkung, da im anderen Falle die Substitution

$$x' = x - 1 \tag{2.56}$$

und die Entwicklung von $f_n(x)$ nach Potenzen von $x'$ (z.B. in der in Abschn. 2.3.1 geschilderten Art) diese Voraussetzung schafft. — Die Nullstellen $x_1, x_2, \ldots, x_n$ seien nach fallenden Beträgen geordnet, so daß $|x_1| \geqslant |x_2| \geqslant \ldots \geqslant |x_n|$ gilt. Mit dieser Form der Bernoullischen Methode lassen sich dann näherungsweise die betragsmäßig größten Nullstellen bestimmen. — Die Nullstellen mit dem kleinsten Betrag erhält man mittels der Substitution $z = 1/x$ wegen

$$f_n(x) = a_0 \cdot x^n \cdot \left( z^n + \frac{a_1}{a_0} \cdot z^{n-1} + \ldots + \frac{1}{a_0} \right)$$

aus dem Polynom

$$g_n(z) = z^n + \frac{a_1}{a_0} \cdot z^{n-1} + \ldots + \frac{1}{a_0}$$

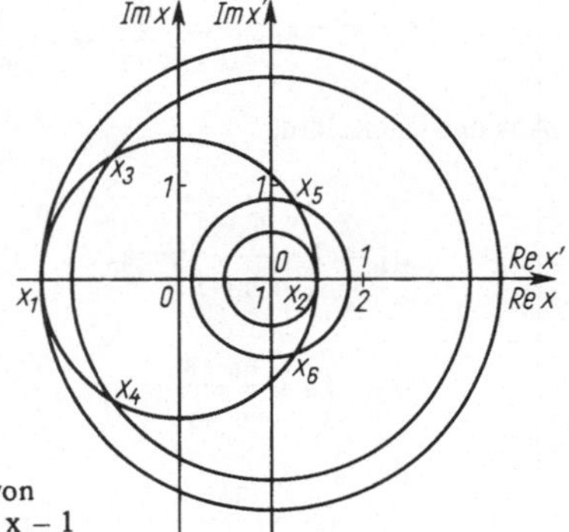


Bild 2.21  Beseitigung der Betragsgleichheit von
Nullstellen durch Translation $x' = x - 1$

Bei der Beschreibung des Verfahrens wird vorausgesetzt, daß maximal zwei beliebig vielfache Nullstellen vom Höchstbetrag existieren. Wenn die Voraussetzung nicht gegeben ist, tritt keine Konvergenz, sondern eine Oszillation bei den errechneten Werten ein. In diesem Falle substituiert man z.B. gemäß Gl. (2.56). Meist schon nach einmaliger, höchstens aber nach $(n-1)$-maliger Substitution sind die Schwierigkeiten behoben (Bild 2.21).

Die Theorie, die der Methode von Bernoulli zugrunde liegt, ist etwas schwerfällig. Dagegen gestaltet sich der daraus resultierende Algorithmus besonders einfach, so daß letztendlich der investierte Aufwand durchaus gerechtfertigt erscheint.

Die Methode von Bernoulli basiert darauf, daß die aus den Nullstellen gebildeten Potenzsummen

$$S_m = \sum_{\varrho=1}^{n} x_\varrho^m \qquad m \in \mathbb{N} \tag{2.57}$$

zu den N e w t o n s c h e n   I d e n t i t ä t e n (vgl. [8])

$$
\begin{aligned}
S_1 + a_{n-1} &= 0 \\
S_2 + a_{n-1} \cdot S_1 + 2 \cdot a_{n-2} &= 0 \\
S_3 + a_{n-1} \cdot S_2 + a_{n-2} \cdot S_1 + 3 \cdot a_{n-3} &= 0 \\
&\;\;\vdots \\
S_n + a_{n-1} \cdot S_{n-1} + a_{n-2} \cdot S_{n-2} + \ldots + a_1 \cdot S_1 + n \cdot a_0 &= 0
\end{aligned}
$$

$$S_j + a_{n-1} \cdot S_{j-1} + a_{n-2} \cdot S_{j-2} + \ldots + a_1 \cdot S_{j-n+1} + a_0 \cdot S_{j-n} = 0 \qquad j > n$$

zusammengefaßt werden können. Man kann diese Gleichungen einheitlich schreiben, wenn man $a_k = 0$ für $k < 0$ vereinbart, und erhält

$$S_{m+1} + \sum_{\ell=1}^{m} a_{n-\ell} \cdot S_{m+1-\ell} + (m+1) \cdot a_{n-m-1} = 0 \qquad (2.58)$$

Die Potenzsummen Gl. (2.57) lassen sich demnach sukzessive aus den Polynomkoeffizienten berechnen. Da ihre Beträge mit wachsendem Grad jedoch i. allg. exponentiell ansteigen, betrachtet man besser die Quotienten $q_m = S_{m+1}/S_m$. Gl. (2.58) liefert nach Division durch $S_m$

$$q_m = -a_{n-1} - \sum_{\ell=2}^{m} a_{n-\ell} \prod_{j=1}^{\ell-1} \frac{1}{q_{m-j}} + (m+1) \cdot \frac{a_{n-m-1}}{a_{n-1}} \cdot \prod_{j=1}^{m-1} \frac{1}{q_{m-j}} \qquad (2.59)$$

Aus der Darstellung

$$q_1 = 2 \cdot \frac{a_{n-2}}{a_{n-1}} - a_{n-1}$$

$$q_2 = \left( 3 \cdot \frac{a_{n-3}}{a_{n-1}} - a_{n-2} \right) \cdot \frac{1}{q_1} - a_{n-1}$$

$$q_3 = \left( \left( 4 \cdot \frac{a_{n-4}}{a_{n-1}} - a_{n-3} \right) \cdot \frac{1}{q_1} - a_{n-2} \right) \cdot \frac{1}{q_2} - a_{n-1}$$

$$q_4 = \left( \left( \left( 5 \cdot \frac{a_{n-5}}{a_{n-1}} - a_{n-4} \right) \cdot \frac{1}{q_1} - a_{n-3} \right) \cdot \frac{1}{q_2} - a_{n-2} \right) \cdot \frac{1}{q_3} - a_{n-1}$$

$$\vdots$$

$$q_m = \left( \ldots \left( \frac{(m+1) \cdot a_{n-m-1}}{a_{n-1}} - a_{n-m} \right) \cdot \frac{1}{q_1} - a_{n-m+1} \right) \cdot$$

$$\cdot \frac{1}{q_2} - a_{n-m+2} \right) \cdot \frac{1}{q_3} - \ldots - a_{n-2} \right) \cdot \frac{1}{q_{m-1}} - a_{n-1} \qquad (2.60)$$

folgt die rekursive Berechnung von $q_m$. Bezeichnet man mit $t_{\ell,m}$ den Inhalt der (von außen nach innen gezählten) $\ell$-ten Klammer von $q_m$ ($0 \leqslant \ell \leqslant m-1$), so folgt aus Gl. (2.60)

$$t_{\ell,m} = \frac{t_{\ell+1,m}}{q_{m-\ell-1}} - a_{n-\ell-1} \qquad (2.61)$$

sofern man

$$t_{m,m} = (m+1) \cdot a_{n-m-1} \qquad (2.62)$$

$$q_0 = a_{n-1} \qquad (2.63)$$

festsetzt. Insbesondere gilt

$$t_{0,m} = q_m \qquad (2.64)$$

Die Rekursionsvorschrift Gl. (2.61) bis (2.64) führt zu einem übersichtlichen Rechenschema, wenn man statt $\ell$ und m nunmehr $\ell + 1$ und die Differenz $m - \ell$ mit j bzw. k bezeichnet, also substituiert

$$j = \ell + 1; \qquad k = m - \ell$$

Mit $r_{j,k} := t_{\ell,m}$ folgt aus Gl. (2.64)

$$r_{1,k} = q_k \tag{2.65}$$

Gl. (2.62) und (2.63) liefern dann

$$r_{j,0} = j \cdot a_{n-j}$$

und aus Gl. (2.61) folgt

$$r_{j,k} = \frac{r_{j+1,k-1}}{r_{1,k-1}} - a_{n-j} \tag{2.66}$$

Die Vereinbarung $a_j = 0$ für $j < 0$ bedeutet $r_{j,k} = 0$ für $j > n$.

Für die Berechnung der Folge $\{q_n\}$ verwendet man das in Tafel 2.22 dargestellte Rechenschema. Man vermeidet dabei überflüssige Berechnungen, wenn man das Schema nicht spaltenweise, sondern in Nebendiagonalenrichtung fortschreibt.

Tafel 2.22  Rechenschema für die Methode von Bernoulli  $\qquad r_{j,k} = \dfrac{r_{j+1,k-1}}{r_{1,k-1}} - a_{n-j}$

| $j \diagdown k$ | | 0 | 1 | 2 | 3 | ... | $k - 1$ | k | ... |
|---|---|---|---|---|---|---|---|---|---|
| 1 | $a_{n-1}$ | $a_{n-1}$ | $r_{11}$ | $r_{12}$ | $r_{13}$ | $\cdots$ | $r_{1,k-1}$ | $r_{1k}$ | $\cdots$ |
| 2 | $a_{n-2}$ | $2 \cdot a_{n-2}$ | $r_{21}$ | $r_{22}$ | $r_{23}$ | $\cdots$ | $r_{2,k-1}$ | $r_{2k}$ | $\cdots$ |
| 3 | $a_{n-3}$ | $3 \cdot a_{n-3}$ | $r_{31}$ | $r_{32}$ | $r_{33}$ | $\cdots$ | $r_{3,k-1}$ | $r_{3k}$ | $\cdots$ |
| $\vdots$ | $\vdots$ | $\vdots$ | $\vdots$ | $\vdots$ | $\vdots$ | $\cdots$ | $\vdots$ | $\vdots$ | $\cdots$ |
| j | $a_{n-j}$ | $j \cdot a_{n-j}$ | $r_{j1}$ | $r_{j2}$ | $r_{j3}$ | $\cdots$ | $r_{j,k-1}$ | $r_{jk}$ | $\cdots$ |
| $j + 1$ | $a_{n-j-1}$ | $(j + 1) \cdot a_{n-j-1}$ | $r_{j+1,1}$ | $r_{j+1,2}$ | $r_{j+1,3}$ | $\cdots$ | $r_{j+1,k-1}$ | $r_{j+1,k}$ | $\cdots$ |
| $\vdots$ | $\vdots$ | $\vdots$ | $\vdots$ | $\vdots$ | $\vdots$ | $\cdots$ | $\vdots$ | $\vdots$ | $\cdots$ |
| $n - 1$ | $a_1$ | $(n - 1) \cdot a_1$ | $r_{n-1,1}$ | $r_{n-1,2}$ | $r_{n-1,3}$ | $\cdots$ | $r_{n-1,k-1}$ | $r_{n-1,k}$ | $\cdots$ |
| n | $a_0$ | $n \cdot a_0$ | $-a_0$ | $-a_0$ | $-a_0$ | $\cdots$ | $-a_0$ | $-a_0$ | $\cdots$ |

Bei der Herleitung von Gl. (2.66) ist stillschweigend angenommen worden, daß stets $q_{k-1}$ von Null verschieden ist, was nicht immer zu gelten braucht. Gl. (2.66) zeigt aber auch, daß es für die Berechnung einer neuen Spalte im Rechenschema nur auf das Verhältnis der Größen in der vorangehenden Spalte ankommt, so daß diese statt mit $r_{j,k}$ auch mit $c \cdot r_{j,k}$ $(j = 1, \ldots, n)$ besetzt sein kann. Lediglich die Erkennung eines sichtbar werdenden Grenzwertes wird dadurch verzögert. Insbesondere kann man also

$$\hat{r}_{j,k} = r_{1,k-1} \cdot r_{j,k} = r_{j+1,k-1} - a_{n-j} \cdot r_{1,k-1}$$

anstelle von $r_{j,k}$ in die j-te Spalte eintragen. Im Sinne eines Grenzübergangs $r_{1,k-1} \to 0$ berechnet man daher im Falle $q_{k-1} = 0$ die Folgespalte in der Form

$$r_{j,k} = r_{j+1,k-1} \qquad (j = 1, \ldots, n-1)$$
$$r_{n,k} = 0$$

Theoretisch muß damit gerechnet werden, daß sich dieser Fall für einen höheren Wert von k wiederholt. Praktisch tritt dies wegen der unvermeidlichen Rundungsfehler aber nur selten ein.

In dieser Weise läßt sich meistens auch der Fall $a_{n-1} = 0$ behandeln, ohne die in Gl. (2.56) genannte Substitution anzuwenden.

Aus der Folge $\{q_k\}$ lassen sich die Nullstellen mit dem höchsten Betrag näherungsweise ermitteln:

1. **Fall.** Genau eine Nullstelle (Vielfachheit p) habe den höchsten Betrag. Dann gilt

$$x_1 = x_2 = \ldots = x_p; \qquad |x_1| > |x_{p+1}| \geqslant \ldots \geqslant |x_n| \tag{2.67}$$

Gl. (2.57) liefert

$$S_k = x_1^k \cdot \left[ p + \left(\frac{x_{p+1}}{x_1}\right)^k + \left(\frac{x_{p+2}}{x_1}\right)^k + \ldots + \left(\frac{x_n}{x_1}\right)^k \right]$$

Für $q_k = S_{k+1}/S_k$ folgt

$$q_k = x_1 \cdot \frac{p + \left(\frac{x_{p+1}}{x_1}\right)^{k+1} + \left(\frac{x_{p+2}}{x_1}\right)^{k+1} + \ldots + \left(\frac{x_n}{x_1}\right)^{k+1}}{p + \left(\frac{x_{p+1}}{x_1}\right)^k + \left(\frac{x_{p+2}}{x_1}\right)^k + \ldots + \left(\frac{x_n}{x_1}\right)^k} \tag{2.68}$$

Wegen Gl. (2.67) gilt $|x_s/x_1| < 1$, falls $s > p$ ist. Folglich ist

$$\lim_{k \to \infty} q_k = x_1 \tag{2.69}$$

In diesem Falle stellen demnach die $q_k$ Näherungswerte für die reelle Nullstelle $x_1$ dar.

2. **Fall.** Genau zwei Nullstellen mit den Vielfachheiten $p_1$ und $p_2$ seien betragsmäßig am größten. Dann gilt

$$x_1 = x_2 = \ldots = x_{p_1} \qquad x_{p_1+1} = x_{p_1+2} = \ldots = x_{p_1+p_2}$$

$$|x_1| = |x_2| = \ldots = |x_{p_1}| = |x_{p_1+1}| = \ldots = |x_{p_1+p_2}| > |x_{p_1+p_2+1}| \geqslant \ldots \geqslant |x_n| \tag{2.70}$$

Gl. (2.57) liefert diesmal

$$S_k = x_1^k \cdot \left[ p_1 + p_2 \cdot \left(\frac{x_{p_1+1}}{x_1}\right)^k + \left(\frac{x_{p_1+p_2+1}}{x_1}\right)^k + \ldots + \left(\frac{x_n}{x_1}\right)^k \right] \tag{2.71}$$

Aus Gl. (2.70) folgt $\left|\dfrac{x_{p_1+p_2+1}}{x_1}\right| < 1$, also

$$h := \left(\frac{x_{p_1+p_2+1}}{x_1}\right)^k \to 0 \qquad \text{für } k \to \infty .$$

Mit $w := \dfrac{x_{p_1+1}}{x_1}$ ergibt Gl. (2.71)[1]

---

[1] Das Landausche Symbol $O(h) = f(h)$ besagt, daß der Grenzwert $\lim\limits_{h \to 0} \dfrac{f(h)}{h}$ existiert.

$$S_k = x_1^{\ k} \cdot [p_1 + p_2 \cdot w^k + O(h)]$$

folglich bei Beachtung von $|w| = 1$

$$S_k^{\ 2} - S_{k-1} \cdot S_{k+1} = -p_1 \cdot p_2 \cdot x_1^{\ 2k} \cdot w^{k-1} \cdot [(1-w)^2 + O(h)]$$

$$S_{k+1}^{\ 2} - S_k \cdot S_{k+2} = -p_1 \cdot p_2 \cdot x_1^{\ 2k+2} \cdot w^k \cdot [(1-w)^2 + O(h)]$$

$$S_k \cdot S_{k+1} - S_{k-1} \cdot S_{k+2} = -p_1 \cdot p_2 \cdot x_1^{\ 2k+1} \cdot w^{k-1} \cdot [(1-w)^2 \cdot (1+w) + O(h)]$$

Division ergibt

$$\frac{S_{k+1}^{\ 2} - S_k \cdot S_{k+2}}{S_k^{\ 2} - S_{k-1} \cdot S_{k+1}} = x_1^{\ 2} \cdot w \cdot [1 + O(h)] = x_1 \cdot x_{p_1+1} + O(h)$$

$$\frac{S_k \cdot S_{k+1} - S_{k-1} \cdot S_{k+2}}{S_k^{\ 2} - S_{k-1} \cdot S_{k+1}} = x_1 \cdot [1 + w + O(h)] = x_1 + x_{p_1+1} + O(h)$$

Durch Übergang zu $q_k$ erhält man daraus

$$Q := \lim_{k \to \infty} \left[ q_k \cdot q_{k-1} \cdot \frac{q_{k+1} - q_k}{q_k - q_{k-1}} \right] = x_1 \cdot x_{p_1+1} \qquad (2.72)$$

$$P := \lim_{k \to \infty} \left[ q_k \cdot \frac{q_{k+1} - q_{k-1}}{q_k - q_{k-1}} \right] = x_1 + x_{p_1+1} \qquad (2.73)$$

$x_1$ und $x_{p_1+1}$ sind demnach die Wurzeln der quadratischen Gleichung

$$x^2 - P \cdot x + Q = 0 \qquad (2.74)$$

Bei der Fortschreibung des zur Methode von Bernoulli gehörenden Rechenschemas (Tafel 2.22) hat man demnach jedesmal, wenn ein neues Glied $q_{k+1} = r_{1,k+1}$ berechnet worden ist, zu prüfen, ob die Folge Gl. (2.69) sich einem Grenzwert nähert (womit dann eine reelle Nullstelle des Polynoms Gl. (2.55) näherungsweise bestimmt ist), oder ob sowohl bei der Folge Gl. (2.72), als auch bei der Folge Gl. (2.73) Konvergenz erkennbar ist, also zwei verschiedene Nullstellen mit Höchstbetrag ermittelt werden können.

**Beispiel 2.21**  Das Polynom $f_3(x) = x^3 - 5,5 \cdot x^2 + 6,5 \cdot x - 2$ hat drei reelle Nullstellen $x_1 = 4$; $x_2 = 1$; $x_3 = 0,5$.
Das Bernoulli-Schema (Tafel 2.23) liefert $x_1 \approx 3,999$.

Tafel 2.23  Bernoulli-Schema für $f_3(x) = x^3 - 5,5 \cdot x^2 + 6,5 \cdot x - 2$

|   |      | 0      | 1      | 2      | 3      | 4      | 5      | 6     |
|---|------|--------|--------|--------|--------|--------|--------|-------|
| 1 | −5,5 | −5,5   | 3,136  | 3,775  | 3,947  | 3,987  | 3,997  | 3,999 |
| 2 | 6,5  | 13     | −5,409 | −5,862 | −5,970 | −5,993 | −5,998 |       |
| 3 | −2   | −6     | 2      | 2      | 2      | 2      |        |       |

**Beispiel 2.22**  Das Polynom $f_4(x) = x^4 - 3 \cdot x^3 + 6 \cdot x^2 - x + 7$ besitzt nur komplexe Nullstellen $x_{1,2} = 1,7161313 \pm j1,8554496$ und $x_{3,4} = -0,2161212 \pm j1,0242683$.

Tafel 2.24  Bernoulli-Schema für $f_4(x) = x^4 - 3 \cdot x^3 + 6 \cdot x^2 - x + 7$

|   |     | 0    | 1      | 2      | 3      | 4       | 5       | 6      |
|---|-----|------|--------|--------|--------|---------|---------|--------|
| 1 | -3  | -3   | -1     | 8      | 3,292  | 1,481   | -1,026  | 9,592  |
| 2 | 6   | 12   | -5     | 2,333  | -5     | -5,962  | -6,761  | -2,367 |
| 3 | -1  | -3   | -8,333 | 8      | 0,125  | -1,127  | -3,726  | 7,825  |
| 4 | 7   | 28   | -7     | -7     | -7     | -7      | -7      | -7     |
| Q |     |      |        | 13,50  | 4,185  | 10,13   | 6,749   | 6,434  |
| P |     |      |        | -5,50  | 3,815  | 4,558   | 3,531   | 3,319  |

|   |     | 7      | 8      | 9      | 10     | 11     | 12    |
|---|-----|--------|--------|--------|--------|--------|-------|
| 1 | -3  | 2,753  | 1,117  | -2,283 | 6,232  | 2,407  | 0,779 |
| 2 | 6   | -5,184 | -5,902 | -7,381 | -3,694 | -5,348 |       |
| 3 | -1  | 0,270  | -1,542 | -5,266 | 4,066  |        |       |
| 4 | 7   | -7     | -7     | -7     |        |        |       |
| Q |     | 6,336  | 6,319  | 6,392  | 6,388  | 6,392  | 6,389 |
| P |     | 3,414  | 3,412  | 3,439  | 3,435  | 3,433  | 3,432 |

Dem Bernoulli-Schema (Tafel 2.24) entnimmt man $Q \approx 6,39$; $P \approx 3,43$, also $x_{1,2} \approx 1,72 \pm j1,86$.

**Beispiel 2.23**  Das Polynom $f_4(x) = x^4 - 4 \cdot x^3 + 24 \cdot x^2 - 40 \cdot x + 100$ hat doppelte komplexe Nullstellen $x_1 = x_3 = 1 + j3$; $x_2 = x_4 = 1 - j3$.

**Das Bernoulli-Schema (Tafel 2.25) ergibt** $Q = 10$; $P = 2$, also $x_{1;2} = 1 \pm j3$.

Tafel 2.25  Bernoulli-Schema für $f_4(x) = x^4 - 4 \cdot x^3 + 24 \cdot x^2 - 40 \cdot x + 100$

|   |      | 0    | 1     | 2      | 3      | 4      |
|---|------|------|-------|--------|--------|--------|
| 1 | -4   | -4   | -8    | 3,25   | -1,077 | 11,285 |
| 2 | 24   | 48   | 6     | -16,5  | -7,846 |        |
| 3 | -40  | -120 | -60   | 52,5   |        |        |
| 4 | 100  | 400  | -100  |        |        |        |
| Q |      |      |       | -90    | 10,00  | 10,00  |
| P |      |      |       | 14,5   | 2,00   | 2,00   |

**Beispiel 2.24**  Das Polynom $f_4(x) = x^4 - 8 \cdot x^3 + 32 \cdot x^2 - 80 \cdot x + 100$ besitzt zwei komplexe Nullstellenpaare von gleichem Betrag $x_{1;2} = 1 \pm j3$; $x_{3,4} = 3 \pm j1$.

Im Bernoulli-Schema (Tafel 2.26) ist bei keiner der drei Folgen Konvergenz festzustellen.

Die Darstellung des Polynoms im verschobenen Koordinatensystem $x' = x - 1$ berechnet man mit dem fortgesetzten Horner-Schema (s. S. 63 oben).

Mit $x' = x - 1$ gilt demnach

$$f(x) = x'^4 - 4 \cdot x'^3 + 14 \cdot x'^2 - 36 \cdot x' + 45.$$

Im neuen Koordinatensystem liefert das Bernoulli-Schema (Tafel 2.27) $Q \approx 9$; $P \approx 0,03$, also $x'_{1;2} \approx 0,02 \pm j3,00$. Demnach gilt $x_{1;2} \approx 1,02 \pm j3,00$.

| $x_0 = 1$ | 1 | −8 | 32 | −80 | 100 |
|---|---|---|---|---|---|
|  |  | 1 | −7 | 25 | −55 |
|  | 1 | −7 | 25 | −55 | 45 |
| $x_0 = 1$ |  | 1 | −6 | 19 |  |
|  | 1 | −6 | 19 | −36 |  |
| $x_0 = 1$ |  | 1 | −5 |  |  |
|  | 1 | −5 | 14 |  |  |
| $x_0 = 1$ |  | 1 |  |  |  |
|  | 1 | −4 |  |  |  |

Tafel  2.26  Bernoulli-Schema für $f_4(x) = x^4 - 8 \cdot x^3 + 32 \cdot x^2 - 80 \cdot x + 100$

|  |  | 0 | 1 | 2 | 3 | 4 | 5 | 6 |
|---|---|---|---|---|---|---|---|---|
| 1 | −8 | −8 | 0 | −2 | −7 | 5,43 | $4,7 \cdot 10^{-6}$ | $-3,07 \cdot 10^7$ |
| 2 | 32 | 64 | −2 | 30 | 18 | −43,4 | −14,6 | $1,29 \cdot 10^7$ |
| 3 | −80 | −240 | 30 | −100 | 80 | 94,3 | 61,6 | $2,10 \cdot 10^7$ |
| 4 | 100 | 400 | −100 | 0 | −100 | −100 | −100 | −100 |
| Q |  |  |  | 0 | 0 | −34,8 | 16,6 | 14,6 |
| P |  |  |  | 0 | −7 | 10,4 | 3,06 | 2,70 |

|  |  | 7 | 8 | 9 | ... | 49 | 50 |
|---|---|---|---|---|---|---|---|
| 1 | −8 | 3,79 | 1,36 | $9,54 \cdot 10^{-7}$ | ... | $5,34 \cdot 10^{-5}$ | $2,11 \cdot 10^4$ |
| 2 | 32 | −25,2 | −10,9 | 7,36 | ... | 1,12 | $4,15 \cdot 10^5$ |
| 3 | −80 | 80 | 53,6 | 6,60 | ... | 22,2 | $1,87 \cdot 10^6$ |
| 4 | 100 | −100 | −100 | −100 | ... | −100 | −100 |
| Q |  | 14,6 | 9,21 | 2,90 | ... | 4,93 | −1,12 |
| P |  | 3,79 | 3,79 | 2,13 | ... | 2,85 | −0,650 |

Tafel 2.27  Bernoulli-Schema für $f(x') = x'^4 - 4 \cdot x'^3 + 14 \cdot x'^2 - 36 \cdot x' + 45$

|  |  | 0 | 1 | 2 | 3 | 4 | 5 | 6 | 7 | 8 | 9 |
|---|---|---|---|---|---|---|---|---|---|---|---|
| 1 | −4 | −4 | −3 | −0,333 | 37 | −0,514 | 22,3 | 0,329 | −21,7 | −0,119 | 82,6 |
| 2 | 14 | 28 | 13 | −11 | −167 | −9,38 | −81,7 | −8,45 | 89,4 | −9,35 | −334 |
| 3 | −36 | −108 | −9 | 51 | 171 | 34,8 | 124 | 34,0 | −101 | 38,1 | 414 |
| 4 | 45 | 180 | −45 | −45 | −45 | −45 | −45 | −45 | −45 | −45 | −45 |
| Q |  |  |  | 32 | 14 | 12,4 | 11,5 | 11,0 | 7,35 | 6,99 | 9,89 |
| P |  |  |  | −11 | −5 | −0,179 | −0,202 | 0,823 | 0,659 | −0,441 | −0,575 |

Fortsetzung Tafel 2.27

|   |    | 10 | 11 | 12 | 13 | 14 | 15 | 16 | 17 |
|---|----|----|----|----|----|----|----|----|----|
| 1 | $-4$ | $-0{,}0446$ | 206 | 0,0622 | $-139$ | $-0{,}0291$ | 316 | $-0{,}0006$ | 15891 |
| 2 | 14 | $-8{,}98$ | $-810$ | $-8{,}91$ | 561 | $-9{,}06$ | $-1264$ | $-8{,}98$ | $-63419$ |
| 3 | $-36$ | 35,5 | 1046 | 35,8 | $-687$ | 36,3 | 1585 | 35,9 | 79608 |
| 4 | 45 | $-45$ | $-45$ | $-45$ | $-45$ | $-45$ | $-45$ | $-45$ | $-45$ |
| Q |    | 9,82 | 9,16 | 9,16 | 8,67 | 8,66 | 9,18 | 9,18 | 8,99 |
| P |    | 0,0743 | 0,0664 | 0,107 | 0,104 | $-0{,}0912$ | $-0{,}0950$ | 0,0285 | 0,0279 |

**Beispiel 2.25** Die Nullstellen des Polynoms $f_3(x) = x^3 + 2 \cdot x^2 + 2 \cdot x - 5$ sind
$x_{1;2} = -1{,}5 \pm j1{,}6583124;\ x_3 = 1$
Tafel 2.28 zeigt den Rechenablauf im Bernoulli-Schema mit $q_1 = 0$. Das komplexe Nullstellenpaar wird in 10 Schritten auf drei Stellen genau bestimmt.

Tafel 2.28  Bernoulli-Schema für $f_3(x) = x^3 + 2 \cdot x^2 + 2 \cdot x - 5$

|   |    | 0 | 1 | 2 | 3 | 4 | 5 | 6 | 7 | 8 | 9 | 10 |
|---|----|---|---|---|---|---|---|---|---|---|---|----|
| 1 | 2  | 2 | 0 | $-9{,}5$ | $-2{,}53$ | $-1{,}21$ | 1,29 | $-6{,}75$ | $-2{,}28$ | $-0{,}796$ | 3,27 | $-4{,}53$ |
| 2 | 2  | 4 | $-9{,}5$ | 5 | $-2$ | $-3{,}98$ | $-6{,}14$ | 1,87 | $-2{,}74$ | $-4{,}20$ | $-8{,}28$ | $-4{,}72$ |
| 3 | $-5$ | $-15$ | 5 | 0 | 5 | 5 | 5 | 5 | 5 | 5 | 5 | 5 |
| Q |    |   |   | 0 | 0 | 4,54 | 5,79 | 5,02 | 4,85 | 5,09 | 4,98 | 5,00 |
| P |    |   |   | 0 | $-2{,}53$ | $-3{,}00$ | $-3{,}50$ | $-2{,}86$ | $-3{,}00$ | $-3{,}03$ | $-2{,}98$ | $-3{,}00$ |

### 2.3.3 Bairstow-Verfahren

Die Methode von Bernoulli (Abschn. 2.3.2) eignet sich kaum für die Feinbestimmung einer Nullstelle, da die Konvergenz nur linear ist und insbesondere bei betragsmäßig nahe beieinanderliegenden Nullstellen mit recht langsamer Annäherung gerechnet werden muß. Die Methode dient nur zur Festlegung eines groben Schätzwertes, dessen Verbesserung im Falle einer reellen Nullstelle durch das Newton-Verfahren (Abschn. 2.3.1) vorgenommen wird. Im Prinzip kann dieser Weg auch im Falle einer komplexen Nullstelle beschritten werden. Da hierbei aber komplex gerechnet werden muß, wählt man statt dessen gewöhnlich ein anderes, im Reellen operierendes Verfahren. Eine solche Methode ist das V e r f a h r e n   v o n   B a i r s t o w [8], das eine Spezialisierung des zweidimensionalen Newton-Verfahrens (Abschn. 2.2.2) auf Polynome darstellt.

$x_1$ und $x_2$ seien zwei konjugiert-komplexe grobe Schätzwerte eines komplexen Nullstellenpaares des Polynoms

$$f_n(x) = a_n \cdot x^n + a_{n-1} \cdot x^{n-1} + a_{n-2} \cdot x^{n-2} + \ldots + a_3 \cdot x^3 + a_2 \cdot x^2 + a_1 \cdot x + a_0 \qquad (2.75)$$

Dann sind $x_1$ und $x_2$ Nullstellen des quadratischen Polynoms $x^2 + p \cdot x + q$ mit $p = -(x_1 + x_2)$ und $q = x_1 \cdot x_2$. Durch zweimalige Anwendung des Horner-Schemas mit dem Divisor $x^2 + p \cdot x + q$ erhält man den Anfang der Entwicklung des Polynoms Gl. (2.75) nach Potenzen von $x^2 + p \cdot x + q$ (Tafel 2.29).

$$f_n(x) = r + s \cdot x + (x^2 + p \cdot x + q) \cdot$$

$$\cdot [u + v \cdot x + (x^2 + p \cdot x + q) \cdot (c_{n-4} \cdot x^{n-4} + \ldots + c_1 \cdot x + c_0)] \qquad (2.76)$$

Die Koeffizienten $r, s, u, v, c_0, c_1, \ldots, c_{n-4}$ sind dabei Funktionen von p und q. Diese sind wiederum so zu bestimmen, daß die Nullstellen von $x^2 + p_0 \cdot x + q_0$ zugleich Nullstellen des Polynoms Gl. (2.75) sind, daß also $r(p_0, q_0) = 0$ und $s(p_0, q_0) = 0$ gilt.

Tafel 2.29  Erweitertes Horner-Schema zur Entwicklung nach Potenzen von $x^2 + p \cdot x + q$

| | | $a_n$ | $a_{n-1}$ | $a_{n-2}$ | $\ldots$ | $a_5$ | $a_4$ | $a_3$ | $a_2$ | $a_1$ | $a_0$ |
|---|---|---|---|---|---|---|---|---|---|---|---|
| | $-q$ | | | $-q \cdot b_{n-2}$ | $\ldots$ | $-q \cdot b_5$ | $-q \cdot b_4$ | $-q \cdot b_3$ | $-q \cdot b_2$ | $-q \cdot b_1$ | $-q \cdot b_0$ |
| $-p$ | | | $-p \cdot b_{n-2}$ | $-p \cdot b_{n-3}$ | $\ldots$ | $-p \cdot b_4$ | $-p \cdot b_3$ | $-p \cdot b_2$ | $-p \cdot b_1$ | $-p \cdot b_0$ | |
| | | $a_n = b_{n-2}$ | $b_{n-3}$ | $b_{n-4}$ | $\ldots$ | $b_3$ | $b_2$ | $b_1$ | $b_0$ | $s$ | $r$ |
| | $-q$ | | | $-q \cdot c_{n-4}$ | $\ldots$ | $-q \cdot c_3$ | $-q \cdot c_2$ | $-q \cdot c_1$ | $-q \cdot c_0$ | | |
| $-p$ | | | $-p \cdot c_{n-4}$ | $-p \cdot c_{n-5}$ | $\ldots$ | $-p \cdot c_2$ | $-p \cdot c_1$ | $-p \cdot c_0$ | | | |
| | | $b_{n-2} = c_{n-4}$ | $c_{n-5}$ | $c_{n-6}$ | $\ldots$ | $c_1$ | $c_0$ | $v$ | $u$ | | |

Aus Gl. (2.76) erhält man durch partielle Ableitung nach p bzw. q, wenn man anschließend für x die Nullstellen $x_1$ und $x_2$ einsetzt und beachtet, daß

$$x_j^2 + p \cdot x_j + q = 0 \qquad (j = 1, 2) \qquad (2.77)$$

gilt,

$$\frac{\partial f_n}{\partial p} \equiv 0 = \frac{\partial r}{\partial p} + x_j \cdot \frac{\partial s}{\partial p} + x_j \cdot (u + v \cdot x_j) \qquad (2.78)$$

$$\frac{\partial f_n}{\partial q} \equiv 0 = \frac{\partial r}{\partial q} + x_j \cdot \frac{\partial s}{\partial q} + u + v \cdot x_j \qquad (2.79)$$

für $j = 1, 2$. Schreibt man Gl. (2.78) in der Form

$$v \cdot x_j^2 + \left( \frac{\partial s}{\partial p} + u \right) \cdot x_j + \frac{\partial r}{\partial p} = 0$$

so zeigt ein Vergleich mit Gl. (2.77)

$$\frac{\partial r}{\partial p} = q \cdot v \qquad (2.80)$$

$$\frac{\partial s}{\partial p} + u = p \cdot v \qquad (2.81)$$

Wegen $x_1 \neq x_2$ liefert die in $x_j$ lineare Gleichung (2.79)

$$\frac{\partial r}{\partial q} + u = 0 \qquad (2.82)$$

$$\frac{\partial s}{\partial q} + v = 0 \qquad (2.83)$$

Gl. (2.80) bis (2.83) gestatten die Berechnung der partiellen Ableitungen von r und s nach p und q aus p, q, u, v.

Das Näherungsverfahren beginnt mit vorzugebenden Schätzwerten $(p_1; q_1)$ und berechnet nacheinander $(p_2; q_2)$, $(p_3; q_3)$, usw. Um von $(p_k; q_k)$ zu $(p_{k+1}; q_{k+1})$ zu gelangen, werden im Sinne des Newtonschen Verfahrens die Funktionen r(p, q) und s(p, q) nach Taylor entwickelt und die Korrekturen $\Delta p_k = p_{k+1} - p_k$ und $\Delta q_k = q_{k+1} - q_k$ so bestimmt, daß die Entwicklungen bei Abbruch nach den linearen Gliedern Null ergeben, daß also gilt

$$r(p_{k+1}, q_{k+1}) = r(p_k + \Delta p_k, q_k + \Delta q_k)$$

$$\approx r(p_k, q_k) + \frac{\partial r}{\partial p} \cdot \Delta p_k + \frac{\partial r}{\partial q} \cdot \Delta q_k = 0 \qquad (2.84)$$

$$s(p_{k+1}, q_{k+1}) = s(p_k + \Delta p_k, q_k + \Delta q_k)$$

$$\approx s(p_k, q_k) + \frac{\partial s}{\partial p} \cdot \Delta p_k + \frac{\partial s}{\partial q} \cdot \Delta q_k = 0 . \qquad (2.85)$$

Wenn man hierin die an der Stelle $(p_k; q_k)$ zu nehmenden partiellen Ableitungen gemäß Gl. (2.80) bis (2.83) ersetzt, folgt

$$q_k \cdot v_k \cdot \Delta p_k - u_k \cdot \Delta q_k = - r_k$$

$$- (u_k - p_k \cdot v_k) \cdot \Delta p_k - v_k \cdot \Delta q_k = - s_k$$

Die Auflösung dieses Systems liefert

$$\Delta p_k = \frac{s_k \cdot u_k - r_k \cdot v_k}{q_k \cdot v_k^2 + u_k \cdot (u_k - p_k \cdot v_k)} \qquad (2.86)$$

$$\Delta q_k = \frac{q_k \cdot v_k \cdot s_k + r_k \cdot (u_k - p_k \cdot v_k)}{q_k \cdot v_k^2 + u_k \cdot (u_k - p_k \cdot v_k)} \qquad (2.87)$$

Diese Formeln gewinnen an Übersichtlichkeit, wenn man statt $r_k$ und $u_k$

$$r_k' = r_k - p_k \cdot s_k \qquad (2.88)$$
$$u_k' = u_k - p_k \cdot v_k \qquad (2.89)$$

berechnet und das Schema so erweitert, daß außerdem

$$w_k = -p_k \cdot u_k' - q_k \cdot v_k \qquad (2.90)$$

ermittelt wird (Tafel 2.30; der Index k ist der Übersichtlichkeit halber dort nicht angefügt).

Gl. (2.86) und (2.87) lauten dann

$$\Delta p_k = \frac{s_k \cdot u_k' - r_k' \cdot v_k}{u_k'^2 - v_k \cdot w_k} \qquad (2.91)$$

$$\Delta q_k = \frac{r_k' \cdot u_k' - s_k \cdot w_k}{u_k'^2 - v_k \cdot w_k} \qquad (2.92)$$

Tafel 2.30  Erweitertes Horner-Schema zum Bairstow-Verfahren

| | $a_n$ | $a_{n-1}$ | $a_{n-2}$ | $\cdots$ | $a_5$ | $a_4$ | $a_3$ | $a_2$ | $a_1$ | $a_0$ |
|---|---|---|---|---|---|---|---|---|---|---|
| $-q$ | | | $-q \cdot b_{n-2}$ | $\cdots$ | $-q \cdot b_5$ | $-q \cdot b_4$ | $-q \cdot b_3$ | $-q \cdot b_2$ | $-q \cdot b_1$ | $-q \cdot b_0$ |
| $-p$ | | $-p \cdot b_{n-2}$ | $-p \cdot b_{n-3}$ | $\cdots$ | $-p \cdot b_4$ | $-p \cdot b_3$ | $-p \cdot b_2$ | $-p \cdot b_1$ | $-p \cdot b_0$ | $-p \cdot s$ |
| | $a_n = b_{n-2}$ | $b_{n-3}$ | $b_{n-4}$ | $\cdots$ | $b_3$ | $b_2$ | $b_1$ | $b_0$ | $s$ | $r'$ |
| $-q$ | | | $-q \cdot c_{n-4}$ | $\cdots$ | $-q \cdot c_3$ | $-q \cdot c_2$ | $-q \cdot c_1$ | $-q \cdot c_0$ | $-q \cdot v$ | |
| $-p$ | | $-p \cdot c_{n-4}$ | $-p \cdot c_{n-5}$ | $\cdots$ | $-p \cdot c_2$ | $-p \cdot c_1$ | $-p \cdot c_0$ | $-p \cdot v$ | $-p \cdot u'$ | |
| | $b_{n-2} = c_{n-4}$ | $c_{n-5}$ | $c_{n-6}$ | $\cdots$ | $c_1$ | $c_0$ | $v$ | $u'$ | $w$ | |

Gl. (2.91) und (2.92) sind leicht zu merken, wenn man die Determinanten untereinanderschreibt.

$$-\Delta p_k \quad \frac{\begin{vmatrix} s_k & r'_k \end{vmatrix}}{\begin{vmatrix} v_k & u'_k \end{vmatrix}}$$

$$-\Delta q_k \quad \frac{\begin{vmatrix} u'_k & w_k \end{vmatrix}}{\begin{vmatrix} s_k & r'_k \end{vmatrix}} \tag{2.93}$$

Bei geeigneter Wahl der Startwerte $p_1$ und $q_1$ werden die Folgeglieder $p_k$ und $q_k$ mit $k \to \infty$ gegen $p_0$ bzw. $q_0$ konvergieren, für die demnach gilt

$$f_n(x) = (x^2 + p_0 \cdot x + q_0) \cdot (u_0 + v_0 \cdot x + \ldots + a_n \cdot x^{n-2})$$

In der Literatur (z.B. [18]) findet man gelegentlich statt Gl. (2.90) die Formel

$$w_k = -p_k \cdot u'_k - q_k \cdot v_k + s_k$$

Das führt auf die Auflösung des Gleichungssystems

$$r'(p_0, q_0) = r(p_0, q_0) - p_0 \cdot s(p_0, q_0) = 0 \qquad s(p_0, q_0) = 0$$

Dieses Gleichungssystem ist offensichtlich äquivalent zu dem hier betrachteten System

$$r(p_0, q_0) = 0 \qquad s(p_0, q_0) = 0$$

**Beispiel 2.26**  Das betragsmäßig größte komplexe Nullstellenpaar des Polynoms $f_4(x) = x^4 - 3 \cdot x^3 + 6 \cdot x^2 - x + 7$ ist mit einem relativen Fehler von maximal $10^{-6}$ zu bestimmen. Die Bernoulli-Methode liefert (Tafel 2.24) nach fünf Schritten die Näherungswerte $p_1 = -3,53$; $q_1 = 6,75$. Tafel 2.31 zeigt den Rechenablauf beim Bairstow-Verfahren.

Tafel 2.31  Rechenablauf beim Bairstow-Verfahren

**1. Schritt**

| | | | | | |
|---|---|---|---|---|---|
| | | 1 | $-3$ | 6 | $-1$ | 7 |
| $-6,75$ | | | | $-6,75$ | $-3,5775$ | $-7,566075$ |
| 3,53 | | | 3,53 | 1,8709 | 3,956777 | $-2,191152$ |
| | | 1 | 0,53 | 1,1209 | $-0,620723$ | $-2,757227$ |
| $-6,75$ | | | | $-6,75$ | $-27,405$ | |
| 3,53 | | | 3,53 | 14,3318 | 30,720531 | |
| | | 1 | 4,06 | 8,7027 | 3,315531 | |

Fortsetzung Tafel 2.31

$$-\Delta p_1 \begin{array}{|cc|} \hline -0{,}620723 & -2{,}757227 \\ \hline 4{,}06 & 8{,}7027 \\ \hline \end{array} \qquad \Delta p_1 = \frac{-5{,}792376}{-62{,}275931} = 0{,}093011 \qquad p_2 = -3{,}436989$$

$$-\Delta q_1 \begin{array}{|cc|} \hline 8{,}7027 & 3{,}315531 \\ \hline -0{,}620723 & -2{,}757227 \\ \hline \end{array} \qquad \Delta q_1 = \frac{21{,}937295}{-62{,}275931} = -0{,}352260 \qquad q_2 = 6{,}397740$$

2. S c h r i t t

| | | 1 | −3 | 6 | −1 | 7 |
|---|---|---|---|---|---|---|
| | −6,397740 | | | −6,397740 | −2,795742 | −7,064295 |
| 3,436989 | | | 3,436989 | 1,501926 | 3,795075 | −0,002292 |
| | | 1 | 0,436989 | 1,104186 | −0,000667 | −0,066587 |
| | −6,397740 | | | −6,397740 | −24,784704 | |
| 3,436989 | | | 3,436989 | 13,314820 | 27,569003 | |
| | | 1 | 3,873978 | 8,021266 | 2,784299 | |

$$-\Delta p_2 \begin{array}{|cc|} \hline -0{,}000667 & -0{,}066587 \\ \hline 3{,}873978 & 8{,}021266 \\ \hline \end{array} \qquad \Delta p_2 = \frac{-0{,}252606}{-53{,}554395} = 0{,}004717 \qquad p_3 = -3{,}432272$$

$$-\Delta q_2 \begin{array}{|cc|} \hline 8{,}021266 & 2{,}784299 \\ \hline -0{,}000667 & -0{,}066587 \\ \hline \end{array} \qquad \Delta q_2 = \frac{0{,}532255}{-53{,}554395} = -0{,}009939 \qquad q_3 = 6{,}387801$$

3. S c h r i t t

| | | 1 | −3 | 6 | −1 | 7 |
|---|---|---|---|---|---|---|
| | −6,387801 | | | −6,387801 | −2,761268 | −7,000225 |
| 3,432272 | | | 3,432272 | 1,483675 | 3,761338 | 0,000240 |
| | | 1 | 0,432272 | 1,095874 | 0,000070 | 0,000015 |
| | −6,387801 | | | −6,387801 | −24,685938 | |
| 3,432272 | | | 3,432272 | 13,264166 | 27,362893 | |
| | | 1 | 3,864544 | 7,972239 | 2,676955 | |

$$-\Delta p_3 \begin{array}{|cc|} \hline 0{,}000070 & 0{,}000015 \\ \hline 3{,}864544 & 7{,}972239 \\ \hline \end{array} \qquad \Delta p_3 = \frac{-0{,}000500}{-53{,}211384} = 0{,}000009 \qquad p_4 = -3{,}432263$$

$$-\Delta q_3 \begin{array}{|cc|} \hline 7{,}972239 & 2{,}676955 \\ \hline 0{,}000070 & 0{,}000015 \\ \hline \end{array} \qquad \Delta q_3 = \frac{0{,}000068}{-53{,}211384} = -0{,}000001 \qquad q_4 = 6{,}387800$$

4. S c h r i t t

| | | 1 | −3 | 6 | −1 | 7 |
|---|---|---|---|---|---|---|
| | −6,387800 | | | −6,387800 | −2,761207 | −7,000000 |
| 3,432263 | | | 3,432263 | 1,483639 | 3,761207 | 0,000000 |
| | | 1 | 0,432263 | 1,095839 | 0,000000 | 0,000000 |

$$p_0 = -3{,}432263 \qquad q_0 = 6{,}387800$$

Es folgt $x_{1;2} = 1,716132 \pm j1,855450$. Um die im dritten Schritt erzielte Genauigkeit zu erreichen, hätte man bei der Bernoulli-Methode schon zehn weitere Iterationsschritte gebraucht. Die Nullstellen $x_{3;4}$ berechnet man aus dem reduzierten Polynom $f_2(x) = x^2 + 0,432263 \cdot x + 1,095839$ und gewinnt $x_{3;4} = -0,216132 \pm j1,024269$. Durch Nachiteration (Beispiel 2.28) erhält man keine Korrektur.

Das Bairstow-Verfahren setzt voraus, daß der in Gl. (2.86) und (2.87) auftretende Nenner

$$q_k \cdot v_k^2 + u_k \cdot (u_k - p_k \cdot v_k)$$

$$= \left(u_k - \frac{p_k}{2} \cdot v_k\right)^2 + v_k^2 \cdot \left(q_k - \frac{p_k^2}{4}\right) \tag{2.94}$$

von Null verschieden ist. Nun gilt aber $q_k - (p_k^2/4) > 0$, da das Polynom $x^2 + p_k \cdot x + q_k$ komplexe Nullstellen hat, sofern nur $p_k$ und $q_k$ hinreichend gute Näherungswerte von $p_0$ und $q_0$ sind. Folglich wird der Nenner Gl. (2.94) genau dann Null, wenn $u_k = v_k = 0$ gilt. $u_k$ und $v_k$ sind ihrerseits Näherungswerte von $u_0$ und $v_0$. Aus Gl. (2.76) folgt aber für $p = p_0$ und $q = q_0$

$$f_n(x) = (x^2 + p_0 \cdot x + q_0) \cdot [u_0 + v_0 \cdot x + (x^2 + p_0 \cdot x + q_0) \cdot$$
$$\cdot (c_{n-4} \cdot x^{n-4} + \ldots + c_1 \cdot x + c_0)] \tag{2.95}$$

$u_0$ und $v_0$ sind demnach genau dann zugleich Null, wenn $x_{1;2}$ mehrfache Nullstellen darstellen. Für die Konvergenz des Bairstowschen Verfahrens sollte man deswegen sicherstellen, daß das gesuchte komplexe Nullstellenpaar einfach ist (vgl. euklidischer Algorithmus in Abschn. 2.3) und daß die Schätzwerte $p_1$ und $q_1$ schon hinreichend nahe an den gesuchten Werten $p_0$ bzw. $q_0$ liegen.

Diese Voraussetzungen entsprechen denjenigen beim Newton-Verfahren (Abschn. 2.1.3 und 2.3), wo bei der Bestimmung einer reellen Nullstelle $x_0$ des Polynoms Gl. (2.35) angenommen wird, daß anfängliche Schätzwerte schon hinreichend nahe an $x_0$ liegen, und daß $x_0$ einfach ist.

### 2.3.4 Nachiteration

Die Bestimmung aller Nullstellen eines Polynoms geschieht stufenweise, indem zunächst eine reelle Nullstelle oder ein konjugiert-komplexes Nullstellenpaar des Polynoms Gl. (2.35) mit vorgegebener Genauigkeit ermittelt wird, darauf der zugehörige lineare bzw. quadratische Faktor vom Polynom abgespalten wird, so daß man $f_n(x) = (x - x_0) \cdot f_{n-1}(x)$ bzw. $f_n(x) = (x^2 + p \cdot x + q) \cdot f_{n-2}(x)$ erhält, und dann die restlichen Nullstellen des Polynoms $f_n(x)$ als Nullstellen des Polynoms $f_{n-1}(x)$ bzw. $f_{n-2}(x)$ errechnet werden. Der Vorteil der laufenden Gradverringerung wird dabei freilich durch den Nachteil erkauft, daß infolge der Ungenauigkeiten in den gewonnenen Nullstellen auch mit einer zunehmenden Ungenauigkeit bei den Koeffizienten der reduzierten Polynome zu rechnen ist. Die derart errechneten Werte können demnach noch nicht als endgültige Resultate, sondern nur als gute Nullstellenschätzungen angesehen werden. Ihre Verbesserung wird durch N a c h i t e r a - t i o n  am Ausgangspolynom mit dem Newton- bzw. Bairstow-Verfahren vorgenommen.

**Beispiel 2.27** Gesucht sind (mit einem maximalen relativen Fehler von $5 \cdot 10^{-6}$) die Nullstellen des Polynoms

$$f_3(x) = x^3 - 103 \cdot x^2 + 302 \cdot x - 200 = (x - 100) \cdot (x - 2) \cdot (x - 1)$$

Die erste Nullstelle sei bereits zu $x_1 = 99,99999$, also mit hinreichender Genauigkeit, ermittelt worden.

Aus dem Horner-Schema

| $x_1 = 99,99999$ | 1 | $-103$ | 302 | $-200$ |
|---|---|---|---|---|
| | | $99,99999$ | $-300,00097$ | $199,90298$ |
| | 1 | $-3,00001$ | $1,99903$ | $-0,09702$ |

folgt, daß als weitere Nullstellen $x_{2;3}$ die Lösungen der quadratischen Gleichung
$x^2 - 3,00001 \cdot x + 1,99903 = 0$ zu wählen sind. Man erhält $x_2 = 2,000989$; $x_3 = 0,999021$.
Die Nachiteration erfolgt mit dem Newton-Verfahren und ergibt für $x_2$

| $x_2 = 2,000989$ | 1 | $-103$ | 302 | $-200$ |
|---|---|---|---|---|
| | | $2,000989$ | $-202,097910$ | $199,902983$ |
| $x_2 = 2,000989$ | 1 | $-100,999011$ | $99,902090$ | $-0,097017$ |
| | | $2,000989$ | $-198,093953$ | |
| | 1 | $-98,998022$ | $-98,191863$ | |

$$x_2 = 2,000989 - \frac{-0,097017}{-98,191863} = 2,000001$$

| $x_2 = 2,000001$ | 1 | $-103$ | 302 | $-200$ |
|---|---|---|---|---|
| | | $2,000001$ | $-202,000099$ | $199,999902$ |
| $x_2 = 2,000001$ | 1 | $-100,999999$ | $99,999901$ | $-0,000098$ |
| | | $2,000001$ | $-198,000095$ | |
| | 1 | $-98,999998$ | $-98,000194$ | |

$$x_2 = 2,000001 - \frac{-0,000098}{-98,000194} = 2,000000$$

Die Nachiteration für $x_3$ ergibt

| $x_3 = 0,999021$ | 1 | $-103$ | 302 | $-200$ |
|---|---|---|---|---|
| | | $0,999021$ | $-101,901120$ | $199,902983$ |
| $x_3 = 0,999021$ | 1 | $-102,000979$ | $200,098880$ | $-0,097017$ |
| | | $0,999021$ | $-100,903077$ | |
| | 1 | $-101,001958$ | $99,195803$ | |

$$x_3 = 0,999021 - \frac{-0,097017}{99,195803} = 0,999999$$

| $x_3 = 0,999999$ | 1 | $-103$ | 302 | $-200$ |
|---|---|---|---|---|
| | | $0,999999$ | $-101,999899$ | $199,999901$ |
| $x_3 = 0,999999$ | 1 | $-102,000001$ | $200,000101$ | $-0,000099$ |
| | | $0,999999$ | $-100,999901$ | |
| | 1 | $-100,000002$ | $99,000200$ | |

$$x_3 = 0,999999 - \frac{-0,000099}{99,000200} = 1,000000$$

**Beispiel 2.28** Tafel 2.24 und 2.31 zeigen den Rechenablauf zur Ermittlung eines komplexen Nullstellenpaares des Polynoms $f_4(x) = x^4 - 3 \cdot x^3 + 6 \cdot x^2 - x + 7$. Für die Berechnung der anderen beiden komplexen Nullstellen steht das reduzierte Polynom $f_2(x) = x^2 + 0{,}432263 \cdot x + 1{,}095839$ zur Verfügung. Für die Nachiteration verwendet man im Falle komplexer Nullstellen das Bairstow-Verfahren und erhält mit $p_1 = 0{,}432263$ und $q_1 = 1{,}095839$

$$
\begin{array}{ll|ccccc}
 & & 1 & -3 & 6 & -1 & 7 \\
 & -1{,}095839 & & & -1{,}095839 & 3{,}761208 & -7{,}000002 \\
-0{,}432263 & & & -0{,}432263 & 1{,}483640 & -2{,}761210 & 0{,}000001 \\
\hline
 & & 1 & -3{,}432263 & 6{,}387801 & -0{,}000002 & -0{,}000001 \\
 & -1{,}095839 & & & -1{,}095839 & 4{,}234898 & \\
-0{,}432263 & & & -0{,}432263 & 1{,}670492 & -3{,}009611 & \\
\hline
 & & 1 & -3{,}864526 & 6{,}962454 & 1{,}225287 &
\end{array}
$$

$$
-\Delta p_1 \quad
\begin{array}{|cc|}
\hline
-0{,}000002 & -0{,}000001 \\
-3{,}864526 & 6{,}962454 \\
\hline
\end{array}
\qquad
\Delta p_1 = -\frac{-0{,}000018}{-53{,}210919} = -0{,}000000 \quad p_2 = 0{,}432263
$$

$$
-\Delta q_1 \quad
\begin{array}{|cc|}
\hline
6{,}962454 & 1{,}225287 \\
-0{,}000002 & -0{,}000001 \\
\hline
\end{array}
\qquad
\Delta q_1 = -\frac{-0{,}000005}{-53{,}210919} = -0{,}000000 \quad q_2 = 1{,}095839
$$

In der geforderten Stellenzahl ergibt sich keine Korrektur.

**Beispiel 2.29** Für den in Bild 2.32 gezeichneten Zweipol mit $R = 26\ \Omega$, $C = 0{,}1\ \mu F$, $L = 0{,}1\ \text{mH}$ ist (mit $p = j\omega$) die Übertragungsfunktion $Z(p)$ in faktorisierter Form aufzustellen. Unabhängig von der Genauigkeit der Ausgangswerte sollen dabei die Nullstellen rechnerisch mit vier geltenden Ziffern angegeben werden.

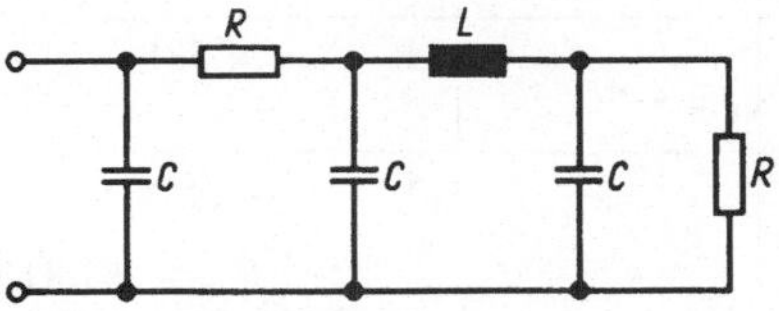

Bild 2.32  Zweipol in Beispiel 2.29

Der komplexe Gesamtwiderstand $Z(p)$ errechnet sich zu

$$
Z(p) = \frac{1}{C} \cdot \frac{p^3 + \dfrac{2}{C \cdot R} \cdot p^2 + \left(\dfrac{1}{C^2 \cdot R^2} + \dfrac{2}{L \cdot C}\right) \cdot p + \dfrac{2}{L \cdot C^2 \cdot R}}{N}
$$

mit

$$
N = p^4 + \frac{3}{C \cdot R} \cdot p^3 + 2 \cdot \left(\frac{1}{C^2 \cdot R^2} + \frac{1}{L \cdot C}\right) \cdot p^2 + \frac{4}{L \cdot C^2 \cdot R} \cdot p + \frac{1}{L \cdot C^3 \cdot R^2}
$$

N u l l s t e l l e n   d e s   Z ä h l e r s. Aus dem Horner-Schema

$$
\begin{array}{l|cccc}
 & 1 & \dfrac{2}{C \cdot R} & \dfrac{1}{C^2 \cdot R^2} + \dfrac{2}{L \cdot C} & \dfrac{2}{L \cdot C^2 \cdot R} \\[2ex]
p = -\dfrac{1}{C \cdot R} & & -\dfrac{1}{C \cdot R} & -\dfrac{1}{C^2 \cdot R^2} & -\dfrac{2}{L \cdot C^2 \cdot R} \\[2ex]
\hline
 & 1 & \dfrac{1}{C \cdot R} & \dfrac{2}{L \cdot C} & 0
\end{array}
$$

folgt, daß $p = -1/(C \cdot R) = -384615\ s^{-1}$ eine Nullstelle des Zählerpolynoms ist. Die beiden anderen Nullstellen erhält man als Lösungen der quadratischen Gleichung $p^2 + 1/(C \cdot R) \cdot p + 2/(L \cdot C) = 0$. Unter Verwendung der vorgegebenen Werte läßt sich das Zählerpolynom faktorisieren zu

$$\left(p + 384615 \cdot \frac{1}{s}\right) \cdot \left(p + 192308 \cdot \frac{1}{s} - j403755 \cdot \frac{1}{s}\right) \cdot \left(p + 192308 \cdot \frac{1}{s} + j403755 \cdot \frac{1}{s}\right)$$

Nullstellen des Nenners. Für die numerische Rechnung empfiehlt sich der Übergang zu einer einheitenfreien Variablen. Wenn man

$$x = 10^{-5} \cdot p \cdot s$$

substituiert, erhält der Nenner die Form

$$\frac{10^{20}}{s^4} \left[x^4 + 11{,}538 \cdot x^3 + 49{,}586 \cdot x^2 + 153{,}846 \cdot x + 147{,}929\right]$$

Zur Bestimmung der betragsmäßig größten Nullstelle dieses Polynoms verschafft man sich zunächst mit der Methode von Bernoulli (Abschn. 2.3.2) einen groben Schätzwert

| | | 0 | 1 | 2 | 3 | 4 | 5 | 6 |
|---|---|---|---|---|---|---|---|---|
| 1 | 11,538 | 11,538 | −2,943 | −8,291 | −9,759 | −7,738 | −6,931 | −6,969 |
| 2 | 49,586 | 99,172 | −9,584 | −14,734 | −37,078 | −35,652 | −31,664 | |
| 3 | 153,846 | 461,538 | −102,561 | −103,577 | −135,982 | −138,687 | | |
| 4 | 147,929 | 591,716 | −147,929 | −147,929 | −147,929 | | | |

und startet dann das Newtonsche Näherungsverfahren mit $x_1 = -7$

| $x_1 = -7$ | 1 | 11,538 | 49,586 | 153,846 | 147,929 |
|---|---|---|---|---|---|
| | | −7 | −31,766 | −124,740 | −203,742 |

| $x_1 = -7$ | 1 | 4,538 | 17,820 | 29,106 | −55,813 |
|---|---|---|---|---|---|
| | | −7 | 17,234 | −245,378 | |

| | 1 | −2,462 | 35,054 | −216,272 | |

$$x_1 = -7 - \frac{-55{,}813}{-216{,}272} = -7{,}258$$

| $x_1 = -7{,}258$ | 1 | 11,538 | 49,586 | 153,846 | 147,929 |
|---|---|---|---|---|---|
| | | −7,258 | −31,064 | −134,433 | −140,900 |

| $x_1 = -7{,}258$ | 1 | 4,280 | 18,522 | 19,413 | 7,029 |
|---|---|---|---|---|---|
| | | −7,258 | 21,614 | −291,307 | |

| | 1 | −2,978 | 40,136 | −271,894 | |

$$x_1 = -7{,}258 - \frac{7{,}029}{-271{,}894} = -7{,}232$$

| $x_1 = -7{,}232$ | 1 | 11,538 | 49,586 | 153,846 | 147,929 |
|---|---|---|---|---|---|
| | | −7,232 | −31,141 | −133,394 | −147,907 |

| $x_1 = -7{,}232$ | 1 | 4,306 | 18,445 | 20,452 | 0,022 |
|---|---|---|---|---|---|
| | | −7,232 | 21,161 | −286,429 | |

| | 1 | −2,926 | 39,606 | −265,977 | |

$$x_1 = -7{,}232 - \frac{0{,}022}{-265{,}977} = -7{,}232$$

Nachdem nun die Nullstelle $x_1 = -7,232$ bestimmt worden ist, lassen sich die drei übrigen Nullstellen aus dem reduzierten, im letzten Horner-Schema ablesbaren Polynom $x^3 + 4,306 \cdot x^2 + 18,445 \cdot x \cdot 20,452$ ermitteln.

Das Bernoulli-Schema

| | | 0 | 1 | 2 | 3 | 4 | 5 | 6 | 7 | 8 |
|---|---|---|---|---|---|---|---|---|---|---|
| 1 | 4,306 | 4,306 | 4,261 | −5,291 | 0,087 | −171,287 | −2,831 | 2,167 | −9,483 | −1,366 |
| 2 | 18,445 | 36,890 | −4,196 | −23,245 | −14,579 | −252,692 | −18,326 | −11,221 | −27,881 | −16,288 |
| 3 | 20,452 | 61,356 | −20,452 | −20,452 | −20,452 | −20,452 | −20,452 | −20,452 | −20,452 | −20,452 |
| Q | | | | 3894,681 | 12,693 | 14,668 | 14,648 | 14,387 | 14,300 | 14,318 |
| P | | | | 908,729 | −2,312 | −2,685 | −2,917 | −2,915 | −2,884 | −2,876 |

liefert als Schätzwert für das Bairstow-Verfahren (Abschn. 2.3.3) $p = 2,88$; $q = 14,3$. Aus dem zugehörigen Rechenschema

|  |  | 1 | 4,306 | 18,445 | 20,452 |
|---|---|---|---|---|---|
| | $-q = -14,3$ | | | −14,300 | −20,392 |
| $-p = -2,88$ | | | −2,880 | −4,107 | −0,109 |
| | | 1 | 1,426 | 0,038 | −0,049 |
| | $-q = -14,3$ | | | −14,300 | |
| $-p = -2,88$ | | | −2,880 | 4,188 | |
| | | 1 | −1,454 | −10,112 | |

$$- \Delta p \quad \begin{array}{cc} 0,038 & -0,049 \\ \hline 1 & -1,454 \end{array} \qquad \Delta p = -0,0005 \qquad p = 2,879$$

$$- \Delta q \quad \begin{array}{cc} -1,454 & -10,112 \\ \hline 0,038 & -0,049 \end{array} \qquad \Delta q = 0,037 \qquad q = 14,337$$

|  |  | 1 | 4,306 | 18,445 | 20,452 |
|---|---|---|---|---|---|
| | $-q = -14,337$ | | | −14,337 | −20,459 |
| $-p = -2,879$ | | | −2,879 | −4,108 | 0,000 |
| | | 1 | 1,427 | 0,000 | −0,007 |
| | $-q = -14,337$ | | | −14,337 | |
| $-p = -2,879$ | | | −2,879 | 4,180 | |
| | | 1 | −1,452 | −10,157 | |

$$- \Delta p \quad \begin{array}{cc} 0,000 & -0,007 \\ \hline 1 & -1,452 \end{array} \qquad \Delta p = 0,00057 \qquad p = 2,880$$

$$- \Delta q \quad \begin{array}{cc} -1,452 & -10,157 \\ \hline 0,000 & -0,007 \end{array} \qquad \Delta q = 0,00083 \qquad q = 14,338$$

|                | 1 | 4,306  | 18,445  | 20,452  |
|----------------|---|--------|---------|---------|
| $-q = -14{,}338$ |   |        | $-14{,}338$ | $-20{,}446$ |
| $-p = -2{,}880$  |   | $-2{,}880$ | $-4{,}107$  | $0{,}000$   |
|                | 1 | 1,426  | $0{,}000$ | $0{,}006$ |
| $-q = -14{,}338$ |   |        | $-14{,}338$ |           |
| $-p = -2{,}880$  |   | $-2{,}880$ | $4{,}188$ |           |
|                | 1 | -1,454 | $-10{,}150$ |         |

$-\Delta p$

| 0,000 | 0,006  |
|-------|--------|
| 1     | -1,454 |

$\Delta p = -0{,}00049 \qquad p = 2{,}880$

$-\Delta q$

| -1,454 | -10,150 |
|--------|---------|
| 0,000  | 0,006   |

$\Delta q = -0{,}00071 \qquad q = 14{,}337$

|                | 1 | 4,306  | 18,445  | 20,452  |
|----------------|---|--------|---------|---------|
| $-q = -14{,}337$ |   |        | $-14{,}337$ | $-20{,}445$ |
| $-p = -2{,}880$  |   | $-2{,}880$ | $-4{,}107$  | $-0{,}003$  |
|                | 1 | 1,426  | $0{,}001$ | $0{,}004$ |
| $-q = -14{,}337$ |   |        | $-14{,}337$ |           |
| $-p = -2{,}880$  |   | $-2{,}880$ | $4{,}188$ |           |
|                | 1 | -1,454 | $-10{,}149$ |         |

$-\Delta p$

| 0,001 | 0,004  |
|-------|--------|
| 1     | -1,454 |

$\Delta p = -0{,}00044 \qquad p = 2{,}880$

$-\Delta q$

| -1,454 | -10,149 |
|--------|---------|
| 0,001  | 0,004   |

$\Delta q = 0{,}00035 \qquad q = 14{,}337$

folgt, daß die beiden konjugiert-komplexen Nullstellen $x_2$, $x_3$ Lösungen der quadratischen Gleichung $x^2 + 2{,}880 \cdot x + 14{,}337 = 0$ sind, daß also $x_{2;3} = -1{,}440 \pm j3{,}502$ gilt. Das erneut reduzierte Polynom lautet $x + 1{,}426$, woraus sich $x_4 = -1{,}426$ herleitet.

Da $x_2$, $x_3$ und $x_4$ als Nullstellen reduzierter Polynome berechnet worden sind, müssen sie einer Nachiteration am ursprünglichen Polynom unterzogen werden.

Nachiteration von $x_2$ und $x_3$:

|                | 1 | 11,538 | 49,586  | 153,846   | 147,929   |
|----------------|---|--------|---------|-----------|-----------|
| $-q = -14{,}337$ |   |        | $-14{,}337$ | $-124{,}130$ | $-147{,}872$ |
| $-p = -2{,}880$  |   | $-2{,}880$ | $-24{,}935$ | $-29{,}704$  | $-0{,}035$   |
|                | 1 | 8,658  | 10,314  | $0{,}012$ | $0{,}022$ |
| $-q = -14{,}337$ |   |        | $-14{,}337$ | $-82{,}839$ |           |
| $-p = -2{,}880$  |   | $-2{,}880$ | $-16{,}641$ | $59{,}512$ |           |
|                | 1 | 5,778  | -20,664 | $-23{,}327$ |         |

$-\Delta p$

| 0,012 | 0,022   |
|-------|---------|
| 5,778 | -20,664 |

$\Delta p = -0{,}00067 \qquad p = 2{,}879$

$-\Delta q$

| -20,664 | -23,327 |
|---------|---------|
| 0,012   | 0,022   |

$\Delta q = -0{,}00031 \qquad q = 14{,}337$

| | 1 | 11,538 | 49,586 | 153,846 | 147,929 |
|---|---|---|---|---|---|
| $-q = -14,337$ | | | -14,337 | -124,144 | -147,958 |
| $-p = -2,879$ | | -2,879 | -24,929 | -29,711 | 0,026 |
| | 1 | 8,659 | 10,320 | -0,009 | -0,003 |
| $-q = -14,337$ | | | -14,337 | -82,868 | |
| $-p = -2,879$ | | -2,879 | -16,641 | 59,474 | |
| | 1 | 5,780 | -20,658 | -23,394 | |

$$-\Delta p \quad \begin{vmatrix} -0,009 & -0,003 \\ \hline 5,780 & -20,658 \end{vmatrix} \qquad \Delta p = 0,00036 \qquad p = 2,879$$

$$-\Delta q \quad \begin{vmatrix} -20,658 & -23,394 \\ \hline -0,009 & -0,003 \end{vmatrix} \qquad \Delta q = -\,0,00026 \qquad q = 14,337$$

$$x_{2;3} = -1,440 \pm j3,502$$

Die Nachiteration bringt demnach keine Veränderung der Werte von $x_2$ und $x_3$.
Nachiteration von $x_4$:

| | 1 | 11,538 | 49,586 | 153,846 | 147,929 |
|---|---|---|---|---|---|
| $x_4 = -1,426$ | | -1,426 | -14,420 | -50,147 | -147,875 |
| $x_4 = -1,426$ | 1 | 10,112 | 35,166 | 103,699 | 0,054 |
| | | -1,426 | -12,386 | -32,484 | |
| | 1 | 8,686 | 22,780 | 71,215 | |

$$\Delta x = -0,00076 \qquad x_4 = -1,427$$

| | 1 | 11,538 | 49,586 | 153,846 | 147,929 |
|---|---|---|---|---|---|
| $x_4 = -1,427$ | | -1,427 | -14,428 | -50,170 | -147,946 |
| $x_4 = -1,427$ | 1 | 10,111 | 35,158 | 103,676 | -0,017 |
| | | -1,427 | -12,392 | -32,487 | |
| | 1 | 8,684 | 22,766 | 71,189 | |

$$\Delta x = 0,00024 \qquad x_4 = -1,427$$

Man gelangt somit zu der Zerlegung

$$x^4 + 11,538 \cdot x^3 + 49,586 \cdot x^2 + 153,846 \cdot x + 147,929$$
$$= (x + 7,232) \cdot (x + 1,440 - j3,502) \cdot (x + 1,440 + j3,502) \cdot (x + 1,427)$$

Daraus ergibt sich die gewünschte Produktform der Übertragungsfunktion $Z(p)$

$$Z(p) = 10^7 \, \frac{\Omega}{s} \; \frac{A \cdot B}{N}$$

mit
$$A = \left( p + 3,846 \cdot 10^5 \cdot \frac{1}{s} \right) \cdot \left( p + 1,923 \cdot 10^5 \cdot \frac{1}{s} - j4,038 \cdot 10^5 \cdot \frac{1}{s} \right)$$

$$B = \left( p + 1,923 \cdot 10^5 \cdot \frac{1}{s} + j4,038 \cdot 10^5 \cdot \frac{1}{s} \right)$$

$$N = \left(p + 7{,}232 \cdot 10^5 \cdot \frac{1}{s}\right) \cdot \left(p + 1{,}440 \cdot 10^5 \cdot \frac{1}{s} - j3{,}502 \cdot 10^5 \cdot \frac{1}{s}\right) \cdot$$

$$\cdot \left(p + 1{,}440 \cdot 10^5 \cdot \frac{1}{s} + j3{,}502 \cdot 10^5 \cdot \frac{1}{s}\right) \cdot \left(p + 1{,}427 \cdot 10^5 \cdot \frac{1}{s}\right)$$

### 2.4  Aufgaben zu Abschnitt 2

1. Die Nullstelle der Funktion $y = x^2 - \sin x$ ist a) mit der gewöhnlichen und b) mit der verfeinerten Regula falsi zu bestimmen. Wegen

$$\left(\frac{\pi}{4}\right)^4 < \frac{1}{2}, \quad \text{d.h.} \quad \left(\frac{\pi}{4}\right)^2 < \frac{1}{2} \cdot \sqrt{2} = \sin\frac{\pi}{4}$$

und $\quad \left(\frac{\pi}{2}\right)^2 > 1 = \sin\frac{\pi}{2}$

kann man mit den Schätzwerten $a_1 = \pi/4$ und $b_1 = \pi/2$ beginnen. Man rechne in sechsstelliger Gleitpunktarithmetik und beende das Verfahren, wenn der relative Fehler kleiner als $5 \cdot 10^{-6}$ ist.

2. Für die positive Wurzel $x_0$ der Gleichung $e^x = x + 2$ gilt $1 < x_0 < 1{,}5$. Ausgehend von dieser Ungleichung und der Beziehung $x_0 = e^{x_0} - 2$ grenze man $x_0$ fortlaufend weiter ein, bis $x_0$ mit einem maximalen relativen Fehler von $5 \cdot 10^{-5}$ festliegt. Man verwende sechsstellige Gleitpunktarithmetik. Zu welcher Wurzel gelangt man dagegen, wenn die sukzessive Approximation $x_{k+1} = e^{x_k} - 2$ angewendet wird (Schätzwert $x_1 = 1{,}14$)?

3. Mit dem Newtonschen Näherungsverfahren berechne man die Nullstellen der Funktion $y = x \cdot \ln x + 0{,}2$ mit einem maximalen relativen Fehler von $5 \cdot 10^{-6}$. Man verwende sechsstellige Gleitpunktarithmetik.

4. Man bestimme sämtliche Wurzeln der Gleichung $x^3 - e^x + 1{,}5 = 0$ mit der Methode der sukzessiven Approximation.
Welche Genauigkeit ist dabei erreichbar, wenn man mit sechsstelliger Gleitpunktarithmetik arbeitet?

5. Man bestimme die betragsmäßig größte Nullstelle des Polynoms

$$y = x^6 - 12 \cdot x^5 + 55 \cdot x^4 - 120 \cdot x^3 + 126 \cdot x^2 - 56 \cdot x + 7$$

Hierzu verwende man zunächst die Methode von Bernoulli, mit der man die Nullstelle bis auf einen maximalen relativen Fehler von $5 \cdot 10^{-2}$ ermittle, und berechne die Nullstelle dann mit dem Newton-Verfahren. Der relative Fehler soll dabei kleiner als $5 \cdot 10^{-6}$ sein. Man verwende sechsstellige Gleitpunktarithmetik.

6. Gesucht sind die betragsmäßig kleinsten Nullstellen des Polynoms

$$f(x) = 1{,}24870 \cdot x^3 + 6{,}49350 \cdot x^2 + 12{,}4870 \cdot x + 32{,}4675$$

Mit der Methode von Bernoulli ist so lange zu iterieren, bis die relativen Abweichungen zwischen zwei Folgegliedern absolut kleiner als $10^{-2}$ sind. Für die genaue Nullstellenbestimmung verwende man das Bairstow-Verfahren. Die Rechnung soll in sechsstelliger Gleitpunktarithmetik geführt werden.

# 3 Lineare Algebra

## 3.1 Lineare Gleichungen. Lineare Systeme. Stiefel-Austauschverfahren

**Beispiel 3.1** Für die in Bild 3.1 angegebene Schaltung sind die drei Spannungen $U_1$, $U_2$ und $U_3$ zwischen den Eckpunkten 1, 2, 3 und dem Mittelpunkt 0 zu berechnen.

Das erste Kirchhoffsche Gesetz liefert drei Knotenpunktgleichungen

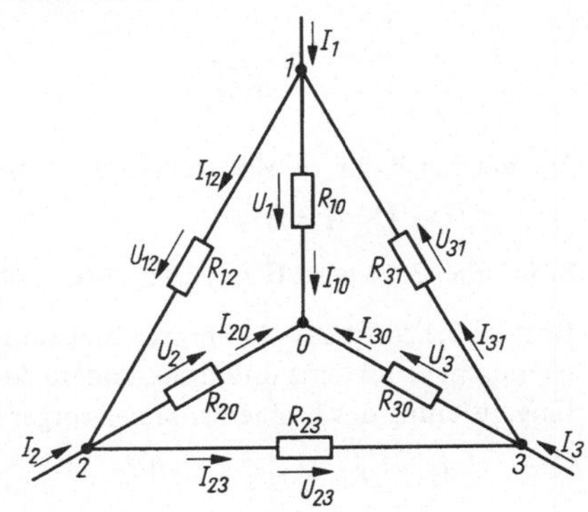

Bild 3.1 Schaltung aus Beispiel 3.1

Knotenpunkt 1   $I_{10} - I_{31} + I_{12} - I_1 = 0$
Knotenpunkt 2   $I_{20} - I_{12} + I_{23} - I_2 = 0$
Knotenpunkt 3   $I_{30} - I_{23} + I_{31} - I_3 = 0$

Aus dem zweiten Kirchhoffschen Gesetz folgen drei Maschengleichungen

$$U_{12} = U_1 - U_2 \qquad U_{23} = U_2 - U_3$$
$$U_{31} = U_3 - U_1$$

Die sechs Zweigströme lassen sich mit dem Ohmschen Gesetz durch die zugehörigen Widerstände und Spannungen ausdrücken. Es gilt bei der in Bild 3.1 getroffenen Festsetzung positiver Stromrichtungen

$$I_{10} = \frac{1}{R_{10}} \cdot U_1 \qquad I_{20} = \frac{1}{R_{20}} \cdot U_2 \qquad I_{30} = \frac{1}{R_{30}} \cdot U_3$$

$$I_{12} = \frac{1}{R_{12}} \cdot U_{12} = \frac{1}{R_{12}} \cdot (U_1 - U_2)$$

$$I_{23} = \frac{1}{R_{23}} \cdot U_{23} = \frac{1}{R_{23}} \cdot (U_2 - U_3)$$

$$I_{31} = \frac{1}{R_{31}} \cdot U_{31} = \frac{1}{R_{31}} \cdot (U_3 - U_1)$$

Einsetzen dieser Beziehungen in die Knotenpunktgleichungen ergibt

$$\left(\frac{1}{R_{10}} + \frac{1}{R_{31}} + \frac{1}{R_{12}}\right) \cdot U_1 \qquad - \frac{1}{R_{12}} \cdot U_2 \qquad - \frac{1}{R_{31}} \cdot U_3 - I_1 = 0$$

$$- \frac{1}{R_{12}} \cdot U_1 + \left(\frac{1}{R_{20}} + \frac{1}{R_{12}} + \frac{1}{R_{23}}\right) \cdot U_2 \qquad - \frac{1}{R_{23}} \cdot U_3 - I_2 = 0$$

$$- \frac{1}{R_{31}} \cdot U_1 \qquad - \frac{1}{R_{23}} \cdot U_2 + \left(\frac{1}{R_{30}} + \frac{1}{R_{23}} + \frac{1}{R_{31}}\right) \cdot U_3 - I_3 = 0$$

Die gesuchten Spannungen $U_1$, $U_2$, $U_3$ stellen die Lösungen eines linearen Gleichungssystems dar, das sich

mit der Strommatrix                der Spannungsmatrix

$$I = \begin{bmatrix} I_1 \\ I_2 \\ I_3 \end{bmatrix} \qquad\qquad U = \begin{bmatrix} U_1 \\ U_2 \\ U_3 \end{bmatrix}$$

und der Leitwertmatrix

$$G = \begin{bmatrix} \dfrac{1}{R_{10}} + \dfrac{1}{R_{31}} + \dfrac{1}{R_{12}} & -\dfrac{1}{R_{12}} & -\dfrac{1}{R_{31}} \\[2ex] -\dfrac{1}{R_{12}} & \dfrac{1}{R_{20}} + \dfrac{1}{R_{12}} + \dfrac{1}{R_{23}} & -\dfrac{1}{R_{23}} \\[2ex] -\dfrac{1}{R_{31}} & -\dfrac{1}{R_{23}} & \dfrac{1}{R_{30}} + \dfrac{1}{R_{23}} + \dfrac{1}{R_{31}} \end{bmatrix}$$

in einfacher Weise als Matrizengleichung formulieren läßt:

$$G \cdot U - I = o$$

In Beispiel 3.12 wird $U$ zu vorgegebenen Matrizen $I$ und $G$ berechnet.

Beispiel 3.1 führt auf ein lineares Gleichungssystem. Derartige Systeme treten bei einer Vielzahl technischer Probleme und insbesondere dann auf, wenn zwecks einfacherer Handhabung eine Linearisierung des Problemansatzes vorgenommen wird. Allgemein nennt man

$$\begin{aligned} a_{11} \cdot x_1 + a_{12} \cdot x_2 + \ldots + a_{1n} \cdot x_n + b_1 &= 0 \\ a_{21} \cdot x_1 + a_{22} \cdot x_2 + \ldots + a_{2n} \cdot x_n + b_2 &= 0 \\ &\ \vdots \\ a_{m1} \cdot x_1 + a_{m2} \cdot x_2 + \ldots + a_{mn} \cdot x_n + b_m &= 0 \end{aligned} \qquad (3.1)$$

ein l i n e a r e s   G l e i c h u n g s s y s t e m  aus m Gleichungen für die n Unbekannten $x_1, \ldots, x_n$.

$$\text{Mit} \qquad A = \begin{bmatrix} a_{11}\ a_{12}\ \ldots\ a_{1n} \\ a_{21}\ a_{22}\ \ldots\ a_{2n} \\ \vdots \\ a_{m1}\ a_{m2}\ \ldots\ a_{mn} \end{bmatrix} \qquad x = \begin{bmatrix} x_1 \\ x_2 \\ \vdots \\ x_n \end{bmatrix} \qquad b = \begin{bmatrix} b_1 \\ b_2 \\ \vdots \\ b_m \end{bmatrix}$$

läßt sich das Gleichungssystem als Matrizengleichung formulieren

$$A \cdot x + b = o \qquad (3.2)$$

Ein Gleichungssystem heißt  h o m o g e n , wenn $b = o$ gilt. Ein homogenes System hat stets zumindest die Lösung $x = o$; in gewissen Fällen besitzt es darüber hinaus vom Nullvektor verschiedene Lösungen. Im speziellen Fall m = n tritt dies genau dann ein, wenn die Koeffizientendeterminante det $A$ Null ist.

Gleichungssysteme mit $b \neq o$ heißen  i n h o m o g e n .

Mit jedem linearen Gleichungssystem ist eine lineare Abbildung verknüpft, die durch das  l i n e a r e   S y s t e m

$$y_1 = a_{11} \cdot x_1 + a_{12} \cdot x_2 + \ldots + a_{1n} \cdot x_n + b_1$$
$$y_2 = a_{21} \cdot x_1 + a_{22} \cdot x_2 + \ldots + a_{2n} \cdot x_n + b_2 \tag{3.3}$$
$$\vdots$$
$$y_m = a_{m1} \cdot x_1 + a_{m2} \cdot x_2 + \ldots + a_{mn} \cdot x_n + b_m$$

oder in Matrizenschreibweise durch

$$\mathbf{y} = \mathbf{A} \cdot \mathbf{x} + \mathbf{b} \tag{3.4}$$

beschrieben wird. Durch das lineare System wird ein n-dimensionaler Vektorraum in einen m-dimensionalen Vektorraum abgebildet. Die Lösungen des Gleichungssystems $\mathbf{A} \cdot \mathbf{x} + \mathbf{b} = \mathbf{o}$ stellen den Vektorunterraum mit dem Bild $\mathbf{y} = \mathbf{o}$ dar.

Jedem linearen System ist außerdem eine Gruppe von (affinen) Koordinatentransformationen zugeordnet, die dadurch entstehen, daß man das lineare System nach geeigneten n Variablen aus $x_1, \ldots, x_n, y_1, \ldots, y_m$ umstellt. Eine Anwendung dazu zeigt

**Beispiel 3.2**  Ein Produktionsbetrieb stellt Kühlschränke und Waschmaschinen her. Die Fertigungsdaten sind der folgenden Tabelle zu entnehmen.

| | Gewinn | Fertigungszeit | | Montagezeit |
| --- | --- | --- | --- | --- |
| | | Gehäuse | Elektroaggregat | |
| Kühlschrank | 60 DM | $\frac{1}{10}$ h | $\frac{1}{9}$ h | $\frac{1}{8}$ h |
| Waschmaschine | 100 DM | $\frac{1}{8}$ h | $\frac{1}{10}$ h | $\frac{1}{6}$ h |

Die Fabrikation erfolgt in den vier Abteilungen Gehäusefabrikation, Elektroaggregatefabrikation, Montageabteilung für Kühlschränke und Montageabteilung für Waschmaschinen.
Die monatliche Arbeitszeit beträgt in jeder Abteilung 150 Stunden.
Gesucht ist der monatliche Produktionsplan mit dem größtmöglichen Gewinn.
$x_1$ bezeichne die Anzahl der pro Monat angefertigten Kühlschränke, $x_2$ diejenige der Waschmaschinen. Dann gilt

$$x_1 \geqslant 0 \qquad x_2 \geqslant 0$$

Die Beschränkung auf 150 Arbeitsstunden in jeder Abteilung führt auf die vier Restriktionen

$$x_1 \cdot \frac{1}{10} \, h + x_2 \cdot \frac{1}{8} \, h \leqslant 150 \, h$$

$$x_1 \cdot \frac{1}{9} \, h + x_2 \cdot \frac{1}{10} \, h \leqslant 150 \, h$$

$$x_1 \cdot \frac{1}{8} \, h \qquad\qquad \leqslant 150 \, h$$

$$x_2 \cdot \frac{1}{6} \, h \leqslant 150 \, h$$

Der monatliche Gewinn beträgt

$$Q(x_1, x_2) = x_1 \cdot 60 \, DM + x_2 \cdot 100 \, DM$$

$x_1$ und $x_2$ sind so zu wählen, daß bei erfüllten Positivitätsbedingungen und Restriktionen $Q(x_1, x_2)$ möglichst groß wird. Es handelt sich hierbei um eine Aufgabe aus der linearen Optimierung.

Indem man die Restriktionen passend umstellt und $z = Q(x_1, x_2)/20$ DM substituiert, erhält das Problem die Gestalt

$$x_1 \geqslant 0 \qquad x_2 \geqslant 0$$

$$-4 \cdot x_1 - 5 \cdot x_2 + 6000 \geqslant 0$$

$$-10 \cdot x_1 - 9 \cdot x_2 + 13500 \geqslant 0$$

$$-x_1 \qquad\quad + 1200 \geqslant 0$$

$$-x_2 + 900 \geqslant 0$$

$$z = 3 \cdot x_1 + 5 \cdot x_2 = \text{Max}!$$

Durch Einführung der Schlupfvariablen $y_1, y_2, y_3, y_4$ erhält man

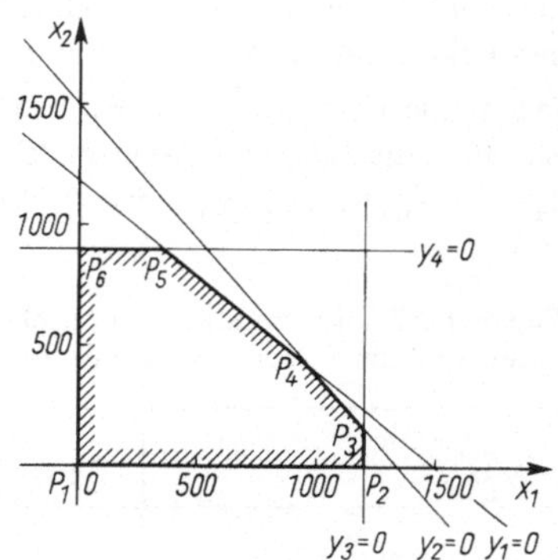


$$x_1 \geqslant 0 \qquad x_2 \geqslant 0 \qquad y_1 \geqslant 0 \qquad y_2 \geqslant 0$$

$$y_3 \geqslant 0 \qquad y_4 \geqslant 0$$

$$y_1 = -4 \cdot x_1 - 5 \cdot x_2 + 6000$$

$$y_2 = -10 \cdot x_1 - 9 \cdot x_2 + 13500$$

$$y_3 = \qquad -x_1 \qquad\quad + 1200$$

$$y_4 = \qquad\qquad -x_2 + 900$$

$$z = 3 \cdot x_1 + 5 \cdot x_2 = \text{Max}!$$

Bild 3.2  Zulässiger Bereich
im Beispiel 3.2

Die zu maximierende Funktion $z(x_1, x_2)$ heißt Z i e l f u n k t i o n.

In der $(x_1, x_2)$-Ebene wird durch die Restriktionen der z u l ä s s i g e  B e r e i c h  eingegrenzt, innerhalb dessen $x_1$ und $x_2$ zu wählen sind (Bild 3.2). Die Begrenzungsgeraden sind nacheinander $x_2 = 0; y_3 = 0; y_2 = 0; y_1 = 0; y_4 = 0; x_1 = 0$. In einem räumlichen $(x_1, x_2, z)$-Koordinatensystem breitet sich die Zielfunktion $z = 3 \cdot x_1 + 5 \cdot x_2$ über dem zulässigen Bereich ebenenförmig aus. Folglich erreicht die Zielfunktion in einem der Eckpunkte $P_k$ ($k = 1, \ldots, 6$) ihr Maximum.

In diesem einfachen Beispiel kann man die Lösung graphisch ermitteln oder z in allen sechs Eckpunkten berechnen und denjenigen mit dem maximalen z-Wert heraussuchen.

Dieses Probierverfahren scheidet in echten Anwendungsfällen aus, da es dann weit mehr als zwei Unbekannte und vier Restriktionen gibt. Zur Bestimmung der Lösung verwendet man meistens das S i m p l e x - V e r f a h r e n, bei dem zunächst geprüft wird, ob der Ursprung des Koordinatensystems der gesuchte optimale Punkt ist. Dies ist wegen der Positivität der Variablen sicher dann der Fall, wenn alle Koeffizienten in der Zielfunktion kleiner oder gleich Null sind. Im anderen Falle führt das Simplex-Verfahren entlang einer geeigneten Koordinatenachse zu einem Eckpunkt mit höherem z-Wert; man verwendet ein neues Koordinatensystem, dessen Ursprung in diesem Punkt liegt, und beginnt erneut mit der Prüfung der Zielfunktion, bis der Ursprung letztlich im optimalen Punkt liegt.

Im obigen Beispiel ist der Ursprung des $(x_1, x_2)$-Koordinatensystems nicht optimal (es gilt dort $z = 0$), denn die Koeffizienten in der Zielfunktion sind beide positiv. Das Simplex-Verfahren entscheidet, nunmehr den Ursprung des $(x_1, y_4)$-Koordinatensystems auf Optimalität zu prüfen. Hierzu wird ein A u s t a u s c h  $x_2$ gegen $y_4$ vorgenommen, d.h., die vierte Gleichung des linearen Systems wird nach $x_2$ aufgelöst

$$x_2 = -y_4 + 900$$

und dieser Ausdruck in alle anderen Gleichungen eingesetzt. Man erhält

$$x_1 \geqslant 0 \qquad y_4 \geqslant 0 \qquad y_1 \geqslant 0 \qquad y_2 \geqslant 0 \qquad y_3 \geqslant 0 \qquad x_2 \geqslant 0$$

$$y_1 = -\ 4 \cdot x_1 + 5 \cdot y_4 + 1500$$
$$y_2 = -10 \cdot x_1 + 9 \cdot y_4 + 5400$$
$$y_3 = \qquad -x_1 \qquad\quad + 1200$$
$$x_2 = \qquad\qquad\quad -y_4 + \ \ 900$$
$$z\ = 60 \cdot x_1 - 100 \cdot y_4 + 90000$$

Die Zielfunktion hat im neuen Koordinatenursprung den Wert $z = 90000$. $P_6$ ist jedoch nicht optimal, denn $x_1$ hat in der Zielfunktion den positiven Koeffizienten 60. Das Simplex-Verfahren verlangt nun, $P_5$ als neuen Ursprung zu wählen, also zum $(y_1, y_4)$-Koordinatensystem überzugehen, indem $x_1$ gegen $y_1$ ausgetauscht wird. Die erste Gleichung des zuletzt erhaltenen Systems ist also nach $x_1$ aufzulösen

$$x_1 = -\frac{1}{4} \cdot y_1 + \frac{5}{4} \cdot y_4 + 375$$

und in die übrigen Gleichungen einzusetzen. Somit folgt

$$y_1 \geqslant 0 \qquad y_4 \geqslant 0 \qquad x_1 \geqslant 0 \qquad y_2 \geqslant 0 \qquad y_3 \geqslant 0 \qquad x_2 \geqslant 0$$

$$x_1 = -\frac{1}{4} \cdot y_1 + \frac{5}{4} \cdot y_4 + \ \ 375$$

$$y_2 = \ \ \frac{5}{2} \cdot y_1 - \frac{7}{2} \cdot y_4 + 1650$$

$$y_3 = \ \ \frac{1}{4} \cdot y_1 - \frac{5}{4} \cdot y_4 + \ \ 825$$

$$x_2 = \qquad\qquad\quad -y_4 + \ \ 900$$

$$z\ = -15 \cdot y_1 - 25 \cdot y_4 + 5625$$

Da nunmehr beide Koeffizienten in der Zielfunktion negativ sind, ist $z = 5625$ nicht zu übertreffen. Aus $y_1 = y_4 = 0$ folgt als gesuchte Lösung $x_1 = 375$; $x_2 = 900$.
In dem (hier nicht vorliegenden) Fall mehrerer optimaler Lösungen läßt sich die Lösungsgesamtheit aus dem zuletzt berechneten linearen System ermitteln.

Derartige Umformungen linearer Systeme kommen nicht nur in der Optimierung, sondern bei vielen anderen Problemen in gleicher Weise vor, ihre numerische Handhabung ist also von grundlegender Bedeutung. Für den Rechenablauf sind eigene Schemata entwickelt worden, von denen hier das S t i e f e l - S c h e m a  behandelt wird.

Vorgegeben sei das lineare System (3.3). Ein Austausch $x_q$ gegen $y_p$ setzt voraus, daß der Koeffizient $a_{pq}$ im System (3.3) von Null verschieden ist, denn nur dann läßt sich die p-te Gleichung im System (3.3) nach $x_q$ auflösen; man erhält

$$x_q = -\frac{a_{p1}}{a_{pq}} \cdot x_1 - \frac{a_{p2}}{a_{pq}} \cdot x_2 - \ldots - \frac{a_{p,q-1}}{a_{pq}} \cdot x_{q-1} +$$

$$+ \frac{1}{a_{pq}} \cdot y_p - \frac{a_{p,q+1}}{a_{pq}} \cdot x_{q+1} - \ldots - \frac{a_{pn}}{a_{pq}} \cdot x_n - \frac{b_p}{a_{pq}} \qquad (3.5)$$

Diesen Ausdruck für $x_q$ hat man nun in die übrigen Gleichungen des Systems (3.3) einzusetzen. Die j-te Gleichung $(j \neq p)$ lautet demnach

$$y_j = \left(a_{j1} - \frac{a_{jq} \cdot a_{p1}}{a_{pq}}\right) \cdot x_1 + \left(a_{j2} - \frac{a_{jq} \cdot a_{p2}}{a_{pq}}\right) \cdot x_2 + \ldots +$$

$$+ \left(a_{j,q-1} - \frac{a_{jq} \cdot a_{p,q-1}}{a_{pq}}\right) \cdot x_{q-1} + \frac{a_{jq}}{a_{pq}} \cdot y_p +$$

$$+ \left(a_{j,q+1} - \frac{a_{jq} \cdot a_{p,q+1}}{a_{pq}}\right) \cdot x_{q+1} + \ldots +$$

$$+ \left(a_{jn} - \frac{a_{jq} \cdot a_{pn}}{a_{pq}}\right) \cdot x_n + \left(b_j - \frac{a_{jq} \cdot b_p}{a_{pq}}\right) \tag{3.6}$$

Diese neue Gleichung für $y_j$ läßt sich auch erzeugen, indem man von der ursprünglichen j-ten Gleichung das $a_{jq}/a_{pq}$-fache der p-ten Gleichung subtrahiert, um dadurch in der Gleichung für $y_j$ den Koeffizienten von $x_q$ zum Verschwinden zu bringen.

Das System (3.3) schreibt man in der Form des folgenden Rechenschemas, in dem jede Zeile einer Gleichung des Systems (3.3) entspricht. Zusätzlich ist eine K e l l e r z e i l e  angefügt, deren Bedeutung weiter unten erklärt wird.

| | $x_1$ | $x_2$ | $\cdots$ | $x_{q-1}$ | $x_q$ | $x_{q+1}$ | $\cdots$ | $x_n$ | $1$ |
|---|---|---|---|---|---|---|---|---|---|
| $y_1$ | $a_{11}$ | $a_{12}$ | $\cdots$ | $a_{1,q-1}$ | $a_{1q}$ | $a_{1,q+1}$ | $\cdots$ | $a_{1n}$ | $b_1$ |
| $y_2$ | $a_{21}$ | $a_{22}$ | $\cdots$ | $a_{2,q-1}$ | $a_{2q}$ | $a_{2,q+1}$ | $\cdots$ | $a_{2n}$ | $b_2$ |
| $\vdots$ | $\vdots$ | $\vdots$ | | $\vdots$ | $\vdots$ | $\vdots$ | | $\vdots$ | $\vdots$ |
| $y_p$ | $a_{p1}$ | $a_{p2}$ | $\cdots$ | $a_{p,q-1}$ | $a_{pq}$ | $a_{p,q+1}$ | $\cdots$ | $a_{pn}$ | $b_p$ |
| $\vdots$ | $\vdots$ | $\vdots$ | | $\vdots$ | $\vdots$ | $\vdots$ | | $\vdots$ | $\vdots$ |
| $y_m$ | $a_{m1}$ | $a_{m2}$ | $\cdots$ | $a_{m,q-1}$ | $a_{mq}$ | $a_{m,q+1}$ | $\cdots$ | $a_{mn}$ | $b_m$ |
| | $-\dfrac{a_{p1}}{a_{pq}}$ | $-\dfrac{a_{p2}}{a_{pq}}$ | $\cdots$ | $-\dfrac{a_{p,q-1}}{a_{pq}}$ | | $-\dfrac{a_{p,q+1}}{a_{pq}}$ | $\cdots$ | $-\dfrac{a_{pn}}{a_{pq}}$ | $-\dfrac{b_p}{a_{pq}}$ |

Für den Austausch $x_q$ gegen $y_p$ markiert man die $x_q$-Spalte als P i v o t s p a l t e  und die $y_p$-Zeile als  P i v o t z e i l e .  Im Schnittpunkt beider liegt der  P i v o t  $a_{pq}$. Durch den Austausch entsteht ein neues Schema, dessen Ränder sich von denen des alten Schemas nur dadurch unterscheiden, daß $x_q$ und $y_p$ vertauscht worden sind. Die Berechnung des neuen Schemas geschieht gemäß Gl. (3.5) und (3.6). Elemente im Schema, die weder in der Pivotzeile noch in der Pivotspalte liegen, rechnet man demnach um, indem man von ihnen das Produkt aus dem gleichzeiligen Element der Pivotspalte und dem gleichspaltigen Element der Pivotzeile, dividiert durch den Pivot, subtrahiert. Man spart pro Element eine Division, wenn man zunächst das ursprüngliche Rechenschema durch die bereits erwähnte Kellerzeile ergänzt, in die man (außer in der Pivotspalte) die Koeffizienten von Gl. (3.5) einträgt.

Damit erhält man folgende A u s t a u s c h r e g e l n   f ü r   d a s   S t i e f e l - V e r f a h r e n .

1. Dem alten Schema wird eine Kellerzeile angefügt, in die (außer in der Pivotspalte) die durch den Pivot dividierten und im Vorzeichen geänderten Elemente der Pivotzeile eingetragen werden.

2. Der Pivot wird invertiert (Kehrwert).

3. Die übrigen Elemente der Pivotspalte werden durch den Pivot dividiert.

4. Die übrigen Elemente der Pivotzeile werden aus der Kellerzeile übernommen.

5. Zu den übrigen Elementen wird das Produkt aus dem gleichzeiligen Element der Pivotspalte und dem gleichspaltigen Element der Kellerzeile addiert.

**Beispiel 3.3**  Im folgenden linearen System sind $x_3$ und $x_4$ gegen $y_1$ und $y_2$ auszutauschen.

$$y_1 = 3 \cdot x_1 + \quad 5 \cdot x_2 + \qquad x_3 + 2 \cdot x_4 + 4$$
$$y_2 = 2 \cdot x_1 - \quad 4 \cdot x_2 + 3 \cdot x_3 + 7 \cdot x_4 + 3$$
$$y_3 = 4 \cdot x_1 + 14 \cdot x_2 - \qquad x_3 - 3 \cdot x_4 + 1$$

Tafel 3.3 zeigt den Rechenablauf für die Austausche $x_3$ gegen $y_1$ und $x_4$ gegen $y_2$.

Tafel 3.3  Stiefel-Verfahren in Beispiel 3.3

|       | $x_1$ | $x_2$ | $x_3$ | $x_4$ | 1  |       | $x_1$ | $x_2$ | $y_1$ | $x_4$ | 1  |
|-------|-------|-------|-------|-------|----|-------|-------|-------|-------|-------|----|
| $y_1$ | 3     | 5     | $\underline{1}$ | 2 | 4 | $x_3$ | −3 | −5 | 1 | −2 | −4 |
| $y_2$ | 2     | −4    | 3     | 7     | 3  | $y_2$ | −7 | −19 | 3 | $\underline{1}$ | −9 |
| $y_3$ | 4     | 14    | −1    | −3    | 1  | $y_3$ | 7  | 19  | −1 | −1 | 5 |
|       | −3    | −5    |       | −2    | −4 |       | 7  | 19  | −3 |    | 9 |

|       | $x_1$ | $x_2$ | $y_1$ | $y_2$ | 1   |
|-------|-------|-------|-------|-------|-----|
| $x_3$ | −17   | −43   | 7     | −2    | −22 |
| $x_4$ | 7     | 19    | −3    | 1     | 9   |
| $y_3$ | 0     | 0     | 2     | −1    | −4  |

Dem Resultat

$$x_3 = -17 \cdot x_1 - 43 \cdot x_2 + 7 \cdot y_1 - 2 \cdot y_2 - 22$$
$$x_4 = \quad 7 \cdot x_1 + 19 \cdot x_2 - 3 \cdot y_1 + \qquad y_2 + 9$$
$$y_3 = \qquad\qquad\qquad\qquad 2 \cdot y_1 - \qquad y_2 - 4$$

ist zu entnehmen, daß ein weiterer Austausch $x_1$ oder $x_2$ gegen $y_3$ nicht möglich ist, da zwischen den drei Gleichungen die Beziehung $y_3 = 2 \cdot y_1 - y_2 - 4$ besteht. Das Stiefel-Austauschverfahren liefert also im Falle gegenseitiger Abhängigkeit dafür den formelmäßigen Ausdruck.

Von besonderer Bedeutung ist beim System (3.3) der Fall $m = n$, wenn also ein n-dimensionaler Vektorraum in sich abgebildet wird. Falls dabei det $\mathbf{A} \neq 0$ gilt, liegt eine umkehrbar eindeutige Abbildung des Vektorraumes auf sich vor. Zu $\mathbf{A}$ gibt es dann eindeutig eine i n v e r s e  M a t r i x $\mathbf{A}^{-1}$, mit deren Hilfe man Gl. (3.4) nach $\mathbf{x}$ auflösen kann

$$\mathbf{x} = \mathbf{A}^{-1} \cdot \mathbf{y} - \mathbf{A}^{-1} \cdot \mathbf{b} \tag{3.7}$$

Mit dem Stiefel-Austauschverfahren kann die zu $\mathbf{x} \to \mathbf{y}$ gehörige Abbildung $\mathbf{y} \to \mathbf{x}$ in n Schritten berechnet werden.

**Beispiel 3.4**  Das folgende lineare System ist nach $\mathbf{x}$ aufzulösen.

$$y_1 = 4 \cdot x_1 + 3 \cdot x_2 + 2 \cdot x_3 + \qquad x_4 + 3$$
$$y_2 = 2 \cdot x_1 - 2 \cdot x_2 + \qquad x_3 \qquad\qquad + 3$$
$$y_3 = \quad -x_1 + 2 \cdot x_2 + 2 \cdot x_3 + 2 \cdot x_4 - 2$$
$$y_4 = \quad -x_1 + \qquad x_2 - \qquad x_3 + \qquad x_4 + 4$$

Tafel 3.4  Austauschschritte in Beispiel 3.4

|          | $x_1$ | $x_2$ | $x_3$ | $x_4$ | 1 |
|----------|-------|-------|-------|-------|---|
| $y_1$ | $\underline{\underline{4}}$ | $3$ | $2$ | $1$ | $3$ |
| $y_2$ | $2$ | $-2$ | $1$ | $0$ | $3$ |
| $y_3$ | $-1$ | $2$ | $2$ | $2$ | $-2$ |
| $y_4$ | $-1$ | $1$ | $-1$ | $1$ | $4$ |
| $x_1 \leftrightarrow y_1$ | | $-\frac{3}{4}$ | $-\frac{1}{2}$ | $-\frac{1}{4}$ | $-\frac{3}{4}$ |

|          | $y_1$ | $x_2$ | $x_3$ | $x_4$ | 1 |
|----------|-------|-------|-------|-------|---|
| $x_1$ | $\frac{1}{4}$ | $-\frac{3}{4}$ | $-\frac{1}{2}$ | $-\frac{1}{4}$ | $-\frac{3}{4}$ |
| $y_2$ | $\frac{1}{2}$ | $\underline{\underline{-\frac{7}{2}}}$ | $0$ | $-\frac{1}{2}$ | $\frac{3}{2}$ |
| $y_3$ | $-\frac{1}{4}$ | $\frac{11}{4}$ | $\frac{5}{2}$ | $\frac{9}{4}$ | $-\frac{5}{4}$ |
| $y_4$ | $-\frac{1}{4}$ | $\frac{7}{4}$ | $-\frac{1}{2}$ | $\frac{5}{4}$ | $\frac{19}{4}$ |
| $x_2 \leftrightarrow y_2$ | $\frac{1}{7}$ | | $0$ | $-\frac{1}{7}$ | $-\frac{3}{7}$ |

|          | $y_1$ | $y_2$ | $x_3$ | $x_4$ | 1 |
|----------|-------|-------|-------|-------|---|
| $x_1$ | $\frac{1}{7}$ | $\frac{3}{14}$ | $-\frac{1}{2}$ | $-\frac{1}{7}$ | $-\frac{15}{14}$ |
| $x_2$ | $\frac{1}{7}$ | $-\frac{2}{7}$ | $0$ | $-\frac{1}{7}$ | $\frac{3}{7}$ |
| $y_3$ | $\frac{1}{7}$ | $-\frac{11}{14}$ | $\underline{\underline{\frac{5}{2}}}$ | $\frac{13}{7}$ | $-\frac{1}{14}$ |
| $y_4$ | $0$ | $-\frac{1}{2}$ | $-\frac{1}{2}$ | $1$ | $\frac{11}{2}$ |
| $x_3 \leftrightarrow y_3$ | $-\frac{2}{35}$ | $\frac{11}{35}$ | | $-\frac{26}{35}$ | $\frac{1}{35}$ |

|          | $y_1$ | $y_2$ | $y_3$ | $x_4$ | 1 |
|----------|-------|-------|-------|-------|---|
| $x_1$ | $\frac{6}{35}$ | $\frac{2}{35}$ | $-\frac{1}{5}$ | $\frac{8}{35}$ | $-\frac{38}{35}$ |
| $x_2$ | $\frac{1}{7}$ | $-\frac{2}{7}$ | $0$ | $-\frac{1}{7}$ | $\frac{3}{7}$ |
| $x_3$ | $-\frac{2}{35}$ | $\frac{11}{35}$ | $\frac{2}{5}$ | $-\frac{26}{35}$ | $\frac{1}{35}$ |
| $y_4$ | $\frac{1}{35}$ | $-\frac{23}{35}$ | $-\frac{1}{5}$ | $\underline{\underline{\frac{48}{35}}}$ | $\frac{192}{35}$ |
| $x_4 \leftrightarrow y_4$ | $-\frac{1}{48}$ | $\frac{23}{48}$ | $\frac{7}{48}$ | | $-4$ |

|          | $y_1$ | $y_2$ | $y_3$ | $y_4$ | 1 |
|----------|-------|-------|-------|-------|---|
| $x_1$ | $\frac{1}{6}$ | $\frac{1}{6}$ | $-\frac{1}{6}$ | $\frac{1}{6}$ | $-2$ |
| $x_2$ | $\frac{7}{48}$ | $-\frac{17}{48}$ | $-\frac{1}{48}$ | $-\frac{5}{48}$ | $1$ |
| $x_3$ | $-\frac{1}{24}$ | $-\frac{1}{24}$ | $\frac{7}{24}$ | $-\frac{13}{24}$ | $3$ |
| $x_4$ | $-\frac{1}{48}$ | $\frac{23}{48}$ | $\frac{7}{48}$ | $\frac{35}{48}$ | $-4$ |

In Tafel 3.4 werden die vier Austausche und das Ergebnis gezeigt. Alle Pivots entstammen hier der Hauptdiagonale.

Man erhält als Ergebnis

$$x_1 = \quad \frac{1}{6} \cdot y_1 + \frac{1}{6} \cdot y_2 - \frac{1}{6} \cdot y_3 + \frac{1}{6} \cdot y_4 - 2$$

$$x_2 = \quad \frac{7}{48} \cdot y_1 - \frac{17}{48} \cdot y_2 - \frac{1}{48} \cdot y_3 - \frac{5}{48} \cdot y_4 + 1$$

$$x_3 = -\frac{1}{24} \cdot y_1 - \frac{1}{24} \cdot y_2 + \frac{7}{24} \cdot y_3 - \frac{13}{24} \cdot y_4 + 3$$

$$x_4 = -\frac{1}{48} \cdot y_1 + \frac{23}{48} \cdot y_2 + \frac{7}{48} \cdot y_3 + \frac{35}{48} \cdot y_4 - 4$$

Hieraus entnimmt man auch die Kehrmatrix

$$A^{-1} = \begin{bmatrix} \frac{1}{6} & \frac{1}{6} & -\frac{1}{6} & \frac{1}{6} \\ \frac{7}{48} & -\frac{17}{48} & -\frac{1}{48} & -\frac{5}{48} \\ -\frac{1}{24} & -\frac{1}{24} & \frac{7}{24} & -\frac{13}{24} \\ -\frac{1}{48} & \frac{23}{48} & \frac{7}{48} & \frac{35}{48} \end{bmatrix} = \frac{1}{48} \begin{bmatrix} 8 & 8 & -8 & 8 \\ 7 & -17 & -1 & -5 \\ -2 & -2 & 14 & -26 \\ -1 & 23 & 7 & 35 \end{bmatrix}$$

## 3.2 Berechnung der Kehrmatrix

Wenn die Aufgabe nur darin besteht, zu einer gegebenen quadratischen Matrix $A$ die Inverse $A^{-1}$ zu berechnen, verwendet man statt Gl. (3.4) die Linearform

$$y = A \cdot x \tag{3.8}$$

und spart im Stiefel-Rechenschema die letzte Spalte. Das Austauschverfahren endet dann entweder ordnungsgemäß nach Beendigung des n-ten Austausches (mit $A^{-1}$ im Rechenschema, sobald die natürliche Reihenfolge der Variablen wiederhergestellt worden ist) oder bereits früher, wenn nämlich kein einziges der dann im Schema noch rechts oben vermerkten $x_q$ gegen irgendeines der noch links stehenden $y_p$ ausgetauscht werden kann, weil sämtliche als Pivots in Betracht kommenden Elemente Null sind. In diesem Falle ist det $A = 0$, die Matrix $A$ hat keine Inverse; das letzterreichte Rechenschema gibt Auskunft über die lineare Abhängigkeit der Matrixzeilen von $A$.

**Beispiel 3.5** Es ist zu untersuchen, ob folgende Matrix invertiert werden kann; ggf. ist die Kehrmatrix zu berechnen

$$A = \begin{bmatrix} 1 & 1 & 1 & 1 \\ 2 & 2 & -1 & 1 \\ 3 & 3 & 0 & 2 \\ 1 & 1 & -2 & 0 \end{bmatrix}$$

Tafel 3.5 zeigt die Austauschschritte.

Tafel 3.5  Austauschverfahren im Beispiel 3.5

|        | $x_1$ | $x_2$ | $x_3$ | $x_4$ |
| --- | --- | --- | --- | --- |
| $y_1$ | 1 | 1 | 1 | 1 |
| $y_2$ | 2 | 2 | −1 | 1 |
| $y_3$ | 3 | 3 | 0 | 2 |
| $y_4$ | 1 | 1 | −2 | 0 |
| $x_1 \leftrightarrow y_1$ |  | −1 | −1 | −1 |

|        | $y_1$ | $x_2$ | $x_3$ | $x_4$ |
| --- | --- | --- | --- | --- |
| $x_1$ | 1 | −1 | −1 | −1 |
| $y_2$ | 2 | 0 | −3 | −1 |
| $y_3$ | 3 | 0 | −3 | −1 |
| $y_4$ | 1 | 0 | −3 | −1 |
| $x_4 \leftrightarrow y_2$ | 2 | 0 | −3 |  |

|        | $y_1$ | $x_2$ | $x_3$ | $y_2$ |
| --- | --- | --- | --- | --- |
| $x_1$ | −1 | −1 | 2 | 1 |
| $x_4$ | 2 | 0 | −3 | −1 |
| $y_3$ | 1 | 0 | 0 | 1 |
| $y_4$ | −1 | 0 | 0 | 1 |

Ein weiterer Austausch ist nicht möglich, also besitzt **A** keine Inverse. Aus $y_3 = y_1 + y_2$ und $y_4 = -y_1 + y_2$ folgt, daß die Zeilen von **A** linear abhängig sind; die dritte ist die Summe, die vierte die Differenz der beiden ersten Zeilen.

Bei der Matrixinversion benötigt ein Austausch für den Pivot eine Division, für die anderen Elemente der Pivotzeile und der Pivotspalte zusammen $2 \cdot (n - 1)$ Multiplikationen, für die übrigen Matrixelemente $(n - 1)^2$ Multiplikationen und $(n - 1)^2$ Additionen, zusammen also $2 \cdot n^2 - 2 \cdot n + 1$ Rechenoperationen. Der Rechenaufwand für die Inversion einer Matrix n-ter Ordnung beträgt also $2 \cdot n^3 - 2 \cdot n^2 + n$ Operationen. Für Matrizen höherer Ordnung empfiehlt sich schon allein deswegen die Verwendung einer entsprechend ausgestatteten Rechenanlage. Bei der Programmierung des Stiefel-Verfahrens sollte man berücksichtigen, daß in jedem Schritt die neue Matrix den Speicherplatz der bisherigen Matrix einnehmen kann und daß auch für die Kellerzeile kein gesonderter Platz benötigt wird, wenn man die Pivotzeile als erste transformiert. Erforderlich sind demnach $n^2$ Speicherplätze, also bei mager bestückten Matrizen hoher Ordnung ein dennoch erheblicher Speicherbedarf, gemessen an ihrer möglichen kompakten Speicherung. Für derartige Matrizen gibt es dann auch andere, iterativ arbeitende Verfahren (s. Abschn. 3.3.5) mit einem erheblich kleineren Speicherbedarf.

Über die A u s w a h l  d e r  P i v o t s ist bislang nur so viel gesagt worden, daß die Pivots von Null verschieden sein müssen, und daß jede Zeile und jede Spalte genau einmal an einem Austausch beteiligt sein muß. Solange man die Ergebnisse aller Rechenoperationen exakt niederschreiben kann, gibt es keine weiteren Vorschriften. Sobald man sich aber auf Dezimalbrüche mit vorgegebener Stellenzahl beschränken muß (z.B. in der Rechenanlage bei Gleitpunktrechnung), hängt die Größe der auftretenden Rundungsfehler entscheidend davon ab, welches der möglichen Elemente man bei einem Austausch als Pivot verwendet. Meist reicht es aus, wenn man grundsätzlich unter allen möglichen Elementen das betragsgrößte als Pivot auswählt [13]. Weitergehende Maßnahmen, die in Abschn. 3.3.3 für den verketteten Gauß-Algorithmus besprochen werden, gelten entsprechend auch für das Austauschverfahren.

**Beispiel 3.6**  Die Matrix

$$\mathbf{A} = \begin{bmatrix} 0,01 & 1 & 100 \\ 1 & 101 & 1 \\ 100 & 1 & 0,01 \end{bmatrix}$$

ist in Gleitpunktarithmetik mit dreistelliger dezimaler Mantisse zu invertieren.

Tafel 3.6 zeigt die erste Lösung: Die Austausche erfolgen in Hauptdiagonalrichtung.

Tafel 3.6  Matrixinversion in Hauptdiagonalrichtung

|  | $x_1$ | $x_2$ | $x_3$ |
|---|---|---|---|
| $y_1$ | $0{,}100 \cdot 10^{-1}$ | $0{,}100 \cdot 10^1$ | $0{,}100 \cdot 10^3$ |
| $y_2$ | $0{,}100 \cdot 10^1$ | $0{,}101 \cdot 10^3$ | $0{,}100 \cdot 10^1$ |
| $y_3$ | $0{,}100 \cdot 10^3$ | $0{,}100 \cdot 10^1$ | $0{,}100 \cdot 10^{-1}$ |
| $x_1 \leftrightarrow y_1$ |  | $-0{,}100 \cdot 10^3$ | $-0{,}100 \cdot 10^5$ |

|  | $y_1$ | $x_2$ | $x_3$ |
|---|---|---|---|
| $x_1$ | $0{,}100 \cdot 10^3$ | $-0{,}100 \cdot 10^3$ | $-0{,}100 \cdot 10^5$ |
| $y_2$ | $0{,}100 \cdot 10^3$ | $0{,}100 \cdot 10^1$ | $-0{,}100 \cdot 10^5$ |
| $y_3$ | $0{,}100 \cdot 10^5$ | $-0{,}100 \cdot 10^5$ | $-0{,}100 \cdot 10^7$ |
| $x_2 \leftrightarrow y_2$ | $-0{,}100 \cdot 10^3$ |  | $0{,}100 \cdot 10^5$ |

|  | $y_1$ | $y_2$ | $x_3$ |
|---|---|---|---|
| $x_1$ | $0{,}101 \cdot 10^5$ | $-0{,}100 \cdot 10^3$ | $-0{,}101 \cdot 10^7$ |
| $x_2$ | $-0{,}100 \cdot 10^3$ | $0{,}100 \cdot 10^1$ | $0{,}100 \cdot 10^5$ |
| $y_3$ | $0{,}101 \cdot 10^7$ | $-0{,}100 \cdot 10^5$ | $-0{,}101 \cdot 10^9$ |
| $x_3 \leftrightarrow y_3$ | $0{,}100 \cdot 10^{-1}$ | $-0{,}990 \cdot 10^{-4}$ |  |

|  | $y_1$ | $y_2$ | $y_3$ |
|---|---|---|---|
| $x_1$ | $0{,}000$ | $-0{,}100 \cdot 10^{-1}$ | $0{,}100 \cdot 10^{-1}$ |
| $x_2$ | $0{,}000$ | $0{,}100 \cdot 10^{-1}$ | $-0{,}990 \cdot 10^{-4}$ |
| $x_3$ | $0{,}100 \cdot 10^{-1}$ | $-0{,}990 \cdot 10^{-4}$ | $-0{,}990 \cdot 10^{-8}$ |

In Tafel 3.7 wird bei jedem Austausch der betragsmäßig größte Pivot verwendet.

Tafel 3.7  Matrixinversion mit betragsgrößtem Pivot

|  | $x_1$ | $x_2$ | $x_3$ |
|---|---|---|---|
| $y_1$ | $0{,}100 \cdot 10^{-1}$ | $0{,}100 \cdot 10^1$ | $0{,}100 \cdot 10^3$ |
| $y_2$ | $0{,}100 \cdot 10^1$ | $0{,}101 \cdot 10^3$ | $0{,}100 \cdot 10^1$ |
| $y_3$ | $0{,}100 \cdot 10^3$ | $0{,}100 \cdot 10^1$ | $0{,}100 \cdot 10^{-1}$ |
| $x_2 \leftrightarrow y_2$ | $-0{,}990 \cdot 10^{-2}$ |  | $-0{,}990 \cdot 10^{-2}$ |

|  | $x_1$ | $y_2$ | $x_3$ |
|---|---|---|---|
| $y_1$ | $0{,}100 \cdot 10^{-3}$ | $0{,}990 \cdot 10^{-2}$ | $0{,}100 \cdot 10^3$ |
| $x_2$ | $-0{,}990 \cdot 10^{-2}$ | $0{,}990 \cdot 10^{-2}$ | $-0{,}990 \cdot 10^{-2}$ |
| $y_3$ | $0{,}100 \cdot 10^3$ | $0{,}990 \cdot 10^{-2}$ | $0{,}100 \cdot 10^{-3}$ |
| $x_3 \leftrightarrow y_1$ | $-0{,}100 \cdot 10^{-5}$ | $-0{,}990 \cdot 10^{-4}$ |  |

Fortsetzung Tafel 3.7

|         | $x_1$ | $y_2$ | $y_1$ |
|---------|-------|-------|-------|
| $x_3$ | $-0{,}100 \cdot 10^{-5}$ | $-0{,}990 \cdot 10^{-4}$ | $0{,}100 \cdot 10^{-1}$ |
| $x_2$ | $-0{,}990 \cdot 10^{-2}$ | $0{,}990 \cdot 10^{-2}$ | $-0{,}990 \cdot 10^{-4}$ |
| $y_3$ | $\underline{0{,}100 \cdot 10^{3}}$ | $0{,}990 \cdot 10^{-2}$ | $0{,}100 \cdot 10^{-5}$ |
| $x_1 \leftrightarrow y_3$ | | $-0{,}990 \cdot 10^{-4}$ | $-0{,}100 \cdot 10^{-7}$ |

| ungeordnet | $y_3$ | $y_2$ | $y_1$ |
|---------|-------|-------|-------|
| $x_3$ | $-0{,}100 \cdot 10^{-7}$ | $-0{,}990 \cdot 10^{-4}$ | $0{,}100 \cdot 10^{-1}$ |
| $x_2$ | $-0{,}990 \cdot 10^{-4}$ | $0{,}990 \cdot 10^{-2}$ | $-0{,}990 \cdot 10^{-4}$ |
| $x_1$ | $0{,}100 \cdot 10^{-1}$ | $-0{,}990 \cdot 10^{-4}$ | $-0{,}100 \cdot 10^{-7}$ |

| geordnet | $y_1$ | $y_2$ | $y_3$ |
|---------|-------|-------|-------|
| $x_1$ | $-0{,}100 \cdot 10^{-7}$ | $-0{,}990 \cdot 10^{-4}$ | $0{,}100 \cdot 10^{-1}$ |
| $x_2$ | $-0{,}990 \cdot 10^{-4}$ | $0{,}990 \cdot 10^{-2}$ | $-0{,}990 \cdot 10^{-4}$ |
| $x_3$ | $0{,}100 \cdot 10^{-1}$ | $-0{,}990 \cdot 10^{-4}$ | $-0{,}100 \cdot 10^{-7}$ |

Die beiden Lösungswege führen also zu sehr unterschiedlichen Resultaten. Ein Vergleich mit der auf drei Ziffern gerundeten Inversen

$$\mathbf{A}^{-1} = \begin{bmatrix} 0{,}000 & -0{,}990 \cdot 10^{-4} & 0{,}100 \cdot 10^{-1} \\ -0{,}990 \cdot 10^{-4} & 0{,}990 \cdot 10^{-2} & -0{,}990 \cdot 10^{-4} \\ 0{,}100 \cdot 10^{-1} & -0{,}990 \cdot 10^{-4} & -0{,}990 \cdot 10^{-8} \end{bmatrix}$$

zeigt, daß der zweite Weg wesentlich genauere Ergebnisse liefert als der erste. Man hat nur zusätzlich die Zeilen und Spalten wieder in die richtige Ordnung zu bringen. Hierfür notiert man nacheinander die Indizes des Pivots. Die Folge $(p_1, q_1)$, $(p_2, q_2)$, . . . , $(p_n, q_n)$ besagt, daß beim k-ten Austausch (k = 1, 2, . . . , n) die $p_k$-te Zeile zur $q_k$-ten Spalte und die $q_k$-te Spalte zur $p_k$-ten Zeile geworden ist. Folglich müssen nach dem letzten Austausch die Zeilen so umgeordnet werden, daß (für k = 1, 2, . . . , n) die $p_k$-te Zeile in die Zeile Nr. $q_k$ versetzt wird. Entsprechend sind auch die Spalten umzulegen, denn die $q_k$-te Spalte gehört in die Spalte $p_k$. In diesem Beispiel folgt aus (2, 2), (1, 3), (3, 1):

Zeile nach Zeile

| | |
|---|---|
| 2 | 2 |
| 1 | 3 |
| 3 | 1 |

Spalte nach Spalte

| | |
|---|---|
| 2 | 2 |
| 3 | 1 |
| 1 | 3 |

### 3.3 Lösung linearer Gleichungssysteme

#### 3.3.1 Verkürztes Stiefel-Verfahren

Aus dem System (3.3) folgt das a l l g e m e i n e   l i n e a r e   G l e i c h u n g s s y s t e m   m i t
m   G l e i c h u n g e n   f ü r   n   U n b e k a n n t e, wenn man $y_1 = y_2 = \ldots = y_m = 0$ setzt.
Man erhält

$$
\begin{aligned}
a_{11} \cdot x_1 + a_{12} \cdot x_2 + \ldots + a_{1q} \cdot x_q + \ldots + a_{1n} \cdot x_n + b_1 &= 0 \\
a_{21} \cdot x_1 + a_{22} \cdot x_2 + \ldots + a_{2q} \cdot x_q + \ldots + a_{2n} \cdot x_n + b_2 &= 0 \\
\vdots \qquad\qquad\qquad\qquad\qquad\qquad & \\
a_{p1} \cdot x_1 + a_{p2} \cdot x_2 + \ldots + a_{pq} \cdot x_q + \ldots + a_{pn} \cdot x_n + b_p &= 0 \\
\vdots \qquad\qquad\qquad\qquad\qquad\qquad & \\
a_{m1} \cdot x_1 + a_{m2} \cdot x_2 + \ldots + a_{mq} \cdot x_q + \ldots + a_{mn} \cdot x_n + b_n &= 0
\end{aligned}
\tag{3.9}
$$

also in Matrixschreibweise

$$
\mathbf{A} \cdot \mathbf{x} + \mathbf{b} = \mathbf{o}
\tag{3.10}
$$

Dieses durch die Matrix $(\mathbf{A}, \mathbf{b})$ gekennzeichnete System hat

1. keine Lösung, wenn (wie in Beispiel 3.3) das Austauschverfahren (Abschn. 3.1) eine inhomogene
lineare Zeilenabhängigkeit (dort $y_3 = 2 \cdot y_1 - y_2 - 4$) aufdeckt,

2. genau eine Lösung, wenn alle Unbekannten $x_q$ ausgetauscht werden können — wie in Beispiel 3.4,
wo sich nun $x_1 = -2$; $x_2 = 1$; $x_3 = 3$; $x_4 = -4$ ergibt,

3. unendlich viele Lösungen, wenn die Anzahl der Gleichungen nicht ausreicht bzw. wenn  h o m o -
g e n e  lineare Abhängigkeiten zwischen den einzelnen Zeilen vorhanden sind. — Beispiel 3.3 führt
zu einem solchen Gleichungssystem, wenn man dort $y_1 = y_2 = 0$ setzt, aber für $y_3$ nicht den Wert
Null, sondern $-4$ wählt

$$
\begin{aligned}
3 \cdot x_1 + \phantom{0}5 \cdot x_2 + \phantom{00}x_3 + 2 \cdot x_4 + 4 &= 0 \\
2 \cdot x_1 - \phantom{0}4 \cdot x_2 + 3 \cdot x_3 + 7 \cdot x_4 + 3 &= 0 \\
4 \cdot x_1 + 14 \cdot x_2 - \phantom{00}x_3 - 3 \cdot x_4 + 5 &= 0
\end{aligned}
$$

Die allgemeine Lösung dieses Systems lautet (s. Tafel 3.3)

$$
\begin{aligned}
x_3 &= -17 \cdot x_1 - 43 \cdot x_2 - 22 \\
x_4 &= \phantom{-}7 \cdot x_1 + 19 \cdot x_2 + \phantom{0}9
\end{aligned}
$$

bei freier Wahl von $x_1$ und $x_2$.

Mit dem Stiefel-Austauschverfahren läßt sich die Gesamtheit aller Lösungen des linearen Gleichungssystems (3.9) bestimmen. Durch den Übergang vom Gleichungssystem (3.9) zum linearen System
(3.3) liefert das Austauschverfahren zugleich alle etwa vorhandenen Zeilenabhängigkeiten.

Dennoch wird das Verfahren in dieser Form nicht verwendet, wenn es nur um die Auflösung von
Gleichungssystemen geht, denn die Spezialisierung auf $\mathbf{y} = \mathbf{o}$ erfolgt viel zu spät, nämlich erst am
Ende der Rechnung. Im  v e r k ü r z t e n   S t i e f e l - V e r f a h r e n  wird daher von Anfang an
$\mathbf{y} = \mathbf{o}$ gesetzt und das Rechenschema dementsprechend reduziert.

Bei jedem Austauschschritt wird zunächst die Kellerzeile gebildet. Sie stellt die Isolierung der gerade betrachteten Unbekannten dar, wobei $y = o$ dadurch berücksichtigt wird, daß in der Pivotspalte der Eintrag fehlt.

Wenn man die Kellerzeile notiert, braucht die verwendete Pivotzeile bei den nachfolgenden Austauschschritten demnach nicht mehr mitgeführt zu werden.

Die ausgewählte Pivotspalte kann gleichfalls gestrichen werden, weil alle ihre Elemente wegen $y = o$ nach dem Austausch nur noch mit Null multipliziert erscheinen.

Das verkürzte Stiefel-Verfahren enthält daher bei jedem Austausch die zusätzliche Vorschrift, die verwendete Pivotzeile und Pivotspalte von da an aus dem Rechenschema zu streichen.

Tatsächlich verkürzt sich hierbei der Rechenaufwand erheblich. Betrachtet man den wichtigen Fall, daß die Anzahl der Gleichungen mit der Anzahl der Unbekannten übereinstimmt, also im System (3.9) $m = n$ gilt, so benötigt man beim vollständigen Stiefel-Verfahren außer den $2 \cdot n^3 - 2 \cdot n^2 + n$ Operationen für die Berechnung der Kehrmatrix noch $2 \cdot n^2 - n$ Operationen für die Transformation der letzten Spalte, zusammen also $2 \cdot n^3$ Operationen. Beim verkürzten Stiefel-Verfahren hat man im k-ten Schritt ein System mit $n - k + 2$ Spalten, wobei wegen der Streichung $n - k + 1$ Operationen weniger als beim vollen Austausch auszuführen sind. Demnach benötigt das verkürzte Stiefel-Verfahren für n Austausche wegen

$$\sum_{k=1}^{n} [2 \cdot (n - k + 1)^2 - (n - k + 1)] = \sum_{\ell = n - k + 1 = 1}^{n} [2 \cdot \ell^2 - \ell]$$

$$= \frac{1}{3} \cdot n \cdot (n + 1) \cdot (2 \cdot n + 1) - \frac{1}{2} \cdot n \cdot (n + 1)$$

nur $\frac{2}{3} \cdot n^3 + \frac{1}{2} \cdot n^2 - \frac{1}{6} \cdot n$ Operationen. Hierzu kommen für die rückläufige Berechnung der Unbekannten aus den Kellerzeilen weitere $\sum_{k=1}^{n} (2 \cdot k - 2) = n^2 - n$ Operationen, so daß hier insgesamt $\frac{2}{3} \cdot n^3 + \frac{3}{2} \cdot n^2 - \frac{7}{6} \cdot n$ Operationen auszuführen sind.

**Beispiel 3.7**  Es ist dasjenige Gleichungssystem zu lösen, das sich aus Beispiel 3.4 durch die Forderung $y = o$ ergibt.

$$
\begin{aligned}
4 \cdot x_1 + 3 \cdot x_2 + 2 \cdot x_3 + \phantom{2 \cdot} x_4 + 3 &= 0 \\
2 \cdot x_1 - 2 \cdot x_2 + \phantom{2 \cdot} x_3 \phantom{ + 2 \cdot x_4} + 3 &= 0 \\
- \phantom{2} x_1 + 2 \cdot x_2 + 2 \cdot x_3 + 2 \cdot x_4 - 2 &= 0 \\
- \phantom{2} x_1 + \phantom{2 \cdot} x_2 - \phantom{2 \cdot} x_3 + \phantom{2 \cdot} x_4 + 4 &= 0
\end{aligned}
$$

Tafel 3.8 zeigt die Rechnung mit dem verkürzten Stiefel-Verfahren.

Mit $x_4 = -4$ erhält man rücklaufend aus den Kellerzeilen $x_3 = 3$; $x_2 = 1$; $x_1 = -2$.

Größere Gleichungssysteme wird man nur auf einer Rechenanlage lösen. Hierbei empfiehlt es sich (wie bei der Berechnung der Kehrmatrix), die Ausgangsmatrix $(\mathbf{A}, \mathbf{b})$ mit den Kellerzeilen zu überschreiben, wobei freiwerdende Stellen in der Matrix geeignet markiert werden.

Natürlich müssen auch beim verkürzten Stiefel-Verfahren alle Pivots von Null verschieden sein, so daß man die zunächst eingeschlagene Hauptdiagonalrichtung u.U. verlassen muß. Wenn außerdem alle Rechenergebnisse in Form von Dezimalbrüchen mit beschränkter Stellenzahl (z.B. in Gleitpunktform) dargestellt werden müssen, sollte man bei der Auswahl der Pivots stets die betragsmäßig größten bevorzugen. Hierdurch wird i. allg. der Rundungsfehler klein gehalten [13]. Daneben können die in Abschn. 3.3.3 für den verketteten Gauß-Algorithmus geschilderten zusätzlichen Maßnahmen ebenso auch beim Stiefel-Verfahren angewendet werden.

Tafel 3.8 Verkürztes Stiefel-Verfahren in Beispiel 3.7

| $x_1$ | $x_2$ | $x_3$ | $x_4$ | 1 |
|---|---|---|---|---|
| $\dfrac{4}{2}$ | 3 | 2 | 1 | 3 |
| | $-2$ | 1 | 0 | 3 |
| $-1$ | 2 | 2 | 2 | $-2$ |
| $-1$ | 1 | $-1$ | 1 | 4 |
| | $-\dfrac{3}{4}$ | $-\dfrac{1}{2}$ | $-\dfrac{1}{4}$ | $-\dfrac{3}{4}$ |

$$x_1 = -\frac{3}{4}\cdot x_2 - \frac{1}{2}\cdot x_3 - \frac{1}{4}\cdot x_4 - \frac{3}{4}$$

| $x_2$ | $x_3$ | $x_4$ | 1 |
|---|---|---|---|
| $-\dfrac{7}{2}$ | 0 | $-\dfrac{1}{2}$ | $\dfrac{3}{2}$ |
| $\dfrac{11}{4}$ | $\dfrac{5}{2}$ | $\dfrac{9}{4}$ | $-\dfrac{5}{4}$ |
| $\dfrac{7}{4}$ | $-\dfrac{1}{2}$ | $\dfrac{5}{4}$ | $\dfrac{19}{4}$ |
| | 0 | $-\dfrac{1}{7}$ | $\dfrac{3}{7}$ |

$$x_2 = -\frac{1}{7}\cdot x_4 + \frac{3}{7}$$

| $x_3$ | $x_4$ | 1 |
|---|---|---|
| $\dfrac{5}{2}$ | $\dfrac{13}{7}$ | $-\dfrac{1}{14}$ |
| $-\dfrac{1}{2}$ | 1 | $\dfrac{11}{2}$ |
| | $-\dfrac{26}{35}$ | $\dfrac{1}{35}$ |

$$x_3 = -\frac{26}{35}\cdot x_4 + \frac{1}{35}$$

| $x_4$ | 1 |
|---|---|
| $\dfrac{48}{35}$ | $\dfrac{192}{35}$ |
| | $-4$ |

$$x_4 = -4$$

### 3.3.2 Determinante einer quadratischen Matrix

Das verkürzte Stiefel-Verfahren liefert in jedem Austauschschritt eine Kellerzeile, in der die dabei isolierte Unbekannte durch die noch im Schema verbleibenden Unbekannten ausgedrückt wird. Nach dem letzten Austausch lassen sich aus diesen Kellerzeilen rücklaufend sämtliche Unbekannten berechnen. In Beispiel 3.7 genügt dafür die Kenntnis der Kellerzeilenmatrix

$$\begin{bmatrix} 0 & -\dfrac{3}{4} & -\dfrac{1}{2} & -\dfrac{1}{4} & -\dfrac{3}{4} \\[2mm] 0 & 0 & 0 & -\dfrac{1}{7} & \dfrac{3}{7} \\[2mm] 0 & 0 & 0 & -\dfrac{26}{35} & \dfrac{1}{35} \\[2mm] 0 & 0 & 0 & 0 & -4 \end{bmatrix}$$

Die Kellerzeilen ihrerseits gewinnt man aus den entsprechenden Pivotzeilen, indem man durch den zugehörigen Pivot dividiert und das Vorzeichen wechselt. Folglich lassen sich $x_1$, $x_2$, ..., $x_n$ fast ebenso einfach aus der Matrix $\mathbf{C}$ der Pivotzeilen berechnen. In Beispiel 3.7 lautet die Pivotzeilenmatrix

$$\mathbf{C} = \begin{bmatrix} 4 & 3 & 2 & 1 & 3 \\ 0 & -\dfrac{7}{2} & 0 & -\dfrac{1}{2} & \dfrac{3}{2} \\ 0 & 0 & \dfrac{5}{2} & \dfrac{13}{7} & -\dfrac{1}{14} \\ 0 & 0 & 0 & \dfrac{48}{35} & \dfrac{192}{35} \end{bmatrix} \tag{3.11}$$

Wenn beim Austauschen nicht in Hauptdiagonalrichtung vorgegangen wird, weil die Pivots z.B. nach der Größe ihrer Beträge ausgewählt werden, entsteht eine Pivotzeilenmatrix, die erst dann die Gestalt

$$\mathbf{C} = \begin{bmatrix} c_{11} & c_{12} & c_{13} \cdots c_{1m} \cdots c_{1n} & d_1 \\ 0 & c_{22} & c_{23} \cdots c_{2m} \cdots c_{2n} & d_2 \\ 0 & 0 & c_{33} \cdots c_{3m} \cdots c_{3n} & d_3 \\ \vdots & \vdots & \vdots \qquad \vdots \qquad \vdots & \vdots \\ 0 & 0 & 0 \ \ \cdots \ c_{mm} \cdots c_{mn} & d_m \end{bmatrix} \tag{3.12}$$

annimmt, wenn man die Zeilennumerierung und die Bezeichnung der Unbekannten (d.h. die Spaltennumerierung) so geändert hat, daß in der k-ten Zeile der Pivot auch der k-ten Spalte entnommen wird ($k = 1, 2, \ldots, m$), um $x_k$ zu isolieren. Bei programmgesteuerten Berechnungen wird man deswegen aber keine Umspeicherungen vornehmen, sondern die in Abschn. 3.2 genannte Folge der Pivot-Indizes zur Adreßindizierung heranziehen.

Im folgenden wird der Übersichtlichkeit halber vorausgesetzt, daß $\mathbf{C}$ die in Gl. (3.12) gezeigte Gestalt habe, daß also bei der Ausgangsmatrix $(\mathbf{A}, \mathbf{b})$ alle dafür erforderlichen Zeilen- und Spaltenvertauschungen vorgenommen worden sind. Dann stimmt die oberste Pivotzeile also mit der ersten Zeile der Matrix $(\mathbf{A}, \mathbf{b})$ überein.

Die zweite Zeile von $\mathbf{C}$ läßt sich (vgl. Abschn. 3.1) erzeugen, indem man zur zweiten Zeile von $(\mathbf{A}, \mathbf{b})$ ein solches Vielfaches der ersten Zeile von $\mathbf{C}$ addiert, daß das erste Element verschwindet. Die dritte Zeile von $\mathbf{C}$ entsteht aus der dritten Zeile von $(\mathbf{A}, \mathbf{b})$, in dem man zunächst durch Kombination mit der ersten Zeile von $\mathbf{C}$ das erste Element, dann entsprechend mit der zweiten Zeile von $\mathbf{C}$ das zweite Element zum Verschwinden bringt. Entsprechendes gilt für alle weiteren Zeilen von $\mathbf{C}$.

Ein systematischer Ausbau dieses Vorgehens zu einem Rechenverfahren führt auf den  G a u ß - A l g o r i t h m u s  für die Auflösung linearer Gleichungssysteme.

Falls das Gleichungssystem (3.9) ebenso viele Gleichungen wie Unbekannte hat, also im Falle $m = n$, ist die Koeffizientenmatrix $\mathbf{A}$ quadratisch, so daß ihre  D e t e r m i n a n t e  berechnet werden kann. Hierfür eignet sich die Pivotzeilenmatrix $\mathbf{C}$ vorzüglich, denn deren Zeilen sind aus $(\mathbf{A}, \mathbf{b})$ nur durch solche Zeilenkombinationen entstanden, die den Wert der Determinante nicht verändern. Folglich ist det $\mathbf{A}$ zugleich Determinante der n ersten Spalten von $\mathbf{C}$, also gleich dem Produkt der Pivots.

Allgemein gilt: Die Determinante einer quadratischen Matrix $\mathbf{A}$ ist gleich der Determinante derjenigen Matrix, in die lediglich die gewählten Pivots an ihren Pivotpunkten eingetragen sind.

In Beispiel 3.7 folgt unter Beachtung von Gl. (3.11)

$$\begin{vmatrix} 4 & 3 & 2 & 1 \\ 2 & -2 & 1 & 0 \\ -1 & 2 & 2 & 2 \\ -1 & 1 & -1 & 1 \end{vmatrix} = 4 \cdot \left(-\frac{7}{2}\right) \cdot \frac{5}{2} \cdot \frac{48}{35} = -48$$

### 3.3.3 Verketteter Gauß-Algorithmus

Die Pivotzeilenmatrix $\mathbf{C}$ in Gl. (3.12) besitzt $((m-1) \cdot m)/2$ freie Plätze.

Beim v e r k e t t e t e n   G a u ß - A l g o r i t h m u s   wird nun $\mathbf{C}$ zu einer Matrix $\mathbf{D}$ ausgebaut, die an diesen freien Stellen mit Elementen $t_{rq}$ $(r > q)$ besetzt ist, aus denen man die sukzessive Erzeugung der Pivotzeilen aus der Ausgangsmatrix $(\mathbf{A}, \mathbf{b})$ rekonstruieren kann.

In der Matrix

$$\mathbf{D} = \begin{bmatrix} c_{11} & c_{12} & c_{13} \cdots c_{1m} \cdots c_{1n} & d_1 \\ t_{21} & c_{22} & c_{23} \cdots c_{2m} \cdots c_{2n} & d_2 \\ t_{31} & t_{32} & c_{33} \cdots c_{3m} \cdots c_{3n} & d_3 \\ \vdots & \vdots & \vdots \quad\; \vdots \qquad \vdots & \vdots \\ t_{m1} & t_{m2} & t_{m3} \cdots c_{mm} \cdots c_{mn} & d_m \end{bmatrix} \tag{3.13}$$

soll daher $t_{r1}$ $(r > 1)$ derjenige Faktor sein, mit dem man die erste Zeile von $\mathbf{C}$ oder (was dasselbe ist) die erste Zeile von $(\mathbf{A}, \mathbf{b})$ zu multiplizieren hat, bevor man sie zur r-ten Zeile von $(\mathbf{A}, \mathbf{b})$ addiert, um dadurch das erste Element dieser Zeile zu Null zu machen. Demnach gilt

$$t_{r1} = -\frac{a_{r1}}{c_{11}} \quad (r > 1)$$

Aus der Matrix $(\mathbf{A}, \mathbf{b})$ wird dabei eine Matrix $(\mathbf{A}', \mathbf{b}')$ mit

$$(\mathbf{A}'\, \mathbf{b}') = \begin{bmatrix} c_{11} & c_{12} & c_{13} \cdots c_{1m} \cdots c_{1n} & d_1 \\ 0 & c_{22} & c_{23} \cdots c_{2m} \cdots c_{2n} & d_2 \\ 0 & a'_{32} & a'_{33} \cdots a'_{3m} \cdots a'_{3n} & b'_3 \\ \vdots & \vdots & \vdots \quad\; \vdots \qquad \vdots & \vdots \\ 0 & a'_{m2} & a'_{m3} \cdots a'_{mm} \cdots a'_{mn} & b'_n \end{bmatrix} \tag{3.14}$$

Die beiden ersten Zeilen von $(\mathbf{A}', \mathbf{b}')$ und von $\mathbf{C}$ stimmen überein; es ist

$$c_{2s} = t_{21} \cdot c_{1s} + a_{2s} \qquad (s \geqslant 2)$$
$$d_2 = t_{21} \cdot d_1 + b_2$$

$t_{r2}$ $(r > 2)$ wiederum soll derjenige Faktor sein, mit dem die zweite Zeile von $\mathbf{C}$ zu multiplizieren ist, bevor man sie zur r-ten Zeile von $(\mathbf{A}', \mathbf{b}')$ addiert, um auch das zweite Element dieser Zeile auszulöschen. Folglich gilt

$$t_{r2} = -\frac{a'_{r2}}{c_{22}} = -\frac{t_{r1} \cdot c_{12} + a_{r2}}{c_{22}} \qquad (r > 2)$$

Aus $(\mathbf{A}', \mathbf{b}')$ ergibt sich

$$(\mathbf{A}'', \mathbf{b}'') = \begin{bmatrix} c_{11} & c_{12} & c_{13} & \cdots c_{1m} & \cdots c_{1n} & d_1 \\ 0 & c_{22} & c_{23} & \cdots c_{2m} & \cdots c_{2n} & d_2 \\ 0 & 0 & c_{33} & \cdots c_{3m} & \cdots c_{3n} & d_3 \\ 0 & 0 & a''_{43} & \cdots a''_{4m} & \cdots a''_{4n} & b''_4 \\ \vdots & & & & & \\ 0 & 0 & a''_{m3} & \cdots a''_{mm} & \cdots a''_{mn} & b''_n \end{bmatrix} \tag{3.15}$$

Die drei ersten Zeilen von $(\mathbf{A}'', \mathbf{b}'')$ und von $\mathbf{C}$ stimmen nun überein; es ist

$$c_{3s} = t_{31} \cdot c_{1s} + t_{32} \cdot c_{2s} + a_{3s} \qquad (s \geqslant 3)$$
$$d_3 = t_{31} \cdot d_1 + t_{32} \cdot d_2 + b_3$$

Das Verfahren wird fortgesetzt mit

$$t_{r3} = -(t_{r1} \cdot c_{13} + t_{r2} \cdot c_{23} + a_{r3})/c_{33} \qquad (r > 3)$$
$$c_{4s} = t_{41} \cdot c_{1s} + t_{42} \cdot c_{2s} + t_{43} \cdot c_{3s} + a_{4s} \qquad (s \geqslant 4)$$
$$d_4 = t_{41} \cdot d_1 + t_{42} \cdot d_2 + t_{43} \cdot d_3 + b_4$$
$$t_{r4} = -(t_{r1} \cdot c_{14} + t_{r2} \cdot c_{24} + t_{r3} \cdot c_{34} + a_{r4})/c_{44} \qquad (r > 4)$$
$$\vdots$$

Hieraus ist nun die weitere Berechnung der Matrix $\mathbf{D}$ aus $(\mathbf{A}, \mathbf{b})$ ersichtlich.

Beim verketteten Gauß-Algorithmus verwendet man ein Rechenschema (Tafel 3.9), in dem die Matrizen $(\mathbf{A}, \mathbf{b})$ und $\mathbf{D}$ untereinander angeordnet sind, mit einer Schlußzeile zur Fixierung der gesuchten Größen $x_1, x_2, \ldots, x_n$.

Die R e c h e n v o r s c h r i f t  f ü r  d e n  v e r k e t t e t e n  G a u ß - A l g o r i t h m u s zur Auflösung des Gleichungssystems

$$\sum_{k=1}^{n} a_{\varrho k} \cdot x_k + b_\varrho = 0 \qquad (\ell = 1, 2, \ldots, m; \; n \geqslant m)$$

lautet demnach (eingeklammerte Hinweise beziehen sich auf Tafel 3.9)

1. Die erste Zeile von $\mathbf{D}$ und die erste Zeile von $(\mathbf{A}, \mathbf{b})$ stimmen überein.

$$c_{1s} := a_{1s} \qquad \text{für } s \geqslant 1$$
$$d_1 := b_1$$

2. Für die übrigen Elemente der ersten Spalte von $\mathbf{D}$ gilt

$$t_{r1} := -\frac{a_{r1}}{c_{11}} \qquad \text{für } r > 1$$

Tafel 3.9  Verketteter Gauß-Algorithmus für das System $\mathbf{A} \cdot \mathbf{x} + \mathbf{b} = \mathbf{o}$

| | | | | | | | | | | | |
|---|---|---|---|---|---|---|---|---|---|---|---|
| $a_{11}$ | $a_{12}$ | $a_{13}$ | $\cdots a_{1,q-1}$ | $a_{1q}$ | $\cdots a_{1s}$ | $\cdots a_{1m}$ | $\cdots a_{1n}$ | $b_1$ |
| $a_{21}$ | $a_{22}$ | $a_{23}$ | $\cdots a_{2,q-1}$ | $a_{2q}$ | $\cdots a_{2s}$ | $\cdots a_{2m}$ | $\cdots a_{2n}$ | $b_2$ |
| $a_{31}$ | $a_{32}$ | $a_{33}$ | $\cdots a_{3,q-1}$ | $a_{3q}$ | $\cdots a_{3s}$ | $\cdots a_{3m}$ | $\cdots a_{3n}$ | $b_3$ |
| $\vdots$ | $\vdots$ | $\vdots$ | $\vdots$ | $\vdots$ | $\vdots$ | $\vdots$ | $\vdots$ | $\vdots$ |
| $a_{q-1,1}$ | $a_{q-1,2}$ | $a_{q-1,3}$ | $\cdots a_{q-1,q-1}$ | $a_{q-1,q}$ | $\cdots a_{q-1,s}$ | $\cdots a_{q-1,m}$ | $\cdots a_{q-1,n}$ | $b_{q-1}$ |
| $a_{q1}$ | $a_{q2}$ | $a_{q3}$ | $\cdots a_{q,q-1}$ | $a_{qq}$ | $\cdots a_{qs}$ | $\cdots a_{qm}$ | $\cdots a_{qn}$ | $b_q$ |
| $\vdots$ | $\vdots$ | $\vdots$ | $\vdots$ | $\vdots$ | $\vdots$ | $\vdots$ | $\vdots$ | $\vdots$ |
| $a_{r1}$ | $a_{r2}$ | $a_{r3}$ | $\cdots a_{r,q-1}$ | $a_{rq}$ | $\cdots a_{rs}$ | $\cdots a_{rm}$ | $\cdots a_{rn}$ | $b_r$ |
| $\vdots$ | $\vdots$ | $\vdots$ | $\vdots$ | $\vdots$ | $\vdots$ | $\vdots$ | $\vdots$ | $\vdots$ |
| $a_{m1}$ | $a_{m2}$ | $a_{m3}$ | $\cdots a_{m,q-1}$ | $a_{mq}$ | $\cdots a_{ms}$ | $\cdots a_{mm}$ | $\cdots a_{mn}$ | $b_m$ |
| $c_{11}$ | $c_{12}$ | $c_{13}$ | $\cdots c_{1,q-1}$ | $c_{1q}$ | $\cdots c_{1s}$ | $\cdots c_{1m}$ | $\cdots c_{1n}$ | $d_1$ |
| $t_{21}$ | $c_{22}$ | $c_{23}$ | $\cdots c_{2,q-1}$ | $c_{2q}$ | $\cdots c_{2s}$ | $\cdots c_{2m}$ | $\cdots c_{2n}$ | $d_2$ |
| $t_{31}$ | $t_{32}$ | $c_{33}$ | $\cdots c_{3,q-1}$ | $c_{3q}$ | $\cdots c_{3s}$ | $\cdots c_{3m}$ | $\cdots c_{3n}$ | $d_3$ |
| $\vdots$ | $\vdots$ | $\vdots$ | $\vdots$ | $\vdots$ | $\vdots$ | $\vdots$ | $\vdots$ | $\vdots$ |
| $t_{q-1,1}$ | $t_{q-1,2}$ | $t_{q-1,3}$ | $c_{q-1,q-1}$ | $c_{q-1,q}$ | $\cdots c_{q-1,s}$ | $\cdots c_{q-1,m}$ | $\cdots c_{q-1,n}$ | $d_{q-1}$ |
| $t_{q1}$ | $t_{q2}$ | $t_{q3}$ | $\cdots t_{q,q-1}$ | $c_{qq}$ | $\cdots c_{qs}$ | $\cdots c_{qm}$ | $\cdots c_{qn}$ | $d_q$ |
| $\vdots$ | $\vdots$ | $\vdots$ | $\vdots$ | $\vdots$ | $\vdots$ | $\vdots$ | $\vdots$ | $\vdots$ |
| $t_{r1}$ | $t_{r2}$ | $t_{r3}$ | $\cdots t_{r,q-1}$ | $t_{rq}$ | $\cdots$ | $\cdots c_{rm}$ | $\cdots c_{rn}$ | $d_r$ |
| $\vdots$ | $\vdots$ | $\vdots$ | $\vdots$ | $\vdots$ | $\vdots$ | $\vdots$ | $\vdots$ | $\vdots$ |
| $t_{m1}$ | $t_{m2}$ | $t_{m3}$ | $\cdots t_{m,q-1}$ | $t_{mq}$ | $\cdots t_{ms}$ | $\cdots c_{mm}$ | $\cdots c_{mn}$ | $d_m$ |
| $x_1$ | $x_2$ | $x_3$ | $\cdots x_{q-1}$ | $x_q$ | $\cdots x_s$ | $\cdots x_m$ | $\cdots x_n$ | $1$ |

3. Der Reihe nach für $q = 2,3,\ldots,m$ berechnet man

$$c_{qs} := \sum_{j=1}^{q-1} t_{qj} \cdot c_{js} + a_{qs} \qquad \text{für } s \geq q \qquad \text{(durchgezogene Pfeile)}$$

$$d_q \; := \; \sum_{j=1}^{q-1} t_{qj} \cdot d_j + b_q \qquad \text{(gestrichelte Pfeile)}$$

$$t_{rq} \; := \; -\left( \sum_{j=1}^{q-1} t_{rj} \cdot c_{jq} + a_{rq} \right) / c_{qq} \qquad \text{für } r > q \qquad \text{(strichpunktierte Pfeile)}$$

4. Falls $n > m$ gilt, sind $x_{m+1}, x_{m+2}, \ldots, x_n$ willkürlich wählbar. Der Reihe nach für $q = m + 1, m, \ldots, 2$ berechnet man

$$x_{q-1} \; := \; -\left( \sum_{j=q}^{n} c_{q-1,j} \cdot x_j + d_{q-1} \right) / c_{q-1,q-1} \qquad \text{(punktierte Pfeile)}$$

Der verkettete Gauß-Algorithmus liefert im Falle von Beispiel 3.7

| | | | | |
|---|---|---|---|---|
| 4 | 3 | 2 | 1 | 3 |
| 2 | $-2$ | 1 | 0 | 3 |
| $-1$ | 2 | 2 | 2 | $-2$ |
| $-1$ | 1 | $-1$ | 1 | 4 |
| 4 | 3 | 2 | 1 | 3 |
| $-\dfrac{1}{2}$ | $-\dfrac{7}{2}$ | 0 | $-\dfrac{1}{2}$ | $\dfrac{3}{2}$ |
| $\dfrac{1}{4}$ | $\dfrac{11}{14}$ | $\dfrac{5}{2}$ | $\dfrac{13}{7}$ | $-\dfrac{1}{14}$ |
| $\dfrac{1}{4}$ | $\dfrac{1}{2}$ | $\dfrac{1}{5}$ | $\dfrac{48}{35}$ | $\dfrac{192}{35}$ |
| $-2$ | 1 | 3 | $-4$ | 1 |

Im Falle $m = n$ beträgt die Anzahl der Rechenoperationen in Punkt 1 bis 3

$$\sum_{q=1}^{n} \left[ (n - q + 1) \cdot (2 \cdot q - 2) + (2 \cdot q - 2) + (n - q) \cdot (2 \cdot q - 1) \right]$$

$$= 4 \cdot \sum_{q=1}^{n} (n - q + 1) \cdot (q - 1) + \sum_{q=1}^{n} (n - q)$$

$$= \frac{2}{3} \cdot (n - 1) \cdot n \cdot (n + 1) + \frac{1}{2} \cdot (n - 1) \cdot n$$

$$= \frac{1}{6} \cdot (n - 1) \cdot n \cdot (4 \cdot n + 7)$$

Punkt 4 erfordert $n^2$ Rechenoperationen. Insgesamt sind beim verketteten Gauß-Algorithmus demnach $2/3 \cdot n^3 + 3/2 \cdot n^2 - 7/6 \cdot n$ Rechenoperationen auszuführen.

Der verkettete Gauß-Algorithmus und das verkürzte Stiefel-Verfahren sind demnach hinsichtlich des Rechenaufwandes als gleichwertig anzusehen. Dies gilt auch dann, wenn man die Rechenoperationen in die vier Grundrechnungsoperationen aufschlüsselt. — Auch bezüglich des Speicherbedarfs haben beide Verfahren denselben Umfang, da in jedem Falle die Ausgangsmatrix überschrieben werden kann. Hingegen zeigt der verkettete Gauß-Algorithmus infolge seiner komprimierten Darstellungsform Vorteile, wenn verschiedene Systeme mit übereinstimmender Koeffizientenmatrix aufgelöst werden müssen, was z.B. eintritt, wenn eine Nachiteration (Abschn. 3.3.4) zwecks Erhöhung der Ergebnisgenauigkeit erforderlich wird. Die beim verketteten Gauß-Algorithmus ermittelten Faktoren $t_{rq}$ sind ebenso wie die Pivotzeilenelemente $c_{qs}$ von den A b s o l u t g l i e d e r n $b_p$ unabhängig. Daher brauchen bei Neurechnung mit veränderten Absolutgliedern nur $2 \cdot n^2 - n$ Rechenoperationen ausgeführt zu werden.

Mit dem verketteten Gauß-Algorithmus läßt sich auch die Matrizen-Inversion durchführen, indem (bei übereinstimmender Koeffizientenmatrix) als Absolutglieder die einzelnen Spalten der im Vorzeichen geänderten Einheitsmatrix entsprechender Dimension verwendet werden. Eine Nachrechnung ergibt, daß man hierbei ebenso wie bei der Inversion einer n-reihigen Matrix mit dem Stiefel-Verfahren (Abschn. 3.2) $2 \cdot n^3 - 2 \cdot n^2 + n$ Rechenoperationen benötigt.

A u s w a h l   d e r   P i v o t s. Der verkettete Gauß-Algorithmus ist dann besonders einfach zu handhaben, wenn das Gleichungssystem (3.9) in Richtung der Hauptdiagonale abgearbeitet werden kann. Solange keines der Pivots Null wird, ist gegen dieses Vorgehen nichts einzuwenden — sofern alle Rechenergebnisse korrekt niedergeschrieben werden können, wie dies in den bisherigen Beispielen dank der Bruchschreibweise möglich war.

Die Situation ändert sich, wie schon beim Stiefel-Verfahren, auch hier gänzlich, wenn mit Dezimalzahlen fester Länge (z.B. bei Gleitpunktrechnung) gearbeitet wird.

**Beispiel 3.8** Mit dem verketteten Gauß-Algorithmus ist das System

$$0{,}001 \cdot x_1 + \qquad x_2 - 1 = 0$$
$$x_1 + 0{,}001 \cdot x_2 - 1 = 0 \tag{3.16}$$

in Gleitpunktarithmetik mit dreistelliger Mantisse zu lösen.
Aus dem Schema

| | | |
|---|---|---|
| $0{,}100 \cdot 10^{-2}$ | $0{,}100 \cdot 10^{1}$ | $-0{,}100 \cdot 10^{1}$ |
| $0{,}100 \cdot 10^{1}$ | $0{,}100 \cdot 10^{-2}$ | $-0{,}100 \cdot 10^{1}$ |
| $0{,}100 \cdot 10^{-2}$ | $0{,}100 \cdot 10^{1}$ | $-0{,}100 \cdot 10^{1}$ |
| $-0{,}100 \cdot 10^{4}$ | $-0{,}100 \cdot 10^{4}$ | $0{,}100 \cdot 10^{4}$ |
| $0{,}000$ | $0{,}100 \cdot 10^{1}$ | $0{,}100 \cdot 10^{1}$ |

folgt $x_1 = 0$; $x_2 = 1$. Bei unbeschränkter Zahlendarstellung erhält man hingegen $x_1 = x_2 = 1000/1001$, in der genannten Gleitpunktform $x_1 = x_2 = 0{,}999$, also für $x_1$ ein ganz anderes Ergebnis.

Wie beim Stiefel-Verfahren erreicht man auch beim verketteten Gauß-Algorithmus eine Reduktion der Rundungsfehler i. allg. dadurch, daß man die Pivots nicht grundsätzlich der Hauptdiagonale entnimmt, sondern bei jedem Schritt unter allen dabei möglichen Elementen das betragsmäßig größte auswählt. Hiermit ist eine Erweiterung des Rechenschemas insofern erforderlich, als einerseits neben der Ausgangsmatrix $(\mathbf{A}, \mathbf{b})$ zwecks Auswahl der Pivots auch die in Gl. (3.14) und (3.15) genannten Matrizen $(\mathbf{A}', \mathbf{b}')$, $(\mathbf{A}'', \mathbf{b}'')$ sowie deren Nachfolger zu notieren sind, andererseits aber auch entsprechende Zeilen- und Spaltenvertauschungen gemerkt werden müssen.

Wenn man das Prinzip des betragsmäßig größten Pivots in Beispiel 3.8 anwendet, erhält man nach Austausch der beiden Gleichungen

$$
\begin{array}{ccc}
0{,}100 \cdot 10^1 & 0{,}100 \cdot 10^{-2} & -0{,}100 \cdot 10^1 \\
0{,}100 \cdot 10^{-2} & 0{,}100 \cdot 10^1 & -0{,}100 \cdot 10^1 \\
\hline
0{,}100 \cdot 10^1 & 0{,}100 \cdot 10^{-2} & -0{,}100 \cdot 10^1 \\
-0{,}100 \cdot 10^{-2} & 0{,}100 \cdot 10^1 & -0{,}100 \cdot 10^1 \\
\hline
0{,}100 \cdot 10^1 & 0{,}100 \cdot 10^1 & 0{,}100 \cdot 10^1
\end{array}
$$

Mit $x_1 = x_2 = 1$ gewinnt man nunmehr ein brauchbares Resultat.

S k a l i e r u n g   d e s   G l e i c h u n g s s y s t e m s. Das Prinzip des betragsmäßig größten Pivots allein kann unter Umständen noch unzureichend für eine Minimierung der Rundungsfehler sein, weil man durch geeignete Zeilen- und Spalten-Skalierung (Multiplizieren der Zeilen mit Faktoren; Einführung neuer Unbekannter als Vielfache der bisherigen) erreichen kann, daß jedes von Null verschiedene Matrixelement betragsmäßig am größten wird, ohne dadurch die Rundungsfehler zu verringern. Man betrachte nochmals Beispiel 3.8. Der Koeffizient von $x_1$ in der ersten Gleichung des Systems (3.16) läßt sich durch Skalierung so verändern, daß er der betragsmäßig größte in der ganzen Koeffizientenmatrix wird. Man braucht dazu z.B. nur die erste Gleichung mit $10^4$ zu multiplizieren und $x_1 = 10^4 \cdot u_1$ zu substituieren. Man erhält

$$
\begin{aligned}
10^5 \cdot u_1 + 10^4 \cdot \ x_2 - \ 10^4 &= 0 \\
10^4 \cdot u_1 + 10^{-3} \cdot x_2 - \ 1 \ &= 0
\end{aligned}
$$

Der verkettete Gauß-Algorithmus

$$
\begin{array}{ccc}
0{,}100 \cdot 10^6 & 0{,}100 \cdot 10^5 & -0{,}100 \cdot 10^5 \\
0{,}100 \cdot 10^5 & 0{,}100 \cdot 10^{-2} & -0{,}100 \cdot 10^1 \\
\hline
0{,}100 \cdot 10^6 & 0{,}100 \cdot 10^5 & -0{,}100 \cdot 10^5 \\
-0{,}100 \cdot 10^0 & -0{,}100 \cdot 10^4 & 0{,}100 \cdot 10^4 \\
\hline
0{,}000 & 0{,}100 \cdot 10^1 & 0{,}100 \cdot 10^1
\end{array}
$$

liefert aber nach wie vor das unbrauchbare Resultat $u_1 = 0$; $x_2 = 1$. Eine ausführliche Analyse der Rundungsfehler beim Stiefel-Verfahren und beim Gauß-Algorithmus übersteigt den Rahmen dieses Buches. Jedenfalls empfiehlt es sich (vgl. [20]), zunächst das Gleichungssystem durch Zeilen- und Spaltenskalierung mit Potenzen der gewählten Zahlenbasis so zu ä q u i l i b r i e r e n , daß die Zeilen- und Spalten-Betragsmaxima bei Eins liegen, und danach nur betragsgrößte Pivots zu verwenden.

### 3.3.4 Nachiteration

Trotz Äquilibrierung des Gleichungssystems und optimaler Auswahl der Pivots können sowohl beim Gauß-Algorithmus als auch beim Stiefel-Verfahren erhebliche Rundungsfehler entstehen, wenn die gesamte Rechnung in Gleitpunktarithmetik mit fester Mantissenlänge erfolgt. Durch eine dem Auflösungsverfahren angeschlossene N a c h i t e r a t i o n läßt sich aber oftmals die Genauigkeit der Resultate erheblich verbessern. Es sei $x^{(1)}$ eine (ungefähre) Lösung des Gleichungssystems (3.9). Das Einsetzen dieser Lösung liefert den R e s i d u e n v e k t o r $r^{(1)}$ mit

$$
r^{(1)} = A \cdot x^{(1)} + b \tag{3.17}
$$

Nur wenn $x^{(1)}$ die exakte Lösung ist, gilt $r^{(1)} = o$.

Durch Nachiteration soll nun ein Korrekturvektor $\Delta x^{(1)}$ berechnet werden, der dieses Residuum kompensiert. Man fordert also

$$A \cdot (x^{(1)} + \Delta x^{(1)}) + b = o \qquad (3.18)$$

Multipliziert man in Gl. (3.18) aus, so erhält man unter Berücksichtigung von Gl. (3.17)

$$A \cdot \Delta x^{(1)} + r^{(1)} = o \qquad (3.19)$$

Dieses System zur Berechnung von $\Delta x^{(1)}$ hat dieselbe Koeffizientenmatrix wie das System (3.9). Daher verwendet man für die Auflösung am besten — falls eine Nachiteration geplant ist — von Anfang an den verketteten Gauß-Algorithmus. Mit einem sichtbaren Erfolg darf man bei der Nachiteration i. allg. aber nur dann rechnen, wenn der Residuenvektor hinreichend genau ermittelt ist. Hierzu ist es nötig, die Berechnung von $r^{(1)}$ in Gl. (3.17) mit erhöhter („doppelter") Genauigkeit vorzunehmen, um die zu erwartenden Auslöschungen aufzufangen. Daran anschließend wird der Residuenvektor mit nur einfacher Genauigkeit in das Gleichungssystem (3.19) eingesetzt. Wegen seiner festen Mantissenlänge eignet sich ein Taschenrechner nicht für die Nachiteration. Wenn die durch diesen Prozeß erreichte Lösungsgenauigkeit immer noch nicht ausreicht, werden weitere Nachiterationen angeschlossen, wobei die Genauigkeit der Residuenberechnung laufend anzugleichen ist.

**Beispiel 3.9** In Gleitpunktarithmetik mit fünfstelliger Mantisse ist das System

$$\begin{aligned}
1{,}5 \cdot x_1 + \quad\; x_2 + 1{,}2 \cdot x_3 - 3{,}7 &= 0 \\
1{,}28 \cdot x_1 + 1{,}2 \cdot x_2 + 0{,}8 \cdot x_3 - 3{,}28 &= 0 \\
1{,}2 \cdot x_1 + 0{,}9 \cdot x_2 + 0{,}9 \cdot x_3 - 3 \;\;\; &= 0
\end{aligned} \qquad (3.20)$$

zu lösen. Für die Berechnung des Residuums verwende man eine zehnstellige Gleitpunktarithmetik. Das vorliegende System ist bereits einigermaßen äquilibriert. Außerdem läßt sich nachprüfen, daß man lauter betragsgrößte Pivots erhält, wenn in Hauptdiagonalrichtung aufgelöst wird. Der verkettete Gauß-Algorithmus liefert

| | | | |
|---|---|---|---|
| $0{,}15000 \cdot 10^1$ | $0{,}10000 \cdot 10^1$ | $0{,}12000 \cdot 10^1$ | $-0{,}37000 \cdot 10^1$ |
| $0{,}12800 \cdot 10^1$ | $0{,}12000 \cdot 10^1$ | $0{,}80000 \cdot 10^0$ | $-0{,}32800 \cdot 10^1$ |
| $0{,}12000 \cdot 10^1$ | $0{,}90000 \cdot 10^0$ | $0{,}90000 \cdot 10^0$ | $-0{,}30000 \cdot 10^1$ |
| $0{,}15000 \cdot 10^1$ | $0{,}10000 \cdot 10^1$ | $0{,}12000 \cdot 10^1$ | $-0{,}37000 \cdot 10^1$ |
| $-0{,}85333 \cdot 10^0$ | $0{,}34670 \cdot 10^0$ | $-0{,}22400 \cdot 10^0$ | $-0{,}12270 \cdot 10^0$ |
| $-0{,}80000 \cdot 10^0$ | $-0{,}28843 \cdot 10^0$ | $0{,}46100 \cdot 10^{-2}$ | $-0{,}46000 \cdot 10^{-2}$ |
| $0{,}10027 \cdot 10^1$ | $0{,}99859 \cdot 10^0$ | $0{,}99783 \cdot 10^0$ | $0{,}10000 \cdot 10^1$ |

Zur Berechnung des Residuums setzt man

$$x_1^{(1)} = 0{,}10027 \cdot 10^1 \qquad x_2^{(1)} = 0{,}99859 \qquad x_3^{(1)} = 0{,}99783$$

in das System (3.20) ein und erhält

$$r_1^{(1)} = 0{,}36000 \cdot 10^{-4} \qquad r_2^{(1)} = 0{,}28000 \cdot 10^{-4} \qquad r_3^{(1)} = 0{,}18000 \cdot 10^{-4}$$

Die letzte Spalte und die letzte Zeile des obigen Schemas werden mit diesen Residuen erneut berechnet. Man erhält

$$
\begin{array}{l}
0{,}36000 \cdot 10^{-4} \\
0{,}28000 \cdot 10^{-4} \\
0{,}18000 \cdot 10^{-4}
\end{array}
$$

| | | | |
|---|---|---|---|
| $0{,}15000 \cdot 10^1$ | $0{,}10000 \cdot 10^1$ | $0{,}12000 \cdot 10^1$ | $0{,}36000 \cdot 10^{-4}$ |
| $-0{,}85333 \cdot 10^0$ | $0{,}34670 \cdot 10^0$ | $-0{,}22400 \cdot 10^0$ | $-0{,}27200 \cdot 10^{-5}$ |
| $-0{,}80000 \cdot 10^0$ | $-0{,}28843 \cdot 10^0$ | $0{,}46100 \cdot 10^{-2}$ | $-0{,}10015 \cdot 10^{-4}$ |
| $-0{,}27030 \cdot 10^{-2}$ | $0{,}14115 \cdot 10^{-2}$ | $0{,}21725 \cdot 10^{-2}$ | $0{,}10000 \cdot 10^1$ |
| $\Delta x_1^{(1)}$ | $\Delta x_2^{(1)}$ | $\Delta x_3^{(1)}$ | |

Durch diese Nachiteration gewinnt man mit $\mathbf{x}^{(2)} = \mathbf{x}^{(1)} + \Delta\mathbf{x}^{(1)}$ die Lösung

$$x_1^{(2)} = 0{,}10000 \cdot 10^1 \qquad x_2^{(2)} = 0{,}10000 \cdot 10^1 \qquad x_3^{(2)} = 0{,}10000 \cdot 10^1$$

Eine erneute Residuenberechnung würde $r^{(2)} = \mathbf{o}$ ergeben.

N a c h i t e r a t i o n   b e i   d e r   M a t r i x i n v e r s i o n.  Die Methode der Nachiteration kann in entsprechender Weise bei der Berechnung der Kehrmatrix (Abschn. 3.2) angewendet werden. Bezeichnet $\mathbf{X}^{(1)}$ die beim Austauschverfahren gewonnene angenäherte inverse Matrix und $\mathbf{E}$ die Einheitsmatrix n-ter Ordnung, so erhält man für die (mit doppelter Genauigkeit zu berechnende, aber nur einfach genau zu verarbeitende) Residuenmatrix $\mathbf{R}^{(1)}$

$$\mathbf{R}^{(1)} = \mathbf{A} \cdot \mathbf{X}^{(1)} - \mathbf{E} \tag{3.21}$$

Man bestimmt nun eine Korrekturmatrix $\Delta\mathbf{X}^{(1)}$ gemäß

$$\mathbf{A} \cdot (\mathbf{X}^{(1)} + \Delta\mathbf{X}^{(1)}) - \mathbf{E} = \mathbf{O}$$

Folglich muß gelten

$$\mathbf{A} \cdot \Delta\mathbf{X}^{(1)} + \mathbf{R}^{(1)} = \mathbf{O} \tag{3.22}$$

Gl. (3.22) repräsentiert n Gleichungssysteme für die n Spaltenvektoren der Matrix $\Delta\mathbf{X}^{(1)}$. Da die Koeffizientenmatrix bei allen diesen Systemen übereinstimmt, bietet sich der verkettete Gauß-Algorithmus für ihre Lösung an. Bei Bedarf ist die Nachiteration mit entsprechend genau berechneter Residuenmatrix zu wiederholen.

Man kann die Nachiteration auch iterativ durchführen. Dazu löst man Gl. (3.22) nach $\Delta\mathbf{X}^{(1)} = \mathbf{X}^{(2)} - \mathbf{X}^{(1)}$ auf. Hierbei ist

$$\mathbf{X}^{(2)} - \mathbf{X}^{(1)} = -\mathbf{A}^{-1} \cdot \mathbf{R}^{(1)}$$

Man verwendet für $\mathbf{A}^{-1}$ näherungsweise $\mathbf{X}^{(1)}$. Isoliert man nun $\mathbf{X}^{(2)}$, so erhält man aus Gl. (3.21) als brauchbare Näherung

$$\mathbf{X}^{(2)} = \mathbf{X}^{(1)} \cdot (2 \cdot \mathbf{E} - \mathbf{A} \cdot \mathbf{X}^{(1)})$$

Hierbei ist die Matrix $2 \cdot \mathbf{E} - \mathbf{A} \cdot \mathbf{X}^{(1)}$, bevor man sie einfach genau verwendet, mit erhöhter Genauigkeit zu berechnen.

Dieses Verfahren muß wegen der in $\mathbf{A}^{-1} \approx \mathbf{X}^{(1)}$ steckenden Ungenauigkeit u.U. mehrmals wiederholt werden. Der allgemein durch

$$\mathbf{X}^{(k+1)} = \mathbf{X}^{(k)} \cdot (2 \cdot \mathbf{E} - \mathbf{A} \cdot \mathbf{X}^{(k)}) \tag{3.23}$$

beschriebene Iterationsprozeß besitzt quadratische Konvergenz, sofern $X^{(1)}$ eine hinreichend gute Näherung von $A^{-1}$ ist, was z.B. gesichert ist, wenn die Summe der Beträge aller Elemente der Residuenmatrix $R^{(1)}$ kleiner als Eins ist [20]. Sofern ein einziger Iterationsschritt zur Erzielung der gewünschten Genauigkeit genügt, sind bei dieser Iteration weniger Rechenoperationen auszuführen als bei der Auflösung des Systems (3.22).

**Beispiel 3.10** In fünfstelliger Gleitpunktarithmetik ist die Koeffizientenmatrix $A$ des Systems (3.20) mit dem Austauschverfahren und einer Nachiteration Gl. (3.23) zu invertieren.

Tafel 3.10 zeigt die Berechnung der Kehrmatrix durch das Austauschverfahren. Im letzten Schema findet man das Ergebnis $X^{(1)}$.

Tafel 3.10 Inversion der zu Gl. (3.20) gehörigen Koeffizientenmatrix mit dem Stiefel-Verfahren

|  | $x_1$ | $x_2$ | $x_3$ |
|---|---|---|---|
| $y_1$ | $0{,}15000 \cdot 10^1$ | $0{,}10000 \cdot 10^1$ | $0{,}12000 \cdot 10^1$ |
| $y_2$ | $0{,}12800 \cdot 10^1$ | $0{,}12000 \cdot 10^1$ | $0{,}80000 \cdot 10^0$ |
| $y_3$ | $0{,}12000 \cdot 10^1$ | $0{,}90000 \cdot 10^0$ | $0{,}90000 \cdot 10^0$ |
| $x_1 \leftrightarrow y_1$ |  | $-0{,}66667 \cdot 10^0$ | $-0{,}80000 \cdot 10^0$ |

|  | $y_1$ | $x_2$ | $x_3$ |
|---|---|---|---|
| $x_1$ | $0{,}66667 \cdot 10^0$ | $-0{,}66667 \cdot 10^0$ | $-0.80000 \cdot 10^0$ |
| $y_2$ | $0{,}85333 \cdot 10^0$ | $0{,}34670 \cdot 10^0$ | $-0{,}22400 \cdot 10^0$ |
| $y_3$ | $0{,}80000 \cdot 10^0$ | $0{,}10000 \cdot 10^0$ | $-0{,}60000 \cdot 10^{-1}$ |
| $x_2 \leftrightarrow y_2$ | $-0{,}24613 \cdot 10^1$ |  | $0{,}64609 \cdot 10^0$ |

|  | $y_1$ | $y_2$ | $x_3$ |
|---|---|---|---|
| $x_1$ | $0{,}23077 \cdot 10^1$ | $-0{,}19229 \cdot 10^1$ | $-0{,}12307 \cdot 10^3$ |
| $x_2$ | $-0{,}24613 \cdot 10^1$ | $0{,}28843 \cdot 10^1$ | $0{,}64609 \cdot 10^0$ |
| $y_3$ | $0{,}55384 \cdot 10^0$ | $0{,}28843 \cdot 10^0$ | $0{,}46090 \cdot 10^{-2}$ |
| $x_3 \leftrightarrow y_3$ | $-0{,}12014 \cdot 10^3$ | $-0{,}62566 \cdot 10^2$ |  |

|  | $y_1$ | $y_2$ | $y_3$ |
|---|---|---|---|
| $x_1$ | $0{,}15020 \cdot 10^3$ | $0{,}75094 \cdot 10^2$ | $-0{,}26702 \cdot 10^3$ |
| $x_2$ | $-0{,}80102 \cdot 10^2$ | $-0{,}37548 \cdot 10^2$ | $0{,}14018 \cdot 10^3$ |
| $x_3$ | $-0{,}12017 \cdot 10^3$ | $-0{,}62580 \cdot 10^2$ | $0{,}21697 \cdot 10^3$ |

Hieraus berechnet man mit zehnstelliger Mantissenlänge $2 \cdot E - A \cdot X^{(1)}$. Nach Verkürzung auf fünf Mantissenstellen erhält man

$$2 \cdot E - A \cdot X^{(1)} = \begin{bmatrix} 0{,}10120 \cdot 10^1 & 0{,}37000 \cdot 10^{-2} & -0{,}14000 \cdot 10^{-1} \\ 0{,}80000 \cdot 10^{-2} & 0{,}10024 \cdot 10^1 & -0{,}72000 \cdot 10^{-3} \\ 0{,}96000 \cdot 10^{-2} & 0{,}30000 \cdot 10^{-2} & 0{,}98900 \cdot 10^0 \end{bmatrix} \quad (3.24)$$

Gemäß Gl. (3.23) ist diese Matrix mit der Ergebnismatrix aus Tafel 3.10 von links zu multiplizieren. Dabei ergibt sich

$$\mathbf{X}^{(2)} = \begin{bmatrix} 0,15000 \cdot 10^3 & 0,75000 \cdot 10^2 & -0,26667 \cdot 10^3 \\ -0,80000 \cdot 10^2 & -0,37500 \cdot 10^2 & 0,14000 \cdot 10^3 \\ -0,12000 \cdot 10^3 & -0,62500 \cdot 10^2 & 0,21667 \cdot 10^3 \end{bmatrix}$$

Hiermit berechnet man

$$2 \cdot \mathbf{E} - \mathbf{A} \cdot \mathbf{X}^{(2)} = \begin{bmatrix} 0,10000 \cdot 10^1 & 0,00000 & 0,10000 \cdot 10^{-2} \\ 0,00000 & 0,10000 \cdot 10^1 & 0,16000 \cdot 10^{-2} \\ 0,00000 & 0,00000 & 0,10010 \cdot 10^1 \end{bmatrix}$$

Die daraus resultierende Matrix $\mathbf{X}^{(3)} = \mathbf{X}^{(2)} \cdot (2 \cdot \mathbf{E} - \mathbf{A} \cdot \mathbf{X}^{(2)})$ stimmt in fünfstelliger Gleitpunktform mit $\mathbf{X}^{(2)}$ überein, so daß keine weitere Verbesserung mehr erzielt werden kann. Exakt gilt

$$\mathbf{A}^{-1} = \begin{bmatrix} 150 & 75 & -\dfrac{800}{3} \\ -80 & -\dfrac{75}{2} & 140 \\ -120 & -\dfrac{125}{2} & \dfrac{650}{3} \end{bmatrix}$$

### 3.3.5 Gauß-Seidel-Einzelschrittverfahren zur iterativen Lösung linearer Gleichungssysteme

Durch das Austauschverfahren oder den Gauß-Algorithmus läßt sich die Lösung eines linearen Gleichungssystems, wenn man von Rundungsfehlern absieht, mit einer feststehenden Anzahl von Rechenoperationen bestimmen. Die kaum vermeidbaren Rundungsfehler werden in einer daran anschließenden Nachiteration kompensiert. Ein solches Vorgehen ist so lange gerechtfertigt, wie man relativ kleine Systeme zu verarbeiten hat. Sobald Gleitpunktsysteme mit hundert oder gar tausend Unbekannten zu lösen sind, scheiden diese Verfahren auch für eine Rechenanlage schon deswegen aus, weil für die Speicherung aller Koeffizienten zuviel Platz benötigt wird. Derart große Systeme treten z.B. bei der Methode der finiten Elemente (Abschn. 4) und bei der Anwendung von Differenzenverfahren zur Lösung von Differentialgleichungen (Abschn. 7) auf. Hier wie in anderen technischen Anwendungen ist andererseits die zugehörige Koeffizientenmatrix mager bestückt, d.h., nur wenige Elemente sind von Null verschieden; meist bilden sie bei entsprechender Anordnung der Gleichungen Zahlenstreifen, die parallel zur Hauptdiagonale der Matrix verlaufen ( B a n d m a t r i z e n ), s. hierzu auch Abschn. 7.2.5.

In diesen Fällen löst man das Gleichungssystem raum- und zeitsparender auf iterativem Wege, indem man mit einer Schätzung $x^{(1)}$ beginnt und das Gleichungssystem dazu benutzt, daraus einen Vektor $x^{(2)}$ zu berechnen, aus dem in entsprechender Weise $x^{(3)}$, dann $x^{(4)}$, $x^{(5)}$ usw. gewonnen werden. Wenn die so erzeugte Folge mit angemessener Geschwindigkeit konvergiert und der Grenzwert $x$ eine Lösung des Systems (3.9) darstellt, bietet sich dieser Weg für die Berechnung des Lösungsvektors an. Nach einigen Iterationsschritten wird dieser mit ausreichender Genauigkeit bestimmt sein.

Das  G a u ß - S e i d e l - E i n z e l s c h r i t t v e r f a h r e n  ist eine derartige iterative Methode. Vorgegeben sei das System (3.9) mit n Gleichungen für n Unbekannte. Unter der Annahme, daß die Elemente in der Hauptdiagonale von Null verschieden sind, erhält man durch Isolierung von $x_q$

in der q-ten Gleichung (q = 1, 2, . . . , n)

$$x_q = -\left(\sum_{\ell=1}^{q-1} a_{q\ell} \cdot x_\ell + \sum_{\ell=q+1}^{n} a_{q\ell} \cdot x_\ell + b_q\right)/a_{qq} \qquad (3.25)$$

Wären die Größen $x_1, x_2, . . . , x_{q-1}, x_{q+1}, x_{q+2}, . . . , x_n$ bekannt, so könnte man diese Gleichung zur Berechnung von $x_q$ verwenden. Da jedoch lediglich eine Schätzung $x^{(k)}$ (zunächst ist k = 1) vorliegt, kann man allenfalls eine verbesserte Schätzung $x_q^{(k+1)}$ erhoffen. Indem man sämtliche n Gleichungen einmal durchgeht, gelangt man von $x^{(k)}$ zu $x^{(k+1)}$. Hierbei kann man entweder so lange auf der rechten Seite $x^{(k)}$ einsetzen, bis $x^{(k+1)}$ komplett ist (Gesamtschrittverfahren), oder man verwendet die jeweils neuesten Schätzwerte der Vektorkoordinaten und arbeitet dann im Einzelschrittverfahren.

Das Gauß-Seidel-Einzelschrittverfahren beginnt mit einer (willkürlichen) Schätzung $x^{(1)}$ und berechnet – mit k = 1 beginnend – für q = 1, 2, . . . , n

$$x_q^{(k+1)} = -\left(\sum_{\ell=1}^{q-1} a_{q\ell} \cdot x_\ell^{(k+1)} + \sum_{\ell=q+1}^{n} a_{q\ell} \cdot x_\ell^{(k)} + b_q\right)/a_{qq} \qquad (3.26)$$

Sobald $x^{(k)}$ hinreichend nahe an der gesuchten Lösung x liegt, ist das Iterationsverfahren abgeschlossen. Oftmals beurteilt man an dem Unterschied zwischen $x^{(k)}$ und $x^{(k+1)}$ die Güte der Annäherung.

Neben dem entstehenden Abbrechfehler ist bei diesem Verfahren natürlich auch mit Rundungsfehlern zu rechnen. Daher wird ggf. eine Nachiteration (Abschn. 3.3.4) erforderlich sein, für die man hier wiederum das Gauß-Seidel-Einzelschrittverfahren einsetzen wird.

Vor Eintritt in das Iterationsverfahren ist die Frage seiner Konvergenz zu klären. Nicht jedes Gleichungssystem läßt sich auf diesem iterativen Wege lösen. Hat das System jedoch (evtl. nach einer entsprechenden Umordnung) eine besonders starke Hauptdiagonale, gilt also für q = 1, 2, . . . , n

$$|a_{qq}| > \sum_{\ell=1}^{q-1} |a_{q\ell}| + \sum_{\ell=q+1}^{n} |a_{q\ell}| \qquad (3.27)$$

so ist die (meist jedoch nur lineare) Konvergenz gesichert, vgl. [2].

**Beispiel 3.11**  Das System

$$\begin{aligned}
6 \cdot x_1 + 3 \cdot x_2 + 2 \cdot x_3 + 6 &= 0 \\
x_1 + 5 \cdot x_2 - 3 \cdot x_3 \quad\;\; &= 0 \\
-2 \cdot x_1 + \quad x_2 - 4 \cdot x_3 - 8 &= 0
\end{aligned} \qquad (3.28)$$

ist mit dem Gauß-Seidel-Einzelschrittverfahren zu lösen. Man beginne mit $x^{(1)} = o$ und rechne mit 6-stelliger Mantissenlänge.

Die Bedingung (3.27) ist erfüllt, die Konvergenz demnach grundsätzlich gesichert. Aus

$$\begin{aligned}
x_1^{(k+1)} &= -(3 \cdot x_2^{(k)} + 2 \cdot x_3^{(k)} + 6)/6 \\
x_2^{(k+1)} &= \quad -(x_1^{(k+1)} - 3 \cdot x_3^{(k)})/5 \\
x_3^{(k+1)} &= -(2 \cdot x_1^{(k+1)} - x_2^{(k+1)} + 8)/4
\end{aligned} \qquad (3.29)$$

berechnet man die in Tafel 3.11a zusammengestellten Vektoren $x^{(1)}$ bis $x^{(9)}$.

Tafel 3.11a  Gauß-Seidel-Einzelschrittverfahren zur
Lösung des Systems (3.28).
Anfang der Näherungsfolge

| k | $x_1^{(k)}$ | $x_2^{(k)}$ | $x_3^{(k)}$ |
|---|---|---|---|
| 1 | 0 | 0 | 0 |
| 2 | $-1$ | 0,2 | $-1,45$ |
| 3 | $-0,616667$ | $-0,746667$ | $-1,87833$ |
| 4 | $-0,000556500$ | $-1,12689$ | $-2,28144$ |
| 5 | 0,323925 | $-1,43365$ | $-2,52038$ |
| 6 | 0,556952 | $-1,62362$ | $-2,68438$ |
| 7 | 0,706603 | $-1,75195$ | $-2,79129$ |
| 8 | 0,806405 | $-1,83606$ | $-2,86222$ |
| 9 | 0,872103 | $-1,89175$ | $-2,90899$ |

Infolge der linearen Konvergenz unterscheiden sich hier ab k = 6 bei allen drei Folgen die Differenzen von einem zum nächsten Folgeglied ungefähr um einen Faktor 0,66. Die ab k = 9 noch zu addierenden Differenzen bilden daher annähernd eine unendliche geometrische Reihe, deren Anfangsglied $x_q^{(10)} - x_q^{(9)}$ (q = 1, 2, 3) und deren Quotient 0,66 ist.

Zwecks Beschleunigung des Verfahrens wird man deswegen in Hinblick auf Gl. (2.10) zu $x_q^{(9)}$ nicht $x_q^{(10)} - x_q^{(9)}$, sondern die Reihensumme

$$\frac{1}{1 - 0,66} \cdot (x_q^{(10)} - x_q^{(9)}) = 2,94 \cdot (x_q^{(10)} - x_q^{(9)})$$

addieren. Man nennt $\omega = 2,94$ den R e l a x a t i o n s f a k t o r.
Tafel 3.11b zeigt die Fortsetzung der Iteration bei Verwendung des Relaxationsfaktors.

Tafel 3.11b  Fortgang der Näherung

| k | $x_1^{(k)}$ | $x_2^{(k)}$ | $x_3^{(k)}$ | |
|---|---|---|---|---|
| 10 | 0,915538 | $-1,92850$ | $-2,93989$ | aus $x_q^{(9)}$ ohne Relaxation |
| 10' | 0,999802 | $-1,99980$ | $-2,99984$ | aus $x_q^{(9)}$ mit Relaxation |
| 11 | 0,999847 | $-1,99987$ | $-2,99989$ | aus $x_q^{(10')}$ ohne Relaxation |
| 11' | 0,999934 | $-2,00001$ | $-2,99999$ | aus $x_q^{(10')}$ mit Relaxation |
| 12 | 0,999972 | $-1,99999$ | $-2,99998$ | aus $x_q^{(11')}$ ohne Relaxation |

Bei k = 12 wird x durch die Iteration nur noch so wenig geändert, daß die Nachiteration beginnen kann. Die linken Seiten der Gl. (3.28) liefern, wenn man $x^{(12)}$ einsetzt und mit erhöhter Genauigkeit rechnet, die Residuen

$$r_1 = -9,8 \cdot 10^{-5} \qquad r_2 = -3,8 \cdot 10^{-5} \qquad r_3 = -1,4 \cdot 10^{-5}$$

Gemäß Gl. (3.19) hat man demnach für die Nachiteration das System

$$\Delta x_1^{(k+1)} = -(3 \cdot \Delta x_2^{(k)} + 2 \cdot \Delta x_3^{(k)} - 0,000098)/6$$
$$\Delta x_2^{(k+1)} = -(\Delta x_1^{(k+1)} - 3 \cdot \Delta x_3^{(k)} - 0,000038)/5 \qquad (3.30)$$
$$\Delta x_3^{(k+1)} = -(2 \cdot \Delta x_1^{(k+1)} - \Delta x_2^{(k+1)} + 0,000014)/4$$

iterativ zu lösen (Tafel 3.11c).

Tafel 3.11c Nachiteration gemäß Gl. (3.30)

| k | $\Delta x_1^{(k)}$ | $\Delta x_2^{(k)}$ | $\Delta x_3^{(k)}$ | |
|---|---|---|---|---|
| 1 | 0 | 0 | 0 | |
| 2 | $0{,}163333 \cdot 10^{-4}$ | $0{,}433334 \cdot 10^{-5}$ | $-0{,}105833 \cdot 10^{-4}$ | |
| 3 | $0{,}176944 \cdot 10^{-4}$ | $-0{,}228886 \cdot 10^{-5}$ | $-0{,}129194 \cdot 10^{-4}$ | |
| 4 | $0{,}217842 \cdot 10^{-4}$ | $-0{,}450848 \cdot 10^{-5}$ | $-0{,}155192 \cdot 10^{-4}$ | |
| 5 | $0{,}237606 \cdot 10^{-4}$ | $-0{,}646364 \cdot 10^{-5}$ | $-0{,}169962 \cdot 10^{-4}$ | |
| 6 | $0{,}252306 \cdot 10^{-4}$ | $-0{,}764384 \cdot 10^{-5}$ | $-0{,}180263 \cdot 10^{-4}$ | |
| 7 | $0{,}261640 \cdot 10^{-4}$ | $-0{,}844858 \cdot 10^{-5}$ | $-0{,}186941 \cdot 10^{-4}$ | |
| 7' | $0{,}288709 \cdot 10^{-4}$ | $-0{,}107823 \cdot 10^{-4}$ | $-0{,}206307 \cdot 10^{-4}$ | mit Relaxation $\omega = 2{,}9$ |
| 8 | $0{,}286014 \cdot 10^{-4}$ | $-0{,}104987 \cdot 10^{-4}$ | $-0{,}204254 \cdot 10^{-4}$ | |
| 9 | $0{,}283912 \cdot 10^{-4}$ | $-0{,}103335 \cdot 10^{-4}$ | $-0{,}202790 \cdot 10^{-4}$ | |
| 10 | $0{,}282598 \cdot 10^{-4}$ | $-0{,}102194 \cdot 10^{-4}$ | $-0{,}201848 \cdot 10^{-4}$ | |

Man erhält

$$x_1 = 1{,}000000 \qquad x_2 = -2{,}000000 \qquad x_3 = -3{,}000000$$

Die exakte Lösung ist

$$x_1 = 1 \qquad x_2 = -2 \qquad x_3 = -3$$

**Beispiel 3.12** Für die in Beispiel 3.1 erörterte Schaltung sind die Knotenpunktspannungen $U_1$, $U_2$, $U_3$ mit dem verkürzten Stiefel-Verfahren, dem verketteten Gauß-Algorithmus und dem Gauß-Seidel-Verfahren auszurechnen, wenn vorgegeben wird

$$R_{10} = 0{,}1\,\Omega \qquad R_{20} = 0{,}5\,\Omega \qquad R_{30} = 0{,}25\,\Omega$$
$$R_{12} = 0{,}5\,\Omega \qquad R_{23} = 0{,}5\,\Omega \qquad R_{31} = 0{,}2\,\Omega$$
$$I_1 = 10\,\text{A} \qquad I_2 = 5\,\text{A} \qquad I_3 = 15\,\text{A}$$

Mit der Strommatrix                der Spannungsmatrix

$$\mathbf{I} = \begin{bmatrix} I_1 \\ I_2 \\ I_3 \end{bmatrix} = \begin{bmatrix} 10 \\ 5 \\ 15 \end{bmatrix} \cdot \text{A} \qquad\qquad \mathbf{U} = \begin{bmatrix} U_1 \\ U_2 \\ U_3 \end{bmatrix}$$

und der Leitwertmatrix

$$\mathbf{Y} = \begin{bmatrix} \dfrac{1}{R_{10}} + \dfrac{1}{R_{31}} + \dfrac{1}{R_{12}} & -\dfrac{1}{R_{12}} & -\dfrac{1}{R_{31}} \\[2ex] -\dfrac{1}{R_{12}} & \dfrac{1}{R_{20}} + \dfrac{1}{R_{12}} + \dfrac{1}{R_{23}} & -\dfrac{1}{R_{23}} \\[2ex] -\dfrac{1}{R_{31}} & -\dfrac{1}{R_{23}} & \dfrac{1}{R_{30}} + \dfrac{1}{R_{23}} + \dfrac{1}{R_{31}} \end{bmatrix}$$

$$= \begin{bmatrix} 17 & -2 & -5 \\ -2 & 6 & -2 \\ -5 & -2 & 11 \end{bmatrix} \cdot \dfrac{1}{\Omega}$$

ergibt sich das folgende Gleichungssystem zur Bestimmung von $U_1$, $U_2$, $U_3$

$$\begin{bmatrix} 17 & -2 & -5 \\ -2 & 6 & -2 \\ -5 & -2 & 11 \end{bmatrix} \cdot \frac{1}{\Omega} \cdot \begin{bmatrix} U_1 \\ U_2 \\ U_3 \end{bmatrix} = \begin{bmatrix} 10 \\ 5 \\ 15 \end{bmatrix} \cdot A$$

Mit $x_m = U_m/V$ ($m = 1, 2, 3$) erhält das System die Gestalt

$$17 \cdot x_1 - 2 \cdot x_2 - 5 \cdot x_3 - 10 = 0$$
$$- 2 \cdot x_1 + 6 \cdot x_2 - 2 \cdot x_3 - 5 = 0$$
$$- 5 \cdot x_1 - 2 \cdot x_2 + 11 \cdot x_3 - 15 = 0$$

1. L ö s u n g s w e g.. Verkürztes Stiefel-Verfahren

| $x_1$ | $x_2$ | $x_3$ | 1 |
|---|---|---|---|
| 17 | -2 | -5 | -10 |
| - 2 | 6 | -2 | -5 |
| - 5 | -2 | 11 | -15 |
| | 0,117647 | 0,294118 | 0,588235 |

$$x_1 = 0,117647 \cdot x_2 + 0,294118 \cdot x_3 + 0,588235$$

| $x_2$ | $x_3$ | 1 |
|---|---|---|
| 5,76471 | -2,58824 | -6,17647 |
| -2,58824 | 9,52941 | -17,94118 |
| | 0,448980 | 1,07143 |

$$x_2 = 0,448980 \cdot x_3 + 1,07143$$

| $x_3$ | 1 |
|---|---|
| 8,36734 | -20,7143 |
| | 2,47561 |

$$x_3 = 2,47561 \qquad U_3 = 2,47561 \text{ V}$$
$$x_2 = 2,18293 \qquad U_2 = 2,18293 \text{ V}$$
$$x_1 = 1,57317 \qquad U_1 = 1,57317 \text{ V}$$

2. L ö s u n g s w e g. Verketteter Gauß-Algorithmus mit Nachiteration (Residuenberechnung mit 10-stelliger Gleitpunktarithmetik)

| | | | | |
|---|---|---|---|---|
| 17 | -2 | -5 | -10 | $-2,00 \cdot 10^{-5}$ |
| -2 | 6 | -2 | -5 | $2,00 \cdot 10^{-5}$ |
| -5 | -2 | 11 | -15 | $0,00 \cdot 10^{-5}$ |
| 17 | -2 | -5 | -10 | $-2,00 \cdot 10^{-5}$ |
| 0,117647 | 5,76471 | -2,58824 | -6,17647 | $1,76 \cdot 10^{-5}$ |
| 0,294118 | 0,448979 | 8,36735 | -20,7143 | $2,02 \cdot 10^{-6}$ |
| 1,57317 | 2,18293 | 2,47561 | 1 | |
| $7,34 \cdot 10^{-7}$ | $-3,16 \cdot 10^{-6}$ | $-2,41 \cdot 10^{-7}$ | | 1 |

Die Nachiteration bewirkt keine Änderung der Ergebnisse innerhalb der verwendeten Stellenzahl. Man erhält

$$U_1 = 1,57317 \text{ V} \qquad U_2 = 2,18293 \text{ V} \qquad U_3 = 2,47561 \text{ V}$$

3. L ö s u n g s w e g. Gauß-Seidel-Einzelschrittverfahren. Die Bedingung (3.27) für die Konvergenz des Verfahrens ist erfüllt, so daß die iterative Behandlung des Gleichungssystems

$$x_1 = (2 \cdot x_2 + 5 \cdot x_3 + 10)/17$$
$$x_2 = (2 \cdot x_1 + 2 \cdot x_3 + 5)/6$$
$$x_3 = (5 \cdot x_1 + 2 \cdot x_2 + 15)/11$$

zum Ziel führen muß.

Der Rechenablauf ist dem folgenden Schema zu entnehmen.

| k | $x_1^{(k)}$ | $x_2^{(k)}$ | $x_3^{(k)}$ | |
|---|---|---|---|---|
| 1 | 0 | 0 | 0 | |
| 2 | 0,588235 | 1,02941 | 1,81818 | |
| 3 | 1,24410 | 1,85409 | 2,26625 | |
| 4 | 1,47291 | 2,07972 | 2,41127 | |
| 5 | 1,54210 | 2,15112 | 2,45571 | |
| 6 | 1,56358 | 2,17309 | 2,46946 | |
| 6' | 1,57325 | 2,18298 | 2,47565 | mit Relaxation $\omega = 1,45$ |
| 7 | 1,57319 | 2,18295 | 2,47562 | |
| 8 | 1,57318 | 2,18293 | 2,47562 | |
| 9 | 1,57317 | 2,18293 | 2,47561 | |
| 10 | 1,57317 | 2,18293 | 2,47561 | |

Mit

$$x_1^{(10)} = 1,57317 \qquad x_2^{(10)} = 2,18293 \qquad x_3^{(10)} = 2,47561$$

erhält man die Residuen

$$r_1 = -2,00 \cdot 10^{-5} \qquad r_2 = 2,00 \cdot 10^{-5} \qquad r_3 = 0,00 \cdot 10^{-5}$$

Für die Nachiteration verwendet man daher das Gleichungssystem

$$\Delta x_1 = (2 \cdot \Delta x_2 + 5 \cdot \Delta x_3 + 2 \cdot 10^{-5})/17$$
$$\Delta x_2 = (2 \cdot \Delta x_1 + 2 \cdot \Delta x_3 - 2 \cdot 10^{-5})/6$$
$$\Delta x_3 = (5 \cdot \Delta x_1 + 2 \cdot \Delta x_2)/11$$

Daraus ergibt sich der nachstehende Rechenablauf

| k | $\Delta x_1^{(k)}$ | $\Delta x_2^{(k)}$ | $\Delta x_3^{(k)}$ | |
|---|---|---|---|---|
| 1 | 0 | 0 | 0 | |
| 2 | $1{,}17647 \cdot 10^{-6}$ | $-2{,}94118 \cdot 10^{-6}$ | 0 | |
| 3 | $8{,}30450 \cdot 10^{-7}$ | $-3{,}05652 \cdot 10^{-6}$ | $-1{,}78253 \cdot 10^{-7}$ | |
| 4 | $7{,}64453 \cdot 10^{-7}$ | $-3{,}13793 \cdot 10^{-6}$ | $-2{,}23055 \cdot 10^{-7}$ | |
| 5 | $7{,}41698 \cdot 10^{-7}$ | $-3{,}16045 \cdot 10^{-6}$ | $-2{,}37492 \cdot 10^{-7}$ | |
| 6 | $7{,}34802 \cdot 10^{-7}$ | $-3{,}16756 \cdot 10^{-6}$ | $-2{,}41920 \cdot 10^{-7}$ | |
| 6' | $7{,}31699 \cdot 10^{-7}$ | $-3{,}17076 \cdot 10^{-6}$ | $-2{,}43912 \cdot 10^{-7}$ | mit Relaxation $\omega = 1,45$ |
| 7 | $7{,}31701 \cdot 10^{-7}$ | $-3{,}17074 \cdot 10^{-6}$ | $-2{,}43907 \cdot 10^{-7}$ | |
| 8 | $7{,}31705 \cdot 10^{-7}$ | $-3{,}17073 \cdot 10^{-6}$ | $-2{,}43904 \cdot 10^{-7}$ | |
| 9 | $7{,}31707 \cdot 10^{-7}$ | $-3{,}17073 \cdot 10^{-6}$ | $-2{,}43903 \cdot 10^{-7}$ | |
| 10 | $7{,}31707 \cdot 10^{-7}$ | $-3{,}17073 \cdot 10^{-6}$ | $-2{,}43903 \cdot 10^{-7}$ | |

Auch auf diesem Wege erhält man also

$$U_1 = 1,57317 \text{ V} \qquad U_2 = 2,18293 \text{ V} \qquad U_3 = 2,47561 \text{ V}$$

### 3.4 Eigenwerte und Eigenvektoren bei Matrizen

**Beispiel 3.13**  Auf einem Träger konstanter Biegesteifigkeit $E \cdot I$ mit der Länge $\ell$, der auf zwei Stützen gelagert ist, befinden sich äquidistant vier gleichgroße Massen m (Bild 3.12), die durch Federn (Federkonstanten $c_1/2 = c_2 = c_3 = c_4 = c = 1500\ E \cdot I/\ell^3$) mit dem festen Untergrund verbunden sind.

Die Masse des Trägers sei gegenüber m vernachlässigbar klein. Gesucht ist die Kreisfrequenz $\omega$ für die Grundschwingung dieses Systems in Abhängigkeit von der Trägerlänge $\ell$, der Biegesteifigkeit $E \cdot I$ und der Einzelmasse m[1]. $\omega$ soll auf etwa drei Dezimalstellen genau angegeben werden.

Im folgenden werden die in der Festigkeitslehre nicht normgerechten Formelzeichen w, x, h benutzt, um Verwechslungen mit später benötigten Formelzeichen zu vermeiden. Die Gleichung der Biegelinie eines beidseitig gelenkig gelagerten Trägers lautet, wenn die Last F im Abstand a vom linken Auflager angreift, für $w \leqslant a$ [2])

$$h(w, a) = \frac{F \cdot \ell^3}{6 \cdot E \cdot I} \cdot \frac{\ell - a}{\ell} \cdot \frac{w}{\ell} \cdot \left[ 1 - \left( \frac{\ell - a}{\ell} \right)^2 - \left( \frac{w}{\ell} \right)^2 \right]$$

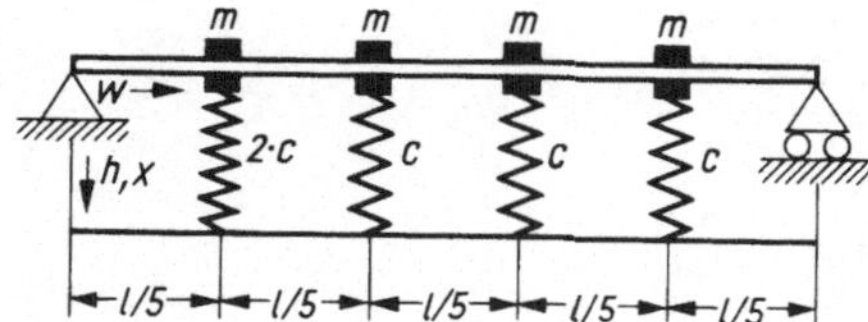


Bild 3.12
Träger auf zwei Stützen mit
vier abgefederten Massen

Für $w > a$ gilt nach dem Satz von Maxwell

$$h(w, a) = h(a, w)$$

Hieraus erhält man mit $w_j = j \cdot \dfrac{\ell}{5}$ und $w_k = k \cdot \dfrac{\ell}{5}$

$$h(w_j, w_k) = F \cdot \alpha_{jk}$$

mit den Einflußzahlen

$$\alpha_{jk} = \frac{\ell^3}{3750 \cdot E \cdot I} \cdot (5 - k) \cdot j \cdot (10 \cdot k - k^2 - j^2) \qquad \text{für } j \leqslant k \leqslant 4$$

$$\alpha_{jk} = \alpha_{kj} \qquad \text{für } j > k$$

Die bei einer Schwingung an der Stelle $w_j$ auftretende momentane Verschiebung sei $h_j$. Dann tritt an der Stelle $w_k$ die Belastung $F_k = -\,m \cdot \ddot{h}_k - c_k \cdot h_k$ auf, so daß

$$h_j = -\sum_{k=1}^{4} \alpha_{jk} \cdot (m \cdot \ddot{h}_k + c_k \cdot h_k)$$

gilt. Mit

---

1) Aus: C o l l a t z , L.: Eigenwertaufgaben mit technischen Anwendungen. Leipzig 1949.
2) H a a c k e , W.; H i r l e , M.; M a a s , O.: Mathematik für Bauingenieure II. Stuttgart 1972.

$$F = \begin{bmatrix} \alpha_{11} & \alpha_{12} & \alpha_{13} & \alpha_{14} \\ \alpha_{21} & \alpha_{22} & \alpha_{23} & \alpha_{24} \\ \alpha_{31} & \alpha_{32} & \alpha_{33} & \alpha_{34} \\ \alpha_{41} & \alpha_{42} & \alpha_{43} & \alpha_{44} \end{bmatrix} = \frac{\ell^3}{3750 \cdot E \cdot I} \cdot \begin{bmatrix} 32 & 45 & 40 & 23 \\ 45 & 72 & 68 & 40 \\ 40 & 68 & 72 & 45 \\ 23 & 40 & 45 & 32 \end{bmatrix}$$

$$C = \begin{bmatrix} c_1 & 0 & 0 & 0 \\ 0 & c_2 & 0 & 0 \\ 0 & 0 & c_3 & 0 \\ 0 & 0 & 0 & c_4 \end{bmatrix} = 1500 \cdot \frac{E \cdot I}{\ell^3} \cdot \begin{bmatrix} 2 & 0 & 0 & 0 \\ 0 & 1 & 0 & 0 \\ 0 & 0 & 1 & 0 \\ 0 & 0 & 0 & 1 \end{bmatrix}$$

$$h = \begin{bmatrix} h_1 \\ h_2 \\ h_3 \\ h_4 \end{bmatrix} \qquad x = \begin{bmatrix} x_1 \\ x_2 \\ x_3 \\ x_4 \end{bmatrix}$$

folgt daraus

$$h = - F \cdot (m \cdot \ddot{h} + C \cdot h)$$

Für Eigenschwingungen gilt $h = x \cdot \cos(\omega \cdot t + \varphi)$, also $\ddot{h} = - \omega^2 h$, so daß man für den Amplitudenvektor $x$ erhält

$$x + F \cdot C \cdot x = \omega^2 \cdot m \cdot F \cdot x$$

Nur für gewisse Frequenzen $\omega$, Eigenfrequenzen genannt, läßt dieses System von Null verschiedene Amplituden zu. Die numerische Behandlung dieses Systems findet man in Beispiel 3.19.

Beispiel 3.13 führt auf ein bei technischen Anwendungen häufig auftretendes E i g e n w e r t - p r o b l e m , das wie folgt formuliert werden kann: Gegeben sind zwei n-reihige quadratische Matrizen

$$A = \begin{bmatrix} a_{11} & a_{12} \cdots a_{1n} \\ a_{21} & a_{22} \cdots a_{2n} \\ \vdots \\ a_{n1} & a_{n2} \cdots a_{nn} \end{bmatrix} \qquad B = \begin{bmatrix} b_{11} & b_{12} \cdots b_{1n} \\ b_{21} & b_{22} \cdots b_{2n} \\ \vdots \\ b_{n1} & b_{n2} \cdots b_{nn} \end{bmatrix}$$

Gesucht ist ein Lösungsvektor

$$x = \begin{bmatrix} x_1 \\ x_2 \\ \vdots \\ x_n \end{bmatrix}$$

des Systems

$$A \cdot x = \lambda \cdot B \cdot x$$

wobei der Parameter $\lambda$ so zu wählen ist, daß es überhaupt einen von Null verschiedenen Lösungsvektor $x$ gibt. Man nennt diese Aufgabe ein a l l g e m e i n e s  E i g e n w e r t p r o b l e m.

Wenn $B$ speziell die n-reihige Einheitsmatrix

$$E = \begin{bmatrix} 1 & & 0 \\ & \ddots & \\ 0 & & 1 \end{bmatrix}$$

ist, gilt

$$A \cdot x = \lambda \cdot x \tag{3.31}$$

Dieses **s p e z i e l l e   E i g e n w e r t p r o b l e m** ist numerisch leichter zu lösen und wird daher hier primär behandelt.

Das allgemeine Eigenwertproblem $A \cdot x = \lambda \cdot B \cdot x$ mit nichtsingulärer Matrix $B$ läßt sich auf das einfache Problem Gl. (3.31) durch linksseitige Multiplikation mit der Kehrmatrix $B^{-1}$ zurückführen. Man erhält

$$(B^{-1} \cdot A) \cdot x = \lambda \cdot x$$

so daß mit den unten beschriebenen Methoden theoretisch auch das allgemeine Eigenwertproblem gelöst werden kann. Praktisch wird man jedoch die Berechnung der Inversen $B^{-1}$ zu umgehen versuchen, wie dies beim von Mises-Verfahren (Abschn. 3.4.2) geschildert wird, aber auch beim Jacobi-Verfahren unter gewissen Voraussetzungen möglich ist [22].

Aus Gl. (3.31) folgt

$$(A - \lambda \cdot E) \cdot x = o$$

ausführlich geschrieben also ein homogenes Gleichungssystem

$$
\begin{aligned}
(a_{11} - \lambda) \cdot x_1 &+ a_{12} \cdot x_2 &+ a_{13} \cdot x_3 + \ldots &+ a_{1n} \cdot x_n = 0 \\
a_{21} \cdot x_1 &+ (a_{22} - \lambda) \cdot x_2 &+ a_{23} \cdot x_3 + \ldots &+ a_{2n} \cdot x_n = 0 \\
a_{31} \cdot x_1 &+ a_{32} \cdot x_2 + (a_{33} - \lambda) \cdot x_3 &+ \ldots &+ a_{3n} \cdot x_n = 0 \\
&&\vdots& \\
a_{n1} \cdot x_1 &+ a_{n2} \cdot x_2 &+ a_{n3} \cdot x_3 + \ldots + (a_{nn} - \lambda) \cdot x_n = 0&
\end{aligned}
\tag{3.32}
$$

Dieses System hat genau dann eine nichttriviale Lösung, wenn seine Koeffizientendeterminante verschwindet, also det $(A - \lambda \cdot E) = 0$ gilt. Dies führt auf eine Gleichung n-ten Grades in $\lambda$, die **m a n   c h a r a k t e r i s t i s c h e   G l e i c h u n g** der Matrix $A$ nennt. Sie besitzt genau n Wurzeln $\lambda_1, \lambda_2, \ldots, \lambda_n$, die **E i g e n w e r t e** der Matrix. Da die Koeffizienten der charakteristischen Gleichung als reell vorausgesetzt werden, treten nichtreelle Lösungen stets in Form konjugiert-komplexer Wurzelpaare auf. Die zu den einzelnen Eigenwerten gehörigen Lösungsvektoren heißen **E i g e n v e k t o r e n** der Matrix $A$.

Über Einzelheiten des Eigenwertproblems informiere man sich in der einschlägigen Spezialliteratur, z.B. [25]. Im folgenden werden ohne Beweis einige Tatsachen aufgeführt, die für das Verständnis von Abschn. 3.4.1 und 3.4.2 erforderlich sind.

Wegen der Homogenität des Systems (3.32) sind die Eigenvektoren höchstens bis auf einen willkürlichen Faktor festgelegt. Für die Darstellung der zu einem Eigenwert gehörenden Lösungsmannigfaltigkeit genügt die Angabe eines Systems linear unabhängiger Eigenvektoren, mit denen man den gesamten **E i g e n r a u m** dieses Eigenwertes aufspannen kann. Jeder Vektor in diesem Eigenraum ist, da er aus den unabhängigen Eigenvektoren linear kombinierbar ist, selbst Eigenvektor des betrachteten Eigenwertes. Zu jedem Eigenwert gibt es mindestens einen, höchstens jedoch so viele linear unabhängige Eigenvektoren, wie es die Vielfachheit des Eigenwertes, d.h. die Vielfachheit der Wurzel der charakteristischen Gleichung, angibt.

Eigenvektoren, die zu verschiedenen Eigenwerten gehören, sind linear unabhängig. Die höchstmögliche Zahl von n linear unabhängigen Eigenvektoren wird demnach z.B. immer dann erreicht, wenn das charakteristische Polynom $\det(A - \lambda \cdot E)$ lauter verschiedene Nullstellen besitzt. Im n-dimensionalen Vektorraum bilden n linear unabhängige Vektoren stets eine Basis, denn jeder beliebige Vektor in diesem Raum läßt sich aus ihnen linear kombinieren. Das zur Matrix gehörende System linear unabhängiger Eigenvektoren ist, wenn es aus n Vektoren besteht, demnach als Basis verwendbar.

Sobald bei einem Eigenwertproblem Eigenwerte mit einer Vielfachheit größer als Eins auftreten, kann nicht grundsätzlich damit gerechnet werden, daß die Anzahl der zu einem Eigenwert gehörenden linear unabhängigen Eigenvektoren gleich dessen Vielfachheit ist, daß also insgesamt n linear unabhängige Eigenvektoren verfügbar sind, wenn dies auch bei den meisten technischen Anwendungen zutrifft. Matrizen, bei denen zu jedem p-fachen Eigenwert tatsächlich ein p-dimensionaler Eigenraum gehört, werden d i a g o n a l ä h n l i c h  genannt, denn für sie folgt aus Gl. (3.31), wenn $X$ die Matrix von n linear unabhängigen Eigenvektoren und

$$D = \begin{bmatrix} \lambda_1 & & & 0 \\ & \lambda_2 & & \\ & & \ddots & \\ 0 & & & \lambda_n \end{bmatrix}$$

die Diagonalmatrix der Eigenwerte bezeichnet, aus

$$A \cdot X = X \cdot D$$

durch Multiplikation mit der Inversen $X^{-1}$

$$X^{-1} \cdot A \cdot X = D$$

A kann genau im Falle eines n-dimensionalen Eigenraumes durch eine  Ä h n l i c h k e i t s t r a n s f o r m a t i o n  auf Diagonalform gebracht werden.

Prinzipiell läßt sich das Eigenwertproblem so lösen, daß man zunächst das charakteristische Polynom durch Entwicklung der Determinante $\det(A - \lambda \cdot E)$ berechnet, dessen Nullstellen (etwa mit den in Abschn. 2.3 behandelten Methoden) bestimmt, und anschließend zu jedem Eigenwert aus dem System (3.32) z.B. mit dem Stiefel-Verfahren die Gesamtheit der Eigenvektoren ermittelt.

Dieses Vorgehen ist in vielerlei Hinsicht nicht zu empfehlen. Es zieht einen erheblichen Rechenaufwand nach sich, der zu entsprechenden Rundungsfehlern führen kann, zu denen sich auch noch die Abbrechfehler infolge der näherungsweisen Bestimmung der Nullstellen gesellen. Unter Umständen ist der Aufwand auch deswegen unnötig groß, weil den Anwender z.B. nur der Eigenwert mit dem Höchstbetrag und ein dazu gehöriger Eigenvektor interessiert.

Es sind eine Anzahl sehr verschiedenartiger Methoden entwickelt worden, um das Eigenwertproblem unmittelbar zu lösen; manche liefern die Gesamtheit aller Eigenwerte und Eigenvektoren, sie lösen also das  v o l l s t ä n d i g e  Eigenwertproblem, andere befassen sich mit der  t e i l w e i s e n  Lösung des Eigenwertproblems, d.h., sie berechnen nur einen Eigenwert und einen zugehörigen Eigenvektor; die  d i r e k t e n  Algorithmen führen auf die charakteristische Gleichung, die bei den  i t e r a t i v e n  Verfahren umgangen wird. Einige Methoden sind auf Matrizen mit speziellen Eigenschaften beschränkt. Hierunter fallen vor allem solche Verfahren, die sich mit dem Eigenwertproblem  s y m m e t r i s c h e r  Matrizen befassen. Eine quadratische Matrix heißt symmetrisch, wenn sie mit ihrer Transponierten, d.h. mit der an der Hauptdiagonalen gespiegelten Matrix, übereinstimmt. Symmetrische Matrizen haben nur reelle Eigenwerte.

In den folgenden Abschnitten werden zwei grundsätzlich verschiedene Methoden vorgestellt, mit denen die sehr unterschiedlichen Lösungswege für das Eigenwertproblem aufgezeigt werden sollen.

Der S t i e f e l - A l g o r i t h m u s kombiniert die Aufstellung des charakteristischen Polynoms mit der Bestimmung der Eigenvektoren. Er verlangt, daß die Nullstellen des charakteristischen Polynoms in irgendeiner Weise bestimmt werden, stellt im übrigen aber ein endliches Verfahren zur Aufstellung aller Eigenwerte und aller Eigenvektoren einer beliebigen Matrix dar.

Das v o n M i s e s - V e r f a h r e n umgeht die charakteristische Gleichung. Es arbeitet iterativ mit dem Ziel, die betragsmäßig größten Eigenwerte und dazu gehörige Eigenvektoren zu bestimmen. Es ist in der geschilderten Art auf diagonalähnliche Matrizen beschränkt. Vorgeführt werden hier nur die Fälle, in denen es maximal zwei Eigenwerte mit dem Höchstbetrag gibt. Das Verfahren läßt sich sowohl in dieser Hinsicht als auch im Hinblick auf die Bestimmung weiterer Eigenwerte erweitern.

Unter den direkten Methoden für das vollständige Eigenwertproblem sind für beliebige Matrizen das Hessenberg-Verfahren [16] und das Verfahren von Danilewski [2], für diagonalähnliche Matrizen das Krylow-Verfahren [18] und für reell-symmetrische Matrizen das Verfahren von Lanczos [2] zu erwähnen. Iterative Methoden für das vollständige Eigenwertproblem sind z.B. die QR- und LR-Algorithmen von Rutishauser [16] für allgemeine Matrizen und das Jacobi-Verfahren [16] sowie die Methoden von Givens und von Householder [22] für reell-symmetrische Matrizen.

### 3.4.1 Stiefel-Algorithmus

Das homogene System (3.32), das dem Eigenwertproblem zugrunde liegt, kann man mit den in Abschn. 3.3 behandelten Verfahren lösen. Dazu muß entweder zuvor die charakteristische Gleichung aufgestellt und deren Lösungsmenge bestimmt worden sein oder das Lösungsverfahren selbst eine Bestimmungsgleichung für $\lambda$ liefern. Beim Beschreiten des zweiten Weges erscheinen die Koeffizienten bald in Form gebrochener rationaler Funktionen von $\lambda$, so daß während der Rechnung für $\lambda$ gewisse Werte ausgeschlossen werden müssen, um zu verhindern, daß durch Null dividiert wird. Abgesehen von der durch die rationalen Funktionen bedingten numerischen Schwerfälligkeit leidet dieses Vorgehen also darunter, daß am Ende noch die Lösungsmannigfaltigkeiten für die zwischendurch ausgeschlossenen Werte von $\lambda$ gesondert bestimmt werden müssen.

Der S t i e f e l - A l g o r i t h m u s zur Lösung von Eigenwertproblemen vermeidet gebrochene rationale Funktionen von $\lambda$ dadurch, daß er zum Austauschen nicht direkt das System (3.32) verwendet, sondern gewisse Linearkombinationen daraus, bei denen der Parameter $\lambda$ nur noch in den Koeffizienten einer einzigen Unbekannten − z.B. $x_n$ − auftritt, hier allerdings in höheren Potenzen. Wegen der Homogenität des Systems (3.32) muß dieses nach höchstens $n - 1$ Austauschen aufgelöst sein; wenigstens eine der Unbekannten bleibt frei wählbar, Beim Stiefel-Algorithmus wird nun gerade die Unbekannte $x_n$, auf deren Koeffizienten man die $\lambda$-Abhängigkeit konzentriert hat, von den Austauschen ausgenommen, so daß alle Pivots $\lambda$-frei sind und daher $\lambda$ nur ganzrational auftritt. Außer in dem unten erläuterten Sonderfall endet der Austauschprozeß mit der Gleichung

$$x_n \cdot f_n(\lambda) = 0 \tag{3.33}$$

wobei $f_n(\lambda)$ das zur Eigenwertaufgabe gehörende charakteristische Polynom ist. Aus $x_n = 0$ folgt $x_{n-1} = 0; x_{n-2} = 0; \ldots ; x_1 = 0$, also $x = o$, so daß nur solche Lösungen interessieren, bei denen $x_n \neq 0$ gilt, dafür aber $\lambda$ eine der Nullstellen des Polynoms $f_n(\lambda)$, also einer der Eigenwerte des Problems sein muß. Mit diesem Eigenwert berechnet man rückwärts die Koordinaten $x_{n-1}, x_{n-2}, \ldots, x_1$.

Tafel 3.13  Rechenschema zum Stiefel-Algorithmus

| Zeile-Nr. | $x_1$ | $x_2$ | $x_3$ | $\cdots$ | $x_{n-1}$ | $x_n$ | Multiplikatoren | | | |
|---|---|---|---|---|---|---|---|---|---|---|
| 1 | $a_{11}-\lambda$ | $a_{12}$ | $a_{13}$ | $\cdots$ | $a_{1,n-1}$ | $a_{1n}$ | $a_{n1}$ | | | |
| 2 | $a_{21}$ | $a_{22}-\lambda$ | $a_{23}$ | $\cdots$ | $a_{2,n-1}$ | $a_{2n}$ | $a_{n2}$ | $c_2$ | | |
| 3 | $a_{31}$ | $a_{32}$ | $a_{33}-\lambda$ | $\cdots$ | $a_{3,n-1}$ | $a_{3n}$ | $a_{n3}$ | $c_3$ | $f_3$ | |
| $\vdots$ | $\vdots$ | $\vdots$ | $\vdots$ | $\cdots$ | $\vdots$ | $\vdots$ | $\vdots$ | $\vdots$ | $\vdots$ | $\vdots$ |
| $n-1$ | $a_{n-1,1}$ | $a_{n-1,2}$ | $a_{n-1,3}$ | $\cdots$ | $a_{n-1,n-1}-\lambda$ | $a_{n-1,n}$ | $a_{n,n-1}$ | $c_{n-1}$ | $f_{n-1}\ \cdots$ | $u_{n-1}$ |
| $n$ | $a_{n1}$ | $a_{n2}$ | $a_{n3}$ | $\cdots$ | $a_{n,n-1}$ | $a_{nn}-\lambda$ | | | | |

Die Spalten $1,\ \lambda,\ \lambda^2,\ \lambda^3,\ \cdots,\ \lambda^{n-1},\ \lambda^n$ bilden zusammen die Entwicklung nach $x_n$.

| Zeile-Nr. | $x_1$ | $x_2$ | $x_3$ | $\cdots$ | $x_{n-1}$ | $1$ | $\lambda$ | $\lambda^2$ | $\lambda^3$ | $\cdots$ | $\lambda^{n-1}$ | $\lambda^n$ | |
|---|---|---|---|---|---|---|---|---|---|---|---|---|---|
| $n+1$ | $\underline{\underline{a_{n1}}}$ | $a_{n2}$ | $a_{n3}$ | $\cdots$ | $a_{n,n-1}$ | $a_{nn}$ | $-1$ | | | | | | $\lambda$ |
| $n+2$ | $b_1$ | $b_2$ | $b_3$ | $\cdots$ | $b_{n-1}$ | $b_n$ | $b_{n+1}$ | $-1$ | | | | | |
| $n+3$ | $d_1$ | $d_2$ | $d_3$ | $\cdots$ | $d_{n-1}$ | $d_n$ | $d_{n+1}$ | $d_{n+2}$ | $-1$ | | | | |
| $\vdots$ | $\vdots$ | $\vdots$ | $\vdots$ | $\cdots$ | $\vdots$ | $\vdots$ | $\vdots$ | $\vdots$ | $\vdots$ | $\vdots$ | | | |
| $2\cdot n+1$ | $x_1 =$ | $-\dfrac{a_{n2}}{a_{n1}}$ | $-\dfrac{a_{n3}}{a_{n1}}$ | $\cdots$ | $-\dfrac{a_{n,n-1}}{a_{n1}}$ | $-\dfrac{a_{nn}}{a_{n1}}$ | $\dfrac{1}{a_{n1}}$ | | | | | | |
| $2\cdot n+2$ | | $\underline{\underline{c_2}}$ | $c_3$ | $\cdots$ | $c_{n-1}$ | $c_n$ | $c_{n+1}$ | $-1$ | | | | | $\lambda$ |
| $2\cdot n+3$ | | $e_2$ | $e_3$ | $\cdots$ | $e_{n-1}$ | $e_n$ | $e_{n+1}$ | $e_{n+2}$ | $-1$ | | | | |
| $\vdots$ | | $\vdots$ | $\vdots$ | $\cdots$ | $\vdots$ | $\vdots$ | $\vdots$ | $\vdots$ | $\vdots$ | | | | |
| $3\cdot n+1$ | | $x_2 =$ | $-\dfrac{c_3}{c_2}$ | $\cdots$ | $-\dfrac{c_{n-1}}{c_2}$ | $-\dfrac{c_n}{c_2}$ | $-\dfrac{c_{n+1}}{c_2}$ | $\dfrac{1}{c_2}$ | | | | | |
| $3\cdot n+2$ | | | $\underline{\underline{g_3}}$ | $\cdots$ | $g_{n-1}$ | $g_n$ | $g_{n+1}$ | $g_{n+2}$ | $-1$ | | | | $\lambda$ |
| $\vdots$ | | | $\vdots$ | $\cdots$ | $\vdots$ | $\vdots$ | $\vdots$ | $\vdots$ | $\vdots$ | $\vdots$ | | | |
| $4\cdot n$ | | | $x_3 =$ | $\cdots$ | $-\dfrac{g_{n-1}}{g_3}$ | $-\dfrac{g_n}{g_3}$ | $-\dfrac{g_{n+1}}{g_3}$ | $-\dfrac{g_{n+2}}{g_3}$ | $\dfrac{1}{g_3}$ | | | | |
| $\vdots$ | | | | $\cdots$ | $\vdots$ | $\vdots$ | $\vdots$ | $\vdots$ | $\vdots$ | $\vdots$ | | | $\vdots$ |
| $\dfrac{(n+1)\cdot(n+4)}{2}-4$ | | | | | $x_{n-1} =$ | $-\dfrac{u_n}{u_{n-1}}$ | $-\dfrac{u_{n+1}}{u_{n-1}}$ | $-\dfrac{u_{n+2}}{u_{n-1}}$ | $-\dfrac{u_{n+3}}{u_{n-1}}$ | $\cdots$ | $\dfrac{1}{u_{n-1}}$ | | |
| $\dfrac{(n+1)\cdot(n+4)}{2}-3$ | | | | | | $z_n$ | $z_{n+1}$ | $z_{n+2}$ | $z_{n+3}$ | $\cdots$ | $z_{2n-1}$ | $-1$ | |

Für den Stiefel-Algorithmus verwendet man ein passendes Rechenschema (Tafel 3.13). Um dieses zu erläutern, wird aus Gründen der Übersichtlichkeit angenommen, Zeilen und Unbekannte seien so numeriert, daß die Pivots in Hauptdiagonalrichtung zu wählen sind, und daß die Unbekannte $x_n$ zum freien Parameter erklärt wird. Das System (3.32) wird in der nachstehenden Form in das Rechenschema eingetragen.

| Gl.-Nr. | $x_1$ | $x_2$ | $x_3$ | $\cdots$ | $x_{n-1}$ | $x_n$ |
|---|---|---|---|---|---|---|
| 1 | $a_{11} - \lambda$ | $a_{12}$ | $a_{13}$ | $\cdots$ | $a_{1,n-1}$ | $a_{1n}$ |
| 2 | $a_{21}$ | $a_{22} - \lambda$ | $a_{23}$ | $\cdots$ | $a_{2,n-1}$ | $a_{2n}$ |
| 3 | $a_{31}$ | $a_{32}$ | $a_{33} - \lambda$ | $\cdots$ | $a_{3,n-1}$ | $a_{3n}$ |
| $\vdots$ | $\vdots$ | $\vdots$ | $\vdots$ | | $\vdots$ | $\vdots$ |
| $n-1$ | $a_{n-1,1}$ | $a_{n-1,2}$ | $a_{n-1,3}$ | $\cdots$ | $a_{n-1,n-1} - \lambda$ | $a_{n-1,n}$ |
| $n$ | $a_{n1}$ | $a_{n2}$ | $a_{n3}$ | $\cdots$ | $a_{n,n-1}$ | $a_{nn} - \lambda$ |

Die n-te Gleichung wird nunmehr als erste Gleichung in den zweiten Teil des Rechenschemas übertragen; dort sollen schließlich die n Gleichungen des Ersatzsystems stehen, die — aus dem ursprünglichen System (3.32) durch passende Linearkombinationen erzeugt — dem verkürzten Stiefel-Verfahren unterworfen werden sollen. Vom zweiten Teil an wird im Rechenschema die $x_n$-Spalte in $n + 1$ Unterspalten aufgeteilt, so daß die darin enthaltenen Elemente beziehentlich mit $1, \lambda$, $\lambda^2, \ldots, \lambda^n$ zu multiplizieren, dann zu addieren und gemeinsam mit $x_n$ zu multiplizieren sind. Im Sinne einer fortlaufenden Numerierung der Zeilen im Rechenschema beginnt dieser zweite Teil mit der Zeile $n + 1$, die im Inhalt mit Zeile n übereinstimmt.

Die Gleichung in Zeile $n + 1$ wird nun in zweifacher Hinsicht genutzt, als Pivotzeile zur Isolierung von $x_1$ (Kellerzeile in Zeile $2 \cdot n + 1$) und zur Erzeugung der nächsten Gleichung des Ersatzsystems. Diese zweite, in $x_1$ bis $x_{n-1}$ $\lambda$-freie Gleichung in Zeile $n + 2$ erhält man, indem man die Gleichungen in der ersten bis $(n - 1)$-ten Zeile mit den entsprechenden Koeffizienten in der $(n + 1)$-ten Zeile, also mit $a_{n1}, a_{n2}, \ldots, a_{n,n-1}$ multipliziert und das $\lambda$-fache der Gleichung in Zeile $n + 1$ addiert. Für die Koeffizienten $b_1, b_2, \ldots, b_{n+2}$ in Zeile $n + 2$ gilt

$$b_q = \sum_{j=1}^{n-1} a_{jq} \cdot a_{nj} \qquad (q = 1, 2, \ldots, n)$$

$$b_{n+1} = a_{nn} \qquad b_{n+2} = -1$$

Aus der Gleichung in Zeile $n + 2$ wird mit Hilfe der Kellerzeile $2 \cdot n + 1$ sogleich $x_1$ eliminiert, die dabei gewonnene Gleichung (Koeffizienten $c_2$ bis $c_{n+1}$ und $-1$) in Zeile $2 \cdot n + 2$ notiert. Auch sie wird in zweifacher Hinsicht genutzt, nämlich einerseits zur Isolierung von $x_2$ (Kellerzeile in Zeile $3 \cdot n + 1$) und andererseits mit ihren Koeffizienten zur Bildung einer neuen, wiederum in $x_1$ bis $x_{n-1}$ von $\lambda$ freien Linearkombination aus den Gleichungen in Zeile 2 bis Zeile $n - 1$ (Koeffizienten $c_2$ bis $c_{n-1}$) und dem $\lambda$-fachen der Gleichung selbst. Die entstehende Gleichung wird in Zeile $n + 3$ vermerkt, worin also gilt

$$d_q = \sum_{j=2}^{n-1} a_{jq} \cdot c_j \qquad (q = 1, 2, \ldots, n)$$

$$d_{n+1} = c_n \qquad d_{n+2} = c_{n+1} \qquad d_{n+3} = -1$$

Durch Elimination von $x_1$ (wiederum über Kellerzeile $2 \cdot n + 1$) erhält man daraus die Gleichung in Zeile $2 \cdot n + 3$, aus der nun auch $x_2$ entfernt werden kann. Somit gelangt man zu der Gleichung in Zeile $3 \cdot n + 2$, die man wiederum sowohl zur Isolation von $x_3$ (Kellerzeile in Zeile $4 \cdot n$), als auch zur Erzeugung einer neuen in $x_1$ bis $x_{n-1}$ von $\lambda$ freien Linearkombination (Zeile $n + 4$) verwendet. Die Fortführung dieses Algorithmus liefert schließlich in Zeile $\dfrac{(n+1) \cdot (n-4)}{2} - 3$ die letzte Gleichung des Schemas. Sie lautet bei entsprechender Bezeichnung der Koeffizienten

$$x_n \cdot (-\lambda^n + z_{2n-1} \cdot \lambda^{n-1} + \ldots + z_{n+3} \cdot \lambda^3 + z_{n+2} \cdot \lambda^2 + z_{n+1} \cdot \lambda + z_n) = 0$$

Da nun aber aus $x_n = 0$ nacheinander $x_{n-1} = x_{n-2} = \ldots = x_2 = x_1 = 0$, also $x = o$ folgt, erhält man Eigenvektoren nur für solche Werte von $\lambda$, die Wurzeln der charakteristischen Gleichung

$$\lambda^n - z_{2n-1} \cdot \lambda^{n-1} - \ldots - z_{n+3} \cdot \lambda^3 - z_{n+2} \cdot \lambda^2 - z_{n+1} \cdot \lambda - z_n = 0$$

sind. Zur Lösung dieser Gleichung n-ten Grades kann man sich der in Abschn. 2.3 behandelten Methoden bedienen. Danach erhält man nacheinander für jeden der so ermittelten Eigenwerte durch rückläufige Berechnung der Kellerzeilen den zugehörigen Eigenvektor, der mit dem willkürlichen Faktor $x_n$ behaftet ist.

Eine Auszählung im Rechenschema des Stiefel-Algorithmus zeigt, daß für die Isolierung der Variablen $x_2$ bis $x_{n-1}$ je $2 \cdot n^2$ Rechenoperationen benötigt werden. Hierzu kommen noch n Operationen für die Isolierung von $x_1$ und $2 \cdot n^2 - n$ Operationen für die Schlußzeile, so daß bei diesem Algorithmus im Normalfall $2 \cdot n^2 \cdot (n-1)$ Rechenoperationen zur Aufstellung der charakteristischen Gleichung aufgewendet werden müssen. Wenn daraus die Eigenwerte berechnet worden sind, benötigt man, wenn alle Eigenwerte reell sind, weitere $2 \cdot n \cdot (n-1)^2$ Rechenoperationen für die Aufstellung der Eigenvektoren.

Wenn die Berechnung mit Dezimalbrüchen begrenzter Stellenzahl erfolgt, z.B. in Gleitpunktarithmetik, wird wie bei den in Abschn. 3.3 vorgestellten Methoden die Pivotauswahl so getroffen, daß das Element mit dem Höchstbetrag den Zuschlag erhält.

**Beispiel 3.14**  Mit dem Stiefel-Algorithmus sind die Eigenwerte und Eigenvektoren der folgenden Matrix $\mathbf{A}$ zu bestimmen

$$\mathbf{A} = \begin{bmatrix} 5 & 1 & 2 & -8 \\ 4 & 0 & 2 & -5 \\ -6 & 2 & -2 & 6 \\ 4 & -1 & 2 & -2 \end{bmatrix}$$

Tafel 3.14 enthält das zugehörige Rechenschema. Um eine Nachrechnung zu erleichtern, sind darin alle Resultate in Bruchform angegeben. Obwohl nur bei einer Berechnung in Maschinenzahlen bedeutsam, werden optimal gewählte Pivots verwendet. Durch Vertauschen der ersten und letzten Spalte sowie der ersten und letzten Zeile wird dabei erreicht, daß bei den Austauschen die übersichtliche Diagonalrichtung erhalten bleibt.

Zeile 17 des Rechenschemas liefert die charakteristische Gleichung

$$\lambda^4 - \lambda^3 + 3 \cdot \lambda^2 + 11 \cdot \lambda - 14 = 0$$

Hier lassen sich die Wurzeln $\lambda_1 = 1$ und $\lambda_2 = -2$ natürlich leicht erraten. Sonst kann man wie folgt vorgehen:

Die Abschätzung von van der Sluis über die Lage reeller Wurzeln $\lambda_0$ (Abschn. 2.3) liefert hier

$$0{,}636 = \frac{7}{11} \leqslant |\lambda_0| \leqslant 2 \cdot \sqrt[3]{11} = 4{,}448$$

Reelle Wurzeln können demnach nur in den Intervallen $[0{,}636; 4{,}448]$ und $[-4{,}448; -0{,}636]$ liegen. Indem man den euklidischen Algorithmus (Abschn. 2.3) auf

$$f_4(\lambda) = \lambda^4 - \lambda^3 + 3 \cdot \lambda^2 + 11 \cdot \lambda - 14 \quad \text{und} \quad f_4'(\lambda)$$

anwendet, erkennt man, daß die charakteristische Gleichung keine mehrfachen Wurzeln besitzt, und daß nach Gl. (2.46) in jedem der beiden genannten Intervalle genau eine Wurzel liegt, so daß die beiden anderen Wurzeln konjugiert-komplex sein müssen.

Mit $f_4(0,636) = -5,884$; $f_4(4,448) = 397,7$ gelangt man durch lineare Interpolation (Regula falsi-Schritt, Abschn. 2.1.1) zum Wurzelschätzwert $\lambda = 0,7$. Das Newton-Verfahren (Abschn. 2.1.3) liefert mit diesem Startwert nach drei Iterationsschritten die Wurzel $\lambda_1 = 1,000000$ und die exakte Restgleichung

$$\lambda^3 + 3 \cdot \lambda + 14 = 0$$

Die einzige reelle Wurzel dieser Gleichung muß im Intervall $[-4,448; -0,636]$ liegen. Ein Regula falsi-Schritt zur Funktion

$$f_3(\lambda) = \lambda^3 + 3 \cdot \lambda + 14$$

liefert mit $f_3(-4,448) = -87,35$; $f_3(-0,636) = 11,84$ den Wurzelschätzwert $\lambda = -1$. Fünf Newton-Iterationsschritte führen daraus auf die Wurzel $\lambda_2 = -2,000000$ und die exakte Restgleichung

$$\lambda^2 - 2 \cdot \lambda + 7 = 0$$

mit den Wurzeln $\lambda_{3;4} = 1 \pm j \sqrt{6}$.

Man hätte auch die Methode von Bernoulli (Abschn. 2.3.2) verwenden können. Da aber die beiden konjugiert-komplexen Wurzeln unter den vier Wurzeln den größten Betrag besitzen, hätte man sich zunächst diesen komplexen Wurzeln genähert. Zur genaueren Bestimmung hätte man dann das Verfahren von Bairstow (Abschn. 2.3.3) anschließen müssen, so daß dieser Weg hier einen höheren Rechenaufwand gebracht hätte.

Man erhält die Eigenwerte

$$\lambda_1 = 1 \qquad \lambda_2 = -2 \qquad \lambda_{3;4} = 1 \pm j \sqrt{6}$$

Indem man jeden dieser Werte in die Zeilen 16, 13, 9 einsetzt, erhält man die Eigenvektoren

$$
\begin{array}{lll}
\text{zu } \lambda_1 = 1 & \text{zu } \lambda_2 = -2 & \text{zu } \lambda_{3;4} = 1 \pm j2,4495 \\[4pt]
\mathbf{x}^{(1)} = \begin{bmatrix} 1 \\ 0 \\ -2 \\ 0 \end{bmatrix} \cdot x_1 &
\mathbf{x}^{(2)} = \begin{bmatrix} 28 \\ 30 \\ -41 \\ 18 \end{bmatrix} \cdot \frac{x_1}{28} &
\mathbf{x}^{(3;4)} = \begin{bmatrix} 77 \\ 48 \pm j\sqrt{6} \\ -58 \pm j2 \cdot \sqrt{6} \\ 30 \mp j9 \cdot \sqrt{6} \end{bmatrix} \cdot \frac{x_1}{77}
\end{array}
$$

S o n d e r f a l l   b e i m   S t i e f e l - A l g o r i t h m u s. Der Stiefel-Algorithmus setzt voraus, daß bei jedem Austausch ein von Null verschiedener Pivot zur Verfügung steht. Falls die betrachtete Matrix **A** außerhalb der Hauptdiagonalen nur mit Nullen besetzt ist, kann der Algorithmus also gar nicht erst gestartet werden, wozu auch kein Anlaß besteht, da die Diagonalglieder selbst die Eigenwerte darstellen und die Einheitsmatrix ein System von n linear unabhängigen Eigenvektoren bildet.

Es kann aber auch vorkommen, daß der Algorithmus zwischendurch abbricht, wenn z.B. mindestens einer der Eigenvektoren in $x_n$-Richtung keine von Null verschiedene Komponente besitzt, so daß die übrigen Vektorkoordinaten nicht Vielfache dieser Koordinate $x_n$ sein können (man hätte im Algorithmus eine andere Koordinate bevorzugen sollen), oder wenn ein mehrfacher Eigenwert auftritt, dessen Eigenraum mindestens zwei linear unabhängige Eigenvektoren enthält, weil dann neben $x_n$ noch wenigstens ein weiterer Parameter zur Darstellung dieser Eigenvektoren benötigt wird. Der erstgenannte Fall tritt in Beispiel 3.14 wegen $x_4^{(1)} = 0$ ein, wenn keine optimale Pivotauswahl erfolgt, also $x_4$ bevorzugt wird.

Angenommen, der Algorithmus finde ein vorzeitiges Ende, sobald die m-te Pivotzeile $(1 < m < n - 1)$ erreicht ist. Diese lautet dann

Tafel 3.14  Rechenschema zu Beispiel 3.14

| Zeile Nr. | $x_4$ | $x_2$ | $x_3$ | $x_1$ | Multiplikatoren | | |
|---|---|---|---|---|---|---|---|
| 1 | $-2-\lambda$ | $-1$ | $2$ | $4$ | $-8$ | | |
| 2 | $-5$ | $-\lambda$ | $2$ | $4$ | $1$ | $\dfrac{119}{8}$ | |
| 3 | $6$ | $2$ | $-2-\lambda$ | $-6$ | $2$ | $-\dfrac{49}{4}$ | $-\dfrac{308}{17}$ |
| 4 | $-8$ | $1$ | $2$ | $5-\lambda$ | | | |

| Zeile Nr. | $x_4$ | $x_2$ | $x_3$ | $x_1$ | | | | | |
|---|---|---|---|---|---|---|---|---|---|
| | | | | $1$ | $\lambda$ | $\lambda^2$ | $\lambda^3$ | $\lambda^4$ | |
| 5 | $-8$ | $1$ | $2$ | $5$ | $-1$ | | | | $\lambda$ |
| 6 | $23$ | $12$ | $-18$ | $-40$ | $5$ | $-1$ | | | |
| 7 | $-\dfrac{1183}{8}$ | $-\dfrac{49}{2}$ | $\dfrac{217}{4}$ | $133$ | $-\dfrac{205}{8}$ | $\dfrac{17}{8}$ | $-1$ | | |
| 8 | $-\dfrac{1848}{17}$ | $-\dfrac{616}{17}$ | $\dfrac{616}{17}$ | $\dfrac{1848}{17}$ | $-\dfrac{569}{17}$ | $-1$ | $-\dfrac{13}{17}$ | $-1$ | |
| 9 | $x_4=$ | $\dfrac{1}{8}$ | $\dfrac{1}{4}$ | $\dfrac{5}{8}$ | $-\dfrac{1}{8}$ | | | | |
| 10 | | $\dfrac{119}{8}$ | $-\dfrac{49}{4}$ | $-\dfrac{205}{8}$ | $\dfrac{17}{8}$ | $-1$ | | | $\lambda$ |
| 11 | | $-\dfrac{2751}{64}$ | $\dfrac{553}{32}$ | $\dfrac{2597}{64}$ | $-\dfrac{457}{64}$ | $\dfrac{17}{8}$ | $-1$ | | |
| 12 | | $-\dfrac{847}{17}$ | $\dfrac{154}{17}$ | $\dfrac{693}{17}$ | $-\dfrac{338}{17}$ | $-1$ | $-\dfrac{13}{17}$ | $-1$ | |
| 13 | | $x_2=$ | $\dfrac{98}{119}$ | $\dfrac{205}{119}$ | $-\dfrac{17}{119}$ | $\dfrac{8}{119}$ | | | |
| 14 | | | $-\dfrac{308}{17}$ | $-\dfrac{569}{17}$ | $-1$ | $-\dfrac{13}{17}$ | $-1$ | | $\lambda$ |
| 15 | | | $-\dfrac{9240}{289}$ | $-\dfrac{13024}{289}$ | $-\dfrac{217}{17}$ | $-\dfrac{1257}{289}$ | $-\dfrac{13}{17}$ | $-1$ | |
| 16 | | | $x_3=$ | $-\dfrac{569}{308}$ | $-\dfrac{17}{308}$ | $-\dfrac{13}{308}$ | $-\dfrac{17}{308}$ | | |
| 17 | | | | $14$ | $-11$ | $-3$ | $1$ | $-1$ | |

$$x_n \cdot f_m(\lambda) = 0 \qquad\qquad (3.34)$$

wobei $f_m(\lambda)$ ein Polynom m-ten Grades ist. In diesem Fall sind das Ausgangssystem (Tafel 3.13, Zeile 1 bis n) und das daraus erzeugte System (Zeile n + 1 bis n + m) erst dann gleichwertig, wenn letzterem noch n − m Gleichungen aus den n − m + 1 Gleichungen der zuletzt benutzten Linearkombination hinzugefügt werden, wobei die übrigbleibende Gleichung mit einem von Null verschiedenen Faktor an der Linearkombination beteiligt gewesen sein muß. Es bleiben demnach nur noch die genannten n − m Gleichungen zu lösen, in denen $x_1, x_2, \ldots, x_{m-1}$ über die schon vorhandenen m − 1 Kellerzeilen durch $x_m, x_{m+1}, \ldots, x_n$ ausgedrückt werden können. Gemäß Gl. (3.34) muß $x_n = 0$ oder $f_m(\lambda) = 0$ gelten.

Setzt man $x_n = 0$, so bilden diese n − m Gleichungen ein neues Eigenwertproblem, für das man wiederum den Stiefel-Algorithmus einsetzt. Jeder seiner Eigenwerte ist aber auch Eigenwert des Ausgangssystems (3.32), denn man braucht seinen Eigenvektoren nur mit Hilfe der m − 1 vorhandenen Kellerzeilen die Koordinaten $x_1, x_2, \ldots, x_{m-1}$ hinzuzufügen, um Eigenvektoren des Ausgangssystems zu erhalten.

$f_m(\lambda) = 0$ liefert m Eigenwerte $\lambda_1, \lambda_2, \ldots, \lambda_m$. Mit jedem dieser Werte ist ein gewöhnliches lineares Gleichungssystem aus n − m Gleichungen für n − m + 1 Unbekannte zu lösen, wofür die in Abschn. 3.3 genannten Verfahren verwendet werden können. Die restlichen m − 1 Koordinaten gewinnt man aus den vorhandenen m − 1 Kellerzeilen. Auf diese Art lassen sich demnach sämtliche Eigenwerte und Eigenvektoren eines beliebigen Eigenwertproblems numerisch bestimmen. Unsicherheiten treten insbesondere dann auf, wenn betragsmäßig kleine Pivots verwendet werden müssen, können aber auch durch ungenaue Auflösung der charakteristischen Gleichung eingeschleppt werden.

**Beispiel 3.15** Gesucht sind die Eigenwerte und Eigenvektoren der Matrix

$$\mathbf{A} = \begin{bmatrix} -3 & 3 & -2 & -8 \\ 4 & 0 & 2 & 1 \\ -2 & 1 & 0 & 0 \\ 4 & -1 & 2 & 4 \end{bmatrix}$$

Mit dem Stiefel-Algorithmus erhält man das Rechenschema in Tafel 3.15.

Der Algorithmus bricht demnach ab, sobald die dritte Pivotzeile erreicht ist. Man erhält die Gleichung

$$x_4 \cdot (-14 - 3 \cdot \lambda - \lambda^3) = 0$$

Wegen m = 3 besteht hier das übrigbleibende Gleichungssystem aus nur einer Gleichung, die aus Zeile 3 des Rechenschemas zu entnehmen ist. Sie lautet

$$-2 \cdot x_1 + x_2 - \lambda \cdot x_3 = 0$$

Um hierin $x_1$ und $x_2$ zu eliminieren, bedient man sich der freigebliebenen Zeilen 8, 12, 15 im Rechenschema und gelangt dabei in Zeile 15 zu der Gleichung

$$(1 - \lambda) \cdot x_3 + x_4 \cdot \left( \frac{49}{18} - \frac{4}{9} \cdot \lambda + \frac{1}{18} \cdot \lambda^2 \right) = 0$$

Setzt man hierin $x_4 = 0$, so folgt

$$\text{zu } \lambda_1 = 1: \qquad \mathbf{x}^{(1)} = \begin{bmatrix} -1 \\ 0 \\ 2 \\ 0 \end{bmatrix} \cdot \frac{x_3}{2}$$

Tafel 3.15  Rechenschema zu Beispiel 3.15

| Zeile Nr. | $x_1$ | $x_2$ | $x_3$ | $x_4$ | Multiplikatoren | |
|---|---|---|---|---|---|---|
| 1 | $-3-\lambda$ | 3 | $-2$ | $-8$ | 4 | |
| 2 | 4 | $-\lambda$ | 2 | 1 | $-1$ | 9 |
| 3 | $-2$ | 1 | $-\lambda$ | 0 | 2 | 0 |
| 4 | 4 | $-1$ | 2 | $4-\lambda$ | | |

| Zeile Nr. | $x_1$ | $x_2$ | $x_3$ | $x_4$: 1 | $\lambda$ | $\lambda^2$ | $\lambda^3$ | $\lambda^4$ | $\lambda$ |
|---|---|---|---|---|---|---|---|---|---|
| 5 | $\underline{\underline{4}}$ | $-1$ | 2 | 4 | $-1$ | | | | $\lambda$ |
| 6 | $-20$ | 14 | $-10$ | $-33$ | 4 | $-1$ | | | |
| 7 | 36 | 0 | 18 | 9 | $-13$ | $-1$ | $-1$ | | |
| 8 | $-2$ | 1 | $-\lambda$ | 0 | | | | | |
| 9 | $x_1 =$ | $\dfrac{1}{4}$ | $-\dfrac{1}{2}$ | $-1$ | $\dfrac{1}{4}$ | | | | |
| 10 | | $\underline{\underline{\dfrac{9}{9}}}$ | 0 | $-13$ | $-1$ | $-1$ | | | $\lambda$ |
| 11 | | | 0 | $-27$ | $-4$ | $-1$ | $-1$ | | |
| 12 | | $\dfrac{1}{2}$ | $1-\lambda$ | 2 | $-\dfrac{1}{2}$ | | | | |
| 13 | | $x_2 =$ | 0 | $\dfrac{13}{9}$ | $\dfrac{1}{9}$ | $\dfrac{1}{9}$ | | | |
| 14 | | | $\underline{\underline{0}}$ | $-14$ | $-3$ | 0 | $-1$ | | |
| 15 | | | $1-\lambda$ | $\dfrac{49}{18}$ | $-\dfrac{4}{9}$ | $\dfrac{1}{18}$ | | | |
| 16 | | | | | | | | | |
| 17 | | | | | | | | | |

Als Wurzeln der Gleichung $\lambda^3 + 3 \cdot \lambda + 14 = 0$ sind in Beispiel 3.11 $\lambda_2 = -2$ ; $\lambda_{3;4} = 1 \pm j\sqrt{6}$ ermittelt worden. Hieraus ergeben sich die übrigen Eigenwerte und Eigenvektoren

$$\text{zu } \lambda_2 = -2 \qquad\qquad \text{zu } \lambda_{3;4} = 1 \pm j\sqrt{6}$$

$$\mathbf{x}^{(2)} = \begin{bmatrix} -8 \\ 30 \\ -23 \\ 18 \end{bmatrix} \cdot \frac{x_4}{18} \qquad\qquad \mathbf{x}^{(3;4)} = \begin{bmatrix} -2 \pm j3 \cdot \sqrt{6} \\ 6 \pm j2 \cdot \sqrt{6} \\ -2 \mp j2 \cdot \sqrt{6} \\ 6 \end{bmatrix} \cdot \frac{x_4}{6}$$

**Beispiel 3.16**  Gesucht sind die Eigenwerte und Eigenvektoren der Matrix

$$\mathbf{A} = \begin{bmatrix} -1 & 2 \\ -2 & 3 \end{bmatrix}$$

Der Stiefel-Algorithmus liefert das Rechenschema in Tafel 3.16.

Zeile 6 des Rechenschemas enthält die charakteristische Gleichung $\lambda^2 - 2 \cdot \lambda + 1 = 0$. Es ergibt sich ein doppelter Eigenwert $\lambda_{1;2} = 1$, dazu gehört der Eigenvektor

Tafel 3.16  Rechenschema zu Beispiel 3.16

$$x = \begin{bmatrix} 1 \\ 1 \end{bmatrix} \cdot x_2$$

Der Eigenraum dieses doppelten Eigenwertes ist demnach nur eindimensional; da er eine Komponente in $x_2$-Richtung besitzt, bricht der Stiefel-Algorithmus nicht vorzeitig ab.

| Zeile Nr. | $x_1$ | $x_2$ | Multiplikatoren | |
|---|---|---|---|---|
| 1 | $-1-\lambda$ | 2 | $-2$ | |
| 2 | $-2$ | $3-\lambda$ | | |

| Zeile Nr. | $x_1$ | 1 | $x_2$ $\lambda$ | $\lambda^2$ | |
|---|---|---|---|---|---|
| 3 | $\dfrac{-2}{2}$ | 3 | $-1$ | | $\lambda$ |
| 4 | | $-4$ | 3 | $-1$ | |
| 5 | $x_1 =$ | $\dfrac{3}{2}$ | $-\dfrac{1}{2}$ | | |
| 6 | | $-1$ | 2 | $-1$ | |

### 3.4.2  Von Mises-Verfahren

Bei praktischen Anwendungen wird häufig nicht das gesamte Eigenwertspektrum und das vollständige System der Eigenvektoren benötigt, sondern nach dem d o m i n a n t e n, d.h. betragsgrößten, Eigenwert und dessen Eigenvektor gefragt. In diesem Falle kann das Stiefel-Verfahren zu aufwendig sein; man bedient sich zweckmäßig iterativer, speziell auf den dominanten Eigenwert ausgerichteter Methoden, zu denen das v o n   M i s e s - V e r f a h r e n gehört. Es eignet sich besonders dann, wenn vorherzusehen ist, daß das Eigenwertproblem (3.32) genau n linear unabhängige Eigenvektoren $x^{(1)}, x^{(2)}, \ldots, x^{(n)}$ besitzt. Dies wird im folgenden auch vorausgesetzt.

In dem Eigenwertspektrum können sowohl reelle als auch Paare konjugiert-komplexer, einfache und mehrfache Eigenwerte vorkommen, es kann einen oder auch mehrere verschiedene dominante Eigenwerte geben. Die nachfolgenden Ausführungen beschränken sich auf maximal zwei dominante Eigenwerte, da es aus praktischen Gründen ohnehin zweckmäßig ist, durch Übergang von $A$ zu $\tilde{A} = A - E$, also von $\lambda$ zu $\tilde{\lambda} = \lambda - 1$ ( S p e k t r a l v e r s c h i e b u n g ), den Pulk dominanter Eigenwerte aufzuspalten, sobald der Verdacht besteht, daß es davon mehr als zwei verschiedene gibt.

Beim von Mises-Verfahren beginnt die Iteration mit einem (praktisch beliebigen) nicht verschwindenden Startvektor $z^{(1)}$. Wegen der linearen Unabhängigkeit der Eigenvektoren $x^{(1)}, x^{(2)}, \ldots, x^{(n)}$ läßt sich jeder Vektor des n-dimensionalen Raumes aus ihnen linear kombinieren. Das rechtfertigt den Ansatz

$$z^{(1)} = c_1 \cdot x^{(1)} + \ldots + c_n \cdot x^{(n)} \tag{3.35}$$

Aus $z^{(1)}$ werden fortlaufend die Transformationen $A \cdot z^{(1)}, A^2 \cdot z^{(1)}, A^3 \cdot z^{(1)}, \ldots$ berechnet. Wegen $A \cdot x^{(i)} = \lambda_i \cdot x^{(i)}$ gilt

$$\begin{aligned}
A \cdot z^{(1)} &= c_1 \cdot \lambda_1 \cdot x^{(1)} + \ldots + c_n \cdot \lambda_n \cdot x^{(n)} \\
A^2 \cdot z^{(1)} &= c_1 \cdot \lambda_1^2 \cdot x^{(1)} + \ldots + c_n \cdot \lambda_n^2 \cdot x^{(n)} \\
A^3 \cdot z^{(1)} &= c_1 \cdot \lambda_1^3 \cdot x^{(1)} + \ldots + c_n \cdot \lambda_n^3 \cdot x^{(n)} \\
&\;\;\vdots \\
A^{k-1} \cdot z^{(1)} &= c_1 \cdot \lambda_1^{k-1} \cdot x^{(1)} + \ldots + c_n \cdot \lambda_n^{k-1} \cdot x^{(n)}
\end{aligned} \tag{3.36}$$

Wenn nicht alle Eigenwerte von gleichem Betrag sind, werden sich hierbei diejenigen Eigenvektoren immer mehr hervorheben, die zu den betragsgrößten Eigenwerten gehören, bis schließlich der Beitrag der übrigen Eigenvektoren unterhalb der Rechengenauigkeit liegt. Da dabei aber die Vektoren $A^k \cdot z^{(1)}$ selbst je nach Problem betragsmäßig stark anwachsen oder schrumpfen können, empfiehlt sich eine N o r m i e r u n g nach jeder Transformation dergestalt, daß der höchste Koordinatenbetrag Eins ist. Hierzu wird für einen beliebigen Vektor

$$y = \begin{bmatrix} y_1 \\ y_2 \\ \vdots \\ y_n \end{bmatrix}$$

seine N o r m [1] $\|y\|$ definiert

$$\|y\| = \max_{1 \leqslant i \leqslant n} |y_i|$$

Die I t e r a t i o n s v o r s c h r i f t   d e s   v o n   M i s e s - V e r f a h r e n s lautet dann

$$u^{(k)} := A \cdot z^{(k)} \tag{3.37}$$

$$z^{(k+1)} := \frac{u^{(k)}}{\|u^{(k)}\|} \tag{3.38}$$

Die Normierung der Vektoren $z^{(k+1)}$ entnimmt man Gl. (3.38); es gilt $\|z^{(k+1)}\| = 1$ für $k = 1, 2, \ldots$ Aus den Vektorfolgen $\{u^{(k)}\}$ und $\{z^{(k)}\}$ lassen sich dominante Eigenwerte und deren Eigenvektoren in der unten beschriebenen Weise ermitteln.

Zuvor wird der Zusammenhang zwischen $z^{(1)}$ und $z^{(k)}$ gezeigt. Aus Gl. (3.37) und (3.38) folgt

$$z^{(2)} = \frac{A \cdot z^{(1)}}{\|A \cdot z^{(1)}\|}$$

$$z^{(3)} = \frac{A \cdot z^{(2)}}{\|A \cdot z^{(2)}\|} = \frac{A^2 \cdot z^{(1)}}{\|A \cdot z^{(1)}\|} \cdot \frac{1}{\|A \cdot z^{(2)}\|} = \frac{A^2 \cdot z^{(1)}}{\|A \cdot z^{(1)}\|} \cdot \frac{\|A \cdot z^{(1)}\|}{\|A^2 \cdot z^{(1)}\|} = \frac{A^2 \cdot z^{(1)}}{\|A^2 \cdot z^{(1)}\|}$$

$$z^{(4)} = \frac{A \cdot z^{(3)}}{\|A \cdot z^{(3)}\|} = \frac{A^3 \cdot z^{(1)}}{\|A^2 \cdot z^{(1)}\|} \cdot \frac{\|A^2 \cdot z^{(1)}\|}{\|A^3 \cdot z^{(1)}\|} = \frac{A^3 \cdot z^{(1)}}{\|A^3 \cdot z^{(1)}\|}$$

$$\vdots$$

$$z^{(k)} = \frac{A^{k-1} \cdot z^{(1)}}{\|A^{k-1} \cdot z^{(1)}\|} \tag{3.39}$$

Nun unterscheidet man die beiden Fälle:

**1. Ein dominanter Eigenwert** Es gibt nur einen dominanten (folglich reellen) Eigenwert. Bezeichnet man mit p seine Vielfachheit ($1 \leqslant p \leqslant n - 1$; das Ergebnis gilt aber auch für $p = n$), so ist bei ent-

---

[1] Genauer: Tschebyscheff-Norm $\|y\|_\infty$. Allgemein heißt $\|y\|$ Vektornorm von $y$, wenn hierdurch jedem Vektor $y$ eine reelle nichtnegative Zahl zugeordnet wird mit folgenden Eigenschaften:
a) $\|y\| = 0$ genau für $y = 0$,
b) $\|y^{(1)} + y^{(2)}\| \leqslant \|y^{(1)}\| + \|y^{(2)}\|$,
c) $\|\alpha \cdot y\| = |\alpha| \cdot \|y\|$ für beliebiges $\alpha \in \mathbf{R}$.

sprechender Numerierung der Eigenwerte

$$\lambda_1 = \lambda_2 = \ldots = \lambda_p \qquad |\lambda_1| > |\lambda_{p+1}| \geqslant |\lambda_{p+2}| \geqslant \ldots \geqslant |\lambda_n|$$

Wenn man in gleicher Weise die Eigenvektoren numeriert und abkürzend

$$\mathbf{v} = c_1 \cdot \mathbf{x}^{(1)} + c_2 \cdot \mathbf{x}^{(2)} + \ldots + c_p \cdot \mathbf{x}^{(p)}$$

setzt, folgt aus Gl. (3.36) wegen $|\lambda_1| > |\lambda_n|$, also $\lambda_1 \neq 0$,

$$\mathbf{A}^{k-1} \cdot \mathbf{z}^{(1)} = \lambda_1^{k-1} \cdot \left[\mathbf{v} + c_{p+1} \cdot \left(\frac{\lambda_{p+1}}{\lambda_1}\right)^{k-1} \cdot \mathbf{x}^{(p+1)} + \ldots + c_n \cdot \left(\frac{\lambda_n}{\lambda_1}\right)^{k-1} \cdot \mathbf{x}^{(n)}\right]$$

Mit $Q := \left|\dfrac{\lambda_{p+1}}{\lambda_1}\right| < 1$ ergibt sich hieraus

$$\mathbf{A}^{k-1} \cdot \mathbf{z}^{(1)} = \lambda_1^{k-1} \cdot [\mathbf{v} + \mathbf{O}(Q^{k-1})] \qquad [1]$$

Unter der Voraussetzung $\mathbf{v} \neq \mathbf{o}$ führt die betragsgrößte Koordinate von $\mathbf{v}$ zur betragsgrößten Koordinate von $\mathbf{v} + \mathbf{O}(Q^{k-1})$, wenn nur k hinreichend groß ist. Die vorstehende Gleichung liefert daher

$$\|\mathbf{A}^{k-1} \cdot \mathbf{z}^{(1)}\| = |\lambda_1|^{k-1} \cdot [\|\mathbf{v}\| + O(Q^{k-1})] \qquad [2]$$

Folglich gilt, wenn nur $\mathbf{v} \neq \mathbf{o}$ gesichert ist, gemäß Gl. (3.39)

$$\mathbf{z}^{(k)} = \mathrm{sgn}(\lambda_1^{k-1}) \cdot \left[\frac{\mathbf{v}}{\|\mathbf{v}\|} + \mathbf{O}(Q^{k-1})\right] \tag{3.40}$$

Damit erhält man

$$\mathbf{u}^{(k)} = \mathbf{A} \cdot \mathbf{z}^{(k)} = \mathbf{A} \cdot \mathrm{sgn}(\lambda_1^{k-1}) \cdot \left[\frac{\mathbf{v}}{\|\mathbf{v}\|} + \mathbf{O}(Q^{k-1})\right]$$

Wegen $\mathbf{A} \cdot \mathbf{v} = \lambda_1 \cdot \mathbf{v}$ folgt

$$\mathbf{u}^{(k)} = \lambda_1 \cdot \mathrm{sgn}(\lambda_1^{k-1}) \cdot \left[\frac{\mathbf{v}}{\|\mathbf{v}\|} + \mathbf{O}(Q^{k-1})\right]$$

Mit Gl. (3.40) gewinnt man daraus

$$\mathbf{u}^{(k)} = \lambda_1 \cdot [\mathbf{z}^{(k)} + \mathbf{O}(Q^{k-1})] \tag{3.41}$$

Für hinreichend große Werte k wird die Norm von $\mathbf{z}^{(k)} + \mathbf{O}(Q^{k-1})$ im wesentlichen durch die Norm von $\mathbf{z}^{(k)}$ bestimmt. Daher folgt aus Gl. (3.41), wenn man $\|\mathbf{z}^{(k)}\| = 1$ beachtet

$$\|\mathbf{u}^{(k)}\| = |\lambda_1| \cdot [1 + O(Q^{k-1})]$$

Dies bedeutet

$$\lim_{k \to \infty} \|\mathbf{u}^{(k)}\| = |\lambda_1|$$

---

[1] Das Landausche Symbol beschreibt hier einen Vektor (vgl. Fußnote S. 60). Es ist $\mathbf{A}(h) = \mathbf{O}(h)$, falls $\lim\limits_{h \to 0} \mathbf{A}(h)/h$ existiert.

[2] S. Fußnote S. 60.

Das Vorzeichen von $\lambda_1$ ergibt sich laut Gl. (3.41) durch Vorzeichenvergleich entsprechender Koordinaten der Vektoren $z^{(k)}$ und $u^{(k)}$. Gl. (3.40) besagt, daß $z^{(k)}/\mathrm{sgn}(\lambda_1^{k-1})$ gegen den zu $\lambda_1$ gehörenden, normierten Eigenvektor $v/\|v\|$ konvergiert. Die Voraussetzung $v \neq o$ ist harmlos; sie bedeutet, daß der Startvektor eine von Null verschiedene Komponente in dem zu $\lambda_1$ gehörenden Eigenraum besitzen muß. Selbst wenn diese Voraussetzung nicht sogleich zutreffen sollte, wird sie nach einigen Iterationen infolge eingeschleppter Rundungsfehler erfüllt sein. Ein derart ungünstig gewählter Startvektor kann aber die Geschwindigkeit der (linearen) Konvergenz erheblich verringern.

Z u s a m m e n f a s s u n g. Beginnend mit einem beliebig gewählten Startvektor $z^{(1)}$ berechnet man nach Gl. (3.37) und (3.38) für $k = 1, 2, \ldots$ die Vektoren $z^{(k)}$ und $u^{(k)}$ und deren Norm $\|u^{(k)}\|$. Falls es nur einen einzigen, also reellen dominanten Eigenwert $\lambda_1$ gibt, konvergiert die Norm $\|u^{(k)}\|$ gegen $|\lambda_1|$. Das Vorzeichen von $\lambda_1$ erhält man als Grenzwert von $\mathrm{sgn}(z_{j_k}^{(k)} \cdot u_{j_k}^{(k)})$, wobei $j_k$ so zu wählen ist, daß $z_{j_k}^{(k)} = \pm 1$ gilt. Die Vektoren $z^{(k)}$ konvergieren gegen einen normierten Eigenvektor von $\lambda_1$.

**Beispiel 3.17**  In sechsstelliger Gleitpunktarithmetik sollen iterativ mit dem von Mises-Verfahren der dominante Eigenwert und ein zugehöriger Eigenvektor der Matrix

$$A = \begin{bmatrix} -3 & -4 & 2 \\ 12 & 5 & 2 \\ 4 & 8 & -5 \end{bmatrix}$$

bestimmt werden. Startvektor sei

$$z = \begin{bmatrix} 1 \\ 0 \\ 0 \end{bmatrix}$$

Tafel 3.17  Rechenschema zu Beispiel 3.17

| $k$ | 1 | 2 | 3 | 4 | 5 | 6 | 7 |
|---|---|---|---|---|---|---|---|
| $z^{(k)}$ | 1 | $-0{,}250000$ | $-0{,}484375$ | $0{,}494683$ | $-0{,}498437$ | $0{,}499479$ | $-0{,}499827$ |
|  | 0 | 1 | $0{,}500000$ | $-0{,}446809$ | $0{,}500006$ | $-0{,}494776$ | $0{,}500005$ |
|  | 0 | $0{,}333333$ | 1 | $-1$ | 1 | $-1$ | 1 |
| $u^{(k)}$ | $-3$ | $-2{,}58333$ | $1{,}45313$ | $-1{,}69681$ | $1{,}49529$ | $-1{,}51933$ | $1{,}49946$ |
|  | 12 | $2{,}66667$ | $-1{,}31250$ | $1{,}70215$ | $-1{,}48121$ | $1{,}51987$ | $-1{,}49790$ |
|  | 4 | $5{,}33333$ | $-2{,}93750$ | $3{,}40426$ | $-2{,}99370$ | $3{,}03971$ | $-2{,}99927$ |
| $\|u^{(k)}\|$ | 12 | $5{,}33333$ | $2{,}93750$ | $3{,}40426$ | $2{,}99370$ | $3{,}03971$ | $2{,}99927$ |
| $\mathrm{sgn}(\lambda_1)$ |  | $+$ | $-$ | $-$ | $-$ | $-$ | $-$ |

| $k$ | 8 | 9 | 10 | 11 | 12 | 13 |
|---|---|---|---|---|---|---|
| $z^{(k)}$ | $0{,}499942$ | $-0{,}499982$ | $0{,}499993$ | $-0{,}499998$ | $0{,}499998$ | $-0{,}499998$ |
|  | $-0{,}499422$ | $0{,}499998$ | $-0{,}499940$ | $0{,}499998$ | $-0{,}499995$ | $0{,}499995$ |
|  | $-1$ | 1 | $-1$ | 1 | $-1$ | 1 |
| $u^{(k)}$ | $-1{,}50214$ | $1{,}49995$ | $-1{,}50022$ | $1{,}50000$ | $-1{,}50001$ | $1{,}50001$ |
|  | $1{,}50219$ | $-1{,}49979$ | $1{,}50022$ | $-1{,}49999$ | $1{,}50000$ | $-1{,}50000$ |
|  | $3{,}00439$ | $-2{,}99994$ | $3{,}00045$ | $-3{,}00001$ | $3{,}00003$ | $-3{,}00003$ |
| $\|u^{(k)}\|$ | $3{,}00439$ | $2{,}99994$ | $3{,}00045$ | $3{,}00001$ | $3{,}00003$ | $3{,}00003$ |
| $\mathrm{sgn}(\lambda_1)$ | $-$ | $-$ | $-$ | $-$ | $-$ | $-$ |

Die Rechnung (Tafel 3.17) liefert

$$\text{zu } \lambda_1 \approx -3{,}00003: \quad \mathbf{x}^{(1)} \approx \begin{bmatrix} -0{,}499998 \\ 0{,}499995 \\ 1 \end{bmatrix}$$

also eine sehr gute Näherung der exakten Werte

$$\text{zu } \lambda_1 = -3: \quad \mathbf{x}^{(1)} = \begin{bmatrix} -0{,}5 \\ 0{,}5 \\ 1 \end{bmatrix}$$

**2. Genau zwei verschiedene dominante Eigenwerte**  Es gibt genau zwei verschiedene dominante Eigenwerte $\lambda_1$ und $\lambda_2$. Ihre Vielfachheiten seien $p_1$ bzw. $p_2$, ihre Eigenräume seien durch die Eigenvektoren

$$\mathbf{x}^{(1)}, \mathbf{x}^{(2)}, \ldots, \mathbf{x}^{(p_1)} \qquad \text{bzw.} \qquad \mathbf{x}^{(p_1+1)}, \mathbf{x}^{(p_1+2)}, \ldots, \mathbf{x}^{(p_1+p_2)}$$

aufgespannt. Mit den Abkürzungen

$$\mathbf{v}^{(1)} = c_1 \cdot \mathbf{x}^{(1)} + c_2 \cdot \mathbf{x}^{(2)} + \ldots + c_{p_1} \cdot \mathbf{x}^{(p_1)}$$

$$\mathbf{v}^{(2)} = c_{p_1+1} \cdot \mathbf{x}^{(p_1+1)} + c_{p_1+2} \cdot \mathbf{x}^{(p_1+2)} + \ldots + c_{p_1+p_2} \cdot \mathbf{x}^{(p_1+p_2)}$$

erhält Gl. (3.36) hier (mit $p = p_1 + p_2$) bei entsprechender Numerierung der Eigenwerte die Gestalt

$$\mathbf{A}^{k-1} \cdot \mathbf{z}^{(1)} = \lambda_1^{k-1} \cdot \mathbf{v}^{(1)} + \lambda_2^{k-1} \cdot \mathbf{v}^{(2)} + \lambda_{p+1}^{k-1} \cdot c_{p+1} \cdot \mathbf{x}^{(p+1)} + \ldots +$$

$$+ \lambda_n^{k-1} \cdot c_n \cdot \mathbf{x}^{(n)} \tag{3.42}$$

Es gilt, wenn R den Höchstbetrag der Eigenwerte bezeichnet

$$R = |\lambda_1| = |\lambda_2| > |\lambda_{p+1}| \geqslant \ldots \geqslant |\lambda_n|$$

Wegen $\lambda_1 \neq \lambda_2$ gilt $R > 0$. Indem man $s_0 = -(\lambda_1 + \lambda_2)$ ; $t_0 = \lambda_1 \cdot \lambda_2$ setzt, erhält man eine mit reellen Koeffizienten versehene quadratische Gleichung

$$\lambda^2 + s_0 \cdot \lambda + t_0 = 0 \tag{3.43}$$

deren Lösungen die beiden Eigenwerte $\lambda_1$ und $\lambda_2$ sind.

Mit $Q := \left| \dfrac{\lambda_{p+1}}{\lambda_1} \right| < 1$ folgt aus Gl. (3.42)

$$\mathbf{A}^{k-1} \cdot \mathbf{z}^{(1)} = R^{k-1} \cdot \left\{ \left( \frac{\lambda_1}{R} \right)^{k-1} \cdot \mathbf{v}^{(1)} + \left( \frac{\lambda_2}{R} \right)^{k-1} \cdot \mathbf{v}^{(2)} + O(Q^{k-1}) \right\} \tag{3.44}$$

Unter der Voraussetzung $\|\mathbf{v}^{(1)}\| + \|\mathbf{v}^{(2)}\| > 0$ wird die Norm dieses Vektors für hinreichend große Werte k im wesentlichen durch $\left\| \left( \dfrac{\lambda_1}{R} \right)^{k-1} \cdot \mathbf{v}^{(1)} + \left( \dfrac{\lambda_2}{R} \right)^{k-1} \cdot \mathbf{v}^{(2)} \right\|$ bestimmt. Aus Gl. (3.44) gewinnt man daher

$$\|\mathbf{A}^{k-1} \cdot \mathbf{z}^{(1)}\| = R^{k-1} \cdot \left\{ \left\| \left( \frac{\lambda_1}{R} \right)^{k-1} \cdot \mathbf{v}^{(1)} + \left( \frac{\lambda_2}{R} \right)^{k-1} \cdot \mathbf{v}^{(2)} \right\| + O(Q^{k-1}) \right\}$$

Zur Abkürzung wird geschrieben

$$w^{(k,j)} = \frac{\left(\dfrac{\lambda_j}{R}\right)^{k-1} \cdot v^{(j)}}{\left\| \left(\dfrac{\lambda_1}{R}\right)^{k-1} \cdot v^{(1)} + \left(\dfrac{\lambda_2}{R}\right)^{k-1} \cdot v^{(2)} \right\|} \qquad (j = 1, 2)$$

$w^{(k,j)}$ unterscheidet sich von $v^{(j)}$ nur durch einen skalaren Faktor und ist demnach ebenfalls ein Eigenvektor zum Eigenwert $\lambda_j$, $(j = 1, 2)$. Gl. (3.39) lautet hiermit

$$z^{(k)} = w^{(k,1)} + w^{(k,2)} + O(Q^{k-1}) \tag{3.45}$$

Iteriert man nun gemäß Gl. (3.37) und (3.38), so ergeben sich die Gleichungen

$$u^{(k)} = \lambda_1 \cdot w^{(k,1)} + \lambda_2 \cdot w^{(k,2)} + O(Q^{k-1}) \tag{3.46}$$

$$\|u^{(k)}\| \cdot u^{(k+1)} = A \cdot u^{(k)} = \lambda_1^2 \cdot w^{(k,1)} + \lambda_2^2 \cdot w^{(k,2)} + O(Q^{k-1}) \tag{3.47}$$

Indem man Gl. (3.45) mit $t_0$, Gl. (3.46) mit $s_0$ multipliziert, ihre Summe zu Gl. (3.47) addiert und dabei beachtet, daß $\lambda_1$ und $\lambda_2$ Lösungen der quadratischen Gleichung (3.43) sind, erhält man

$$\|u^{(k)}\| \cdot u^{(k+1)} + s_0 \cdot u^{(k)} + t_0 \cdot z^{(k)} = O(Q^{k-1}) \tag{3.48}$$

Hierin sind im Anwendungsfall $s_0$ und $t_0$ als unbekannt anzusehen. Passende Näherungswerte $s_k$ und $t_k$ erhält man durch Nullsetzen der linken Seite von Gl. (3.48) z.B. bei zwei aufeinanderfolgenden Näherungen, wobei man zweckmäßig jeweils diejenige Koordinate $j_k$ von $z^{(k)}$ betrachtet, die durch das Normieren den Betrag Eins erhalten hat. Man berechnet daher $s_k$ und $t_k$ aus dem System

$$\|u^{(k)}\| \cdot u_{j_k}^{(k+1)} + s_k \cdot u_{j_k}^{(k)} + t_k \cdot z_{j_k}^{(k)} = 0$$

$$\|u^{(k+1)}\| \cdot u_{j_{k+1}}^{(k+2)} + s_k \cdot u_{j_{k+1}}^{(k+1)} + t_k \cdot z_{j_{k+1}}^{(k+1)} = 0$$

Hieraus läßt sich $s_k$ wegen $z_{j_k}^{(k)} = \pm 1$ sehr einfach isolieren

$$s_k = -\frac{\|u^{(k+1)}\| \cdot u_{j_{k+1}}^{(k+2)} \cdot z_{j_{k+1}}^{(k+1)} - \|u^{(k)}\| \cdot u_{j_k}^{(k+1)} \cdot z_{j_k}^{(k)}}{u_{j_{k+1}}^{(k+1)} \cdot z_{j_{k+1}}^{(k+1)} - u_{j_k}^{(k)} \cdot z_{j_k}^{(k)}} \tag{3.49}$$

Für $t_k$ ergibt sich damit

$$t_k = -[\|u^{(k)}\| \cdot u_{j_k}^{(k+1)} + s_k \cdot u_{j_k}^{(k)}] \cdot z_{j_k}^{(k)}$$

Es gilt $\lim\limits_{k \to \infty} s_k = s_0$ und $\lim\limits_{k \to \infty} t_k = t_0$. Das Iterationsverfahren wird beendet, sobald erkennbar ist, daß $s_k$ und $t_k$ hinreichend nahe bei $s_0$ bzw. $t_0$ liegen. Durch Lösen der quadratischen Gleichung $\lambda^2 + s_k \cdot \lambda + t_k = 0$ erhält man dann in $\lambda_1^{(k)}$ und $\lambda_2^{(k)}$ Näherungswerte für die gesuchten Eigenwerte $\lambda_1$ und $\lambda_2$.

Zugehörige Eigenvektoren gewinnt man näherungsweise in $u^{(k)} - \lambda_j^{(k)} \cdot z^{(k)}$, denn aus Gl. (3.45) und (3.46) folgt

$$u^{(k)} - \lambda_j^{(k)} \cdot z^{(k)} = (\lambda_1 - \lambda_j^{(k)}) \cdot w^{(k,1)} + (\lambda_2 - \lambda_j^{(k)}) \cdot w^{(k,2)} + O(Q^{k-1})$$

so daß wegen $\lim\limits_{k\to\infty} \lambda_j^{(k)} = \lambda_j$ und $\lambda_1 \neq \lambda_2$ der Term $\mathbf{u}^{(k)} - \lambda_2^{(k)} \cdot \mathbf{z}^{(k)}$ eine gute Näherung eines zu $\lambda_1$ gehörenden Eigenvektors darstellt, desgleichen $\mathbf{u}^{(k)} - \lambda_1^{(k)} \cdot \mathbf{z}^{(k)}$ für den Eigenwert $\lambda_2$.

Die Geschwindigkeit der (linearen) Eigenwertkonvergenz hängt primär davon ab, wie weit die dominanten Eigenwerte aus den übrigen herausragen, d.h., wie klein $Q$ ist; sie kann aber auch durch ungünstige Wahl des Startvektors stark beeinträchtigt werden, wenn sich erst durch Rundungsfehler Komponenten in den zu $\lambda_1$ und $\lambda_2$ gehörenden Eigenräumen bilden müssen.

Der Fall genau zweier verschiedener dominanter Eigenwerte läßt sich auf zwei Arten realisieren, nämlich einerseits in Form eines Paares konjugiert-komplexer Eigenwerte, andererseits als zwei reelle, sich im Vorzeichen unterscheidende Eigenwerte.

Wenn $\lambda_1 = -\lambda_2$ gilt, folgt aus Gl. (3.47) und (3.45)

$$\|\mathbf{u}^{(k)}\| \cdot \mathbf{u}^{(k+1)} = \lambda_1^2 \cdot \mathbf{z}^{(k)} + O(Q^{k-1})$$

Der Übergang zur Norm liefert hier

$$\|\mathbf{u}^{(k)}\| \cdot \|\mathbf{u}^{(k+1)}\| = \lambda_1^2 + O(Q^{k-1})$$

Durch Division erhält man bei Beachtung von Gl. (3.38)

$$\mathbf{z}^{(k+2)} = \mathbf{z}^{(k)} + O(Q^{k-1})$$

Für die Norm $\|\mathbf{u}^{(k)}\|$ folgt aus Gl. (3.46)

$$\|\mathbf{u}^{(k)}\| = |\lambda_1| \cdot \|\mathbf{w}^{(1)} - \mathbf{w}^{(2)}\| + O(Q^{k-1})$$

Der Fall zweier reeller dominanter Eigenwerte ist demnach daran zu erkennen, daß (wie bei einem einzigen Eigenwert) die Folgen $\{\mathbf{z}^{(2\cdot k)}\}$ und $\{\mathbf{z}^{(2\cdot k+1)}\}$ konvergieren, daß hier jedoch nicht die Folge $\{\|\mathbf{u}^{(k)}\|\}$ gegen $|\lambda_1|$, sondern erst die Folge $\{\|\mathbf{u}^{(k)}\| \cdot \|\mathbf{u}^{(k+1)}\|\}$ gegen $\lambda_1^2$ konvergiert.

Z u s a m m e n f a s s u n g. Beginnend mit einem beliebig gewählten Startvektor berechnet man mit Gl. (3.37) und (3.38) für $k = 1, 2, \ldots$ die Vektoren $\mathbf{z}^{(k)}$ und $\mathbf{u}^{(k)}$ und deren Norm. Zugleich ermittelt man wegen Gl. (3.49) die Differenzen

$$D_1^{(k)} = \|\mathbf{u}^{(k+1)}\| \cdot u_{j_{k+1}}^{(k+2)} \cdot z_{j_{k+1}}^{(k+1)} - \|\mathbf{u}^{(k)}\| \cdot u_{j_k}^{(k+1)} \cdot z_{j_k}^{(k)}$$

$$D_2^{(k)} = u_{j_{k+1}}^{(k+1)} \cdot z_{j_{k+1}}^{(k+1)} - u_{j_k}^{(k)} \cdot z_{j_k}^{(k)}$$

wobei $j_k$ und $j_{k+1}$ so zu wählen sind, daß die zugehörigen Koordinaten von $\mathbf{z}^{(k)}$ bzw. $\mathbf{z}^{(k+1)}$ den Betrag Eins haben.

Falls das Problem genau zwei verschiedene dominante Eigenwerte besitzt, konvergieren

$$s_k = -\frac{D_1^{(k)}}{D_2^{(k)}}$$

und

$$t_k = -[\|\mathbf{u}^{(k)}\| \cdot u_{j_k}^{(k+1)} + s_k \cdot u_{j_k}^{(k)}] \cdot z_{j_k}^{(k)}$$

gegen die Koeffizienten $s_0$ bzw. $t_0$ der quadratischen Gleichung $\lambda^2 + s_0 \cdot \lambda + t_0 = 0$, deren Lösungen die Eigenwerte $\lambda_1$ und $\lambda_2$ sind. Mit den aus $\lambda^2 + s_k \cdot \lambda + t_k = 0$ gewonnenen Näherungswerten

$\lambda_1^{(k)}$ und $\lambda_2^{(k)}$ bildet man die Vektoren $u^{(k)} - \lambda_2^{(k)} \cdot z^{(k)}$ und $u^{(k)} - \lambda_1^{(k)} \cdot z^{(k)}$, die näherungsweise Eigenvektoren zu $\lambda_1$ bzw. $\lambda_2$ darstellen.

**Beispiel 3.18** Mit dem von Mises-Verfahren sind iterativ die dominanten Eigenwerte der Matrix

$$A = \begin{bmatrix} 17 & -6 & 18 \\ 10 & -3 & 10 \\ -12 & 4 & -13 \end{bmatrix}$$

zu bestimmen und Eigenvektoren dazu anzugeben. Die Rechnung ist in 6stelliger Gleitpunktarithmetik auszuführen.

Tafel 3.18 enthält die Berechnung in einem passenden Rechenschema. Nach 17 Iterationen ergibt sich (auf fünf Ziffern gerundet) $s_{15} = -2,0000$ und $t_{15} = 5,0001$. Sie stimmen mit den exakten Werten $s_0 = -2$; $t_0 = 5$ sehr gut überein. Aus der quadratischen Gleichung $\lambda^2 - 2 \cdot \lambda + 5 = 0$ erhält man die Eigenwerte $\lambda_{1;2} = 1 \pm j2$. Die 17. Iteration liefert damit näherungsweise Eigenvektoren $x^{(1)}$ und $x^{(2)}$

$$\text{zu } \lambda_1 = 1 + j2: \qquad x^{(1)} \approx \begin{bmatrix} 2,3172 - j1,8414 \\ 0,93097 - j2 \\ -1,5448 + j1,2276 \end{bmatrix} = \begin{bmatrix} 6,000 \\ 4,000 - j2,000 \\ -4,000 \end{bmatrix} \cdot (0,38619 - j0,30690)$$

$$\text{zu } \lambda_2 = 1 - j2: \qquad x^{(2)} \approx \begin{bmatrix} 2,3172 + j1,8414 \\ 0,93097 + j2 \\ -1,5448 - j1,2276 \end{bmatrix} = \begin{bmatrix} 6,000 \\ 4,000 + j2,000 \\ -4,000 \end{bmatrix} \cdot (0,38619 + j0,30690)$$

Tafel 3.18   Rechenschema zu Beispiel 3.18

| $k$ | 1 | 2 | 3 | 4 | 5 | 6 | 7 | 8 | 9 |
|---|---|---|---|---|---|---|---|---|---|
| $z^{(k)}$ | 1 | 1 | 0,650002 | −1 | −1 | −0,542096 | 1 | 1 | 0,257701 |
|  | 0 | 0,588235 | 1 | −0,232558 | −0,718564 | −1 | 0,358896 | 0,791125 | 1 |
|  | 0 | −0,705882 | −0,400002 | 0,651163 | 0,670659 | 0,357889 | −0,665581 | −0,667047 | −0,171403 |
| $u^{(k)}$ | 17 | 0,764714 | −2,15000 | −3,88372 | −0,616754 | 3,22637 | 2,86617 | 0,246402 | −4,70434 |
|  | 10 | 1,17648 | −0,500000 | −2,79070 | −1,13772 | 1,15793 | 2,26750 | 0,956154 | −2,13702 |
|  | −12 | −0,470594 | 1,40000 | 2,60465 | 0,407177 | −2,14741 | −1,91187 | −0,163888 | 3,13583 |
| $\|u^{(k)}\|$ | 17 | 1,17648 | 2,15000 | 3,88372 | 1,13772 | 3,22637 | 2,86617 | 0,956154 | 4,70434 |
| $D_1^{(k)}$ |  | −3,47057 | 8,39530 | −6,06601 | −3,64509 | 8,02202 | −5,20430 | −4,77597 | 8,82374 |
| $D_2^{(k)}$ |  | −1,26471 | 4,38372 | −3,26697 | −1,77468 | 4,02410 | −2,61977 | −2,38342 | 4,41254 |
| $s_k$ |  | −2,74417 | −1,91511 | −1,85677 | −2,05394 | −1,99349 | −1,98655 | −2,00383 | −1,99970 |
| $t_k$ |  | 4,62794 | 5,04245 | 4,81587 | 4,93748 | 5,00747 | 4,98756 | 4,99182 | 5,00064 |

| $k$ | 10 | 11 | 12 | 13 | 14 | 15 | 16 | 17 |
|---|---|---|---|---|---|---|---|---|
| $z^{(k)}$ | −1 | −1 | 0,269421 | 1 | 1 | −1 | −1 | −0,920712 |
|  | −0,454266 | −0,866190 | −1 | 0,530555 | 0,958686 | 0,607873 | −0,596370 | −1 |
|  | 0,666582 | 0,666706 | −0,179668 | −0,666659 | −0,666671 | 0,666672 | 0,666666 | 0,613808 |
| $u^{(k)}$ | −2,27592 | 0,197854 | 7,34614 | 1,81680 | −0,752194 | −8,64714 | −1,42179 | 1,39645 |
|  | −1,97138 | −0,734367 | 3,89753 | 1,74174 | 0,457235 | −5,15690 | −1,54423 | −0,0690345 |
|  | 1,51737 | −0,131942 | −4,89737 | −1,21121 | 0,501463 | 5,76475 | 0,947860 | −0,930967 |
| $\|u^{(k)}\|$ | 2,27592 | 0,734367 | 7,34614 | 1,81680 | 0,752194 | 8,64714 | 1,54423 | 1,39645 |
| $D_1^{(k)}$ | −4,94446 | −7,40030 | 11,4285 | −5,13771 | 18,7987 | −14,4509 |  |  |
| $D_2^{(k)}$ | −2,47377 | −3,69968 | 5,71433 | −2,56899 | 9,39933 | −7,22535 |  |  |
| $s_k$ | −1,99876 | −2,00025 | −1,99997 | −1,99990 | −2,00000 | −2,00003 |  |  |
| $t_k$ | 4,99932 | 4,99901 | 5,00012 | 5,00000 | 4,99991 | 5,00012 |  |  |

Diese Vektoren repräsentieren mit vorzüglicher Genauigkeit die exakten Eigenvektoren

$$\begin{bmatrix} 6 \\ 4 \mp j2 \\ -4 \end{bmatrix} \ .$$

**Berechnung der betragsmäßig kleinsten Eigenwerte** Das von Mises-Verfahren läßt sich auch dazu verwenden, die Eigenwerte mit dem kleinsten Betrag zu berechnen, sofern Null nicht Eigenwert ist.

Man betrachte dazu nochmals das durch Gl. (3.31) definierte Eigenwertproblem. Da das charakteristische Polynom $\det(A - \lambda \cdot E)$ bei $\lambda = 0$ nicht verschwindet, läßt sich die Matrix $A$ invertieren. Gl. (3.31) liefert, wenn man sie linksseitig mit $A^{-1}$ multipliziert

$$x = \lambda \cdot A^{-1} \cdot x$$

Dividiert man noch durch $\lambda$, so erhält man in

$$A^{-1} \cdot x = \frac{1}{\lambda} \cdot x \qquad\qquad (3.50)$$

ein neues Eigenwertproblem, dessen Eigenwerte aus denjenigen des Systems (3.31) durch Bildung der Kehrwerte entstehen, so daß die betragskleinsten Eigenwerte des Problems Gl. (3.31) genau den betragsgrößten des Eigenwertproblems Gl. (3.50) entsprechen. Die zugehörigen Eigenvektoren sind beiden Problemen gemeinsam.

Die Iterationsvorschrift des von Mises-Verfahrens Gl. (3.37) und (3.38) lautet für das Problem Gl. (3.50)

$$u^{(k)} = A^{-1} \cdot z^{(k)} \qquad\qquad (3.51)$$

$$z^{(k+1)} = \frac{u^{(k)}}{\|u^{(k)}\|} \qquad\qquad (3.52)$$

Auf die Benutzung der Inversen kann man verzichten, wenn man Gl. (3.51) linksseitig mit $A$ multipliziert

$$A \cdot u^{(k)} = z^{(k)}$$

und für die Berechnung von $u^{(k)}$ aus $z^{(k)}$ den verketteten Gauß-Algorithmus (Abschn. 3.3.3) verwendet, der sich hierfür besonders eignet, da sich die Koeffizientenmatrix $A$ während des Iterationsprozesses nicht ändert.

Darüber hinaus können mit dem von Mises-Verfahren auch die übrigen Eigenwerte und Eigenvektoren bestimmt werden, wenn man nach jeder Eigenwertberechnung eine Reduktion („Deflation") des Eigenwertproblems vornimmt, die auf ein neues Eigenwertproblem führt, das diesen bekannten Eigenwert ausschließt, im übrigen aber mit dem bisherigen Problem übereinstimmt. Eine Beschreibung dieses Vorgehens findet man z.B. in [16].

**Berechnung von Eigenwerten und Eigenvektoren beim allgemeinen Eigenwertproblem** Das von Mises-Verfahren ermöglicht auch beim allgemeinen Eigenwertproblem

$$A \cdot x = \lambda \cdot B \cdot x$$

die Bestimmung der Eigenwerte mit größtem bzw. kleinstem Betrag und zugehöriger Eigenvektoren. Die Berechnung inverser Matrizen läßt sich dabei umgehen.

Für die Ermittlung des betragsgrößten Eigenwertes wird beim Problem

$$(B^{-1} \cdot A) \cdot x = \lambda \cdot x$$

nach Wahl eines passenden Startvektors $z^{(1)}$ die Berechnung von $z^{(k)}$ für $k = 1, 2, \ldots$ wie folgt durchgeführt:

1. $y^{(k)} := A \cdot z^{(k)}$,

2. mit dem verketteten Gauß-Algorithmus (Abschn. 3.3.3) Berechnung von $u^{(k)}$ aus
$B \cdot u^{(k)} - y^{(k)} = o$.

3. $z^{(k+1)} := \dfrac{u^{(k)}}{\|u^{(k)}\|}$ .

Daraus werden dann Eigenwert und Eigenvektor wie beim von Mises-Verfahren für das spezielle Eigenwertproblem ermittelt.

Ist hingegen der Eigenwert kleinsten Betrages gesucht, so wird das Problem

$$(A^{-1} \cdot B) \cdot x = \frac{1}{\lambda} \cdot x$$

ganz entsprechend behandelt:

1. $y^{(k)} := B \cdot z^{(k)}$,

2. mit dem verketteten Gauß-Algorithmus (Abschn. 3.3.3) Berechnung von $u^{(k)}$ aus
$A \cdot u^{(k)} - y^{(k)} = o$,

3. $z^{(k+1)} := \dfrac{u^{(k)}}{\|u^{(k)}\|}$ .

**Beispiel 3.19** Das in Beispiel 3.13 erläuterte allgemeine Eigenwertproblem

$$x + F \cdot C \cdot x = \omega^2 \cdot m \cdot F \cdot x \qquad (3.53)$$

$$\text{mit} \quad F = \frac{\ell^3}{3750 \cdot E \cdot I} \cdot \begin{bmatrix} 32 & 45 & 40 & 23 \\ 45 & 72 & 68 & 40 \\ 40 & 68 & 72 & 45 \\ 23 & 40 & 45 & 32 \end{bmatrix}$$

$$C = 1500 \cdot \frac{E \cdot I}{\ell^3} \cdot \begin{bmatrix} 2 & 0 & 0 & 0 \\ 0 & 1 & 0 & 0 \\ 0 & 0 & 1 & 0 \\ 0 & 0 & 0 & 1 \end{bmatrix} \quad x = \begin{bmatrix} x_1 \\ x_2 \\ x_3 \\ x_4 \end{bmatrix}$$

ist mit dem von Mises-Verfahren dahingehend zu lösen, daß der zur Grundschwingung gehörende betragskleinste Eigenwert bestimmt wird.
Durch Multiplikation mit $F^{-1}$ erhält man aus Gl. (3.53)

$$(F^{-1} + C) \cdot x = \omega^2 \cdot m \cdot x \qquad (3.54)$$

Mit $F$ ist auch $F^{-1}$ symmetrisch, $C$ ist eine Diagonalmatrix, also ist $F^{-1} + C$ symmetrisch, so daß dieses Eigenwertproblem nur reelle Eigenwerte besitzt.

Zur numerischen Berechnung wird $\lambda = \dfrac{\ell^3}{750 \cdot E \cdot I} \cdot \omega^2 \cdot m$ gesetzt. Mit

$$A = 5 \cdot (E + F \cdot C) = \begin{bmatrix} 133 & 90 & 80 & 46 \\ 180 & 149 & 136 & 80 \\ 160 & 136 & 149 & 90 \\ 92 & 80 & 90 & 69 \end{bmatrix} \qquad B = \frac{3750 \cdot E \cdot I}{\ell^3} \cdot F = \begin{bmatrix} 32 & 45 & 40 & 23 \\ 45 & 72 & 68 & 40 \\ 40 & 68 & 72 & 45 \\ 23 & 40 & 45 & 32 \end{bmatrix}$$

liefert Gl. (3.53)

$$A \cdot x = \lambda \cdot B \cdot x \tag{3.55}$$

Gesucht ist demnach der zur Grundschwingung gehörende betragskleinste Eigenwert eines allgemeinen Eigenwertproblems. Hierzu gehört — etwa mit

$$z^{(1)} = \begin{bmatrix} 0,5 \\ 1 \\ 1 \\ 1 \end{bmatrix} \quad \text{für } k = 1, 2, \ldots$$

die Rechenvorschrift

1. $y^{(k)} := B \cdot z^{(k)}$,
2. mit dem verketteten Gauß-Algorithmus Berechnung von $u^{(k)}$ aus $A \cdot u^{(k)} - y^{(k)} = o$,
3. $z^{(k+1)} := \dfrac{u^{(k)}}{\|u^{(k)}\|}$ .

Bei Verzicht auf die Auswahl betragsgrößter Pivots ergibt sich der in Tafel 3.19 dargestellte Rechenablauf. Das Verfahren konvergiert recht langsam.

Nach zwölf Iterationsschritten erhält man

$$\text{zu } \frac{1}{\lambda} = 0,476: \quad x = \begin{bmatrix} 0,13 \\ 0,65 \\ 1 \\ 0,75 \end{bmatrix}$$

Die Kreisfrequenz der Grundschwingung ergibt sich daraus zu

$$\omega = 39,7 \cdot \sqrt{\frac{E \cdot I}{m \cdot \ell^3}}$$

Tafel 3.19  Rechenablauf beim von Mises-Verfahren in Beispiel 3.19

| | | | | $z^{(1)}$ | $z^{(2)}$ | $z^{(3)}$ | $z^{(4)}$ |
|---|---|---|---|---|---|---|---|
| | | | | 0,5 | 0,293137 | 0,211962 | 0,175199 |
| | | | | 1 | 0,810483 | 0,738784 | 0,704255 |
| | | | | 1 | 1 | 1 | 1 |
| | | | | 1 | 0,801132 | 0,745206 | 0,730928 |

| B | | | | A | | | | $-y^{(1)}$ | $-y^{(2)}$ | $-y^{(3)}$ | $-y^{(4)}$ |
|---|---|---|---|---|---|---|---|---|---|---|---|
| 32 | 45 | 40 | 23 | 133 | 90 | 80 | 46 | −124 | −104,278 | −97,1678 | −94,1092 |
| 45 | 72 | 68 | 40 | 180 | 149 | 136 | 80 | −202,5 | −171,591 | −160,539 | −155,827 |
| 40 | 68 | 72 | 45 | 160 | 136 | 149 | 90 | −205 | −174,889 | −164,250 | −159,789 |
| 23 | 40 | 45 | 32 | 92 | 80 | 90 | 69 | −128,5 | −109,798 | −103,273 | −100,589 |
| | | | | 133 | 90 | 80 | 46 | −124 | −104,278 | −97,1678 | −94,1092 |
| | | | | −1,35338 | 27,1958 | 27,7296 | 17,7445 | −34,6809 | −30,4632 | −29,0340 | −28,4615 |
| | | | | −1,20301 | −1,01961 | 24,4858 | 16,5691 | −20,4658 | −18,3809 | −17,7528 | −17,5551 |
| | | | | −0,691729 | −0,652468 | −0,676678 | 14,3908 | −6,24867 | −5,35167 | −5,10253 | −5,04157 |

| | | | | | | |
|---|---|---|---|---|---|---|
| $u^{(1)'}$ | 0,158880 | 0,439281 | 0,541999 | 0,434213 |
| $u^{(2)'}$ | 0,105776 | 0,368676 | 0,499031 | 0,371881 |
| $u^{(3)'}$ | 0,0849880 | 0,341630 | 0,485094 | 0,354569 |
| $u^{(4)'}$ | 0,0753702 | 0,328653 | 0,479886 | 0,350333 |
| $u^{(5)'}$ | 0,0703906 | 0,321582 | 0,477703 | 0,350318 |
| $u^{(6)'}$ | 0,0676215 | 0,317339 | 0,476889 | 0,351522 |
| $u^{(7)'}$ | 0,0659592 | 0,314552 | 0,476541 | 0,352832 |
| $u^{(8)'}$ | 0,0648868 | 0,312670 | 0,476369 | 0,353955 |
| $u^{(9)'}$ | 0,0641604 | 0,311431 | 0,476225 | 0,354880 |
| $u^{(10)'}$ | 0,0637076 | 0,310506 | 0,476287 | 0,355591 |
| $u^{(11)'}$ | 0,0633478 | 0,309875 | 0,476186 | 0,356085 |
| $u^{(12)'}$ | 0,0631318 | 0,309404 | 0,476230 | 0,356485 |

| $z^{(5)}$ | $z^{(6)}$ | $z^{(7)}$ | $z^{(8)}$ | $z^{(9)}$ | $z^{(10)}$ | $z^{(11)}$ | $z^{(12)}$ | $z^{(13)}$ |
|---|---|---|---|---|---|---|---|---|
| 0,157059 | 0,147352 | 0,141797 | 0,138412 | 0,136211 | 0,134727 | 0,133759 | 0,133032 | 0,132566 |
| 0,684856 | 0,673184 | 0,665436 | 0,660073 | 0,656361 | 0,653958 | 0,651931 | 0,650744 | 0,649695 |
| 1 | 1 | 1 | 1 | 1 | 1 | 1 | 1 | 1 |
| 0,730034 | 0,733338 | 0,737115 | 0,740402 | 0,743027 | 0,745194 | 0,746590 | 0,747786 | 0,748556 |

| $-y^{(5)}$ | $-y^{(6)}$ | $-y^{(7)}$ | $-y^{(8)}$ | $-y^{(9)}$ | $-y^{(10)}$ | $-y^{(11)}$ | $-y^{(12)}$ |
|---|---|---|---|---|---|---|---|
| −92,6352 | −91,8753 | −91,4358 | −91,1617 | −90,9846 | −90,8788 | −90,7888 | −90,7396 |
| −153,579 | −152,434 | −151,777 | −151,370 | −151,109 | −150,955 | −150,822 | −150,751 |
| −157,704 | −156,671 | −156,092 | −155,740 | −155,517 | −155,392 | −155,278 | −155,222 |
| −99,3677 | −98,7833 | −98,4665 | −98,2793 | −98,1642 | −98,1032 | −98,0446 | −98,0186 |
| −92,6352 | −91,8753 | −91,4358 | −91,1617 | −90,9846 | −90,8788 | −90,7888 | −90,7396 |
| −28,2084 | −28,0918 | −28,0296 | −27,9936 | −27,9723 | −27,9615 | −27,9503 | −27,9458 |
| −17,5014 | −17,5014 | −17,5146 | −17,5290 | −17,5408 | −17,5541 | −17,5598 | −17,5675 |
| −5,04136 | −5,05868 | −5,07754 | −5,09369 | −5,10701 | −5,11724 | −5,12435 | −5,13011 |

## 3.5  Aufgaben zu Abschnitt 3

**1.** Man berechne die Anzahl der Additionen (bzw. Subtraktionen), der Multiplikationen und der Divisionen, die bei der Auflösung eines linearen Gleichungssystems mit n Gleichungen für n Unbekannte auszuführen sind, wenn man
a) das verkürzte Stiefel-Verfahren,
b) den verketteten Gauß-Algorithmus
anwendet.

**2.** Mit dem Gauß-Seidelschen Einzelschrittverfahren berechne man (in sechsstelliger Gleitpunktarithmetik) die Lösung des linearen Gleichungssystems

$$
\begin{aligned}
4 \cdot x_1 \quad - x_2 \qquad\qquad\qquad - x_4 \qquad\qquad\qquad\qquad\qquad &= 15{,}45 \\
- x_1 + 4 \cdot x_2 \quad - x_3 \qquad\qquad - x_5 \qquad\qquad &= 10{,}00 \\
- x_2 + 2 \cdot x_3 \qquad\qquad\qquad\qquad &= 10{,}00 \\
- x_1 \qquad\qquad\qquad + 4 \cdot x_4 \quad - x_5 \quad - x_6 &= 40{,}45 \\
- x_2 \qquad\qquad - x_4 + 2 \cdot x_5 \qquad &= 0 \\
- x_4 \qquad\qquad + 2 \cdot x_6 &= 50{,}00
\end{aligned}
$$

Das Iterationsverfahren ist zu beenden, wenn die relative Abweichung gegenüber dem Vorgänger überall betragsmäßig kleiner als $10^{-5}$ ist.

**3.** Mit dem Stiefel-Algorithmus bestimme man die Eigenwerte und Eigenvektoren der Matrix

$$
\begin{bmatrix} 2 & -3 & 7 \\ 3 & -8 & 21 \\ 1 & -3 & 8 \end{bmatrix}
$$

Man vermeidet gebrochene Zahlen, wenn man mit dem Pivot 1 beginnt.

**4.** Man bestimme die betragsgrößten Eigenwerte der Matrix

$$
\begin{bmatrix} 3 & 2 & -2 \\ 4 & 5 & -4 \\ 8 & 8 & -7 \end{bmatrix}
$$

mit dem von Mises-Verfahren, wobei man zum einen mit dem Startvektor $\begin{bmatrix} 1 \\ 0 \\ 0 \end{bmatrix}$, zum anderen mit dem Startvektor $\begin{bmatrix} 0 \\ 1 \\ 0 \end{bmatrix}$ beginne.

**5.** Das Eigenwertproblem in Beispiel 3.13 läßt sich gemäß Gl. (3.54) mit den Bezeichnungen

$$F = \frac{\ell^3}{3750 \cdot E \cdot I} \cdot B \qquad B = \begin{bmatrix} 32 & 45 & 40 & 23 \\ 45 & 72 & 68 & 40 \\ 40 & 68 & 72 & 45 \\ 23 & 40 & 45 & 32 \end{bmatrix}$$

$$C = 1500 \cdot \frac{E \cdot I}{\ell^3} \cdot D \qquad D = \begin{bmatrix} 2 & 0 & 0 & 0 \\ 0 & 1 & 0 & 0 \\ 0 & 0 & 1 & 0 \\ 0 & 0 & 0 & 1 \end{bmatrix} \qquad \lambda = \frac{\ell^3}{750 \cdot E \cdot I} \cdot m \cdot \omega^2$$

wie folgt formulieren: Gesucht ist der betragskleinste Eigenwert $\lambda$ und ein zugehöriger normierter Eigenvektor $z$ der Eigenwertaufgabe

$$(5 \cdot B^{-1} + 2 \cdot D) \cdot z = \lambda \cdot z$$

Dieses Problem ist in folgenden Schritten zu lösen:

a) Inversion der Matrix $B$ mit dem Stiefel-Verfahren (Abschn. 3.2),

b) Nachiteration zur Erhöhung der Genauigkeit der Kehrmatrix (Gl. (3.22)),

c) Aufstellung der charakteristischen Gleichung des Eigenwertproblems mit dem Stiefel-Algorithmus (Abschn. 3.4.1),

d) grobe Bestimmung des betragskleinsten Eigenwertes durch Übergang zu $\mu = 1/\lambda$ und Berechnung der betragsgrößten Wurzel der aus der charakteristischen Gleichung folgenden Gleichung vierten Grades für $\mu$ mittels der Methode von Bernoulli (die Lösung soll maximal einen relativen Fehler von $10^{-3}$ aufweisen),

e) Feinberechnung der Nullstelle $\mu_0$ mit dem Newton-Verfahren (Abschn. 2.3.1), wobei als Startwert der Endwert der Bernoulli-Methode dient,

f) Berechnung eines normierten Eigenvektors aus dem Rechenschema des bei c) verwendeten Stiefel-Algorithmus,

g) Bestimmung der kleinsten Eigenfrequenz

$$\omega = \sqrt{\frac{750}{\mu_0}} \cdot \sqrt{\frac{E \cdot I}{m \cdot \ell^3}}$$

# 4 Elementare Einführung in die Methode der finiten Elemente

## 4.1 Einleitung

Bauteile von Ingenieurkonstruktionen sind meistens Elemente von komplizierter Gestalt, deren Festigkeitsberechnung sehr mühsam ist, weil ein räumlicher Spannungszustand aus Gleichgewichts- und Verformungsbedingungen berechnet werden muß.

Dabei betrachtet man zunächst ein kleines endliches (finites) Element des Bauteils (Balken, Platte, Schale) und nimmt in diesem Element vereinfachte Spannungs- oder Dehnungszustände als Funktion der Koordinaten der Belastung an (z.B. konstante Dehnung). Dann bildet man einen Grenzwert, indem man die Abmessungen des vereinfachten Elementes gegen Null gehen läßt und sozusagen eine unendliche (infinite) Anzahl von Elementen erhält, die ein Kontinuum bilden. In diesem Kontinuum werden die Spannungen oder Verformungen durch eine Differentialgleichung beschrieben. Der mathematische Aufwand ist groß, und häufig sind geschlossene Lösungen nicht möglich.

Die Differentialgleichung muß dann näherungsweise gelöst werden. Dafür kennt man im wesentlichen zwei Methoden. Bei der ersten wird die exakte Differentialgleichung näherungsweise mit Hilfe der in Abschn. 5.5 und 7.1 beschriebenen Differenzenmethoden gelöst. Die Güte der Näherung hängt davon ab, wie genau die Ableitungen durch Differenzenquotienten der Funktionswerte ersetzt werden.

Das zweite Verfahren wird in diesem Abschnitt behandelt. Es beruht auf einem Satz aus der Theorie der Differentialgleichungen, nach dem sich unter gewissen hier immer erfüllten Voraussetzungen entsprechende Lösungen zweier Differentialgleichungen beliebig wenig unterscheiden, wenn sich die Differentialgleichungen hinreichend wenig unterscheiden. Danach ersetzt man die gegebene Differentialgleichung durch eine vereinfachte Differentialgleichung, die man dann in einem bestimmten Definitionsbereich geschlossen löst. Die für die einzelnen Definitionsbereiche gefundenen Lösungen werden dann unter Beachtung der Randbedingungen aneinandergefügt und ergeben eine Näherungslösung des Problems.

Häufig kann man die vereinfachte Differentialgleichung als physikalische Näherung deuten. So kann man z.B. in der Statik einen Stab mit veränderlichen Querschnittsabmessungen näherungsweise aus Stabelementen mit jeweils konstanten Querschnittsabmessungen zusammenfügen.

In der Finite-Elemente-Methode (FEM) liegen mathematisch zwei Probleme vor:

1. Die Ersetzung eines Randwertproblems mit einer nicht geschlossen lösbaren Differentialgleichung durch ein solches mit einer geschlossen lösbaren (unter Benutzung einer physikalischen Näherung), (s. auch Abschn. 7).

2. Das Zusammensetzen finiter Elemente zu einer Gesamtstruktur mit Hilfe der Matrizenrechnung. Dies erfordert das Aufstellen und Lösen großer linearer Gleichungssysteme und ist nur mit Hilfe von Rechenanlagen durchführbar (s. auch Abschn. 3).

Die FEM ist allgemein auf partielle Differentialgleichungen, z.B. der Elastomechanik, Hydromechanik, Thermodynamik oder Elektrodynamik, anwendbar.

Sie ist aus der Elastomechanik entstanden, wo man für manche Probleme (z.B. Flugzeugbau, Leichtbau) nicht mit der Berechnung der mittleren elastischen Spannung zufrieden sein konnte, sondern auch Spannungsspitzen, wie sie an Krafteinleitungsstellen auftreten, mit erfassen mußte.

So zeigt z.B. Bild 4.1 eine spannungsoptische Aufnahme eines Balkens mit Einzellasten. Aus dem Verlauf der Linien kann man erkennen, daß in der Nähe der Krafteinleitungsstellen und der Auflager der Spannungsverlauf anders als im mittleren Teil des Balkens aussieht. Man kann daraus schließen, daß hier die elementare Theorie nicht mehr ausreicht, die Verhältnisse zu beschreiben.

Man könnte diese Theorie (Biegestab) nur in dem ungestörten Bereich zwischen den Lasten verwenden und müßte im Krafteinleitungsbereich die Spannungsverteilung genauer durch eine Zerlegung des Balkens in zehn, zwanzig oder hundert keilförmige Volumenelemente ermitteln.

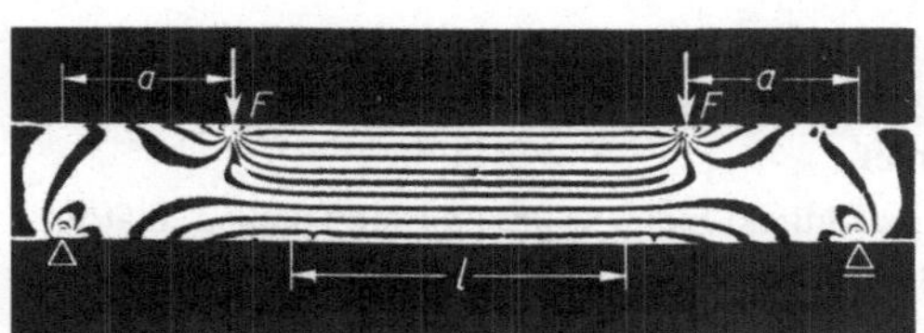

Bild 4.1 Ungleichmäßige Spannungsverteilung im Balken

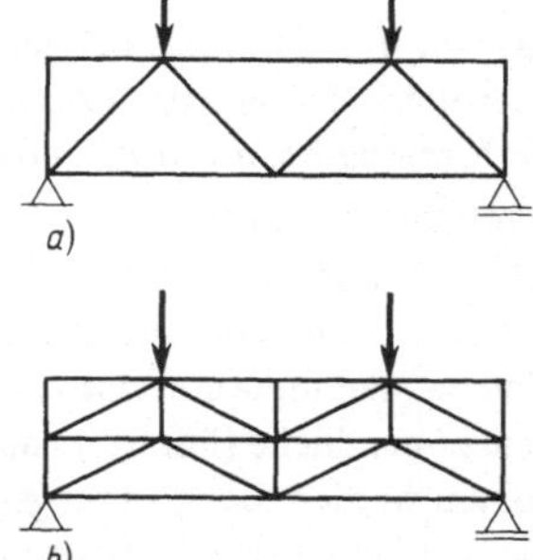

Bild 4.2 Ersatzsystem aus finiten Elementen: a) mit grober Einteilung, b) mit feinerer Einteilung

Bild 4.2 zeigt mögliche Aufteilungen des in Bild 4.1 gezeigten Rechteckbalkens in keilförmige Elemente, die bei geringer Breite des Balkens als Scheibenelemente angesehen werden können.

Mathematisch müßte man dann anstelle der gewöhnlichen Differentialgleichung der Balkentheorie die partiellen Differentialgleichungen der Scheibentheorie anwenden.

Im folgenden soll nun die Methode der finiten Elemente an Beispielen aus der Elastostatik erläutert werden. Es ist uns klar, daß eine e l e m e n t a r e  Einführung am besten an e i n f a c h e n Beispielen gegeben werden kann, bei denen wegen der Übersichtlichkeit nur w e n i g e  E l e m e n t e  benutzt werden, daß andererseits die Methode erst bei einer großen Anzahl von Elementen voll zur Wirkung kommt.

Man geht nun im Prinzip so vor, daß man eine gegebene Struktur durch eine Näherungsstruktur aus finiten Elementen ersetzt, die an einzelnen Punkten (den Knotenpunkten) miteinander verbunden sind.

In jedem dieser Elemente wird ein vereinfachter Spannungs- oder Dehnungszustand angenommen. Das erfordert die Lösung eines Randwertproblems. Die Randbedingungen lassen sich jedoch im allgemeinen nicht an jedem Punkt des Randes, sondern nur im Mittel erfüllen. Man verlangt, daß sie in den Knotenpunkten exakt erfüllt sind.

Die Formänderungen im Innern eines Elementes werden nun durch die Verschiebungen (auch Verdrehungen) der Elemente an den Knotenpunkten ausgedrückt.

Die Kräfte (und Momente) in den Knoten werden als Funktionen der Knotenpunktverschiebungen (und Verdrehungen) dargestellt. Die Forderung des Gleichgewichtes an jedem Knotenpunkt ergibt dann ein lineares Gleichungssystem (bei linearen Differentialgleichungen) für die Verschiebungsgrößen an den Knoten, aus denen dann wieder die inneren Spannungen berechnet werden können.

Der Spannungszustand der Struktur wird natürlich um so genauer erfaßt, je feiner die Einteilung in Elemente vorgenommen wird. Deshalb wählt man besonders in der Nähe von Krafteinleitungsstellen eine sehr feine Einteilung. Dabei wird aber die Anzahl der Elemente und damit der Aufwand an Vorbereitungsarbeiten sehr groß und damit fehleranfällig. Neuere Entwicklungen streben die günstigste Aufteilung der Struktur in finite Elemente durch eine Rechenanlage an.

Umfangreiche Programmsysteme sind in den letzten Jahren von vielen Hochschulinstituten und Industriebetrieben entwickelt worden.

## 4.2  Zug-Druck-Stabelemente

### 4.2.1  Die Steifigkeitsmatrix eines Zugstabelementes

Für einen Zug- oder Druckstab sollen die am Ende des Stabes angreifenden Kräfte $F_1$ und $F_2$ (Bild 4.3) durch die Verschiebungen $v_{1u}$ und $v_{2u}$ seiner Enden in Stabrichtung u ausgedrückt werden.

Wir setzen voraus, daß das Stabelement konstanten Querschnitt und konstante Dehnung hat. Zwischen den Stabenden wird keine Kraft eingeleitet. Eine eventuell vorhandene Streckenlast wird anteilig auf die beiden Nachbarknoten verteilt. Die Kräfte werden in Richtung der Stabkoordinate u positiv angesetzt.

Die Dehnung des Stabes ist durch die Differenz der Verschiebungen gegeben

$$\epsilon = \frac{\Delta\ell}{\ell} = \frac{v_{2u} - v_{1u}}{\ell}$$

Wenn $v_{1u} = v_{2u}$ ist, also beide Enden um den gleichen Betrag verschoben werden, liegt eine Starrkörperbewegung des Stabes ohne Dehnung vor.

Der Zusammenhang zwischen Kräften und Verschiebungen ergibt sich aus der Gleichung

$$F = \sigma A = \epsilon E A$$

worin A die Querschnittfläche, $\sigma$ die Spannung und E den Elastizitätsmodul des Stabes bedeuten. Es ist also

$$F_2 = \epsilon\, EA = \frac{v_{2u} - v_{1u}}{\ell}\; EA$$

und mit der Gleichgewichtsbedingung $F_1 = -F_2$ ist

$$F_1 = -\frac{v_{2u} - v_{1u}}{\ell}\; EA = \frac{v_{1u} - v_{2u}}{\ell}\; EA$$

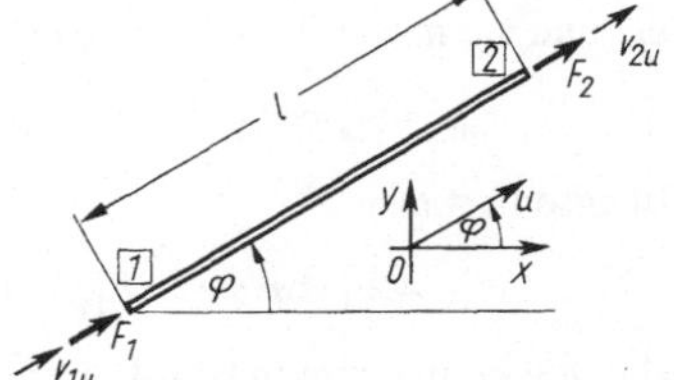


Bild 4.3 Zug-Druck-Stabelement

also  $$F_1 = \frac{EA}{\ell}\,(v_{1u} - v_{2u}) \qquad F_2 = \frac{EA}{\ell}\,(v_{2u} - v_{1u}) \tag{4.1}$$

Diese Gleichungen kann man in Matrizenform schreiben

$$\begin{bmatrix} F_1 \\ F_2 \end{bmatrix} = \frac{EA}{\ell} \begin{bmatrix} 1 & -1 \\ -1 & 1 \end{bmatrix} \cdot \begin{bmatrix} v_{1u} \\ v_{2u} \end{bmatrix}$$

$$\mathbf{F} = \mathbf{k} \cdot \mathbf{d}$$

**F** ist der Kraftvektor (force), **d** der Verschiebungsvektor (displacement) und

$$k = \frac{EA}{\ell} \begin{bmatrix} 1 & -1 \\ -1 & 1 \end{bmatrix} \tag{4.2}$$

die **E l e m e n t s t e i f i g k e i t s m a t r i x .**

Das gleiche Ergebnis kann auch aus dem Minimum der Formänderungsarbeit berechnet werden

$$W = \frac{1}{2} \int \sigma \epsilon \, dV = \frac{1}{2} E \int \epsilon^2 dV = \frac{E}{2} \int \left(\frac{v_{2u} - v_{1u}}{\ell}\right)^2 dV = \frac{EA}{2\ell} (v_{2u} - v_{1u})^2$$

$$F_1 = \frac{\partial W}{\partial v_{1u}} = -\frac{EA}{\ell} (v_{2u} - v_{1u}) \qquad F_2 = \frac{\partial W}{\partial v_{2u}} = +\frac{EA}{\ell} (v_{2u} - v_{1u})$$

### 4.2.2 Umrechnung von Elementkoordinaten in Strukturkoordinaten

**E l e m e n t k o o r d i n a t e n** sind die Koordinate u in Richtung der Stabachse und der Winkel $\varphi$, den der Stab mit der positiven x-Achse des rechtwinkligen gemeinsamen (x, y)-Systems aller Elemente (Strukturkoordinatensystem) bildet (Bild 4.4).

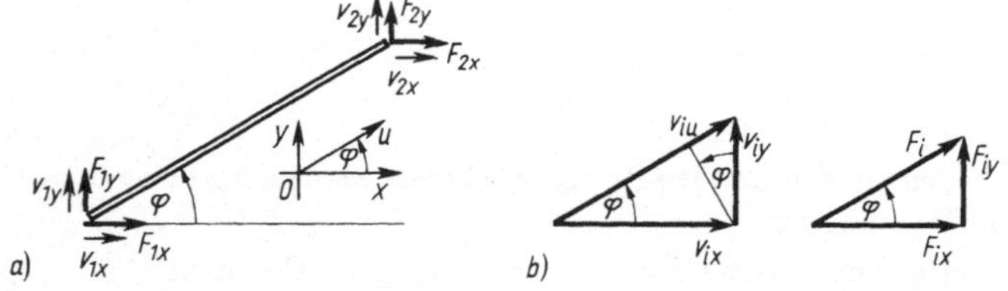


Bild 4.4
Zug-Druck-Stabelement im
Strukturkoordinatensystem

Da Stabwerke im allgemeinen Stäbe verschiedener Richtungen enthalten, müssen auch die Beziehungen zwischen den Kraftkomponenten und den Verschiebungskomponenten im Koordinatensystem der Struktur aufgestellt werden. Die Verschiebung $v_{iu}$ kann durch die Verschiebungen $v_{ix}$ und $v_{iy}$ nach Bild 4.4b ausgedrückt werden

$$v_{iu} = v_{ix} \cos \varphi + v_{iy} \sin \varphi \tag{4.2a}$$

Ebenso liest man

$$F_{ix} = F_i \cos \varphi \qquad F_{iy} = F_i \sin \varphi \tag{4.2b}$$

ab. Drückt man nun in Gl. (4.2b) die Kräfte $F_i$ nach Gl. (4.1) und darin die Verschiebungen $v_{iu}$ nach Gl. (4.2a) aus, so erhält man

$$F_{1x} = \frac{EA}{\ell} (v_{1x} \cos^2\varphi + v_{1y} \sin \varphi \cos \varphi - v_{2x} \cos^2\varphi - v_{2y} \sin \varphi \cos \varphi)$$

$$F_{1y} = \frac{EA}{\ell} (v_{1x} \sin \varphi \cos \varphi + v_{1y} \sin^2\varphi - v_{2x} \sin \varphi \cos \varphi - v_{2y} \sin^2\varphi)$$

$$F_{2x} = \frac{EA}{\ell} (-v_{1x} \cos^2\varphi - v_{1y} \sin \varphi \cos \varphi + v_{2x} \cos^2\varphi + v_{2y} \sin \varphi \cos \varphi)$$

$$F_{2y} = \frac{EA}{\ell} (-v_{1x} \sin \varphi \cos \varphi - v_{1y} \sin^2\varphi + v_{2x} \sin \varphi \cos \varphi + v_{2y} \sin^2\varphi)$$

Faßt man diese Gleichungen in einer Matrixgleichung zusammen, so erhält man mit den Abkürzungen $s = \sin \varphi$ und $c = \cos \varphi$

$$\begin{bmatrix} F_{1x} \\ F_{1y} \\ F_{2x} \\ F_{2y} \end{bmatrix} = \frac{EA}{\ell} \cdot \left[\begin{array}{cc|cc} c^2 & sc & -c^2 & -sc \\ sc & s^2 & -sc & -s^2 \\ \hline -c^2 & -sc & c^2 & sc \\ -sc & -s^2 & sc & s^2 \end{array}\right] \cdot \begin{bmatrix} v_{1x} \\ v_{1y} \\ v_{2x} \\ v_{2y} \end{bmatrix} \qquad (4.3)$$

Nennt man die zweireihige Untermatrix

$$\begin{bmatrix} c^2 & sc \\ sc & s^2 \end{bmatrix} = T$$

die Transformationsmatrix, so kann man Gl. (4.3) auch in der Form

$$\begin{bmatrix} F_{1x} \\ F_{1y} \\ F_{2x} \\ F_{2y} \end{bmatrix} = \frac{EA}{\ell} \begin{bmatrix} T & -T \\ -T & T \end{bmatrix} \cdot \begin{bmatrix} v_{1x} \\ v_{1y} \\ v_{2x} \\ v_{2y} \end{bmatrix}$$

also $\qquad F = k \cdot d \qquad$ mit $\qquad k = \dfrac{EA}{\ell} \begin{bmatrix} T & -T \\ -T & T \end{bmatrix}$

schreiben.

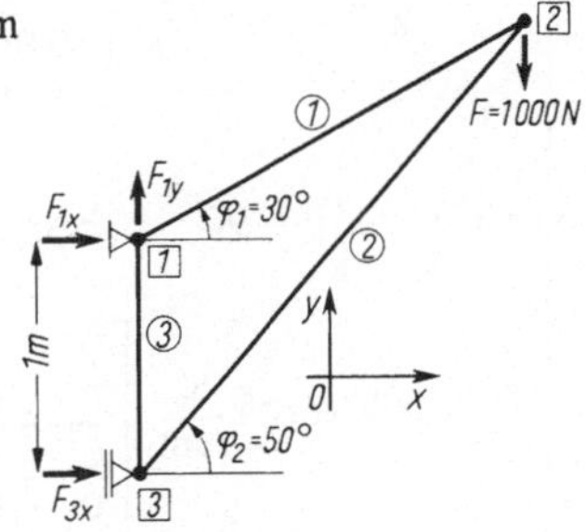


Bild 4.5 Struktur aus
Zug-Druck-Stabelementen

### 4.2.3 Stabwerk

In diesem Abschnitt soll an einem besonders einfachen Stabwerk (Bild 4.5) die Rechenmethode gezeigt werden. Selbstverständlich ist die Berechnung der Stabkräfte in diesem Fall aus den Gleichgewichtsbedingungen an den Knotenpunkten einfacher zu gewinnen, jedoch geht das Prinzip der Methode der finiten Elemente aus diesem Beispiel mit erträglichem Rechenaufwand hervor.

Die Stabquerschnitte werden einheitlich mit $A = 3\ cm^2$, der Elastizitätsmodul mit $E = 2 \cdot 10^7\ N/cm^2$ angenommen. Die Stablängen ergeben sich aus der Geometrie zu

$$\ell_1 = 187{,}94\ cm \qquad \ell_2 = 253{,}21\ cm$$

Die Numerierung der Knoten erfolgt durch tiefgestellte Indizes, diejenige der Stäbe durch hochgestellte. So ist z.B. $F_3^{(2)}$ die am Stab 2 im Knoten 3 angreifende Kraft.

Nach Gl. (4.3) ergeben sich folgende Steifigkeitsmatrizen der Einzelstäbe

S t a b  1 $\qquad \varphi^{(1)} = 30° \qquad EA^{(1)}/\ell^{(1)} = 3{,}19253 \cdot 10^5\ N/cm$

$$k^{(1)} = 10^5\ \frac{N}{cm} \left[\begin{array}{cc|cc} 2{,}3944 & 1{,}3824 & -2{,}3944 & -1{,}3824 \\ 1{,}3824 & 0{,}7981 & -1{,}3824 & -0{,}7981 \\ \hline -2{,}3944 & -1{,}3824 & 2{,}3944 & 1{,}3824 \\ -1{,}3824 & -0{,}7981 & 1{,}3824 & 0{,}7981 \end{array}\right]$$

wobei z.B. die erste Zeile aus der Gleichung

$$F_{1x} = 3{,}19253 \cdot 10^5 \; \frac{N}{cm} \; [v_{1x} \cdot \cos^2 30° + v_{1y} \sin 30° \cos 30° - v_{2x} \cos^2 30° - $$
$$- v_{2y} \sin 30° \cos 30°]$$

$$= 10^5 \; \frac{N}{cm} \; [2{,}3944 \, v_{1x} + 1{,}3824 \, v_{1y} - 2{,}3944 \, v_{2x} - 1{,}3824 \, v_{2y}]$$

entstanden ist.

S t a b 2    $\varphi^{(2)} = 50°$    $EA^{(2)}/\ell^{(2)} = 2{,}36959 \cdot 10^5 \; N/cm$

$$k^{(2)} = 10^5 \; \frac{N}{cm} \begin{bmatrix} 0{,}9791 & 1{,}1668 & -0{,}9791 & -1{,}1668 \\ 1{,}1668 & 1{,}3905 & -1{,}1668 & -1{,}3905 \\ -0{,}9791 & -1{,}1668 & 0{,}9791 & 1{,}1668 \\ -1{,}1668 & -1{,}3905 & 1{,}1668 & 1{,}3905 \end{bmatrix}$$

S t a b 3    $\varphi^{(3)} = 90°$    $EA^{(3)}/\ell^{(3)} = 6 \cdot 10^5 \; N/cm$

$$k^{(3)} = 10^5 \; \frac{N}{cm} \begin{bmatrix} 0 & 0 & 0 & 0 \\ 0 & 6 & 0 & -6 \\ 0 & 0 & 0 & 0 \\ 0 & -6 & 0 & 6 \end{bmatrix}$$

In Bild 4.6 ist das System aus freigeschnittenen Stäben und Knoten gezeichnet. Die Kräfte an gegenüberliegenden Schnittufern sind gleich groß. Die Gleichgewichtsbedingungen für jeden Knoten zwischen den von den Stäben her angreifenden Kräften und den äußeren Kräften führen auf die Gleichungen

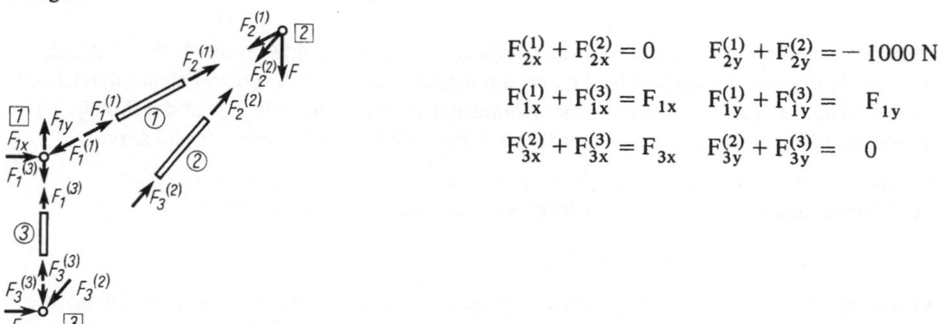


$$F_{2x}^{(1)} + F_{2x}^{(2)} = 0 \qquad F_{2y}^{(1)} + F_{2y}^{(2)} = -1000 \, N$$
$$F_{1x}^{(1)} + F_{1x}^{(3)} = F_{1x} \qquad F_{1y}^{(1)} + F_{1y}^{(3)} = \;\; F_{1y}$$
$$F_{3x}^{(2)} + F_{3x}^{(3)} = F_{3x} \qquad F_{3y}^{(2)} + F_{3y}^{(3)} = \;\; 0$$

Bild 4.6  Knoten- und Stabkräfte des Systems in Bild 4.5

Nun konstruiert man die Gesamtsteifigkeitsmatrix, indem man die oben angeführten Additionen an jedem Knotenpunkt als Funktionen aller Verschiebungen vornimmt. Aus der ersten Gleichung $F_{2x}^{(1)} + F_{2x}^{(2)} = 0$ folgt

$$-2{,}3944 \, v_{1x} - 1{,}3824 \, v_{1y} + 2{,}3944 \, v_{2x} + 1{,}3824 \, v_{2y} - 0{,}9791 \, v_{3x} - 1{,}1668 \, v_{3y} + $$
$$+ \, 0{,}9791 \, v_{2x} + 1{,}1668 \, v_{2y} = 0$$

$$-2{,}3944 \, v_{1x} - 1{,}3824 \, v_{1y} + 3{,}3735 \, v_{2x} + 2{,}5492 \, v_{2y} - 0{,}9791 \, v_{3x} - 1{,}1668 \, v_{3y} = 0$$

Sortiert man die Zeilen der Gesamtsteifigkeitsmatrix nach den Knotennummern, so ist dies die dritte Zeile.

Die übrigen Zeilen ergeben sich ähnlich. Zur Vermeidung von Fehlern schreibt man zweckmäßig die zugehörigen Verschiebungsrichtungen (die Multiplikatoren einer Spalte) beim Zusammenstellen als Kopfzeile über die Matrix

$$
\begin{bmatrix} F_{1x} \\ F_{1y} \\ F_{2x} \\ F_{2y} \\ F_{3x} \\ F_{3y} \end{bmatrix} = 10^5 \, \frac{N}{cm} \cdot
\begin{array}{cccccc}
v_{1x} & v_{1y} & v_{2x} & v_{2y} & v_{3x} & v_{3y}
\end{array}
\begin{bmatrix}
2{,}3944 & 1{,}3824 & -2{,}3944 & -1{,}3824 & 0 & 0 \\
1{,}3824 & 6{,}7981 & -1{,}3824 & -0{,}7981 & 0 & -6 \\
-2{,}3944 & -1{,}3824 & 3{,}3735 & 2{,}5492 & -0{,}9791 & -1{,}1668 \\
-1{,}3824 & -0{,}7981 & 2{,}5492 & 2{,}1886 & -1{,}1668 & -1{,}3905 \\
0 & 0 & -0{,}9791 & -1{,}1668 & 0{,}9791 & 1{,}1668 \\
0 & -6 & -1{,}1668 & -1{,}3905 & 1{,}1668 & 7{,}3905
\end{bmatrix} \cdot
$$

$$
\cdot \begin{bmatrix} v_{1x} \\ v_{1y} \\ v_{2x} \\ v_{2y} \\ v_{3x} \\ v_{3y} \end{bmatrix}
= \begin{bmatrix} F_{1x} \\ F_{1y} \\ 0 \\ -1000\ N \\ F_{3x} \\ 0 \end{bmatrix} \cdot
$$

$$
\mathbf{F} = \mathbf{K} \cdot \mathbf{d} \tag{4.4}
$$

Hierin ist **K** die Gesamtsteifigkeitsmatrix.

Wegen der Verschiebungsbedingungen

$$
v_{1x} = 0 \qquad v_{1y} = 0 \qquad v_{3x} = 0
$$

in den Lagern entfallen die erste, zweite und fünfte Spalte der Matrix **K** für die Berechnung der Verschiebungen, weil sie mit lauter Nullen multipliziert werden. Mit der Unterdrückung der drei Freiheitsgrade durch die starren Auflager wird die Starrkörperbewegung verhindert. Streicht man die genannten drei Spalten aus dem System, so zerfällt dieses in zwei Systeme von je drei Gleichungen. Aus dem ersten System

$$
10^5 \, \frac{N}{cm} \cdot
\begin{bmatrix}
3{,}3735 & 2{,}5492 & -1{,}1668 \\
2{,}5492 & 2{,}1886 & -1{,}3905 \\
-1{,}1668 & -1{,}3905 & 7{,}3905
\end{bmatrix}
\cdot
\begin{bmatrix} v_{2x} \\ v_{2y} \\ v_{3y} \end{bmatrix}
=
\begin{bmatrix} 0 \\ -1000\ N \\ 0 \end{bmatrix}
$$

erhält man die drei unbekannten Verschiebungen

$$
\begin{aligned}
v_{2x} &= \phantom{-}0{,}032431 \ cm \qquad (\phantom{-}0{,}0324 \ cm) \\
v_{2y} &= -0{,}044398 \ cm \qquad (-0{,}0444 \ cm) \\
v_{3y} &= -0{,}003233 \ cm \qquad (-0{,}0032 \ cm)
\end{aligned}
$$

(in Klammern: sinnvoll gerundete Ergebnisse) und damit aus dem zweiten System

$$
10^5 \, \frac{N}{cm} \cdot
\begin{bmatrix}
-2{,}3944 & -1{,}3824 & 0 \\
-1{,}3824 & -0{,}7981 & -6 \\
-0{,}9791 & -1{,}1668 & 1{,}1668
\end{bmatrix}
\cdot
\begin{bmatrix} v_{2x} \\ v_{2y} \\ v_{3y} \end{bmatrix}
=
\begin{bmatrix} F_{1x} \\ F_{1y} \\ F_{3x} \end{bmatrix}
$$

die Auflagerkräfte

$$F_{1x} = -1628\,\text{N} \qquad F_{1y} = 1000\,\text{N} \qquad F_{3x} = 1628\,\text{N}$$

Die Berechnung der Kräfte läßt sich in diesem Fall leicht aus den Gleichgewichtsbedingungen am Stabsystem als Starrkörper nachprüfen.

Die Verschiebungen werden hier mit 6 Dezimalen angegeben, damit Rundungsfehler vermieden werden. Wegen des nur mit ca. 1 % genauen Elastizitätsmoduls sind auch in den Verschiebungen nur die in Klammern angegebenen Werte sinnvoll.

Zur Berechnung der Stabkräfte setzt man nun die berechneten Verschiebungen in die einzelnen Elementsteifigkeitsmatrizen ein. Für Stab 1 ergibt sich

$$
\begin{bmatrix} F_{1x}^{(1)} \\ F_{1y}^{(1)} \\ F_{2x}^{(1)} \\ F_{2y}^{(1)} \end{bmatrix}
= k^{(1)} \cdot
\begin{bmatrix} v_{1x} \\ v_{1y} \\ v_{2x} \\ v_{2y} \end{bmatrix}
= k^{(1)} \cdot
\begin{bmatrix} 0 \\ 0 \\ 0{,}032431\ \text{cm} \\ -0{,}044398\ \text{cm} \end{bmatrix}
=
\begin{bmatrix} -1628 \\ -940 \\ 1628 \\ 940 \end{bmatrix} \text{N}
$$

Der Betrag der Stabkraft ist

$$
F^{(1)} = \sqrt{[F_{1x}^{(1)}]^2 + [F_{1y}^{(1)}]^2} = \sqrt{[F_{2x}^{(1)}]^2 + [F_{2y}^{(1)}]^2} = 1880\,\text{N}
$$

Auf gleiche Weise erhält man für Stab 2

$$
\begin{bmatrix} F_{3x}^{(2)} \\ F_{3y}^{(2)} \\ F_{2x}^{(2)} \\ F_{2y}^{(2)} \end{bmatrix}
= k^{(2)} \cdot
\begin{bmatrix} v_{3x} \\ v_{3y} \\ v_{2x} \\ v_{2y} \end{bmatrix}
= k^{(2)} \cdot
\begin{bmatrix} 0 \\ -0{,}003233\ \text{cm} \\ 0{,}032431\ \text{cm} \\ -0{,}044398\ \text{cm} \end{bmatrix}
=
\begin{bmatrix} 1628 \\ 1940 \\ -1628 \\ -1940 \end{bmatrix} \text{N}
$$

$$F^{(2)} = 2533\,\text{N}$$

und für Stab 3

$$
\begin{bmatrix} F_{3x}^{(3)} \\ F_{3y}^{(3)} \\ F_{1x}^{(3)} \\ F_{1y}^{(3)} \end{bmatrix}
= k^{(3)} \cdot
\begin{bmatrix} v_{3x} \\ v_{3y} \\ v_{1x} \\ v_{1y} \end{bmatrix}
= k^{(3)} \cdot
\begin{bmatrix} 0 \\ -0{,}003233\ \text{cm} \\ 0 \\ 0 \end{bmatrix}
=
\begin{bmatrix} 0 \\ -1940 \\ 0 \\ 1940 \end{bmatrix} \text{N}
$$

$$F^{(3)} = 1940\,\text{N}$$

## 4.3 Biegestabelement

### 4.3.1 Steifigkeitsmatrix

Die Steifigkeitsmatrix des Biegestabes (Balken) gibt den Zusammenhang zwischen den an den Stabenden angreifenden Biegemomenten und Querkräften (Kraftgrößen) und den zugehörigen Verschiebungen und Verdrehungen (Verschiebungsgrößen) an. Die Kräfte und Verschiebungen sind an b e i d e n Stabenden positiv in Richtung der positiven Koordinatenachse y angesetzt (Bild 4.7).

Die Momente und Winkel sind positiv, wenn sie rechtsdrehend um die aus der Zeichenebene herauszeigende z-Achse wirken.

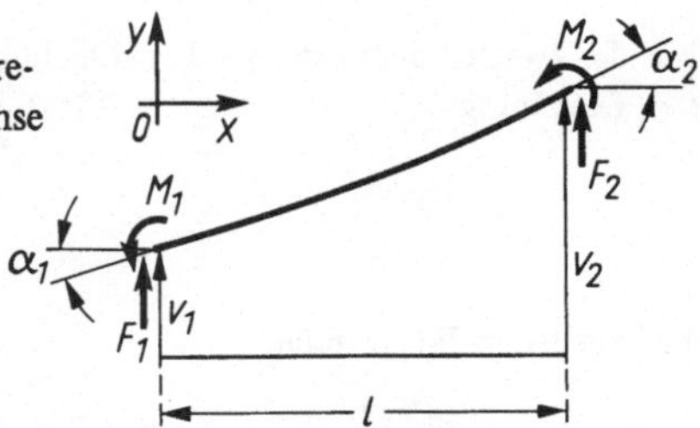

Bild 4.7  Biegestabelement

In Bild 4.7 ist der Stab im verformten Zustand dargestellt. Die Verformungen sind übertrieben gezeichnet. Die Winkel sind klein (tan $\alpha \approx \alpha$), und die Verschiebungen sind klein gegen die Abmessungen des Stabes. Überdies beschränken wir uns auf Stäbe, deren Länge erheblich größer als ihre Höhe ist. Dann sind die Schubverformungen klein gegen die Biegeverformungen. Es werde ferner konstanter Querschnitt und damit konstantes Flächenmoment I angenommen.

Wir berechnen nun zunächst die Abhängigkeit der Kraftgrößen von jeweils einer Verschiebungsgröße und überlagern dann die einzelnen Anteile.

Wir legen die folgenden aus der elementaren Festigkeitslehre bekannten Formeln zugrunde (s. H o l z m a n n , G.; M e y e r , H.; S c h u m p i c h , G.: Technische Mechanik Tl. 3. 5. Aufl. Stuttgart 1983), in denen E den Elastizitätsmodul und I das Flächenmoment zweiter Ordnung bedeuten. Die übrigen Größen sind aus Bild 4.8 ersichtlich.

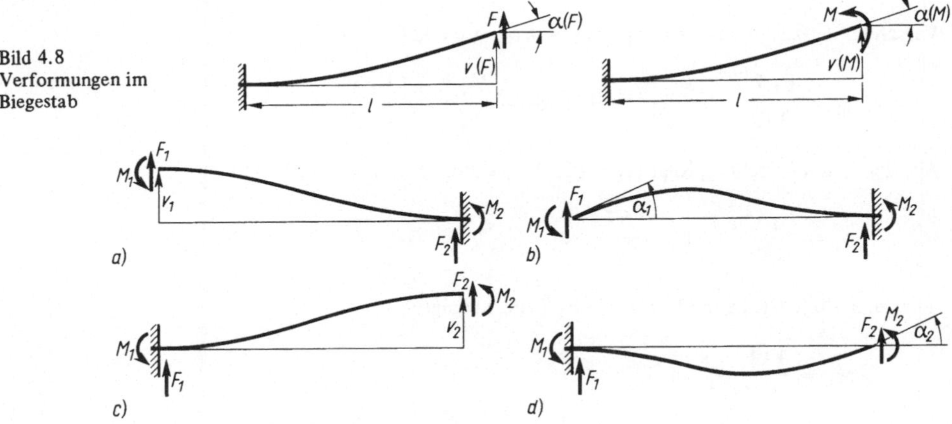

Bild 4.8
Verformungen im
Biegestab

Bild 4.9  Kräfte und Momente am Biegestab bei vorgegebener Verformung

$$v(F) = \frac{F\,\ell^3}{3\,EI} \qquad \alpha(F) = \frac{F\,\ell^2}{2\,EI}$$

$$v(M) = \frac{M\,\ell^2}{2\,EI} \qquad \alpha(M) = \frac{M\ell}{EI}$$

(4.5)

Beim V e r s c h i e b u n g s z u s t a n d $v_1 \neq 0$, $\alpha_1 = 0$, $\alpha_2 = 0$, $v_2 = 0$ (Bild 4.9a) gilt nach Gl. (4.5) unter Beachtung der Vorzeichen von $F_1$ und $M_1$

$$v_1 = \frac{F_1\,\ell^3}{3\,EI} - \frac{M_1\,\ell^2}{2\,EI} \qquad \alpha_1 = \frac{M_1\,\ell}{EI} - \frac{F_1\,\ell^2}{2\,EI} = 0$$

Aus der zweiten der vorstehenden Gleichungen berechnet man $M_1 = F_1 \ell/2$ und damit aus der ersten Gleichung

$$v_1 = \frac{F_1 \, \ell^3}{12 \, EI}$$

und mit $F_1 = 2M_1/\ell$ auch

$$v_1 = \frac{M_1 \, \ell^2}{6 \, EI}$$

also    $$F_1 = \frac{12 \, EI}{\ell^3} \, v_1 \qquad M_1 = \frac{6 \, EI}{\ell^2} \, v_1$$

Aus Gleichgewichtsbedingungen am Stabelement

$$F_1 + F_2 = 0 \qquad M_1 + M_2 - F_1 \, \ell = 0$$

erhält man die beiden übrigen Größen

$$F_2 = -F_1 = -\frac{12 \, EI}{\ell^3} \, v_1 \qquad M_2 = F_1 \, \ell - M_1 = \frac{6 \, EI}{\ell^2} \, v_1$$

Verschiebungszustand $\alpha_1 \neq 0$, $v_1 = v_2 = 0$, $\alpha_2 = 0$ (Bild 4.9b)

$$v_1 = \frac{F_1 \, \ell^3}{3 \, EI} - \frac{M_1 \, \ell^2}{2 \, EI} = 0 \qquad \alpha_1 = \frac{M_1 \, \ell}{EI} - \frac{F_1 \, \ell^2}{2 \, EI}$$

Aus der ersten Gleichung folgt $M_1 = (2/3) \, F_1 \, \ell$ und damit aus der zweiten

$$\alpha_1 = \frac{F_1 \, \ell^2}{6 \, EI} \qquad F_1 = \frac{6 \, EI}{\ell^2} \, \alpha_1$$

Setzt man diese Größe in $M_1 = (2/3) \, F_1 \, \ell$ ein, so folgt

$$M_1 = \frac{4 \, EI}{\ell} \, \alpha_1$$

Aus Gleichgewichtsbedingungen ergibt sich wieder

$$F_2 = -F_1 = -\frac{6 \, EI}{\ell^2} \, \alpha_1 \qquad M_2 = F_1 \, \ell - M_1 = \frac{2 \, EI}{\ell} \, \alpha_1$$

Auf gleiche Weise erhält man die Zusammenhänge zwischen den übrigen Kraft- und Verformungsgrößen für die folgenden Verschiebungszustände, die der Leser selbst herleiten möge.

Verschiebungszustand $v_2 \neq 0$, $v_1 = 0$, $\alpha_1 = \alpha_2 = 0$ (Bild 4.9c)

$$F_1 = -\frac{12 \, EI}{\ell^3} \, v_2 \qquad M_1 = -\frac{6 \, EI}{\ell^2} \, v_2$$

$$F_2 = \frac{12 \, EI}{\ell^3} \, v_2 \qquad M_2 = -\frac{6 \, EI}{\ell^2} \, v_2$$

Verschiebungszustand $\alpha_2 \neq 0$, $v_1 = v_2 = 0$, $\alpha_1 = 0$ (Bild 4.9d)

$$F_1 = \frac{6\,EI}{\ell^2}\,\alpha_2 \qquad\qquad M_1 = \frac{2\,EI}{\ell}\,\alpha_2$$

$$F_2 = -\frac{6\,EI}{\ell^2}\,\alpha_2 \qquad\qquad M_2 = \frac{4\,EI}{\ell}\,\alpha_2$$

Bei Überlagerung aller Verschiebungszustände hängen die Kraftgrößen folgendermaßen von allen Verschiebungsgrößen ab

$$F_1 = \frac{EI}{\ell^3}\,[12\,v_1 + 6\,\ell\,\alpha_1 - 12\,v_2 + 6\,\ell\,\alpha_2]$$

$$M_1 = \frac{EI}{\ell^3}\,[6\,\ell\,v_1 + 4\,\ell^2\,\alpha_1 - 6\,\ell\,v_2 + 2\,\ell^2\,\alpha_2]$$

$$F_2 = \frac{EI}{\ell^3}\,[-12\,v_1 - 6\,\ell\,\alpha_1 + 12\,v_2 - 6\,\ell\,\alpha_2]$$

$$M_2 = \frac{EI}{\ell^3}\,[6\,\ell\,v_1 + 2\,\ell^2\,\alpha_1 - 6\,\ell\,v_2 + 4\,\ell^2\,\alpha_2]$$

In Matrizenform erhält man

$$
\begin{bmatrix} F_1 \\ M_1 \\ F_2 \\ M_2 \end{bmatrix}
= \frac{EI}{\ell^3} \cdot
\begin{bmatrix}
12 & 6\,\ell & -12 & 6\,\ell \\
6\,\ell & 4\,\ell^2 & -6\,\ell & 2\,\ell^2 \\
-12 & -6\,\ell & 12 & -6\,\ell \\
6\,\ell & 2\,\ell^2 & -6\,\ell & 4\,\ell^2
\end{bmatrix}
\cdot
\begin{bmatrix} v_1 \\ \alpha_1 \\ v_2 \\ \alpha_2 \end{bmatrix}
\tag{4.6}
$$

$$
\mathbf{F} = \mathbf{k} \cdot \mathbf{d} \quad \text{mit} \quad
\mathbf{k} = \frac{EI}{\ell^3} \cdot
\begin{bmatrix}
12 & 6\,\ell & -12 & 6\,\ell \\
6\,\ell & 4\,\ell^2 & -6\,\ell & 2\,\ell^2 \\
-12 & -6\,\ell & 12 & -6\,\ell \\
6\,\ell & 2\,\ell^2 & -6\,\ell & 4\,\ell^2
\end{bmatrix}
$$

Die Elemente der Steifigkeitsmatrix eines Biegestabes haben nicht alle die gleiche Dimension. Das ist, vom Standpunkt des Mathematikers gesehen, unbefriedigend. Man könnte natürlich eine Normierung dadurch erreichen, daß man die Verschiebungen und die Biegemomente z.B. auf die Stablänge bezieht. Das führt aber bei der Bildung der Gesamtsteifigkeitsmatrix zu Schwierigkeiten, weil dort die Momente, nicht aber die auf verschiedene Balkenlängen bezogenen Momente im Gleichgewicht sein müssen. Man könnte andererseits die Normierung der Verschiebungen durch Beziehen auf 1 mm, die Normierung der Kräfte durch Beziehen auf 1 kN und die Normierung der Biegemomente durch Beziehen auf 1 kNm erreichen. Das ist aber in der Praxis nicht üblich. Dort einigt man sich auf ein bestimmtes Einheitensystem und gibt alle Werte ohne Rücksicht auf deren Dimension in diesen Einheiten an. Die Ergebnisse der Rechnung erscheinen dann sinngemäß in den gewählten Einheiten oder ihren Kombinationen.

Hier werden der Anschaulichkeit wegen die Einheiten mitgeschrieben.

### 4.3.2 Gesamtsteifigkeitsmatrix zweier benachbarter Elemente gleicher Richtung

Wir beschränken uns hier auf die Darstellung gerader Balken. Bei zwei Balkenelementen (Bild 4.10) gilt für jedes dieser Elemente eine Gleichung der Form (4.6). Dabei kommen Verschiebungs- und Kraftgrößen am mittleren Knoten 2 aber in beiden Matrizen vor. Die Verschiebung $v_2$ ist von $F_1$, $M_1, F_2, M_2, F_3$ und $M_3$ abhängig, während z.B. die Verschiebung des Knotens 1 nicht mehr explizit von $F_3$ und $M_3$ abhängt. Es ist z.B. das Gesamtmoment am Knoten 2

$$M_2 = M_2^{(1)} + M_2^{(2)}$$

$$= \frac{EI^{(1)}}{\ell^{(1)^3}} \, [6\,\ell^{(1)}\,v_1 + 2\,\ell^{(1)^2}\,\alpha_1 - 6\,\ell^{(1)}v_2 + 4\,\ell^{(1)^2}\,\alpha_2] +$$

$$+ \frac{EI^{(2)}}{\ell^{(2)^3}} \, [6\,\ell^{(2)}\,v_2 + 4\,\ell^{(2)^2}\,\alpha_2 - 6\,\ell^{(2)}v_3 + 2\,\ell^{(2)^2}\,\alpha_3]$$

Hier ist im ersten Teil die Zeile 4 der Steifigkeitsmatrix des Elementes 1 und im zweiten Teil die Zeile 2 der Steifigkeitsmatrix des Elementes 2 eingetragen, weil das Moment $M_2^{(1)}$ an dem r e c h t e n  Ende des Stabes 1 und $M_2^{(2)}$ am  l i n k e n  Ende des Stabes 2 wirkt.

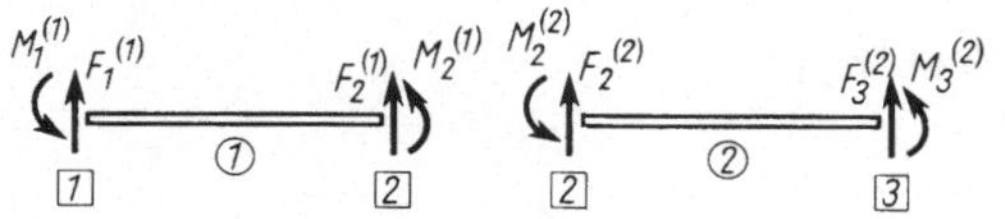

Bild 4.10
Benachbarte Biegestabelemente

Mit der Abkürzung $c^{(k)} = EI^{(k)}/\ell^{(k)^3}$ erhält man nach Zusammenfassen der Koeffizienten von $v_2$ und $\alpha_2$

$$M_2 = 6\,c^{(1)}\,\ell^{(1)}\,v_1 + 2\,c^{(1)}\,\ell^{(1)^2}\,\alpha_1 + (-6\,c^{(1)}\,\ell^{(1)} + 6\,c^{(2)}\,\ell^{(2)})\,v_2 +$$

$$+ (4\,c^{(1)}\,\ell^{(1)^2} + 4\,c^{(2)}\,\ell^{(2)^2})\,\alpha_2 - 6\,c^{(2)}\,\ell^{(2)}\,v_3 + 2\,c^{(2)}\,\ell^{(2)^2}\,\alpha_3$$

In den an zwei Stäben befestigten Knoten tritt also eine Überlagerung auf. Man kann gleichsam die beiden Matrizen versetzt übereinanderlegen und die sich überdeckenden Elemente addieren. Aus den beiden Matrizengleichungen

$$\begin{bmatrix} F_1 \\ M_1 \\ F_2 \\ M_2 \end{bmatrix} = \begin{bmatrix} a_{11} & a_{12} & a_{13} & a_{14} \\ a_{21} & a_{22} & a_{23} & a_{24} \\ a_{31} & a_{32} & a_{33} & a_{34} \\ a_{41} & a_{42} & a_{43} & a_{44} \end{bmatrix} \cdot \begin{bmatrix} v_1 \\ \alpha_1 \\ v_2 \\ \alpha_2 \end{bmatrix}$$

$$\text{und} \quad \begin{bmatrix} F_2 \\ M_2 \\ F_3 \\ M_3 \end{bmatrix} = \begin{bmatrix} b_{11} & b_{12} & b_{13} & b_{14} \\ b_{21} & b_{22} & b_{23} & b_{24} \\ b_{31} & b_{32} & b_{33} & b_{34} \\ b_{41} & b_{42} & b_{43} & b_{44} \end{bmatrix} \cdot \begin{bmatrix} v_2 \\ \alpha_2 \\ v_3 \\ \alpha_3 \end{bmatrix}$$

erhält man also

$$
\begin{bmatrix} F_1 \\ M_1 \\ F_2 \\ M_2 \\ F_3 \\ M_3 \end{bmatrix} =
\begin{bmatrix}
a_{11} & a_{12} & a_{13} & a_{14} & 0 & 0 \\
a_{21} & a_{22} & a_{23} & a_{24} & 0 & 0 \\
a_{31} & a_{32} & a_{33}+b_{11} & a_{34}+b_{12} & b_{13} & b_{14} \\
a_{41} & a_{42} & a_{43}+b_{21} & a_{44}+b_{22} & b_{23} & b_{24} \\
0 & 0 & b_{31} & b_{32} & b_{33} & b_{34} \\
0 & 0 & b_{41} & b_{42} & b_{43} & b_{44}
\end{bmatrix}
\cdot
\begin{bmatrix} v_1 \\ \alpha_1 \\ v_2 \\ \alpha_2 \\ v_3 \\ \alpha_3 \end{bmatrix}
$$

Das Überlagerungsprinzip kann in gleicher Weise auch auf mehr als zwei Balken angewandt werden. Die Überlagerungen findet man in den zweireihigen Untermatrizen längs der Hauptdiagonale der Gesamtmatrix.

Die resultierenden Knotenkräfte und -momente sind nun jeweils gleich den äußeren am Knoten angreifenden Kräften und Momenten (s. auch S. 138).

Da bei einem ebenen System zwischen den äußeren Kräften und Momenten drei Gleichgewichtsbedingungen bestehen, sind die Gleichungen des Systems voneinander abhängig. Man sagt dann, die Gesamtsteifigkeitsmatrix ist singulär. Das liegt daran, daß das Gleichgewicht auch bei anderer Lage in der Ebene vorhanden ist, wenn nur bei der Verschiebung in diese Lage der Körper als starr angesehen werden kann (Starrkörperverschiebung).

Die Verschiebungen sind nun nicht nur relativ zueinander, sondern auch in einem festen Koordinatensystem eindeutig bestimmbar, wenn man durch Festlegen von Randbedingungen drei Freiheitsgrade aufhebt. Man kann z.B. drei Verschiebungen, die nicht alle parallel sein dürfen, gleich Null setzen. Das entspricht unverschieblichen Lagern. Dann werden die Koeffizienten der zugehörigen Spalten der Gesamtsteifigkeitsmatrix mit Null multipliziert, sind also ohne Bedeutung und können herausgestrichen werden. Bei n Knoten hat man 2n Gleichungen, es bleiben also 2n − 3 Gleichungen zur Berechnung unbekannter Verschiebungen und Kräfte. Man läßt dann am besten diejenigen Gleichungen zunächst fort, in denen die zu den festgelegten Freiheitsgraden gehörenden Auflagerkräfte oder Einspannmomente stehen. Diese werden dann aus den zunächst fortgelassenen Gleichungen berechnet, nachdem vorher die unbekannten Verschiebungen aus den 2n − 3 jetzt unabhängigen Gleichungen berechnet worden sind.

### 4.3.3 Biegestabsystem

In dem in Bild 4.11 dargestellten statisch unbestimmten System sollen Einspannmomente, Lagerkräfte sowie Verschiebungen und Verdrehungen der Krafteinleitungsstelle und der Stelle der Änderung der Biegesteifigkeiten berechnet werden. Der Elastizitätsmodul beträgt $E = 2 \cdot 10^7$ N/cm$^2$, die Flächenmomente $I^{(1)} = I^{(2)} = 2$ cm$^4$, $I^{(3)} = 1$ cm$^4$.

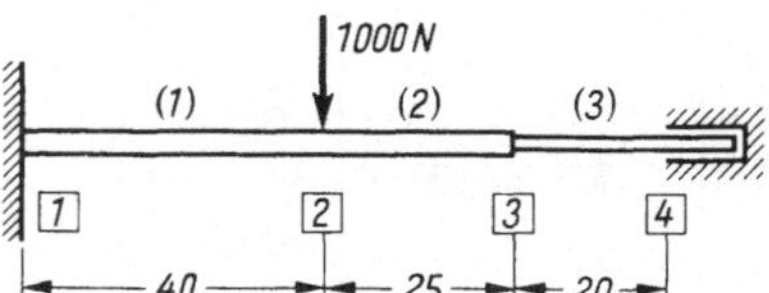


Bild 4.11  Biegestab aus drei Elementen

Da die Flächenmomente hier stückweise konstant sind, empfiehlt sich die Zerlegung des Systems in drei finite Elemente nach Bild 4.11, in denen jeweils die Querkraft konstant und das Biegemoment linear veränderlich ist. Dann berechnet man hier mit der FEM die nach der elementaren Theorie exakte Lösung. Die vier Knotenpunkte sind nach Bild 4.11 bezeichnet. Es sind

$$
\begin{array}{ll}
F_1 \quad \text{unbekannt} & v_1 = 0 \\
M_1 \quad \text{unbekannt} & \alpha_1 = 0 \\
F_2 = -1000\,\text{N} & v_2 \quad \text{unbekannt} \\
M_2 = 0 & \alpha_2 \quad \text{unbekannt} \\
F_3 = 0 & v_3 \quad \text{unbekannt} \\
M_3 = 0 & \alpha_3 \quad \text{unbekannt} \\
F_4 \quad \text{unbekannt} & v_4 = 0 \\
M_4 \quad \text{unbekannt} & \alpha_4 = 0
\end{array}
$$

Mit

$$c^{(1)} = \frac{EI^{(1)}}{\varrho^{(1)^3}} = \frac{2 \cdot 10^7 \cdot 2}{40^3}\,\frac{\text{N}}{\text{cm}} = 625\,\frac{\text{N}}{\text{cm}}$$

$$c^{(2)} = \frac{EI^{(2)}}{\varrho^{(2)^3}} = \frac{2 \cdot 10^7 \cdot 2}{25^3}\,\frac{\text{N}}{\text{cm}} = 2560\,\frac{\text{N}}{\text{cm}}$$

$$c^{(3)} = \frac{EI^{(3)}}{\varrho^{(3)^3}} = \frac{2 \cdot 10^7 \cdot 1}{20^3}\,\frac{\text{N}}{\text{cm}} = 2500\,\frac{\text{N}}{\text{cm}}$$

ergeben sich die Einzelsteifigkeitsmatrizen für die Biegestabelemente

$$
k^{(1)} = 10^6\,\text{N}
\begin{bmatrix}
0,0075\,\frac{1}{\text{cm}} & 0,15 & -0,0075\,\frac{1}{\text{cm}} & 0,15 \\
0,15 & 4\,\text{cm} & -0,15 & 2\,\text{cm} \\
-0,0075\,\frac{1}{\text{cm}} & -0,15 & 0,0075\,\frac{1}{\text{cm}} & -0,15 \\
0,15 & 2\,\text{cm} & -0,15 & 4\,\text{cm}
\end{bmatrix}
$$

$$
k^{(2)} = 10^6\,\text{N}
\begin{bmatrix}
0,03072\,\frac{1}{\text{cm}} & 0,384 & -0,03072\,\frac{1}{\text{cm}} & 0,384 \\
0,384 & 6,4\,\text{cm} & -0,384 & 3,2\,\text{cm} \\
-0,03072\,\frac{1}{\text{cm}} & -0,384 & 0,03072\,\frac{1}{\text{cm}} & -0,384 \\
0,384 & 3,2\,\text{cm} & -0,384 & 6,4\,\text{cm}
\end{bmatrix}
$$

$$
k^{(3)} = 10^6\,\text{N}
\begin{bmatrix}
0,03\,\frac{1}{\text{cm}} & 0,3 & -0,03\,\frac{1}{\text{cm}} & 0,3 \\
0,3 & 4\,\text{cm} & -0,3 & 2\,\text{cm} \\
-0,03\,\frac{1}{\text{cm}} & -0,3 & 0,03\,\frac{1}{\text{cm}} & -0,3 \\
0,3 & 2\,\text{cm} & -0,3 & 4\,\text{cm}
\end{bmatrix}
$$

Die Gesamtsteifigkeitsmatrix entsteht durch Zusammensetzen der drei Elementmatrizen, wobei sich jeweils die gleich berandeten Untermatrizen überdecken.

$$
\begin{bmatrix} F_1 \\ M_1 \\ F_2 \\ M_2 \\ F_3 \\ M_3 \\ F_4 \\ M_4 \end{bmatrix}
= 10^6\,\text{N} \cdot
\begin{array}{cccccccc}
v_1 & \alpha_1 & v_2 & \alpha_2 & v_3 & \alpha_3 & v_4 & \alpha_4 \\
\end{array}
$$

$$
\begin{bmatrix}
0{,}0075\,\tfrac{1}{\text{cm}} & 0{,}15 & -0{,}0075\,\tfrac{1}{\text{cm}} & 0{,}15 & 0 & 0 & 0 & 0 \\[4pt]
0{,}15 & 4\,\text{cm} & -0{,}15 & 2\,\text{cm} & 0 & 0 & 0 & 0 \\[4pt]
-0{,}0075\,\tfrac{1}{\text{cm}} & -0{,}15 & 0{,}03822\,\tfrac{1}{\text{cm}} & 0{,}234 & -0{,}03072\,\tfrac{1}{\text{cm}} & 0{,}384 & 0 & 0 \\[4pt]
0{,}15 & 2\,\text{cm} & 0{,}234 & 10{,}4\,\text{cm} & -0{,}384 & 3{,}2\,\text{cm} & 0 & 0 \\[4pt]
0 & 0 & -0{,}03072\,\tfrac{1}{\text{cm}} & -0{,}384 & 0{,}06072\,\tfrac{1}{\text{cm}} & -0{,}084 & -0{,}03\,\tfrac{1}{\text{cm}} & 0{,}3 \\[4pt]
0 & 0 & 0{,}384 & 3{,}2\,\text{cm} & -0{,}084 & 10{,}4\,\text{cm} & -0{,}3 & 2\,\text{cm} \\[4pt]
0 & 0 & 0 & 0 & -0{,}03\,\tfrac{1}{\text{cm}} & -0{,}3 & 0{,}03\,\tfrac{1}{\text{cm}} & -0{,}3 \\[4pt]
0 & 0 & 0 & 0 & 0{,}3 & 2\,\text{cm} & -0{,}3 & 4\,\text{cm}
\end{bmatrix}
\cdot
\begin{bmatrix} v_1 \\ \alpha_1 \\ v_2 \\ \alpha_2 \\ v_3 \\ \alpha_3 \\ v_4 \\ \alpha_4 \end{bmatrix}
=
\begin{bmatrix} F_1 \\ M_1 \\ -1000\,\text{N} \\ 0 \\ 0 \\ 0 \\ F_4 \\ M_4 \end{bmatrix}
$$

In der Matrizengleichung sind die Multiplikatoren über die Matrixspalten geschrieben. Wegen der Randbedingungen $v_1 = 0$, $\alpha_1 = 0$, $v_4 = 0$, $\alpha_4 = 0$ sind die erste, zweite, siebente und achte Spalte ohne Bedeutung.

Wir lassen nun zunächst die beiden ersten und die beiden letzten Gleichungen fort, da sie unbekannte Kraftgrößen enthalten. Aus dem übrigbleibenden System der Zeilen und Spalten drei bis sechs

$$
10^6\,\text{N} \cdot
\begin{bmatrix}
0{,}03822\,\tfrac{1}{\text{cm}} & 0{,}234 & -0{,}03072\,\tfrac{1}{\text{cm}} & 0{,}384 \\[4pt]
0{,}234 & 10{,}4\,\text{cm} & -0{,}384 & 3{,}2\,\text{cm} \\[4pt]
-0{,}03072\,\tfrac{1}{\text{cm}} & -0{,}384 & 0{,}06072\,\tfrac{1}{\text{cm}} & -0{,}084 \\[4pt]
0{,}384 & 3{,}2\,\text{cm} & -0{,}084 & 10{,}4\,\text{cm}
\end{bmatrix}
\cdot
\begin{bmatrix} v_2 \\ \alpha_2 \\ v_3 \\ \alpha_3 \end{bmatrix}
=
\begin{bmatrix} -1000\,\text{N} \\ 0 \\ 0 \\ 0 \end{bmatrix}
$$

berechnen wir die gesuchten Verschiebungen

$$v_2 = -\,0{,}090\ 836\ 2 \text{ cm} \quad (-0{,}0908 \text{ cm})$$

$$\alpha_2 = -\,0{,}000\ 610\ 2 \quad\quad (-0{,}00061)$$

$$v_3 = -\,0{,}045\ 423\ 9 \text{ cm} \quad (-0{,}0454 \text{ cm})$$

$$\alpha_3 = +\,0{,}003\ 174\ 8 \quad\quad (0{,}00317)$$

(in Klammern: sinnvoll gerundete Ergebnisse). Mit diesen Werten ergeben sich aus den zunächst unterdrückten Gleichungen die Auflagerkräfte und -momente.

$$
\begin{bmatrix} F_1 \\ M_1 \\ F_4 \\ M_4 \end{bmatrix} = 10^6\,\mathrm{N} \cdot \begin{bmatrix} -0{,}0075\,\dfrac{1}{\mathrm{cm}} & 0{,}15 & 0 & 0 \\ -0{,}15 & 2\,\mathrm{cm} & 0 & 0 \\ 0 & 0 & -0{,}03\,\dfrac{1}{\mathrm{cm}} & -0{,}3 \\ 0 & 0 & 0{,}3 & 2\,\mathrm{cm} \end{bmatrix} \cdot \begin{bmatrix} v_2 \\ \alpha_2 \\ v_3 \\ \alpha_3 \end{bmatrix} = \begin{bmatrix} 590\,\mathrm{N} \\ 12405\,\mathrm{Ncm} \\ 410\,\mathrm{N} \\ -7277\,\mathrm{Ncm} \end{bmatrix}
$$

Das größte Biegemoment liegt am Knotenpunkt 1 und lautet $M_1 = 12405\,\mathrm{Ncm}$. Die Spannung ist bei Annahme eines Stabes von quadratischem Querschnitt am Knoten 1

$$
\sigma_1 = \frac{M}{W} = \frac{12405\,\mathrm{Ncm}}{1{,}807\,\mathrm{cm}^3} = 6865\,\frac{\mathrm{N}}{\mathrm{cm}^2}
$$

und an dem Knoten 4

$$
\sigma_4 = \frac{7277\,\mathrm{Ncm}}{1{,}075\,\mathrm{cm}^3} = 6769\,\frac{\mathrm{N}}{\mathrm{cm}^2}
$$

Die Biegemomente an der Lastangriffsstelle und an der Übergangsstelle der Biegesteifigkeit können aus der Elementmatrix des Biegestabelementes Nr. 2 berechnet werden:

$$
\begin{bmatrix} F_2^{(2)} \\ M_2^{(2)} \\ F_3^{(2)} \\ M_3^{(2)} \end{bmatrix} = k^{(2)} \cdot \begin{bmatrix} v_2 \\ \alpha_2 \\ v_3 \\ \alpha_3 \end{bmatrix}
$$

Mit $k^{(2)}$ von S. 146 und den oben berechneten Verschiebungsgrößen erhält man

für die Krafteinleitungsstelle $\quad M_2^{(2)} = -11\,184\;\mathrm{Ncm}$

für die Übergangsstelle $\qquad\quad M_3^{(2)} = \phantom{-11\,}928\;\mathrm{Ncm}$

## 4.4 Dreieckförmiges Scheibenelement

### 4.4.1 Spannung und Dehnung

Bei flächenhaft ausgedehnten Bauteilen ist es zweckmäßig, zur Spannungsberechnung neben den Stabelementen auch Scheibenelemente einzuführen, damit man die Spannungsverteilung z.B. auch in Trägern mit hohem Steg genauer berechnen kann.

Das einfachste Element ist ein dreieckförmiges Scheibenelement, dessen Verzerrungen innerhalb des Elementes als konstant angenommen werden. Dann sind bei Gültigkeit des Hookeschen Gesetzes auch die Längsspannungen $\sigma_x$ und $\sigma_y$ sowie die Schubspannung $\tau$ innerhalb der Berandung jedes einzelnen Elementes konstant. Das kann zur Folge haben, daß an einem gemeinsamen Rand zweier benachbarter Elemente das Gleichgewicht der Kräfte nicht mehr erfüllt ist, weil sich die Kraft aus der Multiplikation der möglicherweise gleichen Elementrandfläche mit der möglicherweise verschiedenen Spannung der Elemente ergibt. Das Gleichgewicht ist dann nur noch an den Knotenpunkten erfüllt.

Daneben gibt es auch Scheibenelemente mit veränderlicher Dehnung innerhalb des Elementes. Man kann dann die Veränderlichkeit der Spannungen schon innerhalb des Elementes berücksichtigen und benötigt für eine genauere Spannungsanalyse weniger Elemente und damit weniger Gleichungen als bei der Annahme konstanter Dehnung in jedem Element.

Die Spannungen $\sigma_x$, $\sigma_y$ und $\tau$ des ebenen Spannungszustandes hängen im elastischen Bereich mit den Dehnungen $\epsilon_x$ und $\epsilon_y$ sowie dem Schubwinkel $\gamma$ über den Elastizitätsmodul E und die Querdehnungszahl $\mu$ folgendermaßen zusammen

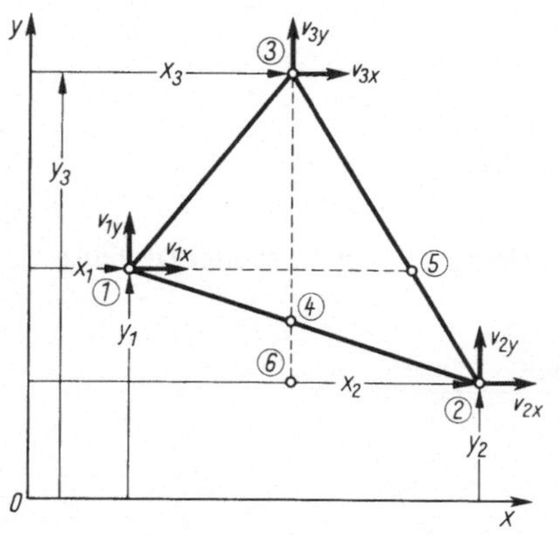

$$\sigma_x = \frac{E}{1 - \mu^2} \, (\epsilon_x + \mu \, \epsilon_y)$$

$$\sigma_y = \frac{E}{1 - \mu^2} \, (\epsilon_y + \mu \, \epsilon_x)$$

$$\tau = \frac{E}{2(1 + \mu)} \, \gamma = \frac{E}{1 - \mu^2} \cdot \frac{1 - \mu}{2} \cdot \gamma$$

In Matrizenform lautet die Gleichung

$$\begin{bmatrix} \sigma_x \\ \sigma_y \\ \tau \end{bmatrix} = \frac{E}{1 - \mu^2} \begin{bmatrix} 1 & \mu & 0 \\ \mu & 1 & 0 \\ 0 & 0 & \frac{1-\mu}{2} \end{bmatrix} \cdot \begin{bmatrix} \epsilon_x \\ \epsilon_y \\ \gamma \end{bmatrix} \quad (4.7)$$

$$\sigma = C_1 \cdot \epsilon$$

Bild 4.12 Dreieckiges Flächenelement (Koordinaten und Verschiebungen der Eckpunkte)

### 4.4.2 Steifigkeitsmatrix des dreieckförmigen Scheibenelementes

Wir drücken nun die Dehnungen in Gl. (4.7) durch die Verschiebungen der Knotenpunkte aus. Wenn wir dann noch die Knotenkräfte als Funktion der Spannungen schreiben, haben wir wieder in einer Matrizengleichung die Knotenkräfte durch die Knotenverschiebungen dargestellt.

Nach Bild 4.12 nehmen wir eine allgemeine Lage in dem für die ganze Konstruktion festgelegten (x, y)-Koordinatensystem an. Die Verschiebungen werden wieder positiv in positiver Koordinatenrichtung angenommen. Die Dehnung in x-Richtung kann durch die Verschiebungsdifferenz zwischen den Punkten 1 und 5 ausgedrückt werden

$$\epsilon_x = \frac{v_{5x} - v_{1x}}{x_5 - x_1}$$

Nun muß man noch $v_{5x}$ und $x_5$ durch die Verschiebungen und Koordinaten der Eckpunkte ausdrücken und hat dann den gesuchten Zusammenhang.

Man liest zunächst aus dem Dreieck 3,6,2 nach dem Strahlensatz ab

$$\frac{x_5 - x_3}{y_3 - y_5} = \frac{x_2 - x_6}{y_3 - y_6}$$

Nun ist aber $y_5 = y_1$, $y_6 = y_2$ und $x_6 = x_3$, also

$$\frac{x_5 - x_3}{y_3 - y_1} = \frac{x_2 - x_3}{y_3 - y_2}$$

Die Auflösung nach $x_5$ liefert

$$x_5 = x_3 + (x_2 - x_3)\frac{y_3 - y_1}{y_3 - y_2}$$

und nach Subtraktion von $x_1$ ergibt sich

$$x_5 - x_1 = (x_3 - x_1) + (x_2 - x_3)\frac{y_3 - y_1}{y_3 - y_2}$$

$$= \frac{x_1(y_2 - y_3) + x_2(y_3 - y_1) + x_3(y_1 - y_2)}{y_3 - y_2}$$

Da sich die in x-Richtung positiv angenommenen x-Verschiebungen $v_x$ bei konstanter Dehnung wie die Koordinaten berechnen lassen, gilt auch

$$v_{5x} - v_{1x} = \frac{v_{1x}(y_2 - y_3) + v_{2x}(y_3 - y_1) + v_{3x}(y_1 - y_2)}{y_3 - y_2}$$

Die Dehnung ist also

$$\epsilon_x = \frac{v_{5x} - v_{1x}}{x_5 - x_1} = \frac{v_{1y}(x_2 - x_3) + v_{2y}(x_3 - x_1) + v_{3y}(x_1 - x_2)}{x_1(y_2 - y_3) + x_2(y_3 - y_1) + x_3(y_1 - y_2)}$$

Der Nenner ist nach einem Satz aus der Geometrie gleich dem Doppelten der von den Punkten 1, 2 und 3 begrenzten Dreieckfläche A.

Auf gleiche Weise gewinnt man

$$\epsilon_y = -\frac{v_{1y}(x_2 - x_3) + v_{2y}(x_3 - x_1) + v_{3y}(x_1 - x_2)}{2\,A}$$

Der Schubwinkel $\gamma$ ergibt sich aus der Summe der Winkeländerungen der durch die Punkte 1 und 5 sowie 3 und 4 begrenzten Strecken.

$$\gamma = \frac{v_{5y} - v_{1y}}{x_5 - x_1} + \frac{v_{3x} - v_{4x}}{y_3 - y_4}$$

$$= \frac{v_{1y}(y_2 - y_3) + v_{2y}(y_3 - y_1) + v_{3y}(y_1 - y_2)}{2\,A} -$$

$$- \frac{v_{1x}(x_2 - x_3) + v_{2x}(x_3 - x_1) + v_{3x}(x_1 - x_2)}{2\,A}$$

Die Rechnung erfolgt wie diejenige für $\epsilon_x$.

Die Matrizengleichung für den Zusammenhang zwischen den Dehnungen und den Verschiebungen der Knotenpunkte lautet für ein Dreieckelement

$$\begin{bmatrix} \epsilon_x \\ \epsilon_y \\ \gamma \end{bmatrix} = \frac{1}{2A} \begin{bmatrix} y_2 - y_3 & 0 & y_3 - y_1 & 0 & y_1 - y_2 & 0 \\ 0 & -(x_2 - x_3) & 0 & -(x_3 - x_1) & 0 & -(x_1 - x_2) \\ -(x_2 - x_3) & y_2 - y_3 & -(x_3 - x_1) & y_3 - y_1 & -(x_1 - x_2) & y_1 - y_2 \end{bmatrix} \cdot$$

$$\cdot \begin{bmatrix} v_{1x} \\ v_{1y} \\ v_{2x} \\ v_{2y} \\ v_{3x} \\ v_{3y} \end{bmatrix}$$

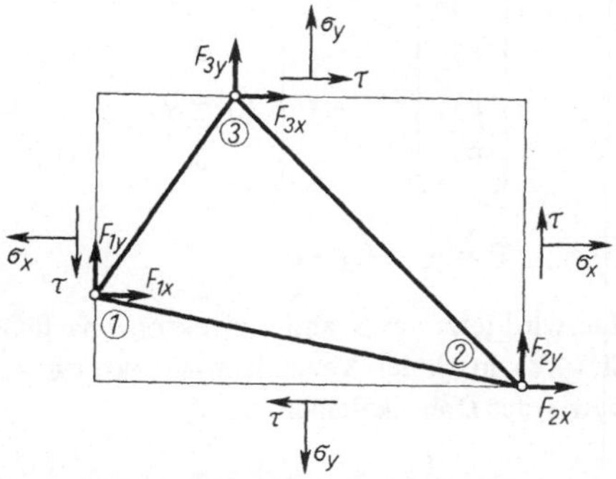

Bild 4.13
Knotenkräfte am
Dreieckelement

$$\boldsymbol{\epsilon} = \frac{1}{2A}\, \mathbf{C}_2 \cdot \mathbf{d} \qquad (4.8)$$

Nun müssen noch die Knotenkräfte durch die Spannungen ausgedrückt werden, weil nach den Voraussetzungen der Methode der finiten Elemente Kräfte nur in den Verbindungsknoten der Elemente angesetzt werden. Die Knotenkräfte werden positiv in Richtung der positiven Koordinatenachsen angesetzt (Bild 4.13).

In x-Richtung haben wir als Kräfte die mit den Projektionsflächen auf die y-Achse multiplizierten Spannungen $\sigma_x$ und die mit den Projektionsflächen auf die x-Achse multiplizierten Schubspannungen $\tau$. Diese Kräfte werden je zur Hälfte auf die der Schnittfläche benachbarten Knotenpunkte verteilt. Es ist z.B. mit der Bezeichnung t für die Dicke des Scheibenelementes

$$F_{1x} = \frac{1}{2}\,[-\sigma_x(y_3 - y_1)t - \sigma_x(y_1 - y_2)t - \tau(x_2 - x_1)t + \tau(x_3 - x_1)t]$$

$$= \frac{t}{2}\,[\sigma_x(y_2 - y_3) - \tau(x_2 - x_3)]$$

Ebenso ist

$$F_{1y} = \frac{1}{2}\,[\sigma_y(x_3 - x_1)t - \sigma_y(x_2 - x_1)t - \tau(y_3 - y_1)t - \tau(y_1 - y_2)t]$$

$$= \frac{t}{2}\,[-\sigma_y(x_2 - x_3) + \tau(y_2 - y_3)]$$

In gleicher Weise, oder einfacher durch zyklische Vertauschung der Indizes, erhält man

$$F_{2x} = \frac{t}{2}\,[\ \sigma_x(y_3 - y_1) - \tau(x_3 - x_1)]$$

$$F_{2y} = \frac{t}{2}\,[-\sigma_y(x_3 - x_1) + \tau(y_3 - y_1)]$$

$$F_{3x} = \frac{t}{2}\,[\ \sigma_x(y_1 - y_2) - \tau(x_1 - x_2)]$$

$$F_{3y} = \frac{t}{2}\,[-\sigma_y(x_1 - x_2) + \tau(y_1 - y_2)]$$

In Matrizenform lautet der Zusammenhang

$$\begin{bmatrix} F_{1x} \\ F_{1y} \\ F_{2x} \\ F_{2y} \\ F_{3x} \\ F_{3y} \end{bmatrix} = \frac{t}{2} \cdot \begin{bmatrix} y_2 - y_3 & 0 & -(x_2 - x_3) \\ 0 & -(x_2 - x_3) & y_2 - y_3 \\ y_3 - y_1 & 0 & -(x_3 - x_1) \\ 0 & -(x_3 - x_1) & y_3 - y_1 \\ y_1 - y_2 & 0 & -(x_1 - x_2) \\ 0 & -(x_1 - x_2) & y_1 - y_2 \end{bmatrix} \cdot \begin{bmatrix} \sigma_x \\ \sigma_y \\ \tau \end{bmatrix}$$

$$\mathbf{F} = \frac{t}{2} \cdot \mathbf{C}_3 \cdot \boldsymbol{\sigma} \tag{4.9}$$

Hier wird jetzt der Spannungsvektor $\boldsymbol{\sigma}$ nach Gl. (4.7) durch den Dehnungsvektor $\boldsymbol{\epsilon}$ und dieser nach Gl. (4.8) durch den Verschiebungsvektor $\mathbf{d}$ ausgedrückt, und man erhält die Elementsteifigkeitsmatrix des Dreieckelementes

$$\mathbf{F} = \frac{t}{2} \cdot \mathbf{C}_3\, \boldsymbol{\sigma} = \frac{t}{2} \cdot \mathbf{C}_3\, \mathbf{C}_1 \boldsymbol{\epsilon} = \frac{t}{2} \cdot \mathbf{C}_3 \mathbf{C}_1 \cdot \frac{1}{2A} \mathbf{C}_2 \mathbf{d}$$

$\mathbf{C}_3$ ist die zu $\mathbf{C}_2$ transponierte Matrix $\mathbf{C}_2'$.

$$\mathbf{K} = \mathbf{C}_2' \cdot \mathbf{C}_1 \cdot \mathbf{C}_2 \cdot \frac{t}{4A} \tag{4.10}$$

### 4.4.3 Struktur aus Dreieckelementen

Als Beispiel für die Anwendung von Dreieckelementen und für den Zusammenbau der Struktursteifigkeitsmatrix betrachten wir einen Biegeträger mit Rechteckquerschnitt (s. Bild 4.14; Balkendicke $t = 2$ cm).

Die Spannungsverteilung kann in dem als Scheibe betrachteten Träger (Spannungen sind von der senkrecht zur Zeichenebene gelegten z-Koordinate unabhängig) durch die Differentialgleichungen

$$\left( \frac{\partial^2}{\partial x^2} + \frac{\partial^2}{\partial y^2} \right) (\sigma_x + \sigma_y) = 0$$

$$\frac{\partial \sigma_x}{\partial x} + \frac{\partial \tau}{\partial y} = 0 \qquad \frac{\partial \tau}{\partial x} + \frac{\partial \sigma_y}{\partial y} = 0$$

beschrieben werden. Die Randbedingungen lauten

$$\sigma_x = 0 \qquad \text{für } x = \pm \ell/2 = \pm 20 \text{ cm}$$

$$\sigma_y = 0 \qquad \begin{array}{l} \text{für } y = 0 \ \wedge\ x \neq \pm \ell/2 \\ \text{für } y = h = 10 \text{ cm} \ \wedge\ x \neq 0 \end{array}$$

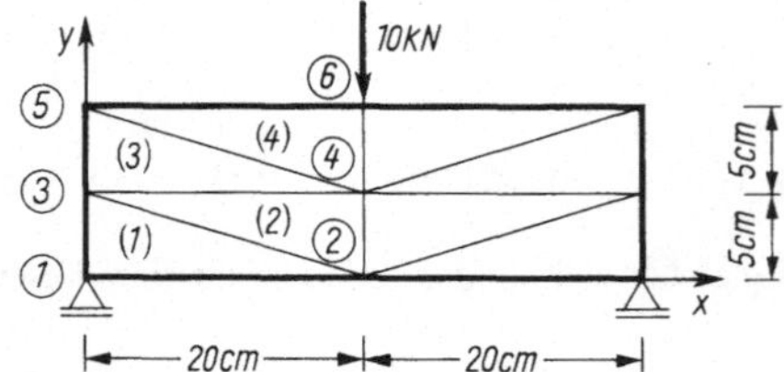


Bild 4.14 Einfaches Ersatzsystem eines Biegestabes

$$F_A = \int \tau\!\left(-\frac{\ell}{2}, y\right) \cdot t\, dy \qquad F_B = \int \tau\!\left(+\frac{\ell}{2}, y\right) \cdot t\, dy$$

Wir wählen ein besonders einfaches Ersatzsystem mit nur acht gleich großen Dreieckelementen, damit der Rechenaufwand begrenzt und noch übersichtlich ist. Dabei nehmen wir erhebliche Ungenauigkeit in der Spannungsermittlung in Kauf. Bei feinerer Einteilung der Struktur würde die

Spannungsverteilung im Ersatzsystem der wirklichen Verteilung näherkommen. Zur genauen Spannungsermittlung würde man überdies nicht überall gleich große Elemente nehmen, sondern in der Nähe der Krafteinleitungsstellen die Einteilung verfeinern.

Wegen der Symmetrie des Problems zerlegen wir das System in zwei symmetrische Teile, von denen wir nur den linken Teil betrachten (Bild 4.15).

Die Knotenpunkte auf der Symmetrielinie werden dadurch zu Randknotenpunkten des Teilsystems, die sich nicht waagerecht verschieben. Wir bringen in ihnen Ersatzlager an, die nur eine senkrechte Verschiebung zulassen. Die Randbedingungen für die Teilscheibe lauten dann:

$$v_{1y} = 0, \quad v_{2x} = v_{4x} = v_{6x} = 0$$

Den Koordinaten-Nullpunkt legen wir zur Vermeidung von negativen Koordinaten in das linke Auflager.

Wir stellen nun zunächst nacheinander die Steifigkeitsmatrizen für jedes Dreieckelement nach Gl. (4.7) bis (4.10) auf und setzen diese dann zur Struktursteifigkeitsmatrix zusammen.

Die Flächen aller Dreiecke sind jeweils $A = 50 \text{ cm}^2$. Der Elastizitätsmodul wird mit $E = 2 \cdot 10^4 \text{ kN/cm}^2$ angenommen und die Querdehnungszahl $\mu = 0{,}3$ gesetzt.

Für alle Dreieckelemente gilt dann Gl. (4.7)

$$\begin{bmatrix} \sigma_x \\ \sigma_y \\ \tau \end{bmatrix} = \frac{2 \cdot 10^4}{0{,}91} \; \frac{\text{kN}}{\text{cm}^2} \begin{bmatrix} 1 & 0{,}3 & 0 \\ 0{,}3 & 1 & 0 \\ 0 & 0 & 0{,}35 \end{bmatrix} \cdot \begin{bmatrix} \epsilon_x \\ \epsilon_y \\ \gamma \end{bmatrix} \tag{4.11}$$

E l e m e n t  (1) mit den Eckpunkten 1, 2 und 3

$$x_1 = 0 \qquad x_2 = 20 \text{ cm} \qquad x_3 = 0$$
$$y_1 = 0 \qquad y_2 = \;\; 0 \qquad\quad y_3 = 5 \text{ cm}$$

Nach Gl. (4.8) gilt

$$\begin{bmatrix} \epsilon_x \\ \epsilon_y \\ \gamma \end{bmatrix} = \frac{1}{100} \frac{1}{\text{cm}} \cdot \begin{bmatrix} -5 & 0 & 5 & 0 & 0 & 0 \\ 0 & -20 & 0 & 0 & 0 & 20 \\ -20 & -5 & 0 & 5 & 20 & 0 \end{bmatrix} \cdot \begin{bmatrix} v_{1x} \\ v_{1y} \\ v_{2x} \\ v_{2y} \\ v_{3x} \\ v_{3y} \end{bmatrix}$$

und nach Einsetzen in Gl. (4.11) findet man den Zusammenhang zwischen den Spannungen und den Verschiebungen

$$\begin{bmatrix} \sigma_x \\ \sigma_y \\ \tau \end{bmatrix} = \frac{200}{0{,}91} \frac{\text{kN}}{\text{cm}^3} \cdot \begin{bmatrix} -5 & -6 & 5 & 0 & 0 & 6 \\ -1{,}5 & -20 & 1{,}5 & 0 & 0 & 20 \\ -7 & -1{,}75 & 0 & 1{,}75 & 7 & 0 \end{bmatrix} \cdot \begin{bmatrix} v_{1x} \\ v_{1y} \\ v_{2x} \\ v_{2y} \\ v_{3x} \\ v_{3y} \end{bmatrix} \tag{4.12}$$

Setzt man nun den Spannungsvektor in Gl. (4.9) ein und beachtet, daß $C_3 = C_2'$ ist, so erhält man den Zusammenhang zwischen den Knotenkräften und den Knotenverschiebungen, die Elementsteifigkeitsmatrix

$$\begin{bmatrix} F_{1x} \\ F_{1y} \\ F_{2x} \\ F_{2y} \\ F_{3x} \\ F_{3y} \end{bmatrix} = \frac{200}{0,91}\frac{kN}{cm} \cdot \begin{bmatrix} 165 & 65 & -25 & -35 & -140 & -30 \\ 65 & 408,75 & -30 & -8,75 & -35 & -400 \\ -25 & -30 & 25 & 0 & 0 & 30 \\ -35 & -8,75 & 0 & 8,75 & 35 & 0 \\ -140 & -35 & 0 & 35 & 140 & 0 \\ -30 & -400 & 30 & 0 & 0 & 400 \end{bmatrix} \cdot \begin{bmatrix} v_{1x} \\ v_{1y} \\ v_{2x} \\ v_{2y} \\ v_{3x} \\ v_{3y} \end{bmatrix} \qquad (4.13)$$

E l e m e n t  (2) mit den Endpunkten 2, 4 und 3

Diese Reihenfolge der Knotennummern entspricht im Linksumlauf der Reihenfolge in Bild 4.15 und den zugehörigen Formeln. Knoten 2 tritt an die Stelle der 1 in der Formel, Knoten 4 an die Stelle 2 der Formel, und Knoten 3 bleibt. (Man könnte z.B. auch Knoten 2 direkt übertragen. Dann müßte Knoten 4 an die Stelle 3 und Knoten 3 an die Stelle 1 der Formel treten).

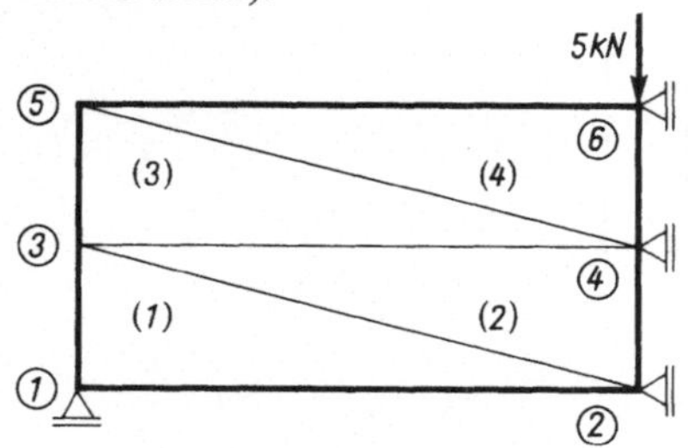


Fig. 4.15

Mit    $x_2 = 20$ cm    $x_4 = 20$ cm    $x_3 = 0$

$y_2 = 0$    $y_4 = 5$ cm    $y_3 = 5$ cm

erhält man

$$\begin{bmatrix} \epsilon_x \\ \epsilon_y \\ \gamma \end{bmatrix} = \frac{1}{100}\frac{1}{cm} \cdot \begin{bmatrix} 0 & 0 & 5 & 0 & -5 & 0 \\ 0 & -20 & 0 & 20 & 0 & 0 \\ -20 & 0 & 20 & 5 & 0 & -5 \end{bmatrix} \cdot \begin{bmatrix} v_{2x} \\ v_{2y} \\ v_{4x} \\ v_{4y} \\ v_{3x} \\ v_{3y} \end{bmatrix}$$

$$\begin{bmatrix} \sigma_x \\ \sigma_y \\ \tau \end{bmatrix} = \frac{200}{0,91}\frac{kN}{cm^3} \cdot \begin{bmatrix} 0 & -6 & 5 & 6 & -5 & 0 \\ 0 & -20 & 1,5 & 20 & -1,5 & 0 \\ -7 & 0 & 7 & 1,75 & 0 & -1,75 \end{bmatrix} \cdot \begin{bmatrix} v_{2x} \\ v_{2y} \\ v_{4x} \\ v_{4y} \\ v_{3x} \\ v_{3y} \end{bmatrix} \qquad (4.14)$$

$$\begin{bmatrix} F_{2x} \\ F_{2y} \\ F_{4x} \\ F_{4y} \\ F_{3x} \\ F_{3y} \end{bmatrix} = \frac{200}{0{,}91} \frac{kN}{cm} \cdot \begin{bmatrix} 140 & 0 & -140 & -35 & 0 & 35 \\ 0 & 400 & -30 & -400 & 30 & 0 \\ -140 & -30 & 165 & 65 & -25 & -35 \\ -35 & -400 & 65 & 408{,}75 & -30 & -8{,}75 \\ 0 & 30 & -25 & -30 & 25 & 0 \\ 35 & 0 & -35 & -8{,}75 & 0 & 8{,}75 \end{bmatrix} \cdot \begin{bmatrix} v_{2x} \\ v_{2y} \\ v_{4x} \\ v_{4y} \\ v_{3x} \\ v_{3y} \end{bmatrix} \qquad (4.15)$$

Will man die Elementsteifigkeitsmatrix mit der später in der Strukturmatrix benutzten Knotenreihenfolge haben, so muß man Zeile 3 mit Zeile 5, Zeile 4 mit Zeile 6, Spalte 3 mit Spalte 5 und Spalte 4 mit Spalte 6 vertauschen. Dann erhält man

$$\begin{bmatrix} F_{2x} \\ F_{2y} \\ F_{3x} \\ F_{3y} \\ F_{4x} \\ F_{4y} \end{bmatrix} = \frac{200}{0{,}91} \frac{kN}{cm} \cdot \begin{bmatrix} 140 & 0 & 0 & 35 & -140 & -35 \\ 0 & 400 & 30 & 0 & -30 & -400 \\ 0 & 30 & 25 & 0 & -25 & -30 \\ 35 & 0 & 0 & 8{,}75 & -35 & -8{,}75 \\ -140 & -30 & -25 & -35 & 165 & 65 \\ -35 & -400 & -30 & -8{,}75 & 65 & 408{,}45 \end{bmatrix} \cdot \begin{bmatrix} v_{2x} \\ v_{2y} \\ v_{3x} \\ v_{3y} \\ v_{4x} \\ v_{4y} \end{bmatrix} \qquad (4.16)$$

E l e m e n t  3 mit den Eckpunkten 3, 4 und 5 entspricht in der gegenseitigen Lage der Eckpunkte genau dem Element 1 mit den Eckpunkten 1, 2 und 3, so daß die Gln. (4.12) und (4.13) auch für Element 3 benutzt werden können, wenn man in diesen Gleichungen den Index 1 durch 3, den Index 2 durch 4 und den Index 3 durch 5 ersetzt.

E l e m e n t  4 mit den Eckpunkten 4, 6 und 5 entspricht dem Element 2 mit den Eckpunkten 2, 4 und 3. Die Gleichungen (4.13), (4.14) und (4.15) können für Element 4 benutzt werden, wenn formal in diesen Gleichungen Index 2 durch 4, Index 4 durch 6 und Index 3 durch 5 ersetzt wird.

Aus diesen Einzelmatrizen wird die Struktursteifigkeitsmatrix dadurch zusammengesetzt, daß man die zu gleichen Verschiebungen der einzelnen Knotenpunkte gehörenden Knotenpunktkräfte aus allen an diese Knoten stoßenden Elementen zusammenfaßt. Man kann z.B. die Elementmatrizen durch Einsetzen passender Nullen auf je zwölf Zeilen und Spalten erweitern und dann die an gleichen Stellen stehenden Zahlen addieren.

Das entspricht wieder dem Gleichgewicht der äußeren Knotenpunktkraft mit der Summe der von den Elementen her am Knotenpunkt angreifenden Kräfte.

Am Knoten 4 stoßen z.B. die Elemente 2, 3 und 4 zusammen. Die x-Komponente der äußeren Kraft (hier Lagerkraft) ist gleich der Summe der x-Komponenten der Elementknotenkräfte.

$$F_{4x} = F_{4x}^{(2)} + F_{4x}^{(3)} + F_{4x}^{(4)}$$

$$[\,(-140\,v_{2x} - 30\,v_{2y} - 25\,v_{3x} - 35\,v_{3y} + 165\,v_{4x} + 65\,v_{4y})$$

$$+ (-25\,v_{3x} - 30\,v_{3y} + 25\,v_{4x} + 0\,v_{4y} + 0\,v_{5x} + 30\,v_{5y})$$

$$+ (140\,v_{4x} + 0\,v_{4y} + 0\,v_{5x} + 35\,v_{5y} - 140\,v_{6x} - 35\,v_{6y})]\,\frac{kN}{cm}$$

Faßt man die Verschiebungskoeffizienten gleicher Verschiebungen zusammen und ergänzt für die nicht vorkommenden Verschiebungen des Knotens 1 zwei Nullen, so erhält man die 7. Zeile der Struktursteifigkeitsmatrix.

$$F_{4x} = [0\,v_{1x} + 0\,v_{1y} - 140\,v_{2x} - 30\,v_{2y} - 50\,v_{3x} - 65\,v_{3y} + 330\,v_{4x} + 65\,v_{4y} + 0\,v_{5x}$$

$$+ 65\,v_{5y} - 140\,v_{6x} - 35\,v_{6y}]\,\frac{kN}{cm}$$

Die übrigen Zeilen der Gesamtsteifigkeitsmatrix ergeben sich auf gleiche Weise. Formal schreibt man die Matrixelemente der Elementsteifigkeitsmatrizen nacheinander in die durch ihre Indices gegebenen Speicherplätze der Gesamtsteifigkeitsmatrix und addiert dabei die auf denselben Platz entfallenden Matrixelemente der einzelnen Elementmatrizen.

$$
\begin{array}{cccccccccccc}
v_{1x} & v_{1y} & v_{2x} & v_{2y} & v_{3x} & v_{3y} & v_{4x} & v_{4y} & v_{5x} & v_{5y} & v_{6x} & v_{6y}
\end{array}
$$

$$
\begin{bmatrix}
165 & 65 & -25 & -35 & -140 & -30 & 0 & 0 & 0 & 0 & 0 & 0 \\
65 & 408{,}75 & -30 & -8{,}75 & -35 & -400 & 0 & 0 & 0 & 0 & 0 & 0 \\
-25 & -30 & 165 & 0 & 0 & 65 & -140 & -35 & 0 & 0 & 0 & 0 \\
-35 & -8{,}75 & 0 & 408{,}75 & 65 & 0 & -30 & -400 & 0 & 0 & 0 & 0 \\
-140 & -35 & 0 & 65 & 330 & 65 & -50 & -65 & -140 & -30 & 0 & 0 \\
-30 & -400 & 65 & 0 & 65 & 817{,}5 & -65 & -17{,}5 & -35 & -400 & 0 & 0 \\
0 & 0 & -140 & -30 & -50 & -65 & 330 & 65 & 0 & 65 & -140 & -35 \\
0 & 0 & -35 & -400 & -65 & -17{,}5 & 65 & 817{,}5 & 65 & 0 & -30 & -400 \\
0 & 0 & 0 & 0 & -140 & -35 & 0 & 65 & 165 & 0 & -25 & -30 \\
0 & 0 & 0 & 0 & -30 & -400 & 65 & 0 & 0 & 408{,}75 & -35 & -8{,}75 \\
0 & 0 & 0 & 0 & 0 & 0 & -140 & -30 & -25 & -35 & 165 & 65 \\
0 & 0 & 0 & 0 & 0 & 0 & -35 & -400 & -30 & -8{,}75 & 65 & 408{,}75
\end{bmatrix}
\cdot
\begin{bmatrix}
v_{1x} \\ v_{1y} \\ v_{2x} \\ v_{2y} \\ v_{3x} \\ v_{3y} \\ v_{4x} \\ v_{4y} \\ v_{5x} \\ v_{5y} \\ v_{6x} \\ v_{6y}
\end{bmatrix}
$$

$$
=
\begin{bmatrix}
0 \\ F_{1y} \\ F_{2x} \\ 0 \\ 0 \\ 0 \\ F_{4x} \\ 0 \\ 0 \\ 0 \\ F_{6x} \\ -5\ kN
\end{bmatrix}
\cdot \frac{0{,}91}{200}\,\frac{cm}{kN}
\qquad\qquad (4.17)
$$

Wegen der Randbedingungen für die halbe Scheibe sind $v_{1y} = v_{2x} = v_{4x} = v_{6x} = 0$. Die Koeffizienten der zweiten, dritten, siebenten und elften Spalte werden also mit Null (unterstrichene v in Gl. (4.17)) multipliziert und sind deshalb für die hier vorgegebenen Randbedingungen ohne Bedeutung. Nimmt man nun die den vorgenannten Spalten entsprechenden Zeilen, die die unbekannten Auflagerkräfte enthalten, heraus, so erhält man ein Gleichungssystem für die acht unbekannten Verschiebungen

$$
\begin{bmatrix}
165 & -35 & -140 & -30 & 0 & 0 & 0 & 0 \\
-35 & 408{,}75 & 65 & 0 & -400 & 0 & 0 & 0 \\
-140 & 65 & 330 & 65 & -65 & -140 & -30 & 0 \\
-30 & 0 & 65 & 817{,}5 & -17{,}5 & -35 & -400 & 0 \\
0 & -400 & -65 & -17{,}5 & 817{,}5 & 65 & 0 & -400 \\
0 & 0 & -140 & -35 & 65 & 165 & 0 & -30 \\
0 & 0 & -30 & -400 & 0 & 0 & 408{,}75 & -8{,}75 \\
0 & 0 & 0 & 0 & -400 & -30 & -8{,}75 & 408{,}75
\end{bmatrix}
\cdot
\begin{bmatrix}
v_{1x} \\ v_{2y} \\ v_{3x} \\ v_{3y} \\ v_{4y} \\ v_{5x} \\ v_{5y} \\ v_{6y}
\end{bmatrix}
=
\begin{bmatrix}
0 \\ 0 \\ 0 \\ 0 \\ 0 \\ 0 \\ 0 \\ -0{,}02275
\end{bmatrix}
\cdot \text{cm}
$$

mit der Lösung

$$
\begin{aligned}
v_{1x} &= -0{,}29948 \cdot 10^{-3}\ \text{cm} & v_{4y} &= -1{,}22427 \cdot 10^{-3}\ \text{cm} \\
v_{2y} &= -1{,}21862 \cdot 10^{-3}\ \text{cm} & v_{5x} &= +0{,}21349 \cdot 10^{-3}\ \text{cm} \\
v_{3x} &= -0{,}03200 \cdot 10^{-3}\ \text{cm} & v_{5y} &= -0{,}10335 \cdot 10^{-3}\ \text{cm} \\
v_{3y} &= -0{,}07608 \cdot 10^{-3}\ \text{cm} & v_{6y} &= -1{,}24026 \cdot 10^{-3}\ \text{cm}
\end{aligned}
$$

Mit diesen Verschiebungen berechnet man nun aus der zweiten, dritten, siebenten und elften Zeile der Gesamtsteifigkeitsmatrix in Gl. (4.17) die unbekannten Auflagerkräfte

$$
\begin{aligned}
F_{1y} &= 5{,}000\ \text{kN} & F_{2x} &= 9{,}976\ \text{kN} \\
& & F_{4x} &= 0{,}048\ \text{kN} \\
& & F_{6x} &= -10{,}024\ \text{kN}
\end{aligned}
$$

Die Spannungen in den einzelnen Elementen ergeben sich dann durch Einsetzen der Verschiebungen in Gl. (4.12), (4.14), wobei für die Elemente 3 und 4 die Indizes der Verschiebungen passend eingesetzt werden müssen, wie es auf S. 155 oben beschrieben wurde.

Das Matrixprodukt $C_1 \cdot C_2$ in den vorstehend genannten Gleichungen

$$\sigma = \frac{1}{2\,A} \cdot C_1 \cdot C_2 \cdot d$$

kommt in transponierter Form schon bei der Berechnung der Elementmatrix in Gl. (4.10) vor und kann für die Spannungsberechnung gespeichert werden. Wegen $C_1' = C_1$ gilt

$$(C_1\,C_2)' = C_2'\,C_1' = C_2'\,C_1$$

| Element | $\sigma_x$<br>N/cm$^2$ | $\sigma_y$<br>N/cm$^2$ | $\tau$<br>N/cm$^2$ |
|---|---|---|---|
| (1) | 229 | -236 | -57 |
| (2) | 28 | -14 | -442 |
| (3) | -1 | -109 | -64 |
| (4) | -256 | -141 | -437 |

In Bild 4.16a sind die Spannungen untereinander in der Reihenfolge $\sigma_x$, $\sigma_y$, $\tau$ in jedes Element eingetragen. Außerdem ist der Verschiebungszustand überhöht eingezeichnet.

Die Verschiebung der Balkenmitte beträgt hier nur etwas mehr als ein Viertel der wirklichen Verschiebung. Der vertikale Verschiebungsunterschied der Knoten 6 und 2 kommt jedoch zum Ausdruck, so daß qualitativ die örtliche vertikale Zusammendrückung an der Lasteinleitungsstelle erkennbar ist.

Die Spannungen sind mittlere (konstant angenommene!) Spannungen für jedes Element. Sie sind nur qualitativ richtig berechnet.

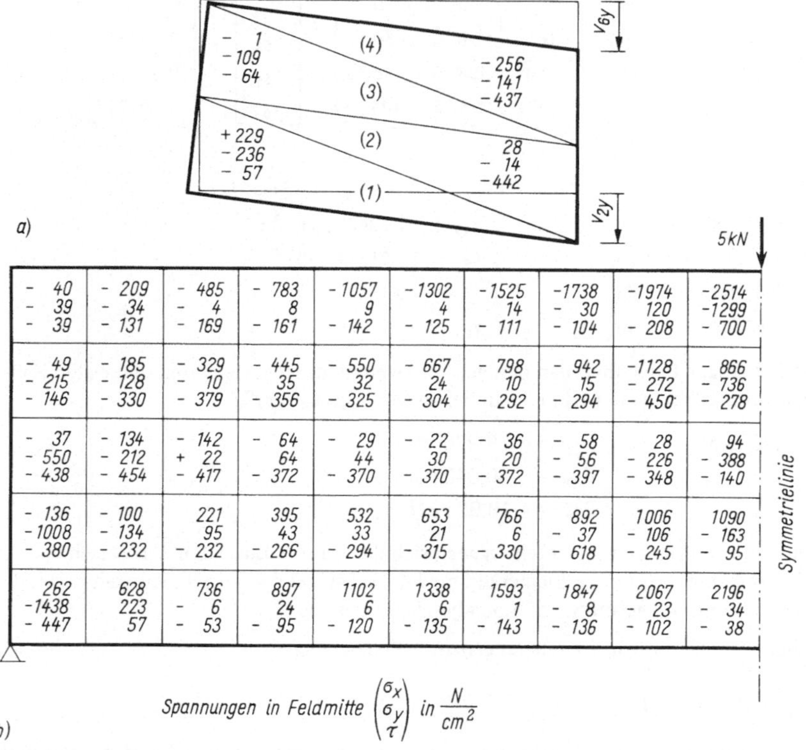


Bild 4.16  Verformungsbild und Elementspannungen der halben Scheibe.
a) Grobeinteilung (4 Elemente), b) Feineinteilung (50 Elemente)

Wegen der Einteilung in nur vier Elemente konnte der Verschiebungszustand und damit der Spannungszustand nicht richtig wiedergegeben werden. Das Ersatzsystem ist erheblich steifer als das wirkliche System. Wir betonen noch einmal, daß die Wahl dieses einfachen Ersatzsystems nur aus didaktischen Gründen erfolgte. Die Methode der finiten Elemente zeigt erst bei genügend feiner Einteilung der Struktur in Elemente und bei Anwendung von Großrechenanlagen ihre volle Wirksamkeit. So wurde zum Vergleich die Spannungsverteilung und die Verschiebung für dieselbe Halbscheibe mit fünfzig Rechteckelementen berechnet[1]. Die Spannungen sind in Bild 4.16b eingetragen. Man sieht deutlich, daß in der Scheibe an den Krafteinleitungsstellen Spannungen $\sigma_y$ quer zur Trägerachse auftreten, die durch die Balkentheorie ($\sigma_y = 0$) nicht erfaßt werden. Die Spannung

---

1) Für die Durchführung dieser Rechnung danke ich meinem Kollegen G. Woydack.

in x-Richtung entspricht ungefähr der Balkentheorie. In der mittleren Elementreihe (neutrale Schicht) ist sie näherungsweise Null, und in den Mitten der Randelemente ist nach der Balkentheorie $\sigma_x = 2280\,\text{N/cm}^2$ im zehnten Element und $\sigma_x = 1080\,\text{N/cm}^2$ im fünften Element der unteren Reihe.

Die Schubspannung in der mittleren Elementreihe weicht nur in den Krafteinleitungsbereichen von dem nach der Balkentheorie berechneten Wert $\tau = 375\,\text{N/cm}^2$ ab.

Die Absenkung in der Symmetrielinie beträgt nach der FEM-Rechnung oben $v = -4{,}92 \cdot 10^{-3}$ cm und unten $v = -4{,}51 \cdot 10^{-3}$ cm, hat also wegen der Zusammendrückung in y-Richtung realistisch oben einen größeren Betrag als unten, während die Balkentheorie $v = -4{,}00 \cdot 10^{-3}$ cm liefert.

## 4.5  Aufgaben zu Abschnitt 4

**1.** Man berechne mit der Methode der finiten Elemente die Verschiebung des Knotenpunktes 1 und die Auflagerkräfte des in Bild 4.17 gezeichneten Auslegers.

Der Elastizitätsmodul beträgt $E = 2 \cdot 10^4$ kN/cm². Die Stäbe haben Querschnittflächen $A_1 = 4$ cm², $A_2 = A_3 = 9$ cm².

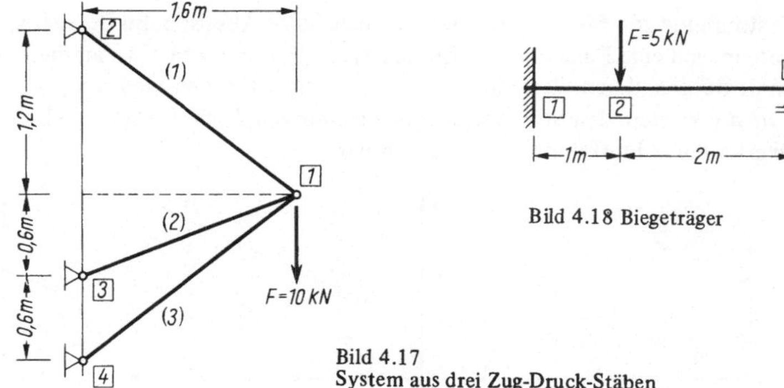


Bild 4.17
System aus drei Zug-Druck-Stäben

Bild 4.18 Biegeträger

**2.** Man bestimme Querkraft und Biegemoment am Knoten 1 des in Bild 4.18 gezeichneten Biegeträgers sowie Durchbiegung und Neigung am Knoten 2 und die Neigung und Auflagerkraft am Knoten 3.

Der Elastizitätsmodul beträgt $E = 2 \cdot 10^4$ kN/cm² und das Flächenmoment $I = 100$ cm⁴.

**3.** Man berechne die Dehnung $\epsilon_y$ und den Schubwinkel $\gamma$ eines dreieckigen Flächenelementes als Funktion der Koordinaten und Verschiebungen seiner Eckpunkte (s. S. 150).

# 5 Interpolation und Approximation

## 5.1 Interpolations- und Approximationsaufgaben der Technik

Die zu entwickelnden Verfahren zur I n t e r p o l a t i o n sollen die folgende Aufgabe (Bild 5.1) lösen. Es seien zu $m + 1$ Abszissen $x_0, x_1, \ldots, x_m$ – den S t ü t z s t e l l e n – $m + 1$ Ordinaten $y_0, y_1, \ldots, y_m$ – die S t ü t z w e r t e – gegeben. Dabei sei $x_0 < x_1 < \ldots < x_m$. Sie können z.B. in Form einer Tafel vorliegen

| x | $x_0$ | $x_1$ | $x_2$ | $\ldots$ | $x_m$ |
|---|---|---|---|---|---|
| y | $y_0$ | $y_1$ | $y_2$ | $\ldots$ | $y_m$ |

Zur Bestimmung von Funktionswerten, die beliebigen Abszissen im Bereich $x_0 \leqslant x \leqslant x_m$ zugeordnet werden, soll eine Funktion $y = f(x, a_0, a_1, \ldots, a_m)$ mit $m + 1$ Parametern $a_0, a_1, a_2, \ldots, a_m$ bestimmt werden, deren Werte $f(x_0), f(x_1), \ldots, f(x_m)$ an den Stellen $x_0, x_1, \ldots, x_m$ mit den gegebenen y-Werten, den Stützwerten, übereinstimmen. Diese Funktion wird dann benutzt, um dem Wert x einen Funktionswert y zuzuordnen.

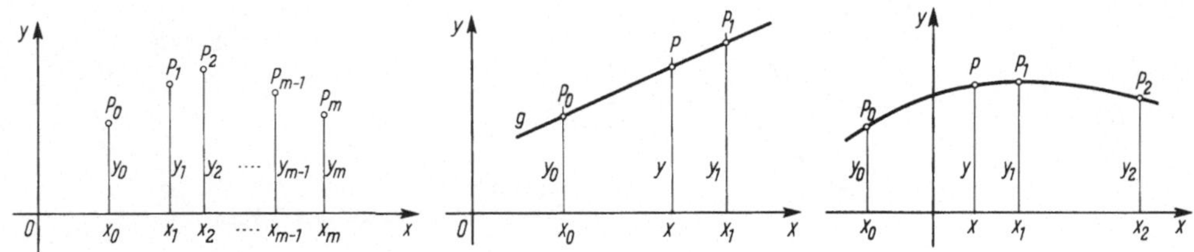

Bild 5.1  Gegebene Punkte bei der Interpolation

Bild 5.2  Lineare Interpolation

Bild 5.3  Quadratische Interpolation

Als solche Interpolationsfunktionen zieht man vorwiegend ganze rationale Funktionen, also Polynome, heran. Bei l i n e a r e r  I n t e r p o l a t i o n  $(m = 1)$ legt man durch die beiden Punkte $P_0(x_0; y_0)$ und $P_1(x_1; y_1)$ eine Gerade g. Ihre Gleichung ermittelt man aus der Zweipunkteform (Bild 5.2)

$$\frac{y - y_1}{x - x_1} = \frac{y_0 - y_1}{x_0 - x_1}$$

zu

$$y = y_1 + (x - x_1) \frac{y_0 - y_1}{x_0 - x_1} \tag{5.1}$$

Mit Gl. (5.1) kann einem x aus $x_0 \leqslant x \leqslant x_1$ ein y-Wert zugeordnet werden. Bei q u a d r a t i - s c h e r  I n t e r p o l a t i o n legt man durch drei Punkte (Bild 5.3) die Kurve eines Polynoms 2. Grades mit dem Ansatz

$$y = a_0 + a_1 x + a_2 x^2 \qquad\qquad (5.2)$$

Es sind dann die drei Parameter $a_0$, $a_1$, $a_2$ zu ermitteln.

Diese Aufgabe, linear oder quadratisch zu interpolieren, tritt beim Arbeiten mit Funktionstafeln auf, in denen Funktionswerte wie sin x, lg x, $e^x$ usw. in bestimmter Schrittweite in x tabelliert sind. Sehr häufig wird die Interpolation in der Thermodynamik verwendet, weil man dort auf vielfältige Weise mit Diagrammen und Tafeln arbeiten muß. Beispiele sind die Dampftafeln, die die Zustandsgrößen von Wasser und Dampf enthalten, oder die Mollier-(i, s)-Diagramme des Wasserdampfs.

Eine Interpolationsaufgabe, die höhere Anforderungen an die Verfahren stellt, ergibt sich aus dem sog. S t r a k e n   v o n   F l u g z e u g -   u n d   S c h i f f s r ü m p f e n. Dabei soll (Bild 5.4) durch bestimmte Punkte $P_0$, $P_1$, $P_2$, . . . , $P_m$, die in einer Ebene des Raumes liegen, eine möglichst „glatte" Kurve gelegt werden. Graphisch wird die Aufgabe mit sog. Straklinealen oder Straklatten ausgeführt. Bei der Berechnung von Wasserlinien z.B. werden zwei Funktionen gesucht, die zwei Kurven y(x) für $-L_a \leqslant x \leqslant -\ell_a$ und $\ell_v \leqslant x \leqslant L_v$ durch vorgegebene Punkte beschreiben (Bild 5.5). Durch die Transformationen

$$u = \frac{x - \ell_v}{L_v - \ell_v} \qquad v = \frac{y}{y_0}$$

erhält man für den rechten Teil der Wasserlinie in Bild 5.5 eine Abbildung auf die Bereiche

$$0 \leqslant u \leqslant 1 \qquad \text{und} \qquad 0 \leqslant v \leqslant 1$$

und kann die gesuchte Funktion v(u) bestimmen.

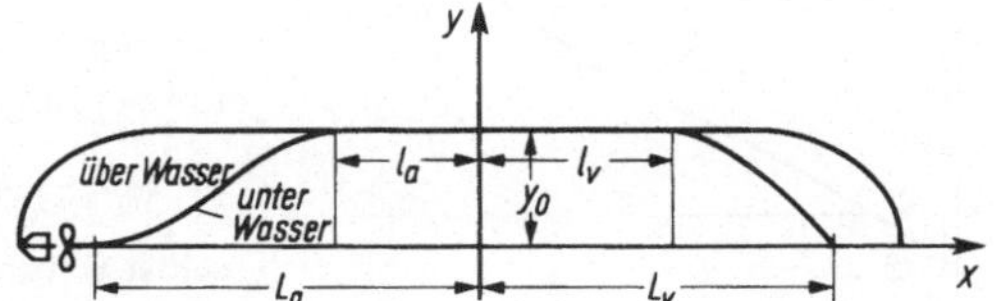


Bild 5.5  Wasserlinie eines Schiffes

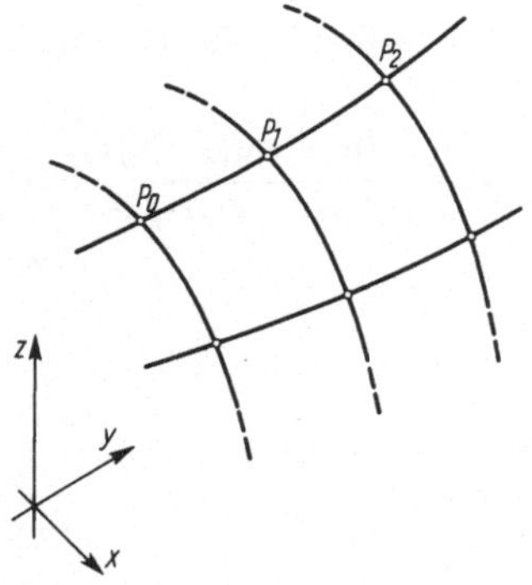


Bild 5.4  Interpolation bei Punkten
in einer Ebene des Raumes

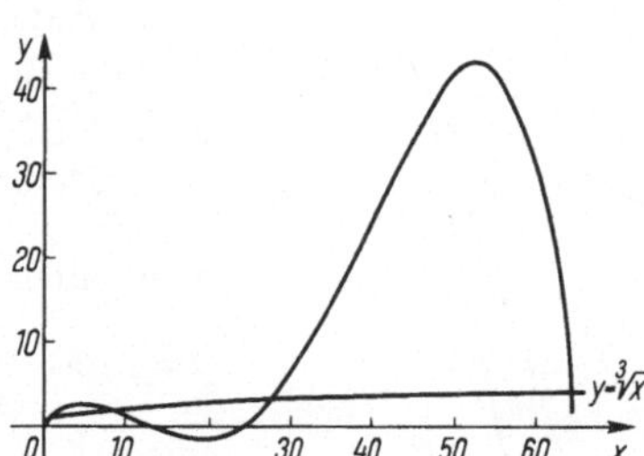


Bild 5.6  Interpolation von $y = \sqrt[3]{x}$

Bei der Lösung dieser Interpolationsaufgabe müßte man Polynome höheren Grades verwenden. Diese aber neigen im allgemeinen zur Welligkeit.

Das zeigt das in Bild 5.6 dargestellte Beispiel in besonders krasser Weise. Bestimmt man mit den noch zu behandelnden Methoden das Interpolationspolynom durch die fünf Punkte

| x | 0 | 1 | 8 | 27 | 64 |
|---|---|---|---|----|----|
| y | 0 | 1 | 2 | 3  | 4  |

der Funktion $y = \sqrt[3]{x}$, so erhält man das Polynom

$$y = -0{,}5924 \cdot 10^{-4}x^4 + 0{,}5972 \cdot 10^{-2}x^3 - 0{,}156570x^2 + 1{,}15066x$$

dessen Funktionskurve in Bild 5.6 eingezeichnet ist. Man sieht, daß Funktions- und Polynomwerte an den Stützstellen übereinstimmen, daß dazwischen aber erhebliche Abweichungen auftreten.

Man muß also versuchen, Funktionen zu finden, deren Kurven möglichst wenig − in einem noch zu definierenden Sinne − den Anstieg ändern. Es wird zu zeigen sein, daß die S p l i n e - F u n k - t i o n e n  diesem Anspruch genügen.

In früherer Zeit hat man zur Lösung dieser Aufgabe Kegelschnitte verwendet. Von der Strakaufgabe her war zunächst gefordert, daß die zu ermittelnde Funktion an den Stützstellen nicht nur mit den gegebenen Funktionswerten übereinstimmt, sondern daß an diesen Stellen die 1. und die 2. Ableitung stetig sind. Ein Kegelschnitt, der diese Forderung erfüllt (Bild 5.7), werde durch die Punkte $P_1$ und $P_2$ gelegt. Im Punkte $P_1$ seien Anstieg und Krümmung bekannt. Es wird ein $(x, y)$-Koordinatensystem mit dem Ursprung in $P_1$ so eingeführt, daß der Anstieg in $P_1$ Null, die zweite Ableitung q ist. Der Punkt $P_2$ habe im $(x, y)$-System die Koordinaten a und b, der Anstieg in $P_2$, bezogen auf das $(x, y)$-System, sei r. Dann ist die Gleichung des Kegelschnitts durch $P_1$ und $P_2$ zu berechnen, der die Werte

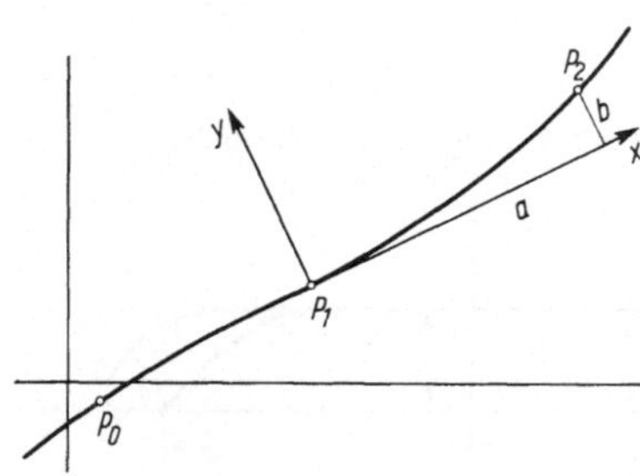

$$\begin{array}{llll}
\text{in } P_1 & x = 0 & \quad \text{in } P_2 & x = a \\
& y = 0 & & y = b \\
& y' = 0 & & y' = r \\
& y'' = q & &
\end{array}$$

annimmt.

In [41] ist gezeigt, daß das Problem mit dem Ansatz

$$y^2 + e_1 x^2 + 2e_2 xy + 2e_3 y = 0 \tag{5.3}$$

gelöst werden kann. Dabei sind die Koeffizienten $e_1$, $e_2$, $e_3$ aus

$$e_1 = \frac{b^2 q(ar - b)}{a^2 q(ar - b) - 2b^2} \qquad e_2 = \frac{b(br - aq(ar - b))}{a^2 q(ar - b) - 2b^2}$$

$$e_3 = \frac{-b^2(ar - b)}{a^2 q(ar - b) - 2b^2} = -\frac{e_1}{q} \tag{5.4}$$

Bild 5.7  Kegelschnittbestimmung

zu ermitteln. Gl. (5.3) ergibt nach y aufgelöst:

$$y = -(e_3 + e_2 x) \pm \sqrt{(e_3 + e_2 x)^2 - e_1 x^2} \tag{5.5}$$

Bild 5.8 zeigt die Ergebnise einer Rechnung für das folgende Beispiel

$$a = 63{,}758 \qquad b = 18{,}985 \qquad q = 0{,}000565$$

Dabei wird r variiert $(0{,}1;\ 0{,}3;\ 0{,}531616;\ 1)$.

Für $r = 0{,}1$ ergibt sich ein entarteter Fall. Der Kegelschnitt zerfällt in dem Bereich $0 \leqslant x \leqslant a$ in zwei Teilkurven, von denen die eine durch den Punkt $(0; 0)$ geht und dort die vorgeschriebene 2. Ableitung hat, während die andere durch den Punkt $(a; b)$ mit dem vorgeschriebenen Anstieg geht.

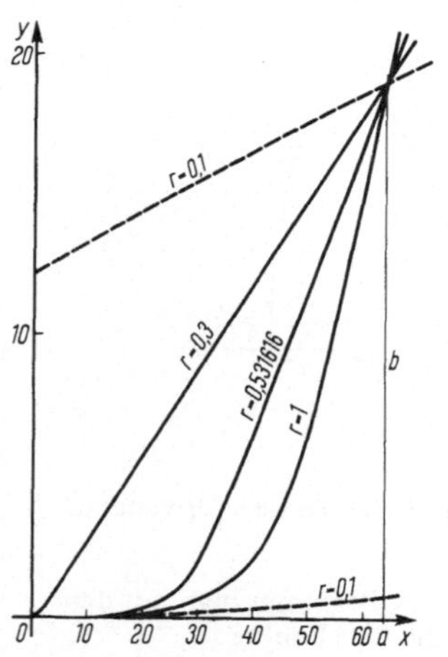


Bild 5.8  Kegelschnitte
zum Straken

Für Aufgabenstellungen mit hohen Genauigkeitsanforderungen wird man solche Verfahren und die Spline-Interpolation verwenden. Bei tabellarischen Werten, die aus Messungen stammen, wird man sich mit den zu entwickelnden Interpolationspolynomen nach Newton und Lagrange begnügen. Darüber hinaus bilden die Interpolationsformeln das theoretische Rüstzeug für die Herleitung von Verfahren, die auf Differenzenbildung und Interpolation beruhen.

Der Aufgabe der  A p p r o x i m a t i o n  von Funktionen liegen zwei Probleme zugrunde:

1. In vielen Fällen ist es erwünscht, für eine tabellarisch gegebene Funktion einen analytischen Ausdruck als Zuordnungsvorschrift derart zu finden, daß die Schwankungen der Werte — sofern es sich um Meßwerte handelt — dabei ausgeglichen werden.

2. Sehr oft ist es erforderlich, Funktionen, die komplizierte Berechnungsvorschriften darstellen, durch einfachere, etwa Polynome oder gebrochene rationale Funktionen, zu ersetzen. Das kann z.B. erforderlich sein, um eine Funktion zu linearisieren. Es kann aber auch wie vor allem in der Datenverarbeitung den Sinn haben, das Einspeichern umfangreicher Tafeln in Rechenanlagen zu vermeiden.

Sofern die Funktionen, die den Tafeln zugrunde liegen, bekannt sind und geeignete Berechnungsvorschriften darstellen, kann man sie direkt verwenden. So sind z.B. die deutschen Dampftafeln von 1960[1] mit Hilfe der Kochschen Zustandsgleichung

$$v = \frac{R\,T}{p} - \frac{A}{\left(\dfrac{T}{100°}\right)^{2,82}} - p^2 \left[ \frac{B}{\left(\dfrac{T}{100°}\right)^{14}} + \frac{C}{\left(\dfrac{T}{100°}\right)^{31,6}} \right]$$

berechnet. Beinhalten die Funktionsgleichungen keine für Rechenanlagen geeignete Berechnungsvorschriften, wie z.B. sin x, ln x usw., so müssen Ersatzfunktionen gefunden werden, die es erlauben, die Funktionswerte genügend genau zu ermitteln.

N u m e r i s c h e  I n t e g r a t i o n  ist immer dann erforderlich, wenn die Berechnung bestimmter Integrale über die Ermittlung einer Stammfunktion nicht oder nur sehr schwer möglich ist. Sie ist nötig, wenn der Integrand sich aus Funktionen zusammensetzt, die tabellarisch gegeben sind. An die Ermittlung von Wasserlinien im Schiffsbau schließen sich z.B. umfangreiche Rechnungen an, die auf Integrationen hinauslaufen, etwa die Berechnung des Schwerpunktes der Wasserlinie, ihrer Breiten- und Längenträgheitsmomente, die Ermittlung der Verdrängung, des Verdrängungsschwerpunktes, des Metazentrums und des Trimmoments.

## 5.2 Interpolation

Die eingangs gestellte Aufgabe der Interpolation, eine Funktion mit m + 1 Parametern zu finden, deren Kurve durch die gegebenen Stützpunkte geht, läßt sich für den Fall der Polynome auf verschiedene Weise lösen. Es seien also die Stützpunkte

| x | $x_0$ | $x_1$ | $x_2$ | $\cdots$ | $y_m$ |
|---|---|---|---|---|---|
| y | $y_0$ | $y_1$ | $y_2$ | $\cdots$ | $y_m$ |

gegeben. Für die Gleichung des Polynoms macht man den Ansatz

$$y = a_m x^m + a_{m-1} x^{m-1} + \ldots + a_1 x + a_0 \tag{5.6}$$

---

1) VDI-Wasserdampftafeln, 6. Aufl. Berlin 1963

und hat die $m + 1$ Werte der Parameter $a_0, a_1, \ldots, a_m$ — in diesem Fall also die Koeffizienten des Polynoms — festzulegen.

Es sollen die Polynomwerte an den Stützstellen $x_0, x_1, \ldots x_m$ mit den gegebenen Stützwerten übereinstimmen. Setzt man daher rechts $x = x_i$, so muß sich links $y_i$ ergeben ($i = 0, 1, 2, \ldots, m$)

$$y_0 = a_m x_0^m + a_{m-1} x_0^{m-1} + \ldots + a_1 x_0 + a_0$$

$$y_1 = a_m x_1^m + a_{m-1} x_1^{m-1} + \ldots + a_1 x_1 + a_0$$

$$\vdots$$

$$y_m = a_m x_m^m + a_{m-1} x_m^{m-1} + \ldots + a_1 x_m + a_0$$

Das ist ein lineares Gleichungssystem mit $m + 1$ Gleichungen für die $m + 1$ Unbekannten $a_0, a_1, \ldots, a_m$, ein System der Form

$$\mathbf{y} = \mathbf{A}\, \mathbf{a}$$

wenn man als Vektoren und als Matrix $\mathbf{A}$

$$\mathbf{y} = \begin{bmatrix} y_0 \\ y_1 \\ \vdots \\ y_m \end{bmatrix} \qquad \mathbf{a} = \begin{bmatrix} a_m \\ a_{m-1} \\ \vdots \\ a_0 \end{bmatrix} \qquad \mathbf{A} = \begin{bmatrix} x_0^m & x_0^{m-1} & \ldots & x_0 & 1 \\ x_1^m & x_1^{m-1} & \ldots & x_1 & 1 \\ \vdots & & & & \\ x_m^m & x_m^{m-1} & \ldots & x_m & 1 \end{bmatrix}$$

einführt. Dieses System könnte man lösen (Abschn. 3). Man erhielte die $m + 1$ Parameterwerte $a_0, a_1, \ldots, a_m$ und könnte mit Hilfe des Polynoms Gl. (5.6) jedem x-Wert des Bereiches $x_0 \leqslant x \leqslant x_m$ einen Funktionswert zuordnen.

Es gilt nun Methoden zu finden, die dieses Verfahren, das die Lösung eines linearen Gleichungssystems erfordert, vereinfachen. Das ermöglichen zwei Ansätze, die hier behandelt werden sollen. Der eine geht davon aus, daß das Polynom aus mehreren Teilansätzen zusammengesetzt werden kann, die jeweils nur an einer der Stützstellen den vorgegebenen Funktionswert haben, an den anderen den Wert Null (Lagrange). Der andere geht von der speziellen Form eines Polynoms

$$F_m(x) = c_0 + c_1(x - x_0) + c_2(x - x_1)(x - x_0) + \ldots +$$
$$+ c_m(x - x_{m-1})(x - x_{m-2}) \ldots (x - x_0) \tag{5.7}$$

aus (Newton). Für die Herleitung ist es zunächst erforderlich, als Hilfsmittel die Differenzenschemata einzuführen.


### 5.2.1 Differenzenschemata

Für die Verfahren der Interpolation werden unterschiedliche Differenzenbildungen vorgenommen. Das allgemeinste Differenzenschema ist im oberen Teil von Tafel 5.9 dargestellt. Man bildet, ausgehend von den gegebenen x- und y-Werten, im ersten Schritt die Differenzen $y_1 - y_0, y_2 - y_1, \ldots, y_m - y_{m-1}$ nach rechts und die Differenzen $x_1 - x_0, x_2 - x_1, \ldots, x_m - x_{m-1}$ nach links. Eingetragen werden nach rechts die sog. dividierten Differenzen

$$\frac{y_1 - y_0}{x_1 - x_0} \qquad \frac{y_2 - y_1}{x_2 - x_1} \qquad \frac{y_3 - y_2}{x_3 - x_2} \qquad \ldots \qquad \frac{y_m - y_{m-1}}{x_m - x_{m-1}}$$

Tafel 5.9  Schema der dividierten Differenzen

| | | | | $x$ | $y$ | | | |
|---|---|---|---|---|---|---|---|---|
| | | | | $x_0$ | $y_0$ | | | |
| | | | $x_1 - x_0$ | | | $[x_0;x_1]$ | | |
| | | $x_2 - x_0$ | | $x_1$ | $y_1$ | | $[x_0;x_1;x_2]$ | |
| | $x_3 - x_0$ | | $x_2 - x_1$ | | | $[x_1;x_2]$ | | $[x_0;x_1;x_2;x_3]$ |
| $\ldots x_4 - x_0$ | | $x_3 - x_1$ | | $x_2$ | $y_2$ | | $[x_1;x_2;x_3]$ | $\ldots$ |
| | $x_4 - x_1$ | | $x_3 - x_2$ | | | $[x_2;x_3]$ | | $[x_1;x_2;x_3;x_4]$ |
| | | $x_4 - x_2$ | | $x_3$ | $y_3$ | | $[x_2;x_3;x_4]$ | |
| | | | $x_4 - x_3$ | | | $[x_3;x_4]$ | | |
| | | | | $x_4$ | $y_4$ | | | |
| $\ldots$ | | | | $\vdots$ | $\vdots$ | | $\ldots$ | |
| | | | | $x_{m-1}$ | $y_{m-1}$ | | | |
| | | | $x_m - x_{m-1}$ | | | | | |
| | | | | $x_m$ | $y_m$ | | | |

| | | | | $x$ | $y$ | | | | |
|---|---|---|---|---|---|---|---|---|---|
| | | | | 0 | 0 | | | | |
| | | | 1 | | | 1 | | | |
| | | 8 | | 1 | 1 | | −0,107143 | | |
| | 27 | | 7 | | | 0,142857 | | 0,003840 | |
| 64 | | 26 | | 8 | 2 | | −0,003470 | | −0,000059 |
| | 63 | | 19 | | | 0,0526316 | | 0,000048 | |
| | | 56 | | 27 | 3 | | −0,000457 | | |
| | | | 37 | | | 0,0270270 | | | |
| | | | | 64 | 4 | | | | |

für die die folgende Symbolik eingeführt wird

$$[x_0;x_1] \quad [x_1;x_2] \quad [x_2;x_3] \quad \ldots \quad [x_{m-1};x_m]$$

Diese so errechneten Zahlenwerte werden nun rechts für die weitere Rechnung benutzt. Während nach links die Differenzen $x_2 - x_0$; $x_3 - x_1$ usw. der x-Werte zu ermitteln sind, bildet man rechts in der nächsten Spalte

$$\frac{[x_1;x_2] - [x_0;x_1]}{x_2 - x_0} \qquad \frac{[x_2;x_3] - [x_1;x_2]}{x_3 - x_1} \qquad \ldots$$

die mit

$$[x_0;x_1;x_2] \qquad [x_1;x_2;x_3] \qquad \ldots$$

bezeichnet werden. In der nächsten Spalte sind zu bilden

$$\frac{[x_1;x_2;x_3] - [x_0;x_1;x_2]}{x_3 - x_0} = [x_0;x_1;x_2;x_3]$$

Dieses Verfahren setzt man fort, bis links $x_m - x_0$ erreicht ist. Ein numerisches Beispiel ist im unteren Teil von Tafel 5.9 gegeben.

Für den speziellen Fall, daß die Differenzen

$$x_{i+1} - x_i \qquad i = 0, 1, 2, \ldots, m - 1$$

konstant sind, bildet man nicht die dividierten Differenzen, sondern nur die Differenzen der y-Werte. Ein numerisches Beispiel ist im oberen Teil von Tafel 5.10 dargestellt. Diese durch Dif-

Tafel 5.10  Differenzenschemata

| x | y | | | | |
|---|---|---|---|---|---|
| 0,01 | 98,4342 | | | | |
| | | $-49,9950$ | | | |
| 0,02 | 48,4392 | | 33,3333 | | |
| | | $-16,6617$ | | $-25,0000$ | |
| 0,03 | 31,7775 | | 8,3333 | | 20,0000 |
| | | $-8,3283$ | | $-5,0000$ | |
| 0,04 | 23,4492 | | 3,3333 | | |
| | | $-4,9950$ | | | |
| 0,05 | 18,4542 | | | | |

| x | y | | | | |
|---|---|---|---|---|---|
| $x_0$ | $y_0$ | | | | |
| | | $\Delta y_0$ | | | |
| $x_1$ | $y_1$ | | $\Delta^2 y_0$ | | |
| | | $\Delta y_1$ | | $\Delta^3 y_0$ | |
| $x_2$ | $y_2$ | | $\Delta^2 y_1$ | | $\Delta^4 y_0$ |
| | | $\Delta y_2$ | | $\Delta^3 y_1$ | |
| $x_3$ | $y_3$ | | $\Delta^2 y_2$ | | |
| | | $\Delta y_3$ | | | |
| $x_4$ | $y_4$ | | | | |

| x | y | | | | |
|---|---|---|---|---|---|
| $x_0$ | $y_0$ | | | | |
| | | $\nabla y_1$ | | | |
| $x_1$ | $y_1$ | | $\nabla^2 y_2$ | | |
| | | $\nabla y_2$ | | $\nabla^3 y_3$ | |
| $x_2$ | $y_2$ | | $\nabla^2 y_3$ | | $\nabla^4 y_4$ |
| | | $\nabla y_3$ | | $\nabla^3 y_4$ | |
| $x_3$ | $y_3$ | | $\nabla^2 y_4$ | | |
| | | $\nabla y_4$ | | | |
| $x_4$ | $y_4$ | | | | |

| x | y | | | | |
|---|---|---|---|---|---|
| $x_0$ | $y_0$ | | | | |
| | | $\delta y_{1/2}$ | | | |
| $x_1$ | $y_1$ | | $\delta^2 y_1$ | | |
| | | $\delta y_{3/2}$ | | $\delta^3 y_{3/2}$ | |
| $x_2$ | $y_2$ | | $\delta^2 y_2$ | | $\delta^4 y_2$ |
| | | $\delta y_{5/2}$ | | $\delta^3 y_{5/2}$ | |
| $x_3$ | $y_3$ | | $\delta^2 y_3$ | | |
| | | $\delta y_{7/2}$ | | | |
| $x_4$ | $y_4$ | | | | |

ferenzenbildung zu berechnenden Werte werden nun je nach dem verwendeten Interpolationsverfahren unterschiedlich bezeichnet.

1. Von a b s t e i g e n d e n  oder  v o r w ä r t s g e n o m m e n e n  D i f f e r e n z e n spricht man, wenn die Differenzen der 1. Spalte

$$y_1 - y_0 \quad y_2 - y_1 \quad y_3 - y_2 \quad \cdots \quad y_m - y_{m-1}$$

mit $\Delta$ (Delta) in folgender Reihenfolge bezeichnet werden

$$\Delta y_0 \qquad \Delta y_1 \qquad \Delta y_2 \qquad \cdots \qquad \Delta y_{m-1}$$

Die Differenzen der nächsten Spalte

$$\Delta y_1 - \Delta y_0 \qquad \Delta y_2 - \Delta y_1 \qquad \cdots \qquad \Delta y_{m-1} - \Delta y_{m-2}$$

bezeichnet man dann mit

$$\Delta^2 y_0 \qquad \Delta^2 y_1 \qquad \cdots \qquad \Delta^2 y_{m-2}$$

Dieses Verfahren setzt man fort, bis man nur noch einen Zahlenwert bekommt. Es ist allgemein

$$\Delta^\ell y_k = \Delta^{\ell-1} y_{k+1} - \Delta^{\ell-1} y_k \qquad (\ell \geqslant 2) \tag{5.8}$$

wenn man $\Delta y_k = \Delta^1 y_k$ voraussetzt, s. Tafel 5.10, 2. Teil.

2. Im 3. Teil von Tafel 5.10 sind die a u f s t e i g e n d e n oder r ü c k w ä r t s g e n o m m e -
n e n   D i f f e r e n z e n   dargestellt. Hier werden die Werte von

$$y_1 - y_0 \qquad y_2 - y_1 \qquad y_3 - y_2 \qquad \cdots \qquad y_m - y_{m-1}$$

mit $\nabla$ (Nabla) bezeichnet

$$\nabla y_1 \qquad \nabla y_2 \qquad \nabla y_3 \qquad \cdots \qquad \nabla y_m$$

Die Differenzen der folgenden Spalte

$$\nabla y_2 - \nabla y_1 \qquad \nabla y_3 - \nabla y_2 \qquad \cdots \qquad \nabla y_m - \nabla y_{m-1}$$

werden durch

$$\nabla^2 y_2 \qquad \nabla^2 y_3 \qquad \cdots \qquad \nabla^2 y_m$$

bezeichnet. Allgemein gilt hier

$$\nabla^\ell y_k = \nabla^{\ell-1} y_k - \nabla^{\ell-1} y_{k-1} \qquad (\ell \geqslant 2) \tag{5.9}$$

mit $\nabla y_k = \nabla^1 y_k$.

3. Im 4. Teil von Tafel 5.10 führt man noch die z e n t r a l e n   D i f f e r e n z e n ein. Hier
schreibt man für

$$y_1 - y_0 \qquad y_2 - y_1 \qquad y_3 - y_2 \qquad \cdots \qquad y_m - y_{m-1}$$

abkürzend

$$\delta y_{1/2} \qquad \delta y_{3/2} \qquad \delta y_{5/2} \qquad \cdots \qquad \delta y_{(2m-1)/2}$$

Die Differenzen der nächsten Spalte

$$\delta y_{3/2} - \delta y_{1/2} \qquad \delta y_{5/2} - \delta y_{3/2} \qquad \cdots$$

sind dann die 2. zentralen Differenzen

$$\delta^2 y_1 \qquad \delta^2 y_2 \qquad \cdots$$

Hier ist allgemein

$$\delta^{\ell} y_k = \delta^{\ell-1} y_{k+1/2} - \delta^{\ell-1} y_{k-1/2} \qquad (\ell \geqslant 2) \qquad\qquad (5.10)$$

wenn $\delta y_{1/2} = \delta^1 y_{1/2}$ usw. festgelegt wird.

### 5.2.2 Interpolationsformeln von Lagrange und Newton

**5.2.2.1 Die Interpolationsformel von Lagrange**  Der Gedanke von Lagrange, das Verfahren der Interpolation zu vereinfachen, besteht darin, Teilfunktionen zu konstruieren, die an einer der Stützstellen $x_i$ $(i = 0, 1, 2, \ldots, m)$ den Wert 1, an allen anderen den Wert Null annehmen. Man überzeugt sich davon, daß das bei den folgenden Funktionen der Fall ist.

$$L_0(x) = \frac{(x - x_1)(x - x_2)\ldots(x - x_m)}{(x_0 - x_1)(x_0 - x_2)\ldots(x_0 - x_m)}$$

$$L_1(x) = \frac{(x - x_0)(x - x_2)\ldots(x - x_m)}{(x_1 - x_0)(x_1 - x_2)\ldots(x_1 - x_m)} \qquad\qquad (5.11)$$

$$\vdots$$

$$L_m(x) = \frac{(x - x_0)(x - x_1)\ldots(x - x_{m-1})}{(x_m - x_0)(x_m - x_1)\ldots(x_m - x_{m-1})}$$

$L_0(x)$ wird an der Stelle $x = x_0$ gleich 1, an allen anderen Stützstellen gleich Null. $L_1(x)$ wird an der Stelle $x = x_1$ gleich 1, an allen anderen Null usw. Setzt man für das interpolierende Polynom

$$P_m(x) = L_0 y_0 + L_1 y_1 + \ldots + L_m y_m \qquad\qquad (5.12)$$

an, so löst dieses die Interpolationsaufgabe, denn

$$\text{für } x = x_0 \text{ ist } L_0 = 1 \qquad\qquad \text{für } x = x_1 \text{ ist } L_0 = 0$$
$$L_1 = 0 \qquad\qquad\qquad\qquad\qquad L_1 = 1$$
$$\vdots \qquad\qquad\qquad\qquad\qquad\qquad L_2 = 0$$
$$L_m = 0 \quad \text{also } P_m(x_0) = y_0 \qquad\qquad \vdots$$
$$L_m = 0 \quad \text{also } P_m(x_1) = y_1$$

und entsprechend für die übrigen.

**Beispiel 5.1**  Es sei die Tafel

| $x$ | $-5$ | $-2$ | $1$ | $3$ | $4$ |
|---|---|---|---|---|---|
| $y$ | $1840$ | $115$ | $10$ | $120$ | $391$ |

gegeben. Hier sind

$$L_0 = \frac{(x+2)(x-1)(x-3)(x-4)}{3 \cdot 6 \cdot 8 \cdot 9} \qquad L_1 = -\frac{(x+5)(x-1)(x-3)(x-4)}{3 \cdot 3 \cdot 5 \cdot 6}$$

$$L_2 = \frac{(x+5)(x+2)(x-3)(x-4)}{2 \cdot 3 \cdot 3 \cdot 6} \qquad L_3 = -\frac{(x+5)(x+2)(x-1)(x-4)}{1 \cdot 2 \cdot 5 \cdot 8}$$

$$L_4 = \frac{(x+5)(x+2)(x-1)(x-3)}{1 \cdot 3 \cdot 6 \cdot 9}$$

Sie nehmen z.B. für x = 2 die Werte

$$L_0 = \frac{1}{3 \cdot 6 \cdot 9} \qquad L_1 = -\frac{7}{3 \cdot 3 \cdot 3 \cdot 5} \qquad L_2 = \frac{14}{3 \cdot 3 \cdot 3} \qquad L_3 = \frac{7}{2 \cdot 5} \qquad L_4 = -\frac{4 \cdot 7}{3 \cdot 6 \cdot 9}$$

an, so daß sich für x = 2 nach Gl. (5.12) der Wert $P_4(2) = 27$ ergibt.

Zur Kontrolle der Rechnung kann man den Satz[1] benutzen, daß für alle x

$$\sum_{k=0}^{m} L_k(x) = 1$$

ist.

### 5.2.2.2 Der Ansatz von Newton

Bei numerischen Berechnungen verwendet man i. allg. das Newton-Verfahren. Nach Newton macht man für das Interpolationspolynom den Ansatz

$$F_m(x) = c_0 + c_1(x - x_0) + c_2(x - x_1)(x - x_0) + \ldots + \\ + c_m(x - x_{m-1})(x - x_{m-2}) \ldots (x - x_0) \tag{5.13}$$

Hier lassen sich sukzessive die Koeffizienten $c_0, c_1, \ldots, c_m$ ermitteln. Es ist nämlich

$$y_0 = F_m(x_0) = c_0$$

also     $c_0 = y_0$

$$y_1 = F_m(x_1) = c_0 + c_1(x_1 - x_0)$$

und unter Verwendung von $c_0$

$$c_1 = \frac{y_1 - y_0}{x_1 - x_0} = [x_0 ; x_1]$$

$$y_2 = F_m(x_2) = c_0 + c_1(x_2 - x_0) + c_2(x_2 - x_1)(x_2 - x_0)$$

$$= y_0 + \frac{y_1 - y_0}{x_1 - x_0}(x_2 - x_0) + c_2(x_2 - x_1)(x_2 - x_0)$$

$$c_2 = \frac{y_2 - y_0 - \dfrac{y_1 - y_0}{x_1 - x_0}(x_2 - x_0)}{(x_2 - x_0)(x_2 - x_1)}$$

$$= \frac{\dfrac{y_2 - y_1}{x_2 - x_1} + \dfrac{y_1 - y_0}{x_2 - x_1} - \dfrac{y_1 - y_0}{x_1 - x_0} \cdot \dfrac{x_2 - x_0}{x_2 - x_1}}{x_2 - x_0}$$

$$= \frac{\dfrac{y_2 - y_1}{x_2 - x_1} - \dfrac{y_1 - y_0}{x_1 - x_0}}{x_2 - x_0} = \frac{[x_1 ; x_2] - [x_0 ; x_1]}{x_2 - x_0} = [x_0 ; x_1 ; x_2]$$

---

[1] Dies folgt daraus, daß sich der Wert 1 ergeben muß, wenn man alle Funktionswerte $y_i$ (i = 0, 1, ..., m) gleich 1 setzt.

Es ergeben sich, wenn man diese Rechnung fortsetzt, die in Tafel 5.9 berechneten dividierten Differenzen.

**Beispiel 5.2** Man berechne die Koeffizienten des Interpolationspolynoms für die im unteren Teil von Tafel 5.9 angegebenen Werte.
Die Koeffizienten des Newtonschen Polynoms können der Tafel entnommen werden

$$c_0 = 0 \qquad c_1 = 1 \qquad c_2 = -0,107143 \qquad c_3 = 0,003840 \qquad c_4 = -0,000059$$

so daß das Polynom die Form

$$F_4(x) = x - 0,107143\, x(x - 1) + 0,003840\, x(x - 1)(x - 8) -$$
$$- 0,000059\, x(x - 1)(x - 8)(x - 27)$$

erhält. (Die Funktion auf S. 162 wurde mit mehr Stellen gerechnet und ist daher genauer.) Eine nachstehend geschilderte Umrechnung nach Tafel 5.11 ergibt

$$F_4(x) = -0,000059x^4 + 0,005964x^3 - 0,156512x^2 + 1,150607x$$

Die Berechnung eines Funktionswertes des Polynoms in der Form (5.13) kann mit einem modifizierten Horner-Schema geschehen. Es sei der x zugeordnete y-Wert gesucht. Dann rechnet man (im Fall des Polynoms 4. Grades)

$$
\begin{array}{ccccccccc}
c_4\boxed{x - x_3} & c_3 & \boxed{x - x_2} & c_2 & \boxed{x - x_1} & c_1 & \boxed{x - x_0} & c_0 \\
 & c_4^*(x - x_3) & & c_3^*(x - x_2) & & c_2^*(x - x_1) & & c_1^*(x - x_0) \\
\hline
c_4^* & & c_3^* & & c_2^* & & c_1^* & & c_0^*
\end{array}
$$

mit
$$c_4^* = c_4$$
$$c_3^* = c_4^*(x - x_3) + c_3$$
$$c_2^* = c_3^*(x - x_2) + c_2$$
$$c_1^* = c_2^*(x - x_1) + c_1$$
$$c_0^* = c_1^*(x - x_0) + c_0$$

$c_0^*$ ist der gesuchte Funktionswert.

Dieses Schema beruht wie das Horner-Schema auf der geklammerten Form

$$F_4(x) = (((c_4(x - x_3) + c_3)(x - x_2) + c_2)(x - x_1) + c_1)(x - x_0) + c_0$$

**Beispiel 5.3** Man berechne mit Hilfe des Horner-Schemas vom Polynom

$$F_4(x) = 1840 - 575(x + 5) + 90(x + 2)(x + 5) - 9(x - 1)(x + 2)(x + 5) +$$
$$+ 2(x - 3)(x - 1)(x + 2)(x + 5)$$

den Wert an der Stelle $x = 2$.
Man schreibt auf

$$c_4 \boxed{x - x_3}\ c_3 \boxed{x - x_2}\ c_2 \boxed{x - x_1}\ c_1 \boxed{x - x_0}\ c_0$$

in dem Beispiel also

$$2\ \boxed{-1}\ -9\ \boxed{1}\ 90\ \boxed{4}\ -575\ \boxed{7}\ 1840$$

und addiert

$$2 \cdot (-1) \text{ zu } \quad -9, \quad \text{Ergebnis} \quad -11$$
$$1 \cdot (-11) \text{ zu } \quad 90, \quad \text{Ergebnis} \quad 79$$
$$4 \cdot (\quad 79) \text{ zu } -575, \quad \text{Ergebnis} -259 \text{ usw.}$$

So ergibt sich das Schema

$$
\begin{array}{ccccccccc}
2 & \boxed{-1} & -9 & \boxed{1} & 90 & \boxed{4} & -575 & \boxed{7} & 1840 \\
 & & -2 & & -11 & & 316 & & -1813 \\
\hline
2 & & -11 & & 79 & & -259 & & 27
\end{array}
$$

Danach ist $F_4(2) = 27$.

Auch die Umrechnung des Polynoms aus der Form von Gl. (5.13) in die Darstellung

$$y = a_4 x^4 + a_3 x^3 + a_2 x^2 + a_1 x + a_0 \tag{5.14}$$

und umgekehrt kann mit einem modifizierten Horner-Schema vorgenommen werden, d.h., bei gegebenem $c_0, c_1, \ldots, c_m$ und $x_0, x_1, \ldots, x_{m-1}$ können $a_0, a_1, \ldots, a_m$ berechnet werden, und bei gegebenem $a_0, a_1, \ldots, a_m$ und $x_0, x_1, \ldots, x_{m-1}$ können $c_0, c_1, \ldots, c_m$ ermittelt[1] werden. Tafel 5.11 zeigt das Schema für die Ermittlung der Koeffizienten $a_0, a_1, \ldots, a_m$. Hier wird anders als beim Horner-Schema nicht mit einem Wert gerechnet, sondern in der 1. Zeile z.B. mit $-x_3, -x_2, -x_1$ und $-x_0$. Dabei ergeben sich die Koeffizienten jeweils als letzte Werte der Zeilen. Tafel 5.12 zeigt das Schema für die Umrechnung der Koeffizienten $a_0, a_1, \ldots, a_m$ in die des Newtonschen Ansatzes $c_0, c_1, \ldots, c_m$. Beide Rechenschemata lassen sich gut für eine Rechenanlage programmieren.

Sind die Stützwerte $y_0, y_1, \ldots, y_m$ an den Stützstellen $x_0, x_1, \ldots, x_m$ Werte einer Funktion $y(x)$, so kann man sich die Frage stellen, inwieweit das Interpolationspolynom $F_m(x)$ mit dieser Funktion außerhalb der Stützstellen im Bereich $x_0 \leqslant x \leqslant x_m$ übereinstimmt. Im allgemeinen wird das Polynom $F_m(x)$ von $y(x)$ abweichen, d.h., es ergibt sich ein Verfahrensfehler $R(x)$, der an den Stützstellen Null wird

$$R(x) = y(x) - F_m(x)$$

Dieser Fehler läßt sich nach [18] in folgender Weise abschätzen

$$R(x) = (x - x_0)\,(x - x_1)(x - x_2) \cdots (x - x_m)\,\frac{y^{(m+1)}(\xi)}{(m+1)!}$$

d.h., er hängt im wesentlichen von der Entfernung von den Stützstellen, von dem Grad m des Polynoms und von der Ableitung $y^{(m+1)}$, die an einer nicht bekannten Zwischenstelle $\xi$ aus dem Intervall $x_0 \leqslant \xi \leqslant x_m$ zu bilden ist, ab. Sehr oft ist es möglich, diese Ableitung nach oben zu schätzen und so zu einer Angabe über die Schranken des Fehlers zu kommen.

**Beispiel 5.4** In einer Logarithmentafel sind die Logarithmen der Zahlen von 1,001 bis 9,999 in Abständen von $h = 10^{-3}$ auf vier Nachkommastellen angegeben. Wie groß ist der Fehler bei linearer Interpolation (m = 1)?
Das Restglied

$$R(x) = (x - x_0)\,(x - x_1)\,\frac{y^{(2)}(\xi)}{2!}$$

---

1) H e i n r i c h , H.: Eine Umkehrung des Hornerschen Schemas. Z. f. angew. Math. Mech. **35** (1955) 468/469.

Tafel 5.11  Schema für die Berechnung der $a_i$

---

$$F_4(x) = 1840 - 575(x + 5) + 90(x + 2)(x + 5) - 9(x - 1)(x + 2)(x + 5) +$$
$$+ 2(x - 3)(x - 1)(x + 2)(x + 5)$$

| $c_4$ | $c_3$ | $c_2$ | $c_1$ | $c_0$ |
|---|---|---|---|---|
| 2 | −9 | 90 | −575 | 1840 |
| | $-x_3$ | $-x_2$ | $-x_1$ | $-x_0$ |
| | −3 | −1 | 2 | 5 |
| | −6 | 15 | 210 | −1825 |
| 2 | −15 | 105 | −365 | $15 = a_0$ |
| | $-x_2$ | $-x_1$ | $-x_0$ | |
| | −1 | 2 | 5 | |
| | | −2 | −34 | 355 |
| 2 | −17 | 71 | $-10 = a_1$ | |
| | $-x_1$ | $-x_0$ | | |
| | 2 | 5 | | |
| | | 4 | −65 | |
| 2 | −13 | $6 = a_2$ | | |
| | $-x_0$ | | | |
| | 5 | | | |
| | | 10 | | |
| 2 | $-3 = a_3$ | | | |

$2 = a_4$

$$F_4(x) = 2x^4 - 3x^3 + 6x^2 - 10x + 15$$

---

kann abgeschätzt werden

$$|R(x)| \leqslant \max |(x - x_0)(x - x_1)| \cdot |y''(\xi)| \frac{1}{2}$$

Für $y = \lg x$ ist $y'' = -\dfrac{1}{x^2 \ln 10}$, also ist

$$|R(x)| \leqslant \max |(x - x_0)(x - x_1)| \frac{1}{2 \ln 10}$$

denn das Maximum des Betrages von $1/x^2$ ist kleiner als Eins. Die Funktion $z = (x - x_0) \cdot (x - x_1) = x^2 - x(x_0 + x_1) + x_0 x_1$ hat die Ableitung $z' = 2x - (x_0 + x_1)$, ein Extremwert liegt also $(z' = 0)$ vor, wenn $x_E = 0,5(x_0 + x_1)$ genommen wird. Damit wird $z_E = -h^2/4$ mit $h = x_1 - x_0$. So ist der Fehler

$$|R(x)| \leqslant \frac{1}{2 \ln 10} \cdot \frac{h^2}{4} = \frac{10^{-6}}{8 \ln 10} = 5,4 \cdot 10^{-8}$$

**5.2.2.3 Spezielle Formeln**  Für den Spezialfall, daß alle Stützstellen äquidistant sind, d.h., daß $x_{i+1} - x_i = \Delta x \ (i = 0, 1, 2, \ldots, m - 1)$ sind, ergibt sich eine größere Anzahl von speziellen

Tafel 5.12  Schema für die Berechnung der $c_i$

$$F_4(x) = 2x^4 - 3x^3 + 6x^2 - 10x + 15$$

|  | $a_4$ | $a_3$ | $a_2$ | $a_1$ | $a_0$ |
|---|---|---|---|---|---|
|  | 2 | $-3$ | 6 | $-10$ | 15 |
| $x_0 = -5$ |  | $-10$ | 65 | $-355$ | 1825 |
|  | 2 | $-13$ | 71 | $-365$ | $1840 = c_0$ |
| $x_1 = -2$ |  | $-4$ | 34 | $-210$ |  |
|  | 2 | $-17$ | 105 | $-575 = c_1$ |  |
| $x_2 = 1$ |  | 2 | $-15$ |  |  |
|  | 2 | $-15$ | $90 = c_2$ |  |  |
| $x_3 = 3$ |  | 6 |  |  |  |
|  | 2 | $-9 = c_3$ |  |  |  |
|  | $2 = c_4$ |  |  |  |  |

$$F_4(x) = 1840 - 575(x + 5) + 90(x + 2)(x + 5) -$$
$$-9(x - 1)(x + 2)(x + 5) + 2(x - 3)(x - 1)(x + 2)(x + 5)$$

Interpolationsformeln. Es sei hier an einem Beispiel gezeigt, wie solche speziellen Formeln hergeleitet werden können. Ausgehend von der Newtonschen Formel ergibt sich

$$c_0 = y_0 \qquad c_1 = \frac{y_1 - y_0}{x_1 - x_0} = \frac{\Delta y_0}{\Delta x}$$

$$c_2 = \frac{\dfrac{y_2 - y_1}{x_2 - x_1} - \dfrac{y_1 - y_0}{x_1 - x_0}}{x_2 - x_0} = \frac{\Delta y_1 - \Delta y_0}{2(\Delta x)^2} = \frac{\Delta^2 y_0}{2(\Delta x)^2}$$

allgemein ist

$$c_i = \frac{\Delta^i y_0}{i!\,(\Delta x)^i} \qquad i = 1, \ldots, m. \tag{5.15}$$

Setzt man diese Koeffizienten in Gl. (5.13) ein, so ergibt sich

$$F_m(x) = y_0 + \Delta y_0 \frac{x - x_0}{\Delta x} + \frac{\Delta^2 y_0}{2!} \frac{x - x_0}{\Delta x} \frac{x - x_1}{\Delta x} + \ldots +$$

$$+ \frac{\Delta^m y_0}{m!} \frac{x - x_0}{\Delta x} \frac{x - x_1}{\Delta x} \ldots \frac{x - x_{m-1}}{\Delta x} \tag{5.16}$$

Es erweist sich als zweckmäßig, eine neue Variable u einzuführen

$$u = \frac{x - x_0}{\Delta x}$$

Es wird dann

$$\frac{x - x_1}{\Delta x} = \frac{x - x_0}{\Delta x} - \frac{x_1 - x_0}{\Delta x} = u - 1$$

und allgemein

$$\frac{x - x_i}{\Delta x} = u - i$$

So erhält man aus Gl. (5.16)

$$F_m(x) = F_m^*(u) = y_0 + \Delta y_0 u + \frac{\Delta^2 y_0}{2!} u(u - 1) + \frac{\Delta^3 y_0}{3!} u(u - 1)(u - 2) + \ldots +$$

$$+ \frac{\Delta^m y_0}{m!} u(u - 1)(u - 2) \ldots (u - (m - 1))$$

Für $\dfrac{u(u - 1)}{2!}$ usw. kann man die Schreibweise der Binomialkoeffizienten anwenden. Es ist

$$\frac{u(u - 1)(u - 2)(u - 3) \ldots (u - i)}{(i + 1)!} = \binom{u}{i + 1}$$

So ergibt sich schließlich

$$F_m^*(u) = y_0 + \Delta y_0 u + \Delta^2 y_0 \binom{u}{2} + \ldots + \Delta^m y_0 \binom{u}{m} \tag{5.17}$$

die sog. F o r m e l  I  v o n  G r e g o r y - N e w t o n . Eine entsprechende Umrechnung der Fehlerformel ergibt

$$R(x) = R^*(u) = \binom{u}{m + 1}(\Delta x)^{m + 1} y^{(m + 1)}(\xi) \qquad \text{mit } x_0 \leqslant \xi \leqslant x_m \quad \text{und } u = \frac{x - x_0}{\Delta x}$$

Eine zentrale Differenzen verwendende Formel stammt von  G a u ß

$$F_m^*(u) = y_0 + \delta y_{1/2}\binom{u}{1} + \delta^2 y_0 \binom{u}{2} + \delta^3 y_{1/2}\binom{u + 1}{3} +$$

$$+ \delta^4 y_0 \binom{u + 1}{4} + \delta^5 y_{1/2} \binom{u + 2}{5} + \ldots \tag{5.18}$$

Für die quadratische Interpolation ergibt sich speziell (m = 2)

$$F_2^*(u) = y_0 + \Delta y_0 u + \Delta^2 y_0 \binom{u}{2} \tag{5.19}$$

mit $\qquad u = \dfrac{x - x_0}{\Delta x} \qquad u - 1 = \dfrac{x - x_1}{\Delta x}$

Ist $x = x_0$, so ist $u = 0$, ist $x = x_1$, so ist $u = 1$. Mit der Transformation Gl. (5.19) wird also eine neue Skala eingeführt.

**Beispiel 5.5** Gegeben sei die Tafel

| x | 6 | 8 | 10 |
|---|---|---|---|
| y | 19 | 30 | 53 |

Hieraus interpoliere man $F_2(9)$.
Es wird zunächst das Differenzenschema gebildet

| u | x | y | | |
|---|---|---|---|---|
| 0 | 6 | 19 | | |
| | | | 11 | |
| 1 | 8 | 30 | | 12 |
| | | | 23 | |
| 2 | 10 | 53 | | |

Also wird

$$F_2^*(u) = 19 + 11u + 6u(u - 1)$$

Aus x = 9 folgt

$$u = (9 - 6)/2 = 1,5$$

und    $$F_2^*(1,5) = 19 + \frac{33}{2} + \frac{6 \cdot 3}{2} \cdot \frac{1}{2} = 40 = F_2(9)$$

### 5.2.3 Interpolation bei Funktionen mit zwei Veränderlichen

Bei der Berechnung physikalischer Größen muß man häufig Werte errechnen, die nicht nur von einer, sondern von zwei oder mehr Größen abhängen. So kann der Widerstandsbeiwert von der Machzahl und von der Höhe abhängen, der Druck von Temperatur und Konzentration oder das spezifische Volumen von Temperatur und Druck. Liegen Tafeln dieser Art vor, so genügt es nicht, Formeln für die Interpolation, die bisher behandelt wurden, zur Verfügung zu haben. Sie müssen auf den Fall der Abhängigkeit von zwei (evtl. drei) Variablen erweitert werden.

Mathematisch handelt es sich um Gesetzmäßigkeiten, die durch eine Funktion von zwei Variablen beschrieben werden können

$$z = f(x, y)$$

Die Werte dieser Funktion seien durch eine Tafel in diskreten Punkten $(x_i; y_j)$ gegeben und die Funktionswerte mit $f_{ij}$ bezeichnet

$$f_{ij} = f(x_i, y_j)$$

Dabei durchlaufe x die Werte $x_0, x_1, x_2, \ldots, x_m$ und y die Werte $y_0, y_1, y_2, \ldots, y_n$. Dann entsteht ein Punktgitter, an dessen Kreuzungspunkten die $(m + 1)(n + 1)$ Werte $f_{ij}$ $(i = 0, 1, \ldots m;$ $j = 0, 1, \ldots, n)$ in Form einer Tafel gegeben sind (s. Bild 5.13).
Bei der Interpolation handelt es sich in diesem Fall darum, für gegebene Werte x und y aus dem Bereich

$$x_0 \leqslant x \leqslant x_m \qquad y_0 \leqslant y \leqslant y_n$$

den zugehörigen Funktionswert f(x, y) zu interpolieren, falls nicht x und y mit Stützstellen zusammenfallen. Die einfachste Methode ist auch hier die lineare Interpolation (Bild 5.14). Man ermittelt entweder die Funktionswerte auf der Geraden, die dem x-Wert entspricht (an den Stellen C und D) und interpoliert den Funktionswert linear zwischen den Punkten $(x; y_j)$ und $(x; y_{j+1})$, oder man ermittelt die Werte an den Stellen A und B und interpoliert linear zwischen den Punkten $(x_i; y)$ und $(x_{i+1}; y)$. Es ist — was hier nicht begründet werden soll — dann

$$F(x, y) = (1 - \alpha)(1 - \beta) f_{ij} + \beta(1 - \alpha) f_{i,j+1} +$$
$$+ \alpha(1 - \beta) f_{i+1,j} + \alpha \cdot \beta \cdot f_{i+1,j+1} \tag{5.20}$$

mit $\quad \alpha = \dfrac{x - x_i}{x_{i+1} - x_i} \qquad \beta = \dfrac{y - y_j}{y_{j+1} - y_j}$

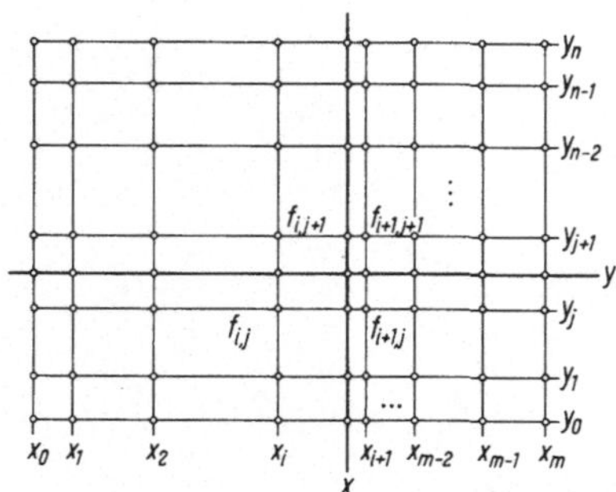

Bild 5.13 Interpolation von Funktionen
zweier Veränderlicher

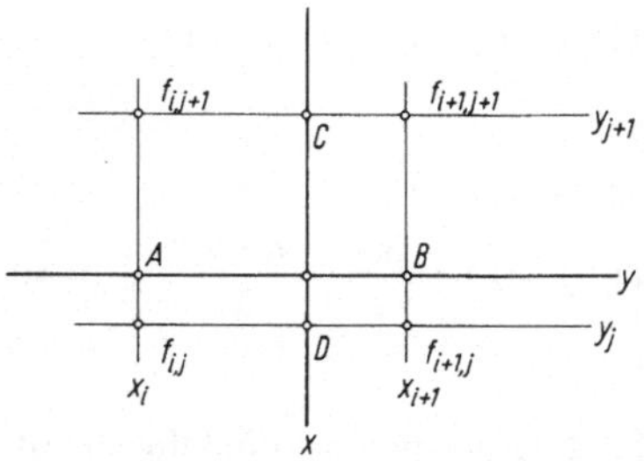

Bild 5.14 Lineare Interpolation bei Funktionen von zwei Veränderlichen

Die Verallgemeinerung der Formel von Lagrange ermöglicht Interpolationen höheren Grades. Man bestimmt zwei Gruppen von Teilfunktionen derart, daß an jedem Gitterpunkt jeweils nur eine Kombination das Produkt Eins, alle anderen das Produkt Null aufweisen. Man geht dazu nach [28] von folgenden Funktionen aus

$$X_{m,i}(x) = \prod_{\substack{k=0 \\ k \neq i}}^{m} \frac{x - x_k}{x_i - x_k} \qquad i = 0, 1, \ldots, m$$

$$Y_{n,j}(y) = \prod_{\substack{k=0 \\ k \neq j}}^{n} \frac{y - y_k}{y_j - y_k} \qquad j = 0, 1, \ldots, n \tag{5.21}$$

und macht für die interpolierende Funktion den Ansatz

$$p_{m,n}(x, y) = \sum_{i=0}^{m} \sum_{j=0}^{n} X_{mi}(x) \cdot Y_{nj}(y) \cdot f_{ij} \tag{5.22}$$

Dann gilt

$$p_{m,n}(x_i, y_j) = f(x_i, y_j) = f_{ij} \tag{5.23}$$

für $i = 0, 1, \ldots, m$ und $j = 0, 1, \ldots, n$.

**Beispiel 5.6**  Gegeben sei die Tafel

| x \ y | 0 | 5 | 8 |
|-------|-----|-----|-----|
| 10 | 0,1 | 0,5 | 1,0 |
| 20 | 0,2 | 0,7 | 1,5 |

Gesucht sei der Funktionswert F(14; 7), d.h. der dem Wertepaar x = 14 und y = 7 zugeordnete Interpolationswert.

Die Funktionen Gl. (5.21) sind in diesem Falle

$$X_{1,0} = \frac{x - x_1}{x_0 - x_1} = \frac{x - 20}{-10} = \frac{20 - x}{10}$$

$$X_{1,1} = \frac{x - x_0}{x_1 - x_0} = \frac{x - 10}{10}$$

$$Y_{2,0} = \frac{y - y_1}{y_0 - y_1} \circ \frac{y - y_2}{y_0 - y_2} = \frac{5 - y}{5} \circ \frac{8 - y}{8}$$

$$Y_{2,1} = \frac{y - y_0}{y_1 - y_0} \cdot \frac{y - y_2}{y_1 - y_2} = \frac{y}{5} \cdot \frac{8 - y}{3}$$

$$Y_{2,2} = \frac{y - y_0}{y_2 - y_0} \cdot \frac{y - y_1}{y_2 - y_1} = \frac{y}{8} \cdot \frac{y - 5}{3}$$

Dann ist

$$p_{1,2} = \frac{20 - x}{10} \left\{ \frac{5 - y}{5} \; \frac{8 - y}{8} \cdot 0,1 + \frac{y}{5} \; \frac{8 - y}{3} \cdot 0,5 + \frac{y}{8} \; \frac{y - 5}{3} \cdot 1,0 \right\} +$$

$$+ \frac{x - 10}{10} \left\{ \frac{5 - y}{5} \frac{8 - y}{8} \cdot 0,2 + \frac{y}{5} \; \frac{8 - y}{3} \cdot 0,7 + \frac{y}{8} \frac{y - 5}{3} \cdot 1,5 \right\}$$

Den Werten x = 14 und y = 7 wird dann der Wert

$$p_{1,2}(14; 7) = \frac{2891}{3000} = 0,964$$

zugeordnet.

### 5.2.4 Spline-Interpolation

**5.2.4.1 Definition der Spline-Funktionen und einfache Anwendung**  Die Verwendung der bisher behandelten Interpolationsverfahren in der Technik, z.B. bei der Ermittlung von Längskurven durch gegebene Punkte der Rumpfspante eines Flugzeugrumpfes, stößt deswegen auf Schwierigkeiten, weil es sich meistens um sehr viele Stützstellen handelt. Die Interpolationspolynome haben dann einen sehr hohen Grad und neigen zur Welligkeit. Graphisch löst man diese Aufgabe dadurch, daß man elastische Lineale (sog. Straklatten) an den gegebenen Punkten durch Strakgewichte festlegt und sich das Lineal „glatt" einpassen läßt. Dabei bildet sich die Biegelinie dieses elastischen Stabes aus.

Die numerische Umsetzung dieser Methode besteht darin, daß

1. eine möglichst „glatte" Kurve konstruiert wird und

2. die Interpolation abschnittsweise durch Polynome nicht sehr hohen Grades vorgenommen wird.

Für die technischen Anwendungen ist es in den meisten Fällen ausreichend, sich mit Polynomen 3. Grades zu befassen. Man geht davon aus, daß durch die Stützstellen eine Unterteilung des Intervalls $[x_0; x_m]$ vorgegeben ist (s. Abschnitt 5.1). Die Familie der S p l i n e - F u n k t i o n e n in bezug auf diese Unterteilung wird dann in folgender Weise definiert.

$$F(x) = \begin{cases} P_0(x) & x_0 \leqslant x \leqslant x_1 \\ P_1(x) & x_1 \leqslant x \leqslant x_2 \\ \ \vdots \\ P_i(x) & x_i \leqslant x \leqslant x_{i+1} \\ \ \vdots \\ P_{m-1}(x) & x_{m-1} \leqslant x \leqslant x_m \end{cases} \tag{5.24}$$

wobei $\quad P_i(x) = a_i + b_i(x - x_i) + c_i(x - x_i)^2 + d_i(x - x_i)^3 \qquad (i = 0,1 , \ldots , m - 1) \tag{5.25}$

Polynome 3. Grades sind. Der Index von P kennzeichnet dabei das Teilintervall. Die 1. und 2. Ableitung der Funktion $F(x)$ seien in $[x_0; x_m]$ stetig.

Handelt es sich — wie hier ausschließlich — um Polynome 3. Grades, so heißt die Funktion von $F(x)$ k u b i s c h e   S p l i n e - F u n k t i o n.

Die Forderung der Stetigkeit der 1. und 2. Ableitung ergibt folgende Bedingungen:

$$\begin{aligned} P_i(x_i) &= P_{i-1}(x_i) \\ P_i'(x_i) &= P_{i-1}'(x_i) \qquad i = 1, 2, \ldots , m - 1 \\ P_i''(x_i) &= P_{i-1}''(x_i) \end{aligned} \tag{5.26}$$

Genügen die Spline-Funktionen den Randbedingungen

$$P_0''(x_0) = 0 \qquad P_{m-1}''(x_m) = 0 \tag{5.27}$$

so nennt man sie wegen der Analogie zur Biegelinie n a t ü r l i c h e   S p l i n e - F u n k t i o n e n.

Diese so definierten kubischen Spline-Funktionen können sowohl bei der Interpolation als auch in der Approximation von Funktionen verwendet werden. Zieht man sie zur Interpolation heran, so spricht man von i n t e r p o l i e r e n d e n   k u b i s c h e n   S p l i n e - F u n k t i o n e n. Sie müssen zusätzlich die Bedingungen

$$\begin{aligned} P_j(x_j) &= y_j \qquad j = 0, 1, \ldots m - 1 \\ P_{m-1}(x_m) &= y_m \end{aligned} \tag{5.28}$$

erfüllen. Verwendet man die natürlichen Spline-Funktionen zur Interpolation, so bildet man das Straken numerisch nach. Ist die 1. Ableitung von $F(x)$ hinreichend klein, so ist die Krümmung $\kappa$ näherungsweise gleich der 2. Ableitung

$$\kappa(x) = \frac{F''(x)}{\sqrt{(1 + (F'(x))^2)^3}} \approx F''(x)$$

Die natürlichen Splines erfüllen die Forderung, daß

$$\int_{x_0}^{x_m} (F''(x))^2 \, dx$$

minimal ist, d.h. kleiner als das Integral über die 2. Ableitung aller anderen in Frage kommenden Funktionen, die die Interpolationsaufgabe lösen.

Die Durchführbarkeit der Interpolation mit natürlichen kubischen Splinefunktionen wird zunächst für den Spezialfall m = 2 gezeigt. In diesem Fall (Bild 5.15) ist

$$F(x) = \begin{cases} P_0(x) & x_0 \leqslant x \leqslant x_1 \\ P_1(x) & x_1 \leqslant x \leqslant x_2 \end{cases}$$

mit     $P_0(x) = a_0 + b_0(x - x_0) + c_0(x - x_0)^2 + d_0(x - x_0)^3$

$P_1(x) = a_1 + b_1(x - x_1) + c_1(x - x_1)^2 + d_1(x - x_1)^3$

Die Bedingungen (5.26) führen auf

$$a_1 = a_0 + b_0 \, h_0 + \quad c_0 h_0^2 + d_0 h_0^3$$
$$b_1 = b_0 + 2c_0 h_0 + 3d_0 h_0^2$$
$$c_1 = c_0 + 3d_0 h_0$$

wobei    $h_i = x_{i+1} - x_i \quad i = 0, 1, \ldots, m - 1$

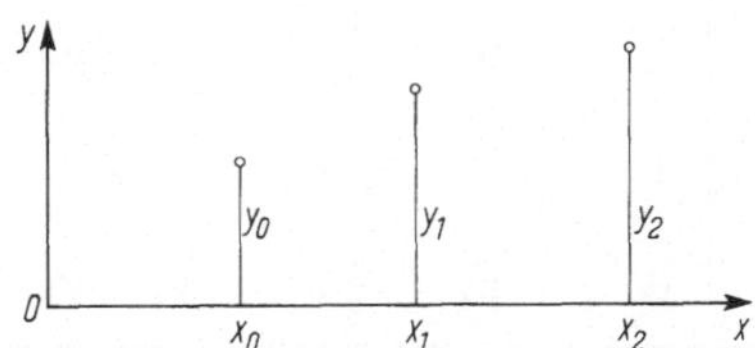

Bild 5.15  Spline-Interpolation eines einfachen Beispiels

gesetzt wird. Handelt es sich um natürliche Splines, so müssen die Bedingungen (5.27) erfüllt werden. Das ergibt

$$c_0 = 0 \qquad 2c_1 + 6d_1 h_1 = 0$$

Aus der Mannigfaltigkeit der natürlichen Splines werden die interpolierenden durch (5.28) ausgesondert. Sie müssen die folgenden Gleichungen befriedigen

$$a_0 = y_0 \qquad a_1 = y_1 \qquad a_1 + b_1 h_1 + c_1 h_1^2 + d_1 h_1^3 = y_2$$

So ergibt sich das im oberen Teil von Tafel 5.16 als Stiefel-Schema dargestellte Gleichungssystem. Daraus kann man herauslesen

$$a_0 = y_0 \qquad a_1 = y_1 \qquad c_0 = 0$$

und mit entsprechenden Pivots zunächst

$$d_0 = \frac{c_1}{3h_0} \qquad d_1 = -\frac{c_1}{3h_1}$$

ermitteln und erhält das im unteren Teil von Tafel 5.16 dargestellte Restsystem, woraus

$$b_1 = \frac{y_2 - y_1}{h_1} - \frac{2}{3} c_1 h_1 \qquad b_0 = \frac{y_1 - y_0}{h_0} - \frac{1}{3} c_1 h_0$$

ebenfalls eliminiert werden können. Es bleibt dann eine Gleichung für $c_1$

$$c_1 = \frac{3}{2} \frac{1}{h_0 + h_1} \left\{ \frac{y_2 - y_1}{h_1} - \frac{y_1 - y_0}{h_0} \right\}$$

Tafel 5.16  Gleichungssysteme der Spline-Interpolation im Fall $m = 2$ .
Nicht besetzte Felder enthalten Nullen.

| $a_0$ | $b_0$ | $c_0$ | $d_0$ | $a_1$ | $b_1$ | $c_1$ | $d_1$ | 1 |
|---|---|---|---|---|---|---|---|---|
| 1 | $h_0$ | $h_0^2$ | $h_0^3$ | $-1$ | | | | |
| | 1 | $2h_0$ | $3h_0^2$ | | $-1$ | | | |
| | | 1 | $3h_0$ | | | $-1$ | | |
| | | | 1 | | | | | |
| | | | | | | 2 | $6h_1$ | |
| 1 | | | | | | | | $-y_0$ |
| | | | | 1 | | | | $-y_1$ |
| | | | | 1 | $h_1$ | $h_1^2$ | $h_1^3$ | $-y_2$ |

| $b_0$ | $b_1$ | $c_1$ | 1 |
|---|---|---|---|
| $h_0$ | 0 | $\frac{1}{3}h_0^2$ | $y_0 - y_1$ |
| 1 | $-1$ | $h_0$ | 0 |
| 0 | $h_1$ | $\frac{2}{3}h_1^2$ | $y_1 - y_2$ |

**Beispiel 5.7** Man berechne die natürliche interpolierende kubische Spline-Funktion für die folgenden Stützpunkte

| x | 1 | 2,5 | 5 |
|---|---|---|---|
| y | 1,2 | 1,9 | 3 |

Die Anwendung der entwickelten Formeln ergibt

$a_0 = 1,2$  $\qquad$  $a_1 = 1,9$
$c_0 = 0$
$c_1 = - 0,01$
$d_0 = - 0,002222222$  $\qquad$  $d_1 = 0,001333333$
$b_0 = \phantom{-} 0,471666667$  $\qquad$  $b_1 = 0,456666667$

**5.2.4.2 Die Lösung der Interpolationsaufgabe mit Spline-Funktionen** Die Bestimmung der interpolierenden Spline-Funktion für eine Menge von $m + 1$ Stützpunkten läßt sich in analoger Weise wie im vorigen Abschnitt auch für $m > 2$ durchführen. Es sei die Spline-Funktion durch (5.24) definiert. An sie werden die Forderungen Gl. (5.26) bis Gl. (5.28) gestellt. Das ergibt wie im Fall $m = 2$ ein lineares Gleichungssystem für die $4 \cdot m$ unbekannten Koeffizienten, das sich wie im Fall $m = 2$ lösen läßt.

Führt man zusätzlich die Hilfsgrößen $c_m$ und $a_m$ mit den Werten

$$c_m = 0 \quad \text{und} \quad a_m = y_m$$

ein, so erhält man mit

$$h_i = x_{i+1} - x_i \qquad i = 0, 1, 2, \ldots, m-1$$

den folgenden Algorithmus:

1. Man setzt

$$a_i = y_i \qquad i = 0, 1, 2, \ldots, m$$
$$c_0 = 0$$
$$c_m = 0$$

2. Es ist das für die $c_i$ ($i = 1, 2, \ldots, m-1$) bleibende Restsystem

$$h_{i-1}c_{i-1} + 2(h_{i-1} + h_i)c_i + h_ic_{i+1}$$

$$= 3\left\{\frac{a_{i+1} - a_i}{h_i} - \frac{a_i - a_{i-1}}{h_{i-1}}\right\} \qquad (i = 1, 2, \ldots, m-1) \tag{5.29}$$

zu lösen.

3. Nun können die vorher eliminierten und von den $c_i$-Werten abhängenden Größen berechnet werden

$$b_i = \frac{a_{i+1} - a_i}{h_i} - \frac{(2\,c_i + c_{i+1})}{3} \cdot h_i$$

$$i = 0, 1, \ldots, m-1$$

$$d_i = \frac{c_{i+1} - c_i}{3h_i}$$

**Beispiel 5.8** Man bestimme die Spline-Funktion zu der Tafel

| x | 0 | 1 | 8 | 27 | 64 |
|---|---|---|---|----|----|
| y | 0 | 1 | 2 | 3  | 4  |

Es ergibt sich

$$a_0 = 0 \qquad a_1 = 1 \qquad a_2 = 2 \qquad a_3 = 3 \qquad a_4 = 4$$
$$h_0 = 1 \qquad h_1 = 7 \qquad h_2 = 19 \qquad h_3 = 37 \qquad c_0 = c_4 = 0$$

Dann ist das System (5.29) zu lösen

$$16c_1 + 7c_2 \qquad\qquad = -\frac{18}{7}$$

$$7c_1 + 52c_2 + 19c_3 = -\frac{36}{133}$$

$$19c_2 + 112c_3 = -\frac{54}{703}$$

Dies ergibt

$$c_1 = -1{,}69015 \cdot 10^{-1} \qquad c_2 = 1{,}89734 \cdot 10^{-2} \qquad c_3 = -3{,}90453 \cdot 10^{-3}$$

und damit erhält man

$$b_0 = 1{,}05634 \qquad b_1 = 8{,}87323 \cdot 10^{-1} \qquad b_2 = -1{,}62969 \cdot 10^{-1}$$
$$b_3 = 1{,}23339 \cdot 10^{-1}$$
$$d_0 = -5{,}63384 \cdot 10^{-2} \qquad d_1 = 8{,}95183 \cdot 10^{-3} \qquad d_2 = -4{,}01367 \cdot 10^{-4}$$
$$d_3 = 3{,}51760 \cdot 10^{-5}$$

Die Berechnung von Funktionswerten liefert die in Bild 5.17 dargestellte interpolierende Kurve 1. Im Vergleich mit der des interpolierenden Polynoms 4. Grades zeigt es sich, daß die Welligkeit (Bild 5.6) bei Spline-Interpolation weniger stark ist. Schließt man den Nullpunkt aus, so wird mit sich vergrößerndem Abstand vom Nullpunkt die Schwankung schwächer. Die Kurve 2 beginnt bei $x = 0{,}1$.

Zur Lösung des für die Ermittlung der $c_i$-Werte bleibenden linearen Gleichungssystems (5.29) läßt sich ein einfacher Algorithmus angeben, da die Matrix eine sog. Bandmatrix ist, d.h., es sind nur die Elemente auf der Hauptdiagonale und links und rechts davon von Null verschieden. Es ist das System

$$\mathbf{A}\,\mathbf{c} = \mathbf{r}$$

zu lösen mit

$$\mathbf{A} = \begin{bmatrix} 2(h_0 + h_1) & h_1 & & & & 0 \\ h_1 & 2(h_1 + h_2) & h_2 & & & \\ & h_2 & 2(h_2 + h_3) & h_3 & & \\ & & & \ddots & & \\ 0 & & & & h_{m-2} & 2(h_{m-2} + h_{m-1}) \end{bmatrix}$$

$$\mathbf{r} = 3 \cdot \begin{bmatrix} \dfrac{a_2 - a_1}{h_1} - \dfrac{a_1 - a_0}{h_0} \\[2ex] \dfrac{a_3 - a_2}{h_2} - \dfrac{a_2 - a_1}{h_1} \\[1ex] \vdots \\[1ex] \dfrac{a_m - a_{m-1}}{h_{m-1}} - \dfrac{a_{m-1} - a_{m-2}}{h_{m-2}} \end{bmatrix} = \begin{bmatrix} r_1 \\ r_2 \\ \vdots \\ r_{m-1} \end{bmatrix} \qquad \mathbf{c} = \begin{bmatrix} c_1 \\ c_2 \\ \vdots \\ c_{m-1} \end{bmatrix}$$

Zur Abkürzung wird eingeführt

$$B_i = 2(h_{i-1} + h_i) \qquad i = 1, 2, \ldots, m-1$$
$$C_i = h_i \qquad i = 1, 2, \ldots, m-2$$
$$A_i = h_{i-1} \qquad i = 2, 3, \ldots, m-1$$

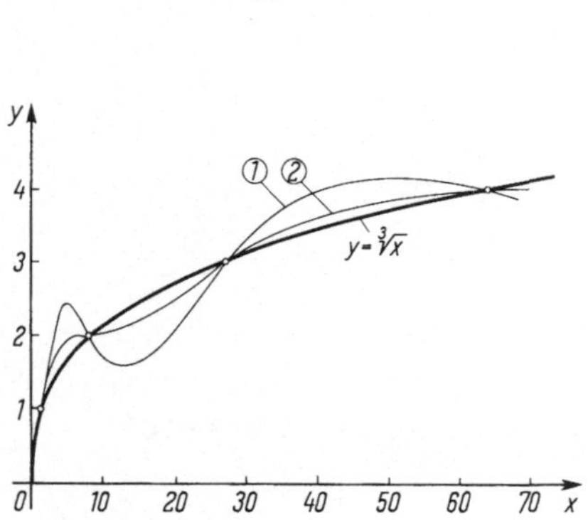

Bild 5.17 Spline-Interpolation von $y = \sqrt[3]{x}$

Es werden zwei Dreieckmatrizen definiert

$$L\,U\,c = r \quad \text{für} \quad A\,c = r$$

so daß die Systeme $L\,z = r$ und $U\,c = z$ zu lösen sind mit

$$L = \begin{bmatrix} \beta_1 & & & & & 0 \\ \alpha_2 & \beta_2 & & & & \\ & \alpha_3 & \beta_3 & & & \\ & & & \ddots & & \\ 0 & & & & \alpha_{m-1} & \beta_{m-1} \end{bmatrix} \cdot \quad U = \begin{bmatrix} 1 & v_2 & & & & 0 \\ & 1 & v_3 & & & \\ & & 1 & v_4 & & \\ & & & & \ddots & \\ 0 & & & & 1 & v_{m-1} \\ & & & & & 1 \end{bmatrix}$$

$$L\,U = \begin{bmatrix} \beta_1 & \beta_1 v_2 & & & & 0 \\ \alpha_2 & \alpha_2 v_2 + \beta_2 & \beta_2 v_3 & & & \\ & \alpha_3 & \alpha_3 v_3 + \beta_3 & \beta_3 v_4 & & \\ & & & \ddots & & \\ 0 & & & & \alpha_{m-1} & \alpha_{m-1} v_{m-1} + \beta_{m-1} \end{bmatrix}$$

So ergibt sich

$$\beta_1 = B_1 \qquad\qquad v_2 = \frac{C_1}{\beta_1}$$

$$\alpha_2 = A_2 \qquad \beta_2 = B_2 - \alpha_2 v_2 \qquad v_3 = \frac{C_2}{\beta_2}$$

$$\vdots$$

$$\alpha_{m-2} = A_{m-2} \qquad \beta_{m-2} = B_{m-2} - \alpha_{m-2} v_{m-2} \qquad v_{m-1} = \frac{C_{m-2}}{\beta_{m-2}}$$

$$\alpha_{m-1} = A_{m-1} \qquad \beta_{m-1} = B_{m-1} - \alpha_{m-1} v_{m-1}$$

und daraus

$$z_1 = \frac{r_1}{\beta_1} \qquad z_2 = \frac{r_2 - A_2 z_1}{\beta_2} \quad \ldots \quad z_{m-1} = \frac{r_{m-1} - A_{m-1} z_{m-2}}{\beta_{m-1}}$$

$$c_{m-1} = z_{m-1} \qquad c_{m-2} = z_{m-2} - v_{m-1} c_{m-1} \quad \ldots \quad c_1 = z_1 - v_2 c_2$$

**Beispiel 5.9** Gesucht ist die interpolierende kubische Spline-Funktion für die Stützstellen

| x | −3 | −1 | 0 | 1 | 7 |
|---|---|---|---|---|---|
| y | 0,1 | 0,5 | 1 | 0,5 | 0,02 |

Man bildet

$$h_0 = 2 \qquad h_1 = 1 \qquad h_2 = 1 \qquad h_3 = 6$$

und damit

$$A = \begin{bmatrix} 6 & 1 & 0 \\ 1 & 4 & 1 \\ 0 & 1 & 14 \end{bmatrix} \qquad r = 3 \cdot \begin{bmatrix} 0,3 \\ -1 \\ 0,42 \end{bmatrix}$$

Zur Lösung des Gleichungssystems berechnet man

$$B_1 = 6 \qquad B_2 = 4 \qquad B_3 = 14$$
$$C_1 = 1 \qquad C_2 = 1$$
$$A_2 = 1 \qquad A_3 = 1$$
$$\beta_1 = 6 \qquad v_2 = \frac{1}{6}$$
$$\alpha_2 = 1 \qquad \beta_2 = \frac{23}{6} \qquad v_3 = \frac{6}{23}$$
$$\alpha_3 = 1 \qquad \beta_3 = \frac{316}{23}$$
$$z_1 = \frac{9}{60} \qquad z_2 = -\frac{189}{230} \qquad z_3 = \frac{4788}{31600}$$

und erhält

$$c_3 = 0{,}151518987 \qquad c_2 = -0{,}861265823 \qquad c_1 = 0{,}293544304$$

Weiter wird

$$c_0 = 0 \qquad c_4 = 0$$
$$a_0 = 0{,}1 \qquad a_1 = 0{,}5 \qquad a_2 = 1 \qquad a_3 = 0{,}5 \qquad a_4 = 0{,}02$$
$$b_0 = 0{,}004303798 \qquad d_0 = 0{,}048924051$$
$$b_1 = 0{,}591392405 \qquad d_1 = -0{,}384936709$$
$$b_2 = 0{,}023670886 \qquad d_2 = 0{,}337594937$$
$$b_3 = -0{,}686075949 \qquad d_3 = -0{,}008417722$$

Die Kurve der interpolierenden Spline-Funktion ist in Bild 5.18 dargestellt. Der Aufgabe liegt eine Wertetafel der Funktion

$$y = \frac{1}{1 + x^2}$$

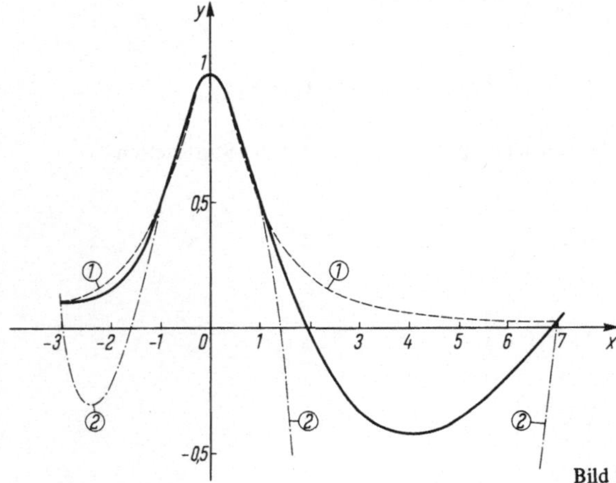

Bild 5.18  Spline-Interpolation von $y = 1/(1 + x^2)$

zugrunde, deren Kurve gestrichelt eingezeichnet und mit 1 bezeichnet ist. Berechnet man das die Aufgabe lösende Newtonsche Interpolationspolynom, so erhält man

$$P(x) = 1 + 0,084x - 0,522x^2 - 0,084x^3 + 0,022x^4$$

und eine Kurve, die strichpunktiert gezeichnet und mit 2 bezeichnet ist. Die ohne Unterbrechung gezeichnete Kurve der Spline-Interpolation liefert also in diesem Falle wesentlich bessere Ergebnisse.

Es ist offensichtlich, daß diese Art der Interpolation sich für alle Anwendungen empfiehlt, bei denen es auf eine solche „glatte" Kurve ankommt, also z.B. bei dem Straken von Flugzeug- und Schiffsrümpfen. Es ist aber auch klar, daß diese Methode für die Mathematik selbst Bedeutung hat. Es ist deshalb verständlich, daß es darüber eine umfangreiche Literatur gibt. Bei der numerischen Differentiation und Integration, beim numerischen Lösen von Differential- und Integralgleichungen wendet man die Spline-Interpolation an. Nicht minder umfangreich aber ist die Literatur über die Theorie der Splines.

### 5.3 Approximation von Funktionen

Der Approximation einer Funktion liegt folgende Aufgabe zugrunde. Die zu approximierende Funktion sei entweder tabellarisch durch Wertepaare $(x_i; y_i)$ mit $i = 0, 1, 2, \ldots, m$ oder durch ihre Gleichung $y = f(x)$ gegeben. Gesucht ist eine Funktion $F(x, a_0, a_1, a_2, \ldots, a_n)$ mit $n + 1$ Parametern $a_0, a_1, a_2, \ldots, a_n$, die in einem noch zu präzisierenden Sinne die Funktion auf möglichst einfache Weise hinreichend genau darstellt, d.h.

1. die für eine tabellarisch gegebene Funktion eine Zuordnungsvorschrift in Form einer Gleichung liefert,

2. die für eine durch eine Gleichung gegebene Zuordnungsvorschrift eine einfachere (mit weniger Rechenaufwand verbundene) darstellt.

Die Approximierende soll also die fehlende Zuordnungsvorschrift ersetzen oder eine gegebene vereinfachen. Dabei soll die Approximation hinreichend genau, also möglichst „gut" sein.

Von der Definition, was dabei unter „gut" zu verstehen ist, hängt die Entwicklung von numerischen Verfahren der Approximation ab. In dem Fall einer tabellarisch gegebenen Funktion kommt es bei der Approximation im Gegensatz zur Interpolation einerseits nicht darauf an, daß die Funktionswerte der Approximierenden an den Stützstellen den Stützwerten gleich sind, andererseits kann die Anzahl $n + 1$ der Parameter kleiner sein als die Anzahl $m + 1$ der Stützstellen. Es wäre also z.B. möglich, 10 Wertepaare durch eine Gerade zu approximieren, wenn es möglich ist, die Abweichung von der Geraden in den vorgeschriebenen Grenzen zu halten.

Theoretisch ist durch den Approximationssatz von Weierstraß sichergestellt, daß sich jede in einem abgeschlossenen reellen Intervall definierte und im offenen Intervall stetige reellwertige Funktion $f(x)$ durch Polynome (Bernstein-Polynome) $B_n(x)$ beliebig genau approximieren läßt, derart, daß $|f(x) - B_n(x)| < \epsilon$ mit $n = n(\epsilon)$ bei vorgegebenem $\epsilon$ gilt, nämlich durch

$$B_n(x) = \sum_{k=0}^{n} f\left(\frac{k}{n}\right)\binom{n}{k} x^k (1 - x)^{n-k} \qquad (0 \leqslant x \leqslant 1)$$

Hierbei ist zunächst durch eine Transformation der unabhängigen Variablen das Intervall auf den Bereich $0 \leqslant x \leqslant 1$ transformiert.

Für den Fall $f(x) = e^x$ ergibt sich

$$B_n(x) = \sum_{k=0}^{n} e^{k/n} \binom{n}{k} x^k (1-x)^{n-k}$$

Die Approximation ist für $n = 1$ und $n = 2$

$$B_1(x) = (1-x) + e \cdot x = 1 + (e-1)x$$

(das entspricht dem Newtonschen Interpolationspolynom 1. Grades)

$$B_2(x) = (1-x)^2 + 2e^{0,5} x(1-x) + e \cdot x^2$$

in Bild 5.19 zusammen mit den Taylor-Polynomen 1. und 2. Grades dargestellt. Mit fortschreitendem n ergibt sich eine immer besser werdende Approximation. Während das Problem der Approximation somit theoretisch gelöst ist, ergibt sich für die numerische Mathematik die

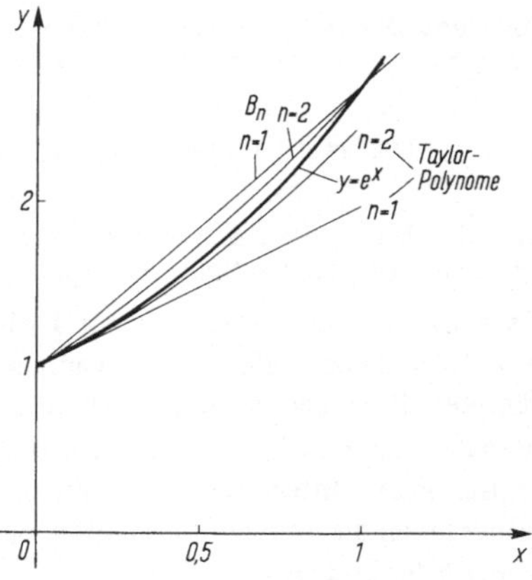


Bild 5.19 Approximation durch Bernstein-Polynome

Aufgabe zu prüfen, in welcher Weise bei geeignet gewählten anderen Polynomen der Grad bei gegebenen Genauigkeitsforderungen möglichst klein gehalten werden kann, damit der Rechenaufwand herabgesetzt wird.

### 5.3.1 Approximation im Gaußschen Sinne

Bei der Approximation im Gaußschen Sinne wird das Quadrat des Fehlers als Maß zugrunde gelegt. Sei $P(x)$ die approximierende Funktion, so bedeutet dieses Maß bei tabellarisch, d.h. durch Wertepaare $(x_i; y_i)$, $(i = 0, 1, 2, \ldots, m)$, gegebene Funktion die Summe

$$S = \sum_{i=0}^{m} p_i (y_i - P(x_i))^2 \tag{5.30}$$

mit geeigneten Gewichten $p_i$, bei einer durch ihre Gleichung $y = f(x)$ gegebenen Funktion das Integral

$$I = \int_{a}^{b} g(x) (f(x) - P(x))^2 \, dx \tag{5.31}$$

mit geeigneten Gewichtsfunktionen $g(x) > 0$ bei einer Approximation im Intervall $a \leqslant x \leqslant b$. Durch die Gewichte $p_i$ bzw. die Gewichtsfunktion $g(x)$ kann die Bewertung im Intervall gesteuert werden. Die Summe bzw. das Integral soll für die Approximierende $P(x)$ minimal sein. Beide Aufgaben müssen gesondert behandelt werden.

**5.3.1.1 Approximation tabellarisch gegebener Werte** Ist die Funktion tabellarisch durch Wertepaare gegeben, so nennt man die Approximation auch A u s g l e i c h u n g. Sie soll hier für den Fall der Polynomapproximation hergeleitet werden. Es wird der Ansatz

$$P_n(x) = a_0 + a_1 x + a_2 x^2 + \ldots + a_{n-1} x^{n-1} + a_n x^n \tag{5.32}$$

gemacht. Zur Bestimmung des Minimums von Gl. (5.30) sind die partiellen Ableitungen nach den Parametern zu bilden, im Falle der Polynomapproximation also die nach den Koeffizienten

$$a_0, a_1, a_2, \ldots, a_n$$

$$\frac{\partial}{\partial a_j} \sum_{i=0}^{m} (y_i - P_n(x_i))^2 = \sum_{i=0}^{m} \frac{\partial}{\partial a_j} (y_i - P_n(x_i))^2$$

$$= -2 \sum_{i=0}^{m} (y_i - P_n(x_i)) x_i^j \qquad j = 0, 1, \ldots, n$$

wobei $p_i = 1$ vorausgesetzt wurde.

Setzt man diese partiellen Ableitungen gleich Null, so erhält man das Gleichungssystem

$$\sum_{i=0}^{m} P_n(x_i)\, x_i^j = \sum_{i=0}^{m} y_i\, x_i^j \qquad j = 0, 1, \ldots, n \tag{5.33}$$

für die Koeffizienten $a_0, a_1, \ldots, a_n$. Insbesondere für $n = 1$ ergibt sich[1]

$$\begin{aligned}
a_0(m + 1) &+ a_1 \sum x_i = \sum y_i \\
a_0 \sum x_i &+ a_1 \sum x_i^2 = \sum y_i x_i
\end{aligned} \tag{5.34}$$

und für $n = 2$

$$\begin{aligned}
a_0(m + 1) &+ a_1 \sum x_i + a_2 \sum x_i^2 = \sum y_i \\
a_0 \sum x_i &+ a_1 \sum x_i^2 + a_2 \sum x_i^3 = \sum y_i x_i \\
a_0 \sum x_i^2 &+ a_1 \sum x_i^3 + a_2 \sum x_i^4 = \sum y_i x_i^2
\end{aligned} \tag{5.35}$$

Das sind sog. N o r m a l g l e i c h u n g e n. Auf den Beweis, daß mit der Lösung dieser Gleichungen das Minimum von Gl. (5.30) bestimmt ist, soll hier nicht eingegangen werden.

Zur Lösung der Approximationsaufgabe sind somit die Summen

$$\sum x_i \quad \sum x_i^2 \quad \ldots \quad \sum x_i^{2n}$$
$$\sum y_i \quad \sum y_i x_i \quad \ldots \quad \sum y_i x_i^{n}$$

zu bilden und als Koeffizienten in das System (5.33) einzusetzen. Durch Lösung des Gleichungssystems erhält man die Parameter $a_0, a_1, \ldots, a_n$. Im Fall Gl. (5.34) ermittelt man mit der Cramerschen Regel

$$a_0 = \frac{\begin{vmatrix} \sum y_i & \sum x_i \\ \sum y_i x_i & \sum x_i^2 \end{vmatrix}}{\begin{vmatrix} m + 1 & \sum x_i \\ \sum x_i & \sum x_i^2 \end{vmatrix}} \qquad\qquad a_1 = \frac{\begin{vmatrix} m + 1 & \sum y_i \\ \sum x_i & \sum y_i x_i \end{vmatrix}}{\begin{vmatrix} m + 1 & \sum x_i \\ \sum x_i & \sum x_i^2 \end{vmatrix}}$$

$$a_0 = \frac{\sum y_i \sum x_i^2 - \sum x_i \sum y_i x_i}{(m + 1) \sum x_i^2 - (\sum x_i)^2} \qquad\qquad a_1 = \frac{(m + 1) \sum y_i x_i - \sum x_i \sum y_i}{(m + 1) \sum x_i^2 - (\sum x_i)^2}$$

Bildet man die Quadrate der Abweichungen nach Gl. (5.30) mit $p_i = 1$, so hat man ein Maß für die im Mittel erreichte Genauigkeit. Multipliziert man Gl. (5.30) aus und berücksichtigt die Normalgleichungen, so ergibt sich für eine Kontrollrechnung bei $n = 1$

---

1) Im folgenden sind alle Summen von $i = 0$ bis $m$ zu bilden.

$$S_1 = \Sigma\, y_i^2 - a_0 \,\Sigma\, y_i - a_1 \,\Sigma\, x_i y_i \qquad (5.36)$$

und für $n = 2$

$$S_2 = \Sigma\, y_i^2 - a_0 \,\Sigma\, y_i - a_1 \,\Sigma\, x_i y_i - a_2 \,\Sigma\, x_i^2 y_i \qquad (5.37)$$

Diese Summen müssen den tatsächlich auftretenden Fehlerquadratsummen gleich sein.

Für ein Polynom n-ten Grades sind die Normalgleichungen

$$
\begin{aligned}
a_0(m + 1) \; + a_1 \,\Sigma\, x_i \; &+ \ldots + a_n \,\Sigma\, x_i^n \; = \Sigma\, y_i \\
a_0 \,\Sigma\, x_i \; + a_1 \,\Sigma\, x_i^2 \; &+ \ldots + a_n \,\Sigma\, x_i^{n+1} = \Sigma\, y_i x_i \\
&\vdots \\
a_0 \,\Sigma\, x_i^n \; + a_1 \,\Sigma\, x_i^{n+1} &+ \ldots + a_n \,\Sigma\, x_i^{2n} \; = \Sigma\, y_i x_i^n
\end{aligned}
\qquad (5.38)
$$

zu lösen.

Bei der Erhöhung des Grades der Ausgleichspolynome kann man an der Fehlerquadratsumme $S_n$ den Einfluß der Rundungsfehler beobachten. Diese Erhöhung bringt nur begrenzt eine Verbesserung.

Bei einer Ausgleichsrechnung mit 19 Werten ließ sich eine Verbesserung von $5{,}4 \cdot 10^{-4}$ $(n = 2)$ bis $4{,}8 \cdot 10^{-10}$ $(n = 11)$ erreichen. Für $n = 12$ ergibt sich $1{,}2 \cdot 10^{-9}$, also hier wie für die folgenden Grade eine Verschlechterung.

**Beispiel 5.10** Man gleiche 5 Wertepaare $(x_i; y_i)$ durch Polynome 1. und 2. Grades aus. (Sie sind in Tafel 5.20 unter $x_i$ und $y_i$ zu finden.)

Tafel 5.20  Ausgleichsrechnung zu Beispiel 5.10

| $i$ | $x_i$ | $x_i^2$ | $x_i^3$ | $x_i^4$ | $y_i$ | $y_i^2$ | $x_i y_i$ | $x_i^2 y_i$ | $P_1(x_i)$ | $y_i - P_1(x_i)$ | $(y_i - P_1)^2$ |
|---|---|---|---|---|---|---|---|---|---|---|---|
| 0 | $-1$ | 1 | $-1$ | 1 | $-3$ | 9 | 3 | $-3$ | $-\dfrac{273}{116}$ | $-\dfrac{75}{116}$ | $\dfrac{5625}{116^2}$ |
| 1 | 0 | 0 | 0 | 0 | $-1$ | 1 | 0 | 0 | $-\dfrac{168}{116}$ | $\dfrac{52}{116}$ | $\dfrac{2704}{116^2}$ |
| 2 | 1 | 1 | 1 | 1 | 0 | 0 | 0 | 0 | $-\dfrac{63}{116}$ | $\dfrac{63}{116}$ | $\dfrac{3969}{116^2}$ |
| 3 | 3 | 9 | 27 | 81 | 1 | 1 | 3 | 9 | $\dfrac{147}{116}$ | $-\dfrac{31}{116}$ | $\dfrac{961}{116^2}$ |
| 4 | 5 | 25 | 125 | 625 | 3 | 9 | 15 | 75 | $\dfrac{357}{116}$ | $-\dfrac{9}{116}$ | $\dfrac{81}{116^2}$ |
| Summe | 8 | 36 | 152 | 708 | 0 | 20 | 21 | 81 | | | $\dfrac{115}{116}$ |

Die Summen ergeben (Tafel 5.20)

$$
\begin{aligned}
m + 1 = 5 \quad &\Sigma\, x_i = 8 \quad &\Sigma\, x_i^2 = 36 \quad &\Sigma\, x_i^3 = 152 \quad &\Sigma\, x_i^4 = 708 \\
&\Sigma\, y_i = 0 \quad &\Sigma\, x_i y_i = 21 \quad &\Sigma\, x_i^2 y_i = 81 \quad &\Sigma\, y_i^2 = 20
\end{aligned}
$$

Es sind die Systeme

$$
\begin{aligned}
5a_0 + 8a_1 &= 0 \qquad \text{für } n = 1 \\
8a_0 + 36a_1 &= 21
\end{aligned}
$$

und $\quad 5a_0 + 8a_1 + 36a_2 = 0 \quad$ für n = 2

$\qquad 8a_0 + 36a_1 + 152a_2 = 21$

$\qquad 36a_0 + 152a_1 + 708a_2 = 81$

zu lösen.

Im Falle n = 1 ergibt sich

$$a_0 = -\frac{168}{116} = -1{,}448276 \qquad a_1 = \frac{105}{116} = 0{,}905172$$

also $\quad P_1(x) = -\dfrac{168}{116} + \dfrac{105}{116}\, x$

$$= -1{,}448276 + 0{,}905172x$$

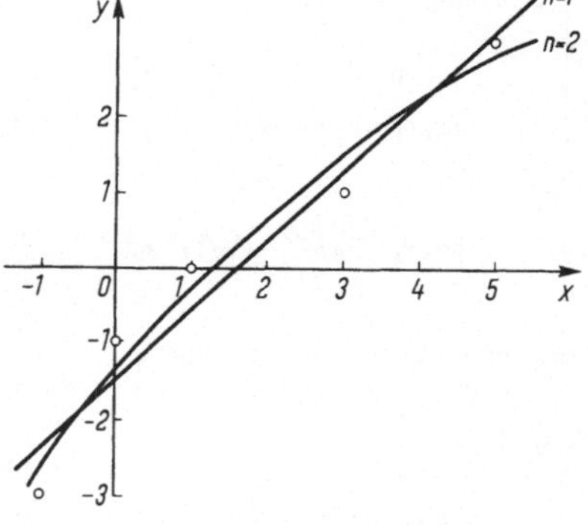
Bild 5.21 Ausgleichspolynome 1. und 2. Grades

und im Falle n = 2

$$a_0 = -\frac{10512}{7504} = -1{,}400853 \qquad a_1 = \frac{8892}{7504} = 1{,}184968 \qquad a_2 = -\frac{516}{7504} = -0{,}068763$$

also $\quad P_2(x) = -\dfrac{10512}{7504} + \dfrac{8892}{7504}\, x - \dfrac{516}{7504}\, x^2 = -1{,}4008053 + 1{,}184968x - 0{,}068763\, x^2$

Die Ausgleichskurven sind in Bild 5.21, die Abweichungen für n = 1 in Tafel 5.20 eingetragen. Es ist

$$S_1 = \frac{115}{116} = 0{,}991379 \qquad \text{und} \qquad S_2 = \frac{5144}{7504} = 0{,}685501$$

Die Auflösung der Normalgleichungen läßt sich mit einem von L ä u c h l i [1] angegebenen Iterationsverfahren umgehen.

**5.3.1.2 Approximation von Funktionen** Ist eine Funktion durch ihre Gleichung y = f(x) gegeben, so läßt sich mit dem Maß Gl. (5.31) gleichfalls eine Approximation im Gaußschen Sinne durchführen. Dabei soll das Integral über das Quadrat der Fehlerfunktion im Bereich von a bis b minimal werden. Macht man den Ansatz

$$P(x) = a_0\varphi_0(x) + a_1\varphi_1(x) + \ldots + a_n\varphi_n(x) \tag{5.39}$$

mit einem System von Funktionen $\varphi_0, \varphi_1, \ldots, \varphi_n$, so ergibt die partielle Ableitung nach den Koeffizienten

$$\frac{\partial}{\partial a_i} \int\limits_a^b g(x)\,(f(x) - a_0\varphi_0 - a_1\varphi_1 - \ldots - a_n\varphi_n)^2\, dx$$

$$= -2 \int\limits_a^b g(x)\,(f(x) - a_0\varphi_0 - a_1\varphi_1 - \ldots - a_n\varphi_n)\ \varphi_i\, dx \qquad i = 0, 1, \ldots, n$$

Setzt man diese partiellen Ableitungen gleich Null, so erhält man mit den Abkürzungen

$$\int\limits_a^b g(x)\, f(x)\, \varphi_i(x)\, dx = (f, \varphi_i) \qquad \int\limits_a^b g(x)\, \varphi_i(x)\, \varphi_j(x)\, dx = (\varphi_i, \varphi_j)$$

1) L ä u c h l i , P.: Iterative Lösung und Fehlerabschätzung in der Ausgleichsrechnung. Z. f. angew. Math. Phys. **10** (1959) 245–280.

die Normalgleichungen

$$a_0(\varphi_0, \varphi_0) + a_1(\varphi_0, \varphi_1) + \ldots + a_n(\varphi_0, \varphi_n) = (f, \varphi_0)$$
$$a_0(\varphi_0, \varphi_1) + a_1(\varphi_1, \varphi_1) + \ldots + a_n(\varphi_1, \varphi_n) = (f, \varphi_1)$$
$$\vdots$$
$$a_0(\varphi_0, \varphi_n) + a_1(\varphi_1, \varphi_n) + \ldots + a_n(\varphi_n, \varphi_n) = (f, \varphi_n)$$

(5.40)

**Beispiel 5.11** Man approximiere die Funktion $y = \sqrt{x}$ im Bereich $[1/16; 1]$ durch das System $\varphi_0 = 1$, $\varphi_1 = x$ (und $\varphi_2 = x^2$) mit $g(x) \equiv 1$.

Es sind

$$(\varphi_0, \varphi_0) = \int_{0,0625}^{1} dx = 0{,}937500$$

$$(\varphi_0, \varphi_1) = (\varphi_1, \varphi_0) = \int_{0,0625}^{1} x\, dx = 0{,}498047$$

$$(\varphi_0, \varphi_2) = (\varphi_2, \varphi_0) = (\varphi_1, \varphi_1) = \int_{0,0625}^{1} x^2 dx = 0{,}333252$$

$$(\varphi_1, \varphi_2) = (\varphi_2, \varphi_1) = \int_{0,0625}^{1} x^3 dx = 0{,}249996$$

$$(\varphi_2, \varphi_2) = \int_{0,0625}^{1} x^4 dx = 0{,}200000$$

$$(f, \varphi_0) = \int_{0,0625}^{1} \sqrt{x}\, dx = 0{,}656250$$

$$(f, \varphi_1) = \int_{0,0625}^{1} x \sqrt{x}\, dx = 0{,}399609$$

$$(f, \varphi_2) = \int_{0,0625}^{1} x^2 \sqrt{x}\, dx = 0{,}285697$$

Verwendet man das System $\varphi_0, \varphi_1$, so ergeben sich die Normalgleichungen

$$0{,}937500\, a_0 + 0{,}498047\, a_1 = 0{,}656250$$
$$0{,}498047\, a_0 + 0{,}333252\, a_1 = 0{,}399609$$

mit der Lösung

$$a_0 = 0{,}305603 \qquad a_1 = 0{,}742394$$

Verwendet man das System $\varphi_0, \varphi_1, \varphi_2$, so erhält man die Normalgleichungen

$$0{,}937500\, a_0 + 0{,}498047\, a_1 + 0{,}333252\, a_2 = 0{,}656250$$
$$0{,}498047\, a_0 + 0{,}333252\, a_1 + 0{,}249996\, a_2 = 0{,}399609$$
$$0{,}333252\, a_0 + 0{,}249996\, a_1 + 0{,}200000\, a_2 = 0{,}285697$$

mit der Lösung

$$a_0 = 0{,}215213 \qquad a_1 = 1{,}201968 \qquad a_2 = -\,0{,}432550$$

Die Approximation ist für den ersten Fall in Bild 5.22a dargestellt. Bild 5.22b zeigt beide Kurven der Funktion des absoluten Fehlers

$$\epsilon_a = a_0 + a_1 x - \sqrt{x} \quad \text{und} \quad \epsilon_a = a_0 + a_1 x + a_2 x^2 - \sqrt{x}$$

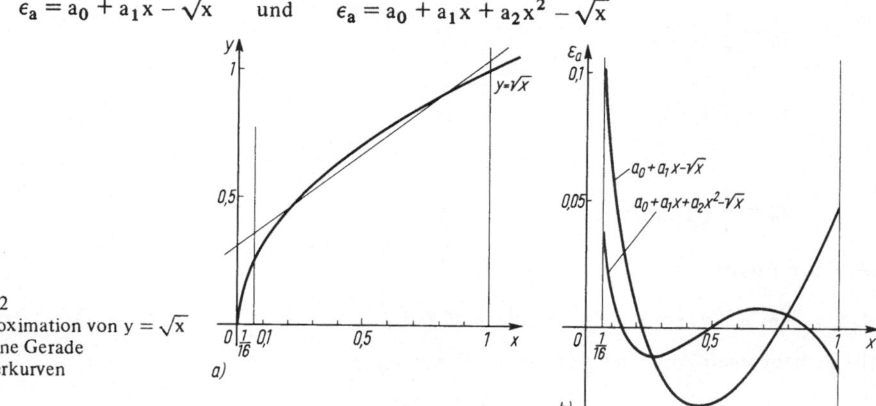


Bild 5.22
a) Approximation von $y = \sqrt{x}$ durch eine Gerade
b) Fehlerkurven

Vereinfacht wird die Darstellung der Funktion $y = f(x)$, wenn das Funktionensystem der $\varphi_i$ die Eigenschaften

$$(\varphi_i, \varphi_j) = \int_a^b g(x)\, \varphi_i(x)\, \varphi_j(x)\, dx = \begin{cases} 0 & \text{für } i \neq j \quad \text{(a)} \\ 1 & \text{für } i = j \quad \text{(b)} \end{cases} \tag{5.41}$$

hat. Ein solches Funktionensystem nennt man o r t h o g o n a l (a) und  n o r m i e r t (b). Die Parameter der Entwicklung (5.39) ergeben sich dann, wenn man ein orthogonales Funktionensystem wählt, aus

$$a_0 = (f, \varphi_0) \qquad \text{bzw.} \qquad a_0 = \frac{1}{(\varphi_0, \varphi_0)} (f, \varphi_0)$$

$$a_1 = (f, \varphi_1) \qquad\qquad a_1 = \frac{1}{(\varphi_1, \varphi_1)} (f, \varphi_1) \tag{5.42}$$

$$\vdots \qquad\qquad\qquad \vdots$$

$$a_n = (f, \varphi_n) \qquad\qquad a_n = \frac{1}{(\varphi_n, \varphi_n)} (f, \varphi_n)$$

je nachdem, ob das orthogonale Funktionensystem normiert ist oder nicht. Für die Fehlerquadratsumme ergibt sich unter Berücksichtigung der Normalgleichungen (5.40)

$$I_n = \int_a^b g(x)\, (f(x) - P_n(x))^2\, dx = (f, f) - \sum_{i=0}^n a_i\, (f, \varphi_i) \tag{5.43}$$

Zu den orthogonalen, nicht normierten Funktionen zählen die  T s c h e b y s c h e f f - P o l y - n o m e $T_i(x)$ mit der Gewichtsfunktion $g(x) = 1/(\sqrt{1 - x^2})$ im Bereich $-1 \leqslant x \leqslant 1$. Für diese Polynome gilt

$$\int_{-1}^{1} \frac{T_i(x)\, T_j(x)}{\sqrt{1 - x^2}}\, dx = \begin{cases} \pi & \text{für } i = j = 0 \\ \dfrac{\pi}{2} & \text{für } i = j \neq 0 \\ 0 & \text{für } i \neq j \end{cases} \tag{5.44}$$

sie sind also nicht auf Eins normiert. Für die Koeffizienten ergibt sich daher nach Gl. (5.42) rechte Hälfte

$$a_0 = \frac{1}{\pi} \, (f, T_0)$$

$$a_1 = \frac{2}{\pi} \, (f, T_1) \tag{5.45}$$

$$\vdots$$

$$a_n = \frac{2}{\pi} \, (f, T_n)$$

bei einem Ansatz

$$P_n(x) = a_0 T_0(x) + a_1 T_1(x) + \ldots + a_n T_n(x) \tag{5.46}$$

Die Tschebyscheff-Polynome genügen den Gleichungen

$$\begin{aligned}
T_0(x) &= 1 & T_3(x) &= 4x^3 - 3x \\
T_1(x) &= x & T_4(x) &= 8x^4 - 8x^2 + 1 \\
T_2(x) &= 2x^2 - 1 & T_5(x) &= 16x^5 - 20x^3 + 5x
\end{aligned} \tag{5.47}$$

und lassen sich aus der Rekursionsformel

$$T_{j+1}(x) - 2x T_j(x) + T_{j-1}(x) = 0 \tag{5.48}$$

für $j \geqslant 1$ ermitteln. Der Höchstkoeffizient ist $2^{j-1}$, allgemein gilt

$$T_j(1) = 1 \qquad T_j(-1) = (-1)^j \qquad |T_j(x)| \leqslant 1 \qquad \text{für } j = 0, 1, 2, \ldots, \text{ und } |x| \leqslant 1 \tag{5.49}$$

**Beispiel 5.12** Man stelle die Funktion $y = \sqrt{x+1}$ durch Entwicklung nach den Tschebyscheff-Polynomen $T_0(x)$ und $T_1(x)$ dar.
Es gilt

$$a_0 = \frac{1}{\pi} \int_{-1}^{1} \frac{\sqrt{x+1}}{\sqrt{1-x^2}} \, dx = \frac{1}{\pi} \int_{-1}^{1} \frac{1}{\sqrt{1-x}} \, dx = \frac{2\sqrt{2}}{\pi} = 0{,}900316$$

$$a_1 = \frac{2}{\pi} \int_{-1}^{1} \frac{\sqrt{x+1}}{\sqrt{1-x^2}} \, x \, dx = \frac{2}{\pi} \int_{-1}^{1} \frac{x}{\sqrt{1-x}} \, dx = \frac{4\sqrt{2}}{3\pi} = 0{,}600211$$

also wird die Funktion dargestellt durch

$$P_1(x) = \frac{2\sqrt{2}}{\pi} \left( 1 + \frac{2x}{3} \right)$$

Bild 5.23 zeigt diese Approximation.

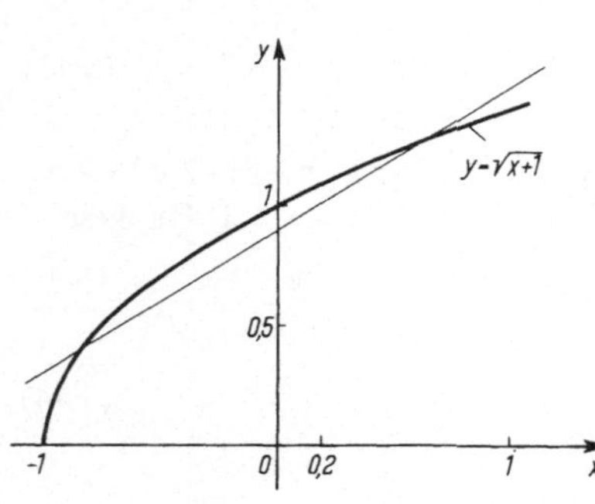


Bild 5.23
Approximation von $y = \sqrt{x+1}$ durch ein Tschebyscheff-Polynom 1. Grades

Ein weiteres für die Praxis wichtiges Funktionensystem ist das trigonometrische mit cos kx und sin kx für die Darstellung periodischer Funktionen im Bereich $0 \leqslant x \leqslant 2\pi$. Man setzt

$$P_n(x) = a_0 + a_1 \cos x + a_2 \cos 2x + \ldots + a_n \cos nx +$$
$$+ b_1 \sin x + b_2 \sin 2x + \ldots + b_n \sin nx$$

und erhält

$$a_0 = \frac{1}{2\pi} \int\limits_0^{2\pi} f(x)\, dx$$

und für $i = 1, 2, \ldots, n$

$$a_k = \frac{1}{\pi} \int\limits_0^{2\pi} f(x) \cos kx\, dx \qquad b_k = \frac{1}{\pi} \int\limits_0^{2\pi} f(x) \sin kx\, dx$$

Diese Approximation nennt man h a r m o n i s c h e   A n a l y s e. Hinsichtlich ihrer Durchführung sei auf [18] verwiesen.

### 5.3.2 Approximation im Tschebyscheffschen Sinne

Bei dieser Approximation wird nicht die Abweichung im Mittel, sondern die Abweichung an bestimmten ausgewählten Stellen zugrunde gelegt. Auch hier muß unterschieden werden, ob die Funktion, die zu approximieren ist, tabellarisch oder durch ihre Gleichung gegeben ist. Als approximierende Funktionen verwendet man vorwiegend Polynome oder gebrochene rationale Funktionen.

Falls die Funktion durch ihre Gleichung $y = f(x)$ gegeben ist, ist die approximierende Funktion $P_n(x, a_0, a_1, \ldots, a_n)$ gesucht, bei der das Maximum des Betrages der Abweichung

$$\max_{x \in I} |P_n(x, a_0, a_1, \ldots, a_n) - f(x)|$$

$$\text{oder} \quad \max_{x \in I} \left| \frac{P_n(x, a_0, a_1, \ldots, a_n) - f(x)}{f(x)} \right| \tag{5.50}$$

im Intervall $I = \{x \mid a \leqslant x \leqslant b\}$ minimal ist.

Falls die Funktion tabellarisch durch Wertepaare $(x_i; y_i)$, $i = 0, 1, \ldots, m$ gegeben ist, sucht man eine Auswahl von $n + 2$ Wertepaaren aus der Gesamtmenge so, daß an diesen Stellen die Abweichungen betragsmäßig gleich, an allen anderen Stellen betragsmäßig kleiner sind. Eine solche Auswahl nennt man eine R e f e r e n z.

Die Approximation einer durch ihre Gleichung $y = f(x)$ gegebenen stetigen Funktion durch ein Polynom vom Grade n wird dadurch möglich, daß es nach Sätzen der Approximationstheorie für jede Funktion, die im Innern des Intervalls $a \leqslant x \leqslant b$ eine von Null verschiedene $(n + 1)$-te Ableitung hat, genau $n + 2$ Punkte gibt, an denen die Fehlerfunktion

$$\epsilon_a(x) = P_n(x) - f(x) \quad \text{oder} \quad \epsilon_r(x) = \frac{P_n(x) - f(x)}{f(x)}$$

Extremwerte annimmt. Die Endpunkte des Intervalls gehören dann zu diesen Punkten. Nimmt nun die Fehlerfunktion an genau $n + 2$ Stellen

$$a = x_0 < x_1 < \ldots < x_{n+1} = b$$

Werte gleichen Betrages mit alternierenden Vorzeichen an, so stellt das Polynom die beste Approximation dar. Die x-Werte mit den an ihnen angenommenen Extremwerten der Fehlerfunktion sind die Koordinaten von $n + 2$ Punkten, die man A l t e r n a n t e n p u n k t e nennt [29].

### 5.3.2.1 Approximation durch eine Gerade

Für die Approximation durch ein lineares Polynom ($n = 1$) bedeutet der grundlegende Satz der Approximationstheorie, daß drei Stellen mit extremalen Fehlern auftreten. Ist die 2. Ableitung der zu approximierenden Funktion $f(x)$ von Null verschieden, so sind zwei der drei Stellen bestimmt: $x_0 = a$ und $x_2 = b$, d.h. mit dem Ansatz

$$P_1(x) = a_0 + a_1 x$$

gilt, wenn man zunächst die Funktion des a b s o l u t e n Fehlers $\epsilon_a = P_1(x) - f(x)$ zugrundelegt

$$P_1(a) - f(a) = \mu_a \qquad P_1(b) - f(b) = \mu_a \tag{5.51}$$

wobei $\mu_a$ die Abweichung bezeichnet. Es ist nun die Zwischenstelle $x_1$ zu bestimmen, so daß

$$P_1(x_1) - f(x_1) = - \mu_a$$

gilt. Man erhält zunächst aus Gl. (5.51)

$$a_0 + a_1 a - f(a) = \mu_a \qquad a_0 + a_1 b - f(b) = \mu_a$$

$$a_1 = \frac{f(b) - f(a)}{b - a} \tag{5.52}$$

Die Stelle $x_1$ bestimmt sich daraus, daß ein Extremwert der Abweichung vorliegen muß, also $\epsilon'_a(x_1) = 0$ gilt

$$P'_1(x_1) - f'(x_1) = 0 \qquad a_1 - f'(x_1) = 0$$

$$f'(x_1) = a_1 = \frac{f(b) - f(a)}{b - a}$$

Das ist eine Bestimmungsgleichung für $x_1$. An dieser Stelle ist die Tangente parallel zur Sekante durch die Randpunkte. Schließlich ist

$$a_0 = f(a) - a_1 a + f(x_1) - a_0 - a_1 x_1$$

$$= \frac{1}{2} [f(a) + f(x_1)] - \frac{1}{2} (a + x_1) \frac{f(b) - f(a)}{b - a} \tag{5.53}$$

$$\mu_a = \frac{1}{2} [f(x_1) - f(a)] + \frac{a - x_1}{2} \frac{f(b) - f(a)}{b - a}$$

Damit ist die Gleichung der Geraden $P_1(x)$ bestimmt.

**Beispiel 5.13** Man approximiere die Funktion $f(x) = \sqrt{x}$ im Intervall $I = [1/16; 1]$ durch eine Gerade nach Tschebyscheff unter Benutzung der absoluten Fehlerfunktion. Es ist

$$f'(x) = \frac{1}{2\sqrt{x}} \qquad f''(x) = - \frac{1}{4x\sqrt{x}} \neq 0 \quad \text{in } I$$

Die 2. Ableitung ist also in dem vorgegebenen Intervall von Null verschieden. Somit sind die entwickelten Formeln anwendbar. Es ergibt sich

$$a_1 = \frac{4}{5} = 0{,}8$$

Aus $f'(x_1) = a_1$ erhält man die Bestimmungsgleichung

$$\frac{1}{2\sqrt{x_1}} = \frac{4}{5}$$

und daraus

$$x_1 = \frac{25}{64} = 0{,}390625$$

und schließlich

$$a_0 = \frac{41}{160} = 0{,}256250 \qquad \mu_a = \frac{9}{160} = 0{,}056250$$

Die Approximation von $f(x) = \sqrt{x}$ durch das lineare Polynom

$$P_1(x) = \frac{41}{160} + \frac{4}{5}x$$

zeigt Bild 5.24a, die Kurve des absoluten Fehlers $\epsilon_a$ Bild 5.24b.

Die Verwendung der Funktion des relativen Fehlers

$$\epsilon_r = \frac{P_1(x) - f(x)}{f(x)}$$

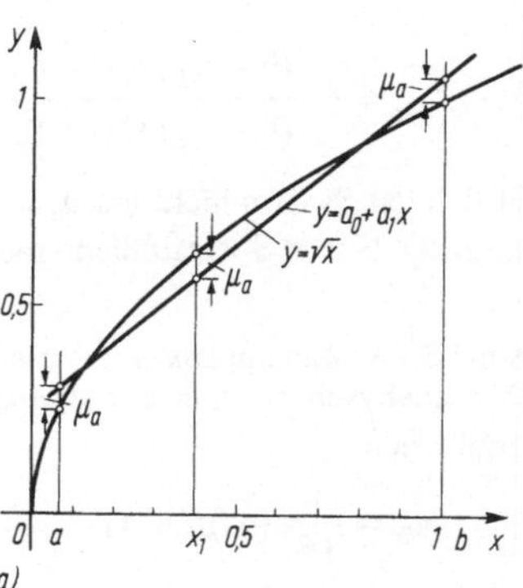


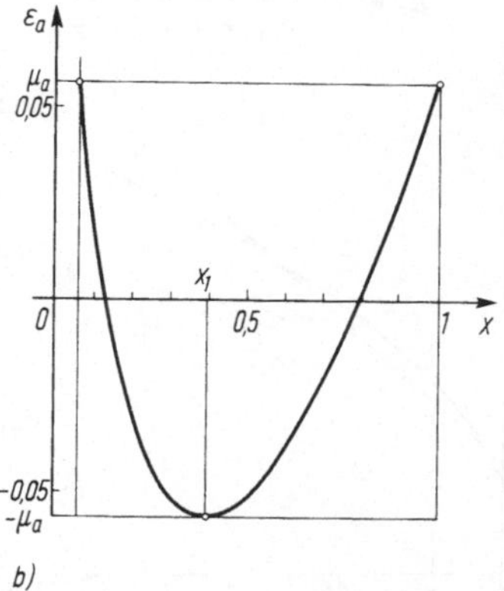


Bild 5.24
a) Approximation von $y = \sqrt{x}$ durch
eine Gerade im Tschebyscheffschen Sinne
b) Kurve des absoluten Fehlers

bei der Approximation der Funktion $f(x)$ im Intervall $[a; b]$ durch ein Polynom 1. Grades führt auf das System

$$\frac{P_1(a) - f(a)}{f(a)} = \mu_r \qquad \frac{P_1(x_1) - f(x_1)}{f(x_1)} = -\mu_r \qquad \frac{P_1(b) - f(b)}{f(b)} = \mu_r$$

wenn $|\mu_r|$ den Betrag des maximalen relativen Fehlers bezeichnet. Nach Umordnung erhält man

$$a_0 + a_1 a \quad - f(a)\,\mu_r \; = f(a)$$
$$a_0 + a_1 x_1 + f(x_1)\,\mu_r = f(x_1)$$
$$a_0 + a_1 b \quad - f(b)\,\mu_r \; = f(b)$$

Wäre $x_1$ bekannt, so wäre dieses System ein lineares Gleichungssystem zur Bestimmung der Unbekannten $a_0$, $a_1$ und $\mu_r$. Die Extremstelle $x_1$ der Fehlerfunktion $\epsilon_r$ muß die Bedingung $\epsilon_r'(x_1) = 0$ erfüllen, d.h.

$$f(x_1)P_1'(x_1) - f'(x_1)P_1(x_1) = 0$$

Läßt sich $x_1$ hieraus ermitteln, so ist das System zu lösen.
Die Elimination mit Hilfe des Stiefel-Verfahrens ergibt

$$a_0 = -aa_1 + f(a)\,\mu_r + f(a) \qquad a_1 = \frac{f(b) - f(a)}{b - a}\,(\mu_r + 1)$$

$$\mu_r = -\,\frac{(b-x_1)\,f(a) - (b-a)\,f(x_1) + (x_1-a)\,f(b)}{(b-x_1)\,f(a) + (b-a)\,f(x_1) + (x_1-a)\,f(b)}$$

Läßt sich das System nicht lösen, so muß ein Näherungsverfahren angewandt werden (s. folgender Abschnitt). Nur in Spezialfällen erhält man die Lösung auf dem direkten Wege.

**Beispiel 5.14** Man approximiere die Funktion $f(x) = \sqrt{x}$ in $[1/16;\,1]$ durch ein Polynom 1. Grades nach Tschebyscheff unter Benutzung der relativen Fehlerfunktion.
Es ergibt sich

$$a_0 = \frac{1}{16}\,\{4\,(\mu_r + 1) - a_1\} \qquad a_1 = \frac{4}{5}\,(\mu_r + 1)$$

$$\mu_r = -\,\frac{4x_1 + 1 - 5\sqrt{x_1}}{4x_1 + 1 + 5\sqrt{x_1}}$$

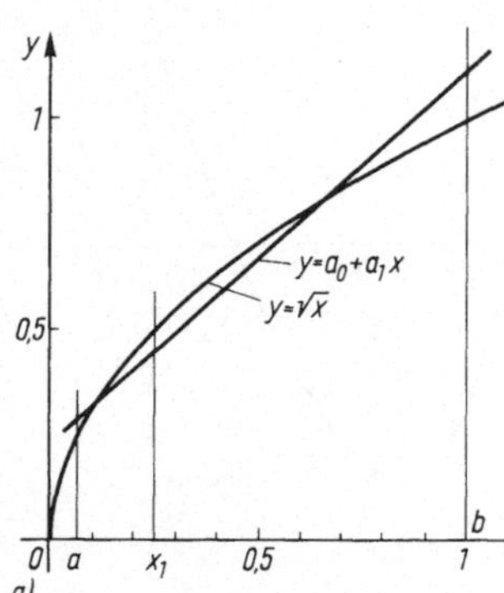


Die Bestimmungsgleichung für $x_1$

$$a_1\,\sqrt{x_1} = \frac{1}{2\,\sqrt{x_1}}\,(a_0 + a_1 x_1)$$

liefert

$$x_1 = \frac{a_0}{a_1}$$

Setzt man $a_1$ in $a_0$ ein, so ergibt sich

$$a_0 = \frac{1}{5}\,(\mu_r + 1) \qquad \frac{a_0}{a_1} = \frac{1}{4}$$

und man erhält

$$\mu_r = \frac{1}{9}$$

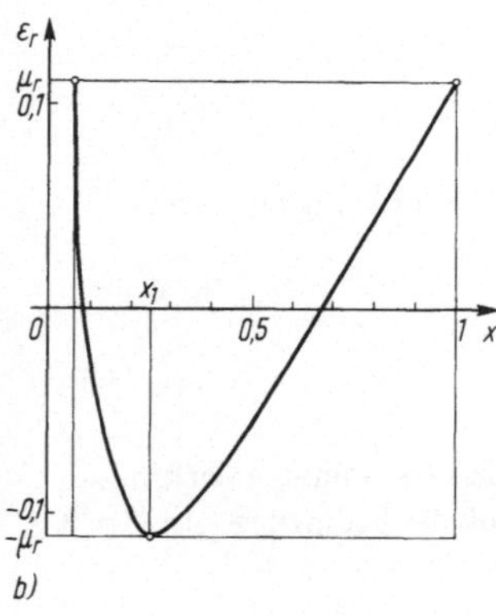


Bild 5.25
a) Approximation von $y = \sqrt{x}$ durch eine Gerade im Tschebyscheffschen Sinne
b) Kurve des relativen Fehlers

Damit ist das System lösbar. Es ergibt sich

$$a_0 = \frac{2}{9} \qquad a_1 = \frac{8}{9} \qquad \mu_r = \frac{1}{9}$$

Die Approximation der Funktion $\sqrt{x}$ durch das Polynom $P_1(x) = (2 + 8x)/9$ zeigt Bild 5.25a, die Kurve des relativen Fehlers $\epsilon_r$ Bild 5.25b.

**5.3.2.2 Der Algorithmus von Remez**  Zur Lösung der bei der Tschebyscheff-Approximation durch Polynome auftretenden Gleichungssysteme ist i. allg. ein Näherungsverfahren erforderlich. Ein solches Verfahren ist der R e m e z - A l g o r i t h m u s [29].

Die Funktion f(x) sei durch ein Polynom n-ten Grades

$$P_n(x) = a_0 + a_1 x + a_2 x^2 + \ldots + a_n x^n$$

im Intervall [a; b] zu approximieren. Unter den eingangs genannten Voraussetzungen ergeben sich $n + 2$ Alternantenpunkte. Der Grundgedanke des Verfahrens von Remez besteht darin, ausgehend von einer Näherung für die Abszissen der Alternantenpunkte diese iterativ zu verbessern. Man wählt also eine Ausgangsnäherung

$$a, x_1^{(0)}, x_2^{(0)}, \ldots, x_n^{(0)}, b$$

und löst damit das Gleichungssystem für $a_0, \ldots, a_n, \mu_a$ (bzw. $\mu_r$). Das ergibt

$$a_0^{(1)}, a_1^{(1)}, \ldots, a_n^{(1)}, \mu_a^{(1)} \quad (\text{bzw. } \mu_r^{(1)})$$

Die Extremwerte der Fehlerfunktion liegen dann aber i. allg. nicht an den als Ausgangsnäherung gewählten Abszissen, sondern an den Stellen

$$a, x_1^{(1)}, x_2^{(1)}, \ldots, x_n^{(1)}, b$$

Diese nimmt man als nächste Näherung für die Alternantenabszissen und bestimmt

$$a_0^{(2)}, a_1^{(2)}, \ldots, a_n^{(2)}, \mu_a^{(2)} \quad (\text{bzw. } \mu_r^{(2)})$$

Damit erhält man wiederum neue Abszissen für die Extremwerte der Fehlerfunktion

$$a, x_1^{(2)}, x_2^{(2)}, \ldots, x_n^{(2)}, b$$

Diesen Prozeß setzt man so lange fort, bis sich die Abszissenwerte der Alternantenpunkte (mit bestimmter Stellenzahl ermittelt) nicht mehr ändern.

Für die nullte Näherung bei absoluten wie relativen Fehlern verwendet man als günstige Werte für $x_j \,(j = 1, \ldots, n)$

$$x_j^{(0)} = \frac{1}{2}\,(b - a)\cos\left(\frac{n + 1 - j}{n + 1}\,\pi\right) + \frac{1}{2}\,(b + a) \qquad (5.54)$$

**Der absolute Fehler als Maß** führt über die absolute Fehlerfunktion

$$\epsilon_a = P_n(x) - f(x)$$

zu dem System

$$
\begin{aligned}
P_n(a) \;\; - f(a) \;&= \;\; \mu_a \\
P_n(x_1) - f(x_1) &= -\,\mu_a \\
&\;\;\vdots \\
P_n(x_n) - f(x_n) &= (-1)^n\,\mu_a \\
P_n(b) \;\; - f(b) \;\; &= (-1)^{n+1}\,\mu_a
\end{aligned}
\qquad (5.55)
$$

Bei bekannten Alternantenpunkten handelt es sich um ein Gleichungssystem für die Unbekannten $a_0, a_1, \ldots, a_n$ und $\mu_a$ (maximale Abweichung).

Nach dem oben beschriebenen Remez-Algorithmus läßt sich dieses System in Verbindung mit der Bestimmungsgleichung für die Extremwerte der Fehlerfunktion lösen. Aus $\epsilon_a'(x) = 0$ erhält man

$$P_n'(x) - f'(x) = 0 \qquad (5.56)$$

**Beispiel 5.15** Man approximiere die Funktion $f(x) = \sqrt{x}$ in $\lceil 1/16; 1 \rceil$ durch ein Polynom 2. Grades nach Tschebyscheff unter Benutzung der absoluten Fehlerfunktion.

Aus Gl. (5.55) erhält man das System

$$a_0 + \frac{1}{16}\,a_1 + \frac{1}{256}\,a_2 - \mu_a = \frac{1}{4}$$

$$a_0 + x_1\,a_1 + x_1^2\,a_2 + \mu_a = \sqrt{x_1}$$

$$a_0 + x_2\,a_1 + x_2^2\,a_2 - \mu_a = \sqrt{x_2}$$

$$a_0 + a_1 + a_2 + \mu_a = 1$$

und nach Gl. (5.56)·

$$a_1 + 2\,a_2 x = \frac{1}{2\sqrt{x}}$$

als Bestimmungsgleichung für $x_1$ und $x_2$.

Nach Elimination von $a_0$ und $a_1$

$$a_0 = -a_1 - a_2 - \mu_a + 1 \qquad a_1 = -\frac{17}{16}a_2 - \frac{32}{15}\mu_a + \frac{4}{5}$$

bleibt das Restsystem

$$\left(x_1^2 - \frac{17}{16}x_1 + \frac{1}{16}\right)a_2 + \frac{32}{15}(1 - x_1)\mu_a = \sqrt{x_1} - \frac{4}{5}x_1 - \frac{1}{5}$$

$$\left(x_2^2 - \frac{17}{16}x_2 + \frac{1}{16}\right)a_2 + \frac{2}{15}(1 - 16x_2)\mu_a = \sqrt{x_2} - \frac{4}{5}x_2 - \frac{1}{5}$$

Nach Gl. (5.54) wählt man

$$x_1^{(0)} = \frac{19}{64} \qquad x_2^{(0)} = \frac{49}{64}$$

und erhält Tafel 5.26.

Tafel 5.26  Iteration mit dem Remez-Verfahren (absoluter Fehler)

| $i$ | $x_1^{(i)}$ | $x_2^{(i)}$ | $a_0^{(i)}$ | $a_1^{(i)}$ | $a_2^{(i)}$ | $\mu_a^{(i)}$ |
|---|---|---|---|---|---|---|
| 0 | 0,296875 | 0,765625 | | | | |
| 1 | 0,204961 | 0,694253 | 0,184737 | 1,315684 | −0,515375 | 0,014954 |
| 2 | 0,204684 | 0,681324 | 0,186915 | 1,319634 | −0,523895 | 0,017346 |
| 3 | 0,204769 | 0,681370 | 0,186940 | 1,319419 | −0,523717 | 0,017358 |
| 4 | | | 0,186940 | 1,319419 | −0,523717 | 0,017358 |

Eine erste Wurzel der Gleichung

$$a_1 + 2a_2 x = \frac{1}{2\sqrt{x}}$$

oder nach Quadrieren

$$4a_2^2 x^3 + 4a_1 a_2 x^2 + a_1^2 x - \frac{1}{4} = 0$$

wurde iterativ nach

$$x_1^{(k+1)} = \frac{1}{4(a_1^{(i)} + 2a_2^{(i)} x_1^{(k)})^2}$$

berechnet, da sich dabei gute Konvergenz ergibt. Die beiden anderen Wurzeln bestimmt man aus der nach Abspaltung dieser ersten Wurzel bleibenden quadratischen Gleichung. Zwei der Wurzeln liegen im Intervall $[1/16; 1]$.

Die Fehlerfunktion $\epsilon_a$ ist in Bild 5.27 für die 1. und 4. Näherung dargestellt, um den Ablauf der Iteration zu veranschaulichen.

**Der relative Fehler als Maß** führt über die relative Fehlerfunktion

$$\epsilon_r = \frac{P_n(x) - f(x)}{f(x)} = \frac{P_n(x)}{f(x)} - 1$$

auf das System

$$P_n(a) \quad - \quad \mu_r f(a) \quad = f(a)$$

$$P_n(x_1) + \quad \mu_r f(x_1) = f(x_1)$$

$$\vdots$$

$$P_n(x_n) - (-1)^{n-1} \, \mu_r f(x_n) = f(x_n)$$

$$P_n(b) \quad - (-1)^n \, \mu_r f(b) \quad = f(b)$$

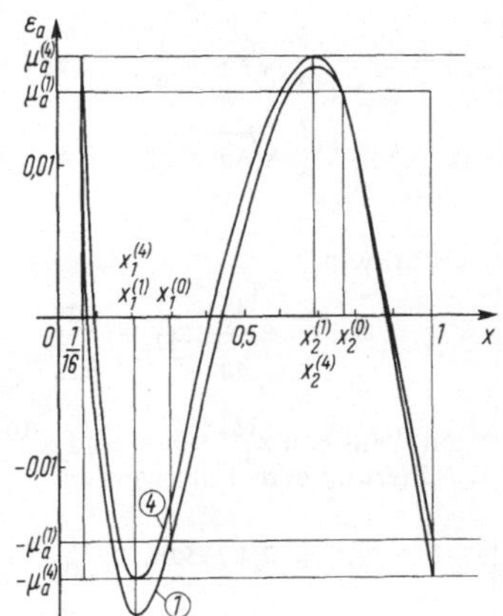


Bild 5.27
Kurven des absoluten
Fehlers beim Iterationsverfahren
für die Approximation
nach Tschebyscheff von $y = \sqrt{x}$
durch ein Polynom 2. Grades

mit $|\mu_r|$ als Abweichung maximalen Betrages.

Dieses System läßt sich in Verbindung mit der Bestimmungsgleichung lösen, die man durch Nullsetzen der 1. Ableitung von $\epsilon_r$ erhält

$$f(x) \cdot P_n'(x) - f'(x) \cdot P_n(x) = 0$$

Diese Gleichung müssen die Abszissen der Alternantenpunkte erfüllen.

**Beispiel 5.16** Es ist die Funktion $f(x) = \sqrt{x}$ im Intervall $[1/16; 1]$ durch ein Polynom 2. Grades nach Tschebyscheff unter Benutzung des relativen Fehlers zu approximieren.

Man erhält für $f(x) = \sqrt{x}$ und $\frac{1}{16} \leqslant x \leqslant 1$ das System

$$a_0 + \frac{1}{16} a_1 + \frac{1}{256} a_2 - \frac{1}{4} \mu_r = \frac{1}{4}$$

$$a_0 + x_1 a_1 + x_1^2 a_2 + \sqrt{x_1} \mu_r = \sqrt{x_1}$$

$$a_0 + x_2 a_1 + x_2^2 a_2 - \sqrt{x_2} \mu_r = \sqrt{x_2}$$

$$a_0 + a_1 + a_2 + \mu_r = 1$$

und als Lösungsformeln mit dem Austauschverfahren von Stiefel

$$\mu_r = -a_0 - a_1 - a_2 + 1 \qquad a_0 = -\frac{1}{4}a_1 - \frac{13}{64}a_2 + \frac{2}{5}$$

und aus dem Restsystem mit

$$a_{22} = x_1 - \frac{3}{4}\sqrt{x_1} - \frac{1}{4}, \qquad a_{23} = x_1^2 - \frac{51}{64}\sqrt{x_1} - \frac{13}{64} \qquad a_{24} = \frac{2}{5}(1 - \sqrt{x_1})$$

$$a_{32} = x_2 + \frac{3}{4}\sqrt{x_2} - \frac{1}{4} \qquad a_{33} = x_2^2 + \frac{51}{64}\sqrt{x_2} - \frac{13}{64} \qquad a_{34} = \frac{2}{5}(1 - 4\sqrt{x_2})$$

die Formeln

$$a_1 = -\frac{a_{23}}{a_{22}}a_2 - \frac{a_{24}}{a_{22}} \qquad a_2 = \frac{a_{24}a_{32} - a_{34}a_{22}}{a_{22}a_{33} - a_{23}a_{32}}$$

Nach Wahl von $x_1^{(0)} = 0{,}4$ und $x_2^{(0)} = 0{,}8$ in sehr grober Annäherung an Gl. (5.54) kann die 1. Näherung berechnet werden

$$a_0^{(1)} = 0{,}171896 \qquad a_1^{(1)} = 1{,}339080 \qquad a_2^{(1)} = -0{,}525123 \qquad \mu_r^{(1)} = 0{,}014147$$

Die Extremwerte der relativen Fehlerfunktion

$$\mu_r(x) = \frac{a_0 + a_1 x + a_2 x^2 - \sqrt{x}}{\sqrt{x}}$$

ergeben sich durch Nullsetzen der 1. Ableitung. Dabei erhält man die quadratische Gleichung

$$3a_2 x^2 + a_1 x - a_0 = 0$$

Setzt man die Koeffizienten $a_0^{(1)}$, $a_1^{(1)}$, $a_2^{(1)}$ ein, so bekommt man daraus

$$x_1^{(1)} = 0{,}157582 \qquad x_2^{(1)} = 0{,}692428$$

Die Lösung des Gleichungssystems mit diesen Werten führt auf die 2. Näherung $a_0^{(2)}$, $a_1^{(2)}$, $a_2^{(2)}$, $\mu_r^{(2)}$. Bei Fortsetzung dieses iterativen Prozesses erhält man Tafel 5.28.

Tafel 5.28  Iteration mit dem Remez-Verfahren (relativer Fehler)

| $i$ | $x_1^{(i)}$ | $x_2^{(i)}$ | $a_0^{(i)}$ | $a_1^{(i)}$ | $a_2^{(i)}$ | $\mu_r^{(i)}$ |
|---|---|---|---|---|---|---|
| 0 | 0,4 | 0,8 | | | | |
| 1 | 0,157582 | 0,692428 | 0,171896 | 1,339080 | -0,525123 | 0,014147 |
| 2 | 0,146345 | 0,588963 | 0,170415 | 1,453820 | -0,659052 | 0,034816 |
| 3 | 0,148921 | 0,590636 | 0,171509 | 1,442061 | -0,649966 | 0,036396 |
| 4 | 0,148917 | 0,590599 | 0,171509 | 1,442106 | -0,650022 | 0,036407 |

Beim fünften Iterationsschritt ergibt sich keine Änderung. Die Lösung zeigt also eine deutliche Abweichung zu Beispiel 5.15. Die Fehlerfunktion $\epsilon_r$ ist in Bild 5.29 für die 1. und 4. Näherung dargestellt.

### 5.3.2.3 Die Ökonomisierung eines Polynoms

**5.3.2.3 Die Ökonomisierung eines Polynoms** Ist die in $[a;b]$ durch ein Polynom n-ten Grades zu approximierende Funktion f(x) selbst ein Polynom m-ten Grades (m = n + 1), so vereinfacht sich die Ermittlung der Koeffizienten des approximierenden Polynoms wesentlich. Darauf beruht ein Näherungsverfahren der Approximation – die sog. Ökonomisierung eines Polynoms. Falls die zu approximierende Funktion kein Polynom ist, so kann man statt dieser Funktion selbst z.B. ihre an einer Stelle $x_0$ entwickelte und nach dem m-ten Gliede abgebrochene Taylor-Entwicklung – und damit ein Polynom m-ten Grades approximieren.

Für das Folgende wird $a = -1$ und $b = 1$ gesetzt. Das ist aber keine Einschränkung der Allgemeinheit, denn wie auf S. 203 gezeigt wird, kann man eine gegebene Aufgabe auf diesen Fall zurückführen, wenn man die Variable x geeignet transformiert.

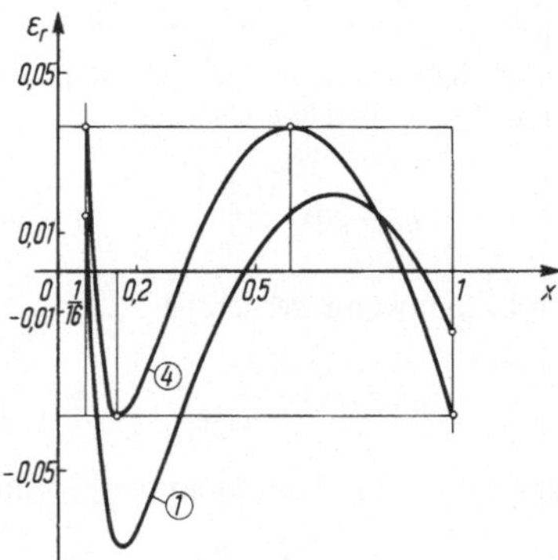


Bild 5.29
Kurven des relativen Fehlers beim
Iterationsverfahren für die Approximation
von $y = \sqrt{x}$ durch ein Polynom 2. Grades

**Die Approximation von Polynomen im Tschebyscheffschen Sinne** hinsichtlich des absoluten Fehlers, also des Polynoms

$$f(x) = b_m x^m + b_{m-1} x^{m-1} + \ldots + b_1 x + b_0$$

durch das Polynom

$$P_n(x) = a_n x^n + a_{n-1} x^{n-1} + \ldots + a_1 x + a_0 \qquad n = m - 1$$

läßt sich in folgender Weise durchführen. Man entwickelt den absoluten Fehler

$$\epsilon_a(x) = P_n(x) - f(x)$$

nach Tschebyscheff-Polynomen (Gl. (5.47)). Dazu verwendet man die Formeln für die Darstellung der Potenzen von x durch Tschebyscheff-Polynome [1]. Es ist

$$x^0 = T_0(x) \qquad x^1 = T_1(x) \qquad x^2 = \frac{1}{2}\left(T_2(x) + T_0(x)\right)$$

allgemein, falls i gerade

$$x^i = \frac{1}{2^{i-1}}\left\{ T_i(x) + \binom{i}{1} T_{i-2}(x) + \binom{i}{2} T_{i-4}(x) + \ldots + \binom{i}{i/2-1} T_2(x) \right\} + \frac{1}{2^i}\binom{i}{i/2} T_0(x)$$

bzw. falls i ungerade

$$x^i = \frac{1}{2^{i-1}}\left\{ T_i(x) + \binom{i}{1} T_{i-2}(x) + \binom{i}{2} T_{i-4}(x) + \ldots + \binom{i}{\frac{i-1}{2}} T_1(x) \right\}$$

Nach Ordnen erhält man für den absoluten Fehler

$$\epsilon_a(x) = c_m T_m(x) + c_{m-1} T_{m-1}(x) + \ldots + c_1 T_1(x) + c_0 T_0(x)$$

mit Koeffizienten $c_i$ ($i = 0, 1, \ldots, m$), die Funktionen von $a_j$ ($j = 0, 1, \ldots, n$) und $b_k$ ($k = 0, 1, \ldots, m$) sind. Setzt man alle $c_i$ außer $c_m$ Null, so bleibt $\epsilon_a = c_m T_m(x)$ d.h., die Fehlerfunktion ist das mit einer Konstanten multiplizierte Tschebyscheff-Polynom m-ter Ordnung. Durch das Nullsetzen der übrigen Ausdrücke erhält man Bestimmungsgleichungen für die Koeffizienten $a_i (i = 0, 1, \ldots, n)$ des approximierenden Polynoms.

Das Tschebyscheff-Polynom m-ten Grades gibt also den Verlauf der Fehlerfunktion wieder, denn $c_m$ ist konstant und proportional $b_m$. Es wurde bei der Behandlung der Tschebyscheff-Polynome schon darauf hingewiesen, daß in $[-1; 1]$ diese Polynome dem Betrag nach kleiner oder gleich Eins sind. Ihre Nullstellen liegen bei

$$x_{0j} = \cos \frac{2j + 1}{m} \frac{\pi}{2} \qquad j = 0, 1, \ldots, m - 1$$

die Extremwerte werden bei

$$x_{Ei} = \cos \frac{i\pi}{m} \qquad i = 1, 2, \ldots, m - 1$$

und bei $-1$ und $1$ angenommen. So sind

$$-1, \cos \frac{m - 1}{m} \pi, \cos \frac{m - 2}{m} \pi, \ldots, \cos \frac{\pi}{m}, 1$$

die Abszissen der Alternantenpunkte, deren Ordinaten $\pm 1$ werden. Also hat auch $\epsilon_a(x)$ an diesen Stellen die Extremwerte $\pm c_m$.

**Beispiel 5.17** Man approximiere das Polynom

$$f(x) = b_3 x^3 + b_2 x^2 + b_1 x + b_0$$

durch ein Polynom 2. Grades

$$P_2(x) = a_2 x^2 + a_1 x + a_0$$

und spezialisiere die Aufgabe anschließend auf

$$f(x) = 5x^3 + 2x^2 - 3x + 4 \qquad (b_3 = 5; b_2 = 2; b_1 = -3; b_0 = 4).$$

Der absolute Fehler $\epsilon_a(x)$ ist

$$\epsilon_a(x) = -b_3 x^3 + (a_2 - b_2)x^2 + (a_1 - b_1)x + a_0 - b_0$$

$$= -\frac{b_3}{4} T_3(x) + \frac{a_2 - b_2}{2} T_2(x) + \left(-\frac{3}{4} b_3 + a_1 - b_1\right) T_1(x) +$$

$$+ \left(\frac{a_2 - b_2}{2} + a_0 - b_0\right) T_0(x)$$

Damit wird

$$\frac{a_2 - b_2}{2} = 0 \qquad\qquad a_2 = b_2$$

$$-\frac{3}{4} b_3 + a_1 - b_1 = 0 \qquad a_1 = \frac{3}{4} b_3 + b_1$$

$$a_0 - b_0 = 0 \qquad\qquad a_0 = b_0$$

Dann ist

$$\epsilon_a(x) = -\frac{b_3}{4} T_3(x)$$

Das Polynom $f(x) = 5x^3 + 2x^2 - 3x + 4$ wird also durch

$$P_2(x) = 2x^2 + \frac{3}{4} x + 4$$

approximiert, wobei die Fehlerfunktion

$$\epsilon_a(x) = - \frac{b_3}{4} T_3(x) = - \frac{5}{4} T_3(x)$$

lautet. Da $|T_3(x)| \leqslant 1$ ist, ist $|\epsilon_a(x)| \leqslant 1,25$.
Die Extremwerte werden an den Alternantenpunkten

$$x_0 = -1 \qquad x_1 = -0,5 \qquad x_2 = 0,5 \qquad x_3 = 1$$

angenommen und haben den Betrag 1,25. Die Nullstellen der
Fehlerfunktion liegen bei $\pm \cos \pi/6 = \pm\, 0,866025403$. Die Approximation ist in Bild 5.30 dargestellt.

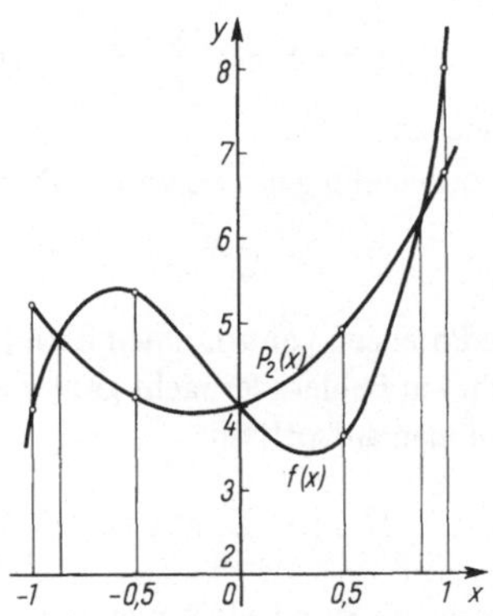
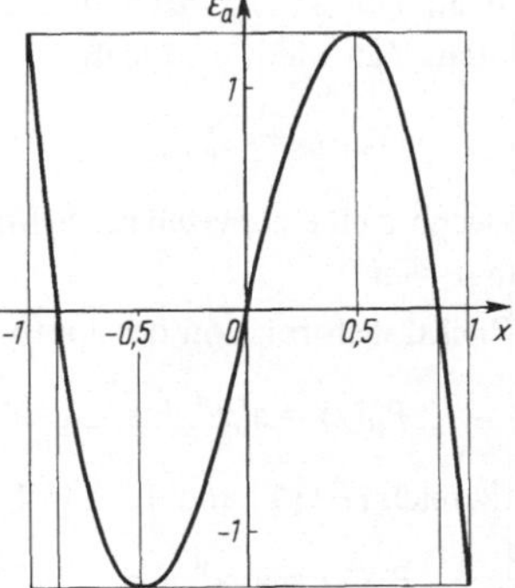

Bild 5.30
Approximation eines Polynoms
3. Grades durch ein Polynom 2. Grades

Ein Polynom m-ten Grades wird also durch ein Polynom vom Grade $n = m - 1$ in der angegebenen
Weise angenähert. Diesen Prozeß kann man fortsetzen, denn es läßt sich jeweils ein Polynom k-ten
Grades durch ein solches vom Grade $k - 1$ approximieren. Ist das zu approximierende vom Grade m
und das approximierende vom Grade n, so gilt nur bei $n = m - 1$, daß die Fehlerkurve den Verlauf
des Tschebyscheff-Polynoms $T_m(x)$ hat, wobei die Werte mit einer Konstanten multipliziert werden. Setzt man den Approximationsprozeß fort, so haben die approximierenden Polynome n-ten
Grades für $n = m - 2, m - 3, \ldots$ gegenüber dem Polynom m-ten Grades eine Fehlerkurve, die sich
als Linearkombination der entsprechenden Tschebyscheff-Polynome $T_m(x), T_{m-1}(x), T_{m-2}(x), \ldots$
ergibt.

**Die Ökonomisierung eines Taylor-Polynoms** benutzt diese Approximation eines Polynoms durch
ein solches von kleinerem Grade. Die in [a; b] zu approximierende Funktion F(x) wird zunächst
durch ihr Taylor-Polynom m-ten Grades

$$f(x) = b_m x^m + b_{m-1} x^{m-1} + \ldots + b_1 x + b_0$$

ersetzt. Dann läßt sich die Ökonomisierung mit dem folgenden Algorithmus durchführen.
1. Transformation der Koeffizienten $b_0, b_1, \ldots, b_m$ des gegebenen Polynoms von $x \in [a; b]$ in die
des Polynoms

$$f^*(z) = b_m^* z^m + b_{m-1}^* z^{m-1} + \ldots + b_1^* z + b_0^*$$

mit $z \in [-1; 1]$. Diese Transformation läßt sich durch

$$z = -1 + 2\,\frac{x - a}{b - a} \quad \text{bzw.} \quad x = \frac{(z + 1)\,(b - a)}{2} + a$$

erreichen.

2. Entwicklung des Polynoms $f^*(z)$ nach Tschebyscheff-Polynomen

$$f^*(z) = c_m^* T_m(z) + c_{m-1}^* T_{m-1}(z) + \ldots + c_1^* T_1(z) + c_0^* T_0(z)$$

Die Potenzen von z können nach [1] ausgedrückt werden. Läßt man das Glied $c_i^* T_i(z)$ fort, so entsteht ein Fehler, der nicht größer als $|c_i^*|$ ist, da $|T_i(z)| \leqslant 1$ ist. Man kann dann ökonomisieren, indem man aufspaltet

$$f^*(z) = \sum_{i=0}^{n} c_i^* T_i(z) + \sum_{j=n+1}^{m} c_j^* T_j(z) \qquad (n < m)$$

Die zweite Summe läßt man fort und nimmt die erste als approximierendes Polynom. Der Fehler ist dann dem Betrage nach kleiner oder gleich dem Betrag der Summe der fortfallenden Koeffizienten. Man wählt n so, daß

$$|c_{n+1}^*| + |c_{n+2}^*| + \ldots + |c_m^*| \leqslant \epsilon$$

ist, wenn $\epsilon$ eine vorgegebene Schranke ist. Läßt sich das bei vorgegebenem $\epsilon$ nicht erreichen, setzt man $n = m$.

3. Rücktransformation des approximierenden Polynoms in die Polynomform

$$P_n^*(z) = a_n^* z^n + a_{n-1}^* z^{n-1} + \ldots + a_1^* z + a_0^*$$

im Bereich $[-1; 1]$ und dann $[-1; 1]$ in den Bereich $[a; b]$

$$P_n(x) = a_n x^n + a_{n-1} x^{n-1} + \ldots + a_1 x + a_0$$

Durch dieses Polynom wird das Taylor-Polynom approximiert.

**Beispiel 5.18** Man approximiere die Funktion $F(u) = \sqrt{u}$ mit der Methode der Ökonomisierung ihrer Potenzreihe $(m = 4)$ in $[1/16; 1]$ durch Polynome vom Grade $n = 1, 2$ und 3.
Die Funktion $F(u) = \sqrt{u}$ hat keine Taylor-Entwicklung um $u = 0$.
Das Taylor-Polynom $(m = 4)$ bei Entwicklung um $u = 1$ lautet

$$\sqrt{u} \approx 1 + \frac{1}{2}(u - 1) - \frac{1}{8}(u - 1)^2 + \frac{1}{16}(u - 1)^3 - \frac{5}{128}(u - 1)^4$$

Es läßt sich mit Hilfe der Transformation

$$x = u - 1$$

in das Polynom

$$f(x) = 1 + \frac{1}{2}x - \frac{1}{8}x^2 + \frac{1}{16}x^3 - \frac{5}{128}x^4$$

des Bereiches $[-15/16; 0]$ überführen. Dieses kann man als das zu approximierende Polynom nehmen. Die Koeffizienten dieses Polynoms $(b_i)$ und die des Polynoms in $[-1; 1]$ $(b_i^*)$ sind in Tafel 5.31 aufgeführt, ebenso die Koeffizienten $c_i^*$ der Entwicklung nach Tschebyscheff-Polynomen.
Bei der Ökonomisierung mit $n = 1, 2, 3$ ergeben sich in $[-1; 1]$ die Koeffizienten $a_i^*$ und in $[-15/16; 0]$ die Koeffizienten $a_i$. Dabei ist der Betrag der maximalen Abweichung zwischen approximierendem und Taylor-Polynom

0,033721    0,007331    0,000236

Tafel 5.31  Ökonomisierung des Taylor-Polynoms 4. Grades von x

| i | 0 | 1 | 2 | 3 | 4 |
|---|---|---|---|---|---|
| $b_i$ | 1 | 0,5 | −0,125 | 0,0625 | −0,0390625 |
| $b_i^*$ | 0,729835950 | 0,316162258 | −0,058093295 | 0,013981014 | −0,001885928 |
| $c_i^*$ | 0,700082079 | 0,326648019 | −0,029989611 | 0,003495254 | −0,000235741 |
| | | | | | |
| $n = 1$ | | | | | |
| $a_i^*$ | 0,700082079 | 0,326648019 | | | |
| $a_i$ | 1,026730099 | 0,696849108 | | | |
| | | | | | |
| $n = 2$ | | | | | |
| $a_i^*$ | 0,730071691 | 0,326648019 | −0,059979223 | | |
| $a_i$ | 0,996740487 | 0,440937757 | −0,272972107 | | |
| | | | | | |
| $n = 3$ | | | | | |
| $a_i^*$ | 0,730071691 | 0,316162258 | −0,059979223 | 0,013981014 | |
| $a_i$ | 1,000235741 | 0,508046627 | −0,082084656 | 0,135742188 | |

Bild 5.32 zeigt den Verlauf der Funktion nach Zurückführung
auf das Intervall $[1/16; 1]$ des absoluten Fehlers des ökonomisierten Polynoms gegenüber der Funktion $F(u) = \sqrt{u}$ für $n = 1$.
Zum Vergleich sind die Fehlerkurven der Taylor-Polynome
gegenüber $\sqrt{u}$ für m bis 4 gezeichnet. Die Fehlerkurve des ökonomisierten Polynoms ($n = 1$) zeigt eine bessere Approximation als die des Taylor-Polynoms mit $m = 2$, eine schlechtere
als die für $m = 3$.

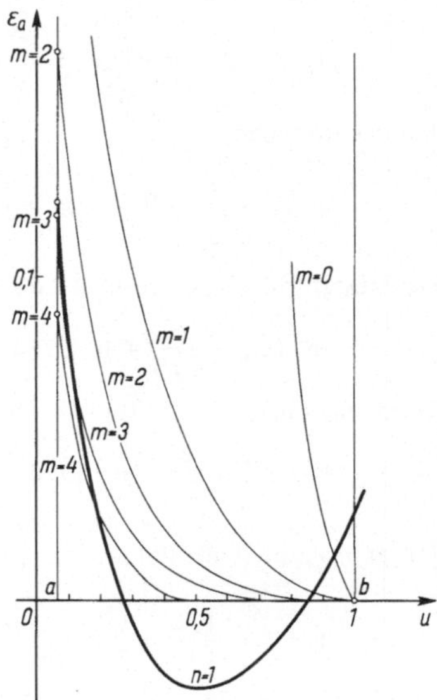


Bild 5.32
Fehlerkurven bei der
Ökonomisierung eines
Taylor-Polynoms

Schritt 2 des Verfahrens kann stufenweise auch so ausgeführt werden, daß man die höchste Potenz
von x durch ihre Tschebyscheff-Approximation ersetzt und dabei den Grad des Polynoms um Eins
herabsetzt. Da das Tschebyscheff-Polynom $T_m(z)$ als Koeffizienten der höchsten Potenz von z den
Wert $2^{m-1}$ hat, gilt

$$|T_m(z)| \leqslant 1 \qquad \frac{1}{2^{m-1}}|T_m(z)| \leqslant \frac{1}{2^{m-1}}$$

$|T_m(z)|$ stellt dann die Funktion des absoluten Fehlers dar, der entsteht, wenn man $z^m$ durch ein Polynom geringeren Grades in $[-1; 1]$ approximiert

$$|z^m - P_r(z)| \leqslant \frac{1}{2^{m-1}}$$

wobei $P_r(z)$ das approximierende Polynom ist. Der Fehler ist dem Betrage nach kleiner als $2^{1-m}$. So gilt z.B.

$$\frac{1}{8}\,|T_4(z)| = \left|z^4 - z^2 + \frac{1}{8}\right| \leqslant \frac{1}{8}$$

Das $z^4$ approximierende Polynom ist also

$$P_2(z) = z^2 - \frac{1}{8}$$

Der absolute Fehler, den man bei der Approximation des Taylor-Polynoms durch ein Polynom kleineren Grades macht, kommt zu dem hinzu, den man durch das Abbrechen der Taylor-Entwicklung erhält und der durch das Restglied $R_{n+1}$ abgeschätzt werden kann. Der Gesamtfehler ist dem Betrage nach sicher nicht größer als die Summe beider Beträge.

**Beispiel 5.19** Man schätze den Fehler ab, der entsteht, wenn man die Taylor-Entwicklung von $e^z$ in $[-1; 1]$ nach dem 4. Gliede abbricht und dieses Taylor-Polynom durch ein Polynom 3. Grades approximiert.

Das Taylor-Polynom 4. Grades von $e^z$

$$f_4(z) = 1 + z + \frac{z^2}{2!} + \frac{z^3}{3!} + \frac{z^4}{4!}$$

hat das Restglied

$$R_5(z) = \frac{z^5}{5!}\,e^{\vartheta z} \qquad |\vartheta| < 1$$

Das Restglied läßt sich abschätzen zu

$$|R_5(z)| \leqslant \frac{e}{120} = 0{,}022652$$

Würde man nach dem dritten Gliede abbrechen, bekäme man

$$|R_4(z)| \leqslant \frac{e}{24} = 0{,}11326$$

Das approximierende Polynom ist $\left(z^4 \text{ durch } z^2 - \frac{1}{8} \text{ ersetzt}\right)$

$$P_3(z) = \frac{191}{192} + z + \frac{13}{24}\,z^2 + z^3$$

wobei der Fehler

$$\frac{1}{4!\,8}\,|T_4(z)| \leqslant \frac{1}{4!\,8} = 0{,}005208$$

ist. Der Fehler, den man erhält, wenn man die Funktion $e^z$ durch das ökonomisierte Polynom ersetzt, ist nicht größer als

$$0{,}022652 + 0{,}005208 = 0{,}027860$$

während der Fehler bei Benutzung des Taylor-Polynoms 3. Grades $0{,}11326$ beträgt.

Die hier entwickelte Methode der Ökonomisierung kann auch auf die eingangs eingeführten Bernstein-Polynome angewendet werden. Es ergeben sich in speziellen Fällen auch bei dieser Approximation brauchbare Werte (vgl. Aufgabe 5.8).

**5.3.2.4 Die Approximation tabellarisch gegebener Werte**  Ist eine Funktion tabellarisch durch Wertepaare $(x_i; y_i)$, $i = 0, 1, 2, \ldots$, m gegeben, so kann man gleichfalls die Approximation im Tschebyscheffschen Sinne durchführen. Die für diesen Zweck entwickelten Verfahren laufen darauf hinaus, eine geeignete Auswahl von $n + 2$ Punkten zu finden, und zwar derart, daß der Fehler (absolut oder relativ) in diesen Punkten betragsmäßig gleich ist bei alternierenden Vorzeichen. Eine solche Auswahl nennt man  R e f e r e n z.  Die beste Approximation ist erreicht, wenn alle Punkte, die nicht in der Referenz sind, einen betragsmäßig kleineren Fehler haben.

**Beispiel 5.20**  Die vier Wertepaare

| x | $-1$ | 1 | 3 | 4 |
|---|------|---|-----|---|
| y | $-1$ | 1 | 2,5 | 5 |

sollen durch eine Gerade $y = a_0 + a_1 x$ approximiert werden ($n = 1$).
Man wählt zu diesem Zweck drei Punkte aus und bestimmt mit diesen Wertepaaren $(x_I; y_I)$, $(x_{II}; y_{II})$ und $(x_{III}; y_{III})$ die Koeffizienten $a_0$, $a_1$ und die Abweichung $\mu_a$ aus dem System

$$a_0 + a_1 x_I \ - y_I \ = \ \mu_a$$
$$a_0 + a_1 x_{II} - y_{II} = -\mu_a$$
$$a_0 + a_1 x_{III} - y_{III} = \ \mu_a$$

Wählt man z.B. die Punkte $P_0, P_1, P_2$, also die Wertepaare $(-1; -1)$, $(1; 1)$ und $(3; 2,5)$, so ergibt sich

$$a_0 - \ a_1 + 1 \ = \ \mu_a$$
$$a_0 + \ a_1 - 1 \ = -\mu_a$$
$$a_0 + 3a_1 - 2,5 = \ \mu_a$$

mit der Lösung $a_0 = 0$, $a_1 = 7/8$ und $\mu_a = 1/8$. Die Gerade ist mit $g_1$ bezeichnet in Bild 5.33 eingezeichnet. Die Punkte der Referenz haben einen Abstand, der dem Betrage nach $1/8$ ist, der Punkt $P_3$ aber hat den Abstand $3/2$. Die Optimallösung ergibt sich, wenn man die Punkte $P_0, P_2, P_3$ wählt.

Hier erhält man

$$a_0 - \ a_1 + 1 \ = \ \mu_a$$
$$a_0 + 3a_1 - 2,5 = -\mu_a$$
$$a_0 + 4a_1 - 5 \ = \ \mu_a$$

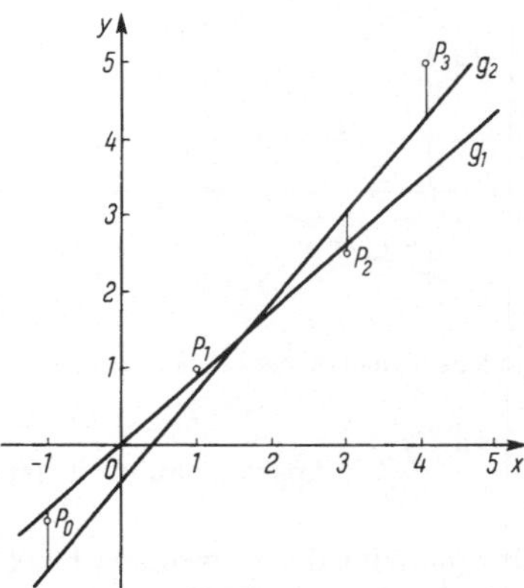


Bild 5.33  Tschebyscheff-Geraden bei vier Punkten

mit der Lösung $a_0 = -9/20$, $a_1 = 6/5$ und $\mu_a = -13/20$. Der Punkt $P_1$ hat einen kleineren Abstand als $13/20$, nämlich $1/4$. Diese Gerade $g_2$ ist ebenfalls in Bild 5.33 dargestellt. Für die beiden anderen noch möglichen Auswahlen ergibt sich

| $P_0 P_1 P_3$ | | | $P_1 P_2 P_3$ | | |
|---|---|---|---|---|---|
| $a_0 = 0$ | $a_1 = 6/5$ | $\mu_a = -1/5$ | $a_0 = -11/12$ | $a_1 = 4/3$ | $\mu_a = -7/12$ |

Die Abweichungen sind in Bild 5.34 dargestellt.

Zur numerischen Lösung bei großem m ist dieses Auswahlverfahren wegen der mit m rasch wachsenden Anzahl der Möglichkeiten nicht geeignet. Es müssen $\binom{m+1}{n+2}$ Möglichkeiten geprüft werden.

Man führt das Problem z.B. auf ein solches der linearen Optimierung zurück, um zu einem Lösungsverfahren zu kommen (zur linearen Optimierung s. [13]). Mit dem Ansatz

$$P_n(x) = a_0 + a_1 x + a_2 x^2 + \ldots + a_n x^n$$

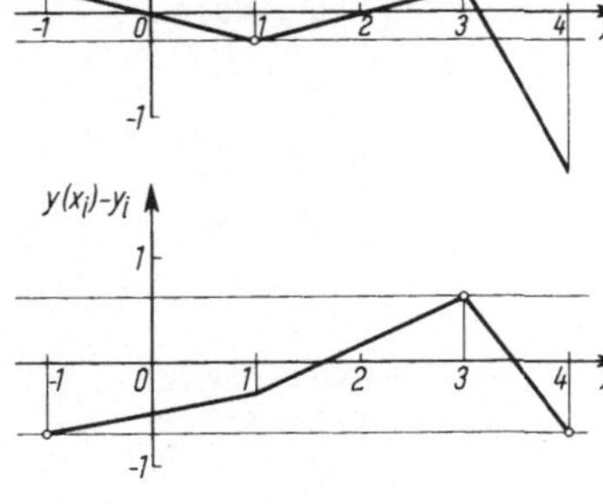

und den Wertepaaren $(x_i; y_i)$, $i = 0,1, \ldots, m$ erhält man das System

$$|a_0 + a_1 x_0 + a_2 x_0^2 - \ldots + a_n x_0^n - y_0| \leqslant \mu_a$$
$$|a_0 + a_1 x_1 + a_2 x_1^2 - \ldots + a_n x_1^n - y_1| \leqslant \mu_a$$
$$\vdots$$
$$|a_0 + a_1 x_m + a_2 x_m^2 - \ldots + a_n x_m^n - y_m| \leqslant \mu_a$$

Das sind $2(m+1)$ Ungleichungen bei $n+2$ Unbekannten $(n+1 < m)$, da Betragsstriche gesetzt sind. Man führt die Zielfunktion

$$z = \mu_a$$

ein. Sie ist zu minimieren unter den Nebenbedingungen

$$\mu_a - y_0 + a_0 + a_1 x_0 + a_2 x_0^2 + \ldots + a_n x_0^n \geqslant 0$$
$$\mu_a - y_1 + a_0 + a_1 x_1 + a_2 x_1^2 + \ldots + a_n x_1^n \geqslant 0$$
$$\vdots$$
$$\mu_a - y_m + a_0 + a_1 x_m + a_2 x_m^2 + \ldots + a_n x_m^n \geqslant 0$$
$$\mu_a + y_0 - a_0 - a_1 x_0 - a_2 x_0^2 - \ldots - a_n x_0^n \geqslant 0$$
$$\mu_a + y_1 - a_0 - a_1 x_1 - a_2 x_1^2 - \ldots - a_n x_1^n \geqslant 0$$
$$\vdots$$
$$\mu_a + y_m - a_0 - a_1 x_m - a_2 x_m^2 - \ldots - a_n x_m^n \geqslant 0$$

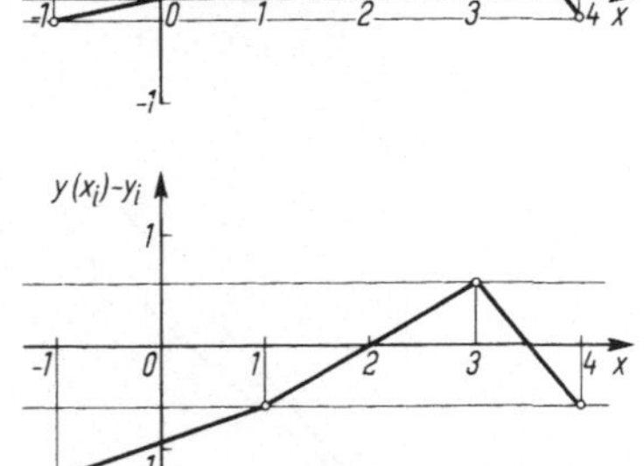

Diese Aufgabe läßt sich mit den in [13] entwickelten Methoden lösen.

Bild 5.34 Fehlerkurven bei vier Punkten

### 5.3.3 Approximation elementarer Funktionen

Zur Approximation elementarer Funktionen bedient man sich i. allg. der Methoden der Approximation im Tschebyscheffschen Sinne durch Polynome und gebrochene rationale Funktionen, um Fehlerschranken angeben zu können. Eine Zusammenstellung solcher Approximationen findet man in [32]. Voraussetzung für diese Darstellung der Funktionen ist zunächst eine Reduzierung des Argumentbereiches, um zur Steigerung der Genauigkeit das Approximationsintervall möglichst klein zu halten, wofür ausgefeilte Verfahren zur Verfügung stehen [31].

Bei der Verwendung der Approximationen in der Datenverarbeitung zur Berechnung der sog. Standardfunktionen wie $\sqrt{x}$, $\sin x$, $\ln x$, $e^x$ usw. treten zusätzliche Probleme auf, die an charakteristischen Beispielen erläutert werden sollen. Es sind dies

1. die Reduzierung des Argumentbereiches der zu approximierenden Funktion.

2. die Verwendung anderer Verfahren, die die Approximationen als Ausgangsnäherung verwenden,

3. die möglichst günstige Berechnung von Werten der approximierenden Funktion.

Die  R e d u z i e r u n g  d e s  A r g u m e n t b e r e i c h e s  ist insofern für die Approximation wichtig, als i. allg. eine Approximation um so genauer ist, je kleiner das Intervall ist, in dem sie approximiert wird. Die Werte der Funktion außerhalb des Intervalls werden auf die Berechnung solcher im Intervall zurückgeführt.

**Beispiel 5.21** Man reduziere den Argumentbereich der Funktion $y = e^x$.
Es ist

$$e^x = 16^{-t} \qquad x \log_{16} e = -t \qquad t = -x \log_{16} e$$

Von t spaltet man den ganzzahligen Anteil $[t] = n$ ab; setzt $z = t - n$, dann ist

$$16^{-t} = 16^{-n}\, 16^{-z}$$
$$e^x \;\; = 16^{-n}\, 16^{-z} \qquad \text{mit } 0 \leqslant z < 1$$

Dabei ist $16^{-n}$ bei der Bildung des neuen Exponenten zu berücksichtigen, $16^{-z}$ muß approximiert werden. Es läßt sich aber eine weitere Reduzierung durchführen.

1. Ist $z \leqslant 0{,}5$, so sei $u = z$, also $16^{-z} = 16^{-u}$.

2. Ist $z > 0{,}5$, so sei $u = z - 0{,}5$, also $16^{-z} = 16^{-u} \cdot 16^{-0{,}5} = 0{,}25 \cdot 16^{-u}$ mit $0 \leqslant u \leqslant 0{,}5$.

Diese Reduzierung läßt sich weiter fortsetzen, so daß man ein Intervall $0 \leqslant u \leqslant 2^{-p}$ ($p = 1, 2, \ldots$) als Approximationsbereich bekommt. Bei dem System IBM/360 hat man z.B. $p = 4$ gewählt.

Für die Berechnung der Funktion $y = \sqrt{x}$ ist es i.allg. günstig, ihre Werte iterativ zu berechnen. Man verwendet dazu das Newtonsche Iterationsverfahren (Abschn. 2.1.3). Als  A u s g a n g s -  n ä h e r u n g  kann man nach [31] eine approximative Darstellung wählen.

**Beispiel 5.22** Man entwickle einen Algorithmus zur Berechnung von $y = \sqrt{x}$ .
Zunächst wird auch hier der Approximationsbereich reduziert. Der Radikand sei in Gleitpunktdarstellung mit Mantisse m und Exponent y im Sedezimalsystem gegeben $x = m \cdot 16^y$. Ist y eine gerade Zahl, so wählt man $z_0 = 16^{y/2}\, r(m)$, ist y ungerade, so nimmt man $z_0 = 16^{(y+1)/2}\, r(m)/4$ als Ausgangsnäherung, wobei $r(m)$ eine Näherung für die Wurzel der Mantisse ist, die iterativ verbessert wird, bis die vorgegebene Genauigkeit erreicht ist, d.h., bis

$$\left| \frac{z_n - \sqrt{x}}{\sqrt{x}} \right| \leqslant \epsilon$$

ist. Als Näherung kann man z.B. benutzen [31]

$$r(m) = 0{,}580661 + 0{,}5m - \frac{0{,}086462}{m + 0{,}175241}$$

und erreicht eine Genauigkeit

| nach der | 1. | 2. | 3. | 4. | 5. | Iteration |
|---|---|---|---|---|---|---|
| von | 15 | 31 | 64 | 129 | 259 | Dualstellen |

Ein weiteres Problem bei der Darstellung von elementaren Funktionen in der Datenverarbeitung unter Verwendung von Polynomen ist das  M i n i m i e r e n  d e r  z u r  B e r e c h n u n g  n ö t i g e n  O p e r a t i o n e n .  Verwendet man das Polynom in der Form

$$y = a_n x^n + a_{n-1} x^{n-1} + \ldots + a_1 x + a_0$$

so benötigt man zur Berechnung eines Wertes mit dem Horner-Schema n Multiplikationen und n Additionen. Da die Multiplikation in einem Rechner i. allg. langsamer ist als die Addition, wird man versuchen, die Anzahl der Multiplikationen herabzusetzen. Allgemein konnte Belaga zeigen[1], daß für die Berechnung eines Polynoms n-ten Grades n + 1 Additionen und [0,5 (n + 3)] Multiplikationen genügen. Also gilt für

| n | 3 | 4 | 5 | 6 | |
|---|---|---|---|---|---|
| | 3 | 3 | 4 | 4 | Multiplikationen |
| | 4 | 5 | 6 | 7 | Additionen |

So kann man z.B. ein Polynom 4. Grades

$$P_4(x) = a_0 + a_1 x + a_2 x^2 + a_3 x^3 + a_4 x^4 \qquad \text{mit } a_4 > 0$$

umrechnen in die Darstellung

$$P(x) = (q_1 + q_2 + C)(q_2 + D) + E \qquad\qquad (5.57)$$

mit $\qquad q_1 = Ax \qquad q_2 = (q_1 + B)^2$

$$A = \sqrt[4]{a_4} \qquad\qquad B = \frac{a_3 - A^3}{4 A^3}$$

$$D = 3B^2 + 8B^3 + \frac{a_1 A + 2a_2 B}{A^2}$$

$$C = \frac{a_2}{A} - 2B - 6B^2 - D$$

$$E = a_0 - B^4 - B^2(C + D) - CD$$

Hat man die Umrechnung der Koeffizienten einmal ausgeführt, so genügen zur Berechnung von Werten mit Gl. (5.57) 3 Multiplikationen und 5 Additionen.

**Beispiel 5.23** Man stelle eine Approximation der Funktion $y = 2^x$ im Bereich $[-0,25; 0]$ in der Form (5.57) dar[2]
Ein Approximationspolynom ist z.B.

$$P_4(x) = 0,9999999975 + 0,6931466849x + 0,2402108680x^2 + 0,0553299147x^3 +$$
$$+ 0,0088171049x^4$$

Die Umrechnung ergibt

$$q_1 = 0,3064301558x \qquad q_2 = (q_1 + 0,2307347358)^2$$
$$P(x) = (q_1 + q_2 + 0,4377960868)(q_2 + 1,3394747869) + 0,3161295697$$

---

1) F i k e , C. T.: Methods of Evaluating Polynomial Approximations in Function Evaluation Routines. Comm. ACM **10** (1967) 175–178.
2) E v e , J.: The Evaluation of Polynomials. Numer. Math. **6** (1964) 17–21.

### 5.4 Numerische Integration

Der numerischen Integration liegt die Aufgabe zugrunde, das bestimmte Integral

$$\int_a^b f(x)\,dx \tag{5.58}$$

näherungsweise zu berechnen, wenn die analytische Lösung nicht möglich oder schwer durchführbar ist.

Bei der Herleitung des bestimmten Integrals berechnet man die Folgen der Ober- und Untersummen und zeigt, daß beide Folgen einen gemeinsamen Grenzwert haben, wenn bestimmte Voraussetzungen erfüllt sind. Dieser Grenzwert ist das bestimmte Integral. Es sei vorausgesetzt, daß die Funktion $f(x)$ im Intervall $a \leqslant x \leqslant b$ stetig ist. Dann unterteilt man das Intervall durch $n - 1$ Abszissen $x_1, x_2, \ldots, x_{n-1}$, so daß

$$a = x_0 < x_1 < x_2 \ldots < x_{n-1} < x_n = b$$

ist. Die Teilintervalle haben dann die Längen

$$\Delta x_i = x_i - x_{i-1} \qquad i = 1, 2, \ldots, n$$

und in jedem gibt es einen kleinsten Funktionswert $y_{iu}$ und einen größten $y_{io}$.
Man kann dann die Unter- und Obersummenfolgen

$$S_u^{(n)} = \sum_{i=1}^n \Delta x_i y_{iu} \qquad S_o^{(n)} = \sum_{i=1}^n \Delta x_i y_{io}$$

bilden. Für eine feiner werdende Unterteilung mit wachsendem n, bei der das längste Teilintervall gegen Null geht, haben beide Folgen einen Grenzwert. Sind beide Grenzwerte gleich, so nennt man den gemeinsamen Grenzwert das bestimmte Integral. Zur Bestimmung seines Wertes ermittelt man eine Stammfunktion $F(x)$ und setzt die Integrationsgrenzen ein

$$\int_a^b f(x)\,dx = F(b) - F(a)$$

Ist dieser Prozeß nicht durchführbar, so benötigt man numerische Methoden.

**Beispiel 5.24** Man bestimme die Unter- und Obersummenfolgen für

$$\int_a^b \frac{1}{x}\,dx \qquad \text{mit } a = 1 \quad \text{und} \quad b = 137{,}2$$

bei äquidistanter Intervalleinteilung ($\Delta x_i = \text{const}$).
Die Untersumme $S_u$ und die Obersumme $S_o$ ergeben sich aus

$$S_u = \sum_{i=1}^n h_i\, f(x_i) \qquad S_o = \sum_{i=0}^{n-1} h_i\, f(x_i)$$

$$\text{mit} \qquad h_i = h = \frac{b-a}{n} = \frac{136{,}2}{n} \qquad x_i = a + \frac{b-a}{n}\,i = 1 + \frac{136{,}2}{n}\,i \qquad f(x_i) = \frac{1}{x_i}$$

als die Summen

$$S_u = \sum_{i=1}^n \frac{136{,}2}{n + 136{,}2 \cdot i} \qquad S_o = \sum_{i=0}^{n-1} \frac{136{,}2}{n + 136{,}2 \cdot i}$$

Läßt man n die Folge $2^N$ durchlaufen mit N = 0, 1, 2, . . . , also n = 1, 2, 4, 8, . . . , so erhält man die in Tafel 5.36 wiedergegebenen Unter- und Obersummenfolgen $S_u$ und $S_o$. Sie sind in Bild 5.35 durch die Punktfolgen 2 und 3 dargestellt. Sie nähern sich beide dem Wert des Integrals ln 137,2 = 4,92144. Er ist durch 1 gekennzeichnet. Nur zur Veranschaulichung sind die Punkte der Folgen verbunden.

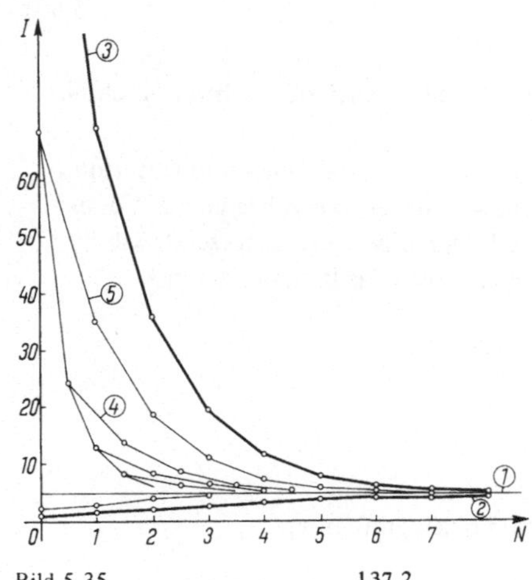

Tafel 5.36 Quadraturen für $\int\limits_{1}^{137,2} \dfrac{dx}{x}$

| N | $S_u$ | $S_T$ | $S_o$ |
|---|---|---|---|
| 0 | 0,99271 | 68,596 | 136,20 |
| 1 | 1,4819 | 35,284 | 69,086 |
| 2 | 2,0245 | 18,943 | 35,844 |
| 3 | 2,6321 | 11,083 | 19,533 |
| 4 | 3,2096 | 7,4348 | 11,660 |
| 5 | 3,7341 | 5,8467 | 7,9593 |
| 6 | 4,1660 | 5,2223 | 6,2786 |
| 7 | 4,4800 | 5,0081 | 5,5363 |
| 8 | 4,6803 | 4,9443 | 5,2084 |

Bild 5.35
Näherungsweise Integration von $\int\limits_{1}^{137,2} \dfrac{1}{x} dx$
① exakter Wert
② Untersummen    ③ Obersummen
④ Ergebnisse des Rombergverfahrens
⑤ Trapezsummen

Für theoretische Zwecke genügt es zu zeigen, daß der Grenzwert dieser Folgen existiert. Dabei ist es ohne Belang, wie groß n gewählt werden muß, um eine bestimmte Annäherung bei einem vorgegebenen Abstand zu erzielen. Es kommt vielmehr darauf an, daß jede gewünschte Annäherung erreicht werden kann. Konvergenz bedeutet bei Folgen, daß sich zu jedem vorgegebenen Abstand ein n angeben läßt, von dem ab der tatsächliche Abstand kleiner ist als der vorgesehene. Vom numerischen Standpunkt sind darüber hinaus zwei Fragen von Bedeutung.

1. Wie kann man eine vorgegebene Genauigkeitsschranke mit  m ö g l i c h s t   k l e i n e m   n unterschreiten?

2. Wie kann man die erreichte Genauigkeit  s c h ä t z e n , wenn der exakte Wert nicht bekannt ist?

Ein einfaches numerisches Verfahren besteht darin, daß die Kurve des Integranden in den Teilintervallen durch Geradenstücke ersetzt und anschließend integriert wird. Allgemein handelt es sich um Interpolationsquadraturen, wenn die Kurve des Integranden durch die von Polynomen n-ter Ordnung ersetzt und die Fläche unter der ersetzten Kurve bestimmt wird. Im einfachsten Fall, dem des linearen Polynoms, ersetzt man die Kurve des Integranden durch Geradenstücke und ermittelt die entstehende Folge von Trapezen. Tafel 5.36 enthält die Werte der Trapezfolgen $S_T$ von Beispiel 5.24. Sie sind entstanden durch Verdoppelung der Anzahl der Teilintervalle. In Bild 5.35 sind sie als Folge 5 eingezeichnet. Daß sich noch bessere Näherungsverfahren entwickeln lassen, zeigt die in Bild 5.35 eingezeichnete Folge 4. Dieser liegt das  Verfahren von Romberg zugrunde. Es soll im folgenden behandelt werden.

### 5.4.1 Das Verfahren von Romberg

Ein einfaches Näherungsverfahren zur Berechnung des bestimmten Integrals Gl. (5.58) besteht darin, daß man die Funktion in den Teilintervallen durch Geraden ersetzt. Für n = 1 bedeutet das, daß man die Punkte $P_a$ und $P_b$ mit den Koordinaten (a; f(a)), (b; f(b)) durch eine Gerade verbindet (Bild 5.37). Der Flächeninhalt des entstehenden Trapezes ist

$$T_{0,0} = \frac{b-a}{2}\,(f(a) + f(b)) = \frac{b-a}{1}\,\frac{f(a) + f(b)}{2} \tag{5.59}$$

Für n = 2 wählt man eine Abszisse $x_S$ zwischen a und b und erhält

$$T_{1,0} = (x_S - a)\left(\frac{1}{2}\,(f(a) + f(x_S))\right) + (b - x_S)\left(\frac{1}{2}\,(f(x_S) + f(b))\right)$$

Es ist zweckmäßig, die beiden Teilintervalle gleich lang zu wählen, wenn möglichst wenig Funktionswerte berechnet werden sollen. Dann ist

$$T_{1,0} = \frac{b-a}{2}\left(\frac{1}{2}\,f(a) + f(x_S) + \frac{1}{2}\,f(b)\right) \tag{5.60}$$

Mit äquidistanten Zwischenstellen erhält man bei Fortsetzung des Verfahrens

$$T_n = \frac{b-a}{n}\left(\frac{1}{2}\,f(a) + f(x_1) + f(x_2) + \ldots + f(x_{n-1}) + \frac{1}{2}\,f(b)\right) \tag{5.61}$$

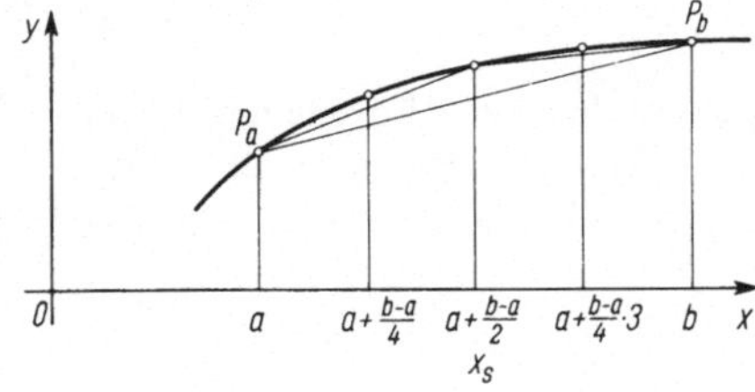


Bild 5.37 Romberg-Integration

Das ist die sog. T r a p e z r e g e l. Der Fehler der Näherung läßt sich mit Hilfe eines Zwischenwertes $\xi$ mit $a \leqslant \xi \leqslant b$ abschätzen

$$R_n = -\frac{n\,h^3}{12}\,f''(\xi)$$

oder mit h = (b − a)/n

$$R_n = -\frac{(b-a)^3}{12n^2}\,f''(\xi) \tag{5.62}$$

Wählt man für n die Folge $2^N$ mit N = 0, 1, 2, . . . , so hat das den Vorteil, daß die berechneten Funktionswerte der bisherigen Näherungen für die nächste Näherung verwandt werden können.

Ausgehend von Gl. (5.59) erhält man für Gl. (5.60) mit

$$x_S = a + \frac{b-a}{2} = \frac{a+b}{2}$$

$$T_{1,0} = \frac{1}{2}\left\{\frac{b-a}{2}\,[f(a) + f(b)] + (b - a)\,f\!\left(a + \frac{b-a}{2}\right)\right\}$$

$$= \frac{1}{2}\left[T_{0,0} + (b - a)\,f\!\left(a + \frac{b-a}{2}\right)\right] \tag{5.63}$$

Für $n = 2^2 = 4$ sind die neuen Zwischenpunkte

$$a + \frac{b-a}{4} \qquad a + 3\,\frac{b-a}{4}$$

und damit wird[1]

$$T_{2,0} = \frac{b-a}{4} \left\{ \frac{1}{2} \left[ f(a) + f(b) \right] + \sum_{i=1}^{3} f\left(a + i\,\frac{b-a}{4}\right) \right\}$$

$$= \frac{1}{2} \left\{ \frac{1}{2} \left[ \frac{b-a}{2} \left[ f(a) + f(b) \right] + (b-a)\, f\left(a + \frac{b-a}{2}\right) \right] + \frac{b-a}{2} \sum_{\substack{i=1 \\ \Delta i = 2}}^{3} f\left(a + i\,\frac{b-a}{4}\right) \right\}$$

$$= \frac{1}{2} \left[ T_{1,0} + \frac{b-a}{2} \sum_{\substack{i=1 \\ \Delta i = 2}}^{3} f\left(a + i\,\frac{b-a}{4}\right) \right] \tag{5.64}$$

$T_{2,0}$ läßt sich demnach aus den neu zu berechnenden Werten

$$f\left(a + \frac{b-a}{4}\right) \quad \text{und} \quad f\left(a + 3\,\frac{b-a}{4}\right)$$

sowie aus der Näherung $T_{1,0}$ ermitteln. Diese Formel läßt sich verallgemeinern zu

$$T_{j,0} = \frac{1}{2} \left[ T_{j-1,0} + \frac{b-a}{2^{j-1}} \sum_{\substack{i=1 \\ \Delta i = 2}}^{2^{j}-1} f\left(a + i\,\frac{b-a}{2^{j}}\right) \right] \qquad j = 1, 2, \ldots \tag{5.65}$$

Der Fehler dieser Trapeznäherungen ist

$$R_j = - \frac{(b-a)^3}{12 \cdot 2^{2j}} f''(\xi) \tag{5.66}$$

wobei $a \leqslant \xi \leqslant b$ gilt.

Diese Trapezfolge $T_{j,0}$ mit $j = 0, 1, 2, \ldots$ liefert die Ausgangswerte für eine Erweiterung des Verfahrens. Es ist ein spezielles Extrapolationsverfahren, das in Abschn. 6.4 begründet wird.

Man erhält aus den beiden Trapeznäherungen $T_{1,0}$ und $T_{0,0}$ eine verbesserte Näherung nach der Formel

$$T_{1,1} = \frac{4 \cdot T_{1,0} - T_{0,0}}{3}$$

allgemein

$$T_{j,1} = \frac{4 \cdot T_{j,0} - T_{j-1,0}}{3}$$

und bildet so eine zweite Folge $(j = 1, 2, \ldots)$. Dieses Verfahren setzt man mit weiteren Folgen fort, indem man mit den Faktoren (Gewichten) $4^k$ und 1 multipliziert und die Differenz durch $4^k - 1$ dividiert

$$T_{j,k} = \frac{4^k \cdot T_{j,k-1} - T_{j-1,k-1}}{4^k - 1} \qquad k = 2, 3, \ldots \tag{5.67}$$

Das ergibt das in Tafel 5.38 dargestellte Romberg-Schema.

---

1) $\Delta i = 2$ bedeutet, daß der Summationsindex in Schritten von 2 zu vergrößern ist, also $i = 1, 3, 5, \ldots$

Tafel 5.38  Romberg-Schema

| | $\dfrac{4\bigcirc-\bigcirc}{3}$ | $\dfrac{16\bigcirc-\bigcirc}{15}$ | $\dfrac{64\bigcirc-\bigcirc}{63}$ | $\dfrac{256\bigcirc-\bigcirc}{255}$ | $\dfrac{1024\bigcirc-\bigcirc}{1023}$ |
|---|---|---|---|---|---|
| $T_{0,0}$ | | | | | |
| | $T_{1,1}$ | | | | |
| $T_{1,0}$ | | $T_{2,2}$ | | | |
| | $T_{2,1}$ | | $T_{3,3}$ | | |
| $T_{2,0}$ | | $T_{3,2}$ | | $T_{4,4}$ | |
| | $T_{3,1}$ | | $T_{4,3}$ | | $T_{5,5}$ |
| $T_{3,0}$ | | $T_{4,2}$ | | $T_{5,4}$ | |
| | $T_{4,1}$ | | $T_{5,3}$ | | |
| $T_{4,0}$ | | $T_{5,2}$ | | | |
| | $T_{5,1}$ | | | | |
| $T_{5,0}$ | | | | | |

Rechnet man die erste Näherung der zweiten Spalte aus, so ergibt sich

$$T_{1,1} = \frac{4 \cdot T_{1,0} - T_{0,0}}{3}$$

$$= \frac{1}{3} \frac{b-a}{2} \left[ f(a) + 4 \cdot f\left(a + \frac{b-a}{2}\right) + f(b) \right] \tag{5.68}$$

die Formel von S i m p s o n. Man erhält das gleiche Ergebnis, wenn man durch die drei Punkte eine Parabel legt und diese integriert. Entsprechend erhält man

$$T_{2,1} = \frac{4 \cdot T_{2,0} - T_{1,0}}{3} = \frac{1}{3} \frac{b-a}{4} \left[ f(a) + 4f\left(a + \frac{b-a}{4}\right) + \right.$$

$$\left. + 2f\left(a + \frac{b-a}{2}\right) + 4f\left(a + 3 \frac{b-a}{4}\right) + f(b) \right]$$

Die Fortsetzung dieses Verfahrens führt auf die Simpson-Integration. Bei einer äquidistanten Einteilung des Intervalls $h = (b - a)/n$ mit Zwischenabszissen $x_1, x_2, \ldots, x_{n-1}$ erhält man für das Integral näherungsweise

$$S_n = \frac{h}{3} \left[ f(a) + 4f(x_1) + 2f(x_2) + 4f(x_3) + \ldots + 2f(x_{n-2}) + 4f(x_{n-1}) + f(b) \right] \tag{5.69}$$

wenn $n = 2p$ mit $p = 1, 2, \ldots$ ist.

Gl. (5.69) wird man verwenden, wenn die zu integrierende Funktion tabellarisch gegeben ist. Es müssen dann äquidistant $n + 1$ Punkte gegeben sein, d.h. eine ungerade Anzahl. Ist das nicht der Fall, wählt man eine ungerade Anzahl, so daß drei Punkte zu Anfang oder Ende der Tafel übrigbleiben. Dann kann man die ungerade Anzahl von Wertepaaren benutzen, um die Simpsonnäherung über dieses Teilintervall zu berechnen. Über das verbleibende Intervall kann man dann näherungsweise mit der Drei-Achtel-Regel von Newton integrieren

$$I = \frac{3}{8} h \left( y_i + 3y_{i+1} + 3y_{i+2} + y_{i+3} \right) \tag{5.70}$$

Sind also z.B. 18 Werte gegeben, rechnet man mit den 15 Werten $y_0, y_1, y_2, \ldots, y_{14}$ nach Gl. (5.69)

$$I_1 = \frac{1}{3}\,\frac{b-a}{17}\,(y_0 + 4y_1 + 2y_2 + 4y_3 + \ldots + 4y_{13} + y_{14})$$

Es muß dann noch nach Gl. (5.70) über den Bereich von $x_{14}$ bis $x_{17}$ integriert werden

$$I_2 = \frac{3}{8}\,\frac{b-a}{17}\,(y_{14} + 3y_{15} + 3y_{16} + y_{17})$$

Die erste Näherung in der 3. Spalte des Rombergschemas ergibt

$$T_{2,2} = \frac{16 \cdot T_{2,1} - T_{1,1}}{15}$$

$$= \frac{b-a}{90}\left[7f(a) + 32f\!\left(a + \frac{b-a}{4}\right) + 12f\!\left(a + \frac{b-a}{2}\right) + 32f\!\left(a + 3\,\frac{b-a}{4}\right) + 7f(b)\right] \quad (5.71)$$

eine Formel, die zur Gruppe der Newton-Cotes-Formeln gehört und als Formel von Bode bekannt ist [1].

**Beispiel 5.25** Man berechne

$$\int\limits_{1}^{137,2} \frac{1}{x}\,dx$$

mit dem Verfahren von Romberg.

Die Ergebnisse sind in Tafel 5.39 zusammengestellt. Man sieht, daß sowohl die Werte in den einzelnen Spalten (Trapez-, Simpson-Näherung usw.) als auch die Werte in den Schrägspalten nach rechts unten konvergieren. In Bild 5.35 sind diese Näherungen dargestellt (Trapeznäherung Kurve 5, Simpson-Näherung Kurve 4, Folge der Werte in der obersten Schrägspalte darunter).

Tafel 5.39  Rombergschema für Beispiel 5.25

| N | | | | | | | | |
|---|---|---|---|---|---|---|---|---|
| 0 | 68,5964 | | | | | | | |
| | | 24,1795 | | | | | | |
| 1 | 35,2837 | | 12,7845 | | | | | |
| | | 13,4967 | | 8,05264 | | | | |
| 2 | 18,9434 | | 8,12658 | | 6,02881 | | | |
| | | 8,46221 | | 6,03672 | | 5,24048 | | |
| 3 | 11,0825 | | 6,06937 | | 5,24125 | | 4,98842 | |
| | | 6,21893 | | 5,24436 | | 4,98842 | | 4,93035 |
| 4 | 7,43482 | | 5,25725 | | 4,98873 | | 4,93035 | |
| | | 5,31736 | | 4,98973 | | 4,93037 | | 4,92208 |
| 5 | 5,84672 | | 4,99391 | | 4,93042 | | 4,92209 | |
| | | 5,01412 | | 4,93065 | | 4,92209 | | 4,92146 |
| 6 | 5,22227 | | 4,93164 | | 4,92209 | | 4,92146 | |
| | | 4,93680 | | 4,92213 | | 4,92146 | | 4,92144 |
| 7 | 5,00817 | | 4,92228 | | 4,92146 | | 4,92144 | |
| | | 4,92318 | | 4,92146 | | 4,92144 | | 4,92144 |
| 8 | 4,94443 | | 4,92148 | | 4,92144 | | 4,92144 | |
| | | 4,92158 | | 4,92144 | | 4,92144 | | 4,92143 |
| 9 | 4,92730 | | 4,92144 | | 4,92144 | | 4,92143 | |
| | | 4,92145 | | 4,92144 | | 4,92143 | | 4,92143 |
| 10 | 4,92291 | | 4,92144 | | 4,92143 | | 4,92143 | |
| | | 4,92144 | | 4,92143 | | 4,92143 | | |
| 11 | 4,92181 | | 4,92143 | | 4,92143 | | | |
| | | 4,92144 | | 4,92143 | | | | |
| 12 | 4,92153 | | 4,92143 | | | | | |
| | | 4,92143 | | | | | | |
| 13 | 4,92145 | | | | | | | |

**Beispiel 5.26** Man berechne

$$\int_0^1 e^{-(e^{-x})}\, dx$$

nach Romberg.
Das berechnete Schema zeigt Tafel 5.40.

Tafel 5.40  Rombergschema für Beispiel 5.26

| N | | | | | | |
|---|---|---|---|---|---|---|
| 0 | 0,530040 | | | | | |
| | | 0,540172 | | | | |
| 1 | 0,537639 | | 0,540031 | | | |
| | | 0,540040 | | 0,540031 | | |
| 2 | 0,539440 | | 0,540031 | | 0,540032 | |
| | | 0,540032 | | 0,540032 | | 0,540031 |
| 3 | 0,539884 | | 0,540032 | | 0,540031 | |
| | | 0,540032 | | 0,540031 | | |
| 4 | 0,539995 | | 0,540031 | | | |
| | | 0,540031 | | | | |
| 5 | 0,540022 | | | | | |

Schwierig ist die Frage zu beantworten, welche Genauigkeit bei der Näherung erreicht ist. Man kann den Fehler bei der Rechnung durch die Anwendung von Gl. (5.66) ausrechnen oder schätzen. Diese Schätzungen haben aber häufig den Nachteil, daß sie zu grob sind. Man verwendet deshalb meistens die Methode zu prüfen, ob zwei aufeinanderfolgende Werte einer Näherungsfolge in einer Spalte oder in einer Schräge des Romberg-Schemas eine Abweichung voneinander (absolut oder relativ) haben, die kleiner ist als eine vorgegebene Schranke. Daß auch das nicht ohne Problematik ist, haben Clenshaw und Curtis[1] gezeigt. Berechnet man das Integral

$$\int_{-1}^1 \left(\frac{23}{25}\cosh x - \cos x\right) dx \approx 0,4794282$$

so erhält man in der Simpson-Folge

$$0,4795546 \qquad 0,4795551$$

zwei Werte, die voneinander nur um 0,0000005 abweichen. Dennoch weicht der zweite Wert noch um 0,0001269 von der Lösung ab.

Ein brauchbares Verfahren für die Fehlerabschätzung beim Verfahren von Romberg ist in [11] angegeben. Man berechnet zu $T_{i,k}$ und $T_{i+1,k}$ mit $h_i = h_0/2^i$ und $h_0 = b - a$

$$U_{i,k} = (1 + \alpha_k)\, T_{i+1,k} - \alpha_k\, T_{i,k}$$

mit

$$\alpha_k = 1 + \frac{2}{\dfrac{h_{i-k}^2}{h_{i+1}^2} - 1} = 1 + \frac{2}{2^{2(k+1)} - 1}$$

---

1) C l e n s h a w, C. W.; C u r t i s, A. R.: A method for numerical integration on an automatic computer. Numer. Math. 2 (1960) 197–205.

und ermittelt die kleinere ($I^i_{min}$) sowie die größere ($I^i_{max}$) der beiden Zahlen $T_{i,k}$ und $U_{i,k}$, dann ist für $k \geqslant 4$ mit „praktischer" Sicherheit

$$I^i_{min} < \int\limits_a^b f(x)\, dx < I^i_{max}$$

Sind diese Schranken eng genug, so ist das Verfahren abzubrechen. Diese Ungleichung berücksichtigt jedoch keine Rundungsfehler.

Die Anzahl der Werte, mit denen bei der Trapeznäherung beim Schritt $n = 2^N$ gearbeitet wird, ist in Tafel 5.41 angegeben. Daneben ist die Anzahl der neu hinzugekommenen Werte gestellt. Für die letzte Trapeznäherung in Tafel 5.39 wurden 8193 Werte benötigt, es kamen dabei 4096 Werte hinzu.

Tafel 5.41  Anzahl der zu berechnenden Funktionswerte beim Romberg-Verfahren

| | | Funktionswerte | |
| N | n | insgesamt | neu berechnet |
|---|---|---|---|
| 0 | 1 | 2 | |
| 1 | 2 | 3 | 1 |
| 2 | 4 | 5 | 2 |
| 3 | 8 | 9 | 4 |
| 4 | 16 | 17 | 8 |
| 5 | 32 | 33 | 16 |
| 6 | 64 | 65 | 32 |
| 7 | 128 | 129 | 64 |
| 8 | 256 | 257 | 128 |
| 9 | 512 | 513 | 256 |
| 10 | 1024 | 1025 | 512 |
| 11 | 2048 | 2049 | 1024 |
| 12 | 4096 | 4097 | 2048 |
| 13 | 8192 | 8193 | 4096 |

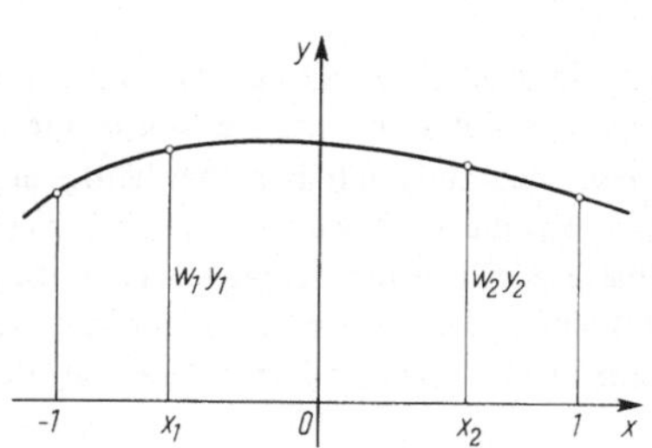


Bild 5.42  Gaußsche Integration

### 5.4.2 Gaußsche Integration

Die Methode von Gauß zur numerischen Integration erlaubt die Entwicklung einer Familie numerischer Verfahren. Sie beruht darauf, daß einerseits die Abszissen, für die die Funktionswerte zu berechnen sind, im Intervall $-1 \leqslant x \leqslant 1$ frei gewählt werden können und daß andererseits diese Werte noch mit bestimmten Gewichten versehen werden. Dabei soll ein Polynom möglichst hohen Grades exakt integriert werden. Im Falle zweier Abszissen $x_1$ und $x_2$ ($n = 2$) und zweier Gewichte $w_1$ und $w_2$ (Bild 5.42) kann man mit Hilfe dieser vier Parameter ein Polynom 3. Grades exakt integrieren, allgemein mit n Abszissen und n Gewichten ein Polynom $(2n - 1)$-ten Grades.
Man macht den Ansatz

$$\int\limits_{-1}^{1} f(x)\, dx \approx \sum_{i=1}^{n} w_i \cdot f(x_i) \tag{5.72}$$

Die Grenzen $-1$ und $1$ wählt man, um eine Basis für die Tabellierung der Gewichte und Abszissen zu haben [1] und [34]. Die Transformation des Integrals

$$\int\limits_a^b g(u)\,du \qquad \text{auf} \qquad \int\limits_{-1}^1 f(x)\,dx$$

kann man mit Hilfe von

$$x = -\frac{b+a}{b-a} + \frac{2u}{b-a}$$

vornehmen. Die Rücktransformation geschieht nach

$$u = \frac{a+b}{2} + \frac{b-a}{2}x$$

Setzt man im Falle $n = 2$ ein Polynom 3. Grades mit $P_3(x) = a_0 + a_1 x + a_2 x^2 + a_3 x^3$ an, so ergibt sich

$$\int\limits_{-1}^1 (a_0 + a_1 x + a_2 x^2 + a_3 x^3)\,dx = 2a_0 + \frac{2}{3}\,a_2$$

und andererseits gilt

$$\int\limits_{-1}^{+1} P_3(x)\,dx = w_1(a_0 + a_1 x_1 + a_2 x_1^2 + a_3 x_1^3) + w_2(a_0 + a_1 x_2 + a_2 x_2^2 + a_3 x_2^3)$$

Durch Koeffizientenvergleich erhält man das System

$$w_1 + w_2 = 2 \qquad w_1 x_1^2 + w_2 x_2^2 = \frac{2}{3}$$

$$w_1 x_1 + w_2 x_2 = 0 \qquad w_1 x_1^3 + w_2 x_2^3 = 0$$

Die Lösungen dieses Systems sind

$$x_1 = -\frac{1}{3}\sqrt{3} \qquad x_2 = \frac{1}{3}\sqrt{3} \qquad w_1 = 1 \qquad w_2 = 1$$

Transformiert man auf das Intervall von a bis b, so erhält man bei gleichen Gewichten die Abszissen

$$u_1 = \frac{a+b}{2} - \frac{b-a}{2}\,\frac{1}{3}\sqrt{3} \qquad u_2 = \frac{a+b}{2} + \frac{b-a}{2}\,\frac{1}{3}\sqrt{3} \qquad (5.73)$$

Entsprechende Werte für $n > 2$ findet man in [1].

**Beispiel 5.27** Man berechne die Integrale

$$\int\limits_0^1 e^{-(e^{-x})}\,dx \qquad \text{und} \qquad \int\limits_1^{137,2} \frac{1}{x}\,dx$$

nach Gauß.

Die für verschiedene n gewonnenen Ergebnisse sind in Tafel 5.43 zusammengestellt.

Die Schätzung des Fehlers gestaltet sich auch hier schwierig, denn die Formel für den Fehler enthält die (2n)-te Ableitung des Integranden

$$R_n = \frac{2^{2n+1}\,(n!)^4}{(2n+1)\,((2n)!)^3}\,f^{(2n)}(\xi) \qquad -1 < \xi < 1 \qquad (5.74)$$

Der Vergleich zweier aufeinanderfolgender Werte in der Folge der Näherungen für $n = 1, 2, 3, \ldots$ kann, wie Clenshaw und Curtis auch für die Gaußintegration gezeigt haben, zu einer Fehleinschätzung führen. Für das Integral

$$\int\limits_{-1}^{1} \frac{dx}{x^4 + x^2 + 0,9} = 1,582233$$

ergibt sich in der Folge

$$n = 3 \qquad 1,585026$$

$$n = 4 \qquad 1,585060$$

Die Abweichung ist absolut 0,000034, obwohl der Wert für $n = 4$ die Abweichung 0,002827 von der Lösung besitzt.

Tafel 5.43   Quadratur nach Gauß

| n | $\int\limits_{0}^{1} e^{-(e^{-x})} \, dx$ | $\int\limits_{1}^{137,2} \frac{1}{x} \, dx$ |
|---|---|---|
| 1 | 0,545240 | 1,971056 |
| 2 | 0,539937 | 2,914708 |
| 3 | 0,540032 | 3,500481 |
| 4 | 0,540031 | 3,899399 |
| 5 | 0,540031 | 4,183152 |
| 6 | 0,540032 | 4,384017 |
| 7 |  | 4,531601 |
| 8 |  | 4,699071 |

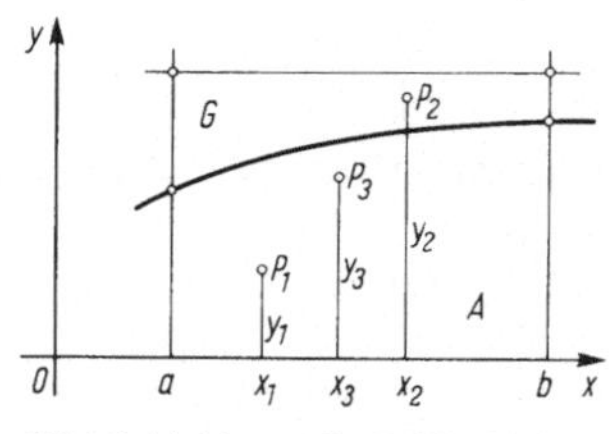


Bild 5.44   Monte-Carlo-Methode

### 5.4.3 Monte-Carlo-Methoden

Für die Auswertung mehrfacher Integrale hat man u.a. sog. Monte-Carlo-Methoden entwickelt. Sie sollen hier für den Fall einfacher Integrale hergeleitet werden, obwohl sie den bisher behandelten Methoden i. allg. unterlegen sind. Sie beruhen darauf, daß die Berechnung des Integrals durch die Berechnung von Wahrscheinlichkeiten oder von statistischen Größen ersetzt wird.

Eine Möglichkeit besteht darin, die Berechnung des Integrals als die Bestimmung der Fläche unter der Kurve des Integranden aus einer Grundfläche G zu verstehen. Die gesuchte Fläche sei mit A bezeichnet. Für zufällig herausgegriffene Wertepaare $(x_i; y_i)$, $i = 1, 2, \ldots, N$, wird jeweils geprüft, ob der durch das Wertepaar bestimmte Punkt unter bzw. auf der Kurve des Integranden liegt oder nicht. Im ersten Fall zählt die Wahl als Treffer, sonst nicht. Bei zufällig ausgewählten Punkten der Grundebene gibt das Verhältnis der Treffer zur gesamten Anzahl der Stichprobe ungefähr das Verhältnis der gesuchten Fläche A zur Grundfläche G wieder (Bild 5.44).

Die benötigten Zufallszahlen (Zahlen mit Gleichverteilung im Bereich von 0 bis 1) können Tafeln solcher Zahlen entnommen werden. In der Datenverarbeitung wählt man meistens den Weg, sie in der Rechenanlage zu erzeugen. Dafür gibt es Standardprozeduren. Sie beruhen i. allg. auf der sog. Kongruenzmethode. Die $(n + 1)$-te Zufallszahl $x_{n+1}$ wird aus $x_n$ zunächst als ganze Zahl nach der Formel

$$x_{n+1} \equiv \alpha x_n + \beta \ (\text{mod } T)$$

berechnet. Danach ist $x_{n+1}$ der Rest, der bei der ganzzahligen Division von $\alpha x_n + \beta$ durch T bleibt. Dabei dürfen $\beta$ und T keinen gemeinsamen Teiler enthalten. T hängt von der Basis der Maschinendarstellung der Zahlen ab. Die Wahl von $\alpha$ und $\beta$ ist in [1] erläutert. Dividiert man die Glieder der sich auf diese Weise ergebenden Folge von ganzen Zahlen durch T, so erhält man reelle Zahlen, die im Bereich von 0 bis 1 liegen und dort angenähert gleichverteilt sind.

Eine weitere Methode beruht darauf, daß der Mittelwertsatz der Integralrechnung die Bestimmung einer mittleren Ordinate $f(x_m)$ erlaubt. Es ist

$$A = \int_a^b f(x)\,dx = f(x_m)\,(b - a)$$

d.h., der Flächeninhalt ist gleich dem des Rechtecks $f(x_m)\,(b - a)$. Die mittlere Ordinate ist demnach

$$f(x_m) = \frac{1}{b - a} \int_a^b f(x)\,dx \tag{5.75}$$

Diese mittlere Größe $f(x_m)$ kann man nun näherungsweise ermitteln, indem man den Mittelwert einer wiederum zufällig herausgegriffenen Folge von Funktionswerten des Integranden bestimmt. Für ein beliebiges Intervall von a bis b muß man dazu die Zufallszahlen $u_i$ des Bereichs von 0 bis 1 gemäß

$$x_i = a + (b - a)\,u_i$$

auf diesen Bereich transformieren. Zu einer Folge solcher Werte $x_1, x_2, \ldots, x_N$ berechnet man die Funktionswerte $f(x_1), f(x_2), \ldots, f(x_N)$ und bildet den Mittelwert. Dann ist dieser Mittelwert eine Näherung für die mittlere Ordinate

$$f(x_m) \approx \frac{1}{N} \sum_{i=1}^{N} f(x_i)$$

Das Integral ist dann näherungsweise

$$\int_a^b f(x)\,dx \approx \frac{b - a}{N} \sum_{i=1}^{N} f(x_i) \tag{5.76}$$

Eine Herleitung der zur Abschätzung des Fehlers dienenden statistischen Aussagen kann hier nicht gegeben werden. Es soll nur angemerkt werden, daß der Fehler nur mit $1/\sqrt{N}$ abnimmt. Darin liegt ein Nachteil dieser Methoden.

**Beispiel 5.28** Für die nachfolgenden Integrale wurden auf verschiedenen Rechenanlagen Monte-Carlo-Näherungen ermittelt. Eine Auswahl ist in Tafel 5.45 zusammengestellt.

$$A = \int_1^{137,2} \frac{1}{x}\,dx$$

$$B = \int_0^1 e^{-(e^{-x})}\,dx$$

$$C = \int_0^1 \int_0^1 \int_0^1 \int_0^1 e^{x_1 x_2 x_3 x_4}\,dx_1\,dx_2\,dx_3\,dx_4$$

$$D = \int_0^1 \int_0^1 \int_0^1 \int_0^1 \int_0^1 e^{-x_1 x_2 x_3 x_4 x_5}\,dx_1\,dx_2\,dx_3\,dx_4\,dx_5$$

Tafel 5.45 Monte-Carlo-Quadratur

| n | Integral | | | |
|---|---|---|---|---|
|  | A | B | C | D |
| $10^2$ | 3,66861 | 0,539137 | 1,06231 | 0,964134 |
| $10^3$ | 4,52839 | 0,540198 | 1,06573 | 0,970537 |
| $10^4$ | 4,86065 | 0,540613 | 1,06809 | 0,970611 |
| $10^5$ | 4,94636 | 0,539798 | 1,06931 | 0,970543 |
| $10^6$ | 4,91345 | 0,538588 | | |
| exakt | 4,92144 | 0,540031 | 1,06940 | 0,970657 |

### 5.4.4 Vergleich der Integrationsverfahren

Für die Berechnung des bestimmten Integrals wird man entweder das Verfahren von Romberg oder eines der Gaußschen Verfahren wählen. Das Romberg-Verfahren hat (wie die in ihm enthaltenen Trapez- und Simpson-Näherungen) den Vorteil, daß beim Übergang zur nächsten Näherung die jeweils berechneten Werte verwendet werden, während beim Gaußschen Verfahren beim Übergang zu einem höheren Wert alle Werte neu ermittelt werden müssen. Hinzu kommt, daß beim Gaußschen Verfahren die Abszissen $x_i$ und die Gewichte $w_i$ vorliegen müssen. Bei Verwendung einer Rechenanlage bedeutet das, daß sie im Speicher stehen müssen. Daher wird für die automatische numerische Integration überwiegend das Romberg-Verfahren verwendet.

Die höhere Genauigkeit des Gaußschen Verfahrens gegenüber dem von Romberg ist schlecht zu nutzen, weil die Fehlerabschätzungen zu kompliziert sind. Beim Vergleich zweier in einer Spalte oder Schräge des Romberg-Schemas aufeinanderfolgender Werte kann es Schwierigkeiten geben. Daß man bei dem Verfahren von Romberg sehr schnell zu großen Anzahlen bei den zu berechnenden Funktionswerten kommt, weil diese Anzahl mit $2^i$ bei $i = 0, 1, 2, \ldots$, zunimmt, kann man durch eine Modifikation des Verfahrens abschwächen[1]. Die beschriebenen Monte-Carlo-Methoden kommen für den Fall einfacher Integrale kaum in Betracht. Sie empfehlen sich für die Berechnung mehrfacher Integrale, bei denen numerische Lösungen recht schwierig zu ermitteln sind.

Es ist möglich, daß sachliche Gründe für die Bevorzugung eines Verfahrens sprechen. So kann die Verwendung der Stützstellen am Ende des Intervalls wie beim Rombergverfahren ungünstig sein. Man wählt dann die Gaußsche Integration, z.B. bei der Berechnung des Verhältnisses von Stabilitätsmoment zur Verdrängung bei lecken Schiffen[2].

### 5.5 Numerische Differentiation

Zur numerischen Berechnung der Ableitungen einer Funktion ersetzt man die Differentialquotienten durch Differenzenquotienten. Diese können aus der Taylor-Formel

$$f(x) = f(x_0) + \frac{x - x_0}{1!} \, f'(x_0) + \ldots + \frac{(x - x_0)^m}{m!} \, f^{(m)}(x_0) + R_{m+1}(x)$$

hergeleitet werden.

---

1) B u l i r s c h , R.: Bemerkungen zur Romberg-Integration. Numer. Math. **6** (1964) 6–16.
2) HANSA – Schiffahrt –Schiffbau – Hafen **98** (1961) 2417.

Wählt man z.B. $x_0 = c$ und $m = 1$, so erhält man unter Vernachlässigung des Restgliedes mit $x = c + h$

$$f(c + h) = f(c) + (x - c) f'(c) \qquad f'(c) = \frac{1}{h} [f(c + h) - f(c)] \qquad (5.77)$$

und mit $x = c - h$

$$f'(c) = \frac{1}{h} [f(c) - f(c - h)] \qquad (5.78)$$

als einfachste Gleichungen.

Eine verbesserte Gleichung erhält man durch Kombination von Gl. (5.77) und (5.78)

$$f(c + h) = f(c) + h f'(c) \qquad f(c - h) = f(c) - h f'(c)$$

durch Subtraktion

$$f'(c) = \frac{1}{2h} [f(c + h) - f(c - h)] \qquad (5.79)$$

Dieselbe Formel erhält man auch aus der Taylor-Reihe für $m = 2$ mit $x = c + h$ und $x = c - h$

$$f(c + h) = f(c) + h f'(c) + \frac{h^2}{2} f''(c)$$

$$f(c - h) = f(c) - h f'(c) + \frac{h^2}{2} f''(c)$$

durch Subtraktion.

Durch das Abbrechen der Taylor-Reihe entsteht ein Fehler, der bei den Gleichungen mit $m = 1$ zu $h$ und mit $m = 2$ zu $h^2$ proportional ist. Die Anwendung von Gl. (5.77) und (5.78) wird also im allgemeinen einen größeren Fehler bewirken als Gl. (5.79).

Eine Zusammenstellung solcher Gleichungen für die numerische Differentiation findet man in [1]. Bei der Anwendung muß beachtet werden, daß durch das Bilden der Differenzen von Funktionswerten eine Auslöschung von Stellen eintritt, die um so größer ist, je kleiner h gewählt wird. Die Genauigkeit läßt sich also nicht durch Verkleinerung von h beliebig steigern, wohl aber durch Erhöhen der Anzahl von Ziffern, mit der gerechnet wird. Weitere Gleichungen werden in Abschnitt 7.1.1 entwickelt.

**Beispiel 5.29** Gesucht ist die erste Ableitung der Funktion $y = \ln x$ an der Stelle $x = 2$.
Zur Berechnung werden die Gl. (5.77) bis (5.79) verwendet. Tafel 5.46 zeigt die Ergebnisse der Rechnung mit 6 und 9 Dezimalstellen. Das Auslöschen von Ziffern ist bei Vergleich beider Rechnungen deutlich zu erkennen.

Tafel 5.46  Numerische Differentiation

| h | $\frac{1}{2h} [f(2 + h) - f(2 - h)]$ | | $\frac{1}{h} [f(2 + h) - f(2)]$ | | $\frac{1}{h} [f(2) - f(2 - h)]$ | |
|---|---|---|---|---|---|---|
| 1 | 0,549306 | 0,549306145 | 0,405465 | 0,405465109 | 0,693147 | 0,693147180 |
| 0,1 | 0,500415 | 0,500417290 | 0,487900 | 0,487901640 | 0,512907 | 0,512932940 |
| 0,01 | 0,500000 | 0,500004150 | 0,498800 | 0,498754200 | 0,501200 | 0,501254000 |
| 0,001 | 0,500000 | 0,500000000 | 0,500000 | 0,499875100 | 0,500000 | 0,500125000 |
| 0,0001 | 0,500000 | 0,500000000 | 0,500000 | 0,499988000 | 0,500000 | 0,500012000 |

### 5.6 Aufgaben zu Abschnitt 5

**1.** Gesucht ist das Newtonsche Interpolationspolynom 4. Grades, dessen Kurve durch die tabellarisch gegebenen Punkte geht

| x | 1 | 1,25 | 1,625 | 1,875 | 2 |
|---|---|------|-------|-------|---|
| y | 0,218464 | 0,174352 | 0,123189 | 0,097265 | 0,086329 |

Man ermittle die Koeffizienten des Polynoms in Normalform und die Werte an den Stellen 1,1875; 1,5625; 1,9375.

**2.** Man interpoliere die in Aufgabe 1 gegebene Tafel mit Hilfe der Spline-Funktionen und ermittle die Werte an den angegebenen Stellen.

**3.** Man berechne die interpolierende kubische Spline-Funktion für die in Tafel 5.47 gegebenen Werte der Wasserlinie des Vorschiffs der „Nieuw-Amsterdam"[1]) durch Benutzung der Stützstellen u = 0; 0,3; 0,6; 0,8; 1; 1,2. (Die Werte für 1,1 und 1,2 sind nur für die bessere Formgebung hinzugefügt.)

Tafel 5.47
Wasserlinie — Vorschiff

| u | v |
|---|---|
| 0 | 1 |
| 0,1 | 0,9890 |
| 0,2 | 0,9590 |
| 0,3 | 0,9002 |
| 0,4 | 0,8101 |
| 0,5 | 0,6910 |
| 0,6 | 0,5491 |
| 0,7 | 0,3950 |
| 0,8 | 0,2430 |
| 0,9 | 0,1098 |
| 1,0 | 0 |
| 1,1 | −0,1098 |
| 1,2 | −0,2430 |

**4.** Man approximiere die Funktion $f(x) = 1/x$ im Bereich $1 \leqslant x \leqslant 2$

a) im Gaußschen Sinne,

b) im Tschebyscheffschen Sinne hinsichtlich des relativen und absoluten Fehlers

durch Polynome vom Grade n = 0; 1 und 2.

**5.** Man verbessere die Lösung von Aufgabe 4a für ein Polynom 1. Grades dadurch, daß man mit einem geeigneten x-Wert das Intervall in zwei Teilintervalle aufspaltet und in jedem Teilintervall die Funktion durch ein Polynom 1. Grades approximiert. Bei welchem x-Wert ergibt sich die kleinste Summe der beiden Fehlerquadratsummen? Bei welchem Wert ergibt sich der kleinste Fehler bei entsprechender Verbesserung von Aufgabe 4b für den absoluten Fehler bei n = 1?

**6.** Man approximiere die im Bereich [273,15 K; 373,15 K] definierte Funktion für den Ausdehnungskoeffizienten von Aluminium

$$k(T) = 0{,}22 \cdot 10^{-4} \left( \frac{T - 273{,}15\ K}{K} \right) + 0{,}009 \cdot 10^{-6} \left( \frac{T - 273{,}15\ K}{K} \right)^2$$

im Bereich [333,15 K; 373,15 K] durch eine Gerade im Tschebyscheffschen Sinne durch Ökonomisierung.

---

1) R ö s i n g h / B e r g h u i s: Mathematische Schiffsformen. HANSA — Schiffahrt — Schiffbau — Hafen **98** (1961) 2409—2412.

**7.** Zu bestimmen ist die Ökonomisierung des Taylor-Polynoms 8. Grades für $f(x) = e^x$ im Bereich $0 \leqslant x \leqslant 1$ durch Polynome vom Grade 0; 1 und 2.

**8.** Man ökonomisiere das die Funktion $y = \sqrt{x}$ in $[1/16; 1]$ approximierende Bernstein-Polynom 4. Grades.

**9.** Man berechne das Integral

$$\int\limits_{1}^{2} \frac{du}{0,5 + 1,5 e^u}$$

durch

a) Aufstellen des Romberg-Schemas,

b) Anwendung der Formel für die Gaußsche Integration mit $n = 2; 3; 4$.

Gesucht ist eine Fehlerabschätzung der Trapeznäherungen.

**10.** Der Korrekturfaktor $\beta$ in der Zündverzugsgleichung[1]

$$z = \frac{e^{b/T_1}}{p_1^n} \, a \, \beta \, \sqrt{T_1}$$

ist von der Form

$$\beta = \frac{\displaystyle\int\limits_{T_1}^{T_z} \frac{e^{b/T}}{T^{n-(1/2)}} \, dT}{\dfrac{e^{b/T_1}}{T_1^{n-(1/2)}}(T_z - T_1)}$$

Man berechne den Wert von $\beta$ für die Werte $n = 1$, $b = 8000$ K, $T_1 = 700$ K, $T_z = 2000$ K unter Benutzung des Romberg-Schemas und der Gaußschen Integration für die Auswertung des Integrals.

**11.** Gesucht ist die 1. Ableitung der Funktion

$$y = 2\,[x - \ln(0,5 + 1,5\,e^x)]$$

an der Stelle $x = 1,8125$. Man benutze zur Berechnung die Formeln

$$f_1'(c) = \frac{1}{h}\,(f(c + h) - f(c))$$

$$f_2'(c) = \frac{1}{h}\,(f(c) - f(c - h))$$

$$f_3'(c) = \frac{1}{2h}\,(f(c + h) - f(c - h))$$

$$f_4'(c) = \frac{1}{12h}\,(-f(c + 2h) + 8f(c + h) - 8f(c - h) + f(c - 2h))$$

mit den Schrittweiten $h = 1; 0,1; 0,01; 0,001$ und rechne mit 6 und 9 Dezimalstellen.

---

1) S c h m i d t, F. A. F.: Verbrennungskraftmaschinen. Berlin 1967.

# 6 Anfangswertprobleme bei gewöhnlichen Differentialgleichungen

In die Fragestellung dieses Abschnitts soll zunächst mit zwei Beispielen eingeführt werden.

**Beispiel 6.1** Man berechne den E i n s c h a l t v o r g a n g des in Bild 6.1a gezeigten Schaltkreises. Zur Zeit $t < 0$ fließt kein Strom i. Zum Zeitpunkt $t = 0$ wird der Schalter geschlossen. Die Summe der Spannung i R am Ohmschen Widerstand R und der Spannung L(di/dt) an der Induktivität (Spule) L ist nach den Kirchhoff-Regeln gleich der Quellenspannung $U_q$

$$U_q = R\,i + L\,\frac{di}{dt} \tag{6.1}$$

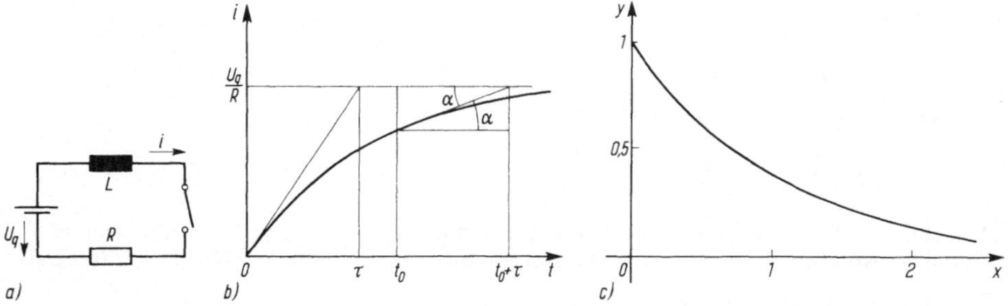

Bild 6.1  Einschaltvorgang in einem Schwingkreis

Gl. (6.1) ist eine Differentialgleichung (Dgl.), die man mit der Methode der Trennung der Veränderlichen lösen kann. Die dabei auftretende Integrationskonstante wird bestimmt, indem man beachtet, daß für $t = 0$ (Einschaltpunkt, Anfangspunkt) der Strom $i = 0$ sein soll. Dies nennt man eine Anfangsbedingung, da die Lösung für $t \geqslant 0$ gesucht ist. Bei numerischen Problemen empfiehlt es sich immer, zunächst durch Substitutionen auf möglichst einfache einheitenfreie Gleichungen zu kommen. Eine einheitenfreie unabhängige Veränderliche erhält man durch

$$x = \frac{R}{L}\,t$$

Nach der Kettenregel gilt

$$\frac{di}{dt} = \frac{di}{dx}\,\frac{dx}{dt} = \frac{R}{L}\,\frac{di}{dx}$$

Aus Gl. (6.1) ergibt sich

$$U_q = R\,i + R\,\frac{di}{dx} \tag{6.2}$$

Anstelle der Stromstärke i führt man nun

$$y = 1 - \frac{R}{U_q}\,i \tag{6.3}$$

als neue abhängige Veränderliche ein. Dann ist

$$\frac{dy}{dx} = - \frac{R}{U_q} \frac{di}{dx}$$

Damit ergibt sich aus Gl. (6.2)

$$U_q = U_q(1 - y) - U_q \frac{dy}{dx}$$

oder     $\dfrac{dy}{dx} = -y$     (6.4)

Aus der Anfangsbedingung i(0) = 0 folgt wegen Gl. (6.3) die neue Anfangsbedingung y(0) = 1. Die exakte Lösung von Gl. (6.4) lautet wegen y(0) = 1

$$y = e^{-x}$$     (6.5)

oder     $i = \dfrac{U_q}{R} (1 - e^{-tR/L})$

Bild 6.1b zeigt die Lösung der Funktion i(t), Bild 6.1c die der normierten Funktion y(x).

**Beispiel 6.2** Der Schwingungsdämpfer einer Maschine ist mit einer Masse m = 50,0 kg verbunden. Die Federkonstante sei c = 2,00 · 10⁴ N/m und die Dämpfungskonstante bei geschwindigkeitsproportionaler Dämpfung b = 2500 kg/s (s. Bild 6.2). Zum Zeitpunkt t = 0 sei z = 0,0100 m und dz/dt = 3,00 m/s. Man untersuche diese Schwingung.

Der Schwinger muß sich einschließlich der d'Alembertschen Trägheitskraft m$\ddot{z}$ jederzeit im Gleichgewicht befinden, die Summe der auftretenden Kräfte muß daher Null sein. Hieraus ergibt sich die D i f f e r e n t i a l g l e i c h u n g   d e r   S c h w i n g u n g

$$m \frac{d^2z}{dt^2} + b \frac{dz}{dt} + c\,z = 0 \qquad z(0) = z_0 \qquad \left.\frac{dz}{dt}\right|_0 = v_0$$     (6.6)

Auch hier empfiehlt sich eine Substitution, um beide Veränderliche einheitenfrei zu machen

$$x = \sqrt{\frac{c}{m}}\, t \qquad y = \frac{z}{z_0}$$

Setzt man diese Substitutionen in Gl. (6.6) ein, so erhält man wegen

$$\frac{dz}{dt} = \frac{dz}{dx} \sqrt{\frac{c}{m}} \qquad \frac{d^2z}{dt^2} = \frac{d^2z}{dx^2} \cdot \frac{c}{m}$$

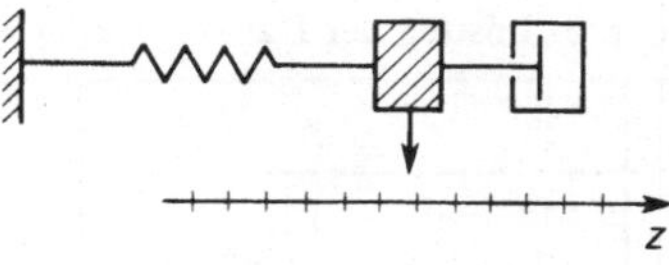

Bild 6.2  Schwinger

die für ein numerisches Verfahren geeignete Dgl.

$$\frac{d^2y}{dx^2} + \frac{b}{\sqrt{mc}} \frac{dy}{dx} + y = 0 \qquad y(0) = 1 \qquad \left.\frac{dy}{dx}\right|_0 = \sqrt{\frac{m}{c}} \frac{v_0}{z_0}$$

oder nach Ersetzen der Formelgrößen durch Zahlenwert und Einheit

$$\frac{d^2y}{dx^2} + 2,50 \frac{dy}{dx} + y = 0 \qquad y(0) = 1 \qquad \left.\frac{dy}{dx}\right|_0 = 15$$     (6.7)

Diese Dgl. löst man durch den Ansatz y = e^{px}. Hieraus erhält man die  c h a r a k t e r i s t i s c h e   G l e i c h u n g   p² + 2,5p + 1 = 0 mit den Wurzeln $p_1 = -2$ und $p_2 = -0,5$. Die allgemeine Lösung lautet

$$y = c_1 e^{-2x} + c_2 e^{-x/2}$$     (6.8)

Gl. (6.7) ist eine Dgl. zweiter Ordnung, es treten zwei Integrationskonstanten auf. Werden diese beiden durch Bedingungen für denselben Wert der unabhängigen Veränderlichen, hier für $x = 0$, bestimmt, so liegt eine Anfangswertaufgabe vor. Anderenfalls spricht man von einer Randwertaufgabe, s. Abschn. 7.

Um die Integrationskonstanten $c_1$ und $c_2$ aus $y(0)$ und $y'(0)$ bestimmen zu können, ist aus Gl. (6.8)

$$y' = -2c_1 e^{-2x} - \frac{c_2}{2} e^{-x/2}$$

zu bilden. Setzt man jetzt $x = 0$, so wird

$$c_1 + c_2 = 1 \qquad\qquad c_1 = -\frac{31}{3}$$
$$\Rightarrow$$
$$-2c_1 - 0{,}5c_2 = 15 \qquad\qquad c_2 = \frac{34}{3}$$

also ist

$$y = \frac{1}{3}(-31\,e^{-2x} + 34\,e^{-x/2}) \tag{6.9}$$

und $\qquad y' = \frac{1}{3}(62\,e^{-2x} - 17\,e^{-x/2})$ $\tag{6.10}$

Die Funktion y hat eine Nullstelle für

$$x_0 = -\frac{2}{3}\ln\frac{34}{31} = -0{,}0615822$$

also nicht für $x \geqslant 0$. Die Funktion hat ein Maximum für

$$x_E = \frac{2}{3}\ln\frac{62}{17} = 0{,}862614$$

Tafel 6.3 zeigt y und $y'$.

Tafel 6.3  Lösung der Dgl. $y'' + 2{,}5y + y = 0$ mit $y(0) = 1$ und $y'(0) = 15$

| x | y | $y'$ | x | y | $y'$ |
|---|---|---|---|---|---|
| 0 | 1 | 15 | 2 | 3,98004 | −1,70613 |
| 0,1 | 2,32038 | 11,5301 | 2,5 | 3,17743 | −1,48428 |
| 0,2 | 3,32818 | 8,72587 | 3 | 2,50319 | −1,21318 |
| 0,4 | 4,63588 | 4,64666 | 3,5 | 1,96002 | −0,965873 |
| 0,6 | 5,28360 | 2,02671 | 4 | 1,53033 | −0,759967 |
| 0,8 | 5,51070 | 0,374048 | 4,5 | 1,19325 | −0,594712 |
| $x_E$ | 5,52211 | 0,000000 | 5 | 0,929828 | −0,464210 |
| 1 | 5,47555 | −0,640078 | 6 | 0,564190 | −0,282000 |
| 1,2 | 5,28245 | −1,23509 | 7 | 0,342228 | −0,171101 |
| 1,4 | 4,99960 | −1,55724 | 8 | 0,207576 | −0,103786 |
| 1,6 | 4,67119 | −1,70378 | 9 | 0,125902 | −0,0629507 |
| 1,8 | 4,32544 | −1,73920 | 10 | 0,0763634 | −0,0381817 |

Für numerische Rechnungen ist es häufig zweckmäßig, die Dgl. 2. Ordnung durch $y = y_1$ und $y' = y_2$ in ein System von z w e i Dgl. 1. Ordnung umzuwandeln

$$y_1' = y_2 \qquad y_2' = -y_1 - 2{,}50\,y_2 \qquad \text{mit } y_1(0) = 1 \text{ und } y_2(0) = 15 \tag{6.11}$$

das in Vektorform geschrieben werden kann

$$y' = f(y) \qquad y(0) = y_0$$

In den beiden vorstehenden, einführenden Beispielen sind Dgl. gewählt, die exakt zu lösen sind. Auf diese beiden Beispiele wird im folgenden immer wieder zurückgegriffen, um die Wirkungsweise der entwickelten numerischen Verfahren zu verdeutlichen, deren sinnvoller Einsatz naturgemäß bei solchen Anfangswertaufgaben liegt, die nicht exakt lösbar sind. So ist z.B. die einfach erscheinende Dgl. $y' = x^2 + y^2$ nicht mehr geschlossen, sondern nur durch ein numerisches Verfahren lösbar.

## 6.1 Einführung

In diesem Abschnitt wird die Anfangswertaufgabe

$$y' = f(x, y) \qquad y(x_0) = y_0 \tag{6.12}$$

behandelt. Diese Aufgabe sei eindeutig lösbar. Kriterien für die Existenz und Eindeutigkeit einer Lösung findet man in Lehrbüchern über Dgl., z.B. in [4]. Für gewisse Funktionen $f(x, y)$ sind exakte Lösungen von Gl. (6.12) bekannt. In allen anderen Fällen müssen Näherungsverfahren verwandt werden.

Ist für einen Punkt $x = x_0$ die unabhängige Veränderliche $y = y_0$ gegeben oder berechnet, so folgt aus Gl. (6.12)

$$y_0' = f(x_0, y_0)$$

daß damit auch die Ableitung in diesem Punkte bekannt ist. Bild 6.4 veranschaulicht diesen Sachverhalt.

Ist die Differentialgleichung von $\ell$-ter Ordnung, wie in Beispiel 6.2 $\ell = 2$, so kann diese in ein System von Differentialgleichungen erster Ordnung transformiert werden, wie dort gezeigt wird. Man erhält allgemein

$$y' = f(x, y) \qquad \text{mit} \qquad y(x_0) = y_0 \tag{6.13}$$

Hierin sind $y$, $y'$, $y_0$ und $f$ Spaltenvektoren mit $\ell$ Elementen. Im folgenden werden die numerischen Methoden an Gl. (6.12) erläutert, alle Aussagen lassen sich aber auf die Vektorgleichung (6.13) übertragen, worauf in Beispielen eingegangen wird.

Es gibt im wesentlichen folgende Ansätze zur numerischen Lösung der Dgl. (6.12) bzw. des Systems (6.13).

**1. Reihenansatz** Für die unbekannte Funktion wird der Ansatz

$$y = y_0 + \sum_{i=1}^{\infty} a_i (x - x_0)^i \tag{6.14}$$

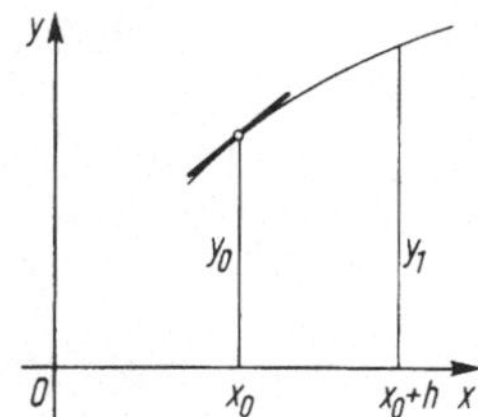
Bild 6.4  Anfangswertaufgabe

mit unbestimmten Koeffizienten $a_i$ gemacht. Hieraus bildet man formal $y'$, weiter wird $f(x, y)$ in eine Reihe von zwei Veränderlichen entwickelt, wobei jeweils für $y$ wieder Gl. (6.14) eingesetzt wird. Man erhält ein i. allg. kompliziertes System für die Unbekannten $a_i$ auf Grund eines Koeffizientenvergleichs. Dieses Verfahren hat in den letzten Jahren, bedingt durch die Nutzung von Rechenanlagen, Bedeutung gewonnen, vgl. [40]. Hier kann nicht auf diese Methode eingegangen werden.

**2. Taylor-Entwicklung** Alle in diesem Abschnitt genannten Verfahren beruhen auf dem Prinzip, nur diskrete Werte der unabhängigen Veränderlichen zu betrachten. Dadurch entsteht aus Gl. (6.12) ein d i s k r e t i s i e r t e s  E r s a t z p r o b l e m. Es sei eine feste S c h r i t t w e i t e h gegeben, sowie

$$x_n = x_0 + nh \qquad y_n = y(x_n) \qquad \text{für } n \in \mathbf{N}$$

Während das Punktepaar $(x_n; y_n)$ auf der Lösungskurve der Dgl. (6.12) liegt, sei im folgenden $(x_n; u_n)$ eine Näherung für $(x_n; y_n)$.

Aus Gl. (6.12) erhält man nach dem Hauptsatz der Differential- und Integralrechnung

$$y_1 - y_0 = \int_{x_0}^{x_1} f(x, y(x))\, dx = R(x_0, h) \tag{6.15}$$

Andererseits ist nach Taylor wegen $y_1 = y(x_0 + h)$

$$y_1 - y_0 = hy_0' + \frac{h^2}{2!}\, y_0'' + \frac{h^3}{3!}\, y_0''' + \ldots \tag{6.16}$$

Es werden nun Ansätze für $R(x_0, h)$ gesucht mit dem Ziel, in möglichst vielen Potenzen von h Übereinstimmung mit der rechten Seite von Gl. (6.16) zu erzielen.

**2a) Einschrittverfahren** Mit $x_0$ und $y_0$ ist auch $y_0' = f(x_0, y_0)$ bekannt. Für $0 \leqslant \alpha_i \leqslant 1$ werden weitere Werte von f gebildet und so kombiniert, daß

$$R(x_0, h) \approx \sum_{i=1}^{m} a_i\, f(x_0 + \alpha_i h, y_0 + b_i) \tag{6.17}$$

bei geeigneter Wahl der $a_i$, $\alpha_i$ und $b_i$ in möglichst vielen Potenzen von h mit Gl. (6.16) übereinstimmt. Alle benutzten Werte entstammen dem e i n e n Intervall $[x_0, x_0 + h]$, daher stammt die Bezeichnung Einschrittverfahren. Es wird also eine Näherung $u_1$ durch

$$u_1 = y_0 + \sum_{i=1}^{m} a_i\, f(x_0 + \alpha_i h, y_0 + b_i)$$

bestimmt. Bei weiteren Schritten treten auch auf der rechten Seite Näherungswerte $u_n$ auf

$$u_{n+1} = u_n + \sum_{i=1}^{m} a_i\, f(x_n + \alpha_i h, u_n + b_i) \qquad n \in \mathbf{N} \tag{6.18}$$

**2b) Mehrschrittverfahren** Hier wird vorausgesetzt, daß nicht nur $y_0$ und damit auch $y_0'$, sondern $y_0, y_{-1}, \ldots, y_{-m}$ und damit auch $y_0', y_{-1}', \ldots, y_{-m}'$ bekannt sind. Es wird dann ein Ansatz

$$R(x_0, h) \approx \sum_{i=0}^{m} (a_i\, y_{-i} + b_i\, hy_{-i}') + b_{-1} hu_1' \tag{6.19}$$

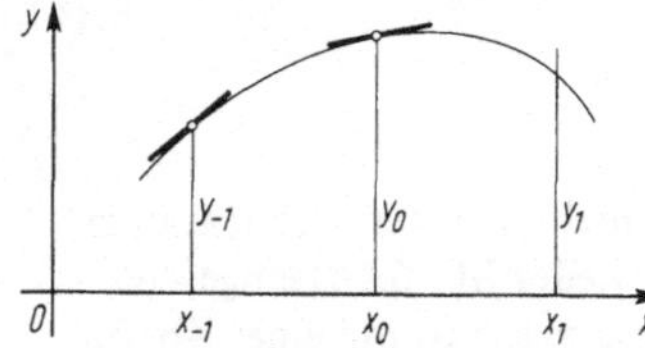


Bild 6.5  Prinzip eines Mehrschrittverfahrens

zur möglichst weitgehenden Annäherung an die Taylor-Entwicklung (6.16) gemacht. Die Koeffizienten $a_i$ und $b_i$ sind entsprechend zu bestimmen. Bild 6.5 erläutert die Fragestellung. Ist $b_{-1} \neq 0$, so tritt in

$$u_1 = y_0 + \sum_{i=0}^{m} (a_i\, y_{-i} + b_i\, hy_{-i}') + b_{-1} hu_1' \tag{6.20}$$

auf der rechten Seite der noch unbekannte Wert $u_1' = f(x_1, u_1)$ auf. Gl. (6.20) ist dann meist nur iterativ (s. Abschn. 2.1.2) zu lösen. Beim zweiten und den weiteren Schritten treten auf der rechten Seite wie beim Einschrittverfahren Näherungsgrößen auf

$$u_{n+1} = u_n + \sum_{i=0}^{m} (a_i u_{n-i} + b_i hu_{n-i}') + b_{-1} hu_{n+1}' \tag{6.21}$$

Da zur Berechnung eines neuen Wertes jeweils von Funktionswerten aus mehreren Intervallen ausgegangen wird, spricht man von Mehrschrittverfahren.

Beim Einschritt- wie beim Mehrschrittverfahren wird jeweils nur e i n weiterer Wert berechnet.

**2c) Extrapolationsverfahren** Durch ein Mehrschrittverfahren wird zur Bestimmung von $y(\bar{x})$ eine Funktion $S(\bar{x}, h)$ mit der Eigenschaft

$$S(\bar{x}, h) = y(\bar{x}) + e_1(\bar{x}) h^2 + e_2(\bar{x}) h^4 + \ldots \quad \bar{x} > x_0 \tag{6.22}$$

gebildet. Gl. (6.22) wird für $h/2$ geschrieben

$$S\left(\bar{x}, \frac{h}{2}\right) = y(\bar{x}) + e_1(\bar{x})\left(\frac{h}{2}\right)^2 + e_2(\bar{x})\left(\frac{h}{2}\right)^4 + \ldots$$

Man kombiniert diese beiden Gleichungen und erhält

$$\frac{4 S(\bar{x}, h/2) - S(\bar{x}, h)}{3} = y(\bar{x}) - \frac{1}{4} e_2(\bar{x}) h^4 + \ldots$$

Diese Funktion wird $y(\bar{x})$ genauer annähern als $S(\bar{x}, h)$, weil der Fehler proportional $h^4$ anstatt $h^2$ ist. Da man die Funktionen $S(\bar{x}, h)$ und $S(\bar{x}, h/2)$ als Funktionen von $h$ kombiniert, um den außerhalb $[h/2; h]$ liegenden Wert für $h = 0$, also $S(\bar{x}, 0)$ anzunähern, spricht man von einem Extrapolationsverfahren.

### 6.1.1 Euler-Verfahren

Der einfachste auf Euler zurückgehende Ansatz eines Einschrittverfahrens besteht darin, in Gl. (6.16) Übereinstimmung nur bis zur Potenz $h$ zu verlangen. Man erhält die E u l e r - F o r m e l

$$u_{n+1} = u_n + hu_n' = u_n + hf(x_n, u_n) \quad u_0 = y_0 \tag{6.23}$$

Bild 6.6 erläutert den Sachverhalt. Die Näherungen $u_n$ unterscheiden sich von der exakten Lösung $y(x_n) = y_n$.

**Beispiel 6.3** Man löse die Dgl.

$$y' = -y \quad y(0) = 1$$

nach Euler (s. auch Beispiel 6.1) für $0 \leqslant x \leqslant 2$ und $h = 0,2$.

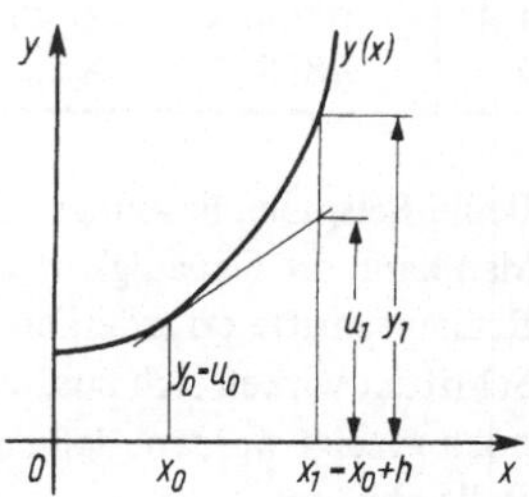


Bild 6.6 Euler-Verfahren

Es ist $y' = f = -y$. Damit wird Gl. (6.23)

$$u_{n+1} = u_n + 0,2 \cdot (-u_n) = 0,8\, u_n$$

Tafel 6.7 zeigt die Näherungswerte $u_n$ und die exakten Werte $y_n = e^{-x_n}$ sowie den relativen Fehler F.

Das Verfahren von Euler läßt sich, wie bereits allgemein auf S. 229 gesagt wurde, auch auf Systeme anwenden.

**Beispiel 6.4** Man löse das Dgl.-System (6.11) mit dem Euler-Verfahren für $h = 0,2$ und $0 \leqslant x \leqslant 2$. Aus dem System

$$y_1' = y_2$$

$$y_2' = -y_1 - 2,5\, y_2$$

erhält man mit $u_1(x_n) = u_{1,n}$ usw.

$$u_{1,n+1} = u_{1,n} + h u_{1,n}' = u_{1,n} + h u_{2,n}$$

$$u_{2,n+1} = u_{2,n} + h u_{2,n}'$$

$$= u_{2,n} + h(-u_{1,n} - 2,5 u_{2,n})$$

oder $\quad u_{1,n+1} = u_{1,n} + 0,2 u_{2,n}$

$$u_{2,n+1} = 0,5 u_{2,n} - 0,2 u_{1,n}$$

Tafel 6.8 zeigt die Lösung.

Tafel 6.7
Euler-Verfahren für die Dgl. $y' = -y$, $y(0) = 1$

| x | $u_E$ | $y = e^{-x}$ | F in % |
|---|---|---|---|
| 0 | 1 | 1 | 0 |
| 0,2 | 0,8 | 0,818731 | −2,29 |
| 0,4 | 0,64 | 0,670320 | −4,52 |
| 0,6 | 0,512 | 0,548817 | −6,71 |
| 0,8 | 0,4096 | 0,449329 | −8,84 |
| 1 | 0,32768 | 0,367879 | −10,9 |
| 1,2 | 0,262144 | 0,301194 | −13,0 |
| 1,4 | 0,209715 | 0,246597 | −15,0 |
| 1,6 | 0,167772 | 0,201897 | −16,9 |
| 1,8 | 0,134218 | 0,165299 | −18,8 |
| 2 | 0,107374 | 0,135335 | −20,7 |

Tafel 6.8  Lösung von Gl. (6.11) nach Euler

| x | $u_1 = u$ | F in % | $u_2 = u'$ | F in % |
|---|---|---|---|---|
| 0 | 1 | − | 15 | − |
| 0,2 | 4 | −53,7 | 7,3 | −16,3 |
| 0,4 | 5,46 | 17,8 | 2,85 | −38,7 |
| 0,6 | 6,03 | 14,1 | 0,333 | −83,6 |
| 0,8 | 6,0966 | 10,6 | −1,0395 | −378 |
| 1 | 5,8887 | 7,5 | −1,73907 | −172 |
| 1,2 | 5,54089 | 5,0 | −2,04728 | −65,8 |
| 1,4 | 5,13143 | 2,6 | −2,13181 | −36,9 |
| 1,6 | 4,70507 | 0,77 | −2,09219 | −22,8 |
| 1,8 | 4,28663 | −0,90 | −1,98711 | −14,3 |
| 2 | 3,88921 | −2,3 | −1,85088 | −8,5 |

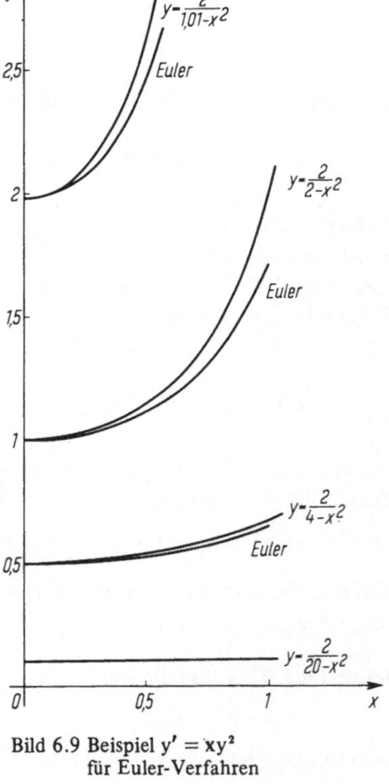


Bild 6.9 Beispiel $y' = xy^2$
für Euler-Verfahren

Beide Beispiele, besonders aber das System zeigen, daß das Verfahren von Euler recht ungenau ist. Man kann die Genauigkeit vergrößern, wenn man h verkleinert. Dann sind aber entsprechend mehr Rechenschritte erforderlich, um bis $x = 2$ zu gelangen. Bei langen Integrationswegen mit vielen Schritten wirken sich zusätzlich zum Verfahrensfehler dann Rundungsfehler aus. Abschließend soll noch gezeigt werden, daß der Fehler nicht nur von der Schrittweite h, sondern auch von der Startstelle abhängt.

Hierzu wird die Dgl. $y' = xy^2$ mit $y(0) = y_0$ gewählt. Durch Trennung der Veränderlichen erhält man die allgemeine (exakte) Lösung

$$y = \frac{2}{\dfrac{2}{y_0} - x^2}$$

Bild 6.9 zeigt die exakten und die durch Euler angenäherten Lösungskurven für $y_0 = 0,1; 0,5; 1$ und $1,98$. Mit wachsendem $y_0$ wird also bei gleicher Schrittweite h der Fehler größer.

### 6.1.2 Verfahren von Adams-Bashfort

Zur Verdeutlichung der Mehrschrittverfahren wird als Spezialfall des allgemeinen Ansatzes Gl. (6.21)

$$u_{n+1} = u_n + h(b_0 u_n' + b_1 u_{n-1}' + b_2 u_{n-2}') \tag{6.24}$$

gewählt. Um diesen Ansatz mit der Taylor-Entwicklung Gl. (6.16) vergleichen zu können, bildet man

$$u_{n-1}' = u'(x_n - h) = u_n' - h u_n'' + \frac{h^2}{2} u_n''' - \dots$$

$$u_{n-2}' = u'(x_n - 2h) = u_n' - 2h u_n'' + 2h^2 u_n''' - \dots$$

Diese Entwicklung setzt man in Gl. (6.24) ein

$$u_{n+1} = u_n + h b_0 u_n' +$$
$$+ h b_1 u_n' - h^2 b_1 u_n'' + \frac{h^3}{2} b_1 u_n''' - \dots$$
$$+ h b_2 u_n' - 2h^2 b_2 u_n'' + 2h^3 b_2 u_n''' - \dots$$

Vergleicht man die ersten drei Potenzen von h mit Gl. (6.16), so folgt

$$b_0 + b_1 + b_2 = 1$$
$$- b_1 - 2b_2 = \frac{1}{2}$$
$$\frac{1}{2} b_1 + 2b_2 = \frac{1}{6}$$

Hieraus ergibt sich $b_0 = 23/12$, $b_1 = -16/12$ und $b_2 = 5/12$. Dann erhält man aus Gl. (6.24) eine der F o r m e l n   v o n   A d a m s - B a s h f o r t

$$u_{n+1} = u_n + \frac{h}{12} (23 u_n' - 16 u_{n-1}' + 5 u_{n-2}') \tag{6.25}$$

**Beispiel 6.5** Man löse die Dgl.

$$y' = -y \qquad y(0) = 1$$

nach Gl. (6.25) für $h = 0,2$ und $0 \leqslant x \leqslant 2$.
Mit $h = 0,2$ und $y' = f = -y$ folgt aus Gl. (6.25)

$$u_{n+1} = \frac{1}{60} (37 u_n + 16 u_{n-1} - 5 u_{n-2})$$

Tafel 6.10 zeigt die Lösung. Sie ist wesentlich besser als in Beispiel 6.3, da hier der Fehler $O(h^4)$ ist. Die drei erforderlichen Startwerte, auf deren Bestimmung in Abschn. 6.3.3 eingegangen wird, werden hier als exakt bekannt vorausgesetzt.

Tafel 6.10  Lösung der Dgl. $y' = -y$, $y(0) = 1$
nach Adams-Bashfort

| $x$ | $u_{AB}$ | $y = e^{-x}$ | $\dfrac{F}{\text{in }\%}$ |
|---|---|---|---|
| 0 | 1 | 1 | |
| 0,2 | 0,818731 | 0,818731 | — |
| 0,4 | 0,670320 | 0,670320 | — |
| 0,6 | 0,548359 | 0,548812 | −0,08 |
| 0,8 | 0,448679 | 0,449329 | −0,14 |
| 1 | 0,367054 | 0,367879 | −0,22 |
| 1,2 | 0,300301 | 0,301194 | −0,30 |
| 1,4 | 0,245677 | 0,246597 | −0,37 |
| 1,6 | 0,200993 | 0,201897 | −0,45 |
| 1,8 | 0,164435 | 0,165299 | −0,52 |
| 2 | 0,134527 | 0,135335 | −0,60 |

In den folgenden Abschnitten werden das Einschritt- und das Mehrschrittverfahren sowie das Extrapolationsverfahren an charakteristischen, für Rechenanlagen gut geeigneten Verfahren behandelt. Die Zulässigkeit und die Grenzen der Anwendung der jeweiligen Verfahren, also Fragen der Konvergenz, der Konsistenz (Verhalten für $h \to 0$) und der Stabilität (s. Abschn. 1.4) können im Rahmen dieses Buches nicht untersucht werden. Hier sei besonders auf [36] und [15] verwiesen.

## 6.2 Einschrittverfahren

Wie bereits in Abschn. 6.1 geschildert, soll in

$$y_1 = y_0 + \int_{x_0}^{x_1} f(x, y(x))\,dx = y_0 + R(x_0, h)$$

die Funktion $R(x_0, h)$ durch eine lineare Kombination von Funktionen $f(x, y)$ mit unterschiedlichen Argumenten $x$ mit $x_0 \leqslant x \leqslant x_1$ angenähert werden

$$R(x_0, h) = \sum_{i=1}^{m} a_i\, hf(x_0 + \alpha_i h, y_0 + b_i)$$

so daß die Reihenentwicklung von

$$u_1 = y_0 + \sum_{i=1}^{m} a_i\, hf(x_0 + \alpha_i h, y_0 + b_i) \tag{6.26}$$

in möglichst vielen Potenzen von $h$ mit der Taylor-Entwicklung

$$y_1 = y_0 + h\,y_0' + \frac{h^2}{2!}\,y_0'' + \frac{h^3}{3!}\,y_0''' + \dots \tag{6.27}$$

übereinstimmt.

Zur Verdeutlichung der Methode wird zunächst eine Lösung dieser Aufgabe so gesucht, daß Übereinstimmung der Potenzen von h bis zu $h^2$ erreicht wird. Hierzu werden zwei Werte

$$k_1 = h\,f(x_0, y_0) \qquad k_2 = h\,f(x_0 + \alpha_2\,h, y_0 + \beta_1\,k_1)$$

eingeführt und Gl. (6.26) mit $\alpha_1 = b_1 = 0$ und $b_2 = \beta_1 k_1$ in der Form

$$u_1 = y_0 + a_1 k_1 + a_2 k_2 \tag{6.28}$$

nach Potenzen von h entwickelt. Für $k_2$ erhält man die Taylor-Entwicklung

$$\begin{aligned}
k_2 &= h\,f(x_0 + \alpha_2 h, y_0 + \beta_1 k_1) \\
&= h\,f(x_0 + \alpha_2 h, y_0 + \beta_1 h\,f(x_0, y_0)) \\
&= h\,\{f(x_0, y_0) + \alpha_2 h\,f_x(x_0, y_0) + \beta_1 h\,f(x_0, y_0) \cdot f_y(x_0, y_0) + \dots\}
\end{aligned}$$

Dann wird nach Gl. (6.28)

$$\begin{aligned}
u_1 = y_0 &+ a_1 h\,f(x_0, y_0) + a_2 h\,f(x_0, y_0) + \\
&+ a_2 \alpha_2\,h^2 f_x(x_0, y_0) + a_2 \beta_1 h^2 f(x_0, y_0) f_y(x_0, y_0) + \dots
\end{aligned} \tag{6.29}$$

Gl. (6.27) kann man wegen $y' = f$ und $y'' = f_x + f_y \cdot f$ in der Form

$$y_1 = y_0 + h\,f(x_0, y_0) + \frac{h^2}{2}\,[f_x(x_0, y_0) + f_y(x_0, y_0) \cdot f(x_0, y_0)] + \dots \tag{6.30}$$

schreiben. Der Koeffizientenvergleich zwischen Gl. (6.29) und (6.30) ergibt

$$a_1 + a_2 = 1$$
$$a_2 \alpha_2 f_x(x_0, y_0) + a_2 \beta_1 f(x_0, y_0)\,f_y(x_0, y_0)$$
$$= \frac{1}{2}\,f_x(x_0, y_0) + \frac{1}{2}\,f_y(x_0, y_0)\,f(x_0, y_0)$$

Dieses System soll für alle Funktionen $f$, $f_x$ und $f_y$ erfüllt sein. Hieraus folgt

$$a_1 + a_2 = 1 \qquad a_2 \alpha_2 = \frac{1}{2} \qquad a_2 \beta_1 = \frac{1}{2} \tag{6.31}$$

Dies sind 3 Gleichungen mit 4 Unbekannten, eine Unbekannte kann daher frei gewählt werden. Mit

$$a_1 = 1 - \frac{1}{2\alpha_2} \qquad a_2 = \frac{1}{2\alpha_2} \qquad \beta_1 = \alpha_2$$

ist $\alpha_2$ der zu wählende P a r a m e t e r. Für $\alpha_2 = 1/2$ ergibt sich

$$k_1 = h\,f(x_0, y_0) \qquad k_2 = h\,f\left(x_0 + \frac{h}{2}, y_0 + \frac{k_1}{2}\right) \qquad u_1 = y_0 + k_2 \tag{6.32}$$

Setzt man dagegen $\alpha_2 = 1$, so erhält man

$$k_1 = h\,f(x_0, y_0) \qquad k_2 = h\,f(x_0 + h, y_0 + k_1) \qquad u_1 = y_0 + \frac{1}{2}\,(k_1 + k_2) \tag{6.33}$$

Gl. (6.32) und (6.33) sind beides Einschrittverfahren zweiter Ordnung. Man kann nicht allgemein sagen, daß eine der Formeln besser sei als die andere. Dies kann bei unterschiedlichen rechten Seiten $f(x, y)$ verschieden sein.

Wesentlich größere Bedeutung hat der Ansatz, eine Übereinstimmung der Potenzen von h bis $h^4$ zu erreichen. Der dabei auftretende Rechenaufwand ist erheblich größer, bringt aber im Prinzip nichts Neues. Hier sei auf [10] und [36] verwiesen. Mit

$$k_1 = h \cdot f(x_0, y_0)$$
$$k_2 = h \cdot f(x_0 + \alpha_2 h, y_0 + \beta_1 k_1)$$
$$k_3 = h \cdot f(x_0 + \alpha_3 h, y_0 + \beta_2 k_1 + \gamma_2 k_2)$$
$$k_4 = h \cdot f(x_0 + \alpha_4 h, y_0 + \beta_3 k_1 + \gamma_3 k_2 + \delta_3 k_3)$$

$$(6.34)$$

und $\quad u_1 = y_0 + a_1 k_1 + a_2 k_2 + a_3 k_3 + a_4 k_4$

erhält man folgende 8 Gleichungen für 10 Unbekannte

$$a_1 + a_2 + a_3 + a_4 = 1$$
$$\alpha_2 a_2 + \alpha_3 a_3 + \alpha_4 a_4 = \frac{1}{2}$$
$$\alpha_2^2 a_2 + \alpha_3^2 a_3 + \alpha_4^2 a_4 = \frac{1}{3}$$
$$\alpha_2^3 a_2 + \alpha_3^3 a_3 + \alpha_4^3 a_4 = \frac{1}{4}$$
$$\alpha_2 \gamma_2 a_3 + (\alpha_2 \gamma_3 + \alpha_3 \delta_3) a_4 = \frac{1}{6}$$
$$\alpha_2^2 \gamma_2 a_3 + (\alpha_2^2 \gamma_3 + \alpha_3^2 \delta_3) a_4 = \frac{1}{12}$$
$$\alpha_2 \alpha_3 \gamma_2 a_3 + (\alpha_2 \gamma_3 + \alpha_3 \delta_3) \alpha_4 a_4 = \frac{1}{8}$$
$$\alpha_2 \gamma_2 \delta_3 a_4 = \frac{1}{24}$$

$$(6.35)$$

Es läßt sich zeigen, daß immer $\alpha_4 = 1$ gilt. Bei 8 Gleichungen mit 10 Unbekannten können 2 Unbekannte frei gewählt werden (2 Freiheitsgrade).

### 6.2.1 Der Ansatz von Runge-Kutta

Runge und Kutta haben durch Wahl von 2 Parametern des Systems (6.35) mehrere Einschrittverfahren vierter Ordnung entwickelt. Besonders häufig wird das Verfahren benutzt, das sich aus $\alpha_2 = 1/2$ und $\delta_3 = 1$ ergibt

$$k_1 = hf(x_0, y_0)$$
$$k_2 = hf\left(x_0 + \frac{h}{2}, y_0 + \frac{k_1}{2}\right)$$
$$k_3 = hf\left(x_0 + \frac{h}{2}, y_0 + \frac{k_2}{2}\right)$$
$$k_4 = hf(x_0 + h, y_0 + k_3)$$

$$(6.36)$$

und $\quad u(x_0 + h) = y(x_0) + \frac{1}{6}(k_1 + 2k_2 + 2k_3 + k_4)$

Eine große Anzahl ähnlicher Formeln findet man z.B. in [1] und [36].

Zur Verdeutlichung von Gl. (6.36) wird in Bild 6.11 die geometrische Bedeutung dieser Näherung an der Dgl. $y' = x + y$ mit $y(0) = -0,1$ gezeigt. Die exakte Lösung ist $y = 0,9\,e^x - x - 1$.

**Beispiel 6.6** Man löse die Dgl. $y' = -y$, $y(0) = 1$ mit $h = 0,2$ im Intervall $0 \leqslant x \leqslant 2$ nach Runge-Kutta.

Setzt man $f = -y$ in Gl. (6.36) ein, erhält man

$$u_{n+1} = u_n \left(1 - h + \frac{h^2}{2} - \frac{h^3}{6} + \frac{h^4}{24}\right) = 0,818733\,u_n \tag{6.37}$$

Der Inhalt der Klammer in Gl. (6.37) gibt gerade den Anfang der Taylor-Reihe von $e^{-h}$ an, denn $y_1 = e^{-h}y_0$ ist exakt. Tafel 6.12 zeigt die geforderte Rechnung. Man erkennt, daß dieses Verfahren wesentlich bessere Resultate liefert als die bisher besprochenen.

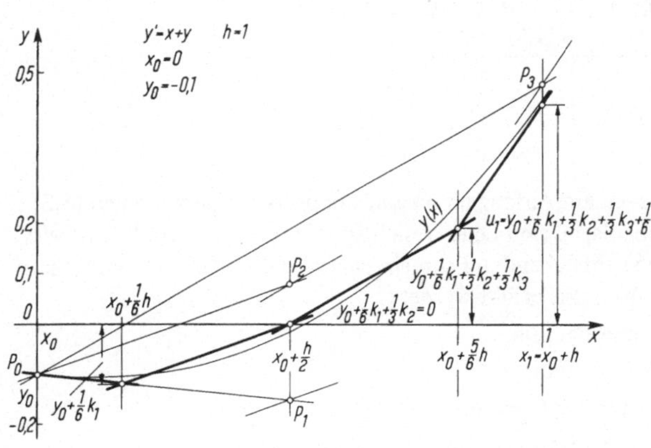


Bild 6.11 Beispiel $y' = x + y$, $y(0) = -0,1$
für Runge-Kutta-Verfahren

Tafel 6.12
Lösung der Dgl. $y' = -y$, $y(0) = 1$
nach Runge-Kutta

| $x$ | $u_{RK}$ | $F$ in % |
|---|---|---|
| 0 | 1 | — |
| 0,2 | 0,818733 | $3,1 \cdot 10^{-4}$ |
| 0,4 | 0,670324 | $6,3 \cdot 10^{-4}$ |
| 0,6 | 0,548817 | $9,5 \cdot 10^{-4}$ |
| 0,8 | 0,449335 | $1,3 \cdot 10^{-3}$ |
| 1 | 0,367885 | $1,6 \cdot 10^{-3}$ |
| 1,2 | 0,301200 | $1,9 \cdot 10^{-3}$ |
| 1,4 | 0,246602 | $2,2 \cdot 10^{-3}$ |
| 1,6 | 0,201902 | $2,5 \cdot 10^{-3}$ |
| 1,8 | 0,165304 | $2,8 \cdot 10^{-3}$ |
| 2 | 0,135340 | $3,2 \cdot 10^{-3}$ |

**Beispiel 6.7** Man löse das System (6.11) in Beispiel 6.2 nach Runge-Kutta für $0 \leqslant x \leqslant 2$ und $h = 0,2$.

Bei einem System sind für jede der Veränderlichen Hilfsgrößen gemäß Gl. (6.36) zu bestimmen. Die zu $y_1$ gehörenden Größen sollen $k_i$, die zu $y_2$ gehörenden $\ell_i$ genannt werden. Dann gilt

$$k_1 = h\,y_{20} \qquad \ell_1 = h(-y_{10} - 2,5\,y_{20})$$

$$k_2 = h\left(y_{20} + \frac{\ell_1}{2}\right) \qquad \ell_2 = h\left[-\left(y_{10} + \frac{k_1}{2}\right) - 2,5\left(y_{20} + \frac{\ell_1}{2}\right)\right]$$

$$k_3 = h\left(y_{20} + \frac{\ell_2}{2}\right) \qquad \ell_3 = h\left[-\left(y_{10} + \frac{k_2}{2}\right) - 2,5\left(y_{20} + \frac{\ell_2}{2}\right)\right]$$

$$k_4 = h\left(y_{20} + \ell_3\right) \qquad \ell_4 = h\left[-\left(y_{10} + k_3\right) - 2,5\left(y_{20} + \ell_3\right)\right]$$

$$u_{11} = y_{10} + \frac{1}{6}\,(k_1 + 2k_2 + 2k_3 + k_4)$$

$$u_{21} = y_{20} + \frac{1}{6}\,(\ell_1 + 2\ell_2 + 2\ell_3 + \ell_4)$$

Tafel 6.13 zeigt die Rechnung. In der Umgebung des Extremums ist die Annäherung der Ableitung besonders ungenau.

Tafel 6.13
Lösung des Systems Beispiel 6.2 nach Runge-Kutta

| $x$ | $u_1 = u$ | $F$ in % | $u_2 = u'$ | $F$ in % |
|---|---|---|---|---|
| 0 | 1 | — | 15 | — |
| 0,2 | 3,32736 | $-2,5 \cdot 10^{-2}$ | 8,72752 | $1,9 \cdot 10^{-2}$ |
| 0,4 | 4,63477 | $-2,4 \cdot 10^{-2}$ | 4,64887 | $4,8 \cdot 10^{-2}$ |
| 0,6 | 5,28249 | $-2,1 \cdot 10^{-2}$ | 2,02894 | $1,1 \cdot 10^{-1}$ |
| 0,8 | 5,50970 | $-1,8 \cdot 10^{-2}$ | 0,37604 | $5,3 \cdot 10^{-1}$ |
| 1 | 5,47472 | $-1,5 \cdot 10^{-2}$ | $-0,63841$ | $-2,6 \cdot 10^{-1}$ |
| 1,2 | 5,28178 | $-1,3 \cdot 10^{-2}$ | $-1,23375$ | $-1,1 \cdot 10^{-1}$ |
| 1,4 | 4,99907 | $-1,1 \cdot 10^{-2}$ | $-1,55619$ | $-6,7 \cdot 10^{-2}$ |
| 1,6 | 4,67079 | $-8,6 \cdot 10^{-3}$ | $-1,70298$ | $-4,6 \cdot 10^{-2}$ |
| 1,8 | 4,32514 | $-6,9 \cdot 10^{-3}$ | $-1,73860$ | $-3,4 \cdot 10^{-2}$ |
| 2 | 3,97982 | $-5,5 \cdot 10^{-3}$ | $-1,70568$ | $-2,6 \cdot 10^{-2}$ |

### 6.2.2 Das Verfahren von Gill

Die Formeln von Runge und Kutta wurden am Anfang dieses Jahrhunderts aus dem System (6.35) gewählt. Durch den Einsatz von Rechenanlagen sind neue Gesichtspunkte aufgetreten. Wie bereits gesagt, haben alle aus dem System (6.35) entstehenden Formeln einen Fehler $O(h^5)$. Aus der Sicht der Datenverarbeitung sollten folgende Wünsche erfüllt werden:

1. Der Ablauf soll übersichtlich algorithmierbar sein.

2. Der Programm-(Befehls-)Umfang soll klein sein.

3. Es soll möglichst wenig Speicherplatz benötigt werden.

4. Der Algorithmus soll ohne besonderen Aufwand auf Systeme zu übertragen sein.

Dagegen ist es ohne Bedeutung für den Programmablauf, ob die Konstanten aus Gl. (6.35) komplizierter zu berechnen sind, denn dies geschieht nur einmal; dann werden diese Zahlen gespeichert.

G i l l geht bei der Wahl eines der freien Parameter von der Überlegung aus, die drei in Gl. (6.34) auftretenden Kombinationen

$$y_0 + \beta_2 k_1 + \gamma_2 k_2 \qquad y_0 + \beta_3 k_1 + \gamma_3 k_2 \qquad y_0 + a_1 k_1 + a_2 k_2$$

voneinander linear abhängig zu machen. Dies ist dann erfüllt, wenn die Determinante

$$\begin{vmatrix} 1 & \beta_2 & \gamma_2 \\ 1 & \beta_3 & \gamma_3 \\ 1 & a_1 & a_2 \end{vmatrix} = 0$$

ist. Diese Bedingung und die Festlegung für den zweiten freien Parameter (wie bei Runge) $\alpha_2 = 1/2$ ergeben aus Gl. (6.35)

$$k_1 = h\,f(x_0, y_0)$$

$$k_2 = h\,f\left(x_0 + \frac{h}{2}, y_0 + \frac{k_1}{2}\right)$$

$$k_3 = h\,f\left[x_0 + \frac{h}{2}, y_0 + \left(-\frac{1}{2} + \sqrt{\frac{1}{2}}\right)k_1 + \left(1 - \sqrt{\frac{1}{2}}\right)k_2\right]$$

$$\text{(6.38)}$$

$$k_4 = h\,f\left[x_0 + h, y_0 + \left(-\sqrt{\tfrac{1}{2}}\right)k_2 + \left(1 + \sqrt{\tfrac{1}{2}}\right)k_3\right]$$

$$u_1 = y_0 + \tfrac{1}{6}\,k_1 + \tfrac{1}{3}\left(1 - \sqrt{\tfrac{1}{2}}\right)k_2 + \tfrac{1}{3}\left(1 + \sqrt{\tfrac{1}{2}}\right)k_3 + \tfrac{1}{6}\,k_4 \qquad (6.38)$$

In dieser Darstellung läßt das Verfahren von Gill noch nicht die gewünschten Vorteile erkennen. Um diese Vorteile zu verdeutlichen, werden zwei Vektoren

$$\mathbf{v} = \begin{bmatrix} v_1 \\ v_2 \\ v_3 \\ v_4 \end{bmatrix} \qquad \mathbf{q} = \begin{bmatrix} q_0 \\ q_1 \\ q_2 \\ q_3 \\ q_4 \end{bmatrix}$$

eingeführt. Die Koordinaten von $\mathbf{v}$ sind die Werte, die die zweite Veränderliche von $f(x, y)$ im System (6.38) annimmt, wobei zusätzlich $v_4 = u_1$ ist. So können alle f ü n f Gleichungen im System (6.38) einheitlich behandelt werden. Die Koordinaten von $\mathbf{q}$ bewirken zweierlei: Setzt man $q_0 = 0$, so ergeben $q_1$, $q_2$ und $q_3$ Ausdrücke, die die Rechnung übersichtlich gestalten. Wird nach der Vorschrift Gl. (6.40) noch eine Zahl $q_4$ berechnet, so wird diese Zahl Null. Die Bedingung $q_4 = 0$ kann also als Rechenkontrolle bei nicht automatisierter Rechnung dienen. Bei numerischer Rechnung sind die Zahlen jedoch fehlerbehaftet. Daher wird $q_4$ nicht genau Null. Einmal kann diese Abweichung von Null als Maß für die Güte der Rechnung dienen[1]; zum anderen erreicht man teilweise einen Ausgleich des Rundungsfehlers, wenn man diese Zahl $q_4$ als $q_0 \neq 0$ beim nächsten Schritt verwendet. Damit lautet das Verfahren

$$k_1 = h\,f(x_0, y_0) \qquad\qquad v_1 = y_0 + \tfrac{1}{2}\,(k_1 - 2q_0 h)$$

$$k_2 = h\,f\left(x_0 + \tfrac{h}{2}, v_1\right) \qquad\qquad v_2 = v_1 + \left(1 - \sqrt{\tfrac{1}{2}}\right)(k_2 - q_1 h)$$

$$k_3 = h\,f\left(x_0 + \tfrac{h}{2}, v_2\right) \qquad\qquad v_3 = v_2 + \left(1 + \sqrt{\tfrac{1}{2}}\right)(k_3 - q_2 h) \qquad (6.39)$$

$$k_4 = h\,f(x_0 + h, v_3) \qquad\qquad v_4 = v_3 + \tfrac{1}{6}\,(k_4 - 2q_3 h)$$

Hierbei ist

$$q_1 = q_0 + 3\left[\tfrac{1}{2}\left(\tfrac{k_1}{h} - 2q_0\right)\right] - \tfrac{1}{2}\,\tfrac{k_1}{h}$$

$$q_2 = q_1 + 3\left[\left(1 - \sqrt{\tfrac{1}{2}}\right)\left(\tfrac{k_2}{h} - q_1\right)\right] - \left(1 - \sqrt{\tfrac{1}{2}}\right)\tfrac{k_2}{h}$$

$$q_3 = q_2 + 3\left[\left(1 + \sqrt{\tfrac{1}{2}}\right)\left(\tfrac{k_3}{h} - q_2\right)\right] - \left(1 + \sqrt{\tfrac{1}{2}}\right)\tfrac{k_3}{h} \qquad (6.40)$$

$$q_4 = q_3 + 3\left[\tfrac{1}{6}\left(\tfrac{k_4}{h} - 2q_3\right)\right] - \tfrac{1}{2}\,\tfrac{k_4}{h}$$

---

[1] $q_4$ gibt etwa die dreifache Rundungsfehlererhöhung an.

Das Schema von Gl. (6.39) und (6.40) bietet es an, die auftretenden Konstanten in drei Vektoren zusammenzufassen

$$\mathbf{a} = \begin{bmatrix} \dfrac{1}{2} \\[2mm] 1 - \sqrt{\dfrac{1}{2}} \\[2mm] 1 + \sqrt{\dfrac{1}{2}} \\[2mm] \dfrac{1}{6} \end{bmatrix} \qquad \mathbf{b} = \begin{bmatrix} 2 \\[2mm] 1 \\[2mm] 1 \\[2mm] 2 \end{bmatrix} \qquad \mathbf{c} = \begin{bmatrix} \dfrac{1}{2} \\[2mm] 1 - \sqrt{\dfrac{1}{2}} \\[2mm] 1 + \sqrt{\dfrac{1}{2}} \\[2mm] \dfrac{1}{2} \end{bmatrix} \qquad (6.41)$$

Dann kann man das System (6.40) in der Form

$$q_j = q_{j-1} + 3a_j \left( \frac{k_j}{h} - b_j \, q_{j-1} \right) - c_j \, \frac{k_j}{h} \qquad j = 1, 2, 3, 4$$

schreiben.

Ein weiterer Wunsch geht dahin, ohne Mühe den Algorithmus auf Systeme übertragen zu können. Die Erfüllung dieses Wunsches wird kombiniert mit der automatischen Weiterführung der unabhängigen Veränderlichen x von $x_0$ über $x_0 + (h/2)$ zu $x_0 + h = x_1$. Dazu wird ein in Vektorform geschriebenes System von Dgl.

$$\mathbf{y}' = \mathbf{f}(x, \mathbf{y}) \qquad \mathbf{y}(0) = \mathbf{y}_0 \qquad (6.42)$$

um eine abhängige Veränderliche $y_0 = x$ mit $y_0' = 1$ erweitert. Das zu lösende System lautet dann

$$\begin{aligned} y_0' &= 1 & y_0(0) &= y_{00} = x_0 \\ y_1' &= f_1(y_0, y_1, \ldots, y_\ell) & y_1(0) &= y_{10} \\ &\;\vdots & \text{mit} \qquad &\;\vdots \\ y_\ell' &= f_\ell(y_0, y_1, \ldots, y_\ell) & y_\ell(0) &= y_{\ell 0} \end{aligned} \qquad (6.43)$$

Bei den Näherungswerten $u_{in}$ bedeutet der erste Index i die Nummer der anzunähernden Veränderlichen $y_i$, der zweite Index n den Wert der unabhängigen Veränderlichen: $u_{in} = u_i(x_0 + nh)$. Dabei ist $u_{0n} = x_0 + nh$. In einem System werden für jede der $(\ell + 1)$ Gleichungen eigene Vektoren v und q benötigt. Man definiert $2 \cdot 4 \cdot (\ell + 1)$ Zahlen $v_{ij}$ und $q_{ij}$ für $i = 0, \ldots, \ell$ und $j = 1, \ldots, 4$. Dann lautet der A l g o r i t h m u s   v o n   G i l l (Zu Beginn des Algorithmus (für n = 0) sind alle $q_{i0} := 0$ zu setzen.)

1. Die nachstehende Vorschrift Ziffer 2 bis 3 ist nacheinander für $j = 1, 2, 3, 4$ durchzuführen.

2. Aus den derzeitigen Werten $v_{ij}$ mit $v_{i1} := u_{in}$ berechnet man nach Gl. (6.43) $v_{ij}'$ für $i = 0, \ldots, \ell$.

3. Für jede der $(\ell + 1)$ Gleichungen wird nacheinander berechnet

a) eine Hilfsgröße $z = a_j (v_{ij}' - b_j \, q_{ij})$;

b) $v_{i,j+1} := v_{ij} + hz$;

c) $q_{i,j+1} := q_{ij} + 3z - c_j \, v_{ij}'$.

d) Sind noch nicht alle $(\ell + 1)$ Gleichungen abgearbeitet, gehe man zu Ziffer 3a zurück. Sonst ist zu prüfen, ob Ziffer 2 und 3 bereits viermal abgearbeitet wurden. Ist dies der Fall, so sind $u_{i,n+1} := v_{i4}$ die Näherungslösungen dieses Schrittes. Zu Beginn des nächsten Schrittes bei Ziffer 1 ist $v_{i1} := u_{i,n+1}$ und $q_{i0} := q_{i4}$.

**Schrittweitensteuerung** Schwierig ist die Frage, mit welcher Schrittweite h die Rechnung durchgeführt wird. Hierzu sollen einige Hinweise gegeben werden. Damit verbunden ist die Möglichkeit, nach einem Schritt den Verfahrensfehler teilweise zu kompensieren. Man habe in einem System aus dem Vektor $u_n$ den neuen Vektor $u_{n+1}$ mit der Schrittweite h gerechnet. Dann beginne man nochmals bei $x_n$ und führe zweimal mit der Schrittweite h/2 den Gill-Algorithmus durch. Hierbei werde $w_{n+1}$ erhalten. Dann gilt (vgl. [18] und [10])

$$u_{n+1_{verb}} = w_{n+1} + \frac{w_{n+1} - u_{n+1}}{15} \qquad (6.44)$$

Diese Gleichung entspricht der Verbesserung von Romberg (s. Abschn. 5.4.1) und dem Extrapolationsverfahren (s. Abschn. 6.4).

Zurmühl [18] hat weitere empirisch gefundene Kriterien angegeben, wann man die Schrittweite ändern solle. Es sei

$$\|w_{n+1}\| = \sqrt{\sum_{i=0}^{\ell} w_{i,n+1}^2} \quad \text{und} \quad \|\Delta u_{n+1}\| = \frac{1}{15} \sqrt{\sum_{i=0}^{\ell} (w_{i,n+1} - u_{i,n+1})^2}$$

Dann solle beim nächsten Schritt die Schrittweite verdoppelt werden, wenn

$$\|\Delta u_{n+1}\| < 0{,}15 \cdot \epsilon \cdot \|w_{n+1}\|$$

ist. Ist dagegen

$$\|\Delta u_{n+1}\| > 10 \cdot \epsilon \cdot \|w_{n+1}\|$$

so ist dieser Schritt von $x_n$ zu $x_n + h$ zu annulieren und bei $x_n$ nochmals mit der halben Schrittweite zu beginnen. Der S t e u e r u n g s f a k t o r $\epsilon$ hängt von der Stellenanzahl der Gleitpunktmantisse ab. Er soll etwa eine Ziffer der vorletzten Stelle, bezogen auf die Maximalmantisse, ausmachen.

Einen wichtigen Nachteil bringt jedoch diese Art der Schrittweitensteuerung. Die Abszissenwerte liegen an nicht vorhersehbaren Stellen; damit erhält man auch keinen Ausdruck an äquidistanten Stellen der unabhängigen Veränderlichen (s. hierzu Tafel 6.14).

**Beispiel 6.8** Man löse die Dgl. $y' = -y$, $y(0) = 1$ für $0 \leqslant x \leqslant 5$ nach Gill mit Schrittweitensteuerung. Die Startschrittweite sei h = 0,1. Weiter werde der Steuerungsfaktor $\epsilon = 10^{-5}$ gewählt.
Die Rechnung erfolgt mit sechsstelliger Mantisse. Es werden x, u, $q_4$ und die Korrekturgröße

$$F = \frac{w_{n+1} - u_{n+1}}{15}$$

in Gl. (6.44) ausgedrückt. Würde $\epsilon$ kleiner gewählt, so ergäben sich mehr Schritte. Tafel 6.14 zeigt das Ergebnis. Von h = 0,1 beginnend wächst die Schrittweite bis h = 1,6. Es ist $e^{-6,30000} = 1{,}836305 \cdot 10^{-3}$. Der Fehler der letzten Zeile beträgt also 1,2 %.

Tafel 6.14 Lösung der Dgl. $y' = -y$, $y(0) = 1$ nach Gill

| x | u | q | F |
|---|---|---|---|
| 0 | 1 | 0 | 0 |
| 0,100000 | 0,904837 | 0 | 0 |
| 0,300000 | 0,740818 | 0 | $-1{,}51 \cdot 10^{-7}$ |
| 0,700000 | 0,496584 | 0 | $-3{,}74 \cdot 10^{-6}$ |
| 1,10000 | 0,332870 | 0 | $-2{,}50 \cdot 10^{-6}$ |
| 1,50000 | 0,223129 | 0 | $-1{,}68 \cdot 10^{-6}$ |
| 2,30000 | 0,100248 | $7{,}45 \cdot 10^{-9}$ | $-3{,}42 \cdot 10^{-5}$ |
| 3,10000 | 0,0450397 | $3{,}73 \cdot 10^{-9}$ | $-1{,}45 \cdot 10^{-5}$ |
| 3,90000 | 0,0202356 | $1{,}86 \cdot 10^{-9}$ | $-6{,}90 \cdot 10^{-6}$ |
| 4,70000 | 0,00909149 | $9{,}31 \cdot 10^{-10}$ | $-3{,}10 \cdot 10^{-6}$ |
| 6,30000 | 0,00181502 | $1{,}63 \cdot 10^{-9}$ | $-4{,}02 \cdot 10^{-5}$ |

### 6.3 Mehrschrittverfahren

In Abschn. 6.1 wurde die Aufgabe gestellt, aus der Anfangswertaufgabe

$$y' = f(x, y) \qquad y(x_0) = y_0$$

und der gleichwertigen Schreibweise Gl. (6.15)

$$y_1 = y_0 + \int_{x_0}^{x_1} f(x, y(x))dx = y_0 + R(x_0, h) \tag{6.45}$$

eine Näherung zu suchen, die in möglichst vielen Potenzen von h mit der Taylor-Entwicklung Gl. (6.16)

$$y_1 = y_0 + hy_0' + \frac{h^2}{2} y_0'' + \ldots$$

übereinstimmt. Als ein möglicher Ansatz wurde Gl. (6.20)

$$u_1 = y_0 + \sum_{i=0}^{m} (a_i y_{-i} + b_i hy_{-i}') + b_{-1}hu_1'$$

$$= y_0 + \sum_{i=0}^{m} (a_i y_{-i} + b_i hf_{-i}) + b_{-1}hf_1 \tag{6.46}$$

genannt. Da bei diesem Ansatz Funktionswerte an $(m + 1)$ Stellen benötigt werden, wurden die diesem Ansatz entsprechenden Verfahren M e h r s c h r i t t v e r f a h r e n  genannt. Viele der Mehrschrittverfahren ergeben sich dadurch, daß in Gl. (6.45) eine Formel zur numerischen Integration, entstanden aus einer Interpolationsformel (s. Abschn. 5.2.2 und 5.4.1), angewandt wird. Ein Verfahren findet man in der Mittelpunktregel in Abschn. 6.3.1.

Im Gegensatz zu den Einschrittverfahren (s. Abschn. 6.2) treten Funktionswerte nur an den ä q u i - d i s t a n t e n  A b s z i s s e n  $x_n = x_0 + nh$ auf. Die Funktion $f(x, y)$ kann also

1. nur für $x_n$ definiert sein $(n \in \mathbf{N})$,

2. nur für $x_n$ berechenbar sein,

3. allgemein berechenbar sein.

Eine S c h r i t t w e i t e n ä n d e r u n g  (s. Abschn. 6.3.4) ist nur im Fall 3 möglich. Die Schrittweite h wird aber zunächst als konstant angesehen.

Sobald A u s s a g e n  ü b e r  V e r f a h r e n s f e h l e r  gemacht werden sollen, ist die Existenz von Ableitungen der Funktion $f(x, y)$ im gesamten Integrationsintervall erforderlich. Auch dies ist nur im Fall 3 möglich.

Wie beim Einschrittverfahren können die Methoden von einer Gleichung auf ein S y s t e m  übertragen werden.

Der entscheidende Nachteil aller Mehrschrittverfahren besteht darin, daß über die Daten der Anfangswertaufgabe hinaus weitere m Funktionswerte benötigt werden. Die Bestimmung dieser Startwerte nennt man A n l a u f r e c h n u n g. Diese kann durch ein Einschrittverfahren (so in Abschn. 6.3.1) oder durch ein gesondertes, meist iterativ anzuwendendes Formelsystem (s. Abschn. 6.3.3) erfolgen.

Ist in Gl. (6.46) der Koeffizient $b_{-1} = 0$, so nennt man ein solches Verfahren I n t e r p o l a t i o n s - v e r f a h r e n  oder  V o r w ä r t s i n t e g r a t i o n. In Abschn. 6.3.1 wird ein solches Verfahren entwickelt.

Ist jedoch in Gl. (6.46) der Koeffizient $b_{-1} \neq 0$, so tritt die zu bestimmende Zahl $u_{n+1}$ auch auf der rechten Seite auf. Im allgemeinen ist die Gleichung nicht nach $u_{n+1}$ auflösbar. Sie ist dann meist nur iterativ (s. Abschn. 2.1.2) zu lösen. Man spricht dann von i t e r a t i v e r  I n t e - g r a t i o n  oder  E x t r a p o l a t i o n. Hier soll einem möglichen Mißverständnis vorgebeugt werden. Für das in Abschn. 6.4 geschilderte Verfahren setzt sich die Bezeichnung Extrapolationsverfahren immer mehr durch, daher sollte sie beim Mehrschrittverfahren vermieden werden.

Besonders wirkungsvoll erweist sich die Kombination beider Möglichkeiten:

1. Mit der Vorwärtsintegration wird ein neuer Wert $u_{n+1}$ bestimmt. Diesen Formelteil nennt man P r ä d i k t o r.

2. Dieser wird sodann durch iterative Integration verbessert. Man spricht vom  K o r r e k t o r.

3. Manchmal wird noch zusätzlich als Korrektur eine Schätzung des Verfahrensfehlers berücksichtigt.

Das Verfahren von Hamming (s. Abschn. 6.3.2) enthält alle diese Anteile.

**Stabilität**  Zum Schluß dieser Einführung wird noch ein Hinweis zur Stabilität der Verfahren gegeben. Es muß zunächst vorausgesetzt werden, daß das Problem stabil ist (s. Abschn. 1.4). Zur Untersuchung der Stabilität des Verfahrens setzt man in Gl. (6.46) für die Schrittweite $h = 0$ und unterstellt, daß die gewonnenen Aussagen auch noch für kleine $h > 0$ gelten. Aus Gl. (6.46) entsteht eine D i f f e r e n z e n g l e i c h u n g

$$u_{n+1} = u_n + \sum_{i=0}^{m} a_i u_{n-i}$$

Mit dem für Differenzengleichungen üblichen Lösungsansatz $u_n = s^n$ erhält man deren charakteristische Gleichung

$$s^{n+1} = s^n + \sum_{i=0}^{m} a_i s^{n-i} \tag{6.47}$$

Hat diese Gleichung eine Wurzel $s_1 = 1$ und gilt für alle anderen Wurzeln $|s_i| < 1$, so ist das Verfahren stabil, d.h., Rundungsfehler eines Schrittes werden bei den nächsten Schritten verkleinert, vgl. [14] und [10].

### 6.3.1 Mittelpunktregel

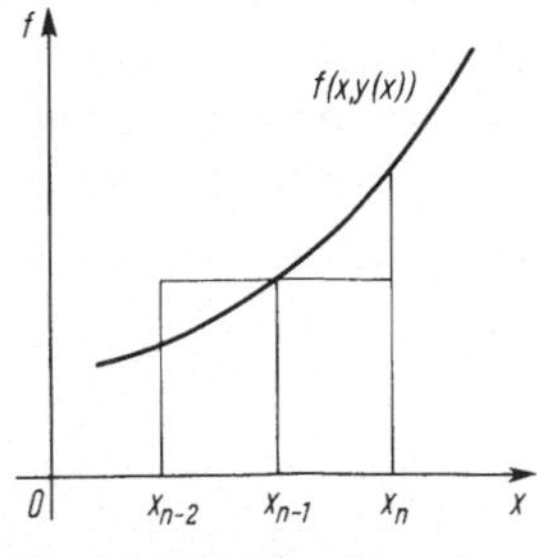


Bild 6.15 Mittelpunktregel

Es wird das Mehrschrittverfahren

$$u_{n+1} = u_{n-1} + 2h\, f(x_n, u_n) \qquad n = 1, 2, \ldots \tag{6.48a}$$

mit der Anlaufrechnung (Euler) Gl. (6.23)

$$u_1 = y_0 + hf(x_0, y_0) \tag{6.48b}$$

behandelt. Gl. (6.48a) gibt ein Beispiel, wie Gl. (6.15) durch numerische Integration angenähert wird. Denn es gilt

$$y_2 = y_0 + \int_{x_0}^{x_2} f(x, y(x))dx \approx y_0 + (x_2 - x_0) f(x_1, y_1)$$

wenn man entsprechend Bild 6.15 die Fläche durch ein Rechteck annähert. Die Höhe dieses Rechtecks ist dabei die Ordinate in der Mitte, daher stammt die Bezeichnung Mittelpunktregel. Die Mittelpunktregel ist ein Beispiel für Vorwärtsintegration, die Anlaufrechnung erfolgt durch ein Einschrittverfahren (Euler). Das Verfahren ist nicht stabil, denn aus Gl. (6.47) folgt $s = \pm 1$ als Lösung der Gleichung $s^{n+1} = s^{n-1}$. Diese Instabilität erkennt man in Beispiel 6.9 recht deutlich. Dennoch wird dieses Verfahren in Abschn. 6.4 von Nutzen sein.

Um den Fehler der Mittelpunktregel zu ermitteln, vergleicht man die Taylor-Entwicklung

$$y_2 = y_0 + 2h f_0 + 2h^2 f_0' + \frac{4}{3} h^3 f_0'' + \ldots$$

mit Gl. (6.48a). Es ist

$$u_2 = y_0 + 2h f_1 = y_0 + 2h\left(f_0 + hf_0' + \frac{h^2}{2} f_0'' + \ldots\right)$$

$$= y_0 + 2h f_0 + 2h^2 f_0' + h^3 f_0'' + \ldots$$

also $\quad y_2 - u_2 = \dfrac{h^3}{3} f_0'' + \ldots = O(h^3)$ $\hfill (6.49)$

Die Mittelpunktregel ist also ein Verfahren 2. Ordnung.

<table>
<tr><td colspan="4">Tafel 6.16 Lösung der Dgl. $y' = -y$; $y(0) = 1$<br>durch die Mittelpunktregel</td></tr>
<tr><td>x</td><td>$u_M$</td><td>$y = e^{-x}$</td><td>F in %</td></tr>
<tr><td>0</td><td>1</td><td>1</td><td>0</td></tr>
<tr><td>0,1</td><td>0,9</td><td>0,904837</td><td>−0,5</td></tr>
<tr><td>0,2</td><td>0,82</td><td>0,818731</td><td>+0,2</td></tr>
<tr><td>0,3</td><td>0,736</td><td>0,740818</td><td>−0,7</td></tr>
<tr><td>0,4</td><td>0,6728</td><td>0,670320</td><td>+0,4</td></tr>
<tr><td>0,5</td><td>0,60144</td><td>0,606531</td><td>−0,8</td></tr>
<tr><td>0,6</td><td>0,552512</td><td>0,548812</td><td>+0,7</td></tr>
<tr><td>0,7</td><td>0,490938</td><td>0,496585</td><td>−1,1</td></tr>
<tr><td>0,8</td><td>0,454324</td><td>0,449329</td><td>+1,1</td></tr>
<tr><td>0,9</td><td>0,400727</td><td>0,406570</td><td>−1,6</td></tr>
<tr><td>1,0</td><td>0,374310</td><td>0,367879</td><td>+1,7</td></tr>
</table>

**Beispiel 6.9** Man löse die Dgl. $y' = -y$; $y(0) = 1$ für $0 \leqslant x \leqslant 1$ bei $h = 0{,}1$ durch die Mittelpunktregel.

Es ist

$y_0 = y(0) = 1$

$u_1 = y_0 - hy_0 = 0{,}9$ $\qquad$ (Euler)

$u_2 = y_0 - 2hu_1 = 0{,}82$ $\qquad$ (Gl. (6.48a))

Die weitere Rechnung zeigt Tafel 6.16.

### 6.3.2 Der Ansatz von Hamming

Das im folgenden geschilderte Mehrschrittverfahren von Hamming eignet sich besonders gut für umfangreiche Rechnungen auf Rechenanlagen. Auf die Herleitung der Verfahrensfehler entsprechend Gl. (4.49) sowie auf die Begründung, weshalb gerade diese Näherungen gewählt wurden, muß des Umfangs wegen verzichtet werden. Auf die Frage der Stabilität wird später noch eingegangen.

Die Rechnung für einen Schritt von $x_n$ nach $x_{n+1}$ verläuft in folgenden Abschnitten:

1. **P r ä d i k t o r**. Durch eine Vorwärtsintegration wird eine erste Näherung $v_{n+1}$ für $u_{n+1}$ bestimmt

$$v_{n+1} = u_{n-3} + \frac{4}{3} h(2f_n - f_{n-1} + 2f_{n-2})$$

2. Die vorstehende Gleichung enthält entsprechend Gl. (6.49) einen Verfahrensfehler

$$y_{n+1} - v_{n+1} = R_1 = \frac{14}{45} h^5 y^{(5)} (\xi_1) \hfill (6.50)$$

wobei $\xi_1 \in [x_{n-3}; x_{n+1}]$ gilt. Durch Berücksichtigung dieses Fehlers ergibt sich eine bessere Annäherung an $u_{n+1}$, die $w_{n+1}$ genannt wird. Die Berechnungsvorschrift für $w_{n+1}$ findet man weiter unten.

3. Zu $w_{n+1}$ wird die Ableitung

$$w'_{n+1} = f(x_{n+1}, w_{n+1})$$

berechnet.

4. K o r r e k t o r. Durch iterative Integration erhält man aus $w_{n+1}$ eine weitere Verbesserung $z_{n+1}$. Es ergibt sich sogar, daß auf Grund der anderen hier vorgenommenen Korrekturen diese Iteration nur einmal zu erfolgen braucht

$$z_{n+1} = \frac{1}{8} [9u_n - u_{n-2} + 3h(w'_{n+1} + 2f_n - f_{n-1})]$$

Diese Iteration ist stabil, denn hierzu gehört die charakteristische Gleichung

$$s^3 - \frac{9}{8} s^2 + \frac{1}{8} = 0$$

mit den Wurzeln $s_1 = 1$, $s_2 = 0{,}4215$ und $s_3 = -0{,}2965$.

5. Diese Iterationsformel enthält einen Verfahrensfehler

$$y_{n+1} - z_{n+1} = R_2 = -\frac{1}{40} h^5 y^{(5)} (\xi_2) \tag{6.51}$$

wobei $\xi_2 \in [x_{n-3}; x_{n+1}]$ gilt.

Unter Berücksichtigung dieses Fehlers ergibt sich (s.u.) schließlich $u_{n+1}$.

Aus Gl. (6.50) und (6.51) folgt

$$z_{n+1} - v_{n+1} = (y_{n+1} - v_{n+1}) - (y_{n+1} - z_{n+1}) = R_1 - R_2$$

$$= \left(\frac{14}{45} + \frac{1}{40}\right) h^5 y^{(5)} (\xi_3) \quad \text{mit } \xi_3 \in [x_{n-3}; x_{n+1}]$$

Damit wird, falls sich $y^{(5)}$ in $[x_{n-3}; x_{n+1}]$ wenig ändert

$$z_{n+1} - v_{n+1} = \frac{121}{360} h^5 y^{(5)} (\xi_3) = \frac{121}{112} R_1 = -\frac{121}{9} R_2$$

Hieraus folgt

$$R_1 = \frac{112}{121} (z_{n+1} - v_{n+1}) \qquad R_2 = -\frac{9}{121} (z_{n+1} - v_{n+1})$$

Bei der ersten Korrektur in Ziffer 2 ist jedoch $z_{n+1}$ noch nicht bekannt. Daher muß

$$R_1 \approx \frac{112}{121} (z_n - v_n)$$

gesetzt werden. Dies ist zulässig, wenn sich $y^{(5)}$ in $[x_{n-4}; x_{n+1}]$ kaum ändert. Zur Kompensation der Verfahrensfehler in Ziffer 2 und 5 erfolgen diese Korrekturen mit entgegengesetzten Vorzeichen von $R_1$ und $R_2$.

Nach diesen Überlegungen erhält man den A n s a t z   v o n   H a m m i n g

$$\text{Prädiktor} \qquad v_{n+1} = u_{n-3} + \frac{4}{3} \, h \, (2f_n - f_{n-1} + 2f_{n-2})$$

$$\text{Modifikator} \quad w_{n+1} = v_{n+1} - \frac{112}{121} \, (z_n - v_n)$$

$$\text{Ableitung} \qquad w'_{n+1} = f(x_{n+1}, w_{n+1})$$

$$\text{Korrektor} \qquad z_{n+1} = \frac{1}{8} \, [9u_n - u_{n-2} + 3h(w'_{n+1} + 2f_n - f_{n-1})]$$

$$\text{Endwert} \qquad u_{n+1} = z_{n+1} + \frac{9}{121} \, (z_{n+1} - v_{n+1})$$

$$u'_{n+1} = f(x_{n+1}, u_{n+1})$$

(6.52)

Offen ist bei den vorstehenden Überlegungen noch die Anlaufrechnung. Diese wird im nächsten Abschnitt besprochen. Es wird dabei iterativ erreicht, daß die Werte der Anlaufrechnung in der gewünschten Stellenzahl genau sind. Daher ist beim ersten Benutzen des Ansatzes von Hamming im Modifikator $z_n - v_n = 0$ zu setzen. Hervorzuheben ist, daß in einem Durchlauf nur zweimal f zu berechnen ist. Die Berechnung von f erfordert i. allg. den größten Aufwand, vgl. [10].

### 6.3.3 Anlaufrechnung

Der Ansatz von Hamming setzt voraus, daß außer dem Anfangswert $y_0$ noch drei weitere Werte $u_1, u_2$ und $u_3$ bekannt sind. Aus diesen Werten ist dann

$$f_1 = f(x_1, u_1) \qquad f_2 = f(x_2, u_2) \qquad f_3 = f(x_3, u_3)$$

für die Hamming-Rechnung zu bestimmen. Um diese drei Werte $u_1, u_2$ und $u_3$ zu ermitteln, wird folgende iterative Anlaufrechnung vorgeschlagen:

1. Startwerte

$$u_{11} = u_{21} = u_{31} = y_0$$

2. Ableitungen der Startwerte

$$f_{j1} = f(x_j, y_0) \qquad j = 1, 2, 3$$

3. Iteration

$$u_{1,i+1} = y_0 + \frac{h}{24} \, (9f_0 + 19f_{1i} - 5f_{2i} + f_{3i})$$

$$u_{2,i+1} = y_0 + \frac{h}{3} \, (f_0 + 4f_{1i} + f_{2i}) \qquad\qquad i = 1, 2, \ldots$$

$$u_{3,i+1} = y_0 + \frac{3}{8} \, h \, (f_0 + 3f_{1i} + 3f_{2i} + f_{3i})$$

4. Ableitungen

$$f_{j,i+1} = f(x_j, u_{j,i+1}) \qquad j = 1, 2, 3; \; i = 1, 2, \ldots$$

5. a) Ist für ein vorgegebenes $\epsilon_1 > 0$ gleichzeitig

$$|u_{j,i+1} - u_{j,i}| \leqslant \epsilon_1 \cdot |u_{j,i+1}| \qquad \text{für } j = 1, 2, 3$$

(6.53)

so wird $u_{j,i+1} = u_j$    $f_{j,i+1} = f_j$    $j = 1, 2, 3$

und der Ansatz von Hamming kann begonnen werden.

b) Ist die Bedingung (6.53) nicht für alle drei j erfüllt, so erfolgt ein weiterer Iterationsschritt bei Ziffer 3.

Der Vergleich der Taylor-Entwicklungen zeigt, daß alle drei Iterationsgleichungen in Ziffer 3 nur einen Fehler von $O(h^5)$ haben. Eine weitere Begründung, weshalb diese Gleichungen gewählt werden, ist hier nicht möglich. Im allgemeinen benötigt man 5 bis 10 Iterationen.

### 6.3.4 Schrittweitenänderung

Wie beim Einschrittverfahren erkennt man auch hier aus der Aufgabenstellung nicht, welche Schrittweite h zweckmäßig zu wählen ist. Während beim Einschrittverfahren das Korrekturglied in Gl. (6.44) als Maß für eine Schrittweitenänderung dient, wählt man hier den Korrekturfaktor $R_n = z_n - v_n$ des Systems (6.52) zu diesem Zwecke. Eine Erweiterung der nachstehenden Überlegungen auf ein Dgl.-System entsprechend S. 240 ist möglich. Hier soll darauf verzichtet werden.

Empirische Ergebnisse legen nahe, daß die Schrittweite für

$$|R_n| < \epsilon_2 |u_n| \qquad \text{verdoppelt}$$

$$|R_n| > \epsilon_3 |u_n| \qquad \text{halbiert}$$

wird. Dabei kann $\epsilon_2$ etwa eine Einheit der drittletzten, $\epsilon_3$ eine Einheit der fünftletzten Gleitpunkt-Mantissenstelle ausmachen.

**Gleiche Schrittweite** Ist der Ansatz von Hamming einmal durchlaufen und ist keine Schrittweitenänderung erforderlich, so setzt man (s. Bild 6.17a)

$$x_i := x_{i+1}$$
$$u_i := u_{i+1} \qquad \text{für } i = n - 3, \ldots, n$$
$$f_i := f_{i+1}$$

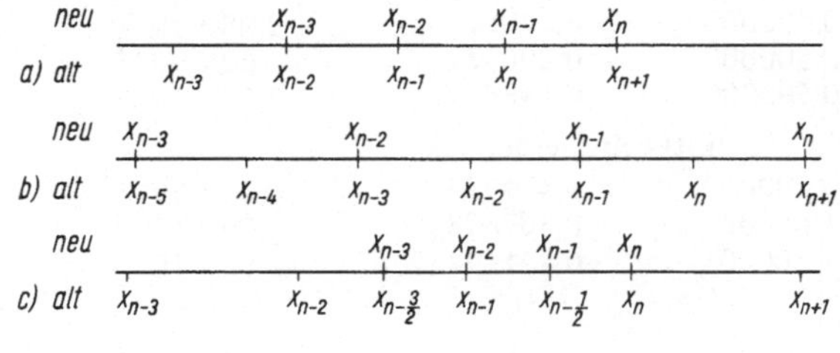

Bild 6.17 Schrittweitenänderung

**Schrittweitenverdoppelung** Für eine Schrittweitenverdoppelung (s. Bild 6.17b) sind noch alte Werte bis zu $x_{n-5}$ aufzubewahren. Weiter muß im Programm sichergestellt sein, daß die nächste Verdoppelung frühestens nach drei weiteren Schritten erfolgt. Auch am Anfang darf frühestens nach drei Schritten die erste Verdoppelung erfolgen. Es wird dabei gesetzt

$$x_n := x_{n+1} \qquad x_{n-1} := x_{n-1}$$
$$x_{n-2} := x_{n-3} \qquad x_{n-3} := x_{n-5}$$

und entsprechend $u_i$ und $f_i$.

**Schrittweitenhalbierung** Eine Schrittweitenhalbierung ist grundsätzlich nur möglich, wenn die Funktion f an Zwischenstellen berechnet werden kann. Hierbei wird der zuletzt berechnete Wert $u_{n+1}$ annulliert und zu $x_n$ zurückgegangen (s. Bild 6.17c). Nach einer Schrittweitenhalbierung darf frühestens nach 3 Schritten die Schrittweite wieder verdoppelt werden. Bei Halbierung sind

Funktionswerte an zwei Zwischenstellen erforderlich. Diese erhält man durch Interpolation (alte Zählung und alte Schrittweite in Bild 6.17c)

$$u_{n-\frac{1}{2}} = \frac{1}{256}(80u_n + 135u_{n-1} + 40u_{n-2} + u_{n-3}) +$$

$$+ \frac{h}{256}(-15f_n + 90f_{n-1} + 15f_{n-2})$$

$$u_{n-\frac{3}{2}} = \frac{1}{256}(12u_n + 135u_{n-1} + 108u_{n-2} + u_{n-3}) +$$

$$+ \frac{h}{256}(-3f_n - 54f_{n-1} + 27f_{n-2})$$

In diesen Gleichungen ist der Fehler nur $O(h^7)$, vgl. [10].

**Beispiel 6.10** Man löse die Dgl. $y' = -y$; $y(0) = 1$ für $0 \leqslant x \leqslant 5$ mit der Anfangsschrittweite $h = 0,1$ nach Hamming.

Die Anlaufrechnung erfordert 7 Iterationen. Tafel 6.18 zeigt auszugsweise die Lösung. Es ist $e^{-5,20000} = 5,516564 \cdot 10^{-3}$. Der Fehler beträgt $6 \cdot 10^{-3}$ %, also erheblich weniger als beim Gill-Verfahren in Beispiel 6.8. In anderen Beispielen ist jedoch das Gill-Verfahren genauer.

Tafel 6.18
Lösung der Dgl. $y' = -y$; $y(0) = 0,1$ nach Hamming

| x | $u_H$ | $z - v$ |
|---|---|---|
| 0 | 1 | |
| 0,100000 | 0,904837 | |
| 0,200000 | 0,818731 | |
| 0,300000 | 0,740818 | |
| 0,400000 | 0,670320 | $2,98 \cdot 10^{-6}$ |
| 0,500000 | 0,606531 | $2,62 \cdot 10^{-6}$ |
| 0,600000 | 0,548812 | $2,50 \cdot 10^{-6}$ |
| | Schrittweite verdoppelt | |
| 0,800000 | 0,449325 | $7,68 \cdot 10^{-5}$ |
| 1,00000 | 0,367878 | $6,39 \cdot 10^{-5}$ |
| 1,20000 | 0,301194 | $4,89 \cdot 10^{-5}$ |
| $\vdots$ | | |
| 4,80000 | $8,23022 \cdot 10^{-3}$ | $1,15 \cdot 10^{-6}$ |
| 5,00000 | $6,73836 \cdot 10^{-3}$ | $9,46 \cdot 10^{-7}$ |
| 5,20000 | $5,51682 \cdot 10^{-3}$ | $7,77 \cdot 10^{-7}$ |

## 6.4 Extrapolationsverfahren

Beim Extrapolationsverfahren, auch nach Richardson oder nach Stoer-Bulirsch [14] genannt, wird für die Anfangswertaufgabe

$$y' = f(x, y) \qquad y(0) = y_0$$

eine Näherung $u(\bar{x}) = u(x_0 + H)$ für $y(\bar{x})$ gesucht. Hierbei ist $\bar{x} = x_0 + H$ häufig die Abszisse des

Intervallendes, in dem die Lösung der Dgl. interessiert. Ist das Intervall recht groß, so teilt man es in Abschnitte der Länge H ein. Über die zweckmäßige Wahl von H, falls H nicht die Gesamtintervallänge ist, liegen noch wenige Erfahrungen vor [14]. Es kann hier darauf nicht eingegangen werden.

Es sei $h = H/n$ mit $n \in \mathbf{N}$. Auf der Grundlage dieser Intervallunterteilung wird nun eine Funktion $S(\bar{x}, h)$ als Näherung für $y(\bar{x})$ bestimmt, für die

$$S(\bar{x}, h) = y(\bar{x}) + e_1(\bar{x})h^2 + e_2(\bar{x})h^4 + \ldots \tag{6.54}$$

gilt. Dabei seien die Funktionen $e_i(\bar{x})$ von h unabhängig. Ehe auf die Berechnung einer solchen Funktion S eingegangen wird, soll gezeigt werden, was aus Gl. (6.54) gefolgert werden kann. Wählt man die halbe Schrittweite $h/2$, so entsteht aus Gl. (6.54)

$$S\!\left(\bar{x}, \frac{h}{2}\right) = y(\bar{x}) + e_1(\bar{x})\left(\frac{h}{2}\right)^2 + e_2(\bar{x})\left(\frac{h}{2}\right)^4 + \ldots \tag{6.55}$$

Durch Kombination von Gl. (6.54) und (6.55) ergibt sich

$$\frac{4\,S\!\left(\bar{x}, \dfrac{h}{2}\right) - S(\bar{x}, h)}{3} = y(\bar{x}) - e_2(\bar{x})\,\frac{h^4}{4} + \ldots$$

Entsprechend erhält man

$$\frac{4\,S\!\left(\bar{x}, \dfrac{h}{4}\right) - S\!\left(\bar{x}, \dfrac{h}{2}\right)}{3} = y(\bar{x}) - e_2(\bar{x})\,\frac{h^4}{64} + \ldots$$

Man nennt

$$T_{i0} = S\!\left(\bar{x}, \frac{h}{2^i}\right) \qquad (i = 1, 2, \ldots, N = \mathrm{lb}\ n)$$

$$T_{i1} = \frac{4\,S\!\left(\bar{x}, \dfrac{h}{2^i}\right) - S\!\left(\bar{x}, \dfrac{h}{2^{i-1}}\right)}{3} = \frac{4\,T_{i0} - T_{i-1,0}}{3} \qquad (i = 2, \ldots, N) \tag{6.56}$$

$$T_{i2} = \frac{16\,T_{i1} - T_{i-1,1}}{15} \qquad (i = 3, \ldots, N)$$

$$\vdots$$

$$T_{ik} = \frac{4^k\,T_{i,k-1} - T_{i-1,k-1}}{4^k - 1} \qquad (i = k + 1, \ldots, N)$$

Die Terme $T_{ik}$ sind also Kombinationen der Funktion $S(\bar{x}, h)$ für verschiedene Werte des zweiten Argumentes derart, daß die Näherung von $y(\bar{x})$ dadurch verbessert wird: Der Term $T_{ik}$ genügt einer Gleichung der Form

$$T_{ik} = y(\bar{x}) + c_i(\bar{x})h^{2k+2} + c_{i+1}(\bar{x})h^{2k+4} + \ldots$$

Dies bestätigt man durch jeweiliges Kombinieren der zwei Terme $T_{i,k-1}$ und $T_{i-1,k-1}$.

Bei den vorstehenden Kombinationen der Funktionen $S(\bar{x}, h_i)$ mit $h_i = H/n_i$ werden die natürlichen Zahlen $n_i = 2^i$ gewählt. Diese Wahl der $h_i$ macht die Rechnung besonders übersichtlich. Auf Nachteile dieser Wahl wird später hingewiesen.

Eine geeignete Funktion $S(\bar{x}, h_i)$ hat Gragg [14] angegeben:

Mit der Mittelpunktregel (s. Abschn. 6.3.1) bilde man

$$
\begin{aligned}
u_0 &= y_0 \\
u_1 &= y_0 + h_i f_0 \\
u_{j+1} &= u_{j-1} + 2h_i f(x_0 + jh_i, u_j) \qquad (j = 1, \ldots, n_i - 1)
\end{aligned}
\tag{6.57}
$$

Dann hat die Funktion

$$
S(\bar{x}, h_i) = \frac{1}{2} \left[ u_{n_i} + u_{n_i - 1} + h_i f(\bar{x}, u_{n_i}) \right]
\tag{6.58}
$$

die in Gl. (6.54) geforderte Eigenschaft. Auf den Beweis muß hier verzichtet werden. Bei Anwendung des Systems (6.56) entsteht ein Dreieck-Rechenschema (s. Beispiel 6.11). In diesem Schema konvergiert jede Spalte und jede Schrägspalte (von links oben nach rechts unten) gegen $y(\bar{x})$. Aus der Übereinstimmung hinreichend vieler Stellen erkennt man, wann das Verfahren abzubrechen ist. Um keine überflüssigen Rechnungen durchzuführen, wird jeweils eine Schrägspalte (von links unten nach rechts oben) gerechnet, damit $n = 2^N$ möglichst klein bleibt.

**Beispiel 6.11**  Man bestimme $u(1)$ für die Lösung der Dgl.

$$
y' = -y \qquad y(0) = 1
$$

mit dem Extrapolationsverfahren.

Die exakte Lösung ist $y(1) = e^{-1} = 0{,}3678794411$. Aus Gl. (6.57) folgt für $i = 1, 2, \ldots$, mit $h_i = H/2^i = 2^{-i}$

$$
\begin{aligned}
u_0 &= 1 \\
u_1 &= u_0 + h_i f_0 = u_0 - h_i u_0 = 1 - 2^{-i} \\
u_2 &= u_0 + 2h_i f_1 = u_0 - 2 \cdot 2^{-i} \cdot u_1 = 1 - 2^{-i+1} u_1 \\
&\ \ \vdots \\
u_j &= u_{j-2} - 2^{-i+1} \cdot u_{j-1} \\
&\ \ \vdots \\
u_{2i} &= u_{2i-2} - 2^{-i+1} \cdot u_{2i-1}
\end{aligned}
$$

Daraus erhält man mit Gl. (6.58)

$$
S(1, 2^{-i}) = \frac{1}{2} \left[ (1 - 2^{-i}) u_{2i} + u_{2i-1} \right]
$$

Für $i = 1$, also für $h_1 = 1/2$ ergibt sich

$$
y_0 = 1 \qquad u_1 = \frac{1}{2} \qquad u_2 = \frac{1}{2} \qquad T_{10} = S\left(1, \frac{1}{2}\right) = \frac{3}{8}
$$

Für $i = 2$, also $h_2 = 1/4$ folgt

$$
y_0 = 1 \qquad u_1 = \frac{3}{4} \qquad u_2 = \frac{5}{8} \qquad u_3 = \frac{7}{16} \qquad u_4 = \frac{13}{32} \qquad T_{20} = S\left(1, \frac{1}{4}\right) = \frac{95}{256}
$$

Die weitere Rechnung ist in Tafel 6.19 zusammengestellt. In der letzten Stelle wirken sich numerische Fehler (Auslöschung) aus. Man liest $u(1) = 0{,}367879441$ ab.

Tafel 6.19  Extrapolationsverfahren

| $h_i$ | $S(1, h_i) = T_{i0}$ | $T_{i1}$ | $T_{i2}$ | $T_{i3}$ | $T_{i4}$ |
|---|---|---|---|---|---|
| $\frac{1}{2}$ | 0,375 | | | | |
| | | 0,3697916661 | | | |
| $\frac{1}{4}$ | 0,3710937500 | | 0,3679138183 | | |
| | | 0,3680311838 | | 0,3678795781 | |
| $\frac{1}{8}$ | 0,3687968254 | | 0,3678801132 | | 0,3678794411 |
| | | 0,3678895552 | | 0,3678794417 | |
| $\frac{1}{16}$ | 0,3681163728 | | 0,3678794522 | | 0,3678794409 |
| | | 0,3678800837 | | 0,3678794410 | |
| $\frac{1}{32}$ | 0,3679391560 | | 0,3678794412 | | |
| | | 0,3678794814 | | | |
| $\frac{1}{64}$ | 0,3678944001 | | | | |

## 6.5 Zusammenfassung

In Abschn. 6 werden in den Methoden von Gill, Hamming und Stoer drei für Rechenanlagen gut geeignete Verfahren dargestellt. Das in Abschn. 6.4 beschriebene Verfahren von Stoer kann man in seiner Effektivität noch verbessern, wenn man für n statt der Folge

$$2, 4, 8, 16, 32, 64, 128, 256, \ldots$$

etwa die Folge

$$2, 4, 6, 8, 12, 16, 20, 24, \ldots$$

wählt. Zwar werden die Konstanten in Gl. (6.56) komplizierter, man benötigt dann jedoch für die gleiche Fehlerordnung $O(h^{2k})$ die Berechnung von wesentlich wenigerer Funktionswerten in Gl. (6.57). Für 2k = 16 z.B. werden statt 510 nur 92 Werte benötigt. Hierzu sei auf [14] verwiesen.

Beim Einschritt- und beim Extrapolationsverfahren ist die Schrittweite bei jedem Schritt leicht zu ändern, während beim Mehrschrittverfahren dazu in der Regel zusätzliche Funktionswerte erforderlich sind. Beim Einschrittverfahren 4. Ordnung (z.B. Gill) sind je Schritt viermal die Funktionswerte f zu rechnen, beim Mehrschrittverfahren (Hamming) benötigt man bei gleicher Ordnung nur zwei Berechnungen von f. Diese natürlichen Vorteile des Mehrschrittverfahrens gehen bei häufiger Schrittweitenänderung rasch verloren. Extrapolationsverfahren haben keine feste Ordnung. Bei jedem Schritt H kann dem Bedarf entsprechend eine andere Ordnung gewählt werden. Da der Aufbau des Extrapolationsverfahrens komplizierter ist, wirken sich diese Vorteile bei einfachen Differentialgleichungen noch nicht deutlich aus. Besonders Stoer betont die Überlegenheit des Extrapolationsverfahrens (s. Beispiel in [14]).

### 6.6 Aufgaben zu Abschnitt 6

**1.** Man löse die Dgl. $y' = x + y$ mit $y(0) = 0$ nach Euler im Intervall $0 \leqslant x \leqslant 1$ für die Schrittweite $h = 0,2$ und $h = 0,1$.

**2.** Man löse das Dgl.-System (6.11) nach Adams-Bashfort für $0 \leqslant x \leqslant 2$ und $h = 0,2$. Die Startwerte $y_0$, $y_1$ und $y_2$ sind Tafel 6.3 zu entnehmen.

**3.** Man löse folgende Dgl. nach Runge-Kutta
a) $y' = -4xy$; $y(0) = 1$; $0 \leqslant x \leqslant 2$; $h = 0,1$ und $h = 0,2$
b) $y' = x + y$; $y(0) = 0$; $0 \leqslant x \leqslant 2$; $h = 0,1$ und $h = 0,2$
c) $y'' + y' - 2y = 0$; $y(0) = 1$; $y'(0) = -2$; $0 \leqslant x \leqslant 1$; $h = 0,2$.

**4.** Man rechne den Algorithmus von Gill S. 240 für $\ell = 1$ nach und bestätige damit die Übereinstimmung mit Gl. (6.38).

**5.** Die Schwingungen eines physikalischen Pendels unter Berücksichtigung einer Lagerreibung werden durch

$$J \frac{d^2\varphi}{dt^2} + mg\ell \sin \varphi + c \cdot \operatorname{sgn} \dot{\varphi} \cdot |\varphi| = 0 \qquad ^{1)}$$

annähernd beschrieben. Durch die Transformation $x = \sqrt{\dfrac{mg\ell}{J}} \cdot t$ ist die Form

$$\frac{d^2\varphi}{dx^2} + \sin \varphi + C \cdot \operatorname{sgn} \varphi' \cdot |\varphi| = 0$$

zu erhalten. Die Anfangsbedingung lautet

$$\varphi(0) = \varphi_0 = 1 \qquad \varphi'(0) = 0$$

Diese Dgl. soll nach Gill für $C = 0$, $C = 0,1$ und $C = 0,5$ bei $0 \leqslant x \leqslant 8$, $\epsilon = 10^{-5}$ und $h = 0,1$ gelöst werden.

**6.** Man löse die Dgl.

$$y'' + 3y' + 2y = 0$$

mit der Anfangsbedingung

$$y(0) = 1 \qquad y'(0) = -2$$

mit der Mittelpunktregel für $0 \leqslant x \leqslant 1$ bei $h = 0,1$.

**7.** Man löse die Dgl. von Aufgabe 6 mit dem Extrapolationsverfahren.

--------

1) Es ist $\operatorname{sgn} x = \begin{cases} +1 & > 0 \\ \phantom{+}0 & \text{für } x = 0 \\ -1 & < 0 \end{cases}$

# 7 Rand- und Eigenwertaufgaben

Bei den in Abschn. 6 behandelten Differentialgleichungen waren Werte der Lösungsfunktion y
und deren Ableitungen an e i n e r Stelle $x_0$, der Anfangsstelle, vorgegeben (Anfangswertaufgaben).
Sind jedoch Funktionswerte oder Ableitungen an mehr als einer Stelle, im allgemeinen am Anfang
und am Ende eines Intervalls (Randbedingungen), bekannt, so spricht man von Randwertaufgaben.
Gelegentlich sind homogene Randwertaufgaben (hierin treten nur Summanden auf, die die Funktion y und deren Ableitungen $y^{(i)}$ enthalten) nur für spezielle Werte der in der Differentialgleichung
oder in den Randwerten auftretenden Parameter lösbar. Dann nennt man diese speziellen Parameter
die Eigenwerte des Problems und das Problem selbst ein Eigenwertproblem.

Randwertprobleme sind z.B. die Biegung eines auf zwei starren Stützen gelagerten Balkens, bei dem
die Durchbiegung an den Stützen Null ist und zwischen den Stützen gesucht wird, oder die Biegung
einer Platte, wenn Absenkung und Neigung an allen Rändern bekannt sind. Außerdem treten Randwertprobleme auch bei der Berechnung von elektrischen und magnetischen Feldern auf.

Eigenwertprobleme sind z.B. die Knickung eines Stabes, der nur für ganz bestimmte Eigenwerte,
die Knicklasten, seine Tragfähigkeit verliert oder die Schwingung einer Saite, die nur mit bestimmten Eigenfrequenzen schwingt, wenn man sie anzupft, oder die Eigenfrequenzen von elektrischen
Schwingkreisen.

Weil Rand- und Eigenwertaufgaben für viele technisch interessante Fälle nicht geschlossen, d.h.
durch Angabe einer Lösungsfunktion in Form einer Funktionsgleichung lösbar sind, hat man Verfahren entwickelt, die eine numerische Näherungslösung ermöglichen und an die technischen Probleme besser angepaßt werden können. Durch Einsatz von Rechenanlagen ist der dabei anfallende und
früher gefürchtete große Rechenaufwand beherrschbar geworden.

Zur Lösung solcher Aufgaben gibt es mehrere Verfahren. Man kann z.B. die Randwertaufgabe als
Anfangswertproblem formulieren. Bei einem ebenen ballistischen Problem wird z.B. bei vorgege-
benem Anfangspunkt der Bahn die Anfangsgeschwindigkeit so lange variiert, bis der vorgegebene
Endpunkt der Bahn erreicht ist. Hierbei können möglicherweise geringe Änderungen eines Anfangs-
wertes erhebliche Änderungen im Endwert hervorrufen. Dieses Dilemma kann wegen des in die
Rechnung einbezogenen Endwertes bei den beiden folgenden Verfahren nicht auftreten.

Ein anderes Verfahren gibt einen Satz von Funktionswerten zwischen den Randwerten vor und
verbessert diese iterativ (Relaxationsverfahren), s. z.B. [13], [25].

Ein Verfahren zur direkten Bestimmung von diskreten Funktionswerten ist das im folgenden
behandelte Differenzenverfahren. Dieses wird an Beispielen aus dem Maschinen- und Stahlbau erläutert, weil solche Probleme häufig auch Ingenieuren anderer Fachrichtungen bekannt sind,
während z.B. elektrotechnische Probleme den Maschinenbauern und den Bauingenieuren meistens
nicht so geläufig sind.

## 7.1  Differenzenverfahren

Das Differenzenverfahren zur Lösung von Rand- und Eigenwertaufgaben beruht auf der Ersetzung
von Ableitungen in der Differentialgleichung durch Differenzenquotienten der gesuchten Funktionswerte der Lösungsfunktion an einzelnen ausgewählten Stellen des Definitionsbereiches. Schreibt
man die so entstandenen Differenzengleichungen für jeden Punkt des Bereiches auf, so entsteht ein
System von Bestimmungsgleichungen für die unbekannten Funktionswerte, das bei linearer Differentialgleichung linear ist. Für das Ersetzen der Ableitungen durch Differenzenquotienten gibt es
viele Möglichkeiten verschiedener Genauigkeit. Die Auswahl der Differenzenformeln richtet sich
nach der Anwendung. Will man mit ihrer Hilfe eine Ableitung einer Funktion numerisch bestimmen, wie das z.B. in Abschn. 5.5 geschieht, so sind genaue Formeln erforderlich. Für die Lösung
von Randwertaufgaben genügen jedoch häufig einfache Differenzenformeln, weil sie hier nur als
ein rechentechnisches Hilfsmittel zur Diskretisierung der Funktionswerte bei der numerischen Lösung von Differentialgleichungen herangezogen werden.

### 7.1.1  Herleitung einfacher Differenzenformeln

Gegeben sei das Intervall [a, b], auf dem die Lösung liegen soll. Die Intervallgrenzen bezeichnen
im allgemeinen die Ränder des Randwertproblems. Das Koordinatensystem wird meistens so gelegt, daß der Koordinatenursprung an einem Rand oder in der Intervallmitte (besonders bei symmetrischen Problemen) liegt. Bei der Definition gehen wir zunächst von einer allgemeinen Lage aus.
Wir teilen das Intervall [a, b] der Länge $b - a$ in n Felder der Breite $\Delta x = h = (b - a)/n$ und
bezeichnen die Funktionswerte an den Stellen $x_i = a + i \cdot \Delta x = x_0 + i \cdot h$ mit $y_i$ (Bild 7.1). Bei
dieser Benennung ist $x_0 = a$ und $x_n = x_0 + n \cdot h = b$.
Man kann nun die Ableitung der Funktion $y = f(x)$ an der Stelle $x_i$ sowohl durch die Steigung
im rechts (Index r) von $x_i$ gelegenen Feld annähern, also durch die Steigung der Sekante durch die
Punkte $(x_i; y_i)$ und $(x_{i+1}; y_{i+1})$ (vorwärts genommene Differenz)

$$y'_{ir} \approx \frac{y_{i+1} - y_i}{h} \tag{7.1}$$

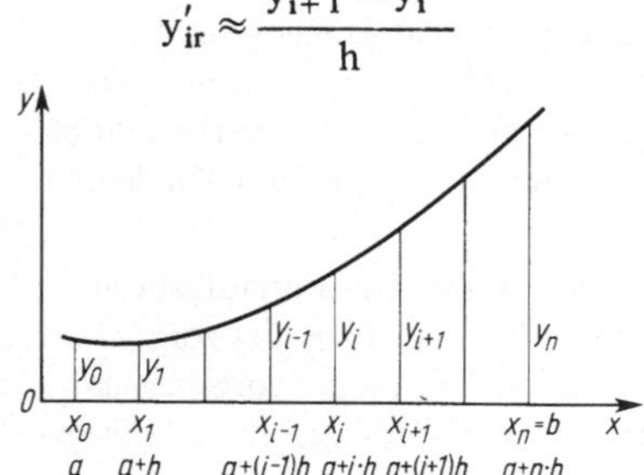


als auch durch die Steigung der Sekante im links (Index
ℓ) von $x_i$ gelegenen Feld (rückwärts genommene Differenz)

$$y'_{i\ell} \approx \frac{y_i - y_{i-1}}{h} \tag{7.2}$$

Bild 7.1  Stützstellen einer Funktion im Intervall [a, b]

annähern. Eine bessere Annäherung ergibt sich bei Kurven einheitlicher Krümmung durch Berücksichtigung beider Nachbarfelder (zentrale Differenz)

$$y'_i \approx \frac{y_{i+1} - y_{i-1}}{2h} \tag{7.3}[1]$$

---

1) Vgl. Gl. (5.79).

weil die Sekante durch die Punkte $(x_{i-1}; y_{i-1})$ und $(x_{i+1}; y_{i+1})$ bei nicht zu grober Einteilung der Tangente an die Funktionskurve im Punkte $x_i$ nahezu parallel ist.

Die zweite Ableitung gibt die Änderung der ersten Ableitung an. Bei Berücksichtigung der zentralen Lage von $x_i$ zwischen $x_{i-1}$ und $x_{i+1}$ liegt es nahe, die Differenz der Ableitungen in den Mitten der beiden Nachbarfelder durch die Abszissendifferenz h zwischen den Mitten der beiden Felder zu dividieren und Gl. (7.1) und (7.2) zu benutzen

$$y_i'' \approx \frac{y_{ir}' - y_{i\ell}'}{h} \approx \frac{\dfrac{y_{i+1} - y_i}{h} - \dfrac{y_i - y_{i-1}}{h}}{h}$$

$$y_i'' \approx \frac{y_{i-1} - 2y_i + y_{i+1}}{h^2} \tag{7.4}$$

Man kann auch Gl. (7.3) einmal für $y_{i+1}$ und einmal für $y_{i-1}$ benutzen und die Differenz bilden. Man erhält dann eine Gleichung für $y''$, die sich bei gleicher Genauigkeit wie (7.4) über vier Felder erstreckt, was aber in der Nähe des Randes ungünstig ist, weil man dann auf Schätzwerte im nichtdefinierten Bereich zurückgreifen muß.

Eine symmetrisch gebaute Formel für die dritte Ableitung kann man folgendermaßen gewinnen

$$y_i''' \approx \frac{y_{i+1}'' - y_{i-1}''}{2h} \approx \frac{\dfrac{y_{i+2} - 2y_{i+1} + y_i}{h^2} - \dfrac{y_i - 2y_{i-1} + y_{i-2}}{h^2}}{2h}$$

$$y_i''' \approx \frac{y_{i+2} - 2y_{i+1} + 2y_{i-1} - y_{i-2}}{2h^3} \tag{7.5}$$

Hierbei steht in der ersten Gleichung der Abstand 2h der benutzten Werte $y_{i+1}''$ und $y_{i-1}''$ im Nenner. Eine Gleichung für die vierte Ableitung ergibt sich durch Ersetzen von $y''$ durch $y^{(4)}$ und von $y$ durch $y''$ bei zweimaliger Ableitung von Gl. (7.4)

$$y_i^{(4)} \approx \frac{y_{i-1}'' - 2y_i'' + y_{i+1}''}{h^2}$$

Ersetzt man nun hierin die zweiten Ableitungen der rechten Seite wieder nach Gl. (7.4) durch die Funktionswerte, so erhält man schließlich

$$y_i^{(4)} \approx \frac{y_{i-2} - 4y_{i-1} + 6y_i - 4y_{i+1} + y_{i+2}}{h^4} \tag{7.6}$$

Höhere Ableitungen lassen sich in ähnlicher Weise bilden. Sie stützen sich wegen der Differenzenbildung auf immer mehr Funktionswerte (Stützwerte) ab [1].


### 7.1.2 Verbesserung der Formeln

Eine Aussage über den Fehler, den man beim Ersetzen der Ableitungen durch finite Differenzenformeln macht, ist durch Entwickeln der Funktionen $y_{i+1}$ und $y_{i-1}$ nach Taylor für die Stelle $x_i$ möglich. Man setzt

$$y_{i+1} = y(x_i + h) = y_i + hy_i' + \frac{h^2}{2!}\, y_i'' + \frac{h^3}{3!}\, y_i''' + \frac{h^4}{4!}\, y_i^{(4)} + \dots \tag{7.7}$$

und $\quad y_{i-1} = y(x_i - h) = y_i - hy_i' + \frac{h^2}{2!}\, y_i'' - \frac{h^3}{3!}\, y_i''' + \frac{h^4}{4!}\, y_i^{(4)} - \dots \tag{7.8}$

in Gl. (7.3) ein und erhält

$$\frac{y_{i+1} - y_{i-1}}{2h} = y_i' + \frac{h^2}{3!}\, y_i''' + \frac{h^4}{5!}\, y_i^{(5)} + \dots \tag{7.9}$$

Wählt man h so klein, daß der dritte Summand auf der rechten Seite dieser Gleichung klein gegen den zweiten ist, so ist der Fehler beim Ersetzen der ersten Ableitung durch die Näherung nach Gl. (7.3) von der Größenordnung $h^2$. Halbiert man also die Schrittweite, so verringert sich der Verfahrensfehler (Fehler beim Ersetzen) auf ein Viertel des Fehlers bei der größeren Schrittweite; bei $H = h/4$ verringert er sich auf $1/16$ des ursprünglichen.

Ebenso erhält man beim Einsetzen von Gl. (7.7) und (7.8) in Gl. (7.4) für die zweite Ableitung

$$\frac{y_{i+1} - 2y_i + y_{i-1}}{h^2} = y_i'' + 2\,\frac{h^2}{4!}\, y_i^{(4)} + 2\,\frac{h^4}{6!}\, y_i^{(6)} + \dots \tag{7.10}$$

Auch hier ist unter den oben genannten Voraussetzungen der Verfahrensfehler von der Größenordnung $h^2$.

Zur Schätzung des Fehlers bei der dritten und vierten Ableitung muß man auch die Stellen $x_{i+2} = x_i + 2h$ und $x_{i-2} = x_i - 2h$ heranziehen. Es gilt

$$y_{i+2} = y_i + (2h)y_i' + \frac{(2h)^2}{2!}\, y_i'' + \frac{(2h)^3}{3!}\, y_i''' + \frac{(2h)^4}{4!}\, y_i^{(4)} + \dots \tag{7.11}$$

und $\quad y_{i-2} = y_i + (-2h)y_i' + \frac{(-2h)^2}{2!}\, y_i'' + \frac{(-2h)^3}{3!}\, y_i''' + \frac{(-2h)^4}{4!}\, y_i^{(4)} + \dots \tag{7.12}$

Setzt man nun diese Ausdrücke zusammen mit Gl. (7.7) und (7.8) in die Differenzenformel (7.5) für die dritte Ableitung ein, so heben sich die Anteile von $y_i$, $y_i'$, $y_i''$ und $y_i^{(4)}$ gegenseitig auf, und es bleibt

$$\frac{y_{i+2} - 2y_{i+1} + 2y_{i-1} - y_{i-2}}{2h^3} = y_i''' + \frac{h^2}{4}\, y_i^{(5)} + \dots \tag{7.13}$$

Der Verfahrensfehler ist ebenfalls proportional $h^2$.

Dasselbe gilt für die Ersetzung der vierten Ableitung nach Gl. (7.6)

$$\frac{y_{i+2} - 4y_{i+1} + 6y_i - 4y_{i-1} + y_{i-2}}{h^4} = y_i^{(4)} + \frac{h^2}{6}\, y_i^{(6)} + \dots \tag{7.14}$$

Man kann nun den Verfahrensfehler durch Verkleinerung der Schrittweite schneller verringern, wenn man durch geeignete Kombination von Gl. (7.7), (7.8), (7.11) und (7.12) dafür sorgt, daß weitere Potenzen in der Taylor-Entwicklung verschwinden, d.h., daß das Fehlerglied mit einer höheren Potenz von h beginnt. Erreicht man z.B., daß in einer der Gl. (7.14) ähnlichen Gleichung das zweite Glied der rechten Seite erst mit $h^4$ beginnt, so ist der Verfahrensfehler bei Halbierung der Schrittweite nur noch $1/16$ des Fehlers bei der ursprünglichen Schrittweite. Zu diesem Zweck macht man nach Collatz [35] z.B. einen Ansatz für die erste Ableitung, der sich auf fünf Funktionswerte stützt

$$y_i' = a_{-2}y_{i-2} + a_{-1}y_{i-1} + a_0 y_i + a_1 y_{i+1} + a_2 y_{i+2}$$

und setzt in diese Gleichung die Taylor-Entwicklungen nach Gl. (7.7), (7.8), (7.11) und (7.12) ein

$$
\begin{aligned}
y_i' = \quad & a_{-2}\left(y_i - 2hy_i' + 4\frac{h^2}{2!}y_i'' - 8\frac{h^3}{3!}y_i''' + 16\frac{h^4}{4!}y_i^{(4)} - 32\frac{h^5}{5!}y_i^{(5)} + \ldots\right) + \\
+ & a_{-1}\left(y_i - hy_i' + \frac{h^2}{2!}y_i'' - \frac{h^3}{3!}y_i''' + \frac{h^4}{4!}y_i^{(4)} - \frac{h^5}{5!}y_i^{(5)} + \ldots\right) + \\
+ & a_0 \ (y_i \hspace{9.2cm}) + \\
+ & a_1\left(y_i + hy_i' + \frac{h^2}{2!}y_i'' + \frac{h^3}{3!}y_i''' + \frac{h^4}{4!}y_i^{(4)} + \frac{h^5}{5!}y_i^{(5)} + \ldots\right) + \\
+ & a_2\left(y_i + 2hy_i' + 4\frac{h^2}{2!}y_i'' + 8\frac{h^3}{3!}y_i''' + 16\frac{h^4}{4!}y_i^{(4)} + 32\frac{h^5}{5!}y_i^{(5)} + \ldots\right)
\end{aligned}
$$

Die Übereinstimmung beider Seiten bis auf höhere Potenzen als $h^4$ verlangt, daß auf der rechten Seite die Summe aller Koeffizienten von $y_i'$ gleich Eins und die Summe aller Koeffizienten von $y_i$, $y_i''$, $y_i'''$ und $y_i^{(4)}$ Null wird. Man erhält also ein lineares Gleichungssystem für die Koeffizienten $a_i$

$$
\begin{aligned}
a_{-2} + a_{-1} + a_0 + a_1 + \ a_2 &= 0 \\
h(-2a_{-2} - a_{-1} \qquad + a_1 + 2a_2) &= 1 \\
\frac{h^2}{2!}(\ 4a_{-2} + a_{-1} \qquad + a_1 + \ 4a_2) &= 0 \\
\frac{h^3}{3!}(-8a_{-2} - a_{-1} \qquad + a_1 + \ 8a_2) &= 0 \\
\frac{h^4}{4!}(16a_{-2} + a_{-1} \qquad + a_1 + 16a_2) &= 0
\end{aligned}
$$

Die Lösung lautet $a_{-2} = 1/12h$, $a_{-1} = -8/12h$, $a_0 = 0$, $a_1 = 8/12h$ und $a_2 = -1/12h$. Damit wird

$$y_i' = \frac{y_{i-2} - 8y_{i-1} + 8y_{i+1} - y_{i+2}}{12\,h} + \frac{h^4}{30}\,y_i^{(5)} + \ldots \tag{7.15}$$

Auf gleiche Weise berechnet man

$$y_i'' = \frac{-y_{i-2} + 16y_{i-1} - 30y_i + 16y_{i+1} - y_{i+2}}{12\,h^2} + \frac{h^4}{90}\,y_i^{(6)} + \ldots \tag{7.16}$$

$$y_i''' = \frac{y_{i-3} - 8y_{i-2} + 13y_{i-1} - 13y_{i+1} + 8y_{i+2} - y_{i+3}}{8\,h^3} + \frac{7h^4}{120}\,y_i^{(7)} + \ldots \tag{7.17}$$

$$y_i^{(4)} = \frac{-y_{i-3} + 12y_{i-2} - 39y_{i-1} + 56y_i - 39y_{i+1} + 12y_{i+2} - y_{i+3}}{6\,h^4} + \frac{7h^4}{240}\,y_i^{(8)} + \cdots \tag{7.18}$$

Weitere Näherungsausdrücke dieser Art findet man in [35] und [1].

### 7.1.3 Mehrstellenverfahren

Aus Gl. (7.15) bis (7.18) erkennt man, daß zur genaueren Ersetzung der Ableitungen die Funktionswerte an vielen Stellen herangezogen werden müssen. Bei der vierten Ableitung muß man allein sieben Funktionswerte benutzen. Das kann zu Schwierigkeiten am Rande eines Bereiches führen. Liegt nämlich der Punkt $x_i$ auf dem linken Rande, so greifen die Punkte $x_{i-1}$, $x_{i-2}$ und $x_{i-3}$ über den Rand hinaus in einen Bereich, in dem bei technischen Problemen die Funktion y nicht definiert ist, sondern durch Extrapolation aus dem Definitionsbereich fortgesetzt werden muß. Diese Extrapolation erfordert um so mehr Aufwand, je weiter sie über den Rand hinausgreift.

Es ist deshalb zweckmäßig, Formeln zu entwickeln, bei denen nicht die weiter vom Punkt $x_i$ entfernten Funktionswerte, sondern die benachbarten Ableitungen gleicher Ordnung herangezogen werden, um den Verfahrensfehler möglichst klein zu machen. Weil die Ableitung nicht nur an einer Stelle, sondern an mehreren Stellen benutzt wird, nennt man dieses Verfahren das Mehrstellenverfahren.

Man erhält solche Formeln z.B. aus Gl. (7.9), (7.10), (7.13) und (7.14), wenn man jeweils im zweiten Glied der rechten Seite die k-te Ableitung durch die $(k - 2)$-te Ableitung nach Gl. (7.4) ersetzt, z.B.

$$y_i^{(4)} = (y_i'')'' \approx \left( \frac{y_{i+1} - 2y_i + y_{i-1}}{h^2} \right)'' = \frac{y_{i+1}'' - 2y_i'' + y_{i-1}''}{h^2}$$

Für die erste Ableitung erhält man so aus Gl. (7.9)

$$\frac{y_{i+1} - y_{i-1}}{2h} = y_i' + \frac{h^2}{3!} y_i''' + \frac{h^4}{5!} y_i^{(5)} + \dots$$

$$= y_i' + \frac{h^2}{3!} (y_i'')' + \frac{h^4}{5!} y_i^{(5)} + \dots$$

$$= y_i' + \frac{h^2}{3!} \left( \frac{y_{i+1} - 2y_i + y_{i-1}}{h^2} - 2 \frac{h^2}{4!} y_i^{(4)} - \dots \right)' + \frac{h^4}{5!} y_i^{(5)} + \dots$$

woraus sich nach Ordnen

$$\frac{y_{i+1} - y_{i-1}}{2h} = \frac{y_{i+1}' + 4y_i' + y_{i-1}'}{6} - \frac{h^4}{180} y_i^{(5)} - \dots \tag{7.19}$$

ergibt. Für die zweite bis vierte Ableitung lassen sich die Formeln auf gleiche Weise entwickeln. Man erhält

$$y_{i+1}'' + 10y_i'' + y_{i-1}'' = \frac{12}{h^2} (y_{i+1} - 2y_i + y_{i-1}) + \frac{h^4}{20} y_i^{(6)} + \dots \tag{7.20}$$

$$y_{i+1}''' + 2y_i''' + y_{i-1}''' = \frac{2}{h^3} (y_{i+2} - 2y_{i+1} + 2y_{i-1} - y_{i-2}) + \frac{h^4}{60} y_i^{(7)} + \dots \tag{7.21}$$

$$y_{i+1}^{(4)} + 4y_i^{(4)} + y_{i-1}^{(4)} = \frac{6}{h^4} (y_{i+2} - 4y_{i+1} + 6y_i - 4y_{i-1} + y_{i-2}) + \frac{h^4}{120} y_i^{(8)} + \dots \tag{7.22}$$

Weitere Mehrstellenformeln, bei denen der Verfahrensfehler die Größenordnung $h^6$ hat, findet man z.B. in [35] Eine grobe Schätzung des Verfahrensfehlers kann mit den ersten stehengebliebenen Summanden der Taylor-Reihe erfolgen. Allerdings muß man zunächst die Rechnung durchführen und dann mit Hilfe der Differenzenformeln aus den so berechneten Näherungswerten der Funktion die in diesem Summanden stehende höhere Ableitung gewinnen, von der dann noch das Betragsmaximum zu suchen ist.

### 7.1.4 Differenzenausdrücke bei partiellen Ableitungen

Bei partiellen Differentialgleichungen wollen wir uns auf Differentialgleichungen mit zwei unabhängigen Veränderlichen, wie sie z.B. in der Plattentheorie auftreten, beschränken. In rechtwinkligen Koordinaten müssen dann die Ableitungen nicht nur längs der x-Achse, sondern auch längs der y-Achse durch Differenzenausdrücke ersetzt werden.

Man überzieht zu diesem Zweck den betrachteten Bereich, den wir hier der Einfachheit halber als rechteckig annehmen wollen, mit einem zu den Rändern des Bereiches parallel verlaufenden Koordinatennetz (Bild 7.2), dem sog. G i t t e r . In den Knotenpunkten $P_{ij} = (x_i; y_j)$ mit den Koordinaten

$$x_i = x_0 + i \cdot h \qquad y_j = y_0 + j \cdot k$$

(h Schrittweite in x-Richtung, k Schrittweite in y-Richtung) werden dann die Funktionswerte $w_{ij}$ berechnet. Sie sind die Stützstellen der als Fläche über der (x, y)-Ebene deutbaren analytischen Lösung, z.B. der Biegefläche $w(x, y)$ einer Platte, und werden mit

$$w_{ij} = w(x_0 + i \cdot h, y_0 + j \cdot k)$$

bezeichnet. In den Knotenpunkten werden sodann die partiellen Ableitungen der gesuchten Funktion $w(x, y)$ durch Differenzenausdrücke ersetzt.

Der Bezugspunkt $(x_0; y_0)$ wird zweckmäßigerweise auf den Rand des Bereiches oder bei zu erwartender Symmetrie der Lösung in die Mitte des Bereiches gelegt.

Bei partiellen Ableitungen nach nur einer der Variablen gelten sinngemäß Gl. (7.3), (7.4), (7.5) und (7.6). Es werden nur die Funktionswerte längs einer der Netzlinien herangezogen, weil bei partieller Ableitung nach x die Größe y konstant, der Index j also fest ist und bei Ableitung nach y der Index i konstant ist.

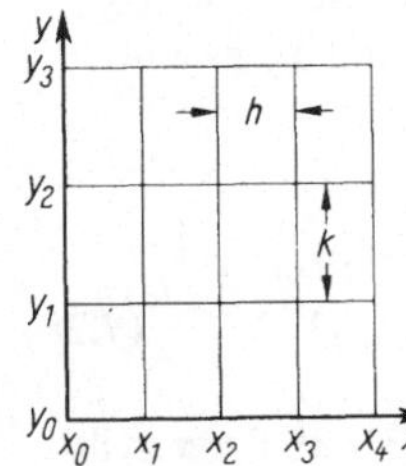

$$\frac{\partial w_{ij}}{\partial x} \approx \frac{w_{i+1,j} - w_{i-1,j}}{2h} \qquad \frac{\partial w_{ij}}{\partial y} \approx \frac{w_{i,j+1} - w_{i,j-1}}{2k} \qquad (7.23)$$

Es ist z.B.

$$\frac{\partial w_{12}}{\partial x} \approx \frac{w_{22} - w_{02}}{2h} \qquad \text{und} \qquad \frac{\partial w_{12}}{\partial y} \approx \frac{w_{13} - w_{11}}{2k}$$

Bild 7.2 Feldeinteilung bei partieller Differentialgleichung

Ebenso gilt

$$\frac{\partial^2 w_{ij}}{\partial x^2} \approx \frac{w_{i+1,j} - 2w_{ij} + w_{i-1,j}}{h^2} \qquad \frac{\partial^2 w_{ij}}{\partial y^2} \approx \frac{w_{i,j+1} - 2w_{ij} + w_{i,j-1}}{k^2} \qquad (7.24)$$

Bei der Berechnung der gemischten zweiten Ableitung muß man z.B. die erste Gl. (7.23) nach y oder die zweite nach x differenzieren. Die Koordinaten der Stützpunkte liegen nun nicht mehr in einer Geraden, sondern sind nach Bild 7.3 in der Ebene verteilt. Die Faktoren der in Gl. (7.25) für die gemischte Ableitung im Punkt $P_{ij}$ benutzten Stützwerte sind in Bild 7.3a eingetragen.

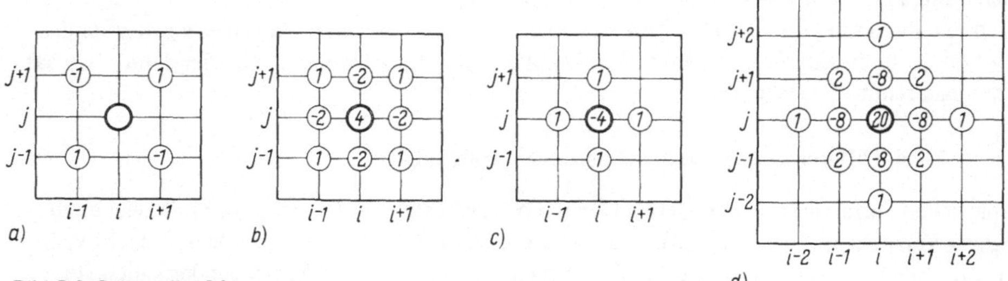

Bild 7.3  Stützstellenfaktoren

Die Ausführung der Differentiation liefert

$$\frac{\partial^2 w_{ij}}{\partial x \partial y} \approx \frac{\partial}{\partial y}\left(\frac{w_{i+1,j} - w_{i-1,j}}{2h}\right) \approx \frac{\dfrac{w_{i+1,j+1} - w_{i+1,j-1}}{2k} - \dfrac{w_{i-1,j+1} - w_{i-1,j-1}}{2k}}{2h}$$

$$\frac{\partial^2 w_{ij}}{\partial x \partial y} \approx \frac{w_{i+1,j+1} - w_{i+1,j-1} - w_{i-1,j+1} + w_{i-1,j-1}}{4hk} \tag{7.25}$$

Für die Anwendungen sind noch die vierten Ableitungen und der Laplace-Operator sowie die Bipotentialgleichung wichtig. Aus Gl. (7.6) ergibt sich sinngemäß

$$\frac{\partial^4 w_{ij}}{\partial x^4} \approx \frac{w_{i+2,j} - 4w_{i+1,j} + 6w_{ij} - 4w_{i-1,j} + w_{i-2,j}}{h^4} \tag{7.26}$$

$$\frac{\partial^4 w_{ij}}{\partial y^4} \approx \frac{w_{i,j+2} - 4w_{i,j+1} + 6w_{ij} - 4w_{i,j-1} + w_{i,j-2}}{k^4} \tag{7.27}$$

Die gemischte Ableitung vierter Ordnung kann man durch zweifache partielle Ableitung der Gl. (7.24) nach y gewinnen, indem man in der ersten dieser Gleichungen i fest läßt und die zweite der Gleichungen auf diesen Ausdruck anwendet.

$$\frac{\partial^4 w}{\partial x^2 \partial y^2} \approx \frac{1}{k^2 h^2}\left[w_{i+1,j+1} - 2w_{i+1,j} + w_{i+1,j-1} - 2w_{i,j+1} + 4w_{ij} - 2w_{i,j-1} + \right.$$
$$\left. + w_{i-1,j+1} - 2w_{i-1,j} + w_{i-1,j-1}\right] \tag{7.28}$$

Das Schema der Koeffizienten für die Stützstellen bei dieser Ableitung ist in Bild 7.3b dargestellt.

In vielen technischen Anwendungen ist es zweckmäßig, ein quadratisches Koordinatennetz mit k = h zu wählen. In einem solchen Netz erhält man durch Addieren der beiden Gleichungen (7.24) einen Differenzenausdruck für den Laplace-Operator

$$\Delta w = \frac{\partial^2 w_{ij}}{\partial x^2} + \frac{\partial^2 w_{ij}}{\partial y^2} \approx \frac{w_{i+1,j} + w_{i-1,j} - 4w_{ij} + w_{i,j+1} + w_{i,j-1}}{h^2} \tag{7.29}$$

der in Bild 7.3c eingetragen ist.

Der in der Plattentheorie auftretende Bipotentialausdruck

$$\Delta\Delta w = \frac{\partial^4 w}{\partial x^4} + 2\,\frac{\partial^4 w}{\partial x^2 \partial y^2} + \frac{\partial^4 w}{\partial y^4}$$

ergibt sich aus der Addition von Gl. (7.26), (7.27) und (7.28)

$$\Delta\Delta w_{ij} \approx \frac{1}{h^4}\,[20 w_{ij} - 8(w_{i+1,j} + w_{i-1,j} + w_{i,j+1} + w_{i,j-1}) +$$

$$+ 2(w_{i+1,j+1} + w_{i+1,j-1} + w_{i-1,j+1} + w_{i-1,j-1}) + \tag{7.30}$$

$$+ (w_{i+2,j} + w_{i-2,j} + w_{i,j+2} + w_{i,j-2})]$$

Er läßt sich leichter aus Bild 7.3d ablesen.

Die Fehler beim Ersetzen der Differentialausdrücke durch die Differenzenausdrücke bei den oben genannten Formeln sind proportional $h^2$.

## 7.2 Lineare Randwertaufgabe bei gewöhnlichen Differentialgleichungen
### Träger auf zwei Stützen mit veränderlicher Biegesteifigkeit

Die Durchbiegung eines Trägers mit linear veränderlicher Biegesteifigkeit $EI(x) = EI_0(1 + x/\ell)$ und konstanter Streckenlast q ist gesucht (Bild 7.4a). Der Träger der Länge $\ell$ ist an seinen Enden auf starren Stützen drehbar gelagert. Dort ist also die Durchbiegung $w(0) = w(\ell) = 0$ und auch das Biegemoment $M(0) = M(\ell) = 0$ (Randbedingungen).

Die Differentialgleichung der elastischen Linie lautet in diesem Fall

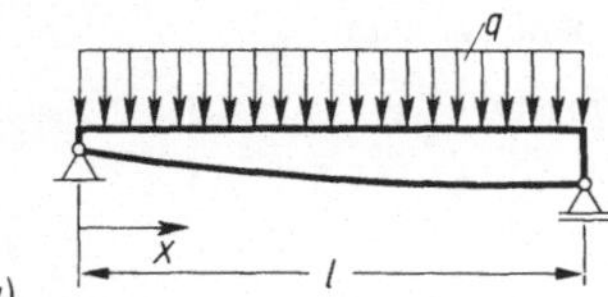


$$\frac{d^2 w}{dx^2} = -\,\frac{M(x)}{EI(x)} = -\,\frac{q\ell^2}{2EI_0}\cdot\frac{\dfrac{x}{\ell}\left(1 - \dfrac{x}{\ell}\right)}{1 + \dfrac{x}{\ell}} \tag{7.31}$$

Wir führen zur Abkürzung dimensionslose Variable $u = x/\ell$ und

$$v = \frac{w}{\left(\dfrac{q\,\ell^4}{120\,EI_0}\right)}$$

Bild 7.4
Träger mit veränderlicher
Biegesteifigkeit

ein. Der Faktor 120 wurde gewählt, damit die Ergebnisse der numerischen Rechnung in der Größenordnung von 1 liegen.

Benutzt man den Strich als Zeichen für die Ableitung nach u, so wird aus Gl. (7.31) nach Einsetzen der Abkürzungen wegen

$$\frac{d^2 w}{dx^2} = \frac{1}{\ell^2}\,\frac{d^2 w}{du^2} = \frac{1}{\ell^2}\,w'' = \frac{q\ell^2}{120\,EI_0}\,v'' \qquad\qquad v'' = -60\,\frac{u(1-u)}{1+u} \tag{7.32}$$

Die Randbedingungen lauten $v(0) = v(1) = 0$.

### 7.2.1  Geschlossene Lösung

Zum Vergleich mit den Lösungen, die mit den Differenzenverfahren verschiedener Genauigkeit gewonnen werden, und zur Angabe des bei der Näherungslösung entstehenden Fehlers wird hier die geschlossene Lösung hergeleitet. Da diese im allgemeinen nicht bekannt ist, müssen Fehlerschätzungen sich aus dem Grad der Annäherung der Differentialausdrücke durch finite Differenzenausdrücke und aus den Eigenschaften der Näherungsfunktion, die vor der Rechnung auch nicht bekannt ist, herleiten. Solche Fehlerabschätzungen findet man z.B. in [35][1].

Man integriert Gl. (7.32) zweimal und erhält mit den Integrationskonstanten $C_1$ und $C_2$

$$v' = 60 \int \frac{u^2 - u}{1 + u} \, du = 60 \left[ \frac{u^2}{2} - 2u + 2 \ln (1 + u) \right] + C_1$$

$$v = 60 \left[ \frac{u^3}{6} - u^2 + 2 \, \{(1 + u) \cdot \ln(1 + u) - u\} \right] + C_1 u + C_2$$

Die Randbedingung $v(0) = 0$ liefert $C_2 = 0$, die Bedingung $v(1) = 0$ führt auf

$$0 = 60 \cdot \left[ \frac{1}{6} - 1 + 2 \cdot (2 \ln 2 - 1) \right] + C_1$$

$$C_1 = 10 \cdot (17 - 24 \ln 2)$$

Damit erhält man die Gleichung der Biegelinie

$$v = 10 \cdot [u^3 - 6u^2 + (5 - 24 \ln 2) \cdot u + 12 \cdot (1 + u) \ln (1 + u)]$$

Für den Vergleich mit den Ergebnissen der numerischen Methoden benötigt man

$$v(0,25) = 0,78895 \qquad v(0,5) = 1,05606 \qquad v(0,75) = 0,72157$$

Damit ist z.B. die Durchbiegung in der Mitte des Balkens

$$w\left(\frac{\ell}{2}\right) = \frac{q\ell^4}{120 \, EI_0} \cdot 1,05606 = 0,00880 \, \frac{q\ell^4}{EI_0}$$

### 7.2.2  Berechnung mit einfachen Differenzenformeln

Die gröbste Näherung für die Durchbiegung

$$w_1 = \frac{q\ell^4}{120 \, EI_0} \, v_1$$

in der Balkenmitte erhält man bei Einteilung des Intervalls in zwei Abschnitte der Breite $\Delta x = \ell/2$, $\Delta u = h = 0,5$ (Bild 7.4b). Man braucht dann Dgl. (7.32) nur für den Punkt $u_1 = 0,5$ in der Balkenmitte zu schreiben und die zweite Ableitung darin nach der einfachen Differenzenformel Gl. (7.4) zu ersetzen

$$v_1'' = \frac{v_0 - 2v_1 + v_2}{h^2} = -60 \cdot \frac{0,5^2}{1,5} = -10$$

---

1) Weiter sei verwiesen auf G r i g o r i e f f, R. D.: Die Konvergenz des Rand- und Eigenwertproblems linearer gewöhnlicher Differenzengleichungen. Numer. Math. **15** (1970) 15 ff.

Mit den Randbedingungen $v_0 = v_2 = 0$ (Bild 7.4b) und $h^2 = 0{,}25$ ergibt sich daraus die Bestimmungsgleichung für $v_1$

$$\frac{-2v_1}{0{,}25} = -10 \qquad v_1 = 1{,}25$$

Der relative Fehler gegenüber der exakten Lösung beträgt

$$\frac{1{,}250 - 1{,}056}{1{,}056} = 0{,}184 = 18{,}4\,\%$$

Eine bessere Näherung erhält man bei Verfeinerung der Einteilung, z.B. $\Delta x = 0{,}25\,\ell$, $\Delta u = h = 0{,}25$ (Bild 7.4c). Es ergibt sich folgende Zuordnung

$$x_0 = 0 \qquad x_1 = 0{,}25\,\ell \qquad x_2 = 0{,}5\,\ell \qquad x_3 = 0{,}75\,\ell \qquad x_4 = \ell$$
$$u_0 = 0 \qquad u_1 = 0{,}25 \qquad u_2 = 0{,}5 \qquad u_3 = 0{,}75 \qquad u_4 = 1$$
$$v_0 = 0 \qquad v_1 \qquad\quad v_2 \qquad\quad v_3 \qquad\quad v_4 = 0$$

mit den drei unbekannten Funktionswerten $v_1$, $v_2$ und $v_3$. Man schreibt Dgl. (7.32) jetzt für die drei Zwischenpunkte $u_1$, $u_2$ und $u_3$ als Differenzengleichung und erhält drei lineare Bestimmungsgleichungen für die zugehörigen Durchbiegungen $v_1$, $v_2$ und $v_3$

$$v_1'' = \frac{v_0 - 2v_1 + v_2}{0{,}25^2} = -60\,\frac{0{,}25 \cdot 0{,}75}{1{,}25} = -9$$

$$v_2'' = \frac{v_1 - 2v_2 + v_3}{0{,}25^2} = -60\,\frac{0{,}5 \cdot 0{,}5}{1{,}5} = -10$$

$$v_3'' = \frac{v_2 - 2v_3 + v_4}{0{,}25^2} = -60\,\frac{0{,}75 \cdot 0{,}25}{1{,}75} = -6{,}42857$$

Setzt man die Randbedingungen $v_0 = v_4 = 0$ ein, so wird daraus

$$-2v_1 + v_2 \qquad\quad = -0{,}5625$$
$$v_1 - 2v_2 + v_3 = -0{,}625$$
$$v_2 - 2v_3 = -0{,}40179$$

mit der Lösung

$$v_1 = 0{,}834\,82$$
$$v_2 = 1{,}107\,14$$
$$v_3 = 0{,}754\,46$$

Der Vergleich mit der exakten Lösung ergibt für $v_1$ einen relativen Fehler von 5,8 %, für $v_2$ von 4,8 % und für $v_3$ von 4,6 %.

**Verallgemeinerung** In allgemeiner Schreibweise bei Unterteilung des Intervalls in n Teile ist $h = 1/n$ und $u_i = i/n$ sowie

$$v_i'' = \frac{v_{i-1} - 2v_i + v_{i+1}}{(1/n)^2}$$

Aus der Differentialgleichung (7.32) erhält man für den Punkt i die Differenzengleichung

$$v_{i-1} - 2v_i + v_{i+1} = -\frac{60}{n^2}\; \frac{\frac{i}{n}\left(1-\frac{i}{n}\right)}{1+\frac{i}{n}} = -\frac{60}{n^3} \cdot \frac{i(n-i)}{n+i} \tag{7.34}$$

mit $v_0 = v_n = 0$. Schreibt man diese Gleichung für die Innenpunkte $i = 1$ bis $i = n - 1$, so erhält man ein lineares Gleichungssystem, das in Matrizenform geschrieben lautet

$$\begin{bmatrix} -2 & 1 & & & & & 0 \\ 1 & -2 & 1 & & & & \\ & 1 & -2 & 1 & & & \\ & & & \ddots & & & \\ & & & & 1 & -2 & 1 \\ 0 & & & & & 1 & -2 \end{bmatrix} \begin{bmatrix} v_1 \\ v_2 \\ v_3 \\ \vdots \\ v_{n-2} \\ v_{n-1} \end{bmatrix} = -\frac{60}{n^3} \cdot \begin{bmatrix} \dfrac{1(n-1)}{n+1} \\[2ex] \dfrac{2(n-2)}{n+2} \\[2ex] \dfrac{3(n-3)}{n+3} \\[1ex] \vdots \\[1ex] \dfrac{(n-2)2}{n+(n-2)} \\[2ex] \dfrac{(n-1)1}{n+(n-1)} \end{bmatrix} \tag{7.34}$$

Man nennt eine solche Matrix eine Bandmatrix, weil nur ein Band in Richtung der Hauptdiagonale von Null verschiedene Elemente enthält. Das Gleichungssystem kann leicht nach Gl. (7.40) aufgelöst werden. Diese Methode ist ein Spezialfall des in Abschn. 3 beschriebenen Gaußschen Eliminationsverfahren.

In Tafel 7.5 sind die Lösungen für verschiedene Teilungen einander und der exakten Lösung gegenübergestellt.

Tafel 7.5  Vergleich der Näherungen mit der exakten Lösung

| u | n = 2 | n = 4 | n = 8 | n = 16 | exakt |
|---|---|---|---|---|---|
| 0,25 | | 0,834 82 (+ 5,8 %) | 0,800 61 (+ 1,5 %) | 0,791 87 (+ 0,37 %) | 0,788 95 |
| 0,50 | 1,25 (+ 18,4 %) | 1,107 14 (+ 4,8 %) | 1,069 01 (+ 1,2 %) | 1,059 30 (+ 0,31 %) | 1,056 06 |
| 0,75 | | 0,754 46 (+ 4,6 %) | 0,729 90 (+ 1,2 %) | 0,723 66 (+ 0,29 %) | 0,721 57 |

Der relative Fehler geht bei jeder Intervallteilung auf ein Viertel des Fehlers der vorigen Teilung zurück. Wollte man den Fehler auf 0,1 % herabdrücken, so müßte man $n = 32$ wählen und einen erheblichen Rechenaufwand in Kauf nehmen. Dabei ist zu beachten, daß der Verfahrensfehler zwar mit wachsendem n abnimmt, der Rundungsfehler jedoch zunimmt.

### 7.2.3  Berechnung mit dem verfeinerten Verfahren

Benutzt man anstelle der Gl. (7.4) des einfachen Differenzenverfahrens die mit kleinerem Verfahrensfehler behaftete Gl. (7.16), so erzielt man bei gleichbleibender Intervallteilung eine größere Genauigkeit der Ergebnisse. Begnügt man sich jedoch mit gleicher Genauigkeit, so wird der Rechenaufwand bei Benutzung der genaueren Formeln geringer, weil man mit einer groberen Teilung, also mit weniger Stützstellen und damit auch mit weniger Gleichungen für die unbekannten Funktionswerte auskommt.

Man erhält mit $h = 0{,}25$ und den rechten Seiten der Gl. (7.32) für

$$i = 1 \quad v_1'' = \frac{1}{12 \cdot (0{,}25)^2}\,(-v_{-1} + 16v_0 - 30v_1 + 16v_2 - v_3) = -60\,\frac{0{,}25 \cdot 0{,}75}{1{,}25} = -\,9$$

$$i = 2 \quad v_2'' = \frac{1}{12 \cdot (0{,}25)^2}\,(-v_0\ \ + 16v_1 - 30v_2 + 16v_3 - v_4) = -60\,\frac{0{,}5 \cdot 0{,}5}{1{,}5} = -10 \tag{7.35}$$

$$i = 3 \quad v_3'' = \frac{1}{12 \cdot (0{,}25)^2}\,(-v_1\ \ + 16v_2 - 30v_3 + 16v_4 - v_5) = -60\,\frac{0{,}75 \cdot 0{,}25}{1{,}75} = -6{,}428571$$

Hierin sind $v_0$ und $v_4$ wegen der starren Stützung gleich Null. Dann bleiben noch fünf Unbekannte in den drei Gleichungen. Die jenseits des Randes liegenden Funktionswerte $v_{-1}$ und $v_5$ lassen sich aus den weiteren Randbedingungen bestimmen. An beiden Rändern ist wegen der drehbaren Lagerung das Biegemoment gleich Null. Nach Gl. (7.31) ist dieses aber der zweiten Ableitung der Biegelinie proportional, und damit ist an den Rändern $v'' = 0$. Bei Benutzung der einfachen Differenzengleichung (7.4) für den Randpunkt läßt sich $v_{-1}$ schätzen. Setzt man nämlich in

$$v_0'' = \frac{v_{-1} - 2v_0 + v_1}{h^2} = 0$$

die erste Randbedingung $v_0 = 0$ ein, so erhält man sofort $v_{-1} = -v_1$ und sinngemäß $v_5 = -v_3$. Dabei ist zu beachten, daß hier der Verfahrensfehler proportional $h^2$ ist, während er im Innern des Bereiches der vierten Potenz von h proportional ist. Die Rechnung ist also am Rande etwas ungenauer als im Innern des Bereiches. Der Fehler macht sich um so weniger bemerkbar, je feiner die Intervallteilung ist. Dann ist nämlich die aus $v_{-1} = -v_1$ folgende Bedingung, daß die Punkte $P_{-1}$, $P_0$ und $P_1$ auf einer Geraden liegen, in besserer Näherung erfüllt.

Man kann auch für die Randpunkte Formeln besserer Annäherung, z.B. durch Extrapolation aus einer Funktion dritten Grades durch die Punkte $P_0$, $P_1$, $P_2$ und $P_3$, gewinnen (vgl. [35]), doch wollen wir uns hier auf die Anwendung der einfachen Randformeln beschränken.

Setzt man nun $v_0 = v_4 = 0$, $v_{-1} = -v_1$ und $v_5 = -v_3$ in Gl. (7.35) ein und multipliziert die Gleichungen mit $12 \cdot (0{,}25)^2$, so erhält man das Gleichungssystem

$$\begin{aligned}
-29\,v_1 + 16\,v_2 - \quad\ v_3 &= -6{,}75 \\
16\,v_1 - 30\,v_2 + 16\,v_3 &= -7{,}50 \\
-\,v_1 + 16\,v_2 - 29\,v_3 &= -4{,}82142857
\end{aligned}$$

mit der Lösung

$$v_1 = 0{,}791\,07 \quad\ v_2 = 1{,}057\,07 \quad\ v_3 = 0{,}722\,19$$

Der relative Fehler beträgt nur noch 0,27 % für $v_1$, 0,095 % für $v_2$ und 0,086 % für $v_3$.

Bei Verfeinerung der Einteilung erhält man aus Gl. (7.16) das System

$$-v_{i-2} + 16v_{i-1} - 30v_i + 16v_{i+1} - v_{i+2} = -720 \; \frac{i(n-i)}{n^3(n+i)} \tag{7.36}$$

mit $v_0 = v_n = 0$ und $v_{-1} = -v_1$ sowie $v_{n+1} = -v_{n-1}$  $(i = 1, \ldots, n-1)$.

Man kann auch dieses System wieder in Matrizenform schreiben und erhält eine Bandmatrix mit einer Bandbreite von fünf Elementen gegenüber drei Elementen beim einfachen Differenzenverfahren. Das System (7.36) ergibt für $n = 8$ folgende Lösungen (Lösungsverfahren s. Abschn. 3)

$$v_2 = 0{,}789\,09 \qquad v_4 = 1{,}056\,11 \qquad v_6 = 0{,}721\,61$$
$$(+\,0{,}018\,\%) \qquad (+\,0{,}0047\,\%) \qquad (+\,0{,}0055\,\%)$$

### 7.2.4 Berechnung mit dem Mehrstellenverfahren

Wir wenden jetzt die Mehrstellenformel Gl. (7.20) auf unser Problem an. Mit der Einteilung $n = 4$, $h = 0{,}25$ lauten die Differenzengleichungen für die inneren Punkte

$$v_0'' + 10\,v_1'' + v_2'' = \frac{12}{0{,}25^2}\,(v_0 - 2\,v_1 + v_2)$$

$$v_1'' + 10\,v_2'' + v_3'' = \frac{12}{0{,}25^2}\,(v_1 - 2\,v_2 + v_3)$$

$$v_2'' + 10\,v_3'' + v_4'' = \frac{12}{0{,}25^2}\,(v_2 - 2\,v_3 + v_4)$$

Die Randbedingungen liefern $v_0 = v_4 = 0$. Die linken Seiten dieses Systems werden aus der Differentialgleichung (7.32) eingesetzt; mit Gl. (7.33) ergibt sich

$$v_i'' = -60\,\frac{u_i\,(1 - u_i)}{1 + u_i} = \frac{-60}{n}\,\frac{i(n-i)}{n+i} = -15\,\frac{i(4-i)}{4+i} \qquad i = 1, 2, 3$$

Nach Multiplikation mit $0{,}25^2/12$ erhält man

$$-2v_1 + \phantom{2}v_2 \phantom{+ v_3} = -0{,}520833$$
$$v_1 - 2v_2 + \phantom{2}v_3 = -0{,}601190$$
$$v_2 - 2v_3 = -0{,}386904$$

Die Lösung dieses Systems lautet

$$v_1 = 0{,}787\,94 \qquad v_2 = 1{,}055\,06 \qquad v_3 = 0{,}720\,98$$
$$(-\,0{,}13\,\%) \qquad (-\,0{,}095\,\%) \qquad (-\,0{,}082\,\%)$$

Die Fehlerangaben beziehen sich wieder auf die exakte Lösung. In allgemeinerer Form ($n$ beliebig) schreibt man das Gleichungssystem

$$v_{i-1} - 2v_i + v_{i+1}$$

$$= -60\,\frac{h^2}{12}\left[\frac{u_{i-1}(1 - u_{i-1})}{1 + u_{i-1}} + 10\,\frac{u_i(1 - u_i)}{1 + u_i} + \frac{u_{i+1}(1 - u_{i+1})}{1 + u_{i+1}}\right] \tag{7.37}$$

mit $i = 1, \ldots, n-1$, $v_0 = v_n = 0$.

Man erhält wieder eine Bandmatrix mit der Bandbreite von drei Elementen. Das System läßt sich leicht durch Elimination lösen (s. Abschn. 3. oder Gl. (7.39)-und (7.40)).

Die Durchrechnung für n = 8 ergibt

$$v_2 = 0,788\ 89 \qquad v_4 = 1,055\ 99 \qquad v_6 = 0,721\ 53$$
$$(-0,0076\ \%) \qquad (-0,0066\ \%) \qquad (-0,0055\ \%)$$

### 7.2.5 Vergleich der Verfahren

Die Ergebnisse der drei Verfahren sind einander in Tafel 7.6 gegenübergestellt. Sie werden mit den Werten der exakten Lösung verglichen. Es sei noch einmal betont, daß die exakte Lösung im allgemeinen nicht vorliegt. Hier wurde aber absichtlich ein Beispiel mit bekannter exakter Lösung gewählt, um einen Vergleich der einzelnen Verfahren zu haben, in den die verschiedenen Fehlerschranken für die bei der Schätzung benötigten höheren Ableitungen der gesuchten Funktion nicht mit eingehen. Da diese Fehlerschranken häufig nur grob geschätzt werden können, ist die mit ihnen berechnete Verfahrensfehlerschranke manchmal zwei- bis dreimal so groß wie der wirkliche Fehler.

Tafel 7.6  Vergleich verschiedener Verfahren

| u | Einfaches Differenzenverfahren | | Verfeinertes Differenzenverfahren | | Mehrstellenverfahren | | Exakte Lösung |
|---|---|---|---|---|---|---|---|
| | n = 4 | n = 8 | n = 4 | n = 8 | n = 4 | n = 8 | |
| 0,25 | 0,834 82 (+ 5,9 %) | 0,800 61 (+ 1,5 %) | 0,791 06 (+ 0,27 %) | 0,789 09 (+ 0,018 %) | 0,787 94 (−0,13 %) | 0,788 89 (−0,0076 %) | 0,788 95 |
| 0,50 | 1,107 14 (+ 5,5 %) | 1,069 01 (+ 1,2 %) | 1,057 06 (+ 0,095 %) | 1,056 11 (+ 0,0047 %) | 1,055 06 (−0,095 %) | 1,055 99 (−0,0066 %) | 1,056 06 |
| 0,75 | 0,754 46 (+ 4,8 %) | 0,729 90 (+ 1,2 %) | 0,722 19 (+ 0,086 %) | 0,721 61 (+ 0,0055 %) | 0,720 98 (−0,082 %) | 0,721 53 (−0,0055 %) | 0,721 57 |

Das einfache Differenzenverfahren gibt schnell eine Übersicht über den Verlauf der Funktion. An den Rändern des Bereiches treten wegen der einfachen Formeln keine Schwierigkeiten auf. Überdies läßt sich das Gleichungssystem mit der Bandmatrix Gl. (7.34) leicht mit Tischrechnern auflösen, wie weiter unten gezeigt wird. Für viele technische Zwecke reicht eine Genauigkeit von 5 % aus (z.B. ist bei der Berechnung von Biegelinien der dort benutzte Elastizitätsmodul im allgemeinen nur auf 2 bis 5 % Genauigkeit angegeben), so daß man in diesem Beispiel für n = 4 schon brauchbare Ergebnisse erhält.

Vergleicht man damit allerdings die Ergebnisse des verfeinerten Verfahrens und des Mehrstellenverfahrens, so beträgt für die Durchbiegung in der Mitte des Balkens der Fehler der beiden Verfahren für n = 4 nur 1/50 des Fehlers beim einfachen Verfahren. Wollte man gleiche Genauigkeit beim einfachen Differenzenverfahren erreichen, so müßte man den Bereich in 32 Felder einteilen. Bei n = 8 ist der Fehler der genaueren Verfahren nur noch in der Größenordnung von 1/200 des Fehlers beim einfachen Verfahren gleicher Schrittweite.

Man muß dagegen beim verfeinerten Verfahren in Kauf nehmen, daß in einer Zeile der Koeffizientenmatrix Gl. (7.36) fünf von Null verschiedene Koeffizienten auftreten und daß jenseits des Randes liegende Funktionswerte durch einfache Formeln geringerer Genauigkeit oder durch komplizierte Randformeln berechnet werden müssen. Die Auflösung des Gleichungssystems ist daher nicht so einfach wie beim einfachen Differenzenverfahren.

Beim Mehrstellenverfahren in der einfachsten Form werden diese Schwierigkeiten am Rand vermieden, weil auch hier nur drei Funktionswerte für jede Gleichung benötigt werden. Allerdings ist dieses Verfahren nur bei Differentialgleichungen der Form

$$y^{(n)} + f(x)\,y = g(x) \tag{7.38}$$

besonders einfach, weil bei diesem Verfahren nicht die Ableitungen an einer Stelle, sondern eine Kombination der Ableitungen an mehreren Stellen durch die Funktionswerte an diesen Stellen ausgedrückt werden müssen. Die Kombinationen $y^{(4)}_{i-1} + 4\,y^{(4)}_i + y^{(4)}_{i+1}$ für die vierte Ableitung oder $y''_{i-1} + 10\,y''_i + y''_{i+1}$ für die zweite Ableitung lassen sich i. allg. nur dann durch die Funktionswerte ohne die niedrigeren Ableitungen ausdrücken, wenn die Differentialgleichung die einfache Form von Gl. (7.38) hat. In diesem Falle ist u.E. das Mehrstellenverfahren dem verfeinerten Verfahren ohne Benutzung der Ableitungen vorzuziehen, weil die Randwerte ohne besondere Formeln gleiche Genauigkeit wie die Innenwerte haben und das Gleichungssystem mit nur drei besetzten Stellen je Zeile leichter aufzulösen ist als dasjenige mit fünf Stellen. Bei der Rechnung auf einer Rechenanlage sind überdies weniger Speicherplätze erforderlich.

Bei den vorliegenden Randwertaufgaben tritt häufig ein Gleichungssystem mit Bandmatrix von der Form

$$\begin{bmatrix} -2 & 1 & & & & & & & & 0 \\ 1 & -2 & 1 \\ & 1 & -2 & 1 \\ & & & \ddots \\ & & 1 & -2 & 1 \\ & & & 1 & -2 & 1 \\ & & & & 1 & -2 & 1 \\ & & & & & & \ddots \\ & & & & & 1 & -2 & 1 \\ 0 & & & & & & 1 & -2 \end{bmatrix} \begin{bmatrix} v_1 \\ v_2 \\ v_3 \\ \vdots \\ v_{i-1} \\ v_i \\ v_{i+1} \\ \vdots \\ v_{n-2} \\ v_{n-1} \end{bmatrix} = \begin{bmatrix} r_1 \\ r_2 \\ r_3 \\ \vdots \\ r_{i-1} \\ r_i \\ r_{i+1} \\ \vdots \\ r_{n-2} \\ r_{n-1} \end{bmatrix} \tag{7.39}$$

auf, das sich leicht auch mit Tischrechnern lösen läßt. Das soll hier zunächst an einem Beispiel mit drei Unbekannten erläutert und dann verallgemeinert werden. In dem System

a) $\qquad -2v_1 + \ v_2 \qquad\quad = r_1$

b) $\qquad\quad\ v_1 - 2v_2 + \ v_3 = r_2$

c) $\qquad\qquad\quad\ v_2 - 2v_3 = r_3$

eliminiert man durch die Kombination von Gl. b) und der mit 1/2 multiplizierten Gl. c) die Unbekannte $v_3$ und erhält

a) $\qquad -2v_1 + \ v_2 = r_1$

b') $\qquad\quad\ v_1 - \dfrac{3}{2}v_2 = r_2 + \dfrac{1}{2}\,r_3$

Addiert man nun die mit 2/3 multiplizierte Gl. b') zu Gl. a), so bleibt eine Bestimmungsgleichung für $v_1$ übrig

$$-\frac{4}{3}v_1 = r_1 + \frac{2}{3}\,r_2 + \frac{1}{3}\,r_3 \qquad v_1 = -\left(\frac{3}{4}\,r_1 + \frac{2}{4}\,r_2 + \frac{1}{4}\,r_3\right)$$

Setzt man nun diesen Wert in Gl. a) ein, so erhält man

$$v_2 = r_1 + 2v_1$$

und dann weiter aus Gl. b)

$$v_3 = r_2 + 2v_2 - v_1$$

Allgemein lautet die Lösung des Gleichungssystems (7.39)

$$v_1 = -\frac{1}{n} \sum_{i=1}^{n-1} (n - i)\, r_i$$

$$v_k = r_{k-1} + 2\, v_{k-1} - v_{k-2} \qquad k = 2, 3, \ldots, n-1$$

(7.40)

Das ist leicht einzusehen. Multipliziert man nämlich jeweils die i-te Gleichung des Systems mit dem Faktor $-(n - i)/n$ und addiert dann alle Gleichungen, so ist die Koeffizientensumme der ersten Spalte gleich

$$-2 \cdot \left(-\frac{n-1}{n}\right) + \left(-\frac{n-2}{n}\right) = 1$$

der letzten Spalte gleich

$$-\frac{2}{n} + (-2) \cdot \left(-\frac{1}{n}\right) = 0$$

und aller übrigen Spalten ebenfalls gleich Null

$$-\frac{n-(i-1)}{n} + 2\,\frac{n-i}{n} - \frac{n-(i+1)}{n} = 0$$

während die Summe der rechten Seiten die in Gl. (7.40) angeführte Summe liefert.
Die zweite Gl. (7.40) folgt direkt aus dem System (7.39).
Hier handelt es sich um einen Spezialfall des Gaußschen Eliminationsverfahrens (s. Abschn. 3), bei dem sich die Lösung durch Gl. (7.40) d i r e k t ergibt und auch bei größerer Gleichungsanzahl ohne den Einsatz von Rechenanlagen ermitteln läßt.

## 7.3 Nichtlineare Randwertaufgabe
### Träger mit großer Durchbiegung

Ein an den Enden unverschieblich und drehbar gelagerter Träger konstanter Biegesteifigkeit sei gleichmäßig belastet (Bild 7.7). Seine Durchbiegung ist unter der Voraussetzung zu bestimmen, daß das Material eine mit seinen Abmessungen vergleichbare Durchbiegung zuläßt.

Die Differentialgleichung der Biegung lautet

$$\frac{1}{\rho} = \frac{\dfrac{d^2 w}{dx^2}}{\sqrt{1 + \left(\dfrac{dw}{dx}\right)^2}^{\,3}} = -\frac{M(x)}{EI}$$

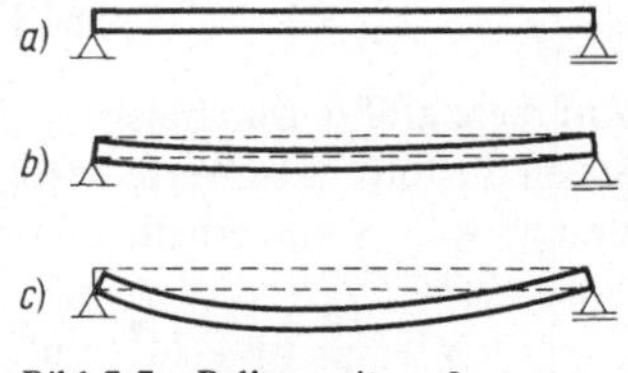

Bild 7.7   Balken mit großer
Durchbiegung
a) unbelastet
b) kleine Durchbiegung
c) große Durchbiegung

mit dem Krümmungsradius $\rho$, dem Biegemoment M, der Biegesteifigkeit EI und der Durchbiegung w.

Bei Annahme kleiner Durchbiegung ist $(dw/dx)^2 \ll 1$ und wird üblicherweise vernachlässigt (s. Gl. (7.31)). Dadurch wird die Differentialgleichung linear. Die vollständige Differentialgleichung wird in der Normalform

$$\frac{d^2w}{dx^2} + \frac{M(x)}{EI} \sqrt{1 + \left(\frac{dw}{dx}\right)^2}^{\,3} = 0 \tag{7.41}$$

Diese nichtlineare Differentialgleichung mit den Randbedingungen $w(0) = w(\ell) = 0$ soll durch Iteration gelöst werden, wobei als erster Iterationsschritt die Lösung der linearisierten Aufgabe genommen werden kann. Die Verkürzung des Abstandes der Auflagerstellen beträgt bei einer Durchbiegung von ungefähr 10 % der Länge nur 3 % und wird vernachlässigt.

### 7.3.1 Lösung der linearisierten Aufgabe

Die Lösung der linearisierten Aufgabe kann z.B. nach den in Abschn. 7.2 beschriebenen Methoden erfolgen. In unserem Beispiel ist eine geschlossene Lösung möglich. Es gilt mit der Streckenlast q die Biegemomentgleichung

$$M(x) = \frac{q\ell^2}{2}\left(\frac{x}{\ell} - \frac{x^2}{\ell^2}\right) \tag{7.42}$$

Vernachlässigt man nun in Gl. (7.41) $(dw/dx)^2$ gegen 1, so ist die Wurzel gleich Eins, und mit M(x) aus der vorstehenden Gleichung ergibt sich die linearisierte Differentialgleichung

$$\frac{d^2w}{dx^2} = - \frac{q\ell^2}{2EI}\left(\frac{x}{\ell} - \frac{x^2}{\ell^2}\right)$$

Durch zweimalige Integration erhält man unter Beachtung der Randbedingungen $w(0) = w(\ell) = 0$ die Gleichung der Biegelinie

$$w = \frac{q}{24}\frac{\ell^4}{EI}\left[\frac{x}{\ell} - 2\left(\frac{x}{\ell}\right)^3 + \left(\frac{x}{\ell}\right)^4\right]$$

Speziell gilt für $x = \ell/2$

$$w(0{,}5\ell) = w_m = \frac{5\,q\,\ell^4}{384\,EI} \tag{7.43}$$

Auf diese größte Durchbiegung des Balkens bei Benutzung der linearisierten Differentialgleichung sollen die folgenden Werte bezogen werden. Zur Normierung für die Rechnung setzen wir $x/\ell = u$ und $w/w_m = v$ und erhalten für die Biegelinie

$$v = \frac{16}{5}\left(u - 2u^3 + u^4\right) = 3{,}2\,u(1 - u)(1 + u - u^2) \tag{7.44}$$

und für die Durchbiegung

$$v(0{,}5) = 1 \qquad v(0{,}25) = v(0{,}75) = 0{,}7125$$

### 7.3.2 Aufstellen der Differenzengleichung für die nichtlineare Aufgabe

Die Differentialgleichung (7.41) wird mit Benutzung des Biegemomentes aus Gl. (7.42) in der normierten Form geschrieben. Es ist

$$\frac{d^2w}{dx^2} = \frac{d^2w}{du^2} \cdot \frac{1}{\ell^2} = w_m \frac{d^2v}{du^2} \cdot \frac{1}{\ell^2}$$

und

$$\frac{dw}{dx} = \frac{dw}{du} \cdot \frac{1}{\ell} = \frac{w_m}{\ell} \cdot \frac{dv}{du}$$

Bezeichnet man mit dem Strich die Ableitung nach u, so erhält man

$$\frac{w_m}{\ell^2} v'' = -\frac{q\,\ell^2}{2\,EI} (u - u^2) \sqrt{1 + \frac{w_m^2}{\ell^2} v'^2}^{\,3}$$

und nach Einsetzen von $w_m$ aus Gl. (7.43) und Kürzen

$$v'' = -\frac{192}{5} u(1 - u) \sqrt{1 + \frac{w_m^2}{\ell^2} v'^2}^{\,3}$$

Diese Gleichung kann wegen des Faktors $w_m/\ell$ nicht geschlossen gelöst werden. Für einen flachgelegten Rechteckträger aus Stahl $60 \times 4\ mm^2$ bei einer Länge $\ell = 1m$ und der Belastung $q = 500\ N/m$ sowie dem Elastizitätsmodul $E = 2 \cdot 10^7\ N/cm^2$ ergibt sich z.B.

$$\frac{w_m}{\ell} = \frac{5q\ell^3}{384\ EI} = 0{,}1$$

Damit erhält man

$$v'' = -38{,}4\, u(1 - u)\sqrt{1 + 0{,}01\, v'^2}^{\,3} \tag{7.45}$$

Mit Hilfe der einfachen Differenzenformeln (7.3) und (7.4) und der Schrittweite $h = 1/n$ wird daraus die Differenzengleichung für den Punkt $u_i = i/n$

$$v_{i-1} - 2v_i + v_{i+1} = -38{,}4\, h^2 u_i(1 - u_i) \sqrt{1 + 0{,}01 \left(\frac{v_{i+1} - v_{i-1}}{2h}\right)^2}^{\,3} \tag{7.46}$$

mit $\quad v_0 = v_n = 0 \quad\quad i = 1, 2, \ldots, n - 1$

### 7.3.3 Lösung des Ersatzsystems mit Iterationsverfahren

Man kann das Gleichungssystem (7.46) iterativ lösen, indem man die Lösung der linearisierten Gleichung (7.44) als Ausgangswert benutzt und in die rechten Seiten des Systems (7.46) einsetzt. Dann rechnet man einen neuen Satz von Funktionswerten als zweite Näherung aus, den man zur Gewinnung einer dritten Näherung wieder in Gl. (7.46) einsetzen kann.

Dabei entsteht ein Gleichungssystem der Form

$$A\, v^{(k+1)} = f(v^{(k)})$$

mit der Bandmatrix                          dem Lösungsvektor

$$A = \begin{bmatrix} -2 & 1 & & & 0 \\ 1 & -2 & 1 & & \\ & 1 & -2 & 1 & \\ & & & \ddots & \\ 0 & & & 1 & -2 \end{bmatrix} \qquad v^{(k)} = \begin{bmatrix} v_1^{(k)} \\ v_2^{(k)} \\ v_3^{(k)} \\ \vdots \\ v_{n-1}^{(k)} \end{bmatrix}$$

der k-ten Näherung und dementsprechend dem Lösungsvektor $v^{(k+1)}$ der $(k+1)$-ten Näherung.

So fährt man fort, bis sich zwei aufeinanderfolgende Lösungsvektoren innerhalb der gewünschten Genauigkeit nicht mehr voneinander unterscheiden. Wenn die Iteration konvergiert, hat man allerdings noch nicht die richtigen Funktionswerte berechnet, sondern nur eine Näherung, deren Genauigkeit wieder von der gewählten Schrittweite abhängt. Man muß also noch einmal mit feinerer Intervallteilung rechnen und die Endwerte dieser Iteration mit den Endwerten der Iteration bei der groberen Einteilung vergleichen (s. Tafel 7.10).

Nimmt man als einfachste Rechnung nur eine Stützstelle in der Mitte ($n = 2$, $h = 0,5$), so ist wegen der Symmetrie $v_1' = 0$. Dann enthält die rechte Seite von Gl. (7.45) bzw. (7.46) keine Unbekannte, und die Lösung der linearisierten Gleichung kann nicht verbessert werden. Man fängt also zweckmäßigerweise mit $n = 3$ oder $n = 4$ an.

Bei $n = 4$, $h = 0,25$ ist wegen der Randbedingungen $v_0 = v_4 = 0$ und wegen der Symmetrie $v_3 = v_1$. Als unbekannte Größen bleiben die Durchbiegungen $v_1$ im Viertelpunkt und $v_2$ in der Balkenmitte. Das Gleichungssystem (7.46) besteht dann aus den beiden Gleichungen

$$\begin{aligned} -2\,v_1 + \ v_2 &= -\,0,45 \sqrt{1 + 0,04\,v_2^2}^{\,3} \\ 2\,v_1 - 2\,v_2 &= -\,0,6 \end{aligned} \qquad (7.47)$$

Auf der rechten Seite kann man nun als erste Näherung $v_2^{(1)} = 1$ aus der Lösung der linearisierten Differentialgleichung einsetzen und erhält dann

$$\begin{aligned} -2\,v_1 + v_2 &= -\,0,45 \cdot 1,04^{1,5} = -\,0,47727 \\ v_1 - v_2 &= -\,0,3 \end{aligned}$$

mit der Lösung $v_1^{(2)} = 0,77727$ und $v_2^{(2)} = 1,07727$. Diese zweite Näherung setzt man nun wieder auf der rechten Seite von Gl. (7.47) ein und erhält einen neuen Lösungssatz. Die Lösungen sind für die einzelnen Iterationsschritte in Tafel 7.8 zusammengestellt.

Tafel 7.8  Iteration bei $n = 4$

| m | $v_1^{(m)}$ | $v_2^{(m)}$ |
|---|---|---|
| 1 | 0,7125 | 1 |
| 2 | 0,7773 | 1,0773 |
| 3 | 0,7817 | 1,0817 |
| 4 | 0,7820 | 1,0820 |
| 5 | 0,7820 | 1,0820 |

Halbiert man die Schrittweite ($n = 8$, $h = 0,125$), so erhält man mit $v_0 = v_8 = 0$ und $v_5 = v_3$, $v_6 = v_2$, $v_7 = v_1$ das System

$$-2v_1 + v_2 \qquad\qquad = -\frac{21}{320}\ \sqrt{1 + 0{,}16\ v_2^2}^{\,3}$$

$$v_1 - 2v_2 + v_3 \qquad = -\frac{9}{80}\ \sqrt{1 + 0{,}16(v_3 - v_1)^2}^{\,3}$$

$$v_2 - 2v_3 + v_4 = -\frac{9}{64}\ \sqrt{1 + 0{,}16(v_4 - v_2)^2}^{\,3}$$

$$2v_3 - 2v_4 = -\frac{3}{20}$$

Die in der ersten Zeile von Tafel 7.9 stehenden Anfangswerte des Iterationsverfahrens wurden aus Gl. (7.44) bestimmt, in den nächsten Zeilen stehen jeweils die Ergebnisse der weiteren Iterationsschritte.

Tafel 7.9  Iteration bei $n = 8$

| $m$ | $v_1^{(m)}$ | $v_2^{(m)}$ | $v_3^{(m)}$ | $v_4^{(m)}$ |
|---|---|---|---|---|
| 1 | 0,3883 | 0,7125 | 0,9258 | 1 |
| 2 | 0,4126 | 0,7514 | 0,9698 | 1,0582 |
| 3 | 0,4145 | 0,7543 | 0,9732 | 1,0482 |
| 4 | 0,4144 | 0,7539 | 0,9725 | 1,0475 |
| 5 | 0,4143 | 0,7539 | 0,9724 | 1,0474 |

Die gleiche Rechnung wird noch für feinere Einteilungen durchgeführt. Die Endergebnisse der jeweiligen Iterationsrechung sind in Tafel 7.10 zusammengestellt. Man erkennt deutlich, daß bei grober Intervallteilung der Effekt der Nichtlinearität überschätzt wird. Als physikalisches Ergebnis stellt sich heraus, daß selbst bei einem Verhältnis der Größtdurchbiegung zur Länge von 1 : 10 die Linearisierung der Differentialgleichung bei den in der Festigkeitslehre üblichen Genauigkeitsansprüchen erlaubt ist.

Tafel 7.10  Ergebnisse der Iteration bei verschieden feiner Intervallteilung

| $n$ | $v(0{,}125)$ | $v(0{,}25)$ | $v(0{,}375)$ | $v(0{,}5)$ |
|---|---|---|---|---|
| 4 | | 0,781 98 | | 1,081 98 |
| 8 | 0,414 33 | 0,753 89 | 0,972 43 | 1,047 43 |
| 16 | 0,409 98 | 0,746 85 | 0,964 06 | 1,038 67 |
| 32 | 0,408 90 | 0,745 09 | 0,961 96 | 1,036 47 |
| 64 | 0,408 63 | 0,744 65 | 0,961 43 | 1,035 92 |
| 128 | 0,408 56 | 0,744 54 | 0,961 30 | 1,035 78 |
| 256 | 0,408 54 | 0,744 51 | 0,961 27 | 1,035 75 |

Einen Anhaltspunkt für den Fehler erhält man aus den Rechnungen für verschiedene Schrittweiten. Eine Fehlerschätzung läßt sich zwar grundsätzlich durchführen, ist jedoch meistens nur sehr grob zu erhalten, vgl. [35].

### 7.4  Eigenwertaufgabe bei gewöhnlichen Differentialgleichungen
Der an einem Ende eingespannte und am anderen Ende gelenkig geführte Knickstab

Zur Lösung von Eigenwertaufgaben gibt es verschiedene Methoden[1]. Hier soll die Lösung einer Eigenwertaufgabe mit Hilfe des Differenzenverfahrens am Beispiel eines Knickstabes (Bild 7.11) behandelt werden.

Bei kleiner Längsdruckkraft F bleibt der Stab in der geraden Gleichgewichtslage. Bei einer bestimmten Kraft (Knickkraft) wird die gerade Gleichgewichtslage labil, und die stabile Gleichgewichtslage hat eine ausgebogene Form (Bild 7.11). Unsere Aufgabe besteht darin, die kleinste Kraft F zu finden, bei der eine ausgebogene Gleichgewichtslage möglich ist. Man nennt diese Kraft in der Technik Knickkraft und mathematisch den Eigenwert des Problems.

### 7.4.1  Herleitung der Differentialgleichung und Lösung

Nach Bild 7.11 ist das Biegemoment an der Stelle x durch $M(x) = Fw - F_Q x$ bestimmt. Die noch unbekannte, quer zur Stabachse gerichtete Lagerkraft $F_Q$ ist zum Gleichgewicht erforderlich. Sie ist mit dem Einspannmoment $M_E$ durch die Gleichung $M_E = -F_Q \ell$ verbunden. Außerdem gilt $w'' = -M(x)/EI$ mit der hier konstant angenommenen Biegesteifigkeit EI, so daß man die Differentialgleichung (' bedeutet Ableitung nach x)

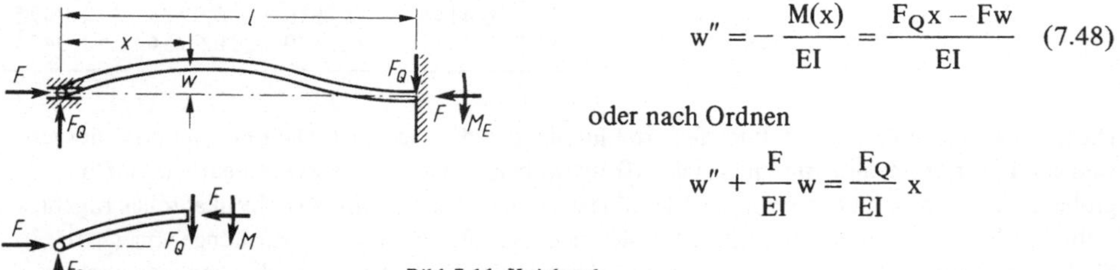

$$w'' = -\frac{M(x)}{EI} = \frac{F_Q x - Fw}{EI} \qquad (7.48)$$

oder nach Ordnen

$$w'' + \frac{F}{EI}\,w = \frac{F_Q}{EI}\,x$$

Bild 7.11  Knickstab

erhält. Die unbekannte Auflagerkraft $F_Q$ eliminiert man durch zweimaliges Differenzieren der vorstehenden Gleichung nach x. Dann wird die rechte Seite Null und die Differentialgleichung von vierter Ordnung

$$w^{(4)} + \frac{F}{EI}\,w'' = 0 \qquad (7.49)$$

Die Randbedingungen lauten

$w(0) = w(\ell) = 0$ , weil die Querverschiebung an beiden Enden Null ist,

$w'(\ell) = 0$     , weil der Stab am rechten Ende waagerecht eingespannt ist,

$w''(0) = 0$     , weil das Biegemoment (und damit $w''$) im Gelenklager Null ist.

Die Lösung der Differentialgleichung (7.49) lautet mit der Abkürzung $\kappa = \sqrt{F/EI}\,\ell$

$$w = C_1 \sin\left(\kappa\,\frac{x}{\ell}\right) + C_2 \cos\left(\kappa\,\frac{x}{\ell}\right) + C_3 x + C_4$$

---

1) Eine ausführliche Einführung findet man in C o l l a t z , L.: Eigenwertaufgaben mit technischen Anwendungen. Leipzig 1949.

Die Randbedingungen liefern das homogene Gleichungssystem

$$C_2 \qquad + C_4 = 0$$

$$C_1 \sin\kappa + \quad C_2 \cos\kappa + C_3\ell + C_4 = 0$$

$$\frac{\kappa}{\ell}\, C_1 \cos\kappa - \frac{\kappa}{\ell}\, C_2 \sin\kappa + C_3 \qquad = 0$$

$$-\frac{\kappa^2}{\ell^2}\, C_2 \qquad = 0$$

für die Koeffizienten $C_1, C_2, C_3$ und $C_4$, das nur dann nichttrivial lösbar ist, wenn seine Determinante gleich Null ist. Setzt man nun diese Determinante gleich Null oder eliminiert die Koeffizienten C schrittweise (was in diesem Beispiel einfacher ist), so wird man auf die Bedingungsgleichung

$$\tan\kappa = \kappa$$

geführt, deren kleinste positive Lösung mit einer für die Technik ausreichenden Genauigkeit in Beispiel 1.9 zu

$$\kappa = 4{,}493$$

berechnet wurde. Dann ist

$$F_K = \kappa^2\,\frac{EI}{\ell^2} = 20{,}19\,\frac{EI}{\ell^2} \tag{7.50}$$

Diese Lösung soll im folgenden mit den aus dem Differenzenverfahren gewonnenen Lösungen verglichen werden.

Für diese Rechnungen ist es zweckmäßig, den gesuchten Eigenwert in der Größenordnung von Eins zu normieren. Deshalb führen wir aufgrund von Gl. (7.50) die Abkürzung

$$K = \frac{F\,\ell^2}{20\,EI} \tag{7.51}$$

ein, die sich übrigens auch ohne Kenntnis der genauen Lösung nach der ersten Näherungsrechnung motivieren läßt. Dann ist Gl. (7.50) gleichbedeutend mit

$$K = 1{,}0095$$

Wir wollen nun sehen, wie weit dieser Wert mit numerischen Verfahren angenähert werden kann.

### 7.4.2 Berechnung mit dem einfachen Differenzenverfahren

Wir formen mit Hilfe von Gl. (7.51) die Differentialgleichung (7.49) um

$$w^{(4)} + \frac{20}{\ell^2}\, K\, w'' = 0 \tag{7.52}$$

und setzen für jeden inneren Punkt $i = 1, 2, \ldots, n-1$ Differenzenausdrücke nach Gl. (7.6) und (7.4) ein

$$\frac{w_{i-2} - 4\,w_{i-1} + 6\,w_i - 4\,w_{i+1} + w_{i+2}}{h^4} + \frac{20\,K}{\ell^2}\cdot\frac{w_{i-1} - 2\,w_i + w_{i+1}}{h^2} = 0$$

Nach Multiplizieren mit $h^4$ und mit der Abkürzung $\lambda = 20\,K\,h^2/\ell^2$ wird daraus

$$w_{i-2} - 4w_{i-1} + 6w_i - 4w_{i+1} + w_{i+2} + \lambda(w_{i-1} - 2w_i + w_{i+1}) = 0 \qquad (7.53)$$

Die Randbedingungen lauten $w_0 = w_n = 0$, wegen $w_0 = 0$ und $w_0'' = (w_{-1} - 2w_0 + w_1)/h^2 = (w_{-1} + w_1)/h^2 = 0$ auch $w_{-1} = -w_1$. Wegen $w_n' = (w_{n+1} - w_{n-1})/2h = 0$ ist außerdem $w_{n+1} = w_{n-1}$.

Das Gleichungssystem (7.53) kann in Form einer Matrizengleichung geschrieben werden

$$\mathbf{A\,w} + \lambda\,\mathbf{B\,w} = \mathbf{0} \qquad (7.54)$$

mit dem Eigenvektor $\mathbf{w}$ und den für diese speziellen Randbedingungen lautenden Bandmatrizen

$$\mathbf{A} = \begin{bmatrix}
5 & -4 & 1 & & & & & & & 0 \\
-4 & 6 & -4 & 1 & & & & & & \\
1 & -4 & 6 & -4 & 1 & & & & & \\
 & 1 & -4 & 6 & -4 & 1 & & & & \\
 & & & & \ddots & & & & & \\
 & & & & 1 & -4 & 6 & -4 & 1 & \\
 & & & & & 1 & -4 & 6 & -4 & 1 \\
 & & & & & & 1 & -4 & 6 & -4 \\
0 & & & & & & & 1 & -4 & 7
\end{bmatrix}$$

$$\text{und}\quad \mathbf{B} = \begin{bmatrix}
-2 & 1 & & & & & & 0 \\
1 & -2 & 1 & & & & & \\
 & 1 & -2 & 1 & & & & \\
 & & & \ddots & & & & \\
 & & & & 1 & -2 & 1 & \\
 & & & & & 1 & -2 & 1 \\
0 & & & & & & 1 & -2
\end{bmatrix}$$

Multipliziert man Gl. (7.54) von links mit $\mathbf{A}^{-1}$ und ordnet um, so erhält man die Matrizengleichung

$$-\mathbf{A}^{-1}\,\mathbf{B\,w} = \frac{1}{\lambda}\,\mathbf{E\,w}$$

die nach dem Verfahren von Stiefel (s. Beispiel 3.19) oder dem Iterationsverfahren von v. Mises (s. Abschn. 3.4.2) gelöst werden kann.

Diese Verfahren werden für größere Anzahlen von Stützstellen vorteilhaft angewandt. Beispiele sind in den genannten Abschnitten durchgerechnet.

Da die Anzahl der erforderlichen Iterationsschritte groß ist, soll hier für den Fall, daß keine Rechenanlage zur Verfügung steht, gezeigt werden, wie man mit einfachen Mitteln eine brauchbare Näherung für den kleinsten Eigenwert bekommt.

Die erste grobe Näherung kann man schon mit nur einer Stützstelle in der Stabmitte (Bild 7.12a) gewinnen.

Gl. (7.53) liefert die Bestimmungsgleichung für $\lambda$

$$6\,w_1 - 2\,\lambda w_1 = 0$$

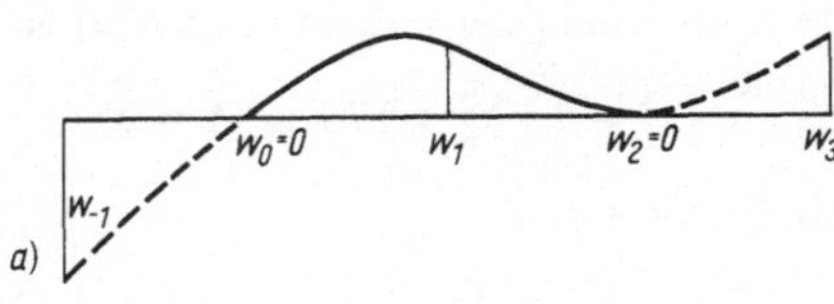


Bild 7.12  Randbedingungen beim Knickstab
(Differenzenverfahren)

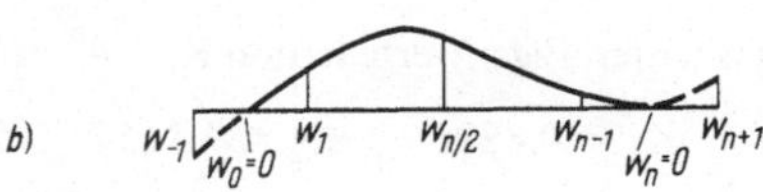


mit der Lösung $\lambda = 3$ (wegen $w_1 \neq 0$) und

$$K = \frac{1}{20}\left(\frac{\ell}{h}\right)^2 \lambda = \frac{n^2 \lambda}{20} = \frac{4 \cdot 3}{20} = 0{,}6$$

Die erste Näherung weicht also noch um 40 % von dem richtigen Wert ab.

Eine bessere Näherung ergibt sich für $n = 3$. Die Differenzengleichungen nach Gl. (7.53) lauten dann

$$5w_1 - 4w_2 + \lambda(-2w_1 + w_2) = 0$$
$$-4w_1 + 7w_2 + \lambda(\ \ w_1 - 2w_2) = 0$$

Eine nichttriviale Lösung ($w_1$ und $w_2$ dürfen nicht beide gleich Null sein) ist nur dann möglich, wenn die Determinante des Gleichungssystems verschwindet

$$\begin{vmatrix} 5 - 2\lambda & \lambda - 4 \\ \lambda - 4 & 7 - 2\lambda \end{vmatrix} = 0$$

Hieraus ergibt sich die Bestimmungsgleichung für die Eigenwerte

$$3\lambda^2 - 16\lambda + 19 = 0$$

mit den Lösungen

$$\lambda_1 = 1{,}7848 \qquad \lambda_2 = 3{,}5486$$

und 
$$K_1 = \frac{3^2 \lambda_1}{20} = 0{,}8031 \qquad K_2 = \frac{3^2 \lambda_2}{20} = 1{,}5969$$

Der hier interessierende kleinste Eigenwert $K_1 = 0{,}8031$ hat noch einen Fehler von 20,4 %.

Im folgenden ist noch die Lösung für $n = 4$ berechnet. Das Gleichungssystem lautet in Matrizenform

$$\begin{bmatrix} 5 & -4 & 1 \\ -4 & 6 & -4 \\ 1 & -4 & 7 \end{bmatrix} \begin{bmatrix} w_1 \\ w_2 \\ w_3 \end{bmatrix} + \lambda \begin{bmatrix} -2 & 1 & 0 \\ 1 & -2 & 1 \\ 0 & 1 & -2 \end{bmatrix} \begin{bmatrix} w_1 \\ w_2 \\ w_3 \end{bmatrix} = 0$$

Seine Determinante muß für nichttriviale Lösbarkeit gleich Null sein

$$\begin{vmatrix} 5 - 2\lambda & -4 + \lambda & 1 \\ -4 + \lambda & 6 - 2\lambda & -4 + \lambda \\ 1 & -4 + \lambda & 7 - 2\lambda \end{vmatrix} = 0$$

Die Ausrechnung der Determinante führt auf die kubische Bestimmungsgleichung

$$\lambda^3 - 7,5\,\lambda^2 + 17\,\lambda - 11 = 0$$

mit den Lösungen

$$\lambda_1 = 1,1108 \qquad \lambda_2 = 2,6446 \qquad \lambda_3 = 3,7446$$

Die gesuchten Eigenwerte lauten $K_i = 4^2\,\lambda_i/20$, also

$$K_1 = 0,8886 \qquad K_2 = 2,1157 \qquad K_3 = 2,9957$$

deren kleinster noch einen Fehler von 12 % hat. Die Auflösung der kubischen Gleichungen erfolgt nach einer der in Abschn. 2 beschriebenen Methoden. Bei diesem Lösungsverfahren des Eigenwertproblems ist der Grad des Polynoms gleich der Anzahl der Stützstellen. Feinere Einteilung hat also das Lösen einer Gleichung höheren Grades zur Folge. Das könnte auf einer Rechenanlage geschehen. Für n > 4 wird jedoch besser eines der in Abschn. 3 behandelten Verfahren benutzt.

### 7.4.3 Mehrstellenverfahren

Anstelle einer weiteren Verfeinerung der Intervallteilung kann man Verfahren höherer Annäherung nehmen. Dann kommt man bei gleicher Genauigkeit mit einer kleineren Anzahl von Stützstellen und damit auch mit einem Polynom niedrigeren Grades aus.

Das Mehrstellenverfahren kann nicht direkt auf die Differentialgleichung (7.52) angewandt werden, weil für die vierten und zweiten Ableitungen jeweils verschiedene Gewichte der benachbarten Stützwerte kombiniert werden müssen, damit der Verfahrensfehler proportional $h^4$ wird (Gl. (7.22) und (7.20)). Da überdies die Differenzenausdrücke für die zweite Ableitung einfacher sind als diejenigen für die vierte Ableitung, untersucht man anstatt der Differentialgleichung vierter Ordnung lieber zwei Differentialgleichungen zweiter Ordnung und erhält aus Gl. (7.48) und (7.49) wegen $M = -\,EI\,w''$ das System

$$w'' + \frac{M}{EI} = 0 \qquad M'' + \frac{F}{EI}\,M = 0 \tag{7.55}$$

Wir benutzen die Mehrstellengleichung (7.20) für die inneren Punkte $x_i$ ($i = 1, \ldots, n - 1$) und ersetzen jeweils $w''$ und $M''$ aus den Differentialgleichungen (7.55) durch Ausdrücke in M

$$w''_{i-1} + 10w''_i + w''_{i+1} = \frac{12}{h^2}\,(w_{i-1} - 2w_i + w_{i+1})$$

$$= -\frac{1}{EI}\,(M_{i-1} + 10M_i + M_{i+1})$$

$$M''_{i-1} + 10M''_i + M''_{i+1} = \frac{12}{h^2}\,(M_{i-1} - 2M_i + M_{i+1})$$

$$= -\frac{F}{EI}\,(M_{i-1} + 10M_i + M_{i+1})$$

Wir führen zur Vereinfachung der Schreibweise wieder die Abkürzung $K = F\ell^2/20EI$ und überdies $z = 12\,EI\,w/h^2$ in diese Gleichungen ein und erhalten nach Ersetzen der Ableitungen

$$z_{i-1} - 2\,z_i + z_{i+1} + M_{i-1} + 10\,M_i + M_{i+1} = 0 \tag{7.56}$$

$$M_{i-1} - 2\,M_i + M_{i+1} + \frac{5\,h^2}{3\,\ell^2}\,K\,(M_{i-1} + 10\,M_i + M_{i+1}) = 0 \tag{7.57}$$

Die Randbedingungen lauten wieder $M_0 = 0$, $z_0 = z_n = 0$, $z_n' = 0$.

In Gl. (7.57) tritt für $i = n - 1$ das unbekannte Randmoment $M_n$ auf. Wir wollen es durch die Funktionswerte ausdrücken. Es ist

$$M_n = -\,EI\,w_n'' = -\,EI\,\frac{w_{n-1} - 2\,w_n + w_{n+1}}{h^2} \tag{7.57a}$$

und weil überdies $w_n = w_n' = 0$, nach der einfachen Randformel also $w_{n+1} = w_{n-1}$ (Bild 7.12b) ist, ergibt sich

$$M_n = -\,\frac{EI}{h^2} \cdot 2\,w_{n-1} = -\,\frac{z_{n-1}}{6}$$

$$z_{n-1} = -\,6\,M_n$$

Bei Einteilung des gegebenen Bereiches in n Intervalle hat man $n - 1$ Stützstellen und damit für die $2(n + 1)$ Größen $z_i$ und $M_i$ insgesamt $n - 1$ Gleichungen vom Typ (7.56) und $n - 1$ Gleichungen vom Typ (7.57), von denen nur die letzteren den Eigenwert K enthalten. Zusammen mit den vier Randbedingungen ist das System eindeutig lösbar[1].

In Matrizenform schreibt man Gl. (7.56) und (7.57) mit $\lambda = \dfrac{5\,h^2}{3\,\ell^2}\,K$

$$\mathbf{B}\,z + \mathbf{C}\,\mathbf{M} = \mathbf{O}$$

$$\mathbf{B}\,\mathbf{M} + \lambda\,\mathbf{C}\,\mathbf{M} = \mathbf{O}$$

Hierin sind $\mathbf{B}$ und $\mathbf{C}$ Bandmatrizen von der Form

$$\mathbf{B} = [0 \quad 1 \quad -2 \quad 1 \quad 0]$$

$$\mathbf{C} = [0 \quad 1 \quad 10 \quad 1 \quad 0]$$

mit $n - 1$ Zeilen und $n + 1$ Spalten.

Die Lösung kann mit den Methoden von Abschn. 3.4 erfolgen. Zum Vergleich mit dem einfachen Differenzenverfahren wählen wir hier jedoch für k l e i n e Werte von n (grobe Teilung) nicht das Iterationsverfahren, sondern den direkten Weg der Lösung des homogenen Gleichungssystems.

Im folgenden sind für $n = 2$, 3 und 4 jeweils die Gleichungssysteme mit eingearbeiteten Randbedingungen, die Determinante, die algebraische Bestimmungsgleichung für K und die Näherungswerte K für die Eigenwerte aufgeschrieben.

---

1) Bei Randbedingungen $z_0 = z_n = 0$ und $M_0 = M_n = 0$ (beidseitig gelenkig gelagerter Stab) reduziert sich das System auf je $n - 1$ Spalten.

Bei Einspannung eines oder beider Enden des Stabes ist das jeweilige Randmoment ungleich Null und über die Differentialgleichung $M/EI = -\,w''$ mit der Durchbiegung gekoppelt. Es gilt bei der einfachen Differenzenformel (7.4) für den Rand mit starrer Einspannung $z_1 = -\,6\,M_0$ und $z_{n-1} = -\,6\,M_n$. In unserem Beispiel ist nur der rechte Rand starr eingespannt und am linken Rand gilt $M_0 = 0$. Im allgemeinen sind diese Gleichungen wegen Gl. (7.57a) voneinander nicht unabhängig.

$$n = 2 \qquad \frac{h}{\ell} = 0,5 \qquad z_1 = -6\,M_2$$

$$12\,M_2 + 10\,M_1 + M_2 = 0 \qquad -2\,M_1 + M_2 + \frac{5\,K}{12}\,(10\,M_1 + M_2) = 0$$

$$\begin{vmatrix} 10 & 13 \\[2mm] \left(-2 + \dfrac{50}{12}\,K\right) & \left(1 + \dfrac{5}{12}\,K\right) \end{vmatrix} = 0 \qquad K = 0,72\ (\text{Fehler } -28,7\,\%)$$

$$n = 3 \qquad \frac{h}{\ell} = \frac{1}{3} \qquad z_2 = -6\,M_3$$

$$-2\,z_1 - 6\,M_3 + \phantom{1}10\,M_1 + \phantom{1}M_2 \phantom{+ 10\,M_2 + M_3} = 0$$
$$z_1 + .12\,M_3 + \phantom{10}M_1 + 10\,M_2 + M_3 = 0$$

$$-2\,M_1 + \phantom{1}M_2 + \phantom{1}\frac{5}{27}\,K\,(10\,M_1 + M_2) = 0$$

$$M_1 - \phantom{1}2\,M_2 + M_3 + \frac{5}{27}\,K(M_1 + 10\,M_2 + M_3) = 0$$

$$\begin{vmatrix} -2 & 10 & 1 & -6 \\[2mm] 1 & 1 & 10 & 13 \\[2mm] 0 & \left(-2 + \dfrac{50}{27}\,K\right) & \left(1 + \dfrac{5}{27}\,K\right) & 0 \\[2mm] 0 & \left(1 + \dfrac{5}{27}\,K\right) & \left(-2 + \dfrac{50}{27}\,K\right) & \left(1 + \dfrac{5}{27}\,K\right) \end{vmatrix} = 0$$

$$K^2 - 2,981818\,K + 1,865455 = 0$$
$$K_1 = 0,8931\ (-11,5\,\%) \qquad K_2 = 2,0887$$

$$n = 4 \qquad \frac{h}{\ell} = 0,25 \qquad z_3 = -6\,M_4$$

$$-2\,z_1 + z_2 + 10\,M_1 + M_2 = 0$$
$$z_1 - 2\,z_2 - 6\,M_4 + M_1 + 10\,M_2 + M_3 = 0$$
$$z_2 + 12\,M_4 + M_2 + 10\,M_3 + M_4 = 0$$

$$-2\,M_1 + M_2 + \frac{5}{48}\,K\,(10\,M_1 + M_2) = 0$$

$$M_1 - 2\,M_2 + M_3 + \frac{5}{48}\,K\,(M_1 + 10\,M_2 + M_3) = 0$$

$$M_2 - 2\,M_3 + M_4 + \frac{5}{48}\,K\,(M_2 + 10\,M_3 + M_4) = 0$$

$$\begin{vmatrix} -2 & 1 & 10 & 1 & 0 & 0 \\ 1 & -2 & 1 & 10 & 1 & -6 \\ 0 & 1 & 0 & 1 & 10 & 13 \\ 0 & 0 & \left(-2+\frac{50}{48}K\right) & \left(1+\frac{5}{48}K\right) & 0 & 0 \\ 0 & 0 & \left(1+\frac{5}{48}K\right) & \left(-2+\frac{50}{48}K\right) & \left(1+\frac{5}{48}K\right) & 0 \\ 0 & 0 & 0 & \left(1+\frac{5}{48}K\right) & \left(-2+\frac{50}{48}K\right) & \left(1+\frac{5}{48}K\right) \end{vmatrix} = 0$$

$$K^3 - 7{,}591836\,K^2 + 16{,}7392265\,K - 9{,}930709 = 0$$

$$K_1 = 0{,}9545\ (-5{,}4\,\%) \qquad K_2 = 2{,}5378 \qquad K_3 = 4{,}0995$$

Die verfeinerten Formeln des einfachen Differenzenverfahrens werden hier nicht herangezogen, weil ihre Fehler die Größenordnung des Fehlers beim Mehrstellenverfahren haben.

### 7.4.4 Fehlerbetrachtungen

Das Beispiel des einseitig eingespannten und am anderen Ende gelenkig gelagerten Trägers wurde ausgewählt, weil einerseits eine geschlossene Lösung vorliegt, die eine einfache Fehlerangabe zuläßt, und andererseits die Randbedingungen nicht so einfach sind, daß die Genauigkeit des Verfahrens überschätzt wird.

Es muß hier betont werden, daß bei den mit Hilfe des Differenzenverfahrens berechneten Eigenwerten eine geschlossene Lösung im allgemeinen nicht vorliegt. Die Abweichung der Näherungslösung von der genauen Lösung muß vielmehr aus den zugänglichen numerischen Näherungsdaten (Funktionswerte, Ableitungen) auf komplizierte Art berechnet werden. Das übersteigt aber den Rahmen dieses Buches. Wir verweisen auf [35] und Fußnote S. 262. In Tafel 7.13 sind die mit verschiedener Intervallteilung und verschiedener Approximation berechneten Werte zusammengestellt und mit der genauen Lösung verglichen. Hieraus kann man einen Anhalt für die ungefähre Größe des Fehlers bei ähnlichen Problemen gewinnen.

Tafel 7.13  Erste Eigenwerte des Knickproblems

| | $K_1$ | $K_2$ | $K_3$ |
|---|---|---|---|
| Exakte Lösung | 1,0095 | 2,9840 | 5,9450 |
| **n = 2** | | | |
| Differenzenverfahren | 0,61 (−41 %) | | |
| Mehrstellenverfahren | 0,72 (−28,7 %) | | |
| **n = 3** | | | |
| Differenzenverfahren | 0,8031 (−20,4 %) | 1,5969 (−40,5 %) | |
| Mehrstellenverfahren | 0,8931 (−11,5 %) | 2,0887 (−30,0 %) | |
| **n = 4** | | | |
| Differenzenverfahren | 0,8886 (−12,4 %) | 2,1157 (−29,1 %) | 2,9957 (−49,6 %) |
| Mehrstellenverfahren | 0,9545 (− 5,4 %) | 2,5378 (−15,0 %) | 4,0995 (−31,0 %) |

Der niedrigste Eigenwert wird schon bei n = 4 mit dem Mehrstellenverfahren recht gut angenähert, während die höheren Eigenwerte noch erhebliche Abweichungen zeigen. Eine Ursache dieser Abweichungen liegt darin, daß das Problem in Wirklichkeit unendlich viele Eigenwerte besitzt, wie die transzendente Gleichung $\tan \kappa = \kappa$ erkennen läßt. Von diesen Eigenwerten sind bei dem Ersatzproblem mit m Stützstellen prinzipiell nur die ersten m Eigenwerte als Lösungen einer Polynomgleichung m-ten Grades zu bestimmen, während die höheren Eigenwerte gar nicht auftreten können. Der kleinste Eigenwert wird bei größerer Anzahl von Stützstellen zweckmäßig iterativ berechnet (s. Abschn. 3.4.2).

### 7.5 Randwertaufgabe bei partiellen Differentialgleichungen
###      Biegung einer Rechteckplatte

Randwertaufgaben bei partiellen Differentialgleichungen treten in vielen Problemen der Physik auf. Man findet sie z.B. in der Hydromechanik, der Akustik, der Elektrizitätslehre und in der Elastomechanik. In allen Fällen ist eine Funktion von mehreren Veränderlichen (häufig zwei Veränderlichen) gesucht, die eine Differentialgleichung erfüllt und außerdem gewissen Bedingungen am Rande des Definitionsbereiches genügt.

Zur Lösung solcher Aufgaben gibt es verschiedene Methoden. Die Integralmethoden benutzen Näherungsfunktionen für die Lösung, die die Randbedingungen erfüllen und deren unbestimmte Koeffizienten aus der Bedingung berechnet werden, daß z.B. das mittlere Fehlerquadrat oder die Formänderungsarbeit zum Minimum werden.

Hier soll in Anlehnung an die Näherungsmethode der Randwertaufgabe bei gewöhnlichen Differentialgleichungen das Differenzenverfahren benutzt werden, das in vielen Fällen mit geringem Aufwand eine Näherungslösung gestattet. Die Lösung wird am Beispiel der Biegung einer Rechteckplatte erläutert.

Die Differentialgleichung für die Biegung einer rechteckigen Platte unter der Flächenbelastung (Druck) p(x, y) wird aus Gleichgewichtsbedingungen und aus Verträglichkeitsbedingungen für die Verformung hergeleitet. Sie lautet

$$\frac{\partial^4 w}{\partial x^4} + 2\,\frac{\partial^4 w}{\partial x^2 \partial y^2} + \frac{\partial^4 w}{\partial y^4} = \frac{p(x, y)}{N} \tag{7.58}$$

Hierin ist $N = Et^3/12(1 - \mu^2)$ ein Maß für die Biegesteifigkeit der Platte mit dem Elastizitätsmodul E, der Plattendicke t und der Querdehnungszahl $\mu$.

Diese Bipotentialgleichung ist nur für Sonderfälle geschlossen oder durch Reihenentwicklungen lösbar. Bei komplizierter Belastung oder veränderlicher Dicke ist eine Näherungslösung mit dem Differenzenverfahren vorzuziehen. Wir benutzen dazu die in Abschn. 7.1.4 hergeleiteten Differenzenformeln (7.30) in Verbindung mit Bild 7.3d.

Zur Begrenzung des Rechenaufwandes soll hier eine quadratische Platte der Kantenlänge a mit konstanter Belastung p gewählt werden. Wir legen ein quadratisches Netz mit Stützstellen über die Platte, schreiben für jeden Innenpunkt die Differenzengleichung (7.30) auf und lösen das Gleichungssystem für die unbekannten Durchbiegungen $w_{ik}$ in den Stützstellen $(x_i; y_k)$. Bei veränderlicher Belastung muß man auf der rechten Seite von Gl. (7.58) anstatt der Konstanten an jeder Stützstelle den dort herrschenden Druck $p(x_i, y_k)$ einsetzen. Bei symmetrischer Belastung und Bemessung ist es zweckmäßig, den Koordinatennullpunkt in die Mitte der Platte zu legen, weil sich dann die Anzahl der unbekannten Funktionswerte $w_{ik}$ vermindert.

### 7.5.1  Vertikal unverschieblicher momentfreier Rand

Am momentfreien Rand ist das Biegemoment gleich Null. Diese Randbedingung ist z.B. bei einer auf den Rändern einfach aufgelegten Platte erfüllt. Da das Biegemoment der Krümmung proportional ist, bedeutet diese Randbedingung auch das Verschwinden der zweiten partiellen Ableitung senkrecht zum Rand.

Wir wählen zur groben Schätzung zunächst nur eine Stützstelle in der Mitte der Platte ($n = 2$) nach Bild 7.14a. Wegen der Unverschieblichkeit des Randes ist $w_{0,1} = w_{1,0} = w_{0,-1} = w_{-1,0} = 0$. Die über den Rand hinausgreifenden Punkte des Sterns in Bild 7.3d müssen über die Randbedingung $m_x = 0$ berechnet werden. Das Biegemoment um die x-Achse lautet

$$m_x = -N\left(\frac{\partial^2 w}{\partial y^2} + \mu\,\frac{\partial^2 w}{\partial x^2}\right)$$

Der Rand $y = a/2$ ist gerade. Deshalb ist dort $\partial^2 w/\partial x^2 = 0$, und es ergibt sich wegen $m_x = 0$ auch $\partial^2 w/\partial y^2 = 0$ am Rand. Nach Gl. (7.24) ist dann wegen $w_{0,1} = 0$ der Wert $w_{0,2} = -w_{0,0}$ d.h., daß der über den Rand hinausgreifende Punkt einen Funktionswert hat, der sich von dem spiegelbildlich zum Rand gelegenen nur um das Vorzeichen unterscheidet. Das gleiche gilt für die über die anderen Ränder hinausgreifenden Punkte.

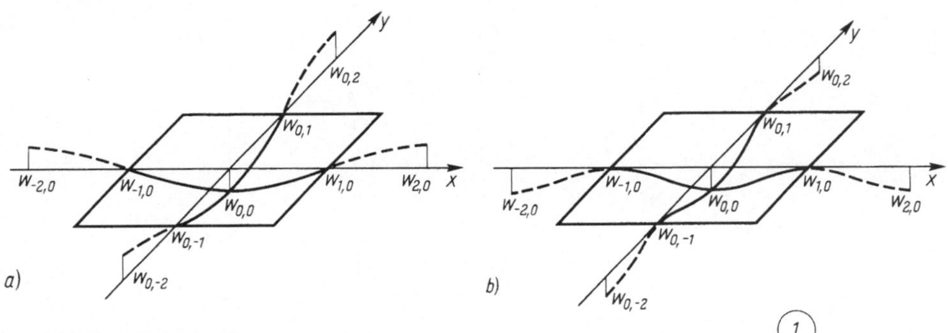


Bild 7.14  Biegefläche der Platte

Bild 7.15  Sternschema für die Plattengleichung bei n = 2

Legen wir den Stern nach Bild 7.15 auf die Platte, so können wir ablesen, mit welchen Faktoren die einzelnen Unbekannten $w_{ik}$ zu multiplizieren sind: Die Randwerte sind wegen der Randbedingung Null. Es bleibt also zwanzigmal der Wert $w_{0,0}$ und viermal der Wert $(-w_{0,0})$. Mit $h = a/2$ erhält man nach Gl. (7.58)

$$\frac{20\,w_{0,0} - 4\,w_{0,0}}{(a/2)^4} = \frac{p}{N} \tag{7.59}$$

mit der Lösung

$$w_{0,0} = \frac{pa^4}{256\,N} = 0,00391\,\frac{pa^4}{N}$$

als erste Näherung, die von der genauen Lösung mit dem Zahlenfaktor 0,00406 nur um 3,7 % abweicht.

Verfeinert man die Einteilung z.B. auf $n = 4$, so muß der Stern in Bild 7.3d im allgemeinen Fall auf alle neun Innenpunkte gelegt werden und für jeden dieser Punkte Gl. (7.30) angewandt werden. Dann entsteht ein System von neun Gleichungen für die neun unbekannten Durchbiegungen. Hier hat man wegen der Symmetrie nur an drei Innenpunkten verschieden große Durchbiegung, so daß sich das System auf drei Gleichungen, z.B. für $w_{0,0}$, $w_{1,0}$ und $w_{1,1}$, reduziert (Bild 7.16a).

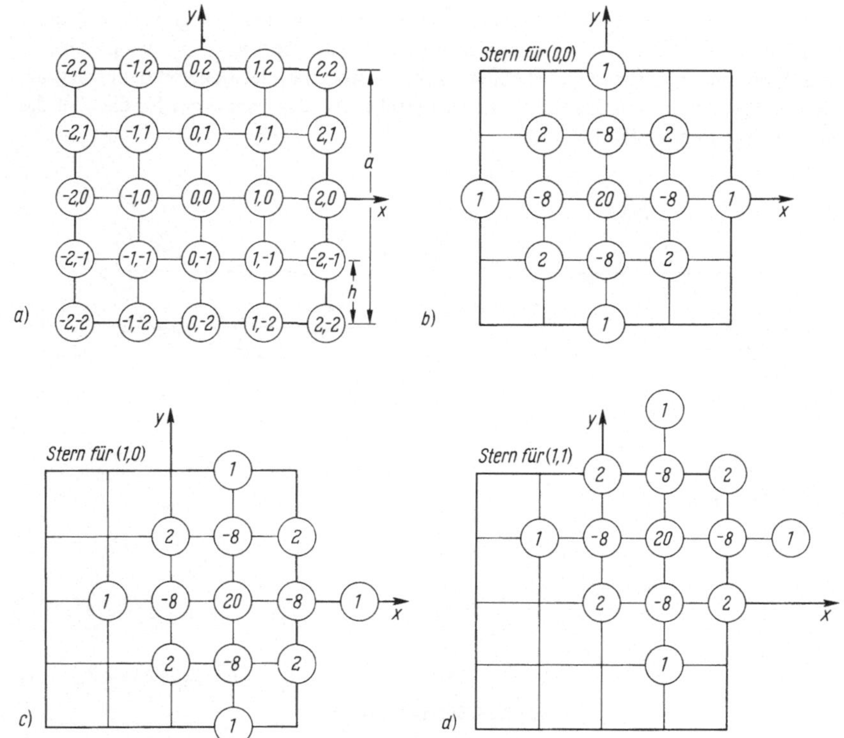

Bild 7.16 Sternschema für die Plattengleichung bei $n = 4$
a) Bezeichnung für Stützstellen, b) Stern für Punkt (0; 0)
c) Stern für Punkt (1; 0), d) Stern für Punkt (1; 1)

In Bild 7.16d ist der Stern auf den Punkt $P_{1,1}$ des Rasters gelegt. Unter der Bedingung, daß die Durchbiegung an den Rändern Null ist und in Punkten jenseits der Ränder den negativen Wert ihrer am Rand gespiegelten Punkte hat, ergibt sich für die einzelnen Punkte (Bild 7.16) $P_{0,0}$, $P_{1,0}$ und $P_{1,1}$

$$20\,w_{0,0} - 8 \cdot (4\,w_{1,0}) + 2 \cdot (4\,w_{1,1}) = \frac{pa^4}{256\,N}$$

$$20\,w_{1,0} - 8 \cdot (w_{0,0} + 2w_{1,1}) + 2 \cdot (2w_{1,0}) + 1 \cdot (w_{1,0} + (-w_{1,0})) = \frac{p\,a^4}{256\,N} \qquad (7.60)$$

$$20\,w_{1,1} - 8 \cdot (2w_{1,0}) + 2(w_{0,0}) + 1 \cdot (2w_{1,1} + 2(-w_{1,1})) = \frac{p\,a^4}{256\,N}$$

Nach Sortieren erhält man das System

$$20\,w_{0,0} - 32\,w_{1,0} + 8\,w_{1,1} = \frac{pa^4}{256\,N}$$

$$-8\,w_{0,0} + 24\,w_{1,0} - 16\,w_{1,1} = \frac{pa^4}{256\,N}$$

$$2\,w_{0,0} - 16\,w_{1,0} + 20\,w_{1,1} = \frac{pa^4}{256\,N}$$

Nach einem der in Abschn. 3 beschriebenen Verfahren erhält man die Lösung

$$w_{0,0} = \frac{33}{32}\,\frac{pa^4}{256\,N} = 0{,}00403\,\frac{pa^4}{N}$$

$$w_{1,0} = \frac{3}{4}\,\frac{pa^4}{256\,N} = 0{,}00293\,\frac{pa^4}{N}$$

$$w_{1,1} = \frac{35}{64}\,\frac{pa^4}{256\,N} = 0{,}00214\,\frac{pa^4}{N}$$

Der Fehler für $w_{0,0}$ beträgt nun nur noch 0,75 %.
Eine Rechnung mit $n = 6$ lieferte für den Wert in der Plattenmitte

$$w_{0,0} = 0{,}00405\,\frac{pa^4}{N}$$

### 7.5.2  Vertikal unverschieblicher eingespannter Rand

Die Genauigkeit der Näherungslösung hängt, wie schon beim Knickstab in Abschn. 7.4 erwähnt
wurde, auch von den Randbedingungen ab. Wir rechnen zum Vergleich die an den Rändern eingespannte Platte. Bei dieser ist das Biegemoment am Rand unbekannt. Über die zweite Ableitung
kann keine Aussage gemacht werden. Dagegen ist die senkrecht zum Rand genommene erste partielle Ableitung gleich Null, weil wegen der Einspannung (festgeklemmter Rand, festgeschweißter
oder festgenieteter Rand) die senkrecht zum Rand an die Plattenfläche gelegte Tangente am Rand
waagerecht verläuft. Für die außerhalb der Platte liegenden Punkte ist dann der Funktionswert so
groß wie der ihrer zum Rand spiegelbildlich gelegenen Punkte, z.B. $w_{k+1,j} = w_{k-1,j}$, wenn $w_{k,j} = 0$
ein Randpunkt ist (s. auch Bild 7.14b).

Mit einer Stützstelle erhalten wir entsprechend Gl. (7.59)

$$\frac{20\,w_{0,0} + 4\,w_{0,0}}{(a/2)^4} = \frac{p}{N}$$

mit der Lösung

$$w_{0,0} = \frac{pa^4}{384\,N} = 0{,}00260\,\frac{pa^4}{N}$$

die von der genauen Lösung mit dem Zahlenfaktor 0,00127 noch um 105 % abweicht.

Bei n = 4 erhält man entsprechend Gl. (7.60) unter Beachtung von Bild 7.16 und der neuen Randbedingungen

$$20\,w_{0,0} - 8 \cdot (4w_{1,0}) + 2 \cdot (4w_{1,1}) = \frac{pa^4}{256\,N}$$

$$20\,w_{1,0} - 8 \cdot (w_{0,0} + 2w_{1,1}) + 2 \cdot (2w_{1,0}) + 1 \cdot (2w_{1,0}) = \frac{pa^4}{256\,N}$$

$$20\,w_{1,1} - 8 \cdot (2w_{1,0}) + 2 \cdot w_{0,0} + 1 \cdot (4w_{1,1}) = \frac{pa^4}{256\,N}$$

Man sortiert, löst das Gleichungssystem auf (s. Abschn. 3) und erhält

$$w_{0,0} = \frac{41}{89} \cdot \frac{pa^4}{256\,N} = 0{,}00180\,\frac{pa^4}{N}$$

$$w_{1,0} = \frac{55}{178} \cdot \frac{pa^4}{256\,N} = 0{,}00121\,\frac{pa^4}{N}$$

$$w_{1,1} = \frac{149}{712} \cdot \frac{pa^4}{256\,N} = 0{,}00082\,\frac{pa^4}{N}$$

Dabei hat $w_{0,0}$ immer noch einen relativen Fehler von 41,7 %.

Die Berechnung mit n = 6 liefert den Zahlenfaktor 0,00153 und einen Fehler von 20,5 %.

Die Rechnung ist sehr aufwendig und führt schnell auf große Gleichungssysteme. Die Anzahl der Innenpunkte und damit der Gleichungen beträgt bei einer Quadratplatte mit n Intervallen längs einer Kante $(n-1)^2$. Bei Symmetrie und gleichmäßiger Belastung vermindert sich die Anzahl auf $n(n+2)/8$. Da jedoch für symmetrische Platten die Lösungen aus der Theorie bekannt sind, wendet man das Differenzenverfahren vornehmlich bei nichtsymmetrischen Platten oder nichtsymmetrischer Belastung an und muß im allgemeinen mit $(n-1)^2$ Gleichungen rechnen, was nur unter Verwendung von Rechenanlagen mit erträglichem Aufwand bewältigt werden kann.

### 7.5.3  Aufspalten der Differentialgleichung

Die Dgl. (7.58) kann durch Zwischenschalten einer neuen Variablen, der auf die Längeneinheit bezogenen Momentensumme

$$M = -N\left(\frac{\partial^2 w}{\partial x^2} + \frac{\partial^2 w}{\partial y2}\right)$$

in die beiden Dgl. zweiter Ordnung

$$\frac{\partial^2 M}{\partial x^2} + \frac{\partial^2 M}{\partial y^2} = -p \tag{7.61}$$

$$\frac{\partial^2 w}{\partial x^2} + \frac{\partial^2 w}{\partial y^2} = -\frac{M}{N} \tag{7.62}$$

aufgespalten werden. Sind die Randwerte der Momentensumme bekannt (z.B. ist bei gelenkiger Lagerung am Rand $M = 0$), so kann man die Größe M aus Gl. (7.61) unabhängig von der Verschiebung w berechnen und diese dann bei bekanntem M aus Gl. (7.62) bestimmen. Zur numerischen Lösung kann man dann anstatt der Gleichung für die vierte Ableitung die einfachere Gleichung (7.29) und Bild 7.3c heranziehen, muß diese jedoch einmal für die Hilfsvariable M und einmal für die Verschiebung w lösen. Bei Plattenberechnungen in der Technik benötigt man meistens auch die Größe M.

Bei der symmetrischen Quadratplatte mit konstanter Last und momentfrei gelagerten Rändern lautet Gl. (7.61) mit Gl. (7.29) für $n = 4$ und $h = a/4$ an den Punkten $P_{0,0}$, $P_{0,1}$ und $P_{1,1}$

$$- 4\,M_{0,0} + 4\,M_{1,0} \qquad\quad = -\frac{pa^2}{16}$$

$$M_{0,0} - 4\,M_{1,0} + 2\,M_{1,1} = -\frac{pa^2}{16}$$

$$2\,M_{1,0} - 4\,M_{1,1} = -\frac{pa^2}{16}$$

mit den nach Abschn. 3 gewonnenen Lösungen

$$M_{0,0} = \frac{9}{8}\,\frac{pa^2}{16} \qquad M_{1,0} = \frac{7}{8}\,\frac{pa^2}{16} \qquad M_{1,1} = \frac{11}{16}\,\frac{pa^2}{16}$$

Diese Werte werden nun auf der rechten Seite von Gl. (7.62) eingesetzt, während die linke Seite durch Gl. (7.29) angenähert wird

$$- 4\,w_{0,0} + 4\,w_{1,0} \qquad\quad = -\frac{M_{0,0}}{N} \cdot \frac{a^2}{16} = -\frac{9}{8}\,\frac{pa^4}{256\,N}$$

$$w_{0,0} - 4\,w_{1,0} + 2\,w_{1,1} = -\frac{M_{1,0}}{N} \cdot \frac{a^2}{16} = -\frac{7}{8}\,\frac{pa^4}{256\,N}$$

$$2\,w_{1,0} - 4\,w_{1,1} = -\frac{M_{1,1}}{N} \cdot \frac{a^2}{16} = -\frac{11}{16}\,\frac{pa^4}{256\,N}$$

Das ist das gleiche System wie oben mit anderen rechten Seiten. Die Lösung erfolgt deshalb mit dem verketteten Gauß-Algorithmus (s. Abschn. 3.3.3). Sie lautet wie in Abschn. 7.5.1

$$w_{0,0} = 0{,}00403\ pa^4/N \qquad w_{1,0} = 0{,}00293\ pa^4/N \qquad w_{1,1} = 0{,}00214\ pa^4/N$$

Man erhält so zwei Systeme einfacherer Gleichungen anstelle eines Systems, dessen Aufstellung mehr Mühe macht.

### 7.5.4  Fehlerbetrachtungen

In Abschn. 7.5.1 und 7.5.2 wird dieselbe Differentialgleichung mit gleicher Intervallteilung, aber mit verschiedenen Randbedingungen numerisch gelöst. In Tafel 7.17 sind die Lösungen für n = 2, 4 und 6 den genauen Lösungen für beide Randbedingungen gegenübergestellt. Man erkennt geringe Abweichung und schnelle Konvergenz bei der Platte mit den momentfreien Rändern. Bei der eingespannten Platte ist der Fehler noch erheblich. Man muß also noch feiner unterteilen und so lange rechnen, bis sich die Zahlen der Lösungsfolge innerhalb der gewünschten Genauigkeit nicht mehr unterscheiden.

Man sieht, daß man aus der schnellen Konvergenz bei bestimmten Randbedingungen nicht auch auf die Konvergenz bei anderen Randbedingungen schließen darf.

In der Elastizitätstheorie ist im allgemeinen die Näherungslösung bei momentfrei gelagerten Balken oder Platten genauer als bei eingespannten. Man kann das einsehen, wenn man die Durchbiegung der eingespannten Platte als Überlagerung aus zwei Belastungszuständen der momentfrei gelagerten Platte auffaßt. Die Durchbiegung unter der Flächenlast wird durch eine Aufbiegung infolge eines an den Rändern angreifenden Momentes wieder teilweise rückgängig gemacht. Die Momente sind so groß, daß an den Rändern die Bedingung waagerechter Tangenten erfüllt ist. Als Lösung erhält man dann die Differenz von zwei nahezu gleichgroßen Zahlen. Geringe Änderungen des Einspannmomentes rufen deshalb eine große Verschiebungsänderung in der Plattenmitte hervor. Wenn die Randmomente näherungsweise aus den über den Rand hinausgreifenden Größen berechnet werden müssen, ist bei grober Einteilung des Feldes ein grober relativer Fehler des Ergebnisses zu erwarten.

Tafel 7.17 Durchbiegung der Plattenmitte

|  | $1000\ w_{0,0}/(pa^4/N)$ | |
|---|---|---|
|  | Rand momentfrei | Rand eingespannt |
| genau | 4,06 | 1,27 |
| n = 2 | 3,91 | 2,60 |
| n = 4 | 4,03 | 1,80 |
| n = 6 | 4,05 | 1,53 |

Eine Fehlerabschätzung ist nach [35] grundsätzlich möglich. Für die Randwertaufgabe bei elliptischer Differentialgleichung wird als Fehlerschranke für die Abweichung der exakten Lösung von der Näherungslösung

$$\frac{h^2\, M_4\, \rho^2}{24}$$

angegeben. Hierin ist h die Maschenweite, $M_4$ eine Schranke für die Ableitung vierter Ordnung und $\rho$ der Radius des Kreises, der den Definitionsbereich umfaßt.

Diese Abschätzung kann auf die Berechnung der Durchbiegung $w_{00}$ nach Gl. (7.62) angewandt werden, wobei allerdings zu beachten ist, daß die Werte auf der rechten Seite dieser Gleichung (die Momentensummen) aus einer Näherungsrechnung gewonnen wurden.

Längs einer Symmetrielinie parallel zur Kante sind die Funktionswerte

$$0 \qquad 0{,}00293\,\frac{pa^4}{N} \qquad 0{,}00403\,\frac{pa^4}{N} \qquad 0{,}00293\,\frac{pa^4}{N} \qquad 0$$

berechnet worden, aus denen man mit Gl. (7.60) die vierte Ableitung der Funktion w in der Plattenmitte annähern kann. Es ist für h = a/4

$$w_{00}^{(4)} = \frac{6 \cdot 0{,}00403 - 4 \cdot 0{,}00293 \cdot 2}{(a/4)^4} \cdot \frac{pa^4}{N} = 0{,}189 \frac{p}{N}$$

Setzt man $M_4 = 0{,}2 \, p/N$ näherungsweise als obere Schranke an, so ist mit $\rho^2 = a^2/2$ der Fehler

$$|\, w(0) - w_{00} \,| < \frac{\left(\dfrac{a}{4}\right)^2 \cdot 0{,}2 \dfrac{p}{N} \cdot \dfrac{a^2}{2}}{24} = 0{,}26 \cdot 10^{-3} \frac{pa^4}{N}$$

Der wahre Fehler beträgt nach Tafel 7.17 nur $0{,}03 \cdot 10^{-3} \, pa^4/N$.

Die geschätzte Fehlerschranke ist also ungefähr neunmal zu groß.


## 7.6 Aufgaben zu Abschnitt 7


**1.** Man entwickle für die zweite Ableitung $y_i''$ eine symmetrische Näherungsformel, bei der der Verfahrensfehler in der Größenordnung $h^6$ liegt.

**2.** Man leite die Gleichungen (7.16), (7.17) und (7.18) her.

**3.** Man leite die Gleichungen (7.20), (7.21) und (7.22) her.

**4.** Man leite einen einfachen symmetrischen Differenzenausdruck für die gemischte Ableitung $\partial^4 w_{ij}/\partial^3 \partial y$ bei quadratischem Netz her und stelle ihn in Form von Bild 7.3 dar.

**5.** Man berechne die Durchbiegung eines an beiden Enden gelenkig gelagerten Stabes mit der sinusförmig veränderlichen Biegesteifigkeit (x = 0 ist das linke Auflager)

$$I(x) = I_0 \left( 1 + \sin \frac{\pi x}{\ell} \right)$$

mit dem einfachen Differenzenverfahren
a) mit einer Stützstelle (n = 2)
b) mit drei Stützstellen (n = 4)
c) mit fünf Stützstellen (n = 6)
bei gleichmäßig verteilter Belastung q.
Anleitung. Die Differentialgleichung lautet

$$\frac{d^2 w}{dx^2} = -\frac{M(x)}{EI(x)} = -\frac{q \, \ell^2}{2 \, EI_0} \cdot \frac{\dfrac{x}{\ell}\left(1 - \dfrac{x}{\ell}\right)}{1 + \sin \dfrac{\pi x}{\ell}}$$

**6.** Man benutze für dieselbe Aufgabe das Mehrstellenverfahren.

**7.** Man bestimme den kleinsten Eigenwert (die Knickkraft) $F_k$ des Stabes aus Aufgabe 5 aus der Differentialgleichung

$$\frac{d^2 w}{dx^2} + \frac{F}{EI(x)} w = 0$$

einmal mit dem einfachen Differenzenverfahren und einmal mit dem Mehrstellenverfahren für n = 2 und n = 4.

# 8 Numerische Geometrie

## 8.1 Querschnitte von Flugzeug- und Schiffsrümpfen und ihre analytische Darstellung

Die Verwendung von externen Geräten in der Datenverarbeitung, die graphische Darstellungen erlauben, also von

1. Plottern, die an die Anlage angeschlossen sind (on-line) oder unabhängig von ihr arbeiten (off-line),
2. Zeichenmaschinen, die höhere Genauigkeitsforderungen erfüllen,
3. Mikrofilmein- und -ausgabegeräten, und von
4. Sichtgeräten

kann verschiedene Gründe haben. Es kann sich zunächst darum handeln, daß die großen Mengen von auszugebenden Daten weniger materialaufwendig aufbewahrt werden sollen. Die Ausgabe auf Mikrofilm z.B. erfordert weniger Material als das Drucken auf Papier. Zudem kann die Ausgabe graphischer Darstellungen von Ergebnissen anstelle seitenlanger Tafeln den Aufwand herabsetzen.

Wichtiger als diese Materialverringerung bei der Ausgabe ist ein anderer Grund, der die Verwendung dieser externen Geräte sinnvoll macht. Bei der Entwicklung technischer Projekte kann es wünschenswert sein, die Ergebnisse der Konstruktion schnell in Zeichnungen umzusetzen, um Aufrisse, Querschnitte und perspektivische Darstellungen zur Hand zu haben. Das Arbeiten an einer Rechenanlage im Dialogbetrieb erlaubt dann ein ständiges Verfolgen und Beeinflussen des Entwicklungsprozesses.

Nach dieser laufenden Veranschaulichung des vorliegenden Standes der Entwicklung z.B. über Plotter oder Sichtgeräte erfolgt die Reinzeichnung des abgeschlossenen Projektes durch eine Zeichenmaschine. Schließlich ist eine begleitende und abschließende Archivierung des Vorhabens möglich, so daß jederzeit ein schneller Zugriff auf Konstruktionen und der Einbau in ein umfassendes Informationssystem möglich sind.

Diese Verwendung der Datenverarbeitung im Bereich der Konstruktion erfordert ein Umsetzen der meist graphischen Verfahren in Algorithmen, die programmiert werden können und mit deren Hilfe es möglich ist, numerische Ergebnisse in der Rechenanlage zu gewinnen. Diese Ergebnisse lassen sich dann in eine Folge von Steuerungsanweisungen für Plotter und Zeichenmaschinen umsetzen, wobei die gewünschten Zeichnungen einerseits durch Angabe von anzusteuernden Punkten und andererseits durch Anweisungen betreffs Zeichenart, Farbe u. dgl. erzielt werden. Bild 8.1 zeigt eine solche mit einem Plotter hergestellte Zeichnung einer Regelfläche.

Im Schiff- und Flugzeugbau hat man sich diese Möglichkeiten schon seit längerem zunutze gemacht. Dabei ist es erforderlich, mathematische Funktionen für Quer- und Längsschnitte von Schiffs- und Flugzeugrümpfen zu finden. Bei den Längsschnitten gilt es im wesentlichen, geeignete Verfahren für die Interpolation zu erproben (Abschn. 5.2). Bei den Querschnitten dagegen ist es erforderlich, mathematische Funktionen zur Beschreibung zu suchen.

Zunächst verwendete man am häufigsten Kegelschnitte. Die Aufgabe, in das in Bild 8.2a dargestellte Schema, wie es bei der Konstruktion von Flugzeugrumpfquerschnitten vorgegeben ist, eine Kurve

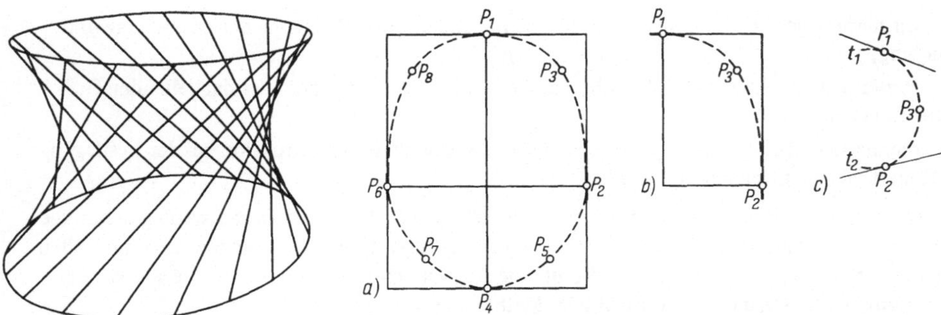

Bild 8.1  Darstellung einer Regelfläche auf einem Plotter

Bild 8.2  a) Schema für Rumpfspante, b) Ausschnitt aus a), c) allgemeine Konfiguration

einzuzeichnen, die durch die Punkte $P_1$ bis $P_8$ hindurchgeht und in $P_1$ und $P_4$ horizontale sowie in $P_2$ und $P_6$ vertikale Tangenten hat, reduziert sich für jeden der vier Teilbereiche, wie es in Bild 8.2b dargestellt ist, auf die allgemeine Aufgabe, einen Kegelschnitt durch die Punkte $P_1$ und $P_2$ mit den Tangenten $t_1$ und $t_2$ und durch einen weiteren Punkt $P_3$ hindurchzulegen (Bild 8.2c).

Eine Verallgemeinerung ergibt sich, wenn man[1] allgemeine Exponenten m und n in der Gleichung

$$|x|^m + |y|^n = 1 \tag{8.1}$$

zuläßt, die von m = n = 2 verschieden sind. Es ergeben sich dann je nach Exponenten besonders für die Darstellung von Schiffsspanten geeignete Funktionskurven. In Bild 8.3 sind vier Querschnittformen dieser Art dargestellt. Besonders im Dialogbetrieb an der Rechenanlage lassen sich bei der Verwendung eines graphischen Externgerätes (Sichtgerät oder Plotter) unmittelbar die geeigneten Formen finden. Zur anschaulichen Darstellung eines Projektes (z.B. eines Schiffes oder Flugzeugs), die graphisch durch die Methoden der darstellenden Geometrie gewonnen wird, bedarf es bei der Verwendung von Rechenanlagen einer Umsetzung der zeichnerischen Methoden in Algorithmen. Ist das Zeichnen eine Versinnlichung der abstrakten Geometrie, so bedarf es nun des Rückgangs auf Algorithmen der analytischen Geometrie. Mit der Verwendung geometrischer Zusammenhänge treten Probleme auf, von denen hier drei behandelt werden sollen:

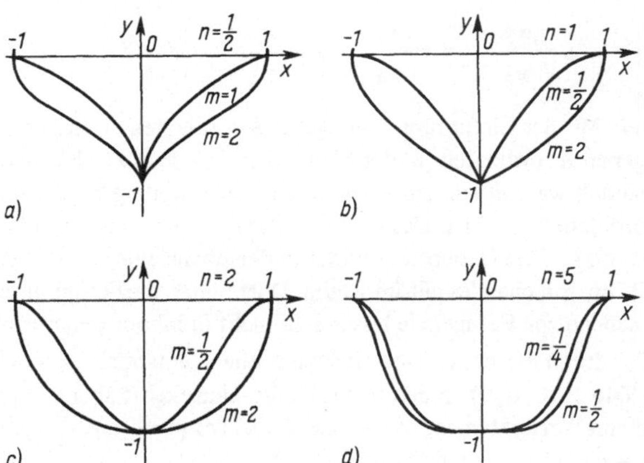

Bild 8.3  Schiffsspante

---

1) G r a n h o l m, J. W.: The Use of Closed-Curve Equations of Variable Degree in Airplane Fuselage Lofting. Aeron. Engng. Rev. (1954) 52–57.

1. die Einführung geeigneter Koordinaten für die Behandlung von Aufgaben der Darstellung und Abbildung;

2. die Herleitung von Abbildungsalgorithmen, die verschiedene Verfahren der darstellenden Geometrie umfassen;

3. die rechnerische Behandlung von Kegelschnitten, wie sie in der Konstruktion bei der Festlegung von Rumpfquerschnitten benutzt werden.

Ziel der Darstellung dieses Abschnitts ist die Bereitstellung des Rüstzeugs, das notwendig ist, um die konstruktiven Verfahren der darstellenden Geometrie in Algorithmen umzusetzen, die unmittelbar programmiert werden können. Es geht also um die Auswahl und Anwendung von Verfahren, die für die numerische Behandlung konstruktiver Methoden erforderlich sind.

### 8.2 Einführung homogener Koordinaten und einfache Anwendungen

Bei der numerischen Behandlung von Aufgaben aus dem Bereich der darstellenden Geometrie erweist es sich als zweckmäßig, sog. homogene Koordinaten (oder Verhältniskoordinaten genannt) einzuführen.

In der Ebene legt man einen Punkt, wenn ein rechtwinkliges Koordinatensystem zugrundegelegt wird, durch Angabe seiner beiden kartesischen Koordinaten x und y fest. Bei der Verwendung homogener Koordinaten nimmt man eine weitere — homogenisierende — Koordinate hinzu. Man kennzeichnet einen Punkt P in der Ebene also durch Angabe dreier Koordinaten, sie seien mit $x_1, x_2, x_3$ bezeichnet. Zwischen den homogenen und den gewöhnlichen (inhomogenen) Koordinaten bestehen dann die Beziehungen

$$x = \frac{x_1}{x_3} \qquad y = \frac{x_2}{x_3} \tag{8.2}$$

mit deren Hilfe eine Umrechnung möglich ist, falls $x_3 \neq 0$ ist. Im dreidimensionalen Raum, in dem man einen Punkt durch Angabe von drei Koordinaten x, y und z festlegt, führt man homogene Koordinaten $x_1, x_2, x_3, x_4$ ein, so daß hier die Beziehungen

$$x = \frac{x_1}{x_4} \qquad y = \frac{x_2}{x_4} \qquad z = \frac{x_3}{x_4} \qquad x_4 \neq 0 \tag{8.3}$$

gelten. Mit der Einführung homogener Koordinaten erreicht man, daß nicht nur die durch die inhomogenen Koordinaten (in der Ebene x und y) charakterisierbaren eigentlichen Punkte (mit $x_3 \neq 0$) behandelt werden können, sondern auch eine weitere Klasse von Punkten, deren homogenisierende Koordinate $x_3 = 0$ ist. Das ist die Klasse der u n e i g e n t l i c h e n  P u n k t e oder F e r n -p u n k t e. Ihre Gesamtheit bildet in der Ebene eine Gerade, die mit  F e r n g e r a d e  bezeichnet wird. Entsprechendes gilt im Raum. Dort bilden die Fernpunkte eine Ebene, die  F e r n e b e n e. Fernebene wie Ferngerade lassen sich nicht in inhomogenen Koordinaten wiedergeben.

In der durch die Ferngerade ergänzten Ebene entspricht jedem Wertsystem $(x_1; x_2; x_3)$ mit Ausnahme des Tripels $(0; 0; 0)$ eindeutig ein Punkt. Umgekehrt aber entspricht jedem Punkt eine unendliche Anzahl von Wertsystemen, da z.B. das Tripel $(\rho x_1; \rho x_2; \rho x_3)$ mit $x_3 \neq 0$ und $\rho \neq 0$ denselben Punkt liefert wie $(x_1; x_2; x_3)$, denn nach Gl. (8.2) ist

$$x = \frac{\rho x_1}{\rho x_3} = \frac{x_1}{x_3} \qquad y = \frac{\rho x_2}{\rho x_3} = \frac{x_2}{x_3} \qquad \rho \neq 0, \, x_3 \neq 0 \tag{8.4}$$

Die Gesamtheit der eigentlichen und uneigentlichen Punkte nennt man die p r o j e k t i v e
E b e n e  bzw. den  p r o j e k t i v e n   R a u m.

Die Punkte der projektiven Ebene lassen sich (Bild 8.4) durch Angabe der homogenen Koordinaten
charakterisieren. Man schreibt drei statt bisher zwei Werte an die Punkte. Der Ursprung des Koordinatensystems bekommt die Zahlenwerte $(0; 0; 1)$, der sog. Einheitspunkt die Angabe $(1; 1; 1)$. $P_1$
wird durch $(3; 3; 1)$ oder $(6; 6; 2)$ usw. festgelegt, $P_2$ durch $(3; 2; 1)$ oder $(6; 4; 2)$. Die nicht dar-
stellbaren Fernpunkte in den angegebenen Richtungen bekommen die Tripel $(1; 0; 0)$, $(0; 1; 0)$ und
$(1; 1; 0)$.

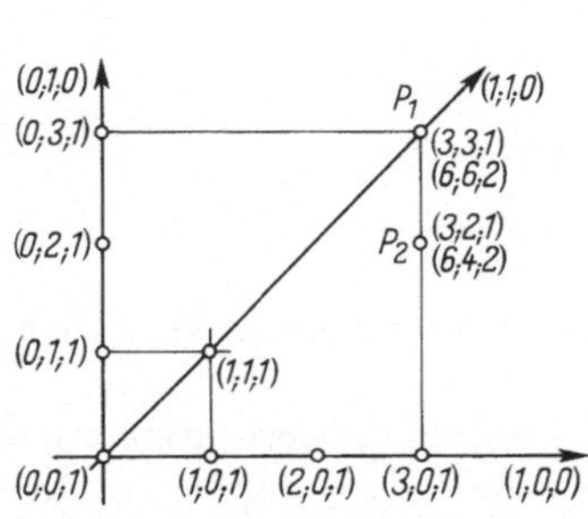

Bild 8.4   Homogene Koordinaten

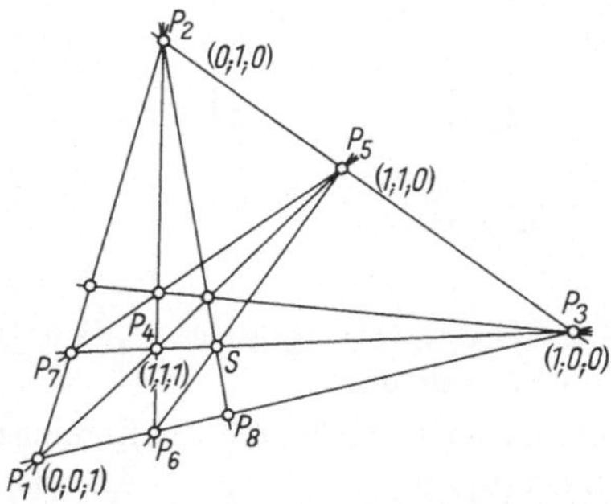

Bild 8.5   Allgemeines projektives Koordinatensystem

Man kann das Koordinatensystem so abbilden, daß die Fernpunkte in eigentliche Punkte übergehen.
Man erhält allgemeine projektive Koordinaten, die in einem Dreiecksystem (Bild 8.5) darstellbar
sind. Die  F u n d a m e n t a l p u n k t e  $P_1$, $P_2$ und $P_3$ legen es zusammen mit dem Einheitspunkt
$P_4$ fest. Das Koordinatengitter läßt sich dann mit Hilfe des Fernpunktes $P_5$ $(1; 1; 0)$ wie bei einer
Perspektive zeichnen. Gegeben seien die Punkte $P_1$, $P_2$, $P_3$ und $P_4$. Man bringt die

| Gerade durch | zum Schnitt mit der | und erhält Punkt |
|---|---|---|
| $P_2$ und $P_4$ | Geraden $\overline{P_1 P_3}$ | $P_6$ $(1; 0; 1)$ |
| $P_3$ und $P_4$ | Geraden $\overline{P_1 P_2}$ | $P_7$ $(0; 1; 1)$ |
| $P_1$ und $P_4$ | Ferngeraden | $P_5$ $(1; 1; 0)$ |

Weitere Punkte lassen sich dann in folgender Weise konstruieren: Man verbindet z.B. $P_6$ mit $P_5$.
Die Verbindungsgerade schneidet die Gerade $P_3 P_7$ in S $(2; 1; 1)$. Die Gerade durch $P_2$ und S schneidet $\overline{P_1 P_3}$ in $P_8$ $(2; 0; 1)$.

| Alle Punkte der Geraden | haben die homogene Koordinate $x_1 =$ | Alle Punkte der Geraden | haben die homogene Koordinate $x_2 =$ |
|---|---|---|---|
| $\overline{P_1 P_2}$ | 0 | $\overline{P_1 P_3}$ | 0 |
| $\overline{P_6 P_2}$ | 1 | $\overline{P_7 P_3}$ | 1  usw. |
| $\overline{P_8 P_2}$ | 2  usw. | | |

Als einfachstes Gebilde sei hier die Gerade in homogenen Koordinaten dargestellt. Sie läßt sich in
kartesischen Koordinaten durch die Gleichung

$$u_1 x + u_2 y + u_3 = 0 \tag{8.5}$$

wiedergeben.

Es ergibt sich bei der Einführung homogener Koordinaten

$$u_1 \frac{x_1}{x_3} + u_2 \frac{x_2}{x_3} + u_3 = 0$$

oder    $u_1 x_1 + u_2 x_2 + u_3 x_3 = 0$ \hfill (8.6)

Gl. (8.6) kann man auffassen als das innere Produkt der beiden Vektoren

$$\mathbf{u} = \begin{bmatrix} u_1 \\ u_2 \\ u_3 \end{bmatrix} \qquad \mathbf{x} = \begin{bmatrix} x_1 \\ x_2 \\ x_3 \end{bmatrix}$$

also    $\displaystyle\sum_{i=1}^{3} u_i x_i = 0$

Das wird durch $\mathbf{u} \circ \mathbf{x}$ wiedergegeben. Gl. (8.6) ist symmetrisch in bezug auf die Vektoren $\mathbf{u}$ und $\mathbf{x}$. Man kann sie deshalb deuten

1. als Gesamtheit aller Punkte mit den Koordinaten $(x_1; x_2; x_3)$ auf der Geraden mit den festen Koeffizienten $(u_1; u_2; u_3)$. Man nennt das eine P u n k t r e i h e.

2. als Gesamtheit aller durch den Punkt mit den festen Koordinaten $(x_1; x_2; x_3)$ gehenden Geraden. Man nennt das ein G e r a d e n b ü s c h e l.

Die Gleichung der Geraden durch zwei Punkte A und B mit den Koordinaten $(a_1; a_2)$ und $(b_1; b_2)$ ermittelt man mit Hilfe der sog. Zweipunkteform

$$\frac{y - a_2}{x - a_1} = \frac{b_2 - a_2}{b_1 - a_1} \tag{8.7}$$

Führt man in Gl. (8.7) homogene Koordinaten ein, so erhält man mit dem Tripel $(a_1; a_2; a_3)$ für den Punkt A und mit dem Tripel $(b_1; b_2; b_3)$ für den Punkt B bei $a_3 \neq 0$ und $b_3 \neq 0$

$$\frac{\dfrac{x_2}{x_3} - \dfrac{a_2}{a_3}}{\dfrac{x_1}{x_3} - \dfrac{a_1}{a_3}} = \frac{\dfrac{b_2}{b_3} - \dfrac{a_2}{a_3}}{\dfrac{b_1}{b_3} - \dfrac{a_1}{a_3}} \tag{8.8}$$

Das läßt sich umformen zu

$$x_1(a_2 b_3 - a_3 b_2) + x_2(a_3 b_1 - a_1 b_3) + x_3(a_1 b_2 - a_2 b_1) = 0$$

d.h., die Koeffizienten der gesuchten Geraden sind[1] (auch im Falle $a_3 = 0$ und $b_3 = 0$)

$$\begin{aligned}
u_1 &= a_2 b_3 - a_3 b_2 \\
u_2 &= a_3 b_1 - a_1 b_3 \\
u_3 &= a_1 b_2 - a_2 b_1
\end{aligned} \tag{8.9}$$

es sind m.a.W. die Unterdeterminanten der Determinante

---

1) Sie sind bis auf einen gemeinsamen Faktor bestimmt, d.h., die Tripel $(u_1; u_2; u_3)$ und $(\rho u_1; \rho u_2; \rho u_3)$ sind äquivalent.

$$\begin{vmatrix} x_1 & x_2 & x_3 \\ a_1 & a_2 & a_3 \\ b_1 & b_2 & b_3 \end{vmatrix} \qquad (8.10)$$

durch die, wenn wir sie gleich Null setzen, die Gerade durch die Punkte A und B dargestellt wird.
Zur Berechnung der Koeffizienten der Geraden entwickelt man also die Determinante (8.10) nach
der 1. Zeile.

Will man den Schnittpunkt zweier Geraden $u(u_1; u_2; u_3)$ und $v(v_1; v_2; v_3)$ ausrechnen, so läuft das
— was nicht im einzelnen gezeigt werden soll — auf die Berechnung der Unterdeterminanten der
1. Zeile der Determinante

$$\begin{vmatrix} \cdot & \cdot & \cdot \\ u_1 & u_2 & u_3 \\ v_1 & v_2 & v_3 \end{vmatrix} \qquad (8.11)$$

hinaus, d.h., es sind

$$\begin{aligned} x_1 &= u_2 v_3 - u_3 v_2 \\ x_2 &= u_3 v_1 - u_1 v_3 \\ x_3 &= u_1 v_2 - u_2 v_1 \end{aligned} \qquad (8.12)$$

die homogenen Koordinaten des gesuchten Schnittpunktes. Bei dieser Berechnung ist die 1. Zeile
der Determinante (8.11) unwesentlich. Es ist deshalb üblich, an die Stelle der Elemente das Zeichen
„ • " zu setzen.

**Beispiel 8.1** Es ist der Schnittpunkt X einer Geraden g mit der Verbindungsgeraden v zweier gegebener Punkte A und B zu ermitteln (Bild 8.6). Gegeben seien die Koeffizienten der Geraden g (0,5;
−5; 10) und die Koordinaten der Punkte A (1; 3; 1) und B (2,5; 1; 1).

Allgemein erhält man:          speziell ergibt sich:

1. Verbindungsgerade **v** der Punkte A und B

$$\begin{vmatrix} \cdot & \cdot & \cdot \\ a_1 & a_2 & a_3 \\ b_1 & b_2 & b_3 \end{vmatrix} \qquad \begin{vmatrix} \cdot & \cdot & \cdot \\ 1 & 3 & 1 \\ 2,5 & 1 & 1 \end{vmatrix}$$

$$\begin{aligned} v_1 &= a_2 b_3 - a_3 b_2 & v_1 &= 2 \\ v_2 &= a_3 b_1 - a_1 b_3 & v_2 &= 1,5 \qquad (8.13) \\ v_3 &= a_1 b_2 - a_2 b_1 & v_3 &= -6,5 \end{aligned}$$

2. Schnittpunkt von g und v

$$\begin{vmatrix} \cdot & \cdot & \cdot \\ g_1 & g_2 & g_3 \\ v_1 & v_2 & v_3 \end{vmatrix} \qquad \begin{vmatrix} \cdot & \cdot & \cdot \\ 0,5 & -5 & 10 \\ 2 & 1,5 & -6,5 \end{vmatrix}$$

$$\begin{aligned} x_1 &= g_2 v_3 - g_3 v_2 & x_1 &= 17,50 \\ x_2 &= g_3 v_1 - g_1 v_3 & x_2 &= 23,25 \qquad (8.14) \\ x_3 &= g_1 v_2 - g_2 v_1 & x_3 &= 10,75 \end{aligned}$$

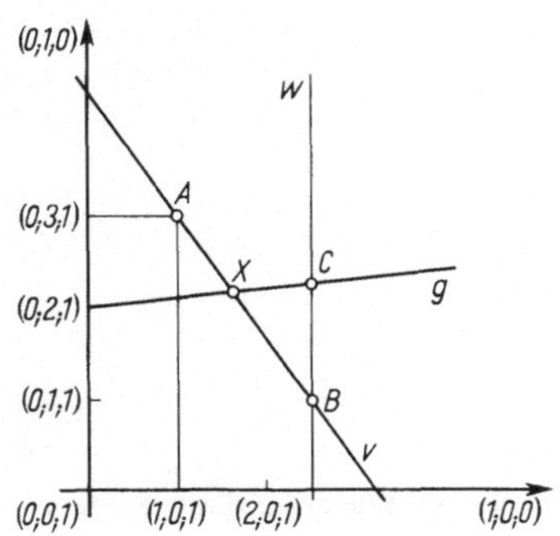


Bild 8.6
Schnittpunkt einer Geraden g mit der
Verbindungsgeraden zweier Punkte A und B

Die homogenen Koordinaten des Schnittpunktes lassen sich in inhomogene umrechnen

$$x = \frac{17,50}{10,75} = 1,63 \qquad y = \frac{23,25}{10,75} = 2,16$$

Setzt man die links stehenden Formeln von (8.13) in (8.14) ein, so erhält man

$$\begin{aligned}
x_1 &= g_2(a_1 b_2 - a_2 b_1) - g_3(a_3 b_1 - a_1 b_3) \\
x_2 &= g_3(a_2 b_3 - a_3 b_2) - g_1(a_1 b_2 - a_2 b_1) \\
x_3 &= g_1(a_3 b_1 - a_1 b_3) - g_2(a_2 b_3 - a_3 b_2)
\end{aligned} \tag{8.15}$$

Sie lassen sich zu

$$\begin{aligned}
x_1 &= (g_1 b_1 + g_2 b_2 + g_3 b_3)a_1 - (g_1 a_1 + g_2 a_2 + g_3 a_3)b_1 \\
x_2 &= (g_1 b_1 + g_2 b_2 + g_3 b_3)a_2 - (g_1 a_1 + g_2 a_2 + g_3 a_3)b_2 \\
x_3 &= (g_1 b_1 + g_2 b_2 + g_3 b_3)a_3 - (g_1 a_1 + g_2 a_2 + g_3 a_3)b_3
\end{aligned} \tag{8.16}$$

erweitern und vektoriell schreiben

$$\mathbf{x} = (\mathbf{g} \circ \mathbf{b})\,\mathbf{a} - (\mathbf{g} \circ \mathbf{a})\,\mathbf{b} \tag{8.17}$$

In diesem Beispiel ergibt sich

$$\mathbf{g} \circ \mathbf{b} = 6,25 \qquad \mathbf{g} \circ \mathbf{a} = -4,50$$

$$\mathbf{x} = 6,25 \begin{bmatrix} 1 \\ 3 \\ 1 \end{bmatrix} + 4,50 \begin{bmatrix} 2,5 \\ 1 \\ 1 \end{bmatrix} = \begin{bmatrix} 17,50 \\ 23,25 \\ 10,75 \end{bmatrix}$$

in Übereinstimmung mit den oben gewonnenen Werten. Wählt man statt des eigentlichen Punktes A den Fernpunkt (0; 1; 0), so verläuft die Rechnung entsprechend

$$\begin{vmatrix} \cdot & \cdot & \cdot \\ 0 & 1 & 0 \\ 2,5 & 1 & 1 \end{vmatrix}$$

w ist eine Parallele zur y-Achse durch B mit den Koeffizienten (1; 0; −2,5). Der Schnittpunkt C mit der Geraden g ergibt sich aus

$$\begin{vmatrix} \cdot & \cdot & \cdot \\ 0,5 & -5 & 10 \\ 1 & 0 & -2,5 \end{vmatrix}$$

also $x_1 = 12,50$, $x_2 = 11,25$ und $x_3 = 5,00$ oder inhomogen

$$x = \frac{12,50}{5,00} = 2,50 \qquad y = \frac{11,25}{5,00} = 2,25$$

### 8.3 Kollineare Abbildungen in der Ebene und im Raum

Mit Hilfe der in Abschn. 8.2 eingeführten homogenen Koordinaten soll als eine erste Hauptaufgabe der numerischen Geometrie die kollineare Abbildung in der Ebene (und im Raum) betrachtet werden. Dazu ist es erforderlich, die Lösung zunächst allgemein herzuleiten. Die Spezialfälle ergeben sich dann aus den allgemeinen Formeln.

Eine Abbildung heißt kollinear, wenn in dem betrachteten Raum erstens jeder Punkt einen Bildpunkt hat und zweitens bei der Abbildung Geraden in Geraden übergehen. Liegen also drei abzubildende Punkte auf einer Geraden, so liegen ihre Bildpunkte wieder auf einer Geraden.

### 8.3.1 Allgemeine Formeln

Die Grundaufgabe besteht darin, eine solche linear-homogene, im übrigen eindeutig bestimmte Transformation zu finden, die ein gegebenes echtes Viereck[1] A B C E in ein ebensolches A' B' C' E' überführt (Bild 8.7). Es seien also die Koordinaten der acht Punkte gegeben

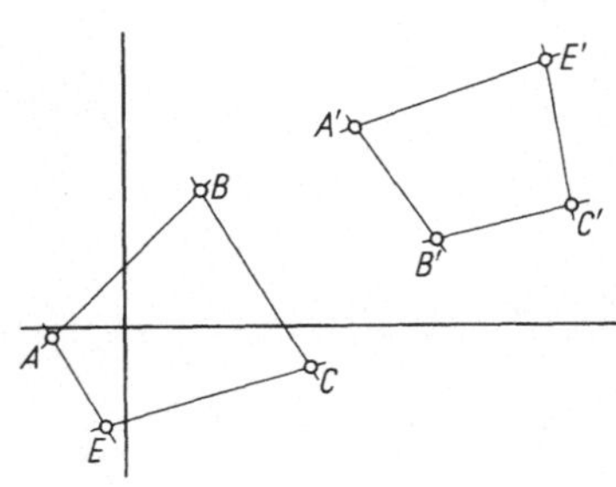

$$\begin{array}{llll}
\text{Punkt A} & (a_1; a_2; a_3) & \text{Punkt A}' & (a_1'; a_2'; a_3') \\
\text{B} & (b_1; b_2; b_3) & \text{B}' & (b_1'; b_2'; b_3') \\
\text{C} & (c_1; c_2; c_3) & \text{C}' & (c_1'; c_2'; c_3') \\
\text{E} & (e_1; e_2; e_3) & \text{E}' & (e_1'; e_2'; e_3')
\end{array} \qquad (8.18)$$

Für die Transformation macht man den Ansatz

$$\begin{aligned}
x_1' &= a_{11}x_1 + a_{12}x_2 + a_{13}x_3 \\
x_2' &= a_{21}x_1 + a_{22}x_2 + a_{23}x_3 \\
x_3' &= a_{31}x_1 + a_{32}x_2 + a_{33}x_3
\end{aligned} \qquad (8.19)$$

Bild 8.7  Transformation in der Ebene

oder mit

$$\mathbf{x} = \begin{bmatrix} x_1 \\ x_2 \\ x_3 \end{bmatrix} \qquad \mathbf{x}' = \begin{bmatrix} x_1' \\ x_2' \\ x_3' \end{bmatrix} \qquad \mathbf{A} = \begin{bmatrix} a_{11} & a_{12} & a_{13} \\ a_{21} & a_{22} & a_{23} \\ a_{31} & a_{32} & a_{33} \end{bmatrix}$$

in Matrixform

$$\mathbf{x}' = \mathbf{A}\,\mathbf{x}$$

Die Aufgabe besteht nun darin, die unbekannten Koeffizienten $a_{ij}$ ($i = 1, 2, 3; j = 1, 2, 3$) der Matrix $\mathbf{A}$ zu bestimmen. Diese Koeffizienten lassen sich durch Umordnen aus dem folgenden Ansatz ermitteln

$$\mathbf{x}' = \frac{|\mathbf{e}'\mathbf{b}'\mathbf{c}'|}{|\mathbf{e}\,\mathbf{b}\,\mathbf{c}|}\,|\mathbf{x}\,\mathbf{b}\,\mathbf{c}|\,\mathbf{a}' + \frac{|\mathbf{a}'\mathbf{e}'\mathbf{c}'|}{|\mathbf{a}\,\mathbf{e}\,\mathbf{c}|}\,|\mathbf{a}\,\mathbf{x}\,\mathbf{c}|\,\mathbf{b}' + \frac{|\mathbf{a}'\mathbf{b}'\mathbf{e}'|}{|\mathbf{a}\,\mathbf{b}\,\mathbf{e}|}\,|\mathbf{a}\,\mathbf{b}\,\mathbf{x}|\,\mathbf{c}' \qquad (8.20)$$

Dabei werden folgende Schreibweisen verwendet. Mit $\mathbf{a}, \mathbf{b}, \mathbf{c}, \mathbf{e}$ sind die Tripel

$$\begin{bmatrix} a_1 \\ a_2 \\ a_3 \end{bmatrix} \quad \begin{bmatrix} b_1 \\ b_2 \\ b_3 \end{bmatrix} \quad \begin{bmatrix} c_1 \\ c_2 \\ c_3 \end{bmatrix} \quad \text{und} \quad \begin{bmatrix} e_1 \\ e_2 \\ e_3 \end{bmatrix}$$

---

[1] Bei einem echten Viereck liegen niemals drei seiner Punkte auf einer Geraden. Ist diese Voraussetzung erfüllt, so ist die Matrix der Abbildung regulär, es existiert somit die Umkehrabbildung.

bezeichnet[1]. Entsprechendes gilt für $\mathbf{a}'$, $\mathbf{b}'$, $\mathbf{c}'$, $\mathbf{e}'$. Zwischen den senkrechten Strichen stehen Determinanten, z.B. bedeutet

$$|\mathbf{e}'\,\mathbf{b}'\,\mathbf{c}'| \quad \text{die Determinante} \quad \begin{vmatrix} e_1' & b_1' & c_1' \\ e_2' & b_2' & c_2' \\ e_3' & b_3' & c_3' \end{vmatrix}$$

Gl. (8.20) läßt sich in folgender Weise verifizieren:

1. Nach Ausrechnen der Determinanten ergibt sich eine Abbildung der Form $\mathbf{x}' = \mathbf{A}\,\mathbf{x}$.

2. Man erhält $\mathbf{x}' = \lambda\mathbf{a}'$, wenn man $\mathbf{x} = \mathbf{a}$ einsetzt. Es verschwinden dann nämlich die Determinanten $|\mathbf{a}\,\mathbf{x}\,\mathbf{c}|$ und $|\mathbf{a}\,\mathbf{b}\,\mathbf{x}|$. Entsprechendes gilt für $\mathbf{x} = \mathbf{b}$ und $\mathbf{x} = \mathbf{c}$.

3. Für $\mathbf{x} = \mathbf{e}$ ergibt sich

$$\mathbf{x}' = |\mathbf{e}'\,\mathbf{b}'\,\mathbf{c}'|\,\mathbf{a}' + |\mathbf{a}'\,\mathbf{e}'\,\mathbf{c}'|\,\mathbf{b}' + |\mathbf{a}'\,\mathbf{b}'\,\mathbf{e}'|\,\mathbf{c}'$$

Das aber ist nach einer Fundamentalidentität (S. 301)

$$\mathbf{x}' = |\mathbf{a}'\,\mathbf{b}'\,\mathbf{c}'|\,\mathbf{e}' = \mu\mathbf{e}'$$

Das Viereck $(\mathbf{a}, \mathbf{b}, \mathbf{c}, \mathbf{e})$ geht also — wie gefordert — in das Viereck $(\mathbf{a}', \mathbf{b}', \mathbf{c}', \mathbf{e}')$ über.

**Beispiel 8.2**  Das echte Viereck

$$\mathbf{a}\,(0;1;0) \quad \mathbf{b}\,(1;0;0) \quad \mathbf{c}\,(0;0;1) \quad \mathbf{e}\,(1;1;1)$$

ist auf das Viereck

$$\mathbf{a}'\,(2{,}5;8{,}6;1) \quad \mathbf{b}'\,(11;2{,}7;1) \quad \mathbf{c}'\,(0;0;1) \quad \mathbf{e}'\,(2{,}4;2{,}3;1)$$

abzubilden.

In Gl. (8.20) eingesetzt ergibt sich

$$\mathbf{x}' = \frac{\begin{vmatrix} 2{,}4 & 11 & 0 \\ 2{,}3 & 2{,}7 & 0 \\ 1 & 1 & 1 \end{vmatrix}}{\begin{vmatrix} 1 & 1 & 0 \\ 1 & 0 & 0 \\ 1 & 0 & 1 \end{vmatrix}} \begin{vmatrix} x_1 & 1 & 0 \\ x_2 & 0 & 0 \\ x_3 & 0 & 1 \end{vmatrix} \begin{bmatrix} 2{,}5 \\ 8{,}6 \\ 1 \end{bmatrix} + \frac{\begin{vmatrix} 2{,}5 & 2{,}4 & 0 \\ 8{,}6 & 2{,}3 & 0 \\ 1 & 1 & 1 \end{vmatrix}}{\begin{vmatrix} 0 & 1 & 0 \\ 1 & 1 & 0 \\ 0 & 1 & 1 \end{vmatrix}} \begin{vmatrix} 0 & x_1 & 0 \\ 1 & x_2 & 0 \\ 0 & x_3 & 1 \end{vmatrix} \begin{bmatrix} 11 \\ 2{,}7 \\ 1 \end{bmatrix} +$$

$$+ \frac{\begin{vmatrix} 2{,}5 & 11 & 2{,}4 \\ 8{,}6 & 2{,}7 & 2{,}3 \\ 1 & 1 & 1 \end{vmatrix}}{\begin{vmatrix} 0 & 1 & 1 \\ 1 & 0 & 1 \\ 0 & 0 & 1 \end{vmatrix}} \begin{vmatrix} 0 & 1 & x_1 \\ 1 & 0 & x_2 \\ 0 & 0 & x_3 \end{vmatrix} \begin{bmatrix} 0 \\ 0 \\ 1 \end{bmatrix}$$

oder

$$\mathbf{x}' = -18{,}82\,x_2 \begin{bmatrix} 2{,}5 \\ 8{,}6 \\ 1 \end{bmatrix} - 14{,}89\,x_1 \begin{bmatrix} 11 \\ 2{,}7 \\ 1 \end{bmatrix} - 54{,}14\,x_3 \begin{bmatrix} 0 \\ 0 \\ 1 \end{bmatrix}$$

und in Matrixschreibweise (nach Herausziehen des Faktors − 1, ein solcher Faktor kann bei homogenen Koordinaten entfernt werden)

---

1) Diese Tripel sind hier als Spaltenvektoren geschrieben, um die folgende Determinantenschreibweise klarer zu machen. Im allgemeinen werden besonders im Text die Tripel aus drucktechnischen Gründen waagerecht in einer Zeile geschrieben.

$$\mathbf{x}' = \begin{bmatrix} 163{,}790 & 47{,}050 & 0 \\ 40{,}203 & 161{,}852 & 0 \\ 14{,}890 & 18{,}820 & 54{,}140 \end{bmatrix} \mathbf{x}$$

Der Bildpunkt eines beliebigen Punktes, z.B. von

$$\mathbf{x} = \begin{bmatrix} 2 \\ 0 \\ 1 \end{bmatrix} \qquad \text{ergibt sich zu} \qquad \mathbf{x}' = \begin{bmatrix} 3{,}903 \\ 0{,}958 \\ 1{,}000 \end{bmatrix}$$

Gl. (8.20) läßt sich zu einer Formel verallgemeinern, die im n-dimensionalen Raum ein echtes (n + 2)-Eck in ein anderes echtes (n + 2)-Eck überführt. Im dreidimensionalen Raum wird also ein echtes Fünfeck in ein anderes echtes Fünfeck überführt (das bei der identischen Abbildung dem Original-Fünfeck gleich sein kann). „Echt" bedeutet, daß nicht je vier Punkte in einer Ebene liegen. Für den dreidimensionalen Raum lautet die entsprechende Gleichung

$$\mathbf{x}' = \frac{|e'\,b'\,c'\,d'|}{|e\ b\ c\ d|}\,|x\,b\,c\,d|\,a' + \frac{|a'\,e'\,c'\,d'|}{|a\ e\ c\ d|}\,|a\,x\,c\,d|\,b' +$$

$$+ \frac{|a'\,b'\,e'\,d'|}{|a\ b\ e\ d|}\,|a\,b\,x\,d|\,c' + \frac{|a'\,b'\,c'\,e'|}{|a\ b\ c\ e|}\,|a\,b\,c\,x|\,d' \tag{8.21}$$

wenn die Originalpunkte

| | und die Bildpunkte |
|---|---|
| A  $(a_1; a_2; a_3; a_4)$ | A′  $(a_1'; a_2'; a_3'; a_4')$ |
| B  $(b_1; b_2; b_3; b_4)$ | B′  $(b_1'; b_2'; b_3'; b_4')$ |
| C  $(c_1; c_2; c_3; c_4)$ | C′  $(c_1'; c_2'; c_3'; c_4')$ |
| D  $(d_1; d_2; d_3; d_4)$ | D′  $(d_1'; d_2'; d_3'; d_4')$ |
| E  $(e_1; e_2; e_3; e_4)$ | E′  $(e_1'; e_2'; e_3'; e_4')$ |

gegeben sind, von denen jeweils nicht vier in einer Ebene liegen.

Eine Ebene im Raum wird durch Angabe von vier Koeffizienten $u_1; u_2; u_3; u_4$ beschrieben und genügt der Gleichung

$$u_1 x_1 + u_2 x_2 + u_3 x_3 + u_4 x_4 = 0 \tag{8.22}$$

Sie ist also das Analogon zu der Gleichung der Geraden in der Ebene. Die Aufgabe, die Gleichung einer Ebene durch drei Punkte A, B, C zu ermitteln, löst man entsprechend durch die Entwicklung der Determinante

$$\begin{vmatrix} \cdot & \cdot & \cdot & \cdot \\ a_1 & a_2 & a_3 & a_4 \\ b_1 & b_2 & b_3 & b_4 \\ c_1 & c_2 & c_3 & c_4 \end{vmatrix}$$

nach der 1. Zeile. Es ist also

$$u_1 = \begin{vmatrix} a_2 & a_3 & a_4 \\ b_2 & b_3 & b_4 \\ c_2 & c_3 & c_4 \end{vmatrix} \qquad u_2 = -\begin{vmatrix} a_1 & a_3 & a_4 \\ b_1 & b_3 & b_4 \\ c_1 & c_3 & c_4 \end{vmatrix} \qquad u_3 = \begin{vmatrix} a_1 & a_2 & a_4 \\ b_1 & b_2 & b_4 \\ c_1 & c_2 & c_4 \end{vmatrix} \tag{8.23}$$

$$u_4 = - \begin{vmatrix} a_1 & a_2 & a_3 \\ b_1 & b_2 & b_3 \\ c_1 & c_2 & c_3 \end{vmatrix} \qquad (8.23)$$

**Beispiel 8.3** Man berechne die Koeffizienten der Ebene durch die Punkte

$$A(1;0;1;1) \qquad B(2;0;0;1) \qquad C(0;1;0;3)$$

Diese Koeffizienten ergeben sich aus

$$\begin{vmatrix} \cdot & \cdot & \cdot & \cdot \\ 1 & 0 & 1 & 1 \\ 2 & 0 & 0 & 1 \\ 0 & 1 & 0 & 3 \end{vmatrix}$$

zu $u_1 = 1$, $u_2 = 6$, $u_3 = 1$, $u_4 = -2$. Also lautet die Gleichung der Ebene

$$x_1 + 6x_2 + x_3 - 2x_4 = 0$$

Daß ein Punkt C auf der Verbindungsgeraden zweier Punkte A und B liegt, kann man im Raum wie in der Ebene durch

$$c = \lambda a + \mu b$$

mit reellen Werten $\lambda$, $\mu$ ausdrücken, wenn man die Punkte A, B, C durch Vektoren a, b, c in der Ebene mit drei und im Raum mit vier Koordinaten beschreibt.

### 8.3.2 Parallelprojektion und Perspektiven

Für die numerische Behandlung von Aufgaben der darstellenden Geometrie ist es nötig, aus Gl. (8.21) den Spezialfall herzuleiten, der eine Projektion des Raumes auf eine beliebige Ebene (Zeichenebene) des Raumes von einem beliebigen Zentrum außerhalb dieser Ebene ermöglicht. Da homogene Koordinaten verwendet werden, kann das Zentrum ein eigentlicher oder uneigentlicher Punkt sein. Ist es ein uneigentlicher Punkt oder ein Fernpunkt, so handelt es sich bei der Abbildung um P a r - a l l e l p r o j e k t i o n, ist es ein eigentlicher Punkt, so ist die Abbildung eine P e r s p e k t i v i - t ä t.

Diese Abbildung der Punkte des Raumes auf eine Ebene dieses Raumes von einem Zentrum aus läßt sich in folgender Weise aus Gl. (8.21) herleiten. Die Punkte A, B, C sollen die Ebene festlegen, die bei der Transformation punktweise unverändert bleiben soll. Der Punkt D sei das Zentrum und mit seinem Bildpunkt identisch. Die Forderungen $A \to A'$, $B \to B'$, $C \to C'$ und $D \to D'$ ergeben

$$x' = \frac{|e'\,b\,c\,d|}{|e\,b\,c\,d|}\,|x\,b\,c\,d|\,a + \frac{|a\,e'\,c\,d|}{|a\,e\,c\,d|}\,|a\,x\,c\,d|\,b +$$

$$+ \frac{|a\,b\,e'\,d|}{|a\,b\,e\,d|}\,|a\,b\,x\,d|\,c + \frac{|a\,b\,c\,e'|}{|a\,b\,c\,e|}\,|a\,b\,c\,x|\,d \qquad (8.24)$$

Eine Projektion mit dem Zentrum D besteht darin, daß der Bildpunkt $E'$ des Punktes E auf der Verbindungsgeraden von D und E liegt, d.h.

$$e' = \lambda e + \mu d \qquad (8.25)$$

Es entfallen, wenn man $e'$ nach Gl. (8.25) einsetzt, alle Glieder, die Determinanten enthalten, die Null werden. Das geschieht z.B., wenn in einer Determinante in zwei Spalten das Quadrupel $d$ auftritt, allgemein also, wenn zwei Spalten der Determinante einander proportional werden. Man erhält zunächst

$$x' = \lambda \ \{|x \ b \ c \ d| \ a + |a \ x \ c \ d| \ b + |a \ b \ x \ d| \ c + |a \ b \ c \ x| \ d\} +$$

$$+ \ \mu \ \frac{|a \ b \ c \ d|}{|a \ b \ c \ e|} \ |a \ b \ c \ x| \ d$$

Die geschweifte Klammer kann nach einer Identität der analytischen Geometrie[1] durch $|a \ b \ c \ d| \ x$ ersetzt werden, und so bleibt

$$x' = \lambda \ |a \ b \ c \ d| \ x + \mu \ \frac{|a \ b \ c \ d|}{|a \ b \ c \ e|} \ |a \ b \ c \ x| \ d$$

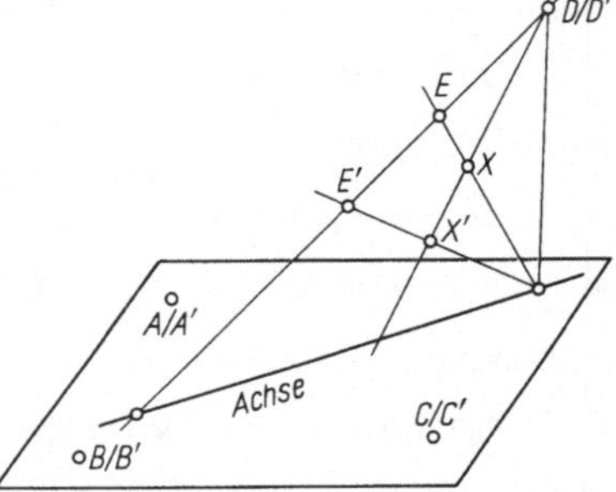


Bild 8.8  Zentrische Abbildung

Diese Gleichung kann mit $\dfrac{|a \ b \ c \ e|}{|a \ b \ c \ d|}$ multipliziert werden. Links kann man den Faktor weglassen, da es sich um homogene Koordinaten handelt. Es bleibt also

$$x' = \lambda \ |a \ b \ c \ e| \ x + \mu \ |a \ b \ c \ x| \ d \tag{8.26}$$

als fundamentale Gleichung für die Abbildung der Punkte des Raumes vom Zentrum D aus. Man spricht von einer  R a u m p e r s p e k t i v i t ä t .

Bei dieser Abbildung bleibt die Ebene, in der die Punkte A, B und C liegen, punktweise fest (Bild 8.8). Ein Punkt X geht in seinen Bildpunkt $X'$ über. Durch die Punkte E und $E'$ wird die Abbildung festgelegt. Um nun die Matrix der Abbildung der Punkte des Raumes in die Ebene (Zeichenebene) zu ermitteln, ist es nötig, einen Grenzübergang zu vollziehen, der darin besteht, daß der Bildpunkt $E'$ eines Punktes E außerhalb der Ebene in die Zeichenebene fällt. Liegt der Punkt $E'$ in der Ebene, so ist die Voraussetzung, daß es sich bei der Abbildung um eine solche von „echten" Fünfecken handelt, nicht mehr erfüllt. Somit ist die Matrix nicht mehr regulär, und es existiert keine

---

1) Diese Identität

$$|a \ b \ c \ d| \ x \equiv |x \ b \ c \ d| \ a + |a \ x \ c \ d| \ b + |a \ b \ x \ d| \ c + |a \ b \ c \ x| \ d$$

ergibt sich, wenn man die Determinante

$$\begin{vmatrix} a_1 & b_1 & c_1 & d_1 & x_1 \\ a_2 & b_2 & c_2 & d_2 & x_2 \\ a_3 & b_3 & c_3 & d_3 & x_3 \\ a_4 & b_4 & c_4 & d_4 & x_4 \\ a_k & b_k & c_k & d_k & x_k \end{vmatrix} \equiv 0$$

nach der letzten Zeile entwickelt und dann $k = 1, 2, 3, 4$ setzt.

inverse Abbildung. Die Abbildung selbst ist entartet. Die Ebene sei durch das Quadrupel $\mathbf{u}\,(u_1; u_2; u_3; u_4)$ bestimmt. Die $u_i(i = 1, \ldots, 4)$ können aus $\mathbf{a}$, $\mathbf{b}$ und $\mathbf{c}$ durch Berechnung der Unterdeterminanten von

$$\begin{vmatrix} \cdot & \cdot & \cdot & \cdot \\ a_1 & a_2 & a_3 & a_4 \\ b_1 & b_2 & b_3 & b_4 \\ c_1 & c_2 & c_3 & c_4 \end{vmatrix}$$

ermittelt werden. $E'$ in dieser Ebene bedeutet

$$\mathbf{u} \circ \mathbf{e}' = 0$$

Nach Gl. (8.25) ist

$$\lambda \mathbf{e} = \mathbf{e}' - \mu \mathbf{d}$$

also
$$\lambda(\mathbf{u} \circ \mathbf{e}) = (\mathbf{u} \circ \mathbf{e}') - \mu(\mathbf{u} \circ \mathbf{d}) \tag{8.28}$$

Die Determinanten von Gl. (8.26) sind

$$|\mathbf{a}\,\mathbf{b}\,\mathbf{c}\,\mathbf{e}| = \mathbf{u} \circ \mathbf{e} \qquad |\mathbf{a}\,\mathbf{b}\,\mathbf{c}\,\mathbf{x}| = \mathbf{u} \circ \mathbf{x}$$

so daß
$$\mathbf{x}' = \lambda(\mathbf{u} \circ \mathbf{e})\mathbf{x} + \mu(\mathbf{u} \circ \mathbf{x})\mathbf{d} \tag{8.29}$$

gilt. Gl. (8.29) ergibt mit Gl. (8.28) und (8.27)

$$\mathbf{x}' = \{(\mathbf{u} \circ \mathbf{e}') - \mu(\mathbf{u} \circ \mathbf{d})\}\,\mathbf{x} + \mu(\mathbf{u} \circ \mathbf{x})\mathbf{d}$$
$$\mathbf{x}' = -\mu(\mathbf{u} \circ \mathbf{d})\mathbf{x} + \mu(\mathbf{u} \circ \mathbf{x})\mathbf{d}$$

Zieht man den Faktor $\mu$ heraus, so erhält man

$$\mathbf{x}' = -(\mathbf{u} \circ \mathbf{d})\mathbf{x} + (\mathbf{u} \circ \mathbf{x})\mathbf{d} \tag{8.30}$$

als die fundamentale Gleichung[1] für die Berechnung von Abbildungen auf eine Bildebene. Bezeichnet man $\mathbf{u} \circ \mathbf{d}$ mit $R$, so erhält man die Matrix $\mathbf{A}$

$$\mathbf{A} = \begin{bmatrix} -R + u_1 d_1 & u_2 d_1 & u_3 d_1 & u_4 d_1 \\ u_1 d_2 & -R + u_2 d_2 & u_3 d_2 & u_4 d_2 \\ u_1 d_3 & u_2 d_3 & -R + u_3 d_3 & u_4 d_3 \\ u_1 d_4 & u_2 d_4 & u_3 d_4 & -R + u_4 d_4 \end{bmatrix} \tag{8.31}$$

Die Aufgabe, ein durch seine homogenen Koordinaten gegebenes Gebilde von einem Zentrum (eigentlich oder uneigentlich) auf eine durch drei Punkte oder durch ihre Koeffizienten gegebene Ebene abzubilden, wird also durch die Transformation

$$\mathbf{x}' = \mathbf{A}\,\mathbf{x} \tag{8.32}$$

mit der Matrix $\mathbf{A}$ gelöst, also durch eine Multiplikation einer Matrix mit einem Vektor.

---

1) Dabei muß $\mathbf{x} = \mathbf{d}$ ausgeschlossen werden, da sich sonst das unzulässige Quadrupel $(0; 0; 0; 0)$ ergeben würde.

**Beispiel 8.4** Gegeben seien (Bild 8.9) die abzubildenden Punkte mit den Koordinaten (Eckpunkte eines Würfels)

$$(1;2;0;1) \qquad (3;2;0;1)$$
$$(1;2;2;1) \qquad (3;2;2;1)$$
$$(1;4;0;1) \qquad (3;4;0;1)$$
$$(1;4;2;1) \qquad (3;4;2;1)$$

das Zentrum der Projektion D mit dem Quadrupel

$$\mathbf{d}\,(8;3;-1;1)$$

die Ebene (Zeichenebene) durch die drei Punkte

$$(-2;0;0;1)$$
$$(0;1;0;0)$$
$$(0;0;1;0)$$

Man berechne das Bild dieses Würfels.
Zunächst bestimmt man die Koeffizienten der Ebene aus der Determinante

$$\begin{vmatrix} \cdot & \cdot & \cdot & \cdot \\ -2 & 0 & 0 & 1 \\ 0 & 1 & 0 & 0 \\ 0 & 0 & 1 & 0 \end{vmatrix}$$

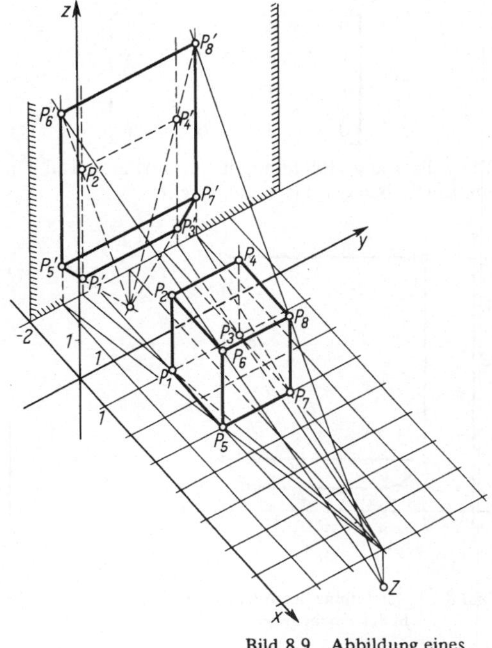

Bild 8.9  Abbildung eines Würfels auf eine Zeichenebene

Das ergibt

$$u_1 = 1 \qquad u_2 = 0 \qquad u_3 = 0 \qquad u_4 = 2$$

d.h. $\quad x_1 + 2x_4 = 0$

oder inhomogen

$$x = -2$$

Damit wird $R = \mathbf{u} \circ \mathbf{d} = 10$ und die Matrix $\mathbf{A}$ in Gl. (8.31)

$$\mathbf{A} = \begin{bmatrix} -2 & 0 & 0 & 16 \\ 3 & -10 & 0 & 6 \\ -1 & 0 & -10 & -2 \\ 1 & 0 & 0 & -8 \end{bmatrix}$$

Mit dieser Matrix werden die Koordinaten der Bildpunkte nach Gl. (8.32) berechnet, z.B. erhält der Punkt mit den

| Koordinaten | | das Bild |
|---|---|---|
| $(3;4;2;1)$ | | $(10;-25;-25;-5)$ |
| | oder: | $(-2;\ 5;\ 5;\ 1)$ |
| $(3;2;2;1)$ | | $(10;\ -5;-25;-5)$ |
| | oder: | $(-2;\ 1;\ 5;\ 1)$ |

Die Ergebnisse lassen sich zeichnerisch überprüfen (Bild 8.9). Sie sind in Bild 8.10 in der Zeichenebene dargestellt. Die vollständige Rechnung findet man im oberen Teil der Tafel 8.12.

**Beispiel 8.5** Man löse Beispiel 8.4 mit dem Fernpunkt als Zentrum, z.B. dem Punkt (1; 1; 1; 0).
Man erhält eine Parallelprojektion. Die zugehörige Matrix **A** nach Gl. (8.31) ist

$$\mathbf{A} = \begin{bmatrix} 0 & 0 & 0 & 2 \\ 1 & -1 & 0 & 2 \\ 1 & 0 & -1 & 2 \\ 0 & 0 & 0 & -1 \end{bmatrix}$$

Die vollständige Rechnung ist im mittleren Teil der Tafel 8.12 zusammengestellt. In Bild 8.11 sind
die Ergebnisse graphisch dargestellt.

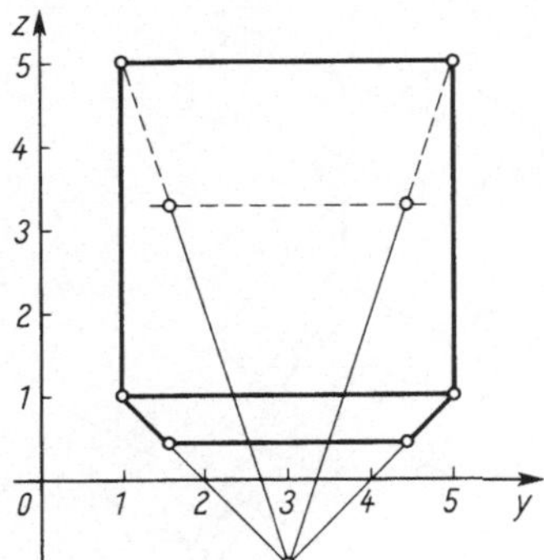

Bild 8.10 Darstellung des Würfels (Bild 8.9)
in der Zeichenebene

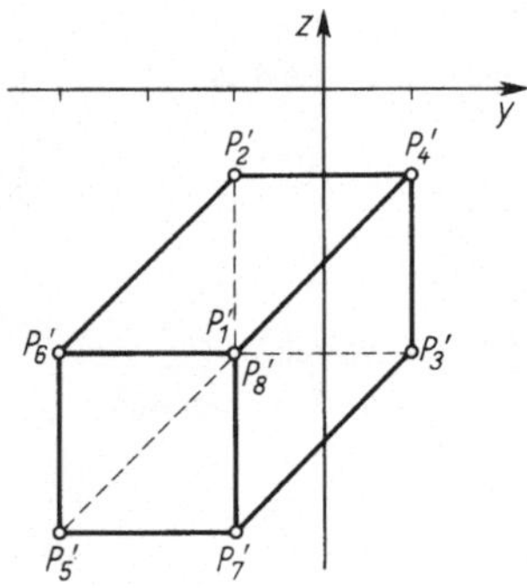

Bild 8.11 Parallelprojektion

Tafel 8.12  Perspektive

|  | $P_1$ | $P_2$ | $P_3$ | $P_4$ | $P_5$ | $P_6$ | $P_7$ | $P_8$ |
|---|---|---|---|---|---|---|---|---|
|  | 1 | 1 | 1 | 1 | 3 | 3 | 3 | 3 |
|  | 2 | 2 | 4 | 4 | 2 | 2 | 4 | 4 |
|  | 0 | 2 | 0 | 2 | 0 | 2 | 0 | 2 |
|  | 1 | 1 | 1 | 1 | 1 | 1 | 1 | 1 |
| $\begin{bmatrix} -2 & 0 & 0 & 16 \\ 3 & -10 & 0 & 6 \\ -1 & 0 & -10 & -2 \\ 1 & 0 & 0 & -8 \end{bmatrix}$ | 14 | 14 | 14 | 14 | 10 | 10 | 10 | 10 |
|  | −11 | −11 | −31 | −31 | −5 | −5 | −25 | −25 |
|  | −3 | −23 | −3 | −23 | −5 | −25 | −5 | −25 |
|  | −7 | −7 | −7 | −7 | −5 | −5 | −5 | −5 |
| $\begin{bmatrix} 0 & 0 & 0 & 2 \\ 1 & -1 & 0 & 2 \\ 1 & 0 & -1 & 2 \\ 0 & 0 & 0 & -1 \end{bmatrix}$ | 2 | 2 | 2 | 2 | 2 | 2 | 2 | 2 |
|  | 1 | 1 | −1 | −1 | 3 | 3 | 1 | 1 |
|  | 3 | 1 | 3 | 1 | 5 | 3 | 5 | 3 |
|  | −1 | −1 | −1 | −1 | −1 | −1 | −1 | −1 |
| $\begin{bmatrix} 11 & 0 & 0 & -32 \\ -6 & 27 & 0 & -12 \\ 2 & 0 & 27 & 4 \\ -2 & 0 & 0 & 23 \end{bmatrix}$ | −21 | −21 | −21 | −21 | 1 | 1 | 1 | 1 |
|  | 36 | 36 | 90 | 90 | 24 | 24 | 78 | 78 |
|  | 6 | 60 | 6 | 60 | 10 | 64 | 10 | 64 |
|  | 21 | 21 | 21 | 21 | 17 | 17 | 17 | 17 |

**Beispiel 8.6**  Läßt man nicht alle Bildpunkte in eine Ebene fallen, so entsteht bei einem eigentlichen Zentrum eine Reliefperspektive (Bild 8.13). Es sei entsprechend Beispiel 8.4

$$\mathbf{u}(1;0;0;2) \qquad \mathbf{d}(8;3;-1;1)$$

Soll der Punkt $(1;2;0;1)$ die neue Koordinate $x_1 = -1$ erhalten, so wählt man dieses Quadrupel als $\mathbf{e}$ und erhält bei geeigneter Wahl des freien Faktors nach Gl. (8.25) mit

$$\mathbf{e}' = \lambda\mathbf{e} + \mu\mathbf{d}$$

die Werte

$$\lambda = 9 \qquad \mu = -2$$

Weiterhin ist $\mathbf{u} \circ \mathbf{e} = 3$ und $\mathbf{u} \circ \mathbf{x} = x_1 + 2x_4$. So erhält man nach Gl. (8.29) die Abbildung

$$\mathbf{x}' = 9 \cdot 3 \begin{bmatrix} x_1 \\ x_2 \\ x_3 \\ x_4 \end{bmatrix} - 2(x_1 + 2x_4) \begin{bmatrix} 8 \\ 3 \\ -1 \\ 1 \end{bmatrix}$$

oder in Matrixform $\mathbf{x}' = \mathbf{A}\,\mathbf{x}$ mit der Matrix

$$\mathbf{A} = \begin{bmatrix} 11 & 0 & 0 & -32 \\ -6 & 27 & 0 & -12 \\ 2 & 0 & 27 & 4 \\ -2 & 0 & 0 & 23 \end{bmatrix}$$

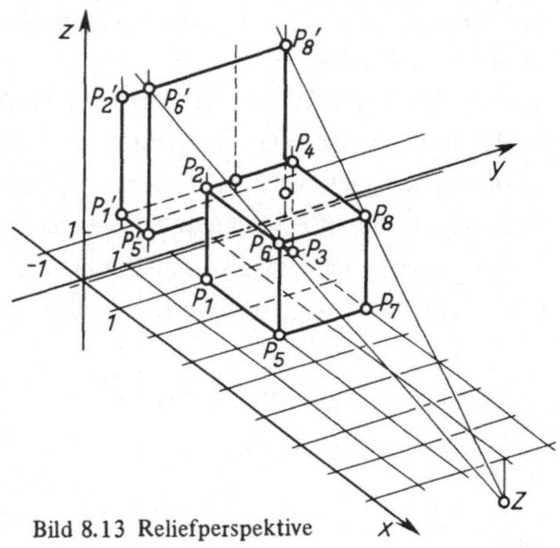

Bild 8.13  Reliefperspektive

Die Ergebnisse sind im unteren Teil der Tafel 8.12 zusammengestellt, die anschauliche Darstellung zeigt Bild 8.13.

Bei der Berechnung von Perspektiven erhält man numerische Werte auch für die ausgezeichneten Punkte der Abbildung. Der F l u c h t p u n k t (von Ebenen oder Geraden) errechnet sich als der Bildpunkt des Fernpunktes, den parallele Geraden gemeinsam haben. M e ß p u n k t e sind die Fluchtpunkte der Drehsehnen, die entstehen, wenn eine Gerade oder Ebene in die Bildebene oder eine zu ihr parallele Ebene gedreht wird. Man bestimmt also den Fernpunkt der Drehsehnen und bildet ihn auf die Zeichenebene ab (s. Aufgabe 8.7).

Die numerische Behandlung von Darstellungsaufgaben erfordert also jeweils zwei Stufen:

1. Die Berechnung der Matrix **A** aus den gegebenen Daten nach Gl. (8.31), nämlich

a) aus dem Zentrum D, das durch seine homogenen Koordinaten gegeben ist und ein eigentlicher oder uneigentlicher Punkt sein kann;

b) aus den Koeffizienten der Bild- oder Zeichenebene, die entweder direkt gegeben sind oder aus den Koordinaten dreier gegebener Punkte berechnet werden können.

2. Die Ermittlung der Koordinaten der Bildpunkte nach Gl. (8.32). Das erfordert die Multiplikation einer Matrix mit einem Vektor.

Beide Stufen lassen sich in der Programmierung für eine Rechenanlage leicht realisieren. In der 2. Stufe können dabei insbesondere große Datenmengen verarbeitet werden, so daß auch die Abbildungen komplizierterer Gebilde behandelt werden können.

Die Ausgabe der gewonnenen Ergebnisse kann über Sicht- und Zeichengeräte erfolgen, so daß auf diese Weise ein Gebilde, z.B. ein Flugzeug, Schiff oder anderes Projekt, veranschaulicht werden kann. Das Problem allerdings, die sichtbaren von den unsichtbaren Linien in einer solchen Darstellung zu unterscheiden, ist recht schwierig. Viele Arbeiten wurden und werden dieser Thematik gewidmet[1]. Für die Rechner sind umfangreiche Programmsysteme entwickelt worden, mit denen diese Aufgabe in vielen Fällen gelöst werden kann.

### 8.4 Verwendung von Kegelschnitten und ihre analytische Behandlung

Die Aufgabe (Bild 8.2c), den Kegelschnitt durch den Punkt $P_1$ mit der Tangente $t_1$, durch $P_2$ mit der Tangente $t_2$ und durch einen dritten Punkt $P_3$ zu legen, läßt sich graphisch in folgender Weise bestimmen, vgl. [41]:

1. Man zeichne die Gerade $\overline{P_1 F}$ durch den Punkt $P_3$ und die Gerade $\overline{P_2 E}$ durch $P_3$ (Bild 8.14).

2. Man lege irgendeine Gerade g durch den Schnittpunkt S der beiden Tangenten $t_1$ und $t_2$.

3. Die Gerade g schneidet $\overline{P_1 F}$ in J und $\overline{P_2 E}$ im Punkt H.

4. Durch den Punkt H wird nun die Gerade $\overline{P_1 K}$ und durch J die Gerade $\overline{P_2 L}$ gezeichnet.

5. $\overline{P_1 K}$ und $\overline{P_2 L}$ schneiden sich im Punkte P.

6. P ist ein Punkt der gesuchten Kurve, also des Kegelschnitts.

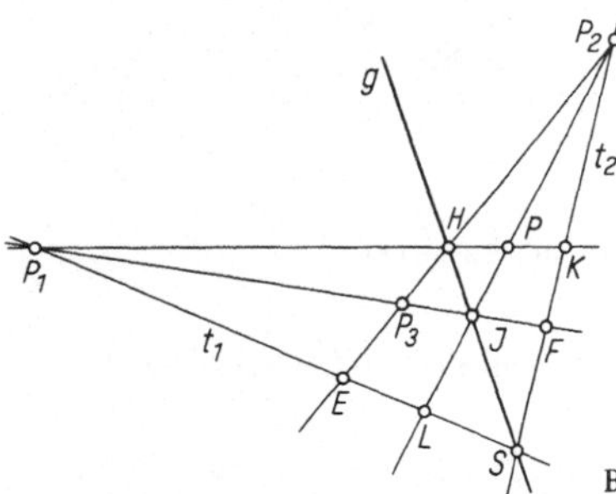


Bild 8.14 Graphische Ermittlung eines Kegelschnittpunktes

Durch Variation der Geraden g kann man die Kurve punktweise ermitteln. Dieses Verfahren wird in der Mathematik die projektive Erzeugung der Kegelschnitte genannt. Im Flugzeugbau findet es in der Konstruktion seine Anwendung bei der graphischen Festlegung von Rumpfquerschnitten.

Dieses graphische Verfahren läßt sich nun in ein numerisches übertragen. Auch hier erweist sich die Einführung von homogenen Koordinaten als vorteilhaft. Es lohnt sich, darüber hinaus ein wenig auf die analytische Behandlung von Kegelschnitten einzugehen. Es lassen sich viele Probleme elegant lösen, besonders dann, wenn man — was hier nicht der Fall sein soll — die komplexen Zahlen als Grundbereich zuläßt.

Eine Hyperbel läßt sich in der Form

$$x \cdot y = c \qquad c \in \mathbf{R} \tag{8.33}$$

---


1) Siehe z.B. A p p e l, A.: Some techniques for shading machine renderings of solids. AFIPS Conference Proceedings. Spring Joint Comput. Conf. **32** (1968) 37–45.

A p p e l, A.: The notion of quantitative invisibility and the machine renderings of solids. Proc. of the 22nd Nat. Conf. ACM 1967, 387–393.

G a l i m b e r t i, R.; M o n t a n a r i, U.: An Algorithm for Hidden Line Elimination. Comm. ACM **12** (1969) 206–211.

W e i s s, R. A.: BE VISION. A Package of IBM 7090 FORTRAN Programs to Draw Orthographic Views of Combinations of Plane and Quadratic Surfaces. J. ACM **13** (1966) 194–204.

darstellen. Führt man homogene Koordinaten ein, so wird daraus

$$\frac{x_1}{x_3} \cdot \frac{x_2}{x_3} = c$$

oder     $x_1 x_2 = c x_3^2 = 0$          (8.34)

Die Asymptoten dieser Hyberbel lassen sich als Geraden durch die Schnittpunkte mit der Fern-geraden ($x_3 = 0$) ermitteln. Diese Schnittpunkte folgen aus $x_1 x_2 - c x_3^2 = 0$ und $x_3 = 0$ zu

$$x_1 x_2 = 0 \qquad\qquad (8.35)$$

also entweder

$$x_1 = 0 \qquad x_2 = 1 \qquad x_3 = 0$$
oder     $x_1 = 1 \qquad x_2 = 0 \qquad x_3 = 0$

Stellt man die Hyperbel in der Form

$$\frac{x^2}{a^2} - \frac{y^2}{b^2} = 1 \qquad\qquad (8.36)$$

dar, so erhält man die Gleichung in homogenen Koordinaten

$$b^2 x_1^2 - a^2 x_2^2 - a^2 b^2 x_3^2 = 0 \qquad\qquad (8.37)$$

Die Schnittpunkte ergeben sich dann mit $x_3 = 0$ aus

$$b^2 x_1^2 - a^2 x_2^2 = 0$$

$$\left(\frac{x_1}{x_2}\right)^2 = \left(\frac{a}{b}\right)^2$$

zu $(a; b; 0)$ bzw. $(a; -b; 0)$. Für die Gleichung der Asymptoten (Geraden durch diese Schnittpunkte und den Ursprung des Koordinatensystems) erhält man

$$\begin{vmatrix} \cdot & \cdot & \cdot \\ a & b & 0 \\ 0 & 0 & 1 \end{vmatrix} \quad \text{bzw.} \quad \begin{vmatrix} \cdot & \cdot & \cdot \\ a & -b & 0 \\ 0 & 0 & 1 \end{vmatrix}$$

$$(b; -a; 0) \qquad\qquad (-b; -a; 0)$$

d.h.     $bx_1 - ax_2 = 0 \qquad\qquad -bx_1 - ax_2 = 0$

oder inhomogen

$$bx - ay = 0 \qquad\qquad bx + ay = 0$$

$$y = \frac{b}{a}\, x \qquad\qquad y = -\frac{b}{a}\, x$$

Die Ellipse genügt bei geeigneter Wahl des Koordinatensystems der Gleichung

$$\frac{x^2}{a^2} + \frac{y^2}{b^2} = 1 \qquad\qquad (8.38)$$

Die Umrechnung in homogene Koordinaten ergibt

$$b^2 x_1^2 + a^2 x_2^2 - a^2 b^2 x_3^2 = 0$$

Der Versuch, die Schnittpunkte mit der Ferngeraden zu ermitteln, ergibt, daß diese Schnittpunkte nicht reell, sondern komplex sind

$$\left(\frac{x_1}{x_2}\right)^2 = -\left(\frac{a}{b}\right)^2$$

$$\frac{x_1}{x_2} = \pm j \, \frac{a}{b}$$

Im Spezialfall des Kreises ($a = b = r$) nennt man diese Schnittpunkte die Kreispunkte

$$\frac{x_1}{x_2} = \pm j$$

also $(j; 1; 0)$ und $(-j; 1; 0)$.

Ein Kegelschnitt hat allgemein die Form (Kurve 2. Ordnung)

$$a_{11} x_1^2 + 2a_{12} x_1 x_2 + a_{22} x_2^2 + 2a_{13} x_1 x_3 + 2a_{23} x_2 x_3 + a_{33} x_3^2 = 0 \tag{8.39}$$

Ordnet man die Koeffizienten in einer Matrix an

$$\mathbf{A} = \begin{bmatrix} a_{11} & a_{12} & a_{13} \\ a_{21} & a_{22} & a_{23} \\ a_{31} & a_{32} & a_{33} \end{bmatrix} \tag{8.40}$$

so kann man den Kegelschnitt in der Form eines inneren Produktes schreiben

$$\mathbf{A}\,x \circ x = 0 \tag{8.41}$$

denn zunächst ist

$$\mathbf{A}\,x = \begin{bmatrix} a_{11} x_1 + a_{12} x_2 + a_{13} x_3 \\ a_{21} x_1 + a_{22} x_2 + a_{23} x_3 \\ a_{31} x_1 + a_{32} x_2 + a_{33} x_3 \end{bmatrix} \tag{8.42}$$

Dann ergibt das innere Produkt $\mathbf{A}x \circ x$

$$\begin{aligned} a_{11} x_1^2 &+ a_{12} x_1 x_2 + a_{13} x_1 x_3 \\ &+ a_{21} x_2 x_1 \qquad\qquad + a_{22} x_2^2 + a_{23} x_2 x_3 \\ &\qquad\qquad + a_{31} x_1 x_3 \qquad\quad + a_{32} x_3 x_2 + a_{33} x_3^2 \end{aligned}$$

Unter der Voraussetzung, daß $\mathbf{A}$ eine symmetrische Matrix ist ($a_{12} = a_{21}$; $a_{31} = a_{13}$; $a_{23} = a_{32}$), beschreibt Gl. (8.41) den nach Gl. (8.39) gegebenen Kegelschnitt. So ist der Hyperbel Gl. (8.37) die Matrix

$$\mathbf{A} = \begin{bmatrix} b^2 & 0 & 0 \\ 0 & -a^2 & 0 \\ 0 & 0 & -a^2 b^2 \end{bmatrix} \tag{8.43}$$

und der Ellipse Gl. (8.38) die Matrix

$$A = \begin{bmatrix} b^2 & 0 & 0 \\ 0 & a^2 & 0 \\ 0 & 0 & -a^2b^2 \end{bmatrix} \tag{8.44}$$

zugeordnet. Für die Hyperbel in der Form von Gl. (8.34) ergibt sich

$$A = \begin{bmatrix} 0 & 0{,}5 & 0 \\ 0{,}5 & 0 & 0 \\ 0 & 0 & -c \end{bmatrix} \tag{8.45}$$

Eine Parabel schließlich, die durch $y = x^2$ beschrieben wird, hat die Form

$$\frac{x_2}{x_3} = \frac{x_1^2}{x_3^2} \qquad x_1^2 - x_2 x_3 = 0 \tag{8.46}$$

und die Matrix

$$A = \begin{bmatrix} 1 & 0 & 0 \\ 0 & 0 & -0{,}5 \\ 0 & -0{,}5 & 0 \end{bmatrix} \tag{8.47}$$

Die Frage, ob es sich bei einem Kegelschnitt um eine Ellipse, Hyperbel usw. handelt, kann durch Untersuchung der Matrix in folgender Weise beantwortet werden:

1. Ist det $A$ gleich Null, so ist der Kegelschnitt s i n g u l ä r (Geradenpaar), andernfalls r e g u l ä r.

2. Ist der Kegelschnitt regulär, so prüft man, ob die Unterdeterminante $A_{33}$ Null ist

$$A_{33} = \begin{vmatrix} a_{11} & a_{12} \\ a_{21} & a_{22} \end{vmatrix}$$

Ist das der Fall, so handelt es sich um eine P a r a b e l (z.B. Gl. (8.47)). Ist das nicht der Fall, so liegt ein z e n t r i s c h e r Kegelschnitt vor.

3. Ist nun $A_{33} < 0$, so ist die Matrix die einer H y p e r b e l, ist $A_{33} > 0$, so ist sie die einer E l l i p s e.

4. Ist bei positivem $a_{11}$ det $A > 0$, so ist die E l l i p s e nicht reellwertig, bei det $A < 0$ ist sie o v a l.

Die Aufgabe, einen Kegelschnitt durch den Punkt $P_1$ mit der Tangente $t_1$, durch den Punkt $P_2$ mit der Tangente $t_2$ und durch den Punkt $P_3$ (Bild 8.2c) zu legen, läßt sich analytisch in folgender Weise behandeln. Es seien also gegeben die Koordinaten der Punkte

$$P_1(a_1; a_2; a_3) \qquad P_2(b_1; b_2; b_3) \qquad P_3(c_1; c_2; c_3)$$

als Tripel     $\mathbf{p}$ \qquad\qquad $\mathbf{q}$ \qquad\qquad\qquad $\mathbf{r}$

sowie die Koeffizienten der Tangenten

$$t_1(v_1; v_2; v_3) \qquad t_2(w_1; w_2; w_3)$$

als Tripel     $\mathbf{v}$ \qquad\qquad\qquad $\mathbf{w}$

Man berechnet die Verbindungsgerade $\mathbf{u}$ ($u_1$; $u_2$; $u_3$) der beiden Punkte $P_1$ und $P_2$. Die Gleichung des Kegelschnitts ergibt sich dann durch Nullsetzen der Determinante

$$\begin{vmatrix} (\mathbf{u} \circ \mathbf{r})^2 & (\mathbf{v} \circ \mathbf{r}) \cdot (\mathbf{w} \circ \mathbf{r}) \\ (\mathbf{u} \circ \mathbf{x})^2 & (\mathbf{v} \circ \mathbf{x}) \cdot (\mathbf{w} \circ \mathbf{x}) \end{vmatrix} = 0 \tag{8.48}$$

wobei unter $\mathbf{x}$ das Tripel ($x_1$; $x_2$; $x_3$) zu verstehen ist. Die Anwendung dieser Formel soll nun an Beispielen gezeigt werden; auf den Beweis wird verzichtet.

**Beispiel 8.7** Man bestimme den Kegelschnitt (Bild 8.15a) durch die Punkte $P_1(1; 0; 0)$ mit der Tangente $t_1(0; 1; 0)$, $P_2(0; 1; 0)$ mit der Tangente $t_2(1; 0; 0)$ und den Punkt $P_3(1; 1; 1)$.
Die Verbindungsgerade $\overline{P_1 P_2}$ ermittelt man aus

$$\begin{vmatrix} \cdot & \cdot & \cdot \\ 1 & 0 & 0 \\ 0 & 1 & 0 \end{vmatrix}$$

zu $u_1 = 0$, $u_2 = 0$, $u_3 = 1$. Es ist dann

$$\mathbf{u} \circ \mathbf{r} = 1 \qquad \mathbf{u} \circ \mathbf{x} = x_3 \qquad \mathbf{v} \circ \mathbf{r} = 1 \qquad \mathbf{w} \circ \mathbf{r} = 1$$
$$\mathbf{v} \circ \mathbf{x} = x_2 \qquad \mathbf{w} \circ \mathbf{x} = x_1$$

Die Gleichung des Kegelschnitts ergibt sich dann aus

$$\begin{vmatrix} 1 & 1 \\ x_3^2 & x_2 x_1 \end{vmatrix} = x_1 x_2 - x_3^2 = 0$$

Das ist die Gleichung einer Hyperbel (vgl. Gl. (8.34)).

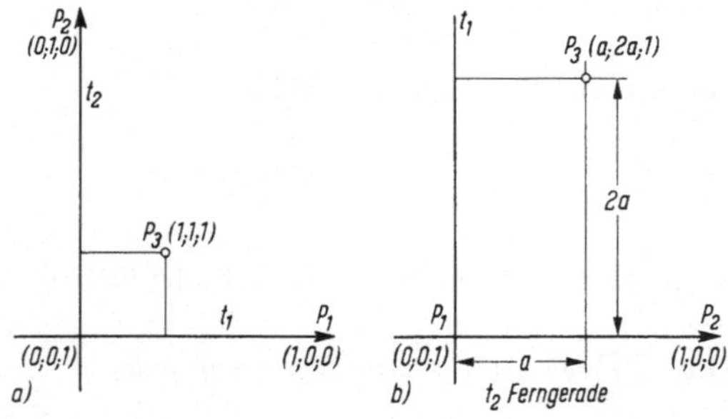


Bild 8.15 Bestimmung von Kegelschnitten

**Beispiel 8.8** Man bestimme einen Kegelschnitt, der den Bedingungen des Bildes 8.15b entspricht. Gegeben seien die Punkte $P_1(0; 0; 1)$ mit der Tangente $(1; 0; 0)$, $P_2(1; 0; 0)$ mit der Tangente $(0; 0; 1)$ und der Punkt $P_3(a; 2a; 1)$.
Die Verbindungsgerade $\overline{P_1 P_2}$ ergibt sich aus

$$\begin{vmatrix} \cdot & \cdot & \cdot \\ 0 & 0 & 1 \\ 1 & 0 & 0 \end{vmatrix}$$

zu $u_1 = 0$, $u_2 = 1$, $u_3 = 0$. Es ist

$$\mathbf{u} \circ \mathbf{r} = 2a \qquad \mathbf{v} \circ \mathbf{r} = a \qquad \mathbf{w} \circ \mathbf{r} = 1$$
$$\mathbf{u} \circ \mathbf{x} = x_2 \qquad \mathbf{v} \circ \mathbf{x} = x_1 \qquad \mathbf{w} \circ \mathbf{x} = x_3$$

Die Gleichung des Kegelschnitts lautet

$$\begin{vmatrix} (2a)^2 & a \\ x_2^2 & x_1 x_3 \end{vmatrix} = 4a^2 x_1 x_3 - ax_2^2 = 0$$

also ist $4ax_1 x_3 - x_2^2 = 0$

die Gleichung einer Parabel, inhomogen geschrieben

$$y^2 = 4ax$$

**Beispiel 8.9** Man löse die in Bild 8.16 gestellte Aufgabe. Der gesuchte Kegelschnitt soll durch die Punkte $P_1(0; a; 1)$ mit $t_1(0; 1; -a)$, $P_2(b; 0; 1)$ mit $t_2(1; 0; -b)$ und $P_3(c_1; c_2; 1)$ gehen.

Die Berechnung über Gl. (8.48) gibt für diesen Kegelschnitt die Matrix

$$\begin{bmatrix} -a^2 K_2 & 0{,}5K_1 - abK_2 & a^2 bK_2 - 0{,}5aK_1 \\ 0{,}5K_1 - abK_2 & -b^2 K_2 & ab^2 K_2 - 0{,}5bK_1 \\ a^2 bK_2 - 0{,}5aK_1 & ab^2 K_2 - 0{,}5bK_1 & -a^2 b^2 K_2 + abK_1 \end{bmatrix}$$

mit $K_1 = (u \circ r)^2 = (ac_1 + bc_2 - ab)^2$ und $K_2 = (v \circ r)(w \circ r) = (c_2 - a)(c_1 - b)$.

Faßt man die Gleichung des Kegelschnittes als eine quadratische Gleichung in $x_2$ (oder $x_1$) auf, so kann man diese lösen und die Funktion inhomogen in der Form $y = f(x)$ (oder $x = g(y)$) schreiben. Das ergibt nach [41]

$$y = N_1 x + Q_1 + \sqrt{R_1 x^2 + S_1 x + T_1} \qquad (8.49)$$

mit

$$k_1 = \frac{(b - c_1)(c_2 - a)}{(ac_1 + bc_2 - ab)^2} = -\frac{K_2}{K_1} \qquad N_1 = -\frac{1 + 2abk_1}{2b^2 k_1}$$

$$Q_1 = \frac{b + 2ab^2 k_1}{2b^2 k_1} = -bN_1 \qquad R_1 = \frac{1 + 4abk_1}{(2b^2 k_1)^2}$$

$$S_1 = \frac{2b + 4ab^2 k_1}{(2b^2 k_1)^2} = -\frac{Q_1}{b^2 k_1} \qquad T_1 = \frac{b^2}{(2b^2 k_1)^2}$$

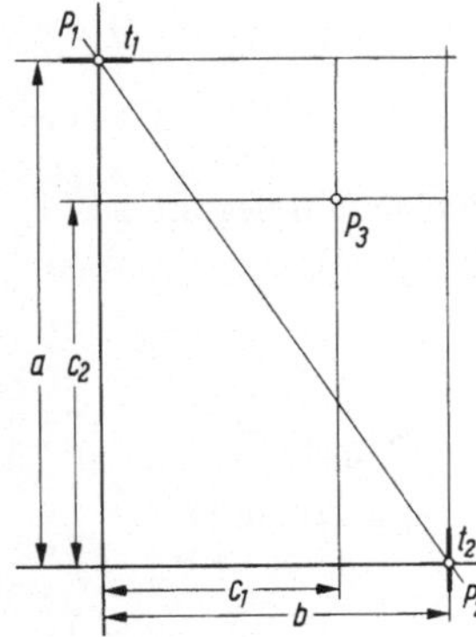


**Bild 8.16**
Kegelschnitt zur Festlegung
eines Rumpfspants

Für die nach x aufgelöste Funktion ergibt sich

$$x = N_2 y + Q_2 + \sqrt{R_2 y^2 + S_2 y + T_2} \qquad (8.50)$$

mit

$$k_2 = \frac{(b - c_1)(c_2 - a)}{(ac_1 + bc_2 - ab)^2} \qquad N_2 = -\frac{1 + 2abk_2}{2a^2 k_2}$$

$$Q_2 = \frac{a + 2a^2 bk_2}{2a^2 k_2} = -aN_2 \qquad R_2 = \frac{1 + 4abk_2}{(2a^2 k_2)^2}$$

$$S_2 = \frac{2a + 4a^2 bk_2}{(2a^2 k_2)^2} = -\frac{Q_2}{a^2 k_2} \qquad T_2 = \frac{a^2}{(2a^2 k_2)^2}$$

Dabei ist zu beachten, daß die Radikanden in Gl. (8.49) und (8.50) größer oder gleich Null sein müssen, wenn man reelle Werte erhalten will. Eine weitere Funktion erhält man jeweils durch Vorzeichenänderung vor der Wurzel.

Die Berechnung der Schnittpunkte zweier Kegelschnitte ist eine bei deren Verwendung als analytische Formen der Rumpfspante häufig auftretende Aufgabe. Sie erfordert die Bestimmung der Wurzeln einer Gleichung vierten Grades. Überall da, wo z.B. Kabinen und Einläufe beim Rumpf eingebaut werden, liegt dieses Problem vor. Numerische Schwierigkeiten treten bei dieser Bestimmung der Wurzeln vor allem dann auf, wenn in der Konstruktion schleifende Schnitte beim Übergang der beiden Körper ineinander zu berücksichtigen sind. Zur Lösung dieser Aufgabe verwendet man die in Abschn. 2 behandelten Methoden.

**Beispiel 8.10** Es sollen vier Kegelschnitte mit Gl. (8.49) und (8.50) berechnet werden. Dabei wird a = 7,5 und b = 4,8 gewählt. Für $c_1$ und $c_2$ werden verschiedene Werte angenommen.
Ergebnisse, die mit Gl. (8.49) erzielt werden, zeigt Tafel 8.17. Sie sind in Bild 8.18 dargestellt.

Tafel 8.17  Rumpfspantberechnung. Ergebnisse für
a = 7,5   b = 4,8

| x<br>$c_1$<br>$c_2$ | $y_1$<br>4<br>7 | $y_2$<br>3<br>5 | $y_3$<br>2,2<br>1,1 | $y_4$<br>3,5<br>6 |
|---|---|---|---|---|
| 0 | 7,500 | 7,500 | 7,500 | 7,500 |
| 0,48 | 7,498 | 7,406 | 7,345 | 7,485 |
| 0,96 | 7,493 | 7,167 | 7,003 | 7,434 |
| 1,44 | 7,482 | 6,815 | 6,549 | 7,339 |
| 1,92 | 7,463 | 6,365 | 6,006 | 7,189 |
| 2,40 | 7,432 | 5,820 | 5,386 | 6,966 |
| 2,88 | 7,379 | 5,178 | 4,688 | 6,644 |
| 3,36 | 7,287 | 4,421 | 3,903 | 6,175 |
| 3,84 | 7,104 | 3,517 | 3,008 | 5,469 |
| 4,32 | 6,629 | 2,368 | 1,937 | 4,282 |
| 4,80 | 0 | 0 | 0 | 0 |

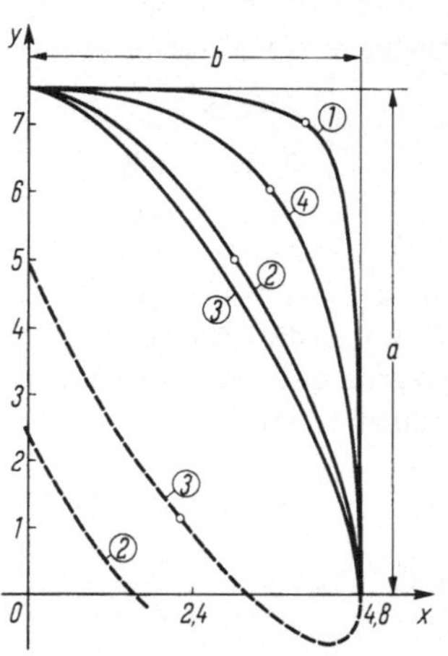

Bild 8.18  Berechnung von Kegelschnitten als Rumpfspante

Die Ermittlung der Gleichung eines Kegelschnittes durch fünf gegebene Punkte $P_1, P_2, \ldots, P_5$ läßt sich in ähnlicher Weise durchführen. Sie läuft auf die Berechnung dreireihiger Determinanten hinaus. Es seien die fünf Punkte durch die Tripel

$$P_1: \mathbf{a} = (a_1; a_2; a_3) \qquad P_2: \mathbf{b} = (b_1; b_2; b_3)$$
$$P_3: \mathbf{c} = (c_1; c_2; c_3) \qquad P_4: \mathbf{d} = (d_1; d_2; d_3)$$
$$P_5: \mathbf{e} = (e_1; e_2; e_3)$$

gegeben. Dann ist die Gleichung des Kegelschnitts, der durch diese fünf Punkte festgelegt ist, zu ermitteln aus

$$|dac| \cdot |dbx| \cdot |ebc| \cdot |eax| - |eac| \cdot |ebx| \cdot |dbc| \cdot |dax| = 0$$

**Beispiel 8.11** Man berechne den Kegelschnitt durch die fünf Punkte mit den Tripeln

$$\mathbf{a} = (0; 6; 1) \qquad \mathbf{b} = (5; 8; 1) \qquad \mathbf{c} = (8; 6; 1) \qquad \mathbf{d} = (0; 0; 1) \qquad \mathbf{e} = (10; 0; 1)$$

Es ergeben sich

$$|dac| = -48 \qquad |ebc| = -14 \qquad |eac| = -48 \qquad |dbc| = -34$$
$$|dbx| = 5x_2 - 8x_1 \qquad\qquad |eax| = 60x_3 - 10x_2 - 6x_1$$
$$|ebx| = 80x_3 - 5x_2 - 8x_1 \qquad\qquad |dax| = -6x_1$$

Man erhält also die Kegelschnittgleichung

$$-144x_1^2 - 105x_2^2 - 48x_1x_2 + 1440x_1x_3 + 630x_2x_3 = 0$$

Der Kegelschnitt ist in Bild 8.19 dargestellt. Die Determinante der Matrix dieses Kegelschnittes

$$\mathbf{A} = \begin{bmatrix} -144 & -24 & 720 \\ -24 & -105 & 315 \\ 720 & 315 & 0 \end{bmatrix}$$

ist det $\mathbf{A} = 57834000$, die Unterdeterminante $A_{33} = 14544$. Beide sind positiv. Es handelt sich also um eine ovale Ellipse.

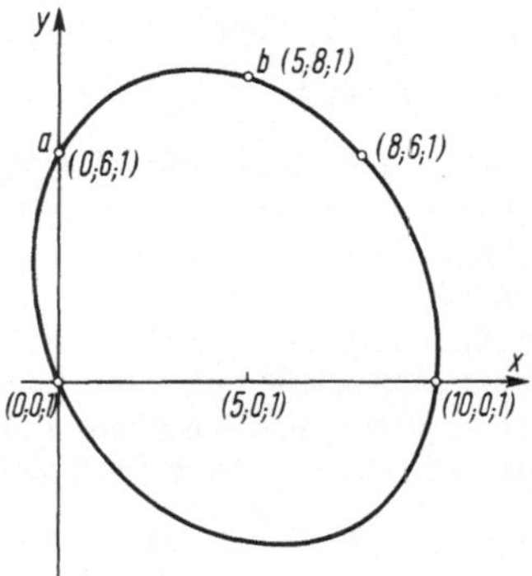


Bild 8.19  Kegelschnitt durch
5 Punkte

## 8.5  Aufgaben zu Abschnitt 8

**1.** Gesucht sind die Transformationsmatrizen **A** zur Herstellung von Grund-, Auf- und Seitenriß. **A** ist jeweils (also auch in den folgenden Aufgaben) möglichst weitgehend zu vereinfachen, da gemeinsame Faktoren wegen der Homogenität unwesentlich sind.

**2.** Man ermittle die Transformation für das Berechnen
a) eines Fernbildes vom Fernpunkt $(1; -1; 1; 0)$ und
b) eines Nahbildes vom Zentrum $(1; -1; 1; 1)$
auf die Ebene $x_2 - \alpha x_4 = 0$ $(y = \alpha)$.

**3.** Zur Herstellung einer Perspektive soll vom Zentrum $(0; 0; -h; 1)$ auf die Ebene $x_3 = 0$ projiziert werden. Wie lauten die Transformationsformeln?

**4.** Man bilde die durch die homogenen Koordinaten gegebenen Punkte einer Raumecke (Tafel 8.20) vom Punkt $(5; -3; 1; 1)$ auf die Ebene $x_2 - 8x_4 = 0$ $(y = 8)$ ab.

Tafel 8.20  Koordinaten einer Raumecke

| $x_1$ | $x_2$ | $x_3$ | $x_4$ | $x_1$ | $x_2$ | $x_3$ | $x_4$ |
|---|---|---|---|---|---|---|---|
| −2 | 1 | 0 | 1 | 5 | 6 | 1 | 1 |
| −2 | 3 | 0 | 1 | 3 | 6 | 3 | 1 |
| −2 | 5 | 0 | 1 | 5 | 6 | 3 | 1 |
| −2 | 6 | 0 | 1 | −0,268 | 4 | 0 | 1 |
| 3 | 6 | 0 | 1 | −0,268 | 4 | 3,5 | 1 |
| 5 | 6 | 0 | 1 | −2 | 1,5 | 2 | 1 |
| 7 | 6 | 0 | 1 | −2 | 2,5 | 2 | 1 |
| −2 | 3 | 3,5 | 1 | −2 | 1,5 | 3 | 1 |
| −2 | 5 | 3,5 | 1 | −2 | 2,5 | 3 | 1 |
| −2 | 1 | 4 | 1 | −2 | 1,6 | 2 | 1 |
| −2 | 6 | 4 | 1 | −2 | 2,4 | 2 | 1 |
| 5 | 6 | 4 | 1 | −2 | 1,6 | 3 | 1 |
| 7 | 6 | 4 | 1 | −2 | 2,4 | 3 | 1 |
| 3 | 6 | 1 | 1 | | | | |

**5.** Man berechne den Kegelschnitt (nach Bild 8.16) durch

die Punkte  $P_1(0; 8; 1)$    mit den Tangenten  $(0; 1; -8)$

$P_2(5; 0; 1)$            $(1; 0; -5)$

sowie durch den Punkt

$$P_3(4; 7; 1)$$

**6.** Von einem Flugzeugrumpf seien die in Bild 8.21 dargestellten Ausschnitte dreier Rumpfspante gegeben, die in z-Richtung die Koordinaten $(0; -3; -7)$ haben.

a) Man ermittle die Kegelschnitte, die durch die Punkte $P_1$, $P_2$ mit den Tangenten $t_1$ und $t_2$ und durch $P_3$ festgelegt sind.

b) Man interpoliere in z-Richtung für $y = 0; 3; 4; 5,5$ die Werte für $z = -1,5$ und $-5$ mit Hilfe der Spline-Interpolation (Abschn. 5.2.4).

c) Man zeichne den Ausschnitt als Perspektive nach Berechnung geeigneter Bildpunkte der Abbildung auf die Ebene $x = 0$ vom Zentrum **d** $(20; 5; 12; 1)$.

| Daten | a | b | $c_1$ | $c_2$ |
|---|---|---|---|---|
| Spant 1 | 8 | 5 | 4 | 7 |
| 2 | 7 | 4 | 3,5 | 6 |
| 3 | 5,5 | 2,5 | 2 | 4 |

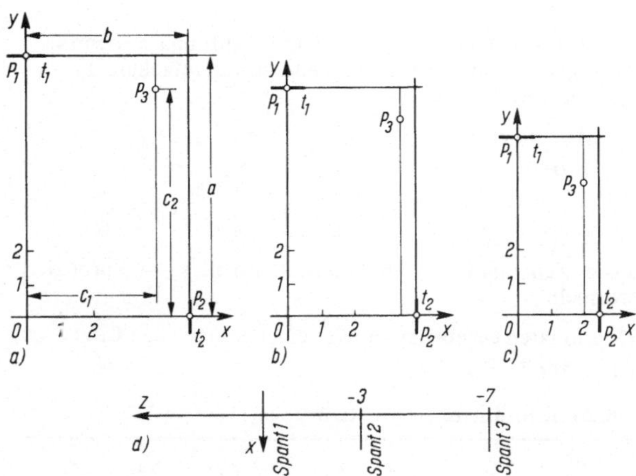

Bild 8.21
Ausschnitt aus einem Rumpf

**7.** Man bilde mit der Transformationsmatrix **A** aus Beispiel 8.4 die folgenden Punkte auf die Zeichenebene ab und bestimme Flucht- und Meßpunkte der Ebenen des Würfels.

| | | | | | | | | |
|---|---|---|---|---|---|---|---|---|
| $x_1$ | $-2$ | $-2$ | 1 | 1 | 2 | 2 | 5 | 5 |
| $x_2$ | 2 | 2 | 6 | 6 | $-1$ | $-1$ | 3 | 3 |
| $x_3$ | $-2$ | 3 | $-2$ | 3 | $-2$ | 3 | $-2$ | 3 |
| $x_4$ | 1 | 1 | 1 | 1 | 1 | 1 | 1 | 1 |

# 9 Anhang

## 9.1 Lösungen zu den Aufgaben

### Abschnitt 1

**1.** $u(vw) = 180{,}0001287 \qquad (uv)w = 180{,}0001284$

**2.** $x = 0{,}7001803 \qquad x = 0{,}3004215$

$\phantom{2.\ }y = 0{,}2998194 \qquad y = 0{,}6995786$

**3.**
$$F_z \approx \frac{x_2 x_4 F_{x2} - x_1 x_5 F_{x5}}{x_1 x_5 - x_2 x_4} + \frac{x_1 x_6 F_{x6} - x_3 x_4 F_{x3}}{x_1 x_6 - x_3 x_4}$$

$$+ \frac{x_1 x_4 (x_3 x_5 - x_2 x_6)(F_{x1} - F_{x4})}{(x_1 x_5 - x_2 x_4)(x_1 x_6 - x_3 x_4)}$$

Kritische Werte ergeben sich bei der Fehlerfortpflanzung von $x_2$ und $x_5$, falls der Nenner, bei $x_3$ und $x_6$, falls der Zähler des Cramerschen Quotienten fast Null wird. Bei $x_1$ und $x_4$ dagegen wirken sich Zähler wie auch Nenner kritisch aus.

**4.** Bei $r = 7$ ergibt sich $0{,}6931333$, bei $r = 14$ erhält man $0{,}6931513$.

Der durch das alternierende Vorzeichen bedingte Auslöschungseffekt ist auch durch doppelte Genauigkeit bei den 100 000 Summanden nicht aufzuheben.

**5.**
$$y = \frac{1 - \cos x}{x} = \frac{x}{2} - \frac{x^3}{24} + O(x^5) \quad {}^{1)}$$

$$\frac{x}{y}\frac{dy}{dx} = \frac{-1 + x \sin x + \cos x}{1 - \cos x}$$

$$= \frac{\dfrac{x^2}{2} - \dfrac{x^4}{8} + O(x^6)}{\dfrac{x^2}{2} - \dfrac{x^4}{24} + O(x^6)} = 1 - \frac{x^2}{6} + O(x^4)$$

Obwohl $\lim\limits_{x \to 0} y = 0$ gilt, wächst die Konditionszahl $\dfrac{x}{y}\dfrac{dy}{dx}$ für $x \to 0$ nicht unbeschränkt.

**6.** Die Gleitpunktrechnung für $e^{-4}$ bei $r = 4$ ergibt $0{,}01816$, für $e^4$ erhält man $54{,}61$. Es ist $1/54{,}61 = 0{,}01831$. Exakt gilt $e^{-4} = 0{,}01832$. Die größere Ungenauigkeit folgt wieder aus dem Auslöschungseffekt einer alternierenden Reihe.

---

1) Siehe Fußnote S. 60.

**Abschnitt 2**

1. a) Berechnung mit der gewöhnlichen Regula falsi

| k | $a_k$ | $f(a_k)$ | $b_k$ | $f(b_k)$ |
|---|---|---|---|---|
| 1 | 0,78540 | $-9{,}02566 \cdot 10^{-2}$ | 1,57080 | 1,46741 |
| 2 | 1,57080 | 1,46741 | 0,830907 | $-4{,}81367 \cdot 10^{-2}$ |
| 3 | 1,57080 | 1,46741 | 0,854407 | $-2{,}41703 \cdot 10^{-2}$ |
| 4 | 1,57080 | 1,46741 | 0,866016 | $-1{,}17702 \cdot 10^{-2}$ |
| 5 | 1,57080 | 1,46741 | 0,871624 | $-5{,}64673 \cdot 10^{-3}$ |
| 6 | 1,57080 | 1,46741 | 0,874304 | $-2{,}68970 \cdot 10^{-3}$ |
| 7 | 1,57080 | 1,46741 | 0,875578 | $-1{,}27704 \cdot 10^{-3}$ |
| 8 | 1,57080 | 1,46741 | 0,876183 | $-6{,}04615 \cdot 10^{-4}$ |
| 9 | 1,57080 | 1,46741 | 0,876469 | $-2{,}86390 \cdot 10^{-4}$ |
| 10 | 1,57080 | 1,46741 | 0,876604 | $-1{,}36101 \cdot 10^{-4}$ |
| 11 | 1,57080 | 1,46741 | 0,876668 | $-6{,}48348 \cdot 10^{-5}$ |
| 12 | 1,57080 | 1,46741 | 0,876699 | $-3{,}03107 \cdot 10^{-5}$ |
| 13 | 1,57080 | 1,46741 | 0,876713 | $-1{,}47187 \cdot 10^{-5}$ |
| 14 | 1,57080 | 1,46741 | 0,876720 | $-6{,}92260 \cdot 10^{-6}$ |
| 15 | 1,57080 | 1,46741 | 0,876723 | $-3{,}58110 \cdot 10^{-6}$ |

Die relative Abweichung der letzten beiden Folgeglieder ist betragsmäßig kleiner als $5 \cdot 10^{-6}$. Wegen $f(0{,}876727) = 9{,}737 \cdot 10^{-7} > 0$ ist der relative Fehler von $x_0 = 0{,}876723$ dem Betrage nach kleiner als $4{,}6 \cdot 10^{-6}$.

b) Berechnung mit der verfeinerten Regula falsi

| k | $a_k$ | $A_k$ | $b_k$ | $B_k$ |
|---|---|---|---|---|
| 1 | 0,785398 | $-9{,}02566 \cdot 10^{-2}$ | 1,57080 | 1,46741 |
| 2 | 1,57080 | 1,46741 | 0,830907 | $-4{,}81367 \cdot 10^{-2}$ |
| 3 | 1,57080 | 0,976894 | 0,854407 | $-2{,}41703 \cdot 10^{-2}$ |
| 4 | 1,57080 | 0,794233 | 0,871704 | $-5{,}55875 \cdot 10^{-3}$ |
| 5 | 1,57080 | 0,769087 | 0,876563 | $-1{,}81749 \cdot 10^{-4}$ |
| 6 | 0,876563 | $-1{,}81749 \cdot 10^{-4}$ | 0,876727 | $8{,}737 \cdot 10^{-7}$ |
| 7 | | | 0,876726 | $-2{,}397 \cdot 10^{-7}$ |

Mit der verfeinerten Regula falsi wird nach sieben Schritten die Nullstelle $x_0 = 0{,}876726$ mit einem relativen Fehler von maximal $1{,}2 \cdot 10^{-6}$ erreicht.

2. Aus $1 < x_0 < 1{,}5$ folgt

$$e^{1{,}09861} - 2 < 1 < e^{x_0} - 2 < 1{,}5 < e^{1{,}25277} - 2$$

Da $y = e^x - 2$ monoton steigt, schließt man daraus auf $1{,}09861 < x_0 < 1{,}25277$. Indem man dieses Vorgehen laufend wiederholt, erhält man nacheinander

$$e^{1{,}13095} - 2 < 1{,}09861 < e^{x_0} - 2 < 1{,}25277 < e^{1{,}17951} - 2$$

$$1{,}13095 < x_0 < 1{,}17951$$
$$1{,}14134 < x_0 < 1{,}15673$$
$$1{,}14465 < x_0 < 1{,}14954$$
$$1{,}14570 < x_0 < 1{,}14726$$
$$1{,}14603 < x_0 < 1{,}14653$$
$$1{,}14614 < x_0 < 1{,}14630$$
$$1{,}14617 < x_0 < 1{,}14623$$
$$1{,}14618 < x_0 < 1{,}14621$$

Die Konvergenz der beiden Schranken gegen $x_0$ basiert darauf, daß für $1 < x < x_0$ gilt $f(x) < x$, während für $x_0 < x < 1,5$ die Ungleichung $f(x) > x$ besteht. Von der sukzessiven Approximation $x_{k+1} = \ln(x_k + 2)$ unterscheidet sich dieses Vorgehen nur in der äußeren Form.

Die sukzessive Approximation $x_{k+1} = e^{x_k} - 2$ konvergiert wegen

$$\left. \frac{d(e^x - 2)}{dx} \right|_{x=x_0} = 3,1462 > 1$$

nicht gegen die in unmittelbarer Nähe von $x_1$ gelegene Wurzel $x_0 = 1,1462$, sondern gegen die auf der anderen Seite von $x_1$ befindliche zweite Wurzel $x = -1,84141$, wo gilt

$$\left. \frac{d(e^x - 2)}{dx} \right|_{x=-1,84141} = 0,15859 < 1$$

3. Die Funktion ist nur für $x > 0$ erklärt; es gilt $\lim\limits_{x \to +0} f(x) = 0,2$. Aus $f(x) = x \cdot \ln x + 0,2$ folgt $f'(x) = 1 + \ln x$ und $f''(x) = 1/x$, so daß die Funktionskurve an der Stelle $x = e^{-1}$, also im Punkt $(0,367879; -0,167879)$ ein Minimum besitzt. Zu $x = 1$ gehört der Funktionswert $0,2$; daher muß eine Nullstelle $x_0^{(1)}$ im Intervall $(0; 0,367879)$ und eine Nullstelle $x_0^{(2)}$ im Intervall $(0,367879; 1)$ gesucht werden. Anhand der Funktionskurve von $y = x \cdot \ln x + 0,2$ (Bild 9.1) lassen sich die Nullstellen genauer eingrenzen auf die Intervalle $(0,05; 0,1)$ und $(0,75; 0,8)$. Als Startwerte verwendet man zweckmäßig die der Extremstelle abgewendeten Intervallenden. Mit der Iterationsvorschrift

$$x_{k+1} = x_k - \frac{x_k \cdot \ln x_k + 0,2}{1 + \ln x_k}$$

erhält man

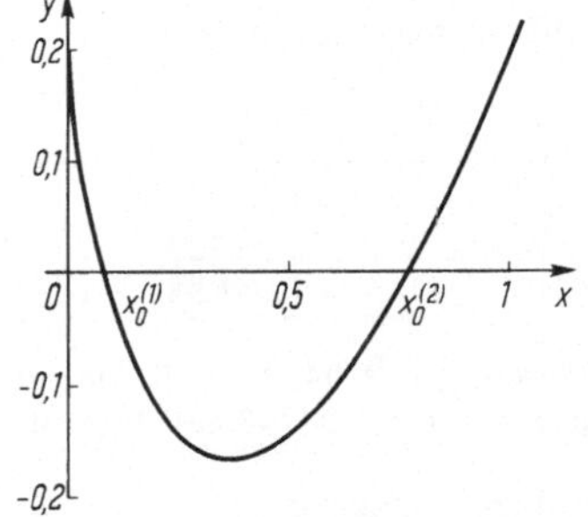


| k | $x_k$ | k | $x_k$ |
|---|---|---|---|
| 1 | 0,05 | 1 | 0,8 |
| 2 | 0,0751604 | 2 | 0,772343 |
| 3 | 0,0786079 | 3 | 0,771691 |
| 4 | 0,0786583 | 4 | 0,771691 |
| 5 | 0,0786584 | | |

Bild 9.1
Funktionskurve
$y = x \cdot \ln x + 0,2$

Wegen $f(0,0786583) = 9,3 \cdot 10^{-8} > 0$ und $f(0,0786584) = -6,1 \cdot 10^{-8} < 0$ bzw. $f(0,771690) = -7,2 \cdot 10^{-7} < 0$ und $f(0,771691) = 1,9 \cdot 10^{-8} > 0$ beträgt der relative Fehler der Nullstellen $x_0^{(1)} = 0,0786584$ und $x_0^{(2)} = 0,771691$ demnach maximal $1,3 \cdot 10^{-6}$.

4. Aus $x^3 - e^x + 1,5 = 0$ folgt $x = \sqrt[3]{e^x - 1,5}$. Die gesuchten Wurzeln ergeben sich daher als Abszissen der Schnittpunkte der zu $y_1(x) = \sqrt[3]{e^x - 1,5}$ und $y_2(x) = x$ gehörenden Funktionskurven. Bild 9.2 entnimmt man, daß es vier solche Schnittpunkte gibt mit $x^{(1)} \approx -1$; $x^{(2)} \approx 0,5$; $x^{(3)} \approx 1,3$; $x^{(4)} \approx 4,5$. Dies wird durch die Funktionswerte an drei Zwischen- und zwei Außenstellen bestätigt:

$$y_1(-2) = -1,1092 > -2 \qquad y_1(3) = 2,6489 < 3$$
$$y_1(0) = -0,7937 < 0 \qquad y_1(5) = 5,2766 > 5$$
$$y_1(1) = 1,0680 > 1$$

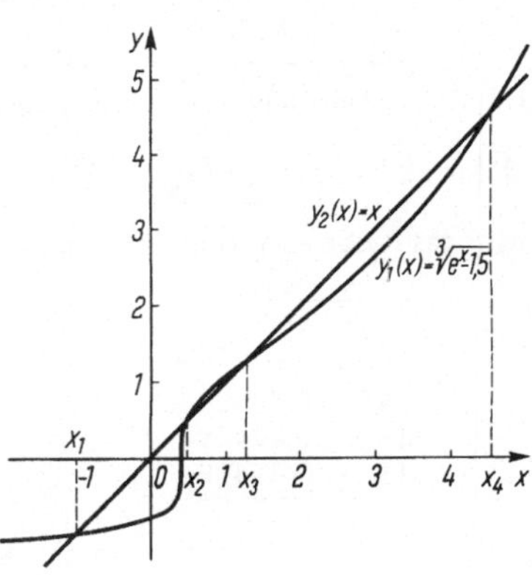


Bild 9.2   Schnittpunkt der Funktionskurve
$y = \sqrt[3]{e^x - 1,5}$ mit der Geraden $y = x$

Daß keine weiteren Schnittpunkte existieren, ergibt sich aus folgender Überlegung. Die Funktion $y_1(x)$ ist überall mit Ausnahme von $x = \ln 1,5$ beliebig oft stetig differenzierbar. Wegen

$$y_1'(x) = \frac{1}{3} \cdot \frac{e^x}{(e^x - 1,5)^{2/3}} \quad \text{gilt} \quad y_1''(x) = \frac{1}{9} \cdot \frac{e^x}{(e^x - 1,5)^{5/3}} \cdot (e^x - 4,5)$$

Daraus folgt, daß die Funktionskurve in den Intervallen $(-\infty; \ln 1,5)$ und $(\ln 4,5; +\infty)$ eine Linkskrümmung, im Intervall $(\ln 1,5; \ln 4,5)$ eine Rechtskrümmung hat. Da die Funktionskurve zwischen drei benachbarten Schnittpunkten mindestens einmal die Krümmungsrichtung wechseln muß, aber nur zwei Wendepunkte existieren, können die Schnittpunkte höchstens zwei solche Punktetripel bilden, d.h., es kann maximal vier Schnittpunkte geben. Für sie gilt

$$0 < y_1'(x^{(1)}) < 1 \qquad y_1'(x^{(2)}) > 1 \qquad 0 < y_1'(x^{(3)}) < 1 \qquad y_1'(x^{(4)}) > 1$$

Um bei der sukzessiven Approximation die Bedingung (2.24) zu erfüllen, hat man daher zur Bestimmung von $x^{(1)}$ und $x^{(3)}$ die Iterationsvorschrift

$$x_{k+1} = \sqrt[3]{e^{x_k} - 1,5}$$

zu wählen, während bei $x^{(2)}$ und $x^{(4)}$ die zu verwendende Formel

$$x_{k+1} = \ln(x_k^3 + 1,5)$$

von der aufgelösten Funktion geliefert wird.

a) Berechnung von $x^{(1)}$

| $k$ | $x_k^{(1)}$ | $k$ | $x_k^{(1)}$ |
|---|---|---|---|
| 1 | $-1$ | 4 | $-1,04738$ |
| 2 | $-1,04223$ | 5 | $-1,04743$ |
| 3 | $-1,04688$ | 6 | $-1,04743$ |

Wegen $y_1'(-1,04743) = 0,1066$ gilt in Beziehung (2.11) $K \approx 0,1066$, also $0 < K/(1 - K) < 1$, so daß $x^{(1)} = -1,04743$ gesichert ist.

b) Berechnung von $x^{(2)}$

| $k$ | $x_k^{(2)}$ | $k$ | $x_k^{(2)}$ |
|---|---|---|---|
| 1 | 0,5 | 5 | 0,474969 |
| 2 | 0,485508 | 6 | 0,474463 |
| 3 | 0,478990 | 7 | 0,474250 |
| 4 | 0,476169 | 8 | 0,474161 |

Die Konvergenz läßt sich beschleunigen, indem man aus der Beziehung (2.11) die Schätzung

$$x^{(2)} \approx x_8^{(2)} + \frac{K}{1 - K} \cdot (x_8^{(2)} - x_7^{(2)}) \quad \text{entnimmt. Wegen } K \approx \left. \frac{d \ln(y^3 + 1,5)}{dy} \right|_{0,474161} = 0,419821$$

wird das Iterationsverfahren fortgesetzt mit $x_9^{(2)} = 0,474097$.

| $k$ | $x_k^{(2)}$ |
|---|---|
| 9 | 0,474097 |
| 10 | 0,474096 |
| 11 | 0,474096 |

Die Beziehung (2.11) liefert hier mit $K \approx 0,474$ ebenfalls $0 < K/(1 - K) < 1$, also $x^{(2)} = 0,474096$.

c) Berechnung von $x^{(3)}$

| k | $x_k^{(3)}$ | k | $x_k^{(3)}$ |
|---|---|---|---|
| 1 | 1,3 | 5 | 1,28544 |
| 2 | 1,29451 | 6 | 1,28388 |
| 3 | 1,29050 | 7 | 1,28273 |
| 4 | 1,28758 | 8 | 1,28189 |

Wegen $y_1'(1,28189) = 0,731660$ gibt die Beziehung (2.11) hier Anlaß zur Schätzung $x^{(3)} \approx 1,27960$. Mit diesem Wert wird das Iterationsverfahren fortgesetzt.

| k | $x_k^{(3)}$ |
|---|---|
| 9 | 1,27960 |
| 10 | 1,27960 |

Mit $K \approx 0,732$ und $|x_{10}^{(3)} - x_9^{(3)}| \leq 10^{-5}$ erhält man aus der Beziehung (2.11) nunmehr die Schätzung $1,27957 \leq x^{(3)} \leq 1,27963$.

d) Berechnung von $x^{(4)}$

| k | $x_k^{(4)}$ | k | $x_k^{(4)}$ |
|---|---|---|---|
| 1 | 4,5 | 5 | 4,56726 |
| 2 | 4,52856 | 6 | 4,57236 |
| 3 | 4,54723 | 7 | 4,57566 |
| 4 | 4,55938 | 8 | 4,57779 |

Wegen
$$\frac{d \ln (y^3 + 1,5)}{dy}\bigg|_{4,57779} = 0,645249$$
empfiehlt die Beziehung (2.11) hier die Schätzung $x^{(4)} \approx 4,58166$. Damit ergibt das Iterationsverfahren

| k | $x_k^{(4)}$ |
|---|---|
| 9 | 4,58166 |
| 10 | 4,58166 |

Aus der Beziehung (2.11) folgt mit $K \approx 0,645$ und $|x_{10}^{(4)} - x_9^{(4)}| < 10^{-5}$ die Schätzung $4,58164 \leq x^{(4)} \leq 4,58168$.

5. Rechenschema beim Bernoulli-Verfahren

| | | 0 | 1 | 2 | 3 | 4 | 5 | 6 | 7 |
|---|---|---|---|---|---|---|---|---|---|
| 1 | −12 | −12 | 2,83333 | 3,17647 | 3,35185 | 3,45856 | 3,53034 | 3,58188 | 3,62062 |
| 2 | 55 | 110 | −25 | −27,4706 | −28,6296 | −29,2928 | −29,7188 | −30,0139 | |
| 3 | −120 | −360 | 78 | 83,7647 | 86,1667 | 87,4364 | 88,2092 | | |
| 4 | 126 | 504 | −102,667 | −107,470 | −109,148 | −109,950 | | | |
| 5 | −56 | −280 | 52,5 | 53,5294 | 53,7962 | | | | |
| 6 | 7 | 42 | −7 | −7 | | | | | |

Die betragsgrößte Nullstelle $x_0$ ist offensichtlich reell.

Um das Konvergenzverhalten der Folge $\{r_{1k}\}$ quantitativ zu untersuchen, beachte man, daß im Falle linearer Konvergenz die Beziehung (2.1) für hinreichend große Werte von k in der Form

$$|x_{k+1} - x_0| \approx K \cdot |x_k - x_0| \qquad \text{mit } 0 < K < 1$$

geschrieben werden kann. Entsprechend liefert (2.11)

$$|x_{k+1} - x_0| \approx \frac{K}{1 - K} \cdot |x_{k+1} - x_k|$$

und

$$|x_k - x_0| \approx \frac{K}{1 - K} \cdot |x_k - x_{k-1}|$$

Hieraus folgt

$$\frac{|x_{k+1} - x_k|}{|x_k - x_{k-1}|} \approx \frac{|x_{k+1} - x_0|}{|x_k - x_0|} \approx K$$

Für die vorliegende Anwendung hat man $x_k = r_{1,k}$ zu setzen. Aus

$$\frac{|r_{1,k+1} - r_{1,k}|}{|r_{1,k} - r_{1,k-1}|} \approx K$$

folgt, daß die Quotienten der Differenzen zwischen den Folgegliedern im Falle linearer Konvergenz für $k \to \infty$ der Konstanten K zustreben.

Im gegenwärtigen Fall erhält man $K \approx 0,8$ also $K/(1 - K) \approx 4$. Um den maximalen relativen Fehler von $5 \cdot 10^{-2}$ zu unterschreiten, ist die Rechnung wegen der aus der Abschätzung (2.11) folgenden Beziehung

$$\frac{|r_{1,k+1} - r_{1,k}|}{|x_0|} \approx \frac{1 - K}{K} \cdot \frac{|r_{1,k+1} - x_0|}{|x_0|}$$

so weit zu führen, bis die Differenz zwischen zwei Folgegliedern nicht größer ist als etwa 0,04. Dies ist nach dem 7. Iterationsschritt der Fall.

Die Folge $\{r_{1k}\}$ steigt offenbar monoton. Zur Schätzung der Nullstelle $x_0$ wird die Beziehung (2.11) in der Form

$$x_0 \approx r_{1,k+1} + \frac{K}{1 - K} \cdot (r_{1,k+1} - r_{1,k})$$

verwendet. Die Feinrechnung der Nullstelle beginnt daher mit $x_1 = 3,78$. Das Newtonsche Verfahren liefert daraus

| k | 1 | 2 | 3 | 4 |
|---|---|---|---|---|
| $x_k$ | 3,78 | 3,80386 | 3,80195 | 3,80194 |
| $y(x_k)$ | −0,37659 | 0,03599 | 0,00025 | −0,00013 |

Demnach gilt $3,80194 < x_0 < 3,80195$, so daß der relative Fehler kleiner als $3 \cdot 10^{-6}$ ist.

6. Die Substitution $z = 1/x$ führt auf das Problem, die betragsgrößte Nullstelle des Polynoms

$$f_1(z) = 32,4675 \cdot z^3 + 12,4870 \cdot z^2 + 6,49350 \cdot z + 1,24870$$

zu bestimmen. Die Division durch 32,4675 liefert

$$f_2(z) = z^3 + 0,384600 \cdot z^2 + 0,200000 \cdot z + 0,0384600$$

Die Methode von Bernoulli liefert die im folgenden Schema zusammengestellten Ergebnisse.

| | | 0 | 1 | 2 | 3 | 4 | 5 | 6 |
|---|---|---|---|---|---|---|---|---|
| 1 | 0,384600 | 0,384600 | 0,655440 | −0,232031 | 0,730241 | −0,431497 | 0,200959 | −0,936296 |
| 2 | 0,200000 | 0,400000 | 0,100000 | −0,258678 | −0,034264 | −0,252667 | −0,110868 | −0,391381 |
| 3 | 0,0384600 | 0,115350 | −0,0384600 | −0,0384600 | −0,0384600 | −0,0384600 | −0,0384600 | −0,0384600 |
| Q | | | | −0,826005 | 0,164900 | 0,204561 | 0,171540 | 0,155924 |
| P | | | | −1,49225 | 0,0195566 | −0,151368 | −0,196587 | −0,160396 |

| | | 7 | 8 | 9 | 10 | 11 | 12 |
|---|---|---|---|---|---|---|---|
| 1 | 0,384600 | 0,0334106 | −5,14126 | −0,121798 | 1,19602 | −0,287808 | 0,422035 |
| 2 | 0,200000 | −0,158923 | −1,35113 | −0,192519 | 0,115766 | −0,232156 | −0,0663692 |
| 3 | 0,0384600 | −0,0384600 | −0,0384600 | −0,0384600 | −0,0384600 | −0,0384600 | −0,0384600 |
| Q | | 0,160436 | 0,166932 | 0,166620 | 0,164404 | 0,164026 | 0,164672 |
| P | | −0,137941 | −0,144879 | −0,154210 | −0,153776 | −0,150665 | −0,150125 |

Die betragsgrößten Nullstellen sind konjugiert-komplex. Sie sind Lösungen der quadratischen Gleichung $z^2 + p_0 \cdot z + q_0 = 0$ mit $p_0 \approx 0,150$; $q_0 \approx 0,165$.
Das Bairstow-Verfahren beginnt mit den Schätzwerten $p_1 = 0,150$; $q_1 = 0,165$.

1. S c h r i t t

|  | 32,4675 | 12,4870 | 6,49350 | 1,24870 |
|---|---|---|---|---|
| $-0,165$ |  |  | $-5,35714$ | $-1,25678$ |
| $-0,150$ |  | $-4,870125$ | $-1,14253$ | $0,00093$ |
|  | 32,4675 | 7,616875 | $-0,00617$ | $-0,00715$ |
| $-0,165$ |  |  | $-5,35714$ |  |
| $-0,150$ |  | $-4,870125$ | $-0,41201$ |  |
|  | 32,4675 | 2,746750 | $-5,76915$ |  |

$$-\Delta p_1 \quad \frac{-0,00617 \quad -0,00715}{32,4675 \quad 2,746750} \qquad \Delta p_1 = -\frac{0,215195}{-194,855} = 0,001104 \qquad p_2 = 0,151104$$

$$-\Delta q_1 \quad \frac{2,746750 \quad -5,76915}{-0,00617 \quad -0,00715} \qquad \Delta q_1 = -\frac{-0,0552350}{-194,855} = -0,000284 \qquad q_2 = 0,164716$$

2. S c h r i t t

|  | 32,4675 | 12,4870 | 6,49350 | 1,24870 |
|---|---|---|---|---|
| $-0,164716$ |  |  | $-5,34792$ | $-1,24871$ |
| $-0,151104$ |  | $-4,9060$ | $-1,14552$ | $-0,00001$ |
|  | 32,4675 | 7,5810 | $0,00006$ | $-0,00002$ |
| $-0,164716$ |  |  | $-5,34792$ |  |
| $-0,151104$ |  | $-4,9060$ | $-0,40420$ |  |
|  | 32,4675 | 2,6750 | $-5,75212$ |  |

$$-p_2 \quad \frac{0,00006 \quad -0,00002}{32,4675 \quad 2,6750} \qquad \Delta p_2 = -\frac{0,000809850}{-193,913} = 0,000004 \qquad p_3 = 0,151108$$

$$-q_2 \quad \frac{2,6750 \quad -5,75212}{0,00006 \quad -0,00002} \qquad \Delta q_2 = -\frac{0,000291627}{-193,913} = 0,000002 \qquad q_3 = 0,164718$$

3. S c h r i t t

|  | 32,4675 | 12,4870 | 6,49350 | 1,24870 |
|---|---|---|---|---|
| $-0,164718$ |  |  | $-5,34798$ | $-1,24871$ |
| $-0,151108$ |  | $-4,9061$ | $-1,14553$ | $0,00000$ |
|  | 32,4675 | 7,5809 | $-0,00001$ | $-0,00001$ |

Es erübrigt sich, die Iteration fortzusetzen, da infolge der Rundungsfehler keine Wertverbesserung mehr erzielt werden kann.

Mit $p_0 = 0,151108$; $q_0 = 0,164718$ lautet die quadratische Gleichung

$$0,164718 \cdot x^2 + 0,151108 \cdot x + 1 = 0$$

Hieraus ergeben sich die gesuchten Nullstellen $x_{1;2} = -0,458687 \pm j2,42087$

**Abschnitt 3**

**1.** In beiden Fällen benötigt man $\frac{1}{3} \cdot n^3 + \frac{1}{2} \cdot n^2 - \frac{5}{6} \cdot n$ Additionen,

$\frac{1}{3} \cdot n^3 + \frac{1}{2} \cdot n^2 - \frac{5}{6} \cdot n$ Multiplikationen, $\frac{1}{2} \cdot n^2 + \frac{1}{2} \cdot n$ Divisionen.

**2.**

| k | $x_1^{(k)}$ | $x_2^{(k)}$ | $x_3^{(k)}$ | $x_4^{(k)}$ | $x_5^{(k)}$ | $x_6^{(k)}$ | |
|---|---|---|---|---|---|---|---|
| 1 | 3,86250 | 3,46563 | 6,73281 | 11,0781 | 7,27188 | 30,5391 | |
| 2 | 7,49844 | 7,87578 | 8,93789 | 13,8051 | 10,8404 | 31,9025 | |
| 3 | 9,28271 | 9,76526 | 9,88263 | 23,1189 | 16,4421 | 36,5595 | |
| 4 | 12,0835 | 12,1021 | 11,0510 | 26,3828 | 19,2429 | 38,1919 | |
| 5 | 13,4840 | 13,4445 | 11,7222 | 27,8422 | 20,6433 | 38,9211 | |
| 6 | 14,1842 | 14,1374 | 12,0687 | 28,5496 | 21,3435 | 39,2748 | ohne Relaxation |
| 6' | 14,8844 | 14,8303 | 12,4152 | 29,2564 | 22,0437 | 39,6285 | mit Relaxation $\omega = 2$ |
| 7 | 14,8842 | 14,8358 | 12,4179 | 29,2516 | 22,0437 | 39,6258 | |
| 8 | 14,8843 | 14,8365 | 12,4182 | 29,2510 | 22,0437 | 39,6255 | |
| 9 | 14,8844 | 14,8366 | 12,4183 | 29,2509 | 22,0437 | 39,6254 | |
| 10 | 14,8844 | 14,8366 | 12,4183 | 29,2509 | 22,0437 | 39,6254 | |

Nach dem neunten Iterationsschritt ist die vorgeschriebene Genauigkeit erreicht. Die Schätzung (2.11) ergibt, da hier $K \approx 0{,}5$ gilt, daß die errechneten Werte höchstens einen relativen Fehler von $10^{-5}$ besitzen.

**3.**

| $x_1$ | $x_2$ | $x_3$ | Multiplikatoren |
|---|---|---|---|
| $2-\lambda$ | $-3$ | 7 | 1 |
| 3 | $-8-\lambda$ | 21 | $-3$ |
| 1 | $-3$ | $8-\lambda$ | |

| $x_1$ | $x_2$ | $x_3$ | | | |
|---|---|---|---|---|---|
| | | 1 | $\lambda$ | $\lambda^2$ | $\lambda^3$ |
| 1 | $-3$ | 8 | $-1$ | | $\lambda$ |
| $-7$ | 21 | $-56$ | 8 | $-1$ | |
| 3 | $-8-\lambda$ | 21 | | | |
| $x_1 =$ | 3 | $-8$ | 1 | | |
| | 0 | 0 | 1 | $-1$ | |
| | $1-\lambda$ | $-3$ | 3 | | |

Das Schema bricht vorzeitig ab; es liefert die Schlußgleichung

$$x_3 \cdot \lambda \cdot (1 - \lambda) = 0 \tag{9.1}$$

so daß $x_3 = 0$ oder $\lambda = 0$ oder $\lambda = 1$ gelten muß. Eine der beiden im Schema linear kombinierten Gleichungen, z.B. die zweite, muß noch erfüllt werden. Um $x_1$ aus ihr zu isolieren, wird sie durch das Schema geschickt. Man erhält

$$x_2 \cdot (1 - \lambda) + x_3 \cdot (-3 + 3 \cdot \lambda) = 0 \tag{9.2}$$

Gl. (9.1) liefert die folgenden drei Fälle:

a) $x_3 = 0$. Aus Gl. (9.2) folgt $(1 - \lambda) \cdot x_2 = 0$. Diese Gleichung stellt ein neues Eigenwertproblem dar. Es liefert den Eigenwert $\lambda_1 = 1$, der zugleich Eigenwert des Ausgangssystems ist. Indem man $x_1$ aus der Kellerzeile entnimmt, erhält man die Eigenvektoren

$$\text{zu } \lambda_1 = 1: \quad \mathbf{x} = \begin{bmatrix} 3 \\ 1 \\ 0 \end{bmatrix} \cdot x_2$$

b) $\lambda_2 = 0$. Dann gilt $x_2 = 3 \cdot x_3$, also ergeben sich die Eigenvektoren

$$\text{zu } \lambda_2 = 0: \quad \mathbf{x} = \begin{bmatrix} 1 \\ 3 \\ 1 \end{bmatrix} \cdot x_3$$

c) $\lambda_3 = 1$. Gl. (9.2) ist für alle Werte $x_2$ und $x_3$ erfüllt. Die Kellerzeile liefert $x_1 = 3 \cdot x_2 - 7 \cdot x_3$, so daß zu $\lambda_3 = 1$ ein zweidimensionaler Eigenraum gehört

$$\text{zu } \lambda_3 = 1: \quad x = \begin{bmatrix} 3 \\ 1 \\ 0 \end{bmatrix} \cdot x_2 + \begin{bmatrix} -7 \\ 0 \\ 1 \end{bmatrix} \cdot x_3$$

Die unter a) ermittelten Eigenvektoren erhält man hieraus durch die Festsetzung $x_3 = 0$.

**4.** Mit dem Startvektor $\begin{bmatrix} 1 \\ 0 \\ 0 \end{bmatrix}$ erhält man $(k = 1, 2, \ldots)$

$$z^{(2 \cdot k - 1)} = \begin{bmatrix} 1 \\ 0 \\ 0 \end{bmatrix} \qquad u^{(2 \cdot k - 1)} = \begin{bmatrix} 3 \\ 4 \\ 8 \end{bmatrix}$$

$$z^{(2 \cdot k)} = \begin{bmatrix} 0,375 \\ 0,5 \\ 1 \end{bmatrix} \qquad u^{(2 \cdot k)} = \begin{bmatrix} 0,125 \\ 0 \\ 0 \end{bmatrix}$$

und damit die Normen $\|u^{(2 \cdot k - 1)}\| = 8$; $\|u^{(2 \cdot k)}\| = 0,125$. Demnach gilt $\|u^{(2 \cdot k - 1)}\| \cdot \|u^{(2 \cdot k)}\| = 1$. Folglich gibt es genau zwei verschiedene betragsgrößte reelle Eigenwerte $\lambda_1, \lambda_2$ mit $\lambda_1^2 = \lambda_2^2 = 1$, also $\lambda_1 = 1; \lambda_2 = -1$.

Zu $\lambda_1 = 1$ gehört der normierte Eigenvektor $\begin{bmatrix} 0,5 \\ 0,5 \\ 1 \end{bmatrix}$, denn es gilt

$$u^{(2 \cdot k - 1)} + z^{(2 \cdot k - 1)} = 8 \cdot \begin{bmatrix} 0,5 \\ 0,5 \\ 1 \end{bmatrix} \qquad u^{(2 \cdot k)} + z^{(2 \cdot k)} = \begin{bmatrix} 0,5 \\ 0,5 \\ 1 \end{bmatrix}$$

Zu $\lambda_2 = -1$ erhält man in entsprechender Weise den normierten Eigenvektor $\begin{bmatrix} 0,25 \\ 0,5 \\ 1 \end{bmatrix}$. Wenn man mit dem Startvektor $\begin{bmatrix} 0 \\ 1 \\ 0 \end{bmatrix}$ beginnt, folgt

$$z^{(2 \cdot k - 1)} = \begin{bmatrix} 0 \\ 1 \\ 0 \end{bmatrix} \quad u^{(2 \cdot k - 1)} = \begin{bmatrix} 2 \\ 5 \\ 8 \end{bmatrix} \quad z^{(2 \cdot k)} = \begin{bmatrix} 0,25 \\ 0,625 \\ 1 \end{bmatrix} \quad u^{(2 \cdot k)} = \begin{bmatrix} 0 \\ 0,125 \\ 0 \end{bmatrix}$$

Hieraus ergibt sich der zu $\lambda_1 = 1$ gehörende normierte Eigenvektor $\begin{bmatrix} 0,25 \\ 0,75 \\ 1 \end{bmatrix}$, denn man berechnet

$$u^{(2 \cdot k - 1)} + z^{(2 \cdot k - 1)} = 8 \cdot \begin{bmatrix} 0,25 \\ 0,75 \\ 1 \end{bmatrix} \qquad u^{(2 \cdot k)} + z^{(2 \cdot k)} = \begin{bmatrix} 0,25 \\ 0,75 \\ 1 \end{bmatrix}$$

Für $\lambda_2 = -1$ erhält man wiederum den bereits bekannten Eigenvektor $\begin{bmatrix} 0,25 \\ 0,5 \\ 1 \end{bmatrix}$.

Die beiden zu $\lambda_1 = 1$ gehörenden Eigenvektoren $\begin{bmatrix} 0,5 \\ 0,5 \\ 1, \end{bmatrix}$ und $\begin{bmatrix} 0,25 \\ 0,75 \\ 1 \end{bmatrix}$ sind linear unabhängig. Daraus folgt, daß $\lambda_1 = 1$ ein doppelter Eigenwert sein muß. Demnach ist das gestellte Eigenwertproblem vollständig gelöst. Eigenwerte $(1, 1, -1)$; Matrix normierter Eigenvektoren $\begin{bmatrix} 0,5 & 0,25 & 0,25 \\ 0,5 & 0,75 & 0,5 \\ 1 & 1 & 1 \end{bmatrix}$

**5.** a) Das Stiefel-Verfahren liefert

$$B^{-1} = \begin{bmatrix} 0,329185 & -0,316743 & 0,137792 & -0,0344435 \\ -0,316744 & 0,466979 & -0,351185 & 0,137789 \\ 0,137798 & -0,351191 & 0,466978 & -0,316739 \\ -0,0344495 & 0,137797 & -0,316743 & 0,329184 \end{bmatrix}$$

b) Einmalige Nachiteration ergibt

$$\mathbf{B}^{-1} = \begin{bmatrix} 0{,}329187 & -0{,}316748 & 0{,}137799 & -0{,}0344499 \\ -0{,}316747 & 0{,}466988 & -0{,}351196 & 0{,}137799 \\ 0{,}137799 & -0{,}351198 & 0{,}466986 & -0{,}316747 \\ -0{,}0344498 & 0{,}137800 & -0{,}316746 & 0{,}329187 \end{bmatrix}$$

Das Eigenwertproblem lautet damit

$$\begin{bmatrix} 4{,}33494 & -1{,}58374 & 0{,}688995 & -1{,}75598 \\ -1{,}58374 & 5{,}64594 & -0{,}172250 & 0{,}688995 \\ 0{,}689000 & -0{,}172249 & 3{,}64594 & -1{,}58373 \\ -1{,}75599 & 0{,}688995 & -1{,}58374 & 4{,}33493 \end{bmatrix} \cdot z = \lambda \cdot z$$

c) Mit dem Stiefel-Algorithmus erhält man für die Koordinaten des Eigenvektors

$$z_2 = 0{,}392368 \cdot z_1 - 0{,}901907 \cdot z_4 + (2{,}46865 - 0{,}569479 \cdot \lambda) \cdot z_3$$
$$z_1 = -0{,}558230 \cdot z_4 + (5{,}84133 - 3{,}19682 \cdot \lambda + 0{,}322497 \cdot \lambda^2) \cdot z_3$$
$$z_4 = (-243{,}033 + 196{,}117 \cdot \lambda - 44{,}3166 \cdot \lambda^2 + 2{,}95602 \cdot \lambda^3) \cdot z_3$$

und als charakteristische Gleichung

$$\lambda^4 - 17{,}9618 \cdot \lambda^3 + 110{,}857 \cdot \lambda^2 - 279{,}009 \cdot \lambda + 243{,}932 = 0$$

d) Übergang zu $\mu = 1/\lambda$ führt auf die Gleichung

$$\mu^4 - 1{,}14380 \cdot \mu^3 + 0{,}454459 \cdot \mu^2 - 0{,}0736345 \cdot \mu + 0{,}00409950 = 0$$

Die mit der Methode von Bernoulli berechnete Folge der Näherungswerte für die betragsgrößte Nullstelle zeigt lineare Konvergenz mit $K \approx 0{,}723$. Um unter den vorgegebenen maximalen relativen Fehler von $10^{-3}$ zu gelangen, wird wegen Gl. (2.11) gefordert, daß die Rechnung erst dann zu beenden ist, wenn die relative Abweichung zweier Nachbarglieder kleiner ist als $\dfrac{10^{-3} \cdot 0{,}277}{0{,}723} = 3{,}8 \cdot 10^{-4}$.

Dies tritt nach 14 Iterationsschritten ein; es ergibt sich $\mu = 0{,}474983$.

e) Mit dem gerundeten Wert $\mu = 0{,}475$ beginnt die Feinberechnung der Wurzel durch das Newton-Verfahren. Nach drei Schritten ergibt sich $\mu_0 = 0{,}476259$; innerhalb der verwendeten Fehlerschranken führt dieser Wert beim Einsetzen in die Bestimmungsgleichung auf Null. Damit folgt $\lambda_0 = 2{,}09970$.

f) Der Stiefel-Algorithmus liefert den normierten Eigenvektor

$$z = \begin{bmatrix} 0{,}139 \\ 0{,}663 \\ 1 \\ 0{,}737 \end{bmatrix}$$

Infolge einer Ziffernauslöschung bei der Berechnung von $z_4$ erhält man z nur auf drei Ziffern genau.

g) Aus $\mu_0 = 0{,}476259$ gewinnt man

$$\omega = 39{,}6834 \cdot \sqrt{\dfrac{E \cdot I}{\varrho^3 \cdot m}} \ .$$

## Abschnitt 4

1. $v_{1x} = +0{,}00831 \text{ cm} \qquad v_{1y} = -0{,}02487 \text{ cm}$

$F_{2x} = -6902 \text{ N} \qquad F_{2y} = 5177 \text{ N} \qquad F_2 = 8628 \text{ N}$

$F_{3x} = 942 \text{ N} \qquad F_{3y} = 353 \text{ N} \qquad F_3 = 1006 \text{ N}$

$F_{4x} = 5960 \text{ N} \qquad F_{4y} = 4470 \text{ N} \qquad F_4 = 7450 \text{ N}$

**2.** $F_1 = 4,259$ kN     $M_1 = 277,78$ kN cm     $F_3 = 0,741$ kN

$v_2 = -0,3395$ cm     $\varphi_2 = -0,003241$     $\varphi_3 = +0,004167$

**3.** Siehe Formeln auf S. 150.

**Abschnitt 5**

**1.**

| | $x_i$ | $y_i$ | | |
|---|---|---|---|---|
| | | 1 | 0,218464 | |
| | 0,25 | | −0,176448 | |
| | 0,625 | 1,25 | 0,174352 | 0,064021 |
| | 0,875 | 0,375 | −0,136435 | −0,013302 |
| 1 | 0,625 | 1,625 | 0,123189 | 0,052382 | 0,001087 |
| | 0,75 | 0,25 | −0,103696 | −0,012215 |
| | 0,375 | 1,875 | 0,097265 | 0,043221 |
| | 0,125 | | −0,087488 | |
| | 2 | 0,086329 | |

$$P_4(x) = 0,001087(x - 1,875)(x - 1,625)(x - 1,25)(x - 1) -$$
$$-0,013302(x - 1,625)(x - 1,25)(x - 1) + 0,064021(x - 1,25)(x - 1) -$$
$$-0,176448(x - 1) + 0,218464$$

Umrechnung:

| 0,001087 | | −0,013302 | | 0,064021 | | −0,176448 | | 0,218464 |
|---|---|---|---|---|---|---|---|---|
| | −1,875 | | −1,625 | | −1,25 | | −1 | |
| | | −0,002038 | | 0,024928 | | −0,111186 | | 0,287634 |

| 0,001087 | | −0,015340 | | 0,088949 | | −0,287634 | | $0,506098 = a_0$ |
|---|---|---|---|---|---|---|---|---|
| | −1,625 | | −1,25 | | −1 | | | |
| | | −0,001766 | | 0,021383 | | −0,110332 | | |

| 0,001087 | | −0,017106 | | 0,110332 | | $-0,397966 = a_1$ |
|---|---|---|---|---|---|---|
| | −1,25 | | −1 | | | |
| | | −0,001359 | | 0,018465 | | |

| 0,001087 | | −0,018465 | | $0,128797 = a_2$ |
|---|---|---|---|---|
| | −1 | | | |
| 0,001087 | | −0,001087 | | |

| 0,001087 | | $-0,019552 = a_3$ |
|---|---|---|

$0,001087 = a_4$

$$P_4(x) = 0,506098 - 0,397966x + 0,128797x^2 - 0,019552x^3 + 0,001087x^4$$

| x | 1,1875 | 1,5625 | 1,9375 |
|---|---|---|---|
| y | 0,184558 | 0,130616 | 0,091643 |

**2.** $h_0 = 0,25$     $h_1 = 0,375$     $h_2 = 0,25$     $h_3 = 0,125$

$a_0 = 0,218464$     $a_1 = 0,174352$     $a_2 = 0,123189$

$a_3 = 0,097265$     $a_4 = 0,086329$

$$\mathbf{A} = \begin{bmatrix} 1,25 & 0,375 & 0 \\ 0,375 & 1,25 & 0,25 \\ 0 & 0,25 & 0,75 \end{bmatrix} \quad r = \begin{bmatrix} 0,120040 \\ 0,098216 \\ 0,048624 \end{bmatrix}$$

$c_0 = 0$      $c_4 = 0$

$\qquad\qquad\quad \beta_1 = 1{,}25$      $v_2 = 0{,}3$

$\alpha_2 = 0{,}375$      $\beta_2 = 1{,}1375$      $v_3 = 0{,}219780$

$\alpha_3 = 0{,}25$      $\beta_3 = 0{,}695055$

$z_1 = 0{,}096032$      $z_2 = 0{,}054685$      $z_3 = 0{,}050288$

$c_1 = 0{,}082942$      $c_2 = 0{,}043633$      $c_3 = 0{,}050288$

$b_0 = -0{,}183360$      $d_0 = 0{,}110590$

$b_1 = -0{,}162624$      $d_1 = -0{,}034942$

$b_2 = -0{,}115159$      $d_2 = 0{,}008874$

$b_3 = -0{,}091679$      $d_3 = -0{,}134101$

| x | 1,1875 | 1,5625 | 1,9375 |
|---|---|---|---|
| y | 0,184813 | 0,130565 | 0,091699 |

**3.** Mit den ausgewählten Werten ergibt sich

$$A = \begin{bmatrix} 1{,}2 & 0{,}3 & 0 & 0 \\ 0{,}3 & 1 & 0{,}2 & 0 \\ 0 & 0{,}2 & 0{,}8 & 0{,}2 \\ 0 & 0 & 0{,}2 & 0{,}8 \end{bmatrix} \qquad r = \begin{bmatrix} -2{,}5130 \\ -1{,}0805 \\ 0{,}9465 \\ 0 \end{bmatrix}$$

$\qquad\qquad\quad B_1 = 1{,}2$      $C_1 = 0{,}3$

$A_2 = 0{,}3$      $B_2 = 1$      $C_2 = 0{,}2$

$A_3 = 0{,}2$      $B_3 = 0{,}8$      $C_3 = 0{,}2$

$A_4 = 0{,}2$      $B_4 = 0{,}8$

$\qquad\qquad\quad \beta_1 = 1{,}200000000$      $v_2 = 0{,}250000000$

$\alpha_2 = 0{,}300000000$      $\beta_2 = 0{,}925000000$      $v_3 = 0{,}216216216$

$\alpha_3 = 0{,}200000000$      $\beta_3 = 0{,}756756757$      $v_4 = 0{,}264285714$

$\alpha_4 = 0{,}200000000$      $\beta_4 = 0{,}747142857$

$z_1 = -2{,}094166665$      $z_2 = -0{,}488918919$

$z_3 = 1{,}379946427$      $z_4 = -0{,}369392925$

$c_4 = -0{,}369392925$      $c_3 = 1{,}477571700$

$c_2 = -0{,}808393881$      $c_1 = -1{,}892068195$

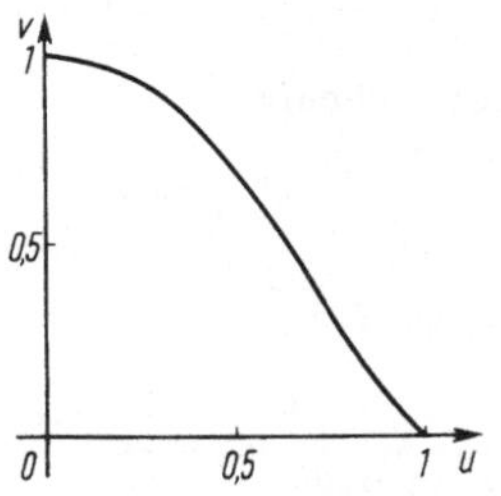



Bild 9.4 Wasserlinie des Vorschiffs

Die berechneten Koeffizienten sind im oberen Teil von Tafel 9.3 zusammengestellt. Mit ihnen erhält man die im unteren Teil von Tafel 9.3 aufgeführten Werte und Fehler gegenüber den gegebenen Werten. Der absolute Fehler ist kleiner als 0,01. Die Wasserlinie zeigt Bild 9.4.

**4.** a) Normalgleichungen:

$n = 0$

$a_0 = \ln 2$

$n = 1$

$$a_0 + \frac{3}{2}a_1 = \ln 2$$

$$\frac{3}{2}a_0 + \frac{7}{3}a_1 = 1$$

$n = 2$

$$a_0 + \frac{3}{2}a_1 + \frac{7}{3}a_2 = \ln 2$$

$$\frac{3}{2}a_0 + \frac{7}{3}a_1 + \frac{15}{4}a_2 = 1$$

$$\frac{7}{3}a_0 + \frac{15}{4}a_1 + \frac{31}{5}a_2 = \frac{3}{2}$$

Lösungen:

$a_0 = \ln 2$
$\quad = 0{,}693147$

$a_0 = -18 + 28\ln 2 = 1{,}408121$

$a_1 = 12 - 18\ln 2 = -0{,}476649$

$a_0 = -603 + 873\ln 2 = 2{,}117489$

$a_1 = 822 - 1188\ln 2 = -1{,}458850$

$a_2 = -270 + 390\ln 2 = 0{,}327400$

Tafel 9.3  Ergebnisse der Berechnung der Wasserlinie

Koeffizienten

| $i$ | $d_i$ | $c_i$ | $b_i$ | $a_i$ |
|---|---|---|---|---|
| 0 | $-2,102297994$ | 0 | $-0,143459847$ | 1 |
| 1 | 1,204082571 | $-1,892068195$ | $-0,711080345$ | 0,900200000 |
| 2 | 3,809942635 | $-0,808393881$ | $-1,521218929$ | 0,549100000 |
| 3 | $-3,078274375$ | 1,477571700 | $-1,387383365$ | 0,243000000 |
| 4 | 0,615654875 | $-0,369392925$ | $-1,165747610$ | 0 |

| $u$ | $v$ | gewählt | berechnet | abs. Fehler |
|---|---|---|---|---|
| 0 | 1 | 1 | | 0 |
| 0,1 | 0,9890 | | 0,9836 | $-0,0054$ |
| 0,2 | 0,9590 | | 0,9545 | $-0,0045$ |
| 0,3 | 0,9002 | 0,9002 | | 0 |
| 0,4 | 0,8101 | | 0,8114 | 0,0013 |
| 0,5 | 0,6910 | | 0,6919 | 0,0009 |
| 0,6 | 0,5491 | 0,5491 | | 0 |
| 0,7 | 0,3950 | | 0,3927 | $-0,0023$ |
| 0,8 | 0,2430 | 0,2430 | | 0 |
| 0,9 | 0,1098 | | 0,1160 | 0,0062 |
| 1 | 0 | 0 | | 0 |
| 1,1 | $-0,1098$ | | $-0,1196$ | $-0,098$ |
| 1,2 | $-0,2430$ | $-0,2430$ | | 0 |

Fehlerquadratsumme:

$$I_2 = \frac{1}{2} - a_0 \ln 2 - a_1 - \frac{3}{2} a_2 \qquad I_0 = 0,0195 \qquad I_1 = 0,000614 \qquad I_2 = 0,0000186$$

b) Approximation hinsichtlich des relativen Fehlers

| $n = 0$ | $n = 1$ | $n = 2$ |
|---|---|---|

$n = 0$

$$a_0 - \mu_r = 1$$

$$a_0 + \frac{1}{2}\mu_r = \frac{1}{2}$$

$$\mu_r = -\frac{1}{3}$$

$$a_0 = \frac{2}{3}$$

$n = 1$

$$a_0 + a_1 - \mu_r = 1$$

$$a_0 + a_1 x_1 + \frac{\mu_r}{x_1} = \frac{1}{x_1}$$

$$a_0 + 2a_1 - \frac{1}{2}\mu_r = \frac{1}{2}$$

$$x_1 = \frac{3}{2} = -\frac{a_0}{2a_1} \qquad \text{Extremwert der Fehlerfunktion}$$

$$\mu_r = -\frac{1}{17} = -0,058824$$

$$a_0 = \frac{24}{17} = 1,411765$$

$$a_1 = -\frac{8}{17} = -0,470588$$

$n = 2$

$$a_0 + a_1 + a_2 - \mu_r = 1$$

$$a_0 + a_1 x_1 + a_2 x_1^2 + \mu_r \frac{1}{x_1} = \frac{1}{x_1}$$

$$a_0 + a_1 x_2 + a_2 x_2^2 - \mu_r \frac{1}{x_2} = \frac{1}{x_2}$$

$$a_0 + 2a_1 + 4a_2 + \frac{1}{2}\mu_r = \frac{1}{2}$$

$$x_1^{(0)} = \frac{5}{4} \qquad x_2^{(0)} = \frac{7}{4}$$

$$a_0^{(0)} = \frac{210}{99} = 2,121212$$

$$a_1^{(0)} = -\frac{144}{99} = -1,454545$$

$$a_2^{(0)} = \frac{32}{99} = 0,323232$$

$$\mu_r^{(0)} = -\frac{1}{99} = -0,010101$$

Extremwerte für n = 2 von

$$\epsilon_r(x) = \frac{a_0 + a_1 x + a_2 x^2 - \dfrac{1}{x}}{\dfrac{1}{x}} = a_0 x + a_1 x^2 + a_2 x^3 - 1$$

bei    $x_{1,2} = -\dfrac{a_1}{3a_2} \pm \dfrac{1}{3a_2} \sqrt{a_1^2 - 3\,a_0\,a_2}$     $x_1^{(1)} = \dfrac{5}{4}$     $x_2^{(1)} = \dfrac{7}{4}$

Sie stimmen mit den Ausgangsnäherungen überein. Die angegebene Lösung ist also die Optimallösung. Die Ergebnisse sind in Bild 9.5 dargestellt.

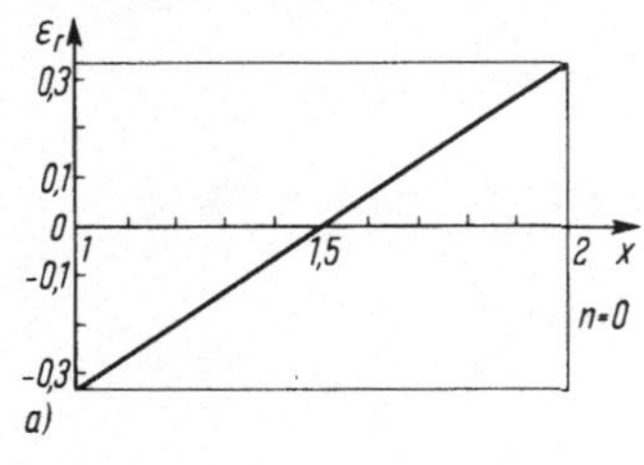

c) Approximation hinsichtlich des absoluten Fehlers

| n = 0 | n = 1 |
|---|---|

$$a_0 - \mu_a = 1 \qquad\qquad a_0 + a_1 \quad - \mu_a = 1$$

$$a_0 + \mu_a = \frac{1}{2} \qquad\qquad a_0 + a_1 x_1 + \mu_a = \frac{1}{x_1}$$

$$a_0 + 2a_1 \quad - \mu_a = \frac{1}{2}$$

$$a_0 = \frac{3}{4} \qquad\qquad a_1 = -\frac{1}{2} \quad \mu_a = -0{,}042893$$

$$\mu_a = -\frac{1}{4} \qquad\qquad x_1 = \sqrt{2} \qquad a_0 = 1{,}457107$$

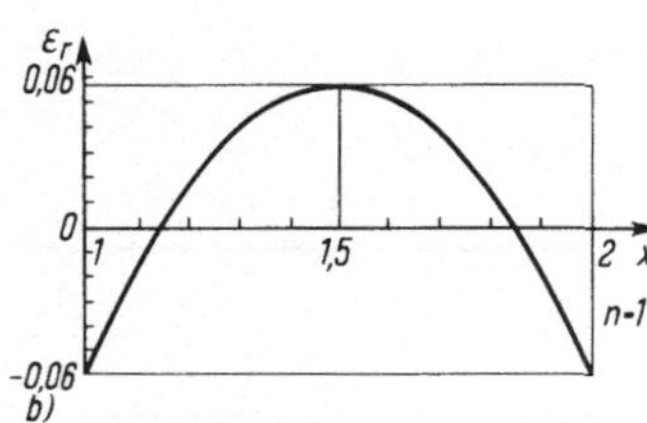

n = 2

$$a_0 + a_1 + a_2 - \mu_a = 1 \qquad\qquad a_0 + a_1 x_2 + a_2 x_2^2 - \mu_a = \frac{1}{x_2}$$

$$a_0 + a_1 x_1 + a_2 x_1^2 + \mu_a = \frac{1}{x_1} \qquad a_0 + 2a_1 + 4a_2 + \mu_a = \frac{1}{2}$$

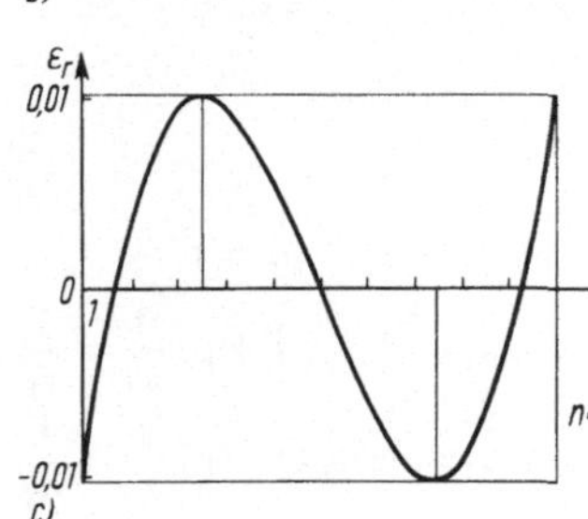

Bild 9.5
Approximation von f(x) = 1/x
a) Kurve des relativen Fehlers für n = 0
b) Kurve des relativen Fehlers für n = 1
c) Kurve des relativen Fehlers für n = 2

Für n = 2 ergibt sich weiterhin

$$x_1^{(0)} = \frac{5}{4} \qquad a_0^{(0)} = \frac{303}{140} = 2{,}164286 \qquad \mu_a^{(0)} = -\frac{1}{140} = -7{,}14286 \cdot 10^{-3}$$

$$x_2^{(0)} = \frac{7}{4} \qquad a_1^{(0)} = -\frac{53}{35} = -1{,}514286$$

$$a_2^{(0)} = \frac{12}{35} = 0{,}342857$$

$$\frac{d\epsilon_a(x)}{dx} = a_1 + 2a_2 x + \frac{1}{x^2} = 0 \qquad 2a_2 x^3 + a_1 x^2 + 1 = 0$$

Die Ergebnisse für n = 2 sind in folgender Tafel dargestellt

| i | $x_1^{(i)}$ | $x_2^{(i)}$ | $a_0^{(i)}$ | $a_1^{(i)}$ | $a_2^{(i)}$ | $\mu_a^{(i)}$ |
|---|---|---|---|---|---|---|
| 0 | 1,25 | 1,75 | | | | |
| 1 | 1,206523 | 1,709085 | 2,164286 | −1,514286 | 0,342857 | −0,007143 |
| 2 | 1,207104 | 1,707106 | 2,164216 | −1,514723 | 0,343147 | −0,007359 |
| 3 | 1,207107 | 1,707107 | 2,164214 | −1,514719 | 0,343146 | −0,007359 |
| 4 | | | 2,164214 | −1,514719 | 0,343146 | −0,007359 |

$\epsilon_a(x)$ ist für n = 2 in Bild 9.6 dargestellt.

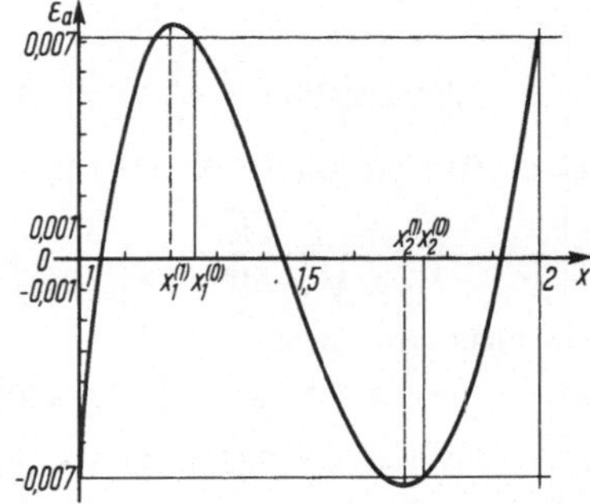

Bild 9.6
Kurve des absoluten
Fehlers bei Approxi-
mation von $1/x$

5. Für verschiedene Teilungsstellen $u_1$ ergeben sich nebenstehende Fehlerquadratsummen für das Teilintervall $1 \leqslant x \leqslant u_1$ $(I_{1,1})$ und für $u_1 \leqslant x \leqslant 2 (I_{1,2})$ mit $1 \leqslant u_1 \leqslant 2$ und folgende Summe $I_1 = I_{1,1} + I_{1,2}$.

Aus der Darstellung (Bild 9.7a) erkennt man, daß die günstigste Wahl $u_1^* = 1,4$ ist, d.h., mit dem Wert 1,4 erhält man die minimale Fehlerquadratsumme $3,93 \cdot 10^{-5}$. Die Approximation der Funktion $f(x) = 1/x$ im Bereich $1 \leqslant x \leqslant 2$ durch eine Gerade ($P_1(x)$) und durch zwei Geradenstücke ($P_1^*(x)$ und $P_1^{**}(x)$) zeigt Bild 9.7b.

| $u_1$ | $I_{1,1}$ | $I_{1,2}$ | $I_1$ |
|---|---|---|---|
| 1 | 0 | $6,14 \cdot 10^{-4}$ | $6,14 \cdot 10^{-4}$ |
| 1,2 | $9,36 \cdot 10^{-7}$ | $1,23 \cdot 10^{-4}$ | $1,24 \cdot 10^{-4}$ |
| 1,35 | $1,17 \cdot 10^{-5}$ | $3,14 \cdot 10^{-5}$ | $4,31 \cdot 10^{-5}$ |
| 1,4 | $2,02 \cdot 10^{-5}$ | $1,91 \cdot 10^{-5}$ | $3,93 \cdot 10^{-5}$ |
| 1,42 | $2,46 \cdot 10^{-5}$ | $1,55 \cdot 10^{-5}$ | $4,01 \cdot 10^{-5}$ |
| 1,5 | $4,93 \cdot 10^{-5}$ | $6,30 \cdot 10^{-6}$ | $5,56 \cdot 10^{-5}$ |
| 1,6 | $9,97 \cdot 10^{-5}$ | $1,71 \cdot 10^{-6}$ | $1,01 \cdot 10^{-4}$ |
| 1,8 | $3,01 \cdot 10^{-4}$ | $9,90 \cdot 10^{-9}$ | $3,01 \cdot 10^{-4}$ |
| 2 | $6,14 \cdot 10^{-4}$ | 0 | $6,14 \cdot 10^{-4}$ |

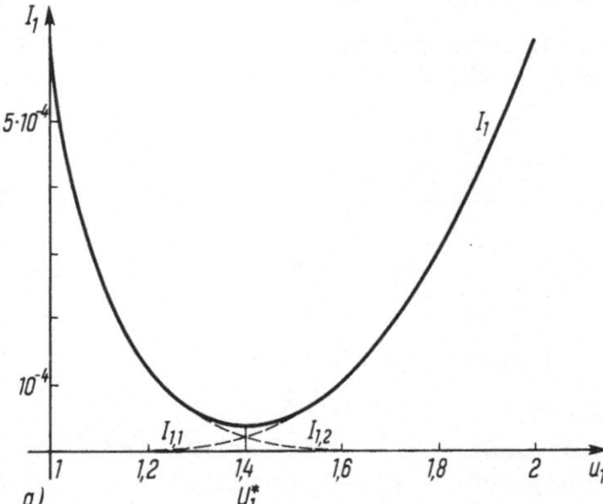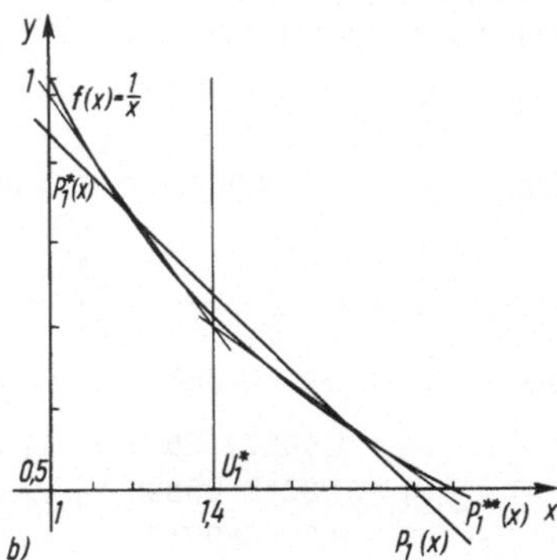

Bild 9.7  Approximation durch Geradenstücke

Die Approximation durch ein Polynom 1. Grades ergibt (Aufgabe 4a) $I_1 = 6,14 \cdot 10^{-4}$ und die durch eine Parabel $I_2 = 1,86 \cdot 10^{-5}$.

Die Verallgemeinerung der Aufgabenstellung auf eine Approximation einer Funktion f(x) durch N Geradenstücke in N Teilintervallen läßt sich mit den Verfahren der dynamischen Optimierung lösen[1].

Verbesserung von Aufgabe 4b. Bei Teilung des Intervalls bei b in die Teilintervalle [1; b] und [b; 2] ergeben sich die beiden Systeme, durch obere Indizes unterschieden.

$$a_0^{(1)} + a_1^{(1)} \quad - 1 \quad = \mu_a \qquad a_0^{(2)} + a_1^{(2)} b \quad - \frac{1}{b} = \mu_a$$

$$a_0^{(1)} + a_1^{(1)} x_1^{(1)} - \frac{1}{x_1^{(1)}} = -\mu_a \qquad a_0^{(2)} + a_1^{(2)} x_1^{(2)} - \frac{1}{x_1^{(2)}} = -\mu_a$$

$$a_0^{(1)} + a_1^{(1)} b \quad - \frac{1}{b} = \mu_a \qquad a_0^{(2)} + a_1^{(2)} 2 \quad - \frac{1}{2} = \mu_a$$

und die Gleichungen für $x_1^{(i)}$ (i = 1,2)

$$x_1^{(i)} = \sqrt{-\frac{1}{a_1^{(i)}}}$$

Man erhält als Lösung

$$b = 24 - 16\sqrt{2} = 1{,}372583010 \qquad \mu_a = -0{,}010723312$$

$$a_0^{(1)} = 1{,}717830074 \qquad a_1^{(1)} = -0{,}728553386 \qquad x_1^{(1)} = 1{,}171572878$$

$$a_0^{(2)} = 1{,}217830080 \qquad a_1^{(2)} = -0{,}364276693 \qquad x_1^{(2)} = 1{,}656854254$$

6. Man setzt

$$\frac{T - 273{,}15\ K}{K} = t$$

Dann ist

$$k(t) = 0{,}22 \cdot 10^{-4}\ t + 0{,}009 \cdot 10^{-6}\ t^2$$

Mit $\quad z = \frac{t}{20} - 4 \quad$ bzw. $\quad t = 80 + 20\ z$

wird [60; 100] in [−1; 1] transformiert. Die Entwicklung nach Tschebyscheff-Polynomen ist dann

$$k^*(z) = 0{,}0018194\ T_0(z) + 0{,}0004688\ T_1(z) + 0{,}0000018\ T_2(z)$$

Es ist also der maximale absolute Fehler bei Approximation durch ein lineares Polynom kleiner als 0,0000018 und das approximierende Polynom in t ∈ [60; 100]

$$k_1(t) = -0{,}0000558 + 0{,}0000234\ t$$

oder $\quad k_1^*(T) = -0{,}0000588 + 0{,}0000234 \left( \frac{T - 273{,}15\ K}{K} \right) \quad$ in [333,15 K; 373,15 K]

7. $\quad e^x = 1 + x + \frac{x^2}{2!} + \frac{x^3}{3!} + \frac{x^4}{4!} + \frac{x^5}{5!} + \frac{x^6}{6!} + \frac{x^7}{7!} + \frac{x^8}{8!} + R_9(x)$

Die Transformation in den Bereich $-1 \leqslant z \leqslant 1$ ergibt die Koeffizienten:

$$b_0^* = 1{,}648721265 \qquad b_3^* = 0{,}034347873 \qquad b_6^* = 0{,}000035265$$
$$b_1^* = 0{,}824360584 \qquad b_4^* = 0{,}004292806 \qquad b_7^* = 0{,}000002325$$
$$b_2^* = 0{,}206089952 \qquad b_5^* = 0{,}000428602 \qquad b_8^* = 0{,}000000097$$

---

1) B e l l m a n, R.: On the approximation of curves by line segments using dynamic programming. Comm. ACM 4 (1961) 284.

Ökonomisierung ergibt:

$n = 0$

$a_0 = 1{,}753387090$

$n = 1$

$a_0 = 0{,}902996453$
$a_1 = 1{,}700781274$

$n = 2$

$a_0 = 1{,}008204405$
$a_1 = 0{,}859117659$
$a_2 = 0{,}841663615$

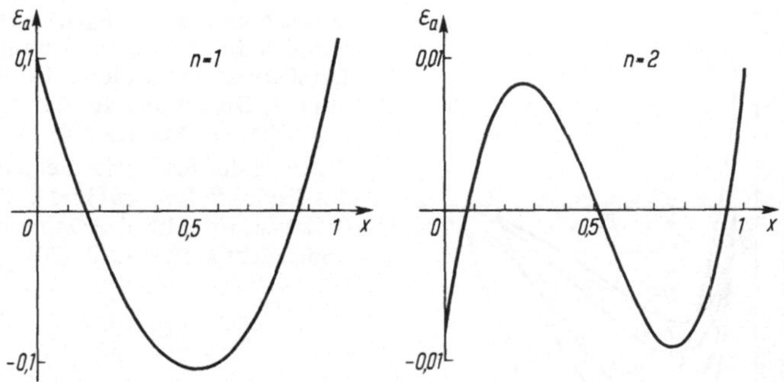


Bild 9.8 Fehlerkurven der Ökonomisierung des Taylor-Polynoms für $e^x$

Die Fehlerkurven $\epsilon_a(x)$ für $n = 1$ und $n = 2$ zeigt Bild 9.8.

8. Zur Approximation muß die Funktion $y = \sqrt{x}$ mit $x \in [1/16; 1]$ in die Funktion $f(u) = \sqrt{15u + 1}/4$ mit $u \in [0; 1]$ über die Formeln

$$u = \frac{1}{15}\,(16x - 1) \qquad x = \frac{15u + 1}{16}$$

transformiert werden. Dann ergibt sich als Bernstein-Polynom

$$B_4(u) = \sum_{k=0}^{4} \frac{1}{4}\,\sqrt{15 \cdot \left(\frac{k}{4}\right) + 1}\,\binom{4}{k}\,u^k(1 - u)^{4-k}$$

und nach Ausrechnung

$$B_4(u) = b_0 + b_1 u + b_2 u^2 + b_3 u^3 + b_4 u^4$$

mit      $b_0 = \phantom{-}0{,}250000 \qquad b_3 = \phantom{-}0{,}291921$
$\phantom{mit}\quad\ b_1 = \phantom{-}1{,}179449 \qquad b_4 = -0{,}056236$
$\phantom{mit}\quad\ b_2 = -0{,}665134$

Tafel 9.9 Ökonomisierung des Bernsteinpolynoms

| i | 0 | 1 | 2 | 3 | 4 |
|---|---|---|---|---|---|
| $b_i$ | 0,250000000 | 1,179499471 | −0,665134495 | 0,291920574 | −0,056235551 |
| $b_i^*$ | 0,706416462 | 0,352568816 | −0,077901740 | 0,022431184 | −0,003514722 |
| $c_i^*$ | 0,666147571 | 0,369392204 | −0,040708231 | 0,005607796 | −0,000439340 |
| $n = 1$ | | | | | |
| $a_i^*$ | 0,666147571 | 0,369392204 | | | |
| $a_i$ | 0,296755367 | 0,738784407 | | | |
| $n = 2$ | | | | | |
| $a_i^*$ | 0,706855802 | 0,369392204 | −0,081416462 | | |
| $a_i$ | 0,256047136 | 1,064450256 | −0,325665848 | | |
| $n = 3$ | | | | | |
| $a_i^*$ | 0,706855802 | 0,352568816 | −0,081416462 | 0,022431184 | |
| $a_i$ | 0,250439340 | 1,165390584 | −0,594840056 | 0,179449472 | |

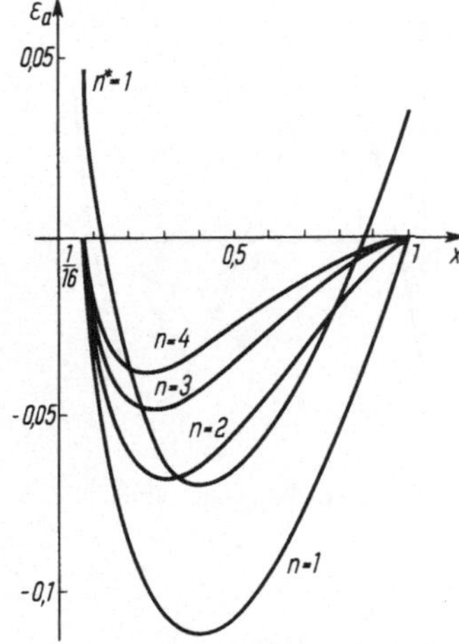



Dieses Polynom von $B_4(u)$ läßt sich ökonomisieren. Es ergeben sich die in Tafel 9.9 zusammengestellten Koeffizienten. Die Kurven des absoluten Fehlers des ökonomisierten Polynoms 1. Grades und der Bernstein-Polynome 1. bis 4. Grades gegenüber der Funktion $y = \sqrt{x}$ zeigt Bild 9.10.

Während der Betrag des Fehlers, der bei der Ökonomisierung des Taylor-Polynoms (Bild 5.32) entsteht, nicht größer als 0,124 ist, ist er bei der Ökonomisierung des Bernstein-Polynoms nicht größer als 0,070.

Bild 9.10
Ökonomisierung des Bernstein-Polynoms $B_4$

**9.**  a) Romberg-Schema

| | | | |
|---|---|---|---|
| 0,152397 | | | |
| | 0,143102 | | |
| 0,145426 | | 0,143095 | |
| | 0,143095 | | 0,143094 |
| 0,143678 | | 0,143094 | |
| | 0,143094 | | 0,143095 |
| 0,143240 | | 0,143095 | |
| | 0,143095 | | |
| 0,143131 | | | |

(exakt: 0,143094366 . . .)

b) $u_i = \dfrac{1}{2} x_i + \dfrac{3}{2}$

| n | $x_i$ | $w_i$ | $u_i$ | $f(u_i)$ | Integral |
|---|---|---|---|---|---|
| 2 | ± 0,577350 | 1 | 1,211325 | 0,180607 | 0,143089 |
| | | | 1,788675 | | |
| 3 | 0 | 0,888889 | 1,112702 | 0,197478 | 0,143095 |
| | ± 0,774597 | 0,555556 | 1,5 | 0,138456 | |
| | | | 1,887299 | 0,096133 | |
| 4 | ± 0,339981 | 0,625214 | 1,069432 | 0,205314 | 0,143094 |
| | ± 0,861136 | 0,347855 | 1,330009 | 0,162032 | |
| | | | 1,669990 | 0,118089 | |
| | | | 1,930568 | 0,092250 | |

Mit $\quad f''(x) = \dfrac{(1{,}5e^x - 0{,}5) \cdot 1{,}5\,e^x}{(0{,}5 + 1{,}5\,e^x)^3}$

und $n = 2^N$ ergibt

$$R_n = - \frac{1}{12(2^N)^2} \; \frac{(1{,}5\,e^\xi - 0{,}5) \cdot 1{,}5\,e^\xi}{(0{,}5 + 1{,}5\,e^\xi)^3}$$

Für $\xi = 1$ ergibt sich der Maximalwert von $f''$ zu $0,152087$

| N | 0 | 1 | 2 | 3 | 4 |
|---|---|---|---|---|---|
| Fehlerschätzung | −0,012674 | −0,003169 | −0,000792 | −0,000198 | −0,000050 |
| tatsächlicher Fehler | −0,009303 | −0,002332 | −0,000584 | −0,000146 | −0,000037 |

**10.** Romberg-Schema (Der Nenner von $\beta$ ist in die folgenden Zahlen einbezogen.)

```
0,500176
          0,168682
0,251555            0,086334
          0,091480            0,060464
0,131499            0,060868            0,055608
          0,062781            0,055627            0,055222
0,079961            0,055709            0,055222            0,055210
          0,056151            0,055224            0,055210
0,062104            0,055231            0,055210
          0,055289            0,055210
0,056993            0,055211
          0,055216
0,055660
```

Gaußsche Integration

| n | Ergebnis |
|---|---|
| 2 | 0,017269 |
| 3 | 0,036388 |
| 4 | 0,048174 |
| 5 | 0,053029 |
| ⋮ | |
| 10 | 0,055208 |

Tafelwert: 0,05521

**11.**

| h | $f_1'(c)$ | $f_2'(c)$ | $f_3'(c)$ | $f_4'(c)$ |
|---|---|---|---|---|
| 1 | 0,066332 | 0,384195 | 0,225264 | 0,102401 |
|   | 0,066333156 | 0,384194792 | 0,225263176 | 0,102400732 |
| 0,1 | 0,098470 | 0,108260 | 0,103365 | 0,103220 |
|   | 0,098463302 | 0,108257540 | 0,103360280 | 0,103213823 |
| 0,01 | 0,102700 | 0,103700 | 0,103200 | 0,103192 |
|   | 0,102726000 | 0,103705000 | 0,103215500 | 0,103214067 |
| 0,001 | 0,103000 | 0,103000 | 0,103000 | 0,103000 |
|   | 0,103164000 | 0,103264000 | 0,103214000 | 0,103214000 |

(exakt: 0,1032139376...)

**Abschnitt 6**

**1.** $u_{i+1} = hx_i + (1 + h)u_i$

| x | u für h = 0,2 | u für h = 0,1 | $y = e^x - 1 - x$ |
|---|---|---|---|
| 0 | 0 | 0 | 0 |
| 0,1 | | 0 | 0,0052 |
| 0,2 | 0 | 0,01 | 0,0214 |
| 0,3 | | 0,031 | 0,0499 |
| 0,4 | 0,04 | 0,0641 | 0,0918 |
| 0,5 | | 0,1151 | 0,1487 |
| 0,6 | 0,128 | 0,1716 | 0,2221 |
| 0,7 | | 0,2487 | 0,3138 |
| 0,8 | 0,2736 | 0,3436 | 0,4255 |
| 0,9 | | 0,4579 | 0,5596 |
| 1,0 | 0,4883 | 0,5937 | 0,7183 |

**2.**

$$u_{1,n+1} = u_{1,n} + \frac{1}{60}\,(23u_{2,n} - 16u_{2,n-1} + 5u_{2,n-2})$$

$$u_{2,n+1} = \frac{1}{60}\,(-23u_{1,n} + 2{,}5u_{2,n} + 16u_{1,n-1} + 40u_{2,n-1} - 5u_{1,n-2} - 12{,}5u_{2,n-2})$$

| $x$ | $u_1$ | $F$ in % | $u_2$ | $F$ in % |
|---|---|---|---|---|
| 0 | 1 | – | 15 | – |
| 0,2 | 3,32818 | – | 8,72587 | – |
| 0,4 | 4,63588 | – | 4,64666 | – |
| 0,6 | 5,34020 | 1,1 | 1,91295 | -5,6 |
| 0,8 | 5,56155 | 0,92 | 0,27140 | −27,4 |
| 1 | 5,54268 | 1,2 | −0,775641 | 21,2 |
| 1,2 | 5,33240 | 0,95 | −1,33655 | 8,2 |
| 1,4 | 5,04950 | 1,0 | −1,65882 | 6,5 |
| 1,6 | 4,70540 | 0,73 | −1,77412 | 4,1 |
| 1,8 | 4,35629 | 0,71 | −1,80292 | 3,7 |
| 2 | 4,00004 | 0,50 | −1,74821 | 2,5 |

Man vergleiche Tafel 6.8.

**3.**  a)

| $x$ | $u$ für $h = 0{,}2$ | $F$ in % | $u$ für $h = 0{,}1$ | $F$ in % | $y = e^{-2x^2}$ |
|---|---|---|---|---|---|
| 0 | 1 | 0 | 1 | 0 | 1 |
| 0,2 | 0,923115 | −0,000108 | 0,923116 | 0 | 0,923116 |
| 0,4 | 0,726139 | −0,00138 | 0,726149 | 0 | 0,726149 |
| 0,6 | 0,486773 | 0,00431 | 0,486755 | 0,0006 | 0,486752 |
| 0,8 | 0,278212 | 0,0629 | 0,278048 | 0,0040 | 0,278037 |
| 1,0 | 0,135782 | 0,330 | 0,135359 | 0,0177 | 0,135335 |
| 1,2 | 0,056811 | 1,20 | 0,056167 | 0,0570 | 0,056135 |
| 1,4 | 0,020553 | 3,59 | 0,019872 | 0,156 | 0,019841 |
| 1,6 | 0,006536 | 9,37 | 0,005998 | 0,368 | 0,005976 |
| 1,8 | 0,001818 | 18,5 | 0,001546 | 0,782 | 0,001534 |
| 2,0 | 0,000511 | 52,5 | 0,000341 | 1,79 | 0,000335 |

b) Exakte Lösung $y = e^x - 1 - x$ ( s. a. Bild 6.11).

| $x$ | $u$ für $h = 0{,}2$ | $u$ für $h = 0{,}1$ | $y$ |
|---|---|---|---|
| 0 | 0 | 0 | 0 |
| 0,1 | | 0,005171 | 0,005171 |
| 0,2 | 0,0214 | 0,021403 | 0,021403 |
| 0,3 | | 0,049858 | 0,049859 |
| 0,4 | 0,091818 | 0,091824 | 0,091825 |
| 0,5 | | 0,148721 | 0,148721 |
| 0,6 | 0,222106 | 0,222118 | 0,222119 |
| 0,7 | | 0,313752 | 0,313753 |
| 0,8 | 0,425521 | 0,425540 | 0,425541 |
| 0,9 | | 0,559601 | 0,559603 |
| 1 | 0,718251 | 0,718280 | 0,718282 |

c)

| $x$ | $u_1 = u$ | $u_2 = u'$ | $y = e^{-2x}$ |
|---|---|---|---|
| 0 | 1 | −2 | 1 |
| 0,2 | 0,670400 | −1,340800 | 0,670320 |
| 0,4 | 0,449436 | −0,898872 | 0,449329 |
| 0,6 | 0,301302 | −0,602604 | 0,301194 |
| 0,8 | 0,201993 | −0,403986 | 0,201897 |
| 1 | 0,135416 | −0,270832 | 0,135335 |

**4.** Die Ziffer 2 des Algorithmus ergibt

| j | i | $v'_{ij}$ |
|---|---|---|
| 1 | 0 | 1 |
|   | 1 | $f(y_{00}, y_{10}) \equiv k_1/h$ |
| 2 | 0 | 1 |
|   | 1 | $f\left(y_{00} + \dfrac{h}{2},\ y_{10} + \dfrac{k_1}{2}\right) \equiv k_2/h$ |
| 3 | 0 | 1 |
|   | 1 | $f\left(y_{00} + \dfrac{h}{2},\ y_{10} + \left(-\dfrac{1}{2} + \sqrt{\dfrac{1}{2}}\right)k_1 + \left(1 - \sqrt{\dfrac{1}{2}}\right)k_2\right) \equiv k_3/h$ |
| 4 | 0 | 1 |
|   | 1 | $f\left(y_{00} + h,\ y_{10} - \sqrt{\dfrac{1}{2}}\,k_2 + \left(1 + \sqrt{\dfrac{1}{2}}\right)k_3\right) \equiv k_4/h$ |

Das weitere zeigt Tafel 9.11.

**5.** Mit $y_0 = x$, $y_1 = \varphi$ und $y_2 = \varphi'$ ergibt sich das System

$$
\begin{aligned}
y'_0 &= 1 & & & y_{00} &= 0 \\
y'_1 &= y_2 & &\text{mit} & y_{10} &= 1 \\
y'_2 &= -\sin y_1 - & & & y_{20} &= 0 \\
& \quad - C \cdot \operatorname{sgn} y_2 \cdot |y_1|
\end{aligned}
$$

Die Lösungskurven zeigen Bild 9.12.

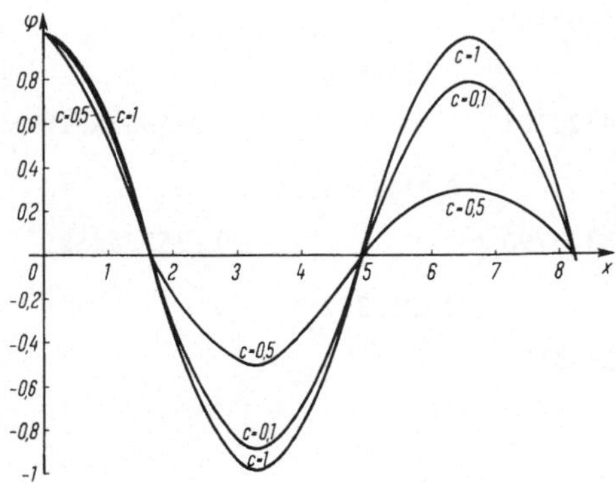


Bild 9.12 Gedämpfte Pendelschwingungen

Tafel 9.11  Gill-Algorithmus

| j | i | $z$ | $v_{ij}$ | $q_{ij}$ |
|---|---|---|---|---|
| 1 | 0 | $\dfrac{1}{2}$ | $y_{00} + \dfrac{h}{2}$ | $1$ |
|   | 1 | $\dfrac{k_1}{2h}$ | $y_{10} + \dfrac{k_1}{2}$ | $\dfrac{k_1}{h}$ |
| 2 | 0 | $0$ | $y_{00} + \dfrac{h}{2}$ | $\sqrt{\dfrac{1}{2}}$ |
|   | 1 | $\dfrac{1}{h}\left(1 - \sqrt{\dfrac{1}{2}}\right)(k_2 - k_1)$ | $y_{10} + \left(-\dfrac{1}{2} + \sqrt{\dfrac{1}{2}}\right)k_1 + \left(1 - \sqrt{\dfrac{1}{2}}\right)k_2$ | $\left(-2 + 3\sqrt{\dfrac{1}{2}}\right)\dfrac{k_1}{h} + \left(2 - 2\sqrt{\dfrac{1}{2}}\right)\dfrac{k_2}{h}$ |
| 3 | 0 | $\dfrac{1}{2}$ | $y_{00} + h$ | $\dfrac{1}{2}$ |
|   | 1 | $\dfrac{1}{h}\left(1 + \sqrt{\dfrac{1}{2}}\right)\left[\left(2 - 3\sqrt{\dfrac{1}{2}}\right)k_1 + \left(-2 + 2\sqrt{\dfrac{1}{2}}\right)k_2 + k_3\right]$ | $y_{10} - \sqrt{\dfrac{1}{2}}\,k_2 + \left(1 + \sqrt{\dfrac{1}{2}}\right)k_3$ | $-\dfrac{k_1}{2h} + \left(-1 - 2\sqrt{\dfrac{1}{2}}\right)\dfrac{k_2}{h} + \left(2 + 2\sqrt{\dfrac{1}{2}}\right)\dfrac{k_3}{h}$ |
| 4 | 0 | $0$ | $y_{00} + h$ | $0$ |
|   | 1 | $\dfrac{1}{6h}\left[k_1 + \left(2 + 4\sqrt{\dfrac{1}{2}}\right)k_2 + \left(-4 - 4\sqrt{\dfrac{1}{2}}\right)k_3 + k_4\right]$ | $y_{10} + \dfrac{1}{6}k_1 + \dfrac{1}{3}\left(1 - \sqrt{\dfrac{1}{2}}\right)k_2 + \dfrac{1}{3}\left(1 + \sqrt{\dfrac{1}{2}}\right)k_3 + \dfrac{1}{6}k_4$ | $0$ |

336   9 Anhang

6. Diese Dgl. hat die allgemeine Lösung $y = c_1 e^{-x} + c_2 e^{-2x}$. Sie ist also numerisch stabil. Die hier gesuchte spezielle Lösung ist $y = e^{-2x}$. Das zu lösende System lautet

$$y_1' = y_2 \qquad \text{mit} \qquad y_1(0) = 1$$
$$y_2' = -3y_2 - 2y_1 \qquad\qquad y_2(0) = -2$$

Die Lösung zeigt die nachstehende Tafel.

| x | $u_1 = u$ | $u_2 = u'$ | y | F in % |
|---|---|---|---|---|
| 0 | 1 | −2 | 1 | 0 |
| 0,1 | 0,8 | −1,6 | 0,818731 | −2,3 |
| 0,2 | 0,68 | −1,36 | 0,670320 | +1,4 |
| 0,3 | 0,528 | −1,056 | 0,548812 | −3,8 |
| 0,4 | 0,4668 | −0,9376 | 0,449329 | +4,3 |
| 0,5 | 0,34048 | −0,68096 | 0,367879 | −7,4 |
| 0,6 | 0,332608 | −0,665216 | 0,301194 | +10,4 |
| 0,7 | 0,207437 | −0,414874 | 0,246597 | −15,9 |
| 0,8 | 0,249633 | −0,499246 | 0,201897 | +23,6 |
| 0,9 | 0,107588 | −0,215180 | 0,165299 | −34,9 |
| 1,0 | 0,206597 | −0,413173 | 0,135335 | +52,7 |

Man erkennt deutlich die oszillierende Instabilität des Verfahrens. In $[0,5; 1]$ ist das Resultat unbrauchbar.

7. Mit $u_1 \approx y$ und $u_2 \approx y'$ ergibt sich

$$u_{1,0} = 1 \qquad\qquad u_{2,0} = -2$$
$$u_{1,1} = 1 - 2h \qquad\qquad u_{2,1} = -2 + 4h$$
$$u_{1,j+1} = u_{1,j-1} + 2h\, u_{2,j} \qquad\qquad u_{2,j+1} = u_{2,j-1} - 2h(3u_{2,j} + 2u_{1,j})$$

Tafel 9.13 Extrapolationsverfahren

| h | $S_1(1, h) = T_{i0}$ | $T_{i1}$ | $T_{i2}$ | $T_{i3}$ | $T_{i4}$ |
|---|---|---|---|---|---|
| $\frac{1}{2}$ | 0 | | | | |
| | | 0,1666666667 | | | |
| $\frac{1}{4}$ | 0,125 | | 0,1385445109 | | |
| | | 0,1403021457 | | 0,1353930283 | |
| $\frac{1}{8}$ | 0,1364766093 | | 0,1354422703 | | 0,1353355912 |
| | | 0,1357460126 | | 0,1353358156 | |
| $\frac{1}{16}$ | 0,1359286618 | | 0,1353374790 | | 0,1353352825 |
| | | 0,1353630124 | | 0,1353352846 | |
| $\frac{1}{32}$ | 0,1355044248 | | 0,1353353189 | | |
| | | 0,1353370498 | | | |
| $\frac{1}{64}$ | 0,1353788936 | | | | |

$$S_1(\bar{x}, h) = \frac{1}{2}\left[u_{1,n} + u_{1,n-1} + h\,u_{2,n}\right]$$

$$S_2(\bar{x}, h) = \frac{1}{2}\left[u_{2,n} + u_{2,n-1} - h(3u_{2,n} + 2u_{1,n})\right]$$

Die Rechnung zeigt die Tafel 9.13. Die Tafel beschränkt sich auf $S_1$. Für $S_2$ zur Bestimmung von $u_2 \approx y'$ müßte eine zweite Tafel berechnet werden. Es ist

$$y(1) = e^{-2} = 0{,}1353352832366$$

Aus $u_{1,32} = 0{,}142565$ für $h = 1/32$ und $u_{1,64} = 0{,}137148$ für $h = 1/64$ erkennt man, daß die Mittelpunktmethode allein keinesfalls brauchbare Werte liefert. Aus Tafel 9.13 liest man $u(1) = 0{,}13533528$ ab.

**Abschnitt 7**

1. $\qquad y_i'' = \dfrac{1}{180\,h^2}\left[2y_{i-3} - 27y_{i-2} + 270y_{i-1} - 490y_i + 270y_{i+1} - 27y_{i+2} + 2y_{i+3}\right] -$

$$-\frac{h^6}{560}\,y_i^{(8)} + \ldots$$

2. Lösung folgt aus der Aufgabe.    3. Lösung folgt aus der Aufgabe.

4. $\qquad \dfrac{\partial^4 w}{\partial x^3 \partial y} = \dfrac{1}{4\,h^4}\big[w_{i+2,j+1} - w_{i+2,j-1} - 2w_{i+1,j+1} + 2w_{i+1,j-1} + 2w_{i-1,j+1}$

$$- 2w_{i-1,j-1} - w_{i-2,j+1} + w_{i-2,j-1}\big] \quad \text{(s. Bild 9.14)}$$

5. Mit $u = x/\ell$ und $v = w \Big/ \left(\dfrac{q\,\ell^4}{120\,EI_0}\right)$ ergibt sich $v'' = -60\left(\dfrac{u(1-u)}{1+\sin \pi u}\right)$ und damit

a) $w = 0{,}9375\ \dfrac{q\,\ell^4}{120\,EI_0}$     b) $w = 0{,}8806\ \dfrac{q\,\ell^4}{120\,EI_0}$     c) $w = 0{,}8638\ \dfrac{q\,\ell^4}{120\,EI_0}$

6. Man benutze die Normierung wie in Aufgabe 5.

a) $w = 0{,}7812\ \dfrac{q\,\ell^4}{120\,EI_0}$     b) $w = 0{,}8416\ \dfrac{q\,\ell^4}{120\,EI_0}$     c) $w = 0{,}8464\ \dfrac{q\,\ell^4}{120\,EI_0}$

7. Man benutze die Abkürzung $K = F\ell^2/EI_0$.

Einfaches Differenzenverfahren

$$n = 2 \qquad F = 16\ \frac{EI_0}{\ell^2} \qquad\qquad n = 4 \qquad F = 17{,}24\ \frac{EI_0}{\ell^2}$$

Mehrstellenverfahren

$$n = 2 \qquad F = 19{,}2\ \frac{EI_0}{\ell^2} \qquad\qquad n = 4 \qquad F = 18{,}13\ \frac{EI_0}{\ell^2}$$

**Abschnitt 8**

1. Grundriß

Ebene $\mathbf{u}\,(0;0;1;0)$     Zentrum $\mathbf{d}\,(0;0;1;0)$     $A = \begin{bmatrix} 1 & 0 & 0 & 0 \\ 0 & 1 & 0 & 0 \\ 0 & 0 & 0 & 0 \\ 0 & 0 & 0 & 1 \end{bmatrix}$

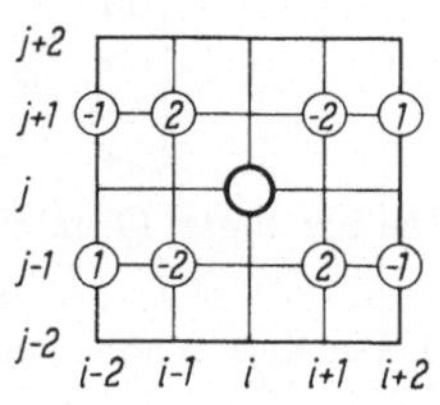

Bild 9.14
Koeffizientenschema für $w_{xxxy}$

Aufriß

Ebene $\mathbf{u}\,(0;1;0;0)$     Zentrum $\mathbf{d}\,(0;1;0;0)$     $\mathbf{A} = \begin{bmatrix} 1 & 0 & 0 & 0 \\ 0 & 0 & 0 & 0 \\ 0 & 0 & 1 & 0 \\ 0 & 0 & 0 & 1 \end{bmatrix}$

Seitenriß

Ebene $\mathbf{u}\,(1;0;0;0)$     Zentrum $\mathbf{d}\,(1;0;0;0)$     $\mathbf{A} = \begin{bmatrix} 0 & 0 & 0 & 0 \\ 0 & 1 & 0 & 0 \\ 0 & 0 & 1 & 0 \\ 0 & 0 & 0 & 1 \end{bmatrix}$

**2.** Ebene $\mathbf{u}\,(0;1;0;-\alpha)$

a) Zentrum $\mathbf{d}\,(1;-1;1;0)$

$$\mathbf{A} = \begin{bmatrix} 1 & 1 & 0 & -\alpha \\ 0 & 0 & 0 & \alpha \\ 0 & 1 & 1 & -\alpha \\ 0 & 0 & 0 & 1 \end{bmatrix}$$

$x_1' = x_1 + x_2 - \alpha x_4$

$x_2' = \alpha x_4$

$x_3' = x_2 + x_3 - \alpha x_4$

$x_4' = x_4$

$x' = x + y - \alpha$

$y' = \alpha$

$z' = y + z - \alpha$

b) Zentrum $\mathbf{d}\,(1;-1;1;1)$

$$\mathbf{A} = \begin{bmatrix} 1+\alpha & 1 & 0 & -\alpha \\ 0 & \alpha & 0 & \alpha \\ 0 & 1 & 1+\alpha & -\alpha \\ 0 & 1 & 0 & 1 \end{bmatrix}$$

$x_1' = (1+\alpha)x_1 + x_2 - \alpha x_4$

$x_2' = \alpha(x_2 + x_4)$

$x_3' = x_2 + (1+\alpha)x_3 - \alpha x_4$

$x_4' = x_2 + x_4$

$x' = \dfrac{(1+\alpha)x + y - \alpha}{y+1}$

$y' = \alpha$

$z' = \dfrac{y + (1+\alpha)z - \alpha}{y+1}$

**3.** Ebene $\mathbf{u}\,(0;0;1;0)$     Zentrum $\mathbf{d}\,(0;0;-h;1)$

$$\mathbf{A} = \begin{bmatrix} 1 & 0 & 0 & 0 \\ 0 & 1 & 0 & 0 \\ 0 & 0 & 0 & 0 \\ 0 & 0 & \frac{1}{h} & 1 \end{bmatrix}$$

$x_1' = x_1 \qquad x_3' = 0$

$x_2' = x_2 \qquad x_4' = \dfrac{1}{h}\,x_3 + x_4$

$x' = \dfrac{x}{\dfrac{z}{h}+1}$

$y' = \dfrac{y}{\dfrac{z}{h}+1}$

$z' = 0$

**4.** Ebene $\mathbf{u}\,(0;1;0;-8)$     Zentrum $\mathbf{d}\,(5;-3;1;1)$

$$\mathbf{A} = \begin{bmatrix} 11 & 5 & 0 & -40 \\ 0 & 8 & 0 & 24 \\ 0 & 1 & 11 & -8 \\ 0 & 1 & 0 & 3 \end{bmatrix}$$

Die Ergebnisse (Tafel 9.15) sind in Bild 9.16 dargestellt.

**5.** Der Kegelschnitt hat die Matrix

$$\begin{bmatrix} -64 & 324{,}5 & -2596 \\ 324{,}5 & -25 & -1622{,}5 \\ -2596 & -1622{,}5 & 27560 \end{bmatrix}$$

Tafel 9.15  Perspektive

| $x_1'$ | $x_2'$ | $x_3'$ | $x_4'$ | $x'$ $y = 8$ | $z'$ |
|---|---|---|---|---|---|
| −57 | 32 | −7 | 4 | −14,250 | −1,750 |
| −47 | 48 | −5 | 6 | −7,833 | −0,833 |
| −37 | 64 | −3 | 8 | −4,625 | −0,375 |
| −32 | 72 | −2 | 9 | −3,556 | −0,222 |
| 23 | 72 | −2 | 9 | −2,556 | −0,222 |
| 45 | 72 | −2 | 9 | 5 | −0,222 |
| 67 | 72 | −2 | 9 | 7,444 | −0,222 |
| −47 | 48 | 33,5 | 6 | −7,833 | 5,583 |
| −37 | 64 | 35,5 | 8 | −4,625 | 4,438 |
| −57 | 32 | 37 | 4 | −14,250 | 9,250 |
| −32 | 72 | 42 | 9 | −3,556 | 4,667 |
| 45 | 72 | 42 | 9 | 5 | 4,667 |
| 67 | 72 | 42 | 9 | 7,444 | 4,667 |
| 23 | 72 | 9 | 9 | 2,556 | 1 |
| 45 | 72 | 9 | 9 | 5 | 1 |
| 23 | 72 | 31 | 9 | 2,556 | 3,444 |
| 45 | 72 | 31 | 9 | 5 | 3,444 |
| −22,947 | 56 | −4 | 7 | −3,278 | −0,571 |
| −22,947 | 56 | 34,5 | 7 | −3,278 | 4,929 |
| −54,5 | 36 | 15,5 | 4,5 | −12,111 | 3,444 |
| −49,5 | 44 | 16,5 | 5,5 | −9 | 3 |
| −54,5 | 36 | 26,5 | 4,5 | −12,111 | 5,889 |
| −49,5 | 44 | 27,5 | 5,5 | −9 | 5 |
| −54 | 36,8 | 16,7 | 4,6 | −11,739 | 3,630 |
| −50 | 43,2 | 17,5 | 5,4 | −9,259 | 3,241 |
| −54 | 36,8 | 25,5 | 4,6 | −11,739 | 5,543 |
| −50 | 43,2 | 26,3 | 5,4 | −9,259 | 4,870 |

Tafel 9.17
Kegelschnitt-
berechnung

| x | y |
|---|---|
| 0 | 8 |
| 0,5 | 7,9952 |
| 1 | 7,9786 |
| 1,5 | 7,9461 |
| 2 | 7,8908 |
| 2,5 | 7,8017 |
| 3 | 7,6591 |
| 3,5 | 7,4231 |
| 4 | 7 |
| 4,25 | 6,6446 |
| 4,5 | 6,0846 |
| 4,75 | 5,0429 |
| 4,8 | 4,7042 |
| 4,9 | 3,7007 |
| 4,95 | 2,8265 |
| 4,99 | 1,4030 |
| 5 | 0 |

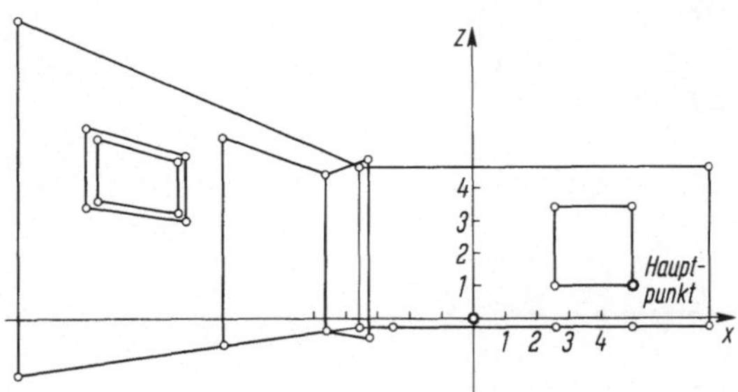

Bild 9.16  Perspektive einer Raumecke

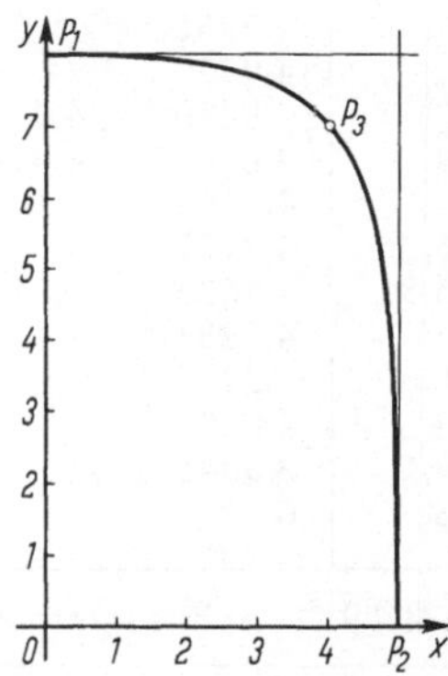

Bild 9.18  Berechnung
eines Kegelschnitts

Zur Berechnung von Funktionswerten ermittelt man

$$k_1 = -\frac{1}{729}$$

$$N_1 = 12,9800 \qquad Q_1 = -64,9000$$
$$R_1 = 165,9204 \qquad S_1 = -1892,4840 \qquad T_1 = 5314,4100$$

und erhält Tafel 9.17. Der Kegelschnitt ist in Bild 9.18 dargestellt.

**6.** a) Die Kegelschnitte haben die Matrizen

$$\begin{bmatrix} -64 & 324,5 & -2596 \\ 324,5 & -25 & -1622,5 \\ -2596 & -1622,5 & 27560 \end{bmatrix} \quad \begin{bmatrix} -24,500 & 196,125 & -1372,875 \\ 196,125 & -8,000 & -784,500 \\ -1372,875 & -784,500 & 11375,000 \end{bmatrix}$$

$$\begin{bmatrix} -22,687500 & 15,968750 & -87,828125 \\ 15,968750 & -4,687500 & -39,921875 \\ -87,828125 & -39,921875 & 580,937500 \end{bmatrix}$$

Für eine Anzahl y-Werte ergeben sich die in Tafel 9.19 zusammengestellten x-Werte. Die Werte für $z = -1,5$ und $-5$ sind interpoliert (vgl. b)).

b) Die Koeffizienten der Spline-Interpolation (Abschn. 5.2.4) enthält Tafel 9.20. Die interpolierten Werte sind in Tafel 9.19 eingetragen.

c) Die Matrix der geforderten Abbildung ist

$$\begin{bmatrix} 0 & 0 & 0 & 0 \\ 5 & -20 & 0 & 0 \\ 12 & 0 & -20 & 0 \\ 1 & 0 & 0 & -20 \end{bmatrix}$$

Eine Auswahl berechneter Bildpunkte enthält Tafel 9.21. Bild 9.22 ist die graphische Darstellung.

Tafel 9.19  Ergebnisse der Kegelschnittberechnung

| y | x | | | | |
|---|---|---|---|---|---|
| | $z = 0$ | $-1,5$ | $-3$ | $-5$ | $-7$ |
| 0 | 5,0000 | 4,5100 | 4,0000 | 3,2679 | 2,5000 |
| 1 | 4,9952 | | 3,9969 | | 2,4817 |
| 2 | 4,9779 | | 3,9852 | | 2,4160 |
| 3 | 4,9420 | 4,4731 | 3,9592 | 3,1575 | 2,2758 |
| 4 | 4,8761 | 4,4284 | 3,9066 | 3,0191 | 2,0000 |
| 5 | 4,7569 | | 3,7950 | | 1,3709 |
| 5,25 | 4,7137 | | 3,7484 | | 1,0348 |
| 5,5 | 4,6625 | 4,3195 | 3,6884 | 2,1000 | 0 |
| 6 | 4,5283 | | 3,5000 | | |
| 6,5 | 4,3274 | | 3,0858 | | |
| 7 | 4,0000 | | 0 | | |
| 7,5 | 3,3645 | | | | |
| 8 | 0 | | | | |

Tafel 9.20  Spline-Interpolation

| y | i | $a_i$ | $b_i$ | $c_i$ | $d_i$ |
|---|---|---|---|---|---|
| 0 | 0 | 5,000000 | −0,324405 | 0 | −0,000992 |
| | 1 | 4,000000 | −0,351190 | −0,008929 | −0,000744 |
| 3 | 0 | 4,942000 | −0,307618 | 0 | −0,002220 |
| | 1 | 3,959200 | −0,367564 | −0,019982 | 0,001665 |
| 4 | 0 | 4,876100 | −0,290277 | 0 | −0,003654 |
| | 1 | 3,906600 | −0,388945 | −0,032889 | 0,002741 |
| 5,5 | 0 | 4,662500 | −0,196686 | 0 | −0,014224 |
| | 1 | 3,688400 | −0,580729 | −0,128014 | 0,010668 |

Tafel 9.21  Berechnete Bildpunkte

| $x_4 = 1$ | | | $x' = 0$ | |
|---|---|---|---|---|
| $x_1$ | $x_2$ | $x_3$ | $y'$ | $z'$ |
| 5 | 0 | 0 | −1,6667 | −2 |
| 5 | 8 | 0 | 9 | −2 |
| 0 | 8 | 0 | 8 | 0 |
| 0 | 0 | 0 | 0 | 0 |
| 4 | 0 | −3 | −1,2500 | −6,7500 |
| 4 | 7 | −3 | 7,5000 | −6,7500 |
| 0 | 7 | −3 | 7 | −3 |
| 0 | 0 | −3 | 0 | −3 |
| 2,5 | 0 | −7 | −0,7140 | −9,7140 |
| 2,5 | 5,5 | −7 | 5,5700 | −9,7140 |
| 0 | 5,5 | −7 | 5,5000 | −7 |
| 0 | 0 | −7 | 0 | −7 |
| 4,9420 | 3 | 0 | 2,3436 | −3,9384 |
| 4,9761 | 4 | 0 | 3,6776 | −3,8689 |
| 4,6625 | 5,5 | 0 | 5,6520 | −3,6479 |
| 3,9592 | 3 | −3 | 2,5064 | −6,7023 |
| 3.9066 | 4 | −3 | 3,7573 | −6,6412 |
| 3,6884 | 5,5 | −3 | 5,6131 | −6,3918 |
| 2,2758 | 3 | −7 | 2,7432 | −9,4396 |
| 2 | 4 | −7 | 3,8889 | −9,1111 |
| 0 | 5,5 | −7 | 5,5000 | −7 |
| 4,4731 | 3 | −1,5 | 2,4238 | −5,3892 |
| 4,4284 | 4 | −1,5 | 3,7156 | −5,3393 |
| 4,3195 | 5,5 | −1,5 | 5,6377 | −5,2188 |
| 3,1575 | 3 | −5 | 2,6251 | −8,1870 |
| 3,0191 | 4 | −5 | 3,8222 | −8,0225 |
| 2,1000 | 5,5 | −5 | 5,5587 | −6,9944 |

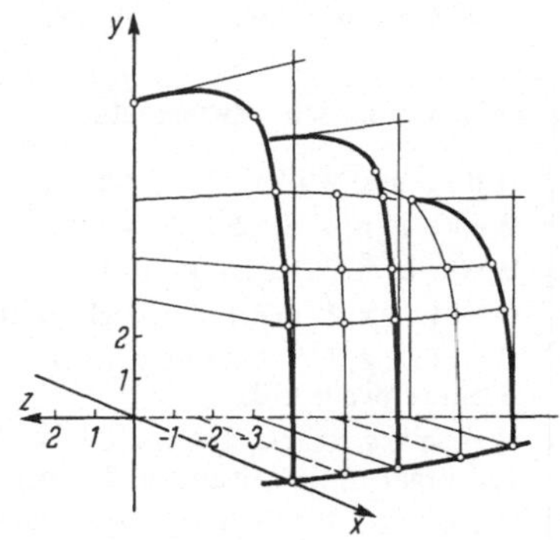

Bild 9.22  Ausschnitt aus einem Flugzeugrumpf

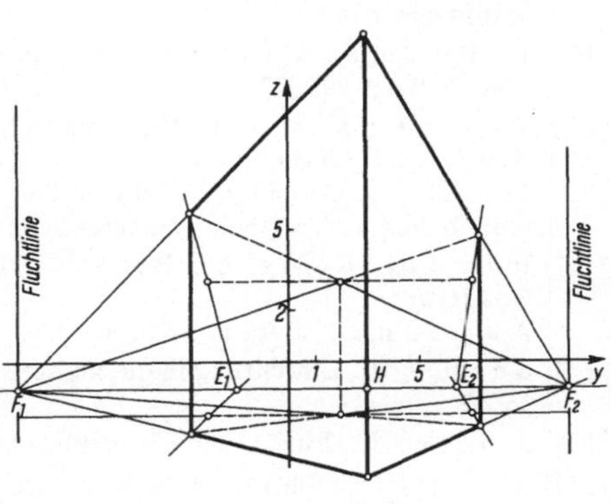

Bild 9.23  Perspektive mit Flucht- und Meßpunkten

**7.** Die Bildpunkte ergeben sich zu

| $x_1'$ | 20 | 20 | 14 | 14 | 12 | 12 | 6 | 6 |
|---|---|---|---|---|---|---|---|---|
| $x_2'$ | −20 | −20 | −51 | −51 | 22 | 22 | −9 | −9 |
| $x_3'$ | 20 | −30 | 17 | −33 | 16 | −34 | 13 | −37 |
| $x_4'$ | −10 | −10 | −7 | −7 | −6 | −6 | −3 | −3 |

Sie sind in Bild 9.23 dargestellt. Die Fernpunkte der Grundkanten des Würfels sind

$$(-4; 3; 0; 0) \qquad (-3; -4; 0; 0)$$

sie haben die Bildpunkte

$$(8; -42; 4; -4) \qquad (6; 31; 3; -3)$$

und sind als $F_1$ und $F_2$ in Bild 9.23 eingezeichnet. H ist der Hauptpunkt. Dreht man die hinteren Ebenen in die Zeichenebene, so haben die Drehsehnen die Fernpunkte $E_1$ und $E_2$. Es sind Meßpunkte der beiden Ebenen. Man erhält sie numerisch als Bildpunkte der Fernpunkte

$$(-4; -2; 0; 0) \qquad (-3; 1; 0; 0)$$

zu $\qquad (8; 8; 4; -4) \qquad (6; -19; 3; -3)$

## 9.2  Weiterführende Literatur

**Allgemeine numerische Mathematik**


[1]  A b r a m o w i t z, M.; S t e g u n. I. A.: Handbook of Mathematical Functions. New York 1965

[2]  B e r e s i n, J. S.; S h i d k o w, N. P.: Numerische Methoden I, II. Berlin 1970/71

[3]  B j ö r k, Å.; D a h l q u i s t, G.: Numerische Methoden. 2. Aufl. München–Wien 1979

[4]  C o l l a t z, L.: Differentialgleichungen. 6. Aufl. Stuttgart 1981

[5]  C o l l a t z, L.; A l b r e c h t, J.: Aufgaben aus der Angewandten Mathematik I, II. Braunschweig 1972

[6]  H a g a n d e r, N.; S u n d b l a d, Y.: Aufgabensammlung Numerische Methoden. 1. Aufgaben, 2. Lösungen. 2. Aufl. München–Wien 1982

[7]  H e n r i c i, P.: Elemente der numerischen Analysis I, II. Mannheim 1972

[8]  I s a a c s o n, E.; K e l l e r, H. B.: Analyse numerischer Verfahren. Zürich–Frankfurt a.M. 1973

[9]  J o r d a n - E n g e l n, G.; R e u t t e r, F.: Numerische Mathematik für Ingenieure. 3. Aufl. Mannheim 1982

[10]  R a l s t o n, A.; W i l f, H.: Mathematische Methoden für Digitalrechner I, II. 2. Aufl. München – Wien 1972/79

[11]  S a u e r, R.; S z a b o, I.: Mathematische Hilfsmittel des Ingenieurs. Berlin–Heidelberg– New York 1968/69
In Band II: C o l l a t z, L.; N i c o l o v i u s, R.: Rand- und Eigenwertaufgaben bei gewöhnlichen und partiellen Differentialgleichungen und Integralgleichungen
In Band III: B u l i r s c h, R.; R u t i s h a u s e r, H.: Interpolation und angenäherte Quadrate
A u m a n n, G.; B u l i r s c h, R.; S t o e r, J.: Approximation von Funktionen

[12]  S e l d e r, H.: Einführung in die numerische Mathematik für Ingenieure. 2. Aufl. München 1979

[13]  S t i e f e l, E.: Einführung in die numerische Mathematik. 5. Aufl. Stuttgart 1976

[14]  S t o e r, J.: Einführung in die Numerische Mathematik I. 4. Aufl. 1983
S t o e r, J.; B u l i r s c h, R.: Einführung in die Numerische Mathematik II. 2. Aufl. 1978 Berlin–Heidelberg–New York

[15]  S t u m m e l, F.; H a i n e r, K.: Praktische Mathematik. 2. Aufl. Stuttgart 1982

[16]  W e r n e r, H.: Praktische Mathematik Bd. I 3. Aufl. 1982, Bd. II 2. Aufl. 1979. Berlin– Heidelberg–New York

[17]  W i l k i n s o n, J. H.: Rundungsfehler. Berlin–Heidelberg–New York 1969

[18]  Z u r m ü h l, R.: Praktische Mathematik für Ingenieure und Physiker. 5. Aufl. Berlin– Heidelberg–New York 1965


**Numerische lineare Algebra**


[19]  F a d d e j e w, D. K.; F a d d e j e w a, W. N.: Numerische Methoden der linearen Algebra. 5. Aufl. München–Wien 1979

[20]  F o r s y t h e, G. E.; M o l e r, C. B.: Computer-Verfahren für lineare algebraische Systeme. München–Wien 1971

[21]  G a s t i n e l, N.: Lineare numerische Analysis. Braunschweig 1972

[22]  S c h w a r z, H. R.; R u t i s h a u s e r, H.; S t i e f e l, E.: Numerik symmetrischer Matrizen. 2. Aufl. Stuttgart 1972

[23]  W a l l e r, H.; K r i n g s, W.: Matrizenmethoden in der Maschinen- und Bauwerksdynamik. Mannheim 1975

[24]  W i l k i n s o n, J. H.; R e i n s c h, G.: Handbook for Automatic Computation. II. Linear Algebra. Berlin–Heidelberg–New York 1971

[25]  Z u r m ü h l, R.: Matrizen und ihre technischen Anwendungen. 5. Aufl. Berlin–Heidelberg– New York 1984

**Interpolation und Approximation**

[26]  A h l b e r g, J. H.; N i l s o n, E. N.; W a l s h, J. L.: The Theory of Splines and Their Application. New York–London 1967

[27]  B ö h m e r, K.: Spline-Funktionen. Stuttgart 1974

[28]  C a r n a h a n, B.; L u t h e r, H. A.; W i l k e s, J. O.: Applied Numerical Methods. New York 1969

[29]  C o l l a t z, L.; K r a b s, W.: Approximationstheorie. Stuttgart 1973

[30]  D a v i s, P. J.; R a b i n o w i t z, P.: Numerical Integration. London 1967

[31]  F i k e, C. T.: Computer Evaluation of Mathematical Functions. Englewood Cliffs, N. J. 1968

[32]  H a r t, J. F. u.a.: Computer Approximation. New York 1968

[33]  S p ä t h, H.: Spline-Algorithmen zur Konstruktion glatter Kurven und Flächen. 3. Aufl. München–Wien 1983

[34]  S t r o u d, A. H.: Numerical Quadrature and Solution of Ordinary Differential Equations. New York–Heidelberg–Berlin 1974

**Numerische Lösung von Differentialgleichungen**

[35]  C o l l a t z, L.: The numerical treatment of differential equations. 3. Aufl. Berlin–Heidelberg–New York 1966

[36]  G r i g o r i e f f, R. D.: Numerik gewöhnlicher Differentialgleichungen I. Einschrittverfahren. II. Mehrschrittverfahren. Stuttgart 1972/77

[37]  H a a c k e, W. (Hrsg.): Datenverarbeitung für Ingenieure. Stuttgart 1973

[38]  M a r s a l, D.: Die numerische Lösung von partiellen Differentialgleichungen. Braunschweig 1970

[39]  S m i t h, G. D.: Numerische Lösung von partiellen Differentialgleichungen. Braunschweig 1970

[40]  W a n n e r, G.: Integration gewöhnlicher Differentialgleichungen. Mannheim 1969

**Numerische Geometrie**

[41]  L i m i n g, R. A.: Practical Analytic Geometry with Applications to Aircraft. New York 1944

[42]  M a x w e l l, E. A.: General homogeneous coordinates in space of three dimensions. Cambridge 1959

**Finite Elemente**

[43]  B u c k; S c h a r p f; S t e i n; W u n d e r l i c h: Finite Elemente in der Statik. Stuttgart 1973

[44]  L i n k, M.: Finite Elemente in der Statik und Dynamik. Stuttgart 1984

[45]  N o r r i e, D. H.; d e  V r i e s, G.: The finite element method. New York–London 1973

[46]  R o b i n s o n, J.: Integrated theory of finite element methods. London–New York–Sidney–Toronto 1973

[47]  S c h w a r z, H. R.: Methoden der finiten Elemente. 2. Aufl. Stuttgart 1984

[48]  S c h w a r z, H. R.: FORTRAN-Programme zur Methode der finiten Elemente. Stuttgart 1981

[49]  S z i l a r d, R.: Finite Berechnungsmethoden der Strukturmechanik. Berlin–München 1982

[50]  Z i e n k i e w i c z, O. C.: Methode der finiten Elemente. 3. Aufl. München–Wien 1983

## Sachverzeichnis

# Numerik für Ingenieure

## Eine Auswahl weiterer Teubner-Werke

Bauknecht/Zehnder
**Grundzüge der Datenverarbeitung**
**Methoden und Konzepte für die Anwendungen**

2., überarbeitete und erweiterte Auflage.
344 Seiten mit 123 Bildern und 14 Tabellen. Kart. DM 28,80
(Leitfäden der angewandten Informatik)

Brauch
**Programmierung mit BASIC**

3., durchgesehene Auflage. 200 Seiten mit 42 Bildern, 50 Aufgaben mit Lösungen und 52 Beispielen. Kart. DM 16,80
(Teubner Studienskripten, Bd. 86)

Brauch
**Programmieren mit FORTRAN 77 für Ingenieure**

208 Seiten mit 44 Bildern, 56 Beispielen und 50 Aufgaben mit Lösungen.
Kart. DM 16,80
(Teubner Studienskripten, Bd. 94)

Brauch/Dreyer/Haacke
**Mathematik für Ingenieure**
**des Maschinenbaus und der Elektrotechnik**

7., überarbeitete und erweiterte Auflage.
735 Seiten mit 485 Bildern, 532 Beispielen, 366 Aufgaben und 49 Seiten Formelsammlung im Anhang. Geb. DM 68,−

Gorny/Viereck
**Interaktive grafische Datenverarbeitung**
**Eine einführende Übersicht**

256 Seiten mit zahlreichen Bildern und Tabellen. Geb. DM 52,−
(Leitfäden der angewandten Informatik)

Haacke/Hirle/Maas
**Mathematik für Bauingenieure**

2., neubearbeitete Auflage. 346 Seiten mit 365 Bildern, 266 Beispielen, 302 Aufgaben und 36 Seiten Formelsammlung im Anhang. Kart. DM 48,−

Hainer
**Numerik mit BASIC-Tischrechnern**

251 Seiten mit 51 Algorithmen und strukturierten BASIC-Programmen zur Numerischen Mathematik, mit ausführlichen Programmbeschreibungen und Testbeispielen. Kart. DM 26,80
(MikroComputer-Praxis)
Diskette für C 64/VC 1541; CBM-Floppy 2031, 4040
DM 48,− unverb. Preisempfehlung

Kießling/Lowes
**Programmierung mit FORTRAN 77**

3., überarbeitete und erweiterte Auflage.
221 Seiten. Kart. DM 16,80
(Teubner Studienskripten, Bd. 89)

 **B. G. Teubner Stuttgart**

Krabs
**Einführung in die lineare und nichtlineare
Optimierung für Ingenieure**

232 Seiten mit 25 Bildern. Kart. DM 36,–


Ottmann/Widmayer
**Programmierung mit PASCAL**

2., durchgesehene und erweiterte Auflage.
269 Seiten. Kart. DM 18,80
(Teubner Studienskripten, Bd. 84)


Sauer/Krupstedt
**Informatik für Ingenieure
Eine Einführung mit praktischen Anwen-
dungen**

256 Seiten mit zahlreichen Bildern, Bei-
spielen und Übungsaufgaben. Kart.
DM 18,80
(Teubner Studienskripten, Bd. 103)


Schwarz

**Methode der finiten Elemente
Eine Einführung unter besonderer Berücksichtigung der Rechenpraxis**

2., überarbeitete und erweiterte Auflage.
346 Seiten mit 162 Bildern, 57 Tabellen
und zahlreichen Beispielen. Kart. DM 38,–
(Leitfäden der angewandten Mathematik
und Mechanik, Bd. 47 –
Teubner Studienbücher)


Schwarz
**FORTRAN-Programme zur Methode der
finiten Elemente**

208 Seiten mit 15 Bildern. Kart. DM 24,80
(Teubner Studienbücher)


Stiefel
**Einführung in die numerische Mathematik**

5., erweiterte Auflage. 292 Seiten mit
57 Bildern, 9 Tabellen, 43 Aufgaben und
zahlreichen Beispielen. Kart. DM 32,–
(Leitfäden der angewandten Mathematik
und Mechanik, Bd. 2 –
Teubner Studienbücher)


Wirth
**Algorithmen und Datenstrukturen**

3., überarbeitete Auflage. 320 Seiten mit
93 Bildern, 30 Tabellen, 69 Übungen und
zahlreichen Programmen. Kart. DM 36,–
(Leitfäden und Monographien der
Informatik)


Wirth
**Compilerbau
Eine Einführung**

3., überarbeitete und erweiterte Auflage.
118 Seiten mit 22 Bildern und 20 Übungen. Kart. DM 17,80
(Leitfäden der angewandten Mathematik
und Mechanik, Bd. 36 –
Teubner Studienbücher)


Wirth
**Systematisches Programmieren
Eine Einführung**

4. Auflage. 160 Seiten mit 55 Bildern,
64 Übungen und zahlreichen Beispielen.
Kart. DM 23,80
(Leitfäden der angewandten Mathematik
und Mechanik, Bd. 17 –
Teubner Studienbücher)

 **B. G. Teubner Stuttgart**   